組合語言（第七版）（國際版）

ASSEMBLY LANGUAGE FOR x86 PROCESSORS, 7/E

KIP R. IRVINE　原著

白能勝、王國華、張子庭　編譯

 全華圖書股份有限公司

 Pearson

組合語言（第七版）（國際版）

ASSEMBLY LANGUAGE FOR x86 PROCESSORS 7/E

KIP R. IRVINE 原著

王國華、洪子格 編譯

目錄

2　x86 處理器架構

3　組合語言基礎

4 資料轉移、定址和算術

5　程序

6 條件處理

7　整數算術運算

8　進階程序

9 字串與陣列

10 結構與巨集

11　微軟視窗程式設計

12　浮點運算處理與指令編碼

13　高階語言介面

A　MASM 參考資料

B　x86 指令集

C　自我評量解答

序言

《組合語言》第七版教導的是有關 x86 處理器及 Intel64 處理器的組合語言程式設計與架構，對於下列幾種大學課程，本書都可以作為適當的教科書：

- 組合語言程式設計
- 電腦系統基礎
- 計算機架構基礎

學生的電腦應該配備 Intel 或 AMD 處理器，並且在最新版的微軟 Windows 上，以 **Microsoft Macro Assembler (MASM)** 進行程式設計，雖然本書原是為大學生程式設計課程而撰寫，也可作為電腦架構相關課程的參考。有項證據可以顯示出本書受歡迎的程度，那就是本書先前的版本已被翻譯為多國語言。

對於若干主題的強調

本書的新版本包含了可有效引領學生進入計算機架構、作業系統以及編譯器撰寫等後續課程的主題：

- 虛擬機器的概念
- 指令集架構
- 基本布林運算
- 指令執行週期
- 記憶體存取以及交握過程
- 中斷以及輪詢
- 以硬體為基礎的 I/O
- 浮點數二進位表示法

其他與 x86、Intel64 有關的特別主題：

- 保護記憶體以及分頁
- 在實體位址模式下的記憶體分段
- 16 位元的中斷處理
- MS-DOS 和 BIOS 系統呼叫（中斷）
- 浮點運算單元的架構和程式設計
- 指令編碼

本書提供的範例，也展示了計算機科學相關後續課程的部分重點：
- 搜尋以及排序演算法
- 高階程式語言結構
- 有限狀態機
- 程式碼最佳化的範例

第七版的更新內容

在此修訂版本中，我們更新先前版本所討論的程式設計範例，並增加更多的補充習題與重要術語，以及介紹 64 位元編程。此外，本書也減少了對連結函式庫的依賴，更詳細的內容，請看下列敘述：

- 前段的章節中，收錄了關於 64 位元 CPU 結構與編程的特色，此外，我們也建立了此書 64 位元版本的連結函式庫— Irvine64。
- 此書中很多的習題與練習都被修改、替換或是改變位置，從章節的中間移至章節的尾端，並且分做兩個部分：(1) 簡答題、(2) 演算題。後者要求學生使用一些簡短的程式碼來完成目標。
- **本書的每個章節新增了「重要術語」的部分，列出新的術語與概念，還有 MASM 指引與 Intel 指令。**
- 增加了新的編程習題，並移除與修改一些舊的習題。
- 本書降低對連結函式庫的依賴。我們鼓勵學生自己呼叫系統函數，並使用 Visual Studio 除錯器，按照步驟來完成程式。其中 Irvine32 與 Irvine64 資料庫可以幫助學生處理輸入 / 輸出，但是我們並不要求這樣做。
- 由作者所錄製的教學影片 (包含其中幾個章節)，也加入了 Pearson 的網站。(此處指購買原文書者)

本書焦點仍在教導學生如何於機器層次、撰寫程式以及對程式進行除錯。此外，雖然本書無法取代一本對計算機架構進行完整討論的書籍，但它可在對學生說明電腦動作原理時，給予有關撰寫軟體的第一手經驗。在此我們預設一個前提，那就是：學生應該具有關於理論與實務相結合等方面的足夠知識。在工程課程中，學生應該建立原型；在計算機架構課程中，學生應該撰寫機器層次的程式。在這兩種情形下，學生應該會具有難忘的經驗，讓他們具有能夠在任何 OS 或機器導向的環境中，順利完成工作的自信。

本書 (第 1 到 13 章) 強調的是保護模式，因此，學生將會在最新的微軟 Windows 之下，建立 32 位元與 64 位元的程式。其餘四個章節會以電子書的形式，提供 16 位元的編程資料。這些章節涵蓋 BIOS 的程式設計、MS-DOS 服務器、鍵盤與滑鼠輸入、視訊顯示器 (包含圖形) 的程式設計。其中有一章節涵蓋了硬碟儲存功能的部分。還有一章討論進階的 DOS 編程技術。

連結函式庫

本書提供了三種版本的連結函式庫，學生可以使用它們用於基本的輸入輸出、模擬、計時和其他任務。Irvine32 與 Irvine64 函式庫是在保護模式下執行，而 16 位元版本 (Irvine16.

lib) 則是在實體位址模式下執行，只有使用在第 14 到 17 章中。這些函式庫的完整原始碼都可在本書的網站上找到。不過，提供函式庫的目的是為了程式設計上的便利，而不是要扼殺學生去學習如何設計輸入輸出程式的動機，我們仍然鼓勵學生建立自己的函式庫。

軟體和例題

本書所有範例都在 Microsoft Visual Studio 2012 中，以 Microsoft Macro Assembler 11.0 版完成測試，另也提供批次檔，以便讀者或學生可以在 Windows 命令視窗，組譯及執行應用程式，且第 14 章的 32 位元 C++ 應用程式，也已使用 Microsoft Visual C++ .NET 加以測試。針對本書的更新和修正，可以在本書網站上找到，包括程式設計專案，可供指導老師在章末練習時指定作為作業。

本書目標

下列目標是設計來擴大學生對組合語言相關主題的興趣與知識：

- Intel 及 AMD 處理器架構和程式設計。
- 實體位址模式和保護模式程式設計。
- 組合語言指引、巨集、運算子和程式結構。
- 程式設計方法論:用於說明如何使用組合語言，去建立系統層次的軟體工具和應用程式。
- 電腦硬體的操作。
- 組合語言程式、作業系統和其他應用程式之間的互動關係。

我們的目標之一是：幫助學生以貼近機器層次的想法，去著手處理程式設計的問題。例如將 CPU 想像成互動式工具，以及學習盡可能地直接監督 CPU 的運作。或者應該意識到除錯器是設計人員最好的朋友，它不僅只用於找出程式的錯誤而已，也可當作教導有關 CPU 和作業系統的教育性工具。我們鼓勵學生去探查高階語言表面下的運作方式，以及去體認大部分程式設計語言都是設計為可攜式的，所以可與其所在電腦的系統環境無關。除了一些較短程式之外，本書還含有數百個可立即執行的程式，這些程式在指令出現於課文中時，示範說明指令和觀念。此外，本書最後面還提供了 MS-DOS 中斷和指令助憶碼的指南。

必要的背景

讀者應該已經能夠至少使用一種其他程式設計語言及寫出適用的程式，例如 Python、Java、C 或 C++。本書有一章探討的是 C++ 介面，所以最好準備一個 C++ 編譯器。此外，我已經在主修電腦科學和管理資訊系統的課堂上，使用過本書，而且也已經有人將它用於工程相關的其他課程。

本書特色

完整的程式內容

本書所有範例的原始碼都可以在網站上找到，其上有相關學習指引及其他素材，此外，本書還提供一個龐大的連結函式庫，包括超過 30 個能簡化下列工作的程序：輸入輸出、數值處理、磁碟和檔案處理、字串處理等。在課程剛開始的階段，學生可以使用此函式庫來增強自己撰寫程式的功力。不過在課程的後面階段，學生應該建立自己的程序，並且將它們加入函式庫中。

程式設計邏輯

本書有兩章強調了布林邏輯和位元層次的操作說明，我們還有意識地嘗試：讓高階程式設計邏輯與機器的低階細節產生關連。這樣的作法可以幫助學生更有效率地進行程式碼實作，以及更容易瞭解編譯器如何產生目的程式碼。

硬體和作業系統的概念

本書前兩章介紹了基本硬體和資料表示法的概念，包括二進位數值、CPU 架構、狀態旗標和記憶體對映。並且概略性說明 Intel 處理器族系的電腦硬體和歷史演進過程，都可幫助學生更瞭解他們所使用的電腦系統。

結構性的程式設計方法

從第 5 章開始，我們強調了程序和功能性分析。在這個階段中，本書給予學生更複雜的程式設計練習，這些練習題將要求學生在開始撰寫程式碼之前，先專注於如何設計。

Java 位元碼及 Java 虛擬機

本書作者在第 8 及第 9 章以簡短而明確的範例，說明 Java 位元碼的基本操作，這些為數不少的小範例，都先呈現為反組譯的位元碼格式，再輔以逐步詳細解說。

磁碟儲存媒介的概念

學生將從軟硬體的觀點，學習根據 MS-Windows 為基礎系統的磁碟儲存系統背後的運作基本原理。

建立連結函式庫

學生可以不受限制地將自己的程序添加到本書的函式庫，以及建立新的函式庫。他們會因此學習到使用工具箱的作法來進行程式設計，以及撰寫出可使用在超過多個應用程式的程式碼。

巨集和結構

本書以一章的篇幅說明如何建立結構、聯合體以及巨集，這些資料型別在組合語言和系統程式設計中，都是基本的工具。而具有高階運算子的條件式巨集，則可應用於巨集，使設計成果更具有職業水準。

與高階語言的結合

本書以一章的篇幅說明如何結合組合語言與 C、C++ 等高階語言，對於可能以高階語言從事程式設計工作的人而言，這是很重要的技巧。這些人可以因此學習到如何最佳化程式碼，也可以看到 C++ 編譯器如何最佳化其程式碼的範例。

教學上的協助

讀者可以在網路上找到所有程式的內容。我們還針對各章提供指導老師測驗題庫、自我評量答案、程式設計練習解答和教學 PowerPoint 投影片。

影片說明 (此資源提供給購買原文書者)

　　影片說明是本書出版社—— Pearson 的新設計，它可作為貼近每一位讀者的虛擬教學工具，這些影片說明會針對習題要求，予以逐步解說，並展示如何以學習過的知識，撰寫程式及解決問題。做為自學的輔助工具，您可在有需要時，針對每一個習題的影片說明，執行播放、向前、向後、暫停等操作，附有影片說明的習題會在本書中特別予以註明。

　　購買本書 (此處指購買原文書者) 後，就可免費取得影片說明檔，請至以下網址：www.pearsonglobaleditions.com/irvine，再按下 Student Resources 的 VideoNotes。

章節摘要

　　第 1 到 8 章的內容是有關組合語言的基本原則，讀者應該依序研讀它們。在這些章節之後，讀者可依需求或其他條件，自由閱讀本書內容。下列的各章相互依存關係圖顯示出：較後面的幾章必須以哪些章節作為預備知識。

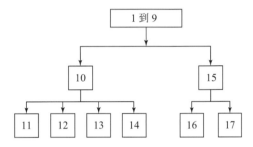

1.　**基本概念：**組合語言的應用、基本概念、機器語言和資料表示法。
2.　**x86 處理器架構：**基本微電腦設計、指令執行週期、x86 處理器架構、Intel64 結構、x86 記憶體管理、微電腦元件和輸入輸出系統。
3.　**組合語言的基礎：**組合語言導論、連結與除錯以及定義常數和變數。
4.　**資料搬移、定址和算術運算：**簡單的資料搬移和算術指令、組譯 - 連結 - 執行的循環、運算子、指引、運算式、JMP 和 LOOP 指令以及間接定址。
5.　**程序：**連結外部函式庫、對本書連結函式庫的說明、堆疊的操作、定義和使用程序、流程圖以及由上而下的結構式設計。
6.　**條件處理：**布林與比較指令、條件跳越和迴圈、高階邏輯結構以及有限狀態機。
7.　**整數算術運算：**具備有效應用的移位和旋轉指令、乘法和除法、延伸加法和減法以及 ASCII 和壓縮十進制算術運算。
8.　**進階程序：**堆疊參數、區域變數、進階 PROC 和 INVOKE 指引、遞迴。
9.　**字串與陣列：**字串基本指令、操作字元與整數陣列、二維陣列、排序以及搜尋。
10.　**結構與巨集：**結構、巨集、條件式組譯指引以及定義重覆性區塊。
11.　**微軟視窗程式設計：**保護模式記憶體管理的概念、使用 Microsoft Windows API 來顯示文字和顏色、動態記憶體配置。
12.　**浮點數處理和指令編碼：**浮點數二進位表示法和浮點數算術運算、學習如何對 IA-32 浮點運算單元進行程式設計、以及瞭解 IA-32 機器指令的編碼。

13. **高階語言介面**：傳遞參數的慣用方式、嵌入式組合語言程式碼、將組合語言模組連結到 C 和 C++ 應用程式
    - **附錄 A**：MASM 參考資料。
    - **附錄 B**：x86 指令集。
    - **附錄 C**：自我評量解答。
14. **16 位元 MS-DOS 程式設計**：呼叫用於主控台和檔案輸入輸出的 MS-DOS 中斷。

以下章節及附錄置於本書網站 (本資源提供給購買原文書者)：

15. **磁碟基礎知識**：磁碟儲存媒介系統、磁區、叢集、目錄、檔案配置表、處理 MS-DOS 錯誤代碼、磁碟機和目錄操作。
16. **BIOS 層級程式設計**：鍵盤輸入、視訊文字、圖形以及滑鼠程式設計。
17. **進階 MS-DOS 程式設計**：自訂區段、執行時期程式結構以及中斷處理。利用 I/O 埠的硬體控制。
    - **附錄 D**：BIOS 和 MS-DOS 中斷
    - **附錄 E**：自我評量解答 (第 14-17 章)

教師及學生來源

教學素材來源

以下是本書網站中，受到保護的教學素材：

www.pearsonglobaleditions.com/irvine

有關用戶名稱及密碼，請連絡您的 Pearson 代表。
- 教學投影片
- 教師參考手冊

學生素材來源

學生的學習素材可以在本書網站中取得，網址是 www.pearsonglobaleditions.com/irvine，此類素材包含如下內容：

- 影片說明
- 以下的線上章節及附錄
    - 第 14 章：16 位元 MS-DOS 程式設計。
    - 第 15 章：磁碟基礎知識。
    - 第 16 章：BIOS 層級程式設計。
    - 第 17 章：進階 MS-DOS 程式設計。
    - 附錄 D：BIOS 和 MS-DOS 中斷。
    - 附錄 E：自我評量解答 (第 14-17 章)。

學生必須使用本書 (此處指原文書) 所附存取卡中的登錄資訊，才可存取上述線上章節內容及影片說明。教師也必須在登錄之後，才可使用上述學生的學習素材，學生也可在本書作者的網站中，連結至上述內容。www.asmirvine.com：

- 全面而詳盡的逐步解說，協助讀者完成 Visual Studio 中的組合語言環境建置。
- 有關組合語言設計主題的補充說明及文章。
- 本書範例程式及本書作者提供函式庫的完整原始碼。
- **組合語言作業簿**在本書網站上提供了一份互動式的作業簿，其內容涵蓋數值轉換、定址模式、暫存器用途、除錯程式設計以及浮點二進位數值等主題。內容為 HTML 格式，可供讀者依需求自訂，輔助說明檔是 Windows Help 格式。
- 除錯工具：有關使用 Microsoft Visual Studio 除錯器。

感謝

特別感謝 Tracy Johnson，他是 Prentice Hall 公司有關電腦科學的執行編輯。在過去數年中，他為本書的撰寫，提供相當友善且很有幫助的引導。還需要感謝的是 Jouve 的 Pavithra Jayapaul，在本書的製作過程中，提供相當多的協助。還有 Pearson 公司的 Greg Dulles，他是本書的執行編輯等，在此致上謝意。

前版

我想特別感謝下列人士，他們在本書歷次改版中，給予了不凡的協助。

- William Barrett, San Jose State University
- Scott Blackledge
- James Brink, Pacific Lutheran University
- Gerald Cahill, Antelope Valley College
- John Taylor

全球版

Pearson 想要感謝以下的人員審查全球版：

- Agnimitra Borah, Girijananda Chowdhury Institute of Management and Technology
- Supratim Gupta, Indian Institute of Technology Kharagpur
- Chiranjib Koley, National Institute of Technology Durgapur

關於作者

Kip Irvine 共撰寫及出版五本電腦程式設計書籍，主題涵蓋 Intel 組合語言設計、C++、Visual Basic（入門與進階）、COBOL 等，其中 Assembly Language for Intel-Based Computers 一書翻譯成六種語言，他的第一個大學學位 (B.M、M.M 及博士) 是在夏威夷大學和邁阿密大學的 Music Composition 學系，並由 1982 年開始，以電腦程式設計合成音樂，現已在 Miami-Dade Community College 授課 17 年之久，Kip 也在 University of Miami 獲得計算機科學博士學位，同時自西元 2000 年以來，就在 Florida International University 擔任計算機及資訊科學 (Computing and Information Sciences) 專職教師。

1

基本概念

　　此章節建立了一些與組合語言程式設計有關的核心概念。舉例來說，它顯示組合語言如何符合廣泛的語言與應用程式。我們在此介紹虛擬機器的概念，因為它在幫助讀者瞭解軟體與硬體之間的關係上，有著重要的關鍵作用。此章節中有很大的一部分是關於二進位與十六進位數字系統，這兩個系統會顯示如何進行轉換，以及基本的運算。最後，此章節介紹了基本的布林運算 (AND、OR、NOT、XOR)，這會是之後章節的基礎。

1.1　歡迎來到組合語言的世界

　　Assembly Language for x86 Processors 是專用於 Intel 及 AMD 處理器相容的程式語言設計，目的是開發在 Microsoft Windows 環境下 32 位元和 64 位元版本執行的系統。本書需要與最新版的 Microsoft Macro Assembler（也稱做 MASM）一起使用。MASM 包含了 Microsoft Visual Studio 中大多數的版本（Pro、Ultimate、Express 等等）。若有需要，請到我們的網站 (asmirvine.com) 取得最新關於 Visual Studio 中 MASM 的細節。我們收錄很多關於如何設定讀者的軟體與開始使用的有用資訊。

有數個風評較佳及常用於 Microsoft Windows 電腦的組譯器 x86 系統，包括 TASM (Turbo Assembler)、NASM (Netwide Assembler) 與 MASM32（MASM 的另一種版本）。兩個常用於以 Linux 為基礎的組譯器為 GAS（GNU 組譯器）與 NASM。在這些組譯器中，NASM 的語法和 MASM 最相似。

組合語言在所有的程式語言之中是最古老的一種，也是最接近電腦執行動作所需指令的機器語言 (machine language)。由於它具備了直接控制電腦硬體的能力，所以您必須對於計算機架構 (computer architecture) 和作業系統 (operating system) 有相當程度的了解。

教育上的價值 (Educational Value)

為什麼您必須閱讀本書呢？或許您目前正在修習的課程，剛好跟下列的課程名稱很相近：

- 微電腦組合語言 (Microcomputer Assembly Language)
- 組合語言程式設計 (Assembly Language Programming)
- 計算機結構入門 (Introduction to Computer Architecture)
- 計算機系統基礎 (Fundamentals of Computer Systems)
- 嵌入式系統程式設計 (Embedded Systems Programming)

本書探討了有關於計算機結構、機器語言和低階程式設計的基本原理。讀完本書，讀者學習到的組合語言，將足以測試出自己是否已充份了解，現今最廣泛使用的微處理器族系相關知識。在此學習過程中，您學習到的並不只是使用模擬的組譯器，針對「玩具」電腦進行程式設計；MASM 是一個在工業界被廣泛運用的組譯器，有許多具有豐富實務經驗的專家都使用此一組譯器開發系統。您將會由設計師的角度，學習及了解有關 Intel 處理器族系的架構。

若您打算擔任 C 或 C++ 程式設計師，就必須了解如何在記憶體中執行定址及在低階環境的作業所需指令，因為有許多設計錯誤，不容易在高階語言中判斷及掌握。所以若要在高階語言解決錯誤，有可能會經常需要「深入」到應用程式的核心，探查為何不能如預期正常執行。

若您仍懷疑為何一定要了解電腦軟硬體低階程式設計的細節，請仔細閱讀以下由電腦科學大師——Donald Knuth，在其所著的 *The Art of Computer Programming* 一書中所說的話：

> 有人說機器語言的存在是我所造成的最大錯誤。但我無法想像如何在不說明低階細節的情況下，撰寫一本嚴肅說明電腦程式設計的書[1]。

您可參訪 **www.asmirvine.com** 網站，獲得有關本書的支援資訊、教材及習題等。

1.1.1　一些很好的問題

讀者應該具備怎樣的背景知識？

在閱讀本書之前，您必須至少熟悉及使用一種高階語言，如 Java、C、Python 或 C++ 等，也必須了解如何使用 IF、陣列、函數等基本程式技巧，才能解決程式設計時，可能遇到的問題。

什麼是組譯器和連結器？

　　組譯器 (assembler) 是可以將組合語言撰寫的原始碼，轉換為機器語言的工具程式。連結器 (linker) 的功能是將組譯器建立的多個檔案，予以結合，成為一個可單獨執行的應用程式。另一相關工具是除錯器 (debugger)，功能是可以經由暫存器 (register) 及記憶體，逐步找出錯誤。

我需要什麼樣的軟體和硬體？

　　您需要一台可執行 32 位元與 64 位元 Microsoft Windows 版本的電腦，以及最新版的 Microsoft Visual Studio。

使用 MASM，我可以開發出什麼類型的程式？

- **32 位元保護模式 (32-Bit Protected Mode)**：32 位元保護模式的程式，是在微軟 32 位元版本視窗下執行的程式。它們通常比實體模式的程式容易撰寫和瞭解。從現在起我們簡單的稱它為 32 位元模式。
- **64 位元模式 (64-Bit Mode)**：64 位元程式可在所有微軟 64 位元版本視窗下執行。
- **16 位元實體位址模式 (16-Bit Real-Address Mode)**：16 位元實體位址模式的程式可以在 Windows 32 位元版本下執行，也可以執行於嵌入式系統。因為它們不支援 64 位元的 Windows，我們會限制此模式的討論在第 14-17 章當中。這些章節是以電子書的形式存在，可在出版商的網站上找到。（**此處指購買原文書者**）

我可以獲得本書的哪些支援或協助（此處指購買原文書者）？

　　本書網址 (www.asmirvine.com) 提供的相關內容如下：

- **組合語言作業區**：訓練教材的集合。
- **Irvine32、Irvine64 與 Irvine16 連結程式庫**：可用於 32 位元、64 位元與 16 位元系統開發，且含有完整原始碼。
- **範例程式**：含有本書所有範例的原始碼。
- **勘誤及修正**：針對本書內容及範例的修訂。
- **第一步**：內含協助安裝可搭配 Microsoft 組譯器的 Visual Studio 之詳細說明。
- **相關文件**：因篇幅有限，無法列印在本書的相關進階主題。
- **線上論壇**：讀者可造訪此處列舉的論壇，獲得其他使用本書的專家提供之協助。

我可以學習到什麼？

　　本書可讓讀者清楚了解有關資料表示法、除錯、系統開發、硬體操作的知識，以下是讀者可以從本書學習到的主要內容：

- 可應用於 x86 處理器計算機架構的基本原理。
- 基本布林邏輯及如何應用於程式開發、電腦硬體設計等。
- x86 處理器在保護模式及虛擬模式 (virtual mode) 等不同狀態下，管理記憶體的方式。
- 高階語言（如 C++）的編譯器如何將其程式碼轉換為組合語言及機器碼。
- 高階語言如何在機器層次 (machine level) 實作其運算處理，包括運算式、迴圈、邏輯架構等。

- 資料的呈現，包括有號整數、無號整數、實數及字元資料等。
- 如何在機器層次上對程式進行除錯，若使用 C 或 C++ 等工具，此一技巧就顯得相當重要，因為它們都提供存取低階資料及硬體的功能。
- 應用程式如何透過中斷處理程序 (interrupt handler) 與系統呼叫 (system call)，與作業系統進行溝通。
- 如何在 C++ 中加入組合語言程式碼。
- 如何建立組合語言應用程式。

組合語言和機器語言之間有什麼關聯性？

機器語言 (machine language) 是純數字語言，電腦中央處理器 (CPU) 對於以數字表達的機器語言，具有強大的理解能力。所有 x86 處理器都可以理解同一套機器語言，**組合語言**含有許多簡短助憶碼 (mnemonics)，包括 ADD、MOV、SUB 及 CALL 等，組合語言與機器語言有著**一對一**的關係，也就是說每一個組合語言的指令都會對應到一個機器語言指令。

C++ 和 Java 跟組合語言之間有什麼關聯性？

如 Python、C++、Java 等高階語言與機器語言之間，具有一**對多**的關係，C++ 程式中的單一敘述式會展開成為多個組合語言或機器指令。以下例子說明 C++ 敘述式如何展開成為機器碼。不過，為顧慮大部分讀者可能無法讀懂未經處理的機器碼，所以我們在以下的展示，將使用與機器語言相近的組合語言。以下的 C++ 程式會執行兩個運算動作，再將結果儲存至指定變數。假設 X 和 Y 是整數：

```
int   Y;
int   X = (Y + 4) * 3;
```

以下是上述動作轉換後的組合語言，由於組合語言需要在更詳細的層次下執行，也就是執行動作必須明確定義，所以轉換後的組合語言，會含有較多的敘述。

```
mov   eax,Y              ; 將Y的值存放到EAX暫存器
add   eax,4              ; 將4加到EAX暫存器
mov   ebx,3              ; 將3存放到EBX暫存器
imul  ebx                ; 執行EAX乘以EBX的運算
mov   X,eax              ; 將EAX暫存器的值存放到變數X中
```

暫存器 (registers) 是在 CPU 中，已命名的儲存空間，可儲存指定運算結果。此程式範例的重點不在於表示 C++ 優於組合語言，或者組合語言優於 C++，而是在強調說明兩者的關係。

組合語言是否具有可攜性？

一個程式語言建立的原始程式碼，若可以在編譯後，於不同電腦系統上執行，這個程式語言就被視為具有**可攜性 (portable)**。如以 C++ 撰寫的應用程式，可在完成編譯後，在任一電腦系統中執行，但若使用了某一作業系統的特有程式庫，就只能在該作業系統的環境下執行，而 Java 語言的一大特色是經過編譯後的程式，幾乎可以在任何電腦系統上正確執行。

因為組合語言是針對特定處理器族系所設計，所以它並不具有可攜性。今天有許多被廣泛使用的不同組合語言，各自有其適用的處理器族系。這些不同的處理器族系包括 Motorola 68x00、x86、SUN Spare、Vax 及 IBM-370 等，組合語言的指令必須搭配各自的電腦架構；或在執行時，由在 CPU 內部名為微程式碼直譯器 (microcode interpreter) 的工具，加以轉譯。

為什麼要學習組合語言？

若讀者對於學習組合語言仍有疑慮，請考量下列情況：

- 若您正在學習電腦工程相關課程，可能需要或被要求撰寫嵌入式 (embedded) 系統，這是內含於僅具單一功能裝置內的小程式，且只能使用裝置內的少量記憶體，這些裝置系統如電話、汽車燃料點火系統、空調控制系統、保全系統、資料讀取裝置、視訊卡、音效卡、硬碟機、數據機及印表機等。由於組合語言開發的應用程式可以有效率地使用記憶體，故可說是開發嵌入式系統的理想工具。

- 另如模擬及硬體監控等即時處理系統，在時間控制上，必須相當精準地提出要求及回應，但高階語言無法讓程式設計人員對編譯器所產生的機器碼，具有精準的控制能力。而組合語言則可允許程式設計人員在特定時機，明確指定執行的程式碼。

- 電腦遊戲機會要求在其上執行的軟體，必須對程式最小化和執行速度做高度最佳化的處理。這些遊戲設計人員都可以算是撰寫程式的專家，他們在撰寫程式時必須要考量如何在執行的系統上，完全利用到硬體所提供的能力。他們通常都是以組合語言來作為程式開發的工具，因為組合語言允許直接控制電腦硬體，因此程式碼能夠針對速度做到最佳化處理。

- 組合語言可以幫助讀者全面性地瞭解電腦硬體、作業系統及應用程式等三者之間的互動關係。藉由組合語言，您可以運用與測試在計算機結構或作業系統課程中，學習到的各種理論。

- 有些高階程式設計人員可能會發現工具本身的限制，如無法有效率地執行位元操作等低階動作。或者必須呼叫組合語言形式的副程式，才能完成所需動作。

- 硬體製造商必須為所販售的硬體設備撰寫裝置驅動程式。裝置驅動程式的功能是將作業系統的指令，轉換為硬體裝置可以理解的特定內容。舉例而言，印表機製造商必須為所販售的各種型號產品，撰寫不同的 MS-Windows 驅動程式。通常這些裝置驅動程式都包含重要的組合語言代碼。

組合語言具有規則嗎？

組合語言大部分的規則是由標的處理器及其機器語言的實體限制所造成。舉例而言，CPU 要求指令中的兩個運算元必須具有相同大小的記憶體空間。對 C++ 或 Java 而言，這兩種語言會在犧牲低階資料存取的條件下，運用語法規則減少可能的邏輯錯誤；相對地，組合語言就比這樣的語言具有較少的規則。換言之，組合語言程式設計人員可以輕易地避開高階語言才有的限制，舉例而言，Java 不允許存取特定記憶體位址。可能的方法是透過 JNI (Java Native Interface) 呼叫 C 函數，但結果是會造成維護上的麻煩。相反地，組合語言可以存取任何記憶體位址。當然，自由的代價是很高的，組合語言程式設計師需要花很多時間作除錯的工作。

1.1.2 組合語言的應用

　　早期在設計程式時，大多數應用程式都有部分或全部是使用組合語言來撰寫。它們必須放置在記憶體的小區域內，並且盡可能地在速度緩慢的處理器上有效率地執行。隨著記憶體資源變得越來越充分，且處理器的速度急遽增加，程式卻也變得愈加複雜。程式設計人員也跟著轉而使用像 C、FORTRAN 和 COBOL 這樣的高階語言，這些程式語言都具備了某種程度的結構化能力。直到近年，Python、C++、C# 和 Java 等語言採用物件導向的方式，使得想要寫出包含數百萬行程式碼的高複雜度程式也變得可行。

　　現在已經很少看到大型應用程式會完全使用組合語言來開發，畢竟這需要花很多時間來進行程式的撰寫以及事後的維護。取而代之的是組合語言大都用來在應用程式中最佳化部分區塊，主要目的是在連接至硬體裝置時，可以獲得較佳效率。表 1-1 列出在不同型態的應用程式，使用高階語言及組合語言的差別：

表1-1　組合語言及高階語言的比較

應用系統類型	高階語言	組合語言
為單一平台而開發，商業或科學應用的中大型系統。	由於結構化的形式，使高階語言可以很容易地開發及維護含有大量程式的系統。	只有少數的結構化形式，所以開發人員必須在不同層次的設計中有相當經驗，且難以維護現有程式。
硬體裝置驅動程式。	可能不提供直接存取硬體裝置的能力，即使可以，也會因設計技巧難以掌控，產生不易維護的困擾。	與硬體裝置的溝通直接且簡單，特別適用於組合語言，且易於維護。
為多平台 (不同作業系統) 而開發，商業或科學應用系統。	可攜性較佳，通常只需小幅修改，就可在不同作業系統重新編譯。	必須為不同平台重新設計，因為各平台的適用語法不同，且較難維護。
內嵌式系統及需要直接存取硬體裝置的電腦遊戲。	會產生較多程式碼，且可能效率不佳。	由於組合語言產生的程式碼很小、執行速度快，且具高執行效率，故組合語言是理想工具。

　　C 及 C++ 等語言的獨特之處是在高階架構及低階細節間，加入了特有的細部妥協設計，雖然對於 C++ 而言，仍然可以直接存取硬體裝置，但此時程式就不具備可攜性。大部分 C 及 C++ 編譯器都提供產生組合語言原始碼的功能，讓設計人員可以在產生可執行檔前，依需求在其系統加入可能的自訂及最佳化設計。

1.1.3 自我評量

1. 組譯器和連結器如何一起配合使用？
2. 學習組合語言為何能增進您對作業系統的了解？
3. 請說明在組合語言及高階語言間，一**對多**的關係有何意義？

4. 請說明在程式語言中，可攜性的意義為何？

5. 請問使用於 x86 處理器的組合語言，可否使用在 Vax 或 Motorola 68x00 等處理器的系統？

6. 請舉例說明嵌入式系統 (embedded systems) 的實例？

7. 何謂裝置驅動程式 (device driver)？

8. 請問對於指標變數的型別檢查，您認為組合語言或 C 與 C++ 等，何者較嚴格？

9. 請列出兩種使用組合語言較高階語言更為合適的應用系統？

10. 請說明為何高階語言不是撰寫直接存取硬體裝置，如特定品牌印表機的較佳工具？

11. 在開發大型應用程式時，為什麼通常不會使用組合語言？

12. (挑戰題)：參考內文中所提供的例子，將下面的 C++ 運算式轉換成對應的組合語言：$X = (Y * 4) + 3$。

1.2 虛擬機器的概念

虛擬機器的概念是說明電腦硬體及軟體二者關係的較佳方式，較為人所熟知的說明是在 Andrew Tanenbaum 所著的《Structured Computer Organization》一書中。以下由電腦基本功能－執行程式，開始說明虛擬機器的概念。

一部電腦通常只會執行以其原生或本機機器語言撰寫的程式，在這種語言中，每一個指令都十分精簡，使得執行它所需的電子電路都維持在很少的數量。為便於說明，我們以 **L0** 稱呼此種語言。

但對程式設計人員而言，因為 L0 包含了太多需要注意的細節，而且只能使用數字來表示，所以要用 L0 來撰寫程式並不容易。假設有另一個易於使用的新語言，名稱是 **L1**，可以讓設計人員在不需知道太多細節下，快速開發系統，要達到此目的，有以下兩種方法：

- **直譯 (Interpretation)**：執行以 L1 撰寫的程式時，每道指令都會由以 L0 撰寫的程式，加以解碼及執行。也就是說，L1 應用程式必須在經過解碼的動作後，才可執行。

- **轉譯 (Translation)**：整個用 L1 所寫的程式可以被轉換成 L0 的程式，其作法是：使用另一個為了此目的而設計的 L0 程式來負責此動作，然後所產生的 L0 程式便可以直接由電腦硬體執行。

虛擬機器 (Virtual Machine)

除了字面上的意義外，讀者可以將**虛擬機器**想像成在各種層面的假想電腦或虛擬機器，一般而言，我們會建立虛擬機器，以供軟體執行測試及模擬之用，就好像在真的實體環境中一樣。假設有一個名為 **VM1** 的虛擬機器，可以執行以 L1 語言撰寫的指令。可能又另有一個 **VM0** 虛擬機器，用來執行以 L0 語言撰寫的指令。

每個虛擬機器都可以是用硬體或軟體建構而成的，我們可以為虛擬機器 VM1 撰寫程式，而且如果將 VM1 實作成電腦是可行的，那麼這些程式便可以直接在此電腦硬體上執行。另一做法是先將以 VM1 所寫的程式經過直譯或轉譯，再拿到 VM0 上面執行。

由於直譯或轉譯的過程極為耗時，所以虛擬機器 VM1 在本質上最好不要和 VM0 有太大的差異。但對於撰寫有用的應用程式而言，假如 VM1 所支援的語言對程式設計人員而言仍不夠友善，那該怎麼辦呢？我們只好再設計另一個虛擬機器 VM2，而此機器設計的目的便在於能更容易了解。這個過程可以重複執行，直到找到一個 VMn 虛擬機器，可支援功能強大且易於使用的語言。

Java 程式語言就是基於這種虛擬機器的概念。Java 語言開發的系統，會被 Java 編譯器轉換為 **Java 位元碼 (Java byte code)**，稍後再由 **Java 虛擬機 (Java virtual machine，JVM)**，執行此一較低階的程式碼。許多各種不同的電腦系統都已實作出 JVM，使得 Java 程式相當程度地具有系統獨立 (system-independent) 的特性。

特定用途機器 (Specific Machines)

接下來讓我們進一步說明實體電腦與語言的關係，假設以 VM2 代表 **Level 2**，以 VM1 代表 **Level 1**，電腦的邏輯硬體架構在 Level 1，上面一層是 Level 2，稱為**指令集架構 (Instruction set architecture，ISA)**，這個層次才是第一個可供撰寫程式的位置，使用的語言是**機器語言**，其內容是不易閱讀的二進位數字。

指令集架構 (Level 2)

電腦晶片製造商會在處理器的指令集設計基本運算動作，包括移動、加入及相乘等，這些指令又稱為**機器語言 (machine language)**，機器語言的指令可以由電腦硬體直接執行，也可以由內嵌在處理器晶片中，稱為**微程式 (microprogram)** 的小工具所執行。有關微程式的討論不在本書範圍，若需了解有關微程式的細節，可參考 Tanenbaum 之著作。

組合語言 (Level 3)

在 ISA 層之上，程式語言就必須提供跨層次的轉換功能，才能讓絕大部分的應用軟體可以正常執行。如在 Level 3 的組合語言，會使用如 ADD、SUB、MOV 等助憶碼，這些工具可輕易而有效地將組合語言轉換至 ISA 層。也就是說組合語言的程式會在執行前，被轉換（組譯）為對應的機器語言。

高階語言 (Level 4)

Level 4 層就是如 C、C++ 及 Java 等高階語言，這些語言都提供強大功能的敘述，各敘述通常都會轉換為多個組合語言指令，讀者可由 C++ 編譯器的輸出檔案，查看轉換後的結果，這些轉換後內容就是組合語言，會在執行時被編譯器自動轉換為機器語言。

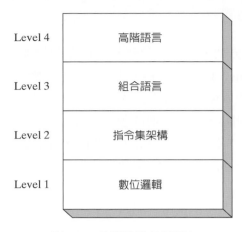

圖 1-1　虛擬機器多個層次

1.2.1　自我評量

1. 請以您的了解，闡述何謂虛擬機器？
2. 您認為為什麼轉譯的程式通常比直譯的程式執行得還快？
3. （是非題）：當一個以 L1 程式語言撰寫、而且經過直譯的程式在執行時，其每一個指令都會以一個由 L0 程式語言所撰寫的程式來進行解碼與執行。
4. 請說明電腦在處理不同虛擬機器層次的語言時，如何進行轉換。
5. 請問在本節的說明中，組合語言出現在虛擬機器的哪一個層次？
6. 什麼軟體使得經過編譯的 Java 程式，幾乎可以在所有的電腦上執行？
7. 請列出在本節說明中，由下而上的四個虛擬機器各層級名稱。
8. 請說明為何程式設計師不使用機器語言撰寫應用系統？
9. 請問在圖 1-1 中，機器語言會使用在虛擬機器的哪一個層次？
10. 請問虛擬機器中的組合語言指令，會由哪一個層次轉換至其他層次？

1.3　資料表示法

　　因為組合語言程式設計人員處理的是位於實體層次的資料，所以他們必須能夠很熟練地審視記憶體和暫存器。電腦通常使用二進位數字去描述記憶體中的內容；除此之外，十進位數字與十六進位數字有時候也會使用到。所以讀者必須熟悉不同數字系統的表示法，才能在有需要時，可以在不同數字表示法間迅速完成轉換。

　　每一個系統及數字表示法都有基底 (base)，表示單一數字可以使用的最大符號數目，表 1-2 列出在常用軟硬體設計中，不同數字系統的可用數字，在此表格的最後一列中，十六進位數值系統使用了數字符號 0 到 9，然後再接著使用英文字母的 A 至 F 來代表十進位數值 10 至 15。在顯示電腦記憶體的內容和機器層次的指令時，使用十六進位數值是相當常見的。

1.3.1　二進位整數

電腦是以電子電荷的方式，將指令與資料儲存在記憶體中。爲了以數字表示資料內容，電腦使用 on、off 或 true、false 等資料，也就是二進位數字 (binary numbers)。**二進位數字**是以 2 爲基底的數值，以 0 或 1 分別代表各個二進位資料 (bit)，多個 bit 組合成的 bits，是一連串由右而左，以 0 開始，不斷遞增的數字，最左方的 bit，稱爲最大有效位元 (most significant bit，MSB)。最右方的 bit，稱爲最小有效位元 (least significant bit，LSB)，下圖所示爲一個 16 位元二進位數值的 MSB 與 LSB 位元值。

```
MSB                          LSB
1 0 1 1 0 0 1 0 1 0 0 1 1 1 0 0
15                           0   位元值
```

表1-2　二進位、八進位、十進位及十六進位的可用數字

系統	基底	可能的數字
二進位	2	0 1
八進位	8	0 1 2 3 4 5 6 7
十進位	10	0 1 2 3 4 5 6 7 8 9
十六進位	16	0 1 2 3 4 5 6 7 8 9 A B C D E F

二進位整數可以是有號或無號的。有號整數可以是正或負數。無號整數則被預設爲正數。此外，零也視爲正數。當人們使用較多位數的數字時，通常會每 4 位或 8 位加入分隔點，以便閱讀，如 1101.1110.0011.1000.0000 及 11001010.10101100。

無號二進位整數

若要進行轉換，可由 LSB 開始，每一個無號二進位整數各位元資料，依序遞增 2 的冪次，即次方，下圖所示爲一個 8 位元二進位數字，如何由右至左遞增每一位數使用的 2 的冪次：

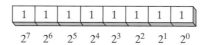

$$2^7 \quad 2^6 \quad 2^5 \quad 2^4 \quad 2^3 \quad 2^2 \quad 2^1 \quad 2^0$$

表 1-3 列舉了 2^0 到 2^{15} 的十進位數值。

表1-3　二進位各位元的十進位值

2^n	十進位值	2^n	十進位值
2^0	1	2^8	256
2^1	2	2^9	512
2^2	4	2^{10}	1024
2^3	8	2^{11}	2048
2^4	16	2^{12}	4096
2^5	32	2^{13}	8192
2^6	64	2^{14}	16384
2^7	128	2^{15}	32768

將無號二進位整數轉換為十進位

另一較便利的方法是使用**位置加權記號法 (Weighted positional notation)**，它可以在無號二進位整數中，將 n 位數的資料轉換為十進位數字，如：

$$dec = (D_{n-1} \times 2^{n-1}) + (D_{n-2} \times 2^{n-2}) + \cdots + (D_1 \times 2^1) + (D_0 \times 2^0)$$

公式中的 D 代表一個二進位數字，例如，二進位的 00001001 相當於 9。在進行計算時，可以省略等於零的各數字：

$$(1 \times 2^3) + (1 \times 2^0) = 9$$

下圖顯示了同樣的計算方式：

將無號十進位整數轉換為二進位

如要將無號十進位整數轉換為二進位，方法是以轉換前數字重複除以 2，將每次相除後的餘數，儲存及結合後，作為二進位數字。下列表格顯示了將十進位的 37，轉換為二進位所需要採行的步驟。每次相除後餘數，由上而下分別作為二進位數字 D_0、D_1、D_2、D_3、D_4 及 D_5：

除法運算式	商數	餘數
37 / 2	18	1
18 / 2	9	0
9 / 2	4	1
4 / 2	2	0
2 / 2	1	0
1 / 2	0	1

接下來將相除後的餘數以相反順序予以結合 (D5、D4⋯⋯)，可獲得二進位數字 100101，因電腦是以 8 位元長度的倍數為儲存空間存放二進位數字，所以我們必須以 0 填滿左邊的兩個空位，成為 00100101。

> **小技巧**：有多少位元？有一個簡單的公式可以找到 b，就是讀者需要呈現的無號十進位數值 n 的二進位元數字。b= 最高值 $(\log_2 n)$。舉例來說，如果 n=17，$\log_2 17$=4.087463，當升至最小數以下整數時等於 5。大部分計算機沒有根據 2 的 log 運算，但是讀者可以找到能幫讀者這樣計算的網站。

1.3.2 二進位加法

在相加兩個二進位整數時,必須逐位元依次進行,此過程是由二者最低階位元的數字(最右邊)開始,並且將每個後續位元成對執行相加。所以兩個二進位數字的相加,共有以下四種情形:

0 + 0 = 0	0 + 1 = 1
1 + 0 = 1	1 + 1 = 10

當 1 和 1 相加時,結果爲二進位的 10(讀者也可以將它視爲十進位數值 2),此時會產生額外數字,必須送至位數較高的下個位元,作爲進位,下圖展示的是相加二進位數字 00000100 及 00000111 的結果:

首先由二者的最小位元開始(位元位置 0),0 與 1 相加,結果是下方的 1,在位數較高的下個位元(位元位置 1)中,相同的運算再執行一次。在位元位置 2,1 與 1 相加,產生結果爲 0 及進位 1,在位元位置 3,0 與 0 相加,再與進位的 1 相加,得到結果 1,剩餘的其他位元都是 0,讀者可在此圖右方顯示的十進位數字 (4 + 7 = 11),驗證此圖的加法運算。

有時進位會產生在最大位元位置,若眞如此,則是否預留儲存空間就顯得相當重要,如相加 11111111 及 00000001,會在最大位元位置產生進位,且其他較低的 8 個位元加總後結果都是 0,若儲存空間至少有 9 個位元,就可以完整儲存相加後結果,即 100000000;若只有 8 個位元,就只能儲存較低的 8 個位元,成爲 00000000。

1.3.3 整數儲存空間的大小

在使用 x86 處理器的電腦中,資料儲存空間的單位是**位元組 (byte)**,每一位元組等於 8 個位元 (bits),其他的儲存空間單位有等於 2 個位元組的**字組 (word)**,等於 4 個位元組的**雙字組 (doubleword)**,等於 8 個位元組的**四字組 (quadword)** 等,下圖顯示上述各種儲存空間單位使用的位元數:

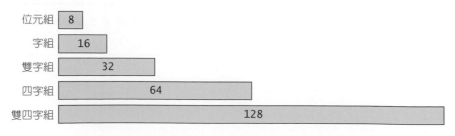

表 1-4 則顯示了每種無號整數所代表的十進位數值的可能範圍。

較大度量單位

以下是關於記憶體及磁碟空間的較大度量單位：

- 一個 kilobyte (KB) 等於 2^{10} 或 1024 個位元組
- 一個 megabyte (MB) 等於 2^{20} 或 1,048,576 個位元組
- 一個 gigabyte (GB) 等於 2^{30}、1024^3 或 1,073,741,824 個位元組
- 一個 terabyte (TB) 等於 2^{40}、1024^4 或 1,099,511,627,776 個位元組
- 一個 petabyte 等於 2^{50} 或 1,125,899,906,842,624 個位元組
- 一個 exabyte 等於 2^{60} 或 1,152,921,504,606,846,976 個位元組
- 一個 zetttbyte 等於 2^{70} 個位元組
- 一個 yotttbyte 等於 2^{80} 個位元組

表1-4　無號整數的範圍

儲存空間類型	範圍	位元儲存大小
無號位元組	0 至 $2^8 - 1$	8
無號字組	0 至 $2^{16} - 1$	16
無號雙字組	0 至 $2^{32} - 1$	32
無號四字組	0 至 $2^{64} - 1$	64
無號雙四字組	0 至 $2^{128} - 1$	128

1.3.4　十六進位整數

較大的二進位數值是繁冗且不容易閱讀的，因此十六進位數字可以提供作為二進位資料的一種便利表示方式。十六進位整數中的每個數字，代表 4 個二進位位元，而兩個結合起來的十六進位數字則能代表 1 個位元組。單一個十六進位數字可以代表 0 到 15 的十進位數值，因此字母 A 到 F 所代表的是介於 10 到 15 的十進位數值。表 1-5 顯示了一系列的 4 個二進位位元，如何轉換為十進位和十六進位的值。

表1-5　二進位、十進位及十六進位的對應數值

二進位	十進位	十六進位	二進位	十進位	十六進位
0000	0	0	1000	8	8
0001	1	1	1001	9	9
0010	2	2	1010	10	A
0011	3	3	1011	11	B
0100	4	4	1100	12	C
0101	5	5	1101	13	D
0110	6	6	1110	14	E
0111	7	7	1111	15	F

以下範例是二進位的 0001 0110 1010 0111 1001 0100，對應至十六進位的 16A794：

1	6	A	7	9	4
0001	0110	1010	0111	1001	0100

將無號十六進位整數轉換為十進位

在十六進位表示法中，每個數字位置都代表一個 16 的次方，在轉換十六進位整數至十進位數值時，這個概念是很有幫助的。假設我們利用下標，針對由四個數字組成的十六進位整數，將每個數字編號成 $D_3D_2D_1D_0$。以下的公式可以計算出十進位數值：

$$dec = (D_3 \times 16^3) + (D_2 \times 16^2) + (D_1 \times 16^1) + (D_0 \times 16^0)$$

基於上述公式的內容，可以推廣到適用於 n 位數十六進位數值的公式：

$$dec = (D_{n-1} \times 16^{n-1}) + (D_{n-2} \times 16^{n-2}) + \cdots + (D_1 \times 16^1) + (D_0 \times 16^0)$$

> 一般來說，若要將任意 B 進位的 n 位數數值轉換為十進位，公式如下：
> $$dec = (D_{n-1} \times B^{n-1}) + (D_{n-2} \times B^{n-2}) + \cdots + (D_1 \times B^1) + (D_0 \times B^0)$$

例如十六進位的數字 1234 等於 $(1 \times 16^3) + (2 \times 16^2) + (3 \times 16^1) + (4 \times 16^0)$ 或十進位的 4660。同樣地，十六進位的數字 3BA4 等於 $(3 \times 16^3) + (11 \times 16^2) + (10 \times 16^1) + (4 \times 16^0)$ 或十進位的 15,268，下圖展示了此一計算過程：

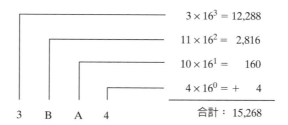

$$3 \times 16^3 = 12,288$$
$$11 \times 16^2 = 2,816$$
$$10 \times 16^1 = 160$$
$$4 \times 16^0 = +\quad 4$$

3　B　A　4　　　　　合計：15,268

表 1-6 列舉出從 16^0 到 16^7 各個 16 的次方值。

表1-6　16的各次方值對應的十進位數值

16^n	十進位值	16^n	十進位值
16^0	1	16^4	65,536
16^1	16	16^5	1,048,576
16^2	256	16^6	16,777,216
16^3	4096	16^7	268,435,456

將無號十進位整數轉換為十六進位

如果要將無號的十進位整數轉換為十六進位，可以採取的作法是：將該十進位數值重複除以 16，並且儲存每個餘數作為十六進位數值的各位數字。例如，以下表格列舉了將十進位 422 轉換為十六進位的各個步驟：

除法運算式	商數	餘數
422 / 16	26	6
26 / 16	1	A
1 / 16	0	1

所以十六進位的每一數字都取自完成除法運算後的餘數，順序是由上表的最末列的 1 開始，直到最上方的 6。故在此例中，可以得到十六進位的數字 1A6，同樣的方法也曾使用在本書 1.3.1 節中，求得二進位數字。若要將十進位數字轉換至其他不同進位的數字，可以將公式中的除數 (16) 換成各個不同進位的數字。

1.3.5　十六進位加法

除錯實用程式（稱做除錯器）一般會以十六進位呈現在記憶位置中。加入兩個地址好放入新的地址是必要的。幸運的是，如果讀者只改變基數，十六進位加法與十進位加法的運作方式一樣。

假設我們要使用基數 b 加總兩個數字 X 與 Y，我們會最小的數 (x_0) 開始標記數字到最高的數。如果我們增加數字 x_i 與 y_i 在 X 與 Y 中，我們會生產數值 s_i。如果我們重複計算 s_i = (s_i MOD b) 並生產 1 的進位值，當我們移動到下一個 x_{i+1} 與 y_{i+1} 時，我們會增加進位值到它們的總和。

舉例來說，我們新增了十六進位的數值 6A2 與 49A。最低位數 2+A = 十進位 12，所以沒有進位，而我們用 C 來指出十六進位的總和數字。在下一個位數 A+9 = 十進位 19，所以根據數字，因為 19 ≥ 16，所以這裡有進位。我們算出 19 MOD 16 = 3，而且進位 1 到第三位數，最後我們新增 1+6+4 = 十進位 11，這會在總和的第三位數顯示為字母 B。所以十六進位的總和為 B3C。

進位	1		
X	6	A	2
Y	4	9	A
S	B	3	C

1.3.6　有號二進位整數

有號二進位整數可分為正整數和負整數。在 x86 處理器中，最大有效位元 (MSB) 就代表正號或負號，此時，0 表示該整數為正，1 則表示該整數為負。下圖的範例是兩個八位元的正數及負數，最左方的位元分別是 1 及 0。

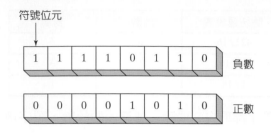

2's 補數表示法

表示負數時，可以使用 **2's 補數表示法 (two's-complement)**，這個方法使用加法逆元素 (additive inverse)，作為運算處理的原則。(若以某數字與其加法逆元素相加，則結果為 0)。

2's 補數表示法對處理器設計者而言是相當有用的，因為它使設計者不須使用不同的數位電路來處理加法和減法。例如為了執行 A – B 的運算，在 2's 補數表示法下，處理器可以轉換為：A + (–B)。

如果想要得到某個二進位整數的 2's 補數，其作法是將該二進位整數中每個位元取補數，然後再將所得結果加一。這裡以 8 位元數值 00000001 為例，我們可由下列表格看到，其 2's 補數為 11111111：

原始數字	00000001
步驟 1：取得各位元的補數	11111110
步驟 2：將步驟 1 的結果加 1	11111110 +00000001
總和：等於原始數字的 2's 補數	11111111

所以 11111111 是整數 –1 的 2's 補數表示法，另由於 2 的補數是可逆向的，故 11111111 的 2's 補數是 00000001。

十六進位的 2's 補數

若要為十六進位數字建立 2's 補數表示法，可將所有位元的數字予以反轉後加 1，另一簡單的做法是反轉後減 15，以下是在十六進位數字取得 2's 補數表示法的範例：

```
6A3D --> 95C2 + 1 --> 95C3
95C3 --> 6A3C + 1 --> 6A3D
```

將有號的二進位整數轉換為十進位

以下的方法可以將有號二進位數字，轉換為十進位。

● 如果最高位元為 1，則此數值是以 2's 補數表示法儲存的。再為這個代表負值的數字，取得 2's 補數表示法，這個補數就代表正值，最後再將此新取得的數值，視同無號的二進位整數一般地轉換為十進制。

● 如果最高位元是 0，則將它視同無號的二進位整數一般地轉換為十進制。

例如有號二進位數字 11110000，其最高位元是 1，表示這個數字是負數，首先為這個數字建立 2's 補數表示法，再轉換為十進位數字，下表列出處理過程的每一步驟：

原始數字	11110000
步驟 1：取得各位元的補數	00001111
步驟 2：將步驟 1 的結果加 1	00001111 + 1
步驟 3：取得 2's 補數表示法	00010000
步驟 4：轉換爲十進位數字	16

由於上表的原始數字 (11110000) 是負數，故可知十進位數字應是 **-16**。

將有號十進位整數轉換爲二進位

以下是將有號十進位整數轉換爲二進位數字的步驟：

1. 將此十進位整數的絕對值轉換成二進位。
2. 若原始數字是負值，將前步驟建立的二進位數字，取得 2 的補數。

以下是將十進位的數字 -43，轉換爲二進位的步驟：

1. 爲無號的 43，取得二進位表示法的 00101011。
2. 由於原始數字是負值，故必須爲前步驟的結果，即 00101011，取得 2's 補數表示法，結果是 11010101，這就是十進位數字 -43 的二進位表示法。

將有號十進位整數轉換爲十六進位

如果要將有號的十進位整數轉換爲十六進位，其步驟如下：

1. 將此十進位整數的絕對值轉換成十六進位。
2. 若原始十進位整數是負值，就爲前步驟結果，取得 2's 補數表示法，這就是所需的十六進位數字。

將有號十六進位整數轉換爲十進位

如果想要將有號的十六進位整數轉換爲十進位，其步驟如下：

1. 若原始十六進位數字是負值，就取得其 2's 補數表示法；若是正值，則不做處理。
2. 將前一步驟所得的整數轉換爲十進位。如果其原始的值爲負數，則在所求得的十進位整數前面加上一個負號。

> 讀者可以藉由檢查十六進位整數的最大有效（最高位）數字來判斷其爲正或負。若最高位的數字大於等於 8，表示該數字是負值，若小於等於 7，則該數字是正值，舉例來說，十六進位的 8A20 爲負數，而 7FD9 則爲正數。

最大值與最小值

一個含有 n 個位元的有號整數，只可使用 n-1 個位元表示數字內容，表 1-7 顯示有號位元組、字組、雙字組及四字組等有號整數的最大值及最小值：

表1-7　有號整數的儲存空間及可用範圍

類別	範圍	位元儲存大小
有號位元組	-2^7 至 $+2^7 - 1$	8
有號字組	-2^{15} 至 $+2^{15} - 1$	16
有號雙字組	-2^{31} 至 $+2^{31} - 1$	32
有號四字組	-2^{63} 至 $+2^{63} - 1$	64
有號雙四字組	-2^{127} 至 $+2^{127} - 1$	128

1.3.7　二進位減法

用大的數減掉較小的無號二進位數很簡單，讀者可以用同樣的手法處理十進位減法，如下：

```
  0 1 1 0 1    （十進位 13）
- 0 0 1 1 1    （十進位 7）
-----------
```

減去在位置 0 的位元很簡單：

```
  0 1 1 0 1
- 0 0 1 1 1
-----------
          0
```

在下一個位置 (0 - 1)，我們被迫要從下一個位置借 1 到左邊，下面是從 2 減 1 的結果：

```
  0 1 0 0 1
- 0 0 1 1 1
-----------
        1 0
```

在下一個位元位置，我們不得不再次從左邊借數字由 2 減去 1：

```
  0 0 0 1 1
- 0 0 1 1 1
-----------
      1 1 0
```

最後，最前面的位元是 0 減 0：

```
  0 0 0 1 1
- 0 0 1 1 1
-----------
  0 0 1 1 0    （十進位 6）
```

一個簡單的方法去完成二進位減法，反轉被減去數值的記號，然後增加兩個數值，此方法需要讀者有多的空位元去維持數字的記號，讓我們用剛計算的結果來表示相同的問題：(01101 減 00111)。首先，我們借由反轉它的位元 (11000) 使 00111 無效，然後加 1 進去，接著我們增加二進位數值並忽略最前面的進位：

```
  0 1 1 0 1    （+13）
  1 1 0 0 1    （-7）
---------
  0 0 1 1 0    （+6）
```

結果 +6 與剛剛的答案相符。

1.3.8　字元的儲存空間

　　若電腦只能儲存二進位資料，那這些二進位資料應如何表示字元資料呢？電腦的處理方式是使用**字元集 (character set)**，其內的字元可以對應至不同的整數，直到數年以前，字元集都只使用 8 個位元。即使到了現在，電腦在文字模式（如 MS-DOS）下執行動作時，IBM 相容的微處理器仍使用 **ASCII**（唸作 askey）字元集，ASCII 的全名是**美國資訊交換標準碼 (American Standard Code for Information Interchange)**，ASCII 字元集將一個獨一無二的 7 位元整數，指定給每個字元。由於 ASCII 字元集只使用每一位元組的較低 7 個位元，不同的電腦系統就會使用額外的位元，代表特定字元。例如，在 IBM 相容電腦上，從 128 到 255 的數值是用來表示圖形符號和希臘字元。

ANSI 字元集

　　美國國家標準協會 (American National Standards Institute，ANSI) 定義了使用 8 個位元的字元集，可以代表 256 個字元，稱為 ANSI 字元集。其前 128 個字元對應到標準 U.S. 鍵盤上的字元和符號，後 128 個字元則代表一些特殊字元，例如像是國際音標中的字母、重音、貨幣符號及分數等等。早期的 Microsoft Windows 都使用 ANSI 字元集。

萬國碼 (Unicode) 標準

　　但除了英文外，電腦軟體有需要可以顯示及處理不同語言，所以又產生了 Unicode 標準，內含全世界多種語言的字元及符號。在 **Unicode** 字元集中，定義了不同語言的字元、符號、標點符號等，如歐洲地區的字母、中東地區由右至左的文字及亞洲國家使用的文字等，Unicode 內含三種編碼方式，可允許資料在位元組、字組及雙字組等不同格式間進行轉換。

- **UTF-8** 主要使用於 HTML 編碼，內容與 ASCII (American Standard Code for Information Interchange) 相同。
- **UTF-16** 編碼可以在最節省儲存空間下，以較佳效率存取字元集，最近數個版本的 Windows，都使用 UTF-16 編碼。在這種編碼方式中，每個字元都會以 16 個位元進行編碼。
- **UTF-32** 編碼使用在不計較儲存空間的環境，因為它會使用固定長度的字元，在這種編碼方式中，每個字元都會以 32 個位元進行編碼。

ASCII 字串

　　一個有序的字元，稱為**字串 (string)**，一般來說，一個 **ASCII** 字串在記憶體中，會儲存為含有 ASCII 編碼的位元組，如字串 "ABC123" 的編碼會是 41h、42h、43h、31h、32h 及 33h 等，較特別的是使用**空字元終止 (null-terminated)** 字串，這意味在字串的所有字元之後，加上一個 ASCII 碼為 0 的字元，作為字串結束的辨識碼，C 及 C++ 等語言工具都會使用空字元終止字串，且多數 Windows 操作系統函數都需要使用這個字串。

使用 ASCII 字元表

　　在本書附有列舉出在 MS-DOS 模式下執行時所使用的 ASCII 碼。如果想要找出某個字元的十六進位 ASCII 碼，請沿著表格最上面一列查看，並且找到含有自己希望轉譯的字元的那一欄。其中，十六進位值的最高有效數字位於表格頂端的第二列內；最低有效數字則位於左邊算起第二行內。如要尋找字母 **a** 的 ASCII 碼，請找到含有 **a** 的資料行，再向上查看該行的第二列，表示第一個十六進位數值是 6，接下來再沿著含有字母 **a** 的橫向資料列向左查看，其第二行的數字是 1，所以字母 **a** 的 ASCII 碼是十六進位表示法的 61，下圖是上述說明的查閱過程：

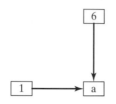

ASCII 控制字元

字元編碼中的 0 至 31 等，稱為 **ASCII 控制字元 (ASCII control characters)**，如果一個程式將這些碼寫到標準輸出（像在 C++ 中所定義的），則控制字元將會執行一些預先定義好的動作。表 1-8 列出常用控制字元及功能，完整內容請見本書封底內頁。

表1-8　常用ASCII控制字元

ASCII 碼（十進位）	說明
8	倒退（向左移動一個欄位）
9	水平定位（向前跳越 n 個欄位）
10	換行（移至下一輸出行）
12	換頁（移至下一列印頁）
13	歸位（移至最左方的輸出欄位）
27	逸出 (Escape) 字元

數值資料表示法的術語

在描述數值和字元如何在記憶體中與螢幕上加以表示時，使用精確的術語是相當重要的。以十進位的 65 為例，此數值是以單一位元組的形式儲存於記憶體中，此時它的二進位值為 01000001。但是，除錯程式卻很可能將此位元組顯示為 "41"，而這是此資料的十六進位表示法。若將位元組內容複製至影像記憶體，字母 **A** 就可正確顯示在螢幕上，這是因為字母 **A** 的 ASCII 碼是 01000001。也就是說電腦會在不同的輸出工具，產生正確的輸出結果，所以我們必須對不同資料表示法的類型指定特別名稱，以便在未來討論時，可以明確了解所指為何。

- 一個二進位整數 (binary integer) 會以其原始的形式，儲存在記憶體內，並處於可被讀取狀態，作為運算之用，而且二進位整數會以 8 位元倍數的記憶體空間 (8、16、32 或 64) 儲存於記憶體中。

- 一個 **ASCII 數字字串 (ASCII digit string)** 是由 ASCII 字元組成的字串，如 "123" 或 "65" 等，此二者在我們看來都是數字，但這只是數值的一種呈現形式，而表 1-9 則顯示了多種十進位數值 65 的呈現形式，在設計時可依需求採用任何一種：

表1-9　數字字串的幾種表示法

格式	數值
ASCII 二進位	"01000001"
ASCII 十進位	"65"
ASCII 十六進位	"41"
ASCII 八進位	"101"

1.3.9　自我評量

1. 請說明何謂最小有效位元 (LSB)？

2. 以下每個無號二進位整數的十進位表示法為何？

   a. 11111000

   b. 11001010

   c. 11110000

3. 以下每組兩個二進位整數的總和是多少？

   a. 00001111 + 00000010

   b. 11010101 + 01101011

   c. 00001111 + 00001111

4. 請問以下多種資料型態各使用多少位元組？

   a. 字組

   b. 雙字組

   c. 四字組

   d. 雙四字組

5. 如果要將以下無號十進位整數表示出來，請問所需要的二進位位元數目最少各為？

   a. 65

   b. 409

   c. 16385

6. 請列出以下二進位數值的十六進位表示法？

   a. 0011 0101 1101 1010

   b. 1100 1110 1010 0011

   c. 1111 1110 1101 1011

7. 請列出以下十六進位數值的二進位表示法？

   a. A4693FBC

   b. B697C7A1

   c. 2B3D9461

1.4　布林運算

布林代數 (Boolean algebra) 定義了可以處理及運算**眞 (true)** 及**僞 (false)** 等資料的方法，這個方法是由十九世紀中期，名爲 Georage Boole 的數學家所發明，在電腦剛被發明之時，就發現可以使用布林代數，描述數位線路的設計，同時，布林運算式也使用在軟體設計中，表達邏輯運算的處理設計。

一個布林運算式牽涉到一個布林運算子和一個或一個以上的運算元。而且每個布林運算式都代表一個眞值或僞值。以下是幾個基本的布林運算子：

- 否 (NOT) 運算：其符號是 ¬ 或 ~ 或 '
- 及 (AND) 運算：其符號是 ∧ 或 •
- 或 (OR) 運算：其符號是 ∨ 或 +

NOT 爲一元運算子，其他的則爲二元運算子。此外，布林運算式的運算元也可能是布林運算式。以下爲一些實例：

運算式	說明
¬X	NOT X
X ∧ Y	X AND Y
X ∨ Y	X OR Y
¬X ∨ Y	(NOT X) OR Y
¬(X ∧ Y)	NOT (X AND Y)
X ∧ ¬Y	X AND (NOT Y)

NOT

NOT 運算可以將其運算元的布林值予以反轉。NOT 運算式可以數學標記法寫成 ¬ X，其中 X 是含有 true (T) 或 false (F) 資料的變數（或運算式），以下的眞值表顯示了變數 **X** 在 NOT 運算的結果，其中左方是輸入資料，右方（陰影）是輸出的 NOT 運算結果。

X	¬X
F	T
T	F

在眞值表中，可以使用 0 代表布林值的僞值，1 代表布林值的眞值。

AND

布林 AND 運算子需要兩個運算元，可以數學標記法寫成 X ∧ Y，以下的眞值表顯示針對變數 X 及 Y 的所有 AND 運算結果（陰影）。

X	Y	X ∧ Y
F	F	F
F	T	F
T	F	F
T	T	T

只有當兩個輸入值皆為真的時候，輸出才為真。在 C++ 和 Java 中，複合布林運算式所使用的邏輯 AND 與此處的 AND 運算方式相同。

組合語言中常在位元層次執行 AND 操作，在以下的範例中，X 的每一位元都與 Y 中的相同位元執行 AND 運算：

```
X:        11111111
Y:        00011100
X ∧ Y:    00011100
```

圖 1-2 顯示了執行上述運算，如何在 X 及 Y 的相同位元執行 AND 運算及獲得結果 00011100 的過程。

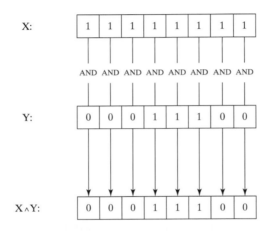

圖 1-2　在兩個二進位整數執行位元 AND 運算

OR

布林 OR 運算需要兩個運算元，可以數學標記法寫成 X ∨ Y，以下的真值表顯示針對變數 X 及 Y 的所有 OR 運算結果（陰影）。

X	Y	X ∨ Y
F	F	F
F	T	T
T	F	T
T	T	T

只有當兩個輸入值皆為偽的時候，輸出才為偽。在 C++ 和 Java 中，複合布林運算式所使用的邏輯 OR 與此處的 OR 運算方式相同。

OR 運算也常在位元層次中執行，在以下的範例中，X 的每一位元都與 Y 中的相同位元執行 OR 運算產生 11111100：

```
X:        11101100
Y:        00011100
X ∨ Y:    11111100
```

圖 1-3 顯示了執行上述運算，如何在 X 及 Y 的相同位元執行 OR 運算及獲得結果的過程。

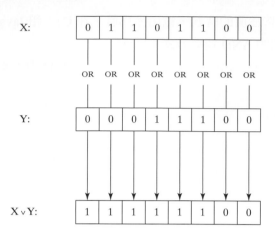

圖 1-3　在兩個二進位整數執行位元 OR 運算

運算子優先權 (Operator Precedence)

　　運算子優先權規則是用來指出運算式中哪個運算子是優先執行的。當布林運算式牽涉超過一個運算子時，運算子優先順序是相當重要的，它決定了運算式中的多個單元如何先後依次執行。如同以下表格所示，NOT 運算子具有最高的優先權，其後是 AND 和 OR。讀者也可以使用括弧，強制括弧內的運算式優先執行。

運算式	運算子優先順序
$\neg X \lor Y$	先 NOT 再 OR
$\neg(X \lor Y)$	先 OR 再 NOT
$X \lor (Y \land Z)$	先 AND 再 OR

1.4.1　布林函數的真值表

　　布林函數 (boolean function) 可以接受布林型態的輸入值及產生布林型態的輸出值，任何布林函數都能建立真值表，此真值表內會顯示所有可能的輸入和輸出。以下的真值表顯示在輸入兩個變數 X 及 Y 之後，布林函數所有可能產生的結果（表格中的陰影部分）：

範例 1：$\neg X \lor Y$

X	$\neg X$	Y	$\neg X \lor Y$
F	T	F	T
F	T	T	T
T	F	F	F
T	F	T	T

範例 2：X ∧ ￢Y

X	Y	￢Y	X ∧￢Y
F	F	T	F
F	T	F	F
T	F	T	T
T	T	F	F

範例 3：(Y ∧ S) ∨ (X ∧ ￢S)

X	Y	S	Y ∧ S	￢S	X ∧￢S	(Y ∧ S) ∨ (X ∧￢S)
F	F	F	F	T	F	F
F	T	F	F	T	F	F
T	F	F	F	T	T	T
T	T	F	F	T	T	T
F	F	T	F	F	F	F
F	T	T	T	F	F	T
T	F	T	F	F	F	F
T	T	T	T	F	F	T

以下為範例 3 的布林函數範例描述的是多工器 (multiplexer)，其內使用一個選擇位元 (S) 及二選一的輸入 (X 或 Y)，若 S = false，則函數輸出結果 (Z) 與 X 相同，若 S = true，函數輸出結果與 Y 相同，下圖顯示此一多工器的方塊圖：

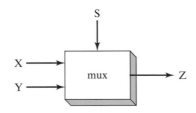

1.4.2　自我評量

1. 請說明以下的布林運算式的意義：￢X ∨ Y。
2. 請說明以下的布林運算式的意義：(X ∧ Y)。
3. 布林運算式 (T ∧ F) ∨ T 之值為何？
4. 布林運算式 ￢(F ∨ T) 之值為何？
5. 布林運算式 ￢F ∨ ￢T 之值為何？

1.5 本章摘要

本書的重點是針對 x86 處理器，開發在 MS-Windows 平台執行的應用系統，書中探討了有關於計算機結構、機器語言和低階程式設計的基本原理。讀完本書，讀者所學習到的組合語言，將足以測試出自己對於現今最廣泛使用的微處理器族系的知識是否充分。

在閱讀本書之前，讀者應該已完成有關計算機程式設計方面的大學或程度相當的課程。

組譯器是一個能將組合語言的來源碼或原始碼轉換成機器語言的程式，另有一個稱為連結器的程式與組譯器緊密相關，它能將組譯器所產生的個別檔案，結合成單一的可執行程式，第三個相關的程式稱為除錯器，它提供了程式設計人員追蹤程式執行情形，以及檢查記憶體內容的功能。

讀者學習完本書以後，將可以寫出大部分 32 位元和 64 位元的程式。

讀完本書以後，讀者將學習到以下概念：關於 x86(和 Intel 64) 處理器的基本電腦架構；基本布林邏輯概念；x86 處理器如何管理及使用記憶體；高階語言編譯器如何將其敘述轉換為組合語言及機器碼；高階語言如何在機器層次實作運算、迴圈、邏輯結構等、有號整數、無號整數、實數及字元等資料的表示法。

組合語言與機器語言間具有一**對**一的關係，也就是說一個組合語言指令就會對應到一個機器語言指令，因為組合語言與特定處理器族系有緊密的關聯性，所以它並不具有可攜性。

程式語言是可供設計人員開發獨立執行的應用程式，或部分應用程式的工具，組合語言比較適用於一些像裝置驅動程式和硬體介面程式之類的應用程式。其他應用系統，如跨平台的商業及科學應用，大部分都會使用更適合的高階程式語言。

虛擬機器的概念可以清楚說明電腦架構中的各層抽象內容，虛擬機器中的各層可以是硬體或軟體建構而成，而且在各層中所撰寫的程式，也能被較低的下一層加以轉譯或直譯。而且虛擬機器概念也可以想像成真實環境的電腦不同層次，如數位邏輯、指令集架構、組合語言及高階語言等。

對於在機器層上工作的程式設計師而言，二進位和十六進位數值是必要的標記工具。基於此理由，我們有必要了解如何在不同數值系統之間，進行操作和轉換，也必須了解計算機如何產生字元表示法。

本章介紹了以下的布林運算子：NOT、AND 和 OR。布林運算式會將一個布林運算子與一個或一個以上的運算元組合起來。而真值表則是能顯示布林函數所有可能輸入輸出的有效方法。

1.6　重要術語

ASCII

ASCII 控制字元 (control characters)

ASCII 數字字串 (digit string)

組譯器 (assembler)

組合語言 (assembly language)

二進位數字字串 (binary digit string)

二進位整數 (binary integer)

位元 (bit)

布林代數 (boolean algebra)

布林運算式 (boolean expression)

布林函數 (boolean function)

字元集 (character set)

代碼直譯 (code interpretation)

碼點 (code point，Unicode)

代碼轉譯 (code translation)

除錯 (debugger)

裝置驅動器 (device driver)

數字字串 (digit string)

嵌入系統應用程式
(embedded systems application)

exabyte

gigabyte

十六進位數字字串 (hexadecimal digit string)

十六進位整數 (hexadecimal integer)

高階語言 (high-level language)

指令集架構
(instruction set architecture，ISA)

Java Native Interface（JNI）

kilobyte

語言可攜性 (language portability)

最小有效位元 (least significant bit，LSB)

機械語言 (machine language)

megabyte

微指令直譯 (microcode interpreter)

微程式 (microprogram)

Microsoft Macro 組譯器
(Microsoft Macro Assembler，MASM)

最大有效位元 (most significant bit，MSB)

數據多工器 (multiplexer)

空字元終止字串 (null-terminated string)

八進位數字字串 (octal digit string)

一對多關係 (one-to-many relationship)

運算子優先權 (operator precedence)

petabyte

暫存器 (registers)

有號二進位整數 (signed binary integer)

terabyte

萬國碼 (Unicode)

萬國碼轉譯格式
(Unicode Transformation Format，UTF)

無號二進位整數 (unsigned binary integer)

UTF-8

UTF-16

UTF-32

虛擬機器 (virtual machine，VM)

虛擬機器概念 (virtual machine concept)

Visual Studio

yottabyte

zettabyte

1.7 評量與習題

1.7.1 簡答題

1. 在八位元二進位數字中，何者為最大有效位元 (MSB)？

2. 請問下列無號二進位整數的十進位與十六進位表示為？

   a. 1000 1010 0011 0001

   b. 1010 1110 0000 1010

   c. 1110 1010 1111 0011

3. 下列二進位整數的總和為？

   a. 10101111 + 11011011

   b. 10010111 + 11111111

   c. 01110101 + 10101100

4. 請計算無號十六進位 03h 加上 2345h。

5. 下列數據類型使用多少位元？

   a. 字組

   b. 雙字組

   c. 四字組

   d. 雙四字組

6. 請問下列十進位數字的二進位表示為？

   a. 123

   b. 230

   c. 190

7. 什麼是代表二進位數字的十六進位？

   a. 0011 0101 1101 1010

   b. 1100 1110 1010 0011

   c. 1111 1110 1101 1011

8. 什麼是代表十六進位數字的二進位？

   a. 0126F9D4

   b. 6ACDFA95

   c. F69BDC2A

9. 什麼是代表十六進位整數的無號十進位？

   a. 3A

   b. 1BF

   c. 1001

10. 請問下列十六進位整數的無號十進位表示為？

    a. 1234

    b. 2323

    c. 408

11. 什麼是代表有號十進位整數的 16 位元十六進位？
    a. −24
    b. −331

12. 請問下列有號十進位整數的 16 位元十六進位表示為？
    a. −42
    b. −1276

13. 下列 16 位元十六進位數字代表有號整數，請轉換下列每一個數值。
    a. 6BF9
    b. C123

14. 下列 16 位元十六進位數字代表有號整數，請轉換下列每一個數值。
    a. 4CD2
    b. 8230

15. 請問下列十進位數字的二進位總和表示為？請將下列數字的總和以二進位法表示。
    a. 15 and 35
    b. 78 and 678
    c. 345 and 567

16. 什麼是代表有號二進位數字的十進位？
    a. 10000000
    b. 11001100
    c. 10110111

17. 什麼是代表有號十進位整數的 8 位元二進位 (2's 補數表示法）？
    a. −5
    b. −42
    c. −16

18. 什麼是代表有號十進位整數的 8 位元二進位 (2's 補數表示法）？
    a. −72
    b. −98
    c. −26

19. 下列十六進位（二補數）數字為有號整數，請轉換為十進位數字。
    a. FEE2h
    b. F3h

20. 下列十六進位整數的總和為？
    a. 7C4 + 3BE
    b. B69 + 7AD

21. 請問 ASCII 字元 & 與 $ 的十六進位與十進位表示為？

22. 請問 ASCII 的字元 m、F 與 G 的十六進位與十進位表示為？

23. 挑戰：讀者可以呈現的最大十進位數值為何，請用 129 位元無號整數呈現？

24. 請將 96 與 45 轉換為壓縮的 BCD 表示法,並將 BCD 的結果數字加入,然後再轉換回十進位數字。

25. 請使用真值表來表示 − (A ∨ B) 和 (¬ A ∧ ¬ B) 所敘述的布林函數可能的輸入與輸出,並比較兩個函數。請問讀者是否有聽過稱為奧古斯塔思德摩根 (Augustus De Morgan) 的數學家?

26. 請幫下列邏輯運算子做三個輸入與一個輸出的真值表。

　　a. AND

　　b. XOR

　　c. NAND

27. 如果布林函數有四個輸入,此表格需要多少行?

28. 四個數入的數據多工器需要多少選擇器的位元?

1.7.2　演算題

請使用任一種高階程式語言來解決下列習題。請勿呼叫內建資料庫中會自動完成這些任務的函式。(範例是由標準 C 資料庫中找來的 sprintf 與 sscanf。)

1. 請撰寫一個接收 16 位元的二進位整數的函數,此函數必須傳回以十進位表示的平方結果。

2. 撰寫一個接收包含 32 位元十六進位整數字串的函數,此函數必須傳回字串的整數值。

3. 撰寫一個接收整數的函數,此函數必須傳回包含二進位整數代表式字串。

4. 請撰寫一個函數,接收一個包含以 8 為基數的字串,此函數必須傳回與它的十進位數值相等的值。

5. 撰寫一個增加兩個數字串在基數 b 的函數,而且 2 ≦ b ≦ 10。每個字串都包含 1000 位數。傳回使用相同基數的字串中的總和。

6. 撰寫一個增加兩個十六進位字串的函數,每個都有 1000 位數。傳回代表輸入總和的十六進位字串。

7. 撰寫一個由 1000 位數的十六進位數字字串乘以十六進位數字的函數,傳回代表產品的一個十六進位字串。

8. 撰寫一個 Java 程式,含有如下的指定功能,再使用 javap−c 指令予以反組譯,最後再以您的了解,在每行指令加上註解,說明各行指令的目的。
```
int Y;
int X = (Y + 4) * 3;
```

9. 請設計一個針對無號二進位整數的減法運算,並執行以下測試,由二進位的 10001000 減去 0000101,再乘上 10000011,再至少進行兩組針對其他整數的測試,必須是較大的值減去較小的值。

章末註解

1. Donald Knuth, MMIX, A RISC Computer for the New Millennium,這是作者在 1999/12/30,發表於麻省理工學院的演講記錄。

2

x86處理器架構

　　此章節著重在 x86 組合語言有關的基本硬體介紹。組合語言可以說是與機械直接溝通的理想工具。如果這論述是真的，那麼組合語言的程式設計師必須極熟悉處理器的內部架構與能力。我們會討論一些當機器在運作時處理器內部的基礎運作。我們會述說關於程式如何藉由運作系統執行與載入。一個主機板範例的設計可以洞察 x86 系統的硬體環境，而此章節會以討論輸入 / 輸出存取階層如何在應用程式與運作系統中工作作為結尾。此章節中所有的主題皆提供硬體基礎的介紹，使您能夠開始撰寫組合語言程式。

2.1　基本概念

　　這一章將從程式設計人員的角度，來說明 x86 處理器族系及其電腦主機的架構。在這一群中包含了 Intel IA-32 與 Intel 64 處理器，例如 Intel Pentium 與 Core-Due，還有 Advanced Micro Devices (AMD) 處理器，像是 Athlon、Phenom、Opteron 與 AMD64。組合語言是了解電腦如何運作的良好工具，因為組合語言要求程式設計人員必須對電腦硬體架構，具有一定的熟悉度。本章的概念與說明，可幫助讀者瞭解自己所撰寫的組合語言程式碼。

我們認為必須同時提供微電腦系統以及 x86 處理器的基礎概念。讀者們在未來有可能使用各種不同的處理器，所以本書希望讀者能學習到可以用於各種系統的概念。但是為了避免讀者僅學習到處理器架構的粗淺內容，本書會將焦點集中於 x86 的處理器，這樣做可以讓讀者在以組合語言進行程式設計時，擁有堅實的基礎。

> 若讀者想了解更多有關 IA-32 的架構細節，請參閱「Intel IA-64 and IA-32 Architectures Software Developer's Manual, Volume 1: Basic Architecture」。此書可以在 Intel 的網站 (http://www.intel.com) 上免費下載。

2.1.1 基本微電腦設計

圖 2-1 所示為一個假想的微電腦基本架構，**中央處理器 (central processor unit，CPU)** 是所有計算與邏輯運算進行的地方。它包含了數量有限，被稱為**暫存器 (registers)** 的儲存空間、高頻的時脈器、控制單元以及算術邏輯單元。

- **時脈器 (clock)** 用於讓 CPU 內部運算與其他系統元件能同步運作。
- **控制單元 (control unit，CU)** 負責在執行機器指令時，協調所有相關步驟的順序。
- **算術邏輯單元 (arithmetic logic unit，ALU)** 負責執行所有的算術運算和邏輯運算，其中算術運算包括加法與減法運算，邏輯運算包括 AND、OR 和 NOT 運算。

CPU 藉由針腳連接到位於主機板上的 CPU 腳座，而與電腦的其餘部分連接在一起。大部分針腳都是連接至資料匯流排、控制匯流排、位址匯流排等。**記憶儲存單元**是在程式執行時保存指令與資料的地方，記憶儲存單元可以接收由 CPU 所發出的資料讀寫請求訊號、將資料從隨機存取記憶體 (RAM) 傳送到 CPU 以及從 CPU 傳送資料到記憶體。所以所有執行中的處理資料，都由 CPU 所掌握，應用程式在執行時，必須將資料由記憶體取出，再複製至 CPU 內，CPU 接收後，才能依指令執行動作。應用程式的執行複製資料之指令，可以逐一執行，也可以多個指令同時執行。

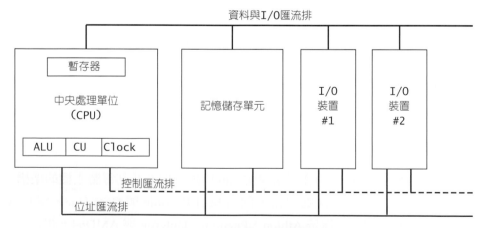

圖 2-1 微處理器架構圖

匯流排 (bus) 是一組平行的線路，專職將資料從電腦的一個單元傳到另一個單元。一部電腦通常含有四種匯流排，分別是資料、I/O、控制及位址等。**資料匯流排 (data bus)** 的功能是在 CPU 及記憶體間，傳送指令及資料，**I/O 匯流排 (I/O bus)** 則是在 CPU 及系統輸出入裝置間傳送資料，**控制匯流排 (control bus)** 的功能是針對與系統匯流排相連接的所有裝置，利用二進位訊號同步相關動作，**位址匯流排 (address bus)** 則負責當現行指令正於 CPU 與記憶體間進行資料傳送時，能保有指令和資料的位址所在。

時脈器 (Clock)

每一個與 CPU 和系統匯流排相關的運算都是藉著一個內部時脈器，以固定速率送出脈波來進行同步。機器指令的最基本時間單位稱為**機器週期 (machine cycle)** 或**時脈週期 (clock cycle)**。一個時脈週期的長度就是一次脈波完整變化所花費的時間。在下圖中，一個時脈週期就是兩個相鄰下降邊緣之間的時間：

時脈週期就是時脈器速率的倒數，它是以每秒的振盪次數作為計量方式。例如每秒振盪十億次 (1GHz) 的時脈器，表示其時脈週期持續了十億分之一秒，即 1 奈秒 (nanosecond)。

每個機器指令至少需要一個時脈週期的執行時間，少數指令則需要 50 個以上的時脈週期（例如在 8088 處理器上的乘法指令）。指令需要存取記憶體的動作，然而 CPU 系統匯流排與記憶體速度不一，通常會有未執行任何動作的時脈加入以便等待，即稱為**等待狀態 (wait states)** 週期。

2.1.2　指令執行週期

單一個機器指令的執行不會神奇的一次完成，CPU 必須要歷經一系列的步驟才能執行機器指令，這些步驟稱為**指令執行週期**。我們先假設指令指標暫存器儲存了我們想要執行的指令位址。下列為執行它的步驟：

1. 首先，CPU 會從稱為指令佇列的記憶體空間**擷取 (Fetch)** 指令，之後它會遞增指令指標。
2. 接下來，CPU 會判斷它的二進位元模式**解碼 (Decode)** 指令，此模式會顯示出指令的運算元（輸入值）。
3. 如果運算元有被使用到，CPU 會從暫存器與記憶體**擷取運算元 (Fetch operands)**，有時會牽扯到位址計算。
4. 接著，CPU 會使用在前一步驟擷取的運算元**執行 (Execute)** 指令，它也會更新一些狀態旗標，像是零值、進位與溢位。
5. 最後，如果輸出運算元是指令的一部分，CPU 會將運算後的**結果儲存於此輸出運算元內。**

我們通常會簡化這個聽起來很複雜的處理過程為三個步驟：擷取、解碼與執行。而運算元可以是輸入或輸出到運作的數值。舉例來說，表達式 Z=X+Y 有兩個輸入運算元 (X 與 Y) 還有一個單一輸出運算元 (Z)。

　　圖 2-2 的方塊圖顯示了在典型 CPU 內的資料流，此基本設計圖有助於說明在指令執行週期的期間，處理器內部各單元之間的互動關係。在記憶體讀取指令時，會先將指令的位址置於位址匯流排，接下來記憶體控制器再將請求指令置於資料匯流排，以便該項請求可進入快取內。指令指標的值會決定下一個執行的指令為何，由指令指標確定該執行的指令後，就會由指令解碼器進行分析，以及傳送數位訊號至控制單元，這個單元會再與 ALU 及浮點運算單元協同合作。雖然在圖 2-2 中沒有顯示出控制匯流排，然而可以依系統時脈信號來協調 CPU 組成單元間的資料傳送。

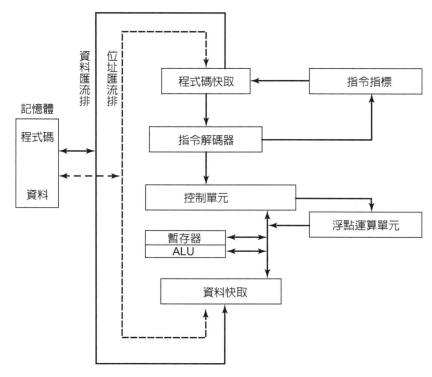

圖 2-2　簡化的 CPU 方塊圖

2.1.3　讀取記憶體

　　規則下，電腦存取記憶體的速度慢於它們存取內部暫存器的速度。這是因為讀取記憶體中的一個數值需要四個分開的步驟：

1. 放置您想讀取的數值之位址在位址匯流排。
2. 確立（改變數值）處理器的 RD（讀取）針腳。
3. 等待一個記憶體的時脈週期回應。
4. 從資料匯流排複製資料到目的地運算元。

　　這些步驟都需要一個完整的時脈週期，時間的測量是根據處理器內部的時脈以正常速率行走。電腦的 CPU 通常會以它們的時脈作為描述。舉例來說，1.2 GHz 的速度意味著時脈的速度或是一秒 1.2 十億次的振動。所以，4 個時脈週期，相當於每一個至少要 1/1,200,000,000 秒，然而，這還是比 CPU 暫存器要來的慢的多，因為它約在一個時脈週期就可以存取完成。

好在 CPU 設計者在很久以前就發現因爲多數的程式必須存取變數，電腦的記憶體會遇上速度的瓶頸，因此他們想出了一個聰明的方法，來減少讀取記憶體與寫入記憶體的時間——他們在高速記憶體上儲存最近使用的指令與資料，稱做**快取 (cache)**。因爲程式會想快速的儲存相同的指令或記憶，所以快取會保存這些數值，讓它們可被快速的存取。還有，當 CPU 開始執行程式時，它會先讀取接下來幾千個的指令到快取當中，並假設這些指令很快就會被用到。如果程式碼區塊中發生迴圈，相同的指令就會進到快取當中。只要處理器能夠在**快取記憶體 (cache memory)** 中找到這些資料，我們就稱它們爲**快取命中 (cache hit)**。另一方面來說，如果 CPU 在快取中找不到資料，我們就稱做**快取未中 (cache miss)**。

x86 族系的快取記憶體有兩種類型，一級快取（或主要快取）是儲存在 CPU。二級快取（或次要快取）比較慢，是透過高速資料匯流排連結到 CPU。此兩種快取會以最佳的方式一起工作。

快取記憶體比傳統的隨機存取記憶體來得快的原因——快取記憶體是一種特殊記憶蕊片所構成的，稱做**靜態隨機存取記憶體 (static RAM)**。它很貴，但是它不需要不斷的刷新 (Refresh) 來保持內容，也就是說，傳統的記憶體，又稱做**動態隨機存取記憶體 (dynamic RAM)** 必須不斷的刷新，雖然比較慢但是比較便宜。

2.1.4　程式執行與載入

載入及執行程序

在程式執行之前，它必須藉由**程式載入器 (program loader)** 載入記憶體。在載入之後，運作系統必須將 CPU 指向程式的**入口點 (entry point)**，也就是程式開始執行的位址。以下步驟將詳細的說明這些步驟：

- 作業系統 (OS) 先在目前的磁碟目錄中尋找程式的檔案名稱，如果找不到，就會到預先設定的目錄清單中（稱爲**路徑**）尋找檔案。如果 OS 還是找不到程式檔名，就會送出錯誤訊息。
- 找到程式檔名後，作業系統會從磁碟目錄中擷取有關該程式檔案的基本資料，其中包含檔案大小與其在硬碟中的實體位置。
- 作業系統判斷出記憶體中下一個可用的位置，並將程式檔案載入記憶體。作業系統會爲程式配置一個記憶體區段，同時將有關程式大小及位置的資料寫到某個表內（此表有時稱爲**描述符表 (descriptor table)**）。此外，作業系統可能會調整程式指標的值，使其具有正確的程式資料位址。
- 作業系統開始執行程式的第一個機器指令（它的入口點），當某個程式開始執行時，就稱爲一個**行程 (process)**。作業系統會爲該行程指派一個辨識號碼，即**行程識別碼 (process ID)**，讓作業系統可以持續追蹤此執行中的行程。
- 行程會依其指令內容，執行每一個動作。而作業系統的職責是追蹤行程的執行狀態，並且回應行程對系統資源的要求。行程會對系統要求的資源包括記憶體、磁碟檔案和輸入輸出裝置。
- 當行程完成執行後，會由記憶體移除，釋放使用空間。

如果讀者使用的是微軟 Windows 的任何一種系統，請按下 **Ctrl-Alt-Delete**，並點選 [工作管理員]。此處會顯示應用程式及處理程序的頁籤，應用程式頁面中呈現的是現在執行的完整程式名稱，如檔案總管或 Microsoft Visual C++。如果點選了處理程序，讀者將會看到很長的處理名稱清單，且通常都是一些無法立即了解，甚至沒見過的名稱。這裡的每一個名稱都是互相獨立執行的小程式。讀者可在此持續追蹤程式所使用的 CPU 時間及記憶體使用量，大部分的行程都是在幕後運作。讀者可以關掉一些由於某種未知原因，仍錯誤地在記憶體中執行的行程。

2.1.5　自我評量

1. 中央處理器 (CPU) 包含暫存器和其他哪些基本元件？
2. 中央處理器與電腦系統其他部分的連接是依靠哪三種匯流排？
3. 為何存取記憶體會比暫存器需要更多的機器週期？
4. 指令執行週期有哪三種基本步驟？
5. 當指令執行週期使用到記憶體運算元時，需要多執行哪兩個步驟？

2.2　32 位元 x86 處理器

本節說明重點是 x86 處理器的基本架構，包括 Intel IA-32 及 AMD 的 32 位元處理器。

2.2.1　運作模式

x86 處理器有三個基本操作模式：保護模式、實體位址模式和系統管理模式。另還有保護模式下的特殊狀況，稱為**虛擬 8086** 模式。以下是這四種模式的簡要說明：

保護模式 (Protected Mode)

保護模式是處理器最原始的狀態，在這種模式下，所有指令與功能都是可以使用的。此時程式會被分配得到各自的記憶體空間，此記憶體空間稱為**區段 (segments)**，且處理器會防止程式參考被指派的區段以外的記憶體。

虛擬 8086 模式 (Vitual-8086 Mode)

在保護模式下的同時，處理器還可以在安全的多工環境中，直接執行實體位址模式軟體，例如像是 MS-DOS 程式。換句話說，如果有一個程式要將資料寫入系統記憶體區域，也不會影響其他正在執行的程式，現代的操作系統可同時執行多個分開的虛擬 8086。

實體位址模式 (Real-Address Mode)

實體位址模式可以實作出 Intel 處理器的程式執行環境，而且所實作的環境還具有一些額外的功能，例如可切換到其他模式。當成是需要直接存取系統記憶體與硬體裝置時，此模式很實用。

系統管理模式 (System Management Mode，SMM)

　　系統管理模式提供作業系統額外的機制，用於增加像電源管理和系統安全等功能。有些電腦製造商為了特定的系統設定，會使用自訂的處理器，而且這些廠商通常也會實作上述的額外功能。

2.2.2　基本執行環境

位址空間

　　當處理器在 32 位元保護模式下執行程式時，每個程式最多可以定址 4 GB 的記憶體。在新一代的 P6 處理器中，使用延伸實體定位 (Extended Physical Addressing) 的方法，可以允許定址最多 64 GB 的記憶體。換句話說，在實體模式下，最多只能定址 1MB 的記憶體。如果處理器位於保護模式下，並且在虛擬 8086 模式下執行多個程式，則每個程式都可以擁有自己的 1MB 記憶體區域。

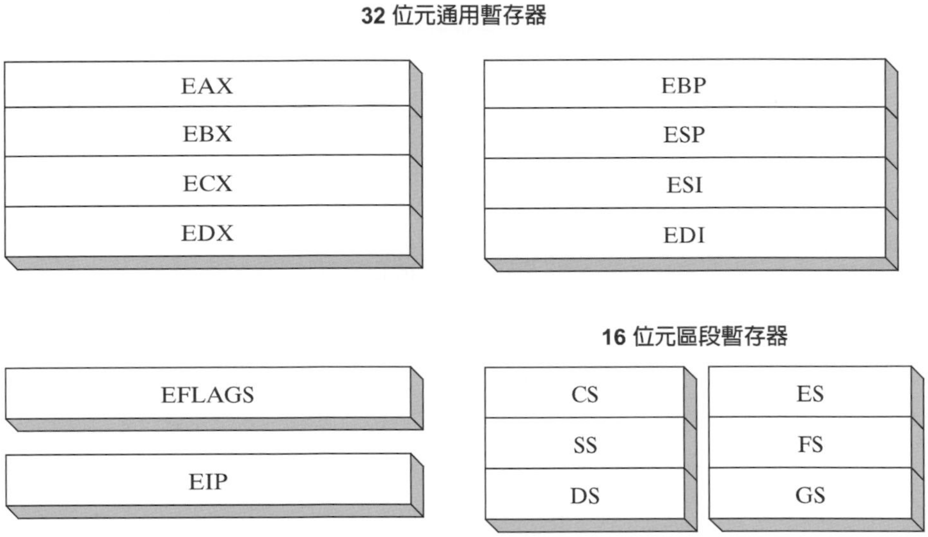

32 位元通用暫存器

EAX		EBP
EBX		ESP
ECX		ESI
EDX		EDI

16 位元區段暫存器

EFLAGS		CS	ES
		SS	FS
EIP		DS	GS

圖 2-3　基本程式暫存器

基本的程式執行暫存器

　　暫存器 (Registers) 是在 CPU 內部的高速儲存空間，它是設計用來以遠高於一般記憶體的速度進行存取的動作。例如，當處理中的迴圈必須在速度上有最佳化效果時，迴圈計數器會儲存於暫存器而不是變數中。圖 2-3 顯示了**基本的程式執行暫存器 (basic program execution registers)**，這些暫存器中，有八個通用暫存器、六個區段暫存器、一個用於儲存處理器狀態旗標的暫存器 (EFLAGS) 以及一個指令指標 (EIP)。

通用暫存器 (General-Purpose Registers)

　　通用暫存器主要用於執行算術運算與資料搬移，在圖 2-4 中，顯示 EAX 暫存器中較低的 16 位元內容，可以參考名為 AX 的暫存器。

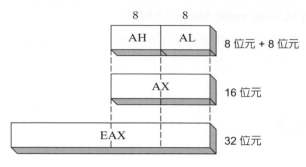

圖 2-4　通用暫存器

有些暫存器可以 8 位元為單位，分別予以定址及賦予名稱，例如 AX 暫存器將 8 個高位元稱為 AH，而 8 個低位元稱為 AL，EAX、EBX、ECX 與 EDX 暫存器都存在著相同的重疊關係：

32 位元	16 位元	8 位元 (高)	8 位元 (低)
EAX	AX	AH	AL
EBX	BX	BH	BL
ECX	CX	CH	CL
EDX	DX	DH	DL

其他的通用暫存器就只能以 32 位元或 16 位元執行定址及命名，如下表：

32 位元	16 位元
ESI	SI
EDI	DI
EBP	BP
ESP	SP

特殊用途

某些通用暫存器具有特殊用途：

- 在執行乘法與除法指令時，會自動使用 EAX 暫存器。因此，它通常稱為**延伸累加器 (extended accumulator)** 暫存器。
- CPU 會自動使用 ECX 當作迴圈計數器。
- ESP 會用於定址在堆疊 (stack) 中的資料；堆疊是一種系統記憶體結構。它的用途極少用於平常的算術與資料搬移等工作。因此，它通常稱為**延伸堆疊指標 (extended stack pointer)** 暫存器。
- ESI 與 EDI 常用在高速的記憶體轉移指令，有時會稱呼它們為**延伸來源索引 (extended source index)** 暫存器與**延伸目的索引 (extended destination index)** 暫存器。
- 高階語言經常使用 EBP 來參照堆疊中的函數參數和區域變數 (local variable)，除非有高超的程式設計能力，否則不應該將它用於平常的算術運算或資料搬移。因此，它通常稱為**延伸框架指標 (extended frame pointer)** 暫存器。

區段暫存器 (Segment Registers)

在實體位址模式下，16 位元區段暫存器用以定義區段的基底位址；**區段**是預先命名的記憶體區域。而在保護模式下，區段暫存器儲存的是指向區段描述符表的指標。有些區段儲存的是程式指令（程式碼），其他的區段儲存的則是變數（資料），另還有一種稱為**堆疊區段**的區段，儲存的是區域變數以及函數參數。

指令指標 (Instruction Pointer)

EIP 或指令指標暫存器包含內容是下一個即將執行的指令位址，有些特定的機器指令可以更動 EIP，藉以讓程式獲得新的指標後，分支到新的位置去執行。

EFLAGS 暫存器

EFLAGS（或只有旗標）暫存器是由個別獨立的二進位位元所組成，這些獨立位元控制著 CPU 運作或者反映某些 CPU 運算的結果，有些機器指令可以測試和操作處理器的個別旗標。

> 當旗標被**設定 (set)** 時，其值為 1；當它是**清除 (clear)** 或重置 (reset) 時，其值為 0。

控制旗標 (Control Flags)

控制旗標的功能是在各種不同時機，控制 CPU 的運作。舉例來說，它們可以在每一個指令執行以後，命令 CPU 暫停執行，或當偵測到算術溢位時，讓程式中斷進入虛擬 8086 模式或進入保護模式等等。

程式可設定在 EFLAGS 暫存器中的個別位元，以便控制 CPU 運作。例如**方向 (Direction)** 與**中斷 (Interrupt)** 旗標。

狀態旗標 (Status Flags)

狀態旗標可以反映出 CPU 所執行的算術及邏輯運算結果，狀態旗標包含溢位、符號、零值、輔助進位、同位與進位等多種旗標，以下是多種狀態旗標的說明及縮寫：

- **進位旗標 (Carry flag，CF)**：在**無號數**算術運算的結果值大於目的位址所能儲存的值時，此旗標會被設定。
- **溢位旗標 (Overflow flag，OF)**：在**有號數**的算術運算結果值太大或太小，因而無法正確儲存於目的位址時，此旗標將會被設定。
- **符號旗標 (Sign flag，SF)**：在算術或邏輯運算後產生負值的結果時，此旗標會被設定。
- **零值旗標 (Zero flag，ZF)**：在算術或邏輯運算後產生零值的結果時，此旗標會被設定。
- **輔助進位旗標 (Auxiliary Carry flag，AC)**：當一個 8 位元運算元在算術運算中，其第 3 位元有進位到第 4 位元時，此旗標會被設定。
- **同位旗標 (Parity flag，PF)**：若結果中的最小有效位元組含有偶數個 1 的位元數，此旗標會被設定，否則 PF 會變成清除狀態。一般而言，它是用於檢查資料是否有可能因變更或損壞而造成錯誤。

MMX 暫存器

當操作進階多媒體與通訊應用程式時，MMX 技術提升了 Intel 處理器的表現。八個 64 位元 MMX 暫存器提供特定功能，通稱為**單指令多資料 (Single-Instruction, Multiple-Data，SIMD)**。如其名稱所示，MMX 指令可以在暫存器內同時處理多個資料，雖然它們出現在不同的暫存器，MMX 暫存器名稱，其實就是浮點運算單元的各個暫存器別名。

XMM 暫存器

x86 處理器架構中還有八個 128 位元，名為 XMM 的暫存器，功能是執行 SSE (streaming SIMD extensions) 指令。

浮點運算單元暫存器

浮點運算單元 (FPU) 可以執行高速浮點算術運算。浮點運算單元曾經有一度獨立地使用個別處理器晶片，但是從 Intel486 以後，FPU 就已整合到主處理器晶片中。在 FPU 中，共有八個浮點資料暫存器，其名稱分別為 ST(0)、ST(1)、ST(2)、ST(3)、ST(4)、ST(5)、ST(6) 和 ST(7)。圖 2-5 顯示了其餘的控制和指標暫存器。

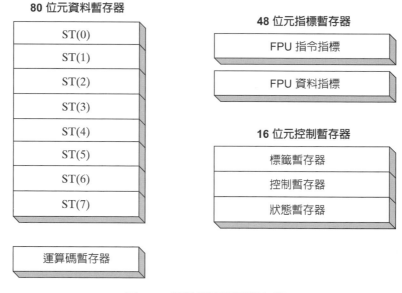

圖 2-5 浮點運算單元暫存器

2.2.3 x86 記憶體管理

x86 處理器根據在 2.2.1 節中討論的操作基本模式管理記憶體，保護模式為最堅固有力的模式，但是它會限制應用程式直接存取系統硬體。

在實體位置模式中，只有 1Mbyte 的記憶體會從十六進位的 00000 放到 FFFFF。因此，處理器一次只能夠處理一個程式，但是它可以中斷來自周邊的請求（稱做中斷 (interrupts)）。應用程式被允許去存取任何記憶體的位置，包含直接連接到系統硬體的位址。MS-DOS 操作系統在實體位置模型中執行，而 Windows 95 與 98 可在此模式下開機。

在保護模式中，處理器可一次執行多個程式，它分派給每個處理（執行程式）總共 4Gbyte 的記憶體。每個程式都可以分派它自己的儲存記憶體空間，而且還可以避免意外的存取其他的代碼與資料。MS-Windows 與 Linux 都是在此種模式下運轉的。

在虛擬 8086 模式中，電腦會在保護模式下運轉，並用它自己的 1Mbyte 位址空間創造一個虛擬的 8086 機器，其空間是模仿 80x86 電腦在實體位址模式下的運轉。舉例來說，當讀者打開一個命令視窗時，Windows NT 與 2000 會創造虛擬 8086 機器。讀者可以一次運作多的視窗，並保護彼此不受影響。有些 MS-DOS 會製造直接參考到電腦硬體的程式，不會在 Windows NT、2000 與 XP 之下運轉此模式。

第 11 章會解釋更多關於實體位址模式與保護模式的細節。

2.2.4　自我評量

1. x86 處理器的三個基本運作模式為何？
2. 試列舉出全部八個 32 位元通用暫存器。
3. 試列舉出全部六個區段暫存器。
4. ECX 暫存器的特殊功能為何？

2.3　64 位元 x86 處理器

在此節中，我們專注在所有使用 x86-64 指令集的 64 位元處理器基本的架構。這是以 Intel 64 與 AMD64 處理器為族系。此指令集為我們已經看過的 x86 指令集的 64 位元延伸。下列為一些基本的特色：

1. 與 x86 指令集是向後相容的。
2. 位址有 64 位元長，允許大小 2^{64} 位元組的虛擬位址空間。目前的蕊片只能使用 48 位元。
3. 它可以使用 64 位元的通用暫存器，使得指令有 64 位元的整數運算元。
4. 它比 x86 多使用八個的通用暫存器。
5. 它使用 48 位元的實體位址空間，此空間支援高達 256 terabytes 的隨機存取記憶體。

另一方面來說，當在原始的 64 位元模式下運轉時，這些處理器不會支援 16 位元的實體模式或虛擬 8086 模式。（有一種傳奇模式 (legacy mode) 還支援 16 位元的程式運轉，但是無法在微軟的 Windows 的 64 位元版本中使用。）

請注意：雖然 x86-64 屬於指令集，我們卻會視它為處理器。既然要學會組合語言，並不需要考慮硬體操作與支援 x86-64 處理器上的不同。

第一個使用 x86-64 的 Intel 處理器是 Xeon，其次是其他處理器的主機，包含 i5 核心與 i7 核心處理器。使用 x86-64 的 AMD 的處理器範例是 Opteron 與 Athlon 64。

您可能從 Intel 聽過另外的 64 位元處理器架構，稱做 IA-64 後來改為 Itanium。事實上 IA-64 的指令集與 x86-64 的指令集是完全不一樣的，Itanium 處理器通常用在高性能的資料庫與網路服務上。

2.3.1　64 位元操作模式

　　Intel 64 的架構衍生了一個新模式稱做 IA-32e。技術上來說，它包含兩個子模式稱做相容模式 (compatibility mode) 與 64 位元模式 (64-bit mode)，但是它比較容易指向新模式而非子模式，所以我們不會用到它。

相容模式 (Compatibility Mode)

　　當使用相容模式的時候，是讓 16 與 32 位元應用程式可以不重新編譯就開始執行，但是，16 位元 Windows (Win 16) 與 DOS 應用程式不會在微軟 64 位元的 Windows 上運作。與早期的 Windows 版本不同，64 位元 Windows 不具備 DOS 虛擬機子系統，以使用處理器切換成虛擬 8086 模式的能力。

64 位元模式 (64-Bit Mode)

　　在 64 位元模式中，處理器運轉會使用 64 位元線性定址空間的應用程式，這是微軟 64 位元 Windows 的原始模式，此模式賦予 64 位元指令運算元。

2.3.2　基本 64 位元執行環境

　　在 64 位元模式中，理論上位址可與 64 位元一樣大，儘管目前的處理器只能支援 48 位元的位址。在暫存器方面，下列為與 32 位元處理器最重要的差異：
- 十六個 64 位元的通用暫存器（在 32 位元模式中，卻只有八個通用暫存器）。
- 八個 80 位元浮點暫存器。
- 64 位元狀態旗標稱做 RFLAGS（只有使用在少於 32 位元）。
- 64 位元指令指標稱做 RIP。

　　您可能會想到，32 位元旗標與指令指標被稱做 EFLAGS 與 EIP，除此之外，它們有一些特別的用在處理多媒體的暫存器，我們在談論關於 x86 處理器時曾經提到：
- 八個 64 位元 MMX 暫存器。
- 十六個 128 位元 XMM 暫存器（在 32 位元模式中，卻只有 8 個）。

通用暫存器 (General-Purpose Registers)

　　在我們描述 32 位元處理器時介紹過通用暫存器，它基本是用來演算、移動資料、與通過迴圈資料的運算元。通用暫存器可存取 8 位元、16 位元、32 位元或 64 位元運算元（具有特殊的字首）。

　　在 64 位元模式中，預設的運算元大小為 32 位元，而且有八個通用暫存器。然而，在每個指令前面加上 REX（暫存器延伸）字首之後，運算元會變成 64 位元長，並且總共有 16 個通用暫存器可被使用。讀者有與 32 位元模式中相同的暫存器，再加上八個編號的暫存器，也就是 R8 到 R15。表 2-1 顯示當字首 REX 加上去時，可被使用的暫存器。

表2-1　當加上REX字首時，在64位元模式中的運算元大小

運算元大小	可用暫存器
8 位元	AL、BL、CL、DL、DIL、SIL、BPL、SPL、R8L、R9L、R10L、R11L、R12L、R13L、R14L、R15L。
16 位元	AX、BX、CX、DX、DI、SI、BP、SP、R8W、R9W、R10W、R11W、R12W、R13W、R14W、R15W。
32 位元	EAX、EBX、ECX、EDX、EDI、ESI、EBP、ESP、R8D、R9D、R10D、R11D、R12D、R13D、R14D、R15D。
64 位元	RAX、RBX、RCX、RDX、RDI、RSI、RBP、RSP、R8、R9、R10、R11、R12、R13、R14、R15。

這裡有一些需要記起來的細節：

- 在 64 位元模式中，單一指令不能同時被存取在高字元的暫存器，像是 AH、BH、CH 與 DH，還有新的位元組暫存器中的一個低位元組暫存器（例如 DIL）存取。
- 32 位元 EFLAGS 暫存器被 64 位元 RFLAGS 暫存器放在 64 位元模式中，此兩種暫存器共用同一個低於 32 位元，而不使用高於 32 位元的 RFLAGS。
- 狀態旗標在 32 位元與 64 位元模式中是一樣的。

2.4　典型 x86 電腦的元件

本節重點會先說明 x86 處理器在主機板上，如何與其他相關晶片組如何在 CPU 上配合運作，接下來再說明記憶體、I/O 埠及常用裝置介面。最後會以組合語言撰寫的程式，說明如何在不同層次，呼叫作業系統底層函數，透過硬體裝置、韌體，完成 I/O 作業。

2.4.1　主機板

微電腦的心臟是它的**主機板 (motherboard)**，這是一塊扁平的電路板，其上放置了電腦的中央處理器、支援用的處理器（**晶片組**）、主記憶體、輸出入連結器、電源供應器的連結器及擴充槽。這些不同的元件藉由**匯流排 (bus)** 連接在一起，而所謂的匯流排是直接蝕刻在主機板上的一組金屬線路。在 PC 市場上，有許多可供選擇的主機板，這些主機板的擴充能力、積體電路元件與速度等可能稍有差異。在一般的 PC 主機板上，可以看到下列共同的元件：

- CPU 插座 (CPU socket)：插座的大小和外型會隨著處理器類型而有所不同。
- 主記憶體的插槽 (SIMM 或 DIMM)，用於安插小型的記憶體晶片電路板。
- **基本輸出入系統 (basic input-output system，BIOS)** 的電腦晶片，其內儲存著系統軟體。
- CMOS 記憶體會配置一個小圓形電池供應這個記憶體的電力，使其不間斷運作。
- 用於連接有較大儲存空間裝置的連結器，例如硬碟或 CD-ROM 等。
- 用於連接外部裝置的 USB 連結器。
- 鍵盤與滑鼠的連接埠。

- PCI 匯流排連結器：這用於連結音效卡、繪圖卡、資料擷取卡及其他輸出入設備。

下列元件是可以選購及外加的部分：

- 音效處理器
- 平行與序列連結器
- 網路配接器
- 用於連接高速視訊卡的 AGP 匯流排連結器

此外，在典型的系統中，有下列幾個重要的支援處理器：

- **浮點運算單元 (Floating-Point Unit，FPU)**：此處理器可用於處理浮點運算和延伸整數運算。

- **8284/82C284 時脈產生器 (Clock Generator)，或簡稱為時脈器 (Clock)**：它會以固定速率進行振盪，用途是可以將 CPU 與電腦的其他元件加以同步。

- **8259A 可程式化中斷控制器 (Programmable Interrupt Controller，PIC)**：它能處理來自硬體設備的外部中斷，例如像是鍵盤、系統時脈器和磁碟機等硬體設備。這些設備會中斷 CPU 的正常執行程序，然後讓 CPU 立即執行它們要求的行程。

- **8253 可程式化時段計時器／計數器 (Programmable Interval Timer/Counter)**：它的用途是每秒中斷 18.2 次，執行更新系統日期、時間、控制喇叭等作業。此外，因為隨機存取記憶體晶片所儲存的資料只能維持數個微秒，所以此計時器也可以負責記憶體的持續刷新。

- **8255 可程式化平行埠 (Programmable Parallel Port)**：使資料可以藉由 IEEE 平行埠介面輸出和輸入電腦，這是印表機最常用的輸出入埠，但是它也可以和其他輸出入設備搭配使用。

PCI 和 PCI Express 匯流排架構

週邊元件互聯 (Peripheral Component Interconnect，PCI) 匯流排用於提供 CPU 和其他系統裝置之間的連接橋樑，例如像是硬碟機、記憶體、視訊控制器、音效卡以及網路控制器等系統裝置。最近以來，**PCI Express** 匯流排則提供了在裝置、記憶體和處理器之間的雙向序列連接的路徑。此匯流排能以像網路中的封包形式，在區隔開的「通道」上傳送資料。這種新的匯流排受到繪圖控制器的廣泛採用，其傳輸資料的速率非常快。

主機板晶片組 (Motherboard Chipset)

主機板晶片組指的是在特定型號主機板上的多個處理器晶片，晶片組中的多個晶片各有不同功能，包括增加處理效率、多媒體、減少電力消耗等。以 **Intel P965 Express 晶片組**為例，它使用在桌上型電腦，可以搭配 Intel Core 2 Duo 或 Pentium D 處理器。以下是其重要功能說明：

- Intel **快速記憶體存取 (Fast Memory Access)** 技術，是經過最佳化設計的記憶體控制中心 (Memory Controller Hub，MCH)，它可以 800 MHz 的速度，在雙通道的 DDR2 記憶體，執行高速處理。

- 使用 Intel 矩陣儲存管理技術的輸出入控制中心 (I/O Controller Hub，Intel ICH8/R/ DH)，支援最多六個 SATA (Serial ATA) 裝置（即硬碟）。
- 支援最多十個 USB 埠，六個 PCI Express 擴充槽、網路介面、Intel 靜音系統技術 (Quiet System) 等。
- 提供數位音效的高感度音效晶片。

圖 2-6 顯示的是主機板及其內容，包含許多不同功能的晶片，例如，由華碩製造的 P5B-E P965 主機板就會使用 P965 晶片：

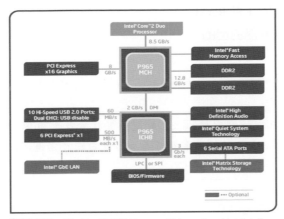

資料來源：The Intel P965 Express Chipset (product brief),
© 2006 by Intel Corporation, used by permission.
http://www.intel.com/Assets/PDF/prodbrief/P965-prodbrief.pdf

圖 2-6　Intel 965 Express 晶片組

2.4.2　記憶體

使用 Intel 處理器的電腦，其記憶體有以下幾種基本類型：唯讀記憶體 (read-only memory，ROM)、可抹除及程式化唯讀記憶體 (eraserable programmable read-only memory，EPROM)、動態隨機存取記憶體 (dynamic random-asscess memory，DRAM)、靜態 RAM (SRAM)、視訊 RAM (VRAM) 以及 (CMOS) RAM：

- **唯讀記憶體 (ROM)** 是一種將資料永久燒入晶片，而無法清除其內容的記憶體。
- **可抹除及程式化唯讀記憶體 (EPROM)** 可以使用紫外線緩慢地清除其內容，並且重新寫入資料。
- **動態隨機存取記憶體 (DRAM)** 通常稱為主記憶體，它是程式在執行時存放程式和資料的地方。它的價錢與其他記憶體相比較為便宜，但是必須在小於微秒的週期內加以刷新其內容，否則其儲存的資料會遺失。有些系統會使用 ECC 記憶體，其中 ECC 意即錯誤檢查與修正 (error checking and correcting)。
- **靜態隨機存取記憶體 (SRAM)** 成本較高，主要用於作為快取記憶體。它不需要持續地刷新其儲存內容，如 CPU 的快取記憶體就是使用 SRAM。
- **視訊隨機存取記憶體 (VRAM)** 用於儲存視訊資料。它採用雙埠的設計，當其中一個埠在持續更新螢幕上的資料的同時，另一個埠則負責寫入即將要顯示的資料。

- **CMOS RAM** 用於在主機板上儲存系統設定資訊，它是以電池作為電力來源進行刷新的動作，所以在電腦電源關閉以後，仍可保存其內容。

2.4.3　自我評量

1. 試說明 SRAM 及其最常見的用途。
2. 試說明何謂 VRAM。
3. 請列出至少兩種 Intel P965 Express 晶片的功能。
4. 試列舉出本章所提及的 4 種 RAM。
5. 什麼是 8259A PIC 控制器的目的？

2.5　輸出入系統

> **Tip**：由於電腦遊戲需要在記憶體與輸出入系統間頻繁往來及大量傳輸資料，故必須將硬體功能發揮到極致，因此電腦遊戲設計師通常對聲音及影像的硬體需有深入了解，而且能夠針對所使用的硬體功能，達到最佳化的效果。

2.5.1　I/O 處理的多個階層

應用程式通常都是從鍵盤和磁碟檔案讀取輸入資料，並且將輸出寫到螢幕或檔案中，這就是 I/O 作業。要完成 I/O 工作並不一定要直接存取硬體，設計師也可以呼叫作業系統提供的函式來執行 I/O 作業。與第 1 章所說的虛擬機器概念相似，可供程式設計人員利用的 I/O 設計，也有不同的存取階層，主要的階層有以下三種：

- **高階語言 (HLL) 功能**：如 C++ 和 Java 等高階程式語言，都有提供可執行輸出入工作的函式。因為這些函式可在不同電腦系統上工作，也能夠在任何作業系統上工作，所以它們是具有可攜性的。
- **作業系統**：程式設計師也可以從所謂的**應用程式設計介面 (application programming interface，API)**，呼叫作業系統函式。作業系統的函式提供了高階 I/O 操作，例如像是將字串寫入檔案、從鍵盤讀取字串及配置記憶體區塊等等。
- **BIOS**：基本輸出入系統 (Basic Input-Output System，BIOS) 是一組低階副常式，這些副常式可直接與硬體進行溝通。BIOS 是由電腦製造商設計及安裝，可以配合電腦硬體的操作，作業系統也會在有需要時，與 BIOS 互通訊息。

裝置驅動程式 (Device Drivers)

裝置驅動程式是作業系統及硬體裝置之間的軟體，作業系統必須透過這些軟體，才能在硬體執行指定作業。例如，一個裝置驅動程式接收到來自作業系統要求讀取資料的請求後，裝置驅動程式就會在特定硬體上執行讀取資料的作業。裝置驅動程式通常會以如下兩種方式安裝至電腦：(1) 將特定硬體裝置加入至電腦之前，或 (2) 將特定硬體裝置連接至電腦，且已被電腦正確識別之後。若是第二種方法，作業系統會辨識裝置名稱及簽名，再執行安裝該特定裝置的驅動程式。

我們展示的是一個應用程式顯示字串在螢幕上所發生的諸事件，藉此可以清楚了解 I/O 的階層關係（圖 2-7）。以下是此一過程的各個步驟：

1. 應用程式的某個敘述呼叫了 HLL 函式庫的函式，以便將某個字串寫到標準輸出。
2. 函式庫函式（第 3 層）會呼叫某個作業系統函式，並且將字串指標傳遞給該作業系統函式。
3. 作業系統函式（第 2 層）以迴圈重複呼叫某個 BIOS 副常式，並且將每個字元的 ASCII 碼及顏色傳遞給該副常式。作業系統還會再呼叫 BIOS 的另一個副常式，以便將游標移至螢幕上的下一個位置。
4. 在 BIOS 副常式（第 1 層）收到某個字元時，它會將該字元對應到指定的系統字型，並且將此字元送到連接至視訊顯示卡的硬體埠上。
5. 視訊顯示控制卡（第 0 層）送出經過時間安排的硬體訊號到顯示器，然後顯示器藉此控制光柵掃描及畫素的顯示。

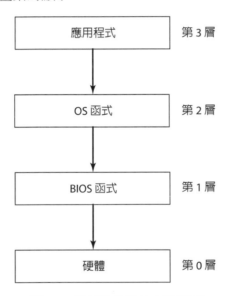

圖 2-7　輸出入作業的存取階層

多階層程式設計 (Programming at Multiple Levels)

組合語言可以在輸出入的作業中，有著強大的功能與彈性。它可以在以下的多個存取階層中選擇適用的階層（如圖 2-8）：

- **第 3 層**：呼叫一般函式庫的函式，執行一般的文字 I/O 和以檔案為基礎的 I/O。例如本書就有附贈這樣的函式庫。
- **第 2 層**：呼叫作業系統提供的函式，執行一般的文字 I/O 和以檔案為基礎的 I/O。如果作業系統是圖形化使用者介面，則它會提供與裝置無關的方式，顯示圖形。
- **第 1 層**：呼叫 BIOS 函式，以便控制目標裝置的獨有特性，像是色彩、圖形、音效、鍵盤輸入及低階磁碟輸出入。
- **第 0 層**：從硬體的層次傳送和接收資料，此一方式會對目標裝置具有絕對的控制權。但這個方式無法適用於所有硬體，所以它是不具可攜性的設計。另外，不同的裝置通常會使用不同的硬體連接埠，表示驅動程式必須為不同型態的裝置，定義預設使用的連體連接埠。

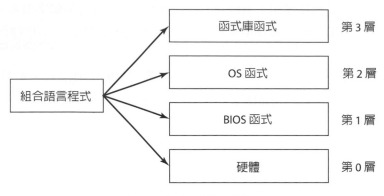

圖 2-8　組合語言存取階層

那麼所做的選擇代價是什麼呢？控制相對於可攜性是一個主要的考量，如第 2 層 (OS) 的 I/O 可以在使用相同作業系統的任何電腦上執行。如果某個輸出入設備缺少某項特定功能，則作業系統會盡力模擬出所想要的結果。但第 2 階層的每個 I/O 呼叫，在執行之前都會經過好幾階層的運作，所以第 2 階層的速度相較於底層的第 0 及第 1 層而言，都要來得慢。

第 1 階層 (BIOS) 在所有具備標準 BIOS 的系統上都能運作，但是在所有這些系統上將不會產生相同的結果。例如，兩部電腦可能使用具有不同解析能力的顯示器，BIOS 作業就會產生不同的結果。所以第 1 階層的程式設計人員必須寫出偵測硬體設定的程式碼，也要寫出調整符合輸出格式的程式碼。另由於第 1 階層只比硬體高一個層次，所以第 1 階層的 I/O 速度比第 2 階層來得快。

第 0 階層（硬體）除了必須處理如序列埠的一般裝置，也需要處理由知名製造商所生產的特定 I/O 裝置。在此階層運作的程式必須要延伸程式碼邏輯，以便處理 I/O 設備上的變異。因為真實模式的遊戲程式通常都會控制著整部電腦，所以遊戲程式是此階層最常見的例子。在此階層的程式執行速度，可以達到硬體所允許的最高值。

例如，假設使用者想用音效控制設備播放某個 WAV 檔案，在作業系統階層上，他不需要知道所安裝的設備類型，也不用知道控制卡可能有的非標準功能。但在 BIOS 階層上他就需要查詢音效卡（使用此卡所安裝的設備驅動程式），並且查明此音效卡是否是具有已知功能的哪一類音效卡。在硬體階層上，他則需要針對特定品牌的音效卡，細微地調整其程式，以便充分利用每種卡的特有功能。

通用作業系統不允許使用者程式直接存取系統硬體，因為這樣做會使得多個程式無法同時執行。相反的，硬體只能在小心翼翼的控制下被裝置趨動器存取。換句話說，為了特定裝置的較小的操作系統通常會直接連結到硬體，是為了減少操作系統核心所佔用的記憶體，而且他們通常一次只運轉一個程式。最新的允許程式直接存取硬體的微軟操作系統是 MS-DOS，它一次只能運作一個程式。

2.5.2　自我評量

1. 在電腦系統上的四種輸出入階層中，哪一種最通用並且最具可攜性？
2. 哪種特性區分出 BIOS 階層的輸出入？
3. 在 BIOS 已有程式碼可以跟電腦硬體溝通的情形下，為什麼還需要裝置驅動程式？
4. 在本節有關在內文顯示字元字串的範例中，作業系統與視訊控制卡之間存在著哪一層？
5. 請問使用 MS-Windows 的電腦上，其 BIOS 與使用 Linux 的電腦有可能不同嗎？

2.6　本章摘要

中央處理器 (CPU) 是處理計算與邏輯的地方。它含有數量有限且被稱為**暫存器**的儲存位置、一個用於同步化所有運算的高頻時脈器、一個控制單元以及算術邏輯單元。記憶儲存單元是在程式執行時保存指令與資料的地方。**匯流排**是一系列平行線路，負責在電腦的各不同組成部分之間傳輸資料。

單一個機器指令的執行，可以分成一系列個別獨立的運算，這些獨立運算稱為**指令執行週期**。其中有三個主要的運算，分別是擷取、解碼和執行。在指令執行週期的每個步驟，都需要花費至少一個系統時脈的時間；一個系統時脈的時間稱為**時脈週期**。此外，**載入與執行**描述了作業系統如何放置程式、載入到記憶體、與執行作業等。

x86 處理器有以下三個基本操作模式：**保護**模式、**實體位址**模式和**系統管理**模式。除此之外，**虛擬 8086** 模式則是保護模式的一種特殊情況。Intel64 又有以下兩種基本操作模式：相容模式及 64 位元模式。在相容模式下，可以執行 16 位元或 32 位元的應用程式。

暫存器是位於 CPU 內、已被命名的儲存空間位置，它提供比傳統記憶體更為快速的存取能力。下列是有關暫存器類型的簡介：

- **通用**暫存器主要用於算術、資料搬移及邏輯運算。
- **區段暫存器**用於儲存預先指定的記憶體區域的基底位置，這裡所指的記憶體區域稱為區段。
- **指令指標 (instruction pointer) 暫存器**儲存著下一個即將執行的指令位址。
- **延伸旗標 (flags) 暫存器**是由若干個獨立二進位位元所組成，這些獨立位元可以用於控制 CPU 的運作及反映 ALU 運算的結果。

x86 具有一個浮點運算單元 (FPU)，它是設計用於執行高速的浮點運算指令。

微電腦的心臟是它的主機板，其上放置了電腦的中央處理器、支援用處理器、主記憶體、輸出入連結器、電源供應器的連結器及擴充槽等。PCI 匯流排的設計，為 Pentium 處理器提供了更好且方便的資料更新路徑。大部分的主機板都含有一組整合的微處理器與控制器晶片，稱為晶片組，晶片組的內容相當程度地決定了電腦的能力。

在 PC 中所使用的記憶體，有以下幾種基本類型：ROM、EPROM、動態 RAM (DRAM)、靜態 RAM (SRAM)、視訊 RAM (VRAM) 及 CMOS RAM。

輸出入的動作可以透過不同的存取階層加以完成，類似虛擬機器的概念。首先是最高階層的函式庫函式，其次是作業系統階層的函式庫。基本輸出入系統 (BIOS) 是可直接與硬體裝置進行溝通的一組副常式。此外，有些程式也可以直接存取輸出入裝置。

2.7　重要術語

32 位元模式 (32-bit mode)

64 位元模式 (64-bit mode

位址匯流排 (address bus)

應用程式編寫介面 (application programming interface, API)

演算邏輯單元 (arithmetic logic unit, ALU)

輔助進位旗標 (auxiliary carry flag)

基本程式執行暫存器 (basic program execution registers)

BIOS (basic input–output system)

匯流排 (bus)

快取 (cache)

進位旗標 (carry flag)

中央處理器單位 (central processor unit, CPU)

時脈 (clock)

時脈週期 (clock cycle)

時脈產生器 (clock generator)

代碼快取 (code cache)

控制旗標 (control flags)

控制單位 (control unit)

資料匯流排 (data bus)

資料快取 (data cache)

裝置驅動器 (device drivers)

方向旗標 (direction flag)

動態隨機存取記憶體 (dynamic RAM)

EFLAGS 暫存器 (EFLAGS register)

延伸目的索引 (extended destination index)

延伸實體位址 (extended physical addressing)

延伸來源索引 (extended source index)

延伸堆疊指標 (extended stack pointer)

擷取解碼執行 (fetch-decode-execute)

旗標暫存器 (flags register)

浮點單元 (floating-point unit)

通用暫存器 (general-purpose registers)

指令解碼 (instruction decoder)

指令執行週期 (instruction execution cycle)

指令佇列 (instruction queue)

指令指標 (instruction pointer)

中斷旗標 (interrupt flag)

一級快取 (Level-1 cache)

二級快取 (Level-2 cache)

機器週期 (machine cycle)

記憶儲存單元 (memory storage unit)

MMX 暫存器 (MMX registers)

主機板 (motherboard)

主機板蕊片組 (motherboard chipset)

作業系統 (operating system, OS)

溢位旗標 (overflow flag)

同位旗標 (parity flag)

周邊元件互聯 (peripheral component interconnect, PCI)

PCI express

行程 (process)

行程識別碼 (process ID)

可程式化中斷控制器 (programmable interrupt controller，PIC)

可程式化時段計時器 / 計數器 (programmable interval timer/counter)

可程式化平行埠 (programmable parallel port)

保護模式 (protected mode)

隨機存取記憶體 (random access memory, RAM)

唯讀記憶體 (read-only memory，ROM)

實體位址模式 (real-address mode)

暫存器 (registers)

區段暫存器 (segment registers)

符號旗標 (sign flag)

單指令多資料 (single-instruction, multiple-data, SIMD)

靜態 RAM (static RAM)

狀態旗標 (status flags)

系統管理模式 (system management mode, SMM)

任務管理器 (Task Manager)

虛擬 8086 模式 (virtual-8086 mode)

等待狀態 (wait states)

XMM 暫存器 (XMM registers)

零值旗標 (zero flag)

2.8　本章習題

1. 在 32 位元模式中，除了堆疊指標 (ESP)，其他哪些暫存器會指向堆疊的變數？

2. 請說出 4 個 CPU 狀態旗標。

3. 請問當 56h 與 121h 加入時，什麼旗標會被設定？

4. 當有號演算操作結果比目的地來得大或小的時候，什麼旗標會被設定？

5. （是非題）：當暫存器運算元的大小是 32 位元，而且使用字首 REX 的時候，R8D 暫存器可被程式所使用。

6. 請問當 FEh 減去 0Fh 時，什麼旗標會被更新？

7. CPU 的哪個部分執行浮點運算？

8. 在 32 位元處理器上，多少位元包含在每個浮點資料暫存器中？

9. （是非題）：只有在最低的位元組時，同位旗標才會被設定。

10. （是非題）：目前所有的 64 位元蕊片的安裝啟用都是用在標記位址。

11. （是非題）：Itanium 指令集與 x86 指令集完全不一樣。

12. （是非題）：動態 RAM 將較於靜態 RAM 能減少較多的能源。

13. （是非題）：64 位元 RDI 暫存器當 REX 字首使用時是可被使用的。

14. （是非題）：第一個使用 64 位元指令設定的 Intel 處理器是 Pentium IV。

15. （是非題）：x86-64 處理器比 x86 處理器多 4 個的通用暫存器。

16. （是非題）：微軟的 64 位元版本 Windows 不支援虛擬 8086 模式。

17. （是非題）：DRAM 只有在使用紫外線時可被抹去。

18. （是非題）：在 64 位元模式中，讀者可以使用高達八個的浮點暫存器。

19. （是非題）：操作的實體模式已經不再使用於 64 位元 x86-64 的處理器上。

20. （是非題）：CMOS RAM 與靜態 RAM 是一樣的，也就是說它可以在不依靠額外的電源或是更新週期而維持其數值。

21. （是非題）：晶片組是一組控制電腦系統展示輸出的晶片。

22. （是非題）：8259A 是一個控制器，可以處理外部硬體裝置的中斷。

23. （是非題）：縮寫 PCI 代表的是編程元件介面 (programmable component interface)。

24. （是非題）：PCI Express 是一個點對點，連續不斷的內部連結。

25. 組合語言在什麼層級可以操作輸出入？

26. 為什麼 SRAM 非常適合作為處理器中的快取記憶體？

Memo

3

組合語言基礎

　　此章節專注在微軟 MASM 組譯器的基本建立區塊，讀者會看到如何定義常數與變數、數字與字串的標準格式、如何組譯與執行您的第一個程式。在此章中，我們特別強調 Visual Studio 除錯器，它是理解程式如何運作的好工具。此章最重要的是，要一步一腳印，在前往學習下一個步驟之前，要先完全領會步驟中的細節，讀者們正在建立基礎，好的基礎能在之後的章節中幫助讀者學習。

3.1　組合語言的基本元素

3.1.1　第一個組合語言程式

很多人認為組合語言是複雜難懂的，但是讓我們用另外一個角度想——它是一個會給予讀者全部資訊的語言。讀者必須知道到底發生了什麼事，甚至是認識 CPU 的暫存器與旗標。然而，擁有這強大的能力，讀者有責任去理解資料表示法與指令格式，讀者要親力親為。為了解組合語言是如何工作的，讓我們看到組合語言程式的一個範例，此範例是相加兩個數字，並在暫存器儲存計算結果。讓我們稱呼此範例為 AddTwo 程式：

```
1: main  PROC
2:      mov eax,5          ; 將5搬移到EAX暫存器
3:      add eax,6          ; 將6加到EAX暫存器
4:
5:      INVOKE ExitProcess,0   ; 結束
6: main ENDP
```

雖然每一行的前端都有標記行數來幫助我們討論，但是這些行數在真正編寫時是不需要的，此外，請先不要嘗試輸入與執行此程式——它還缺少一些重要的宣告，我們會在之後的章節中加入。

讓我們一行一行的來討論：第 1 行開始了**主要的 (main)** 程序，是為程式的入口點。第 2 行在 **exa** 暫存器放置了整數 5。第 3 行加入 6 到 **EAX**，得到新的數值 11。第 5 行呼叫名為 **ExitProcess** 的視窗服務（也叫做功能），終止程式並將控制傳回到作業系統。第 6 行是主要程序的結尾標記。

讀者大概已經注意到我們總是以分號作為註解的開頭。我們保留了一些在程式頂端的宣告，它們會在之後的章節中出現，但基本上這已經是一個可執行的程式了。雖然此程式不會在螢幕上出現任何東西，但是可以透過除錯器的應用程式來執行它，除錯器讓我們可以一次觀看程式中的一行，還有觀看暫存器的數值。在此章節的後面，我們會顯示出該數值如何觀看。

新增變數

讓我們藉由儲存一個 sum（總和）變數的加法結果，使得我們的程式更加的有趣。因此，我們要新增一些標記或宣告，指出程式的程式碼區域與資料區域：

```
1: .data                      ; 這是資料區域
2: sum DWORD 0                ; 創造變數名稱 sum
3:
4: .code                      ; 這是程式碼區域
5: main PROC
6:    mov eax,5               ; 將5搬移到EAX暫存器
7:    add eax,6               ; 將6加到EAX暫存器
8:    mov sum,eax
9:
10:   INVOKE ExitProcess,0    ; 結束
11: main ENDP
```

在第 2 行宣告 **sum** 變數，我們藉由使用 DWORD 關鍵字給予它 32 位元的大小。有些這種尺寸的關鍵字能或多或少的像資料類型一樣工作，但是它們不像您熟悉的類型一樣具體，這些類型像是 int、double、float 等類型只有特定大小，但是沒有檢查什麼東西被放置在變數之內。請記得，讀者是掌控一切的人。

順帶一提，我們提到的程式碼區域與資料區域，都是被 .code 與 .data 指引所標記，這稱為**程式區段 (segment)**，所以您有程式碼區段與資料區段。之後我們還會看到第三個程式區段 —— **stack(堆疊)**。

接下來，讓我們更深入到一些語言的細節中，呈現如何宣告文數字（常數）、識別符、指引與指令。您可能會需要多讀幾遍這個章節，好讓它能完整的留在腦袋裡，而且花這些時間絕對值得。還有，透過此章節，當我們討論到編譯器的句法規則時，我們指的是微軟的 MASM 編譯器的規則。其他的編譯器有其他的句法規則，但是我們不會提到。如果我們可以在每次提到編譯器時，不印刷出 MASM，我們可以拯救至少一棵樹（在世界的某個角落的樹）。

3.1.2　整數常數

整數常數 (integer constant) 或整數文數字 (integer literal) 是由一個非必要的前導正負號、一個或一個以上的數字與一個用來代表數值基底的非必要**基數 (radix)** 字元：

```
[{+ | - }] digits [ radix ]
```

> 本書使用微軟公司的語法標記方式。在這些標記方式中，位於方括號 [..] 中的元素是非必要的，使用大括號 {..} 時，表示必須在大括號所含多個元素中選擇一項，其中各項之間是以 | 符號分隔開。寫成斜體字者代表已經定義或描述的項目。

舉例來說，26 是一個有效的整數常數，它沒有基數，所以我們假設它是在十進位的格式中。如果我們想要它是 26 十六進位，我們會將它寫成 26h。相同的，數字 1101 會被認為是十進位的數值，除非我們加入 b 到結尾，使它成為 1101b（二進位）。下列為可能的基數數值：

h	十六進位	r	編碼實數
q/o	八進位	t	十進位 （另一種表示法）
d	十進位	y	二進位 （另一種表示法）
b	二進位		

以下是一些被不同基數宣告的整數常數，每一行包含一個註解：

26	十進位	42o	八進位
26d	十進位	1Ah	十六進位
11010011b	二進位	0A3h	十六進位
42q	八進位		

如果一個十六進位的常數是以字母為前導字，則必須在它之前加上一個 0，以避免組譯器將它當成識別符。

3.1.3 常數整數運算式

常數整數運算式 **(constant integer expression)** 是一個含有到整數數值和算術運算子的數學運算式，這種運算式的計算結果必須是整數，而且此整數可以用 32 位元（從 0 到 FFFFFFFFh 之間）加以儲存。可用的算術運算子列於表 3-1 中，此表是依據運算子的優先順序，由最高 (1) 到最低 (4) 進行排列。重要的是您必須了解常數整數運算式只有在組譯階段中，才會被系統予以評估。從現在起，我們只會稱呼它們為整數運算式。

表3-1　算術運算子

運算子	名稱	優先順序
( )	括號	1
+, −	一元正號、負號	2
*, /	乘號、除號	3
MOD	模數	3
+, −	加號、減號	4

運算優先權指的是當運算式中有兩個以上的算術運算子時，各運算子之間的優先順序。以下數個運算式可說明運算子的優先順序：

```
4 + 5 * 2                   先乘法再加法
12 -1 MOD 5                 先模數運算再減法
-5 + 2                      先一元減號再相加
(4 + 2) * 6                 先加法再乘法
```

以下範例顯示數個有效運算式及運算後之值：

運算式	值
16 / 5	3
−(3 + 4) * (6 − 1)	−35
−3 + 4 * 6 − 1	20
25 mod 3	1

> 我們建議在運算式中使用小括弧，來釐清運算的優先順序，就不必記憶不同運算子的優先順序原則。

3.1.3 實數常數

實數常數 **(real number literals)**（也被稱作浮點常數）的表示方式，分別是十進位實數和編碼的（十六進位）的實數。十進位實數依序包含一個正負號、一個整數、一個小數點、一個用於表示小數的整數以及一個指數：

```
[sign]integer.[integer][exponent]
```

以下是正負號與指數部分的語法：

```
sign {+,-}
exponent E[{+,-}]integer
```

以下是有效實數常數的例子：

```
2.
+3.0
-44.2E+05
26.E5
```

實數常數中至少要有一個數字和小數點。

編碼實數 (encode real) 指的是以十六進位表示的實數，它使用的是短實數的 IEEE 浮點數格式（參閱第 12 章）。舉例而言，十進位 +1.0 的二進位表示法為：

```
0011 1111 1000 0000 0000 0000 0000 0000
```

此數值可以用組合語言的短實數格式編碼成：

```
3F800000r
```

我們暫時不會用到實數常數，因為大部分 x86 指令集都是適用於整數處理的，但是，第 12 章會有如何使用實數（也稱作浮點數字）演算的教學。它非常的有趣，也很有技術性。

3.1.5　字元常數

字元常數 (character literal) 是包含在單引號或雙引號內的單一字元，編譯器會儲存數字在記憶體中作為該字元的二進位 ASCII 碼。以下是字元常數的例子：

```
'A'
"d"
```

請回想第 1 章表示會使用 ASCII 編碼序列，將字元文數字在內部儲存為整數。所以當您撰寫字元常數「A」的時候，它會以 65（或 41h）的樣子儲存在記憶體中。我們會提供完整的 ASCII 碼表。

3.1.6　字串常數

字串常數 (string literal) 是包含在單引號或雙引號內的一系列字元（包括空白字元），以下是字串常數的例子：

```
'ABC'
'X'
"Good night, Gracie"
'4096'
```

單雙引號的用法請參照下方的範例：

```
"This isn't a test"
'Say "Good night," Gracie'
```

就如同字元常數會儲存爲整數的形式，字串常數在記憶體中，也可儲存爲整數位元組數值序列的形式，舉例來說，字串常數「ABCD」包含四個位元組——41h、42h、43h 與 44h。

3.1.7 保留字

保留字 (reserved words) 具有特殊意義，而且只能以正確拼法使用它們。預設下，保留字是沒有大小寫區別的。舉例來說：MOV 與 mov 或 Mov 是一樣的。以下是數種不同類型的保留字：

- 指令助憶符號 (Instruction mnemonics)：諸如 MOV、ADD 或 MUL。
- 暫存器名稱
- 指引 (Directive)：功能是告知組譯器如何組譯程式。
- 屬性 (Attributes)：功能是提供變數、運算元有關大小及使用的資訊，例如 BYTE 及 WORD。
- 運算子：用於常數運算式。
- 預先定義符號：例如 @data，這符號在組譯時期會回傳常數的整數值。

保留字的常見表格請參閱附錄 A。

3.1.8 識別符

識別符 (identifier) 是程式設計人員自訂的名稱，它可以代表變數、常數、程序或程式碼的標籤 (label) 等。以下是建立識別符的注意事項：

- 它們所包含的字元必須在 1 至 247 個之間。
- 不區分大小寫。
- 第一個字元必須是英文字母 (A…Z, a…z)、底線 (_)、@、? 或 $，後續字元可以是數字。
- 識別符不能與組譯器中的保留字相同。

在執行組譯器時，您可以使用 -Cp 命令，讓所有保留字及識別符都區分大小寫。

一般來說，使用描述的名稱來命名識別符是個好方法，如同您在高階程式語言程式碼當中的命名方式。雖然組合語言的指令既簡短又隱密，但是也沒有必要讓您的識別符很難以理解！以下是一些好的格式名稱範例：

```
lineCount       firstValue      index       line_count
myFile          xCoord          main         x_Coord
```

以下的名稱都是合格的，但是沒有必要：

```
_lineCount      $first          @myFile
```

一般來說，您應該避免使用 @ 符號與底線作爲開頭字元，因爲它們皆被組譯器與高階語言編譯器使用。

3.1.9　指引

指引 (directive) 是嵌入在程式原始碼中的命令，且此類命令可由組譯器加以辨識。指引不會在運轉的時候執行，但是指引可以定義為變數、巨集及程序等，它們可以指定名稱給記憶體區段，並且執行許多其他與組譯器有關的內部管理工作。預設上，指引不需要區分大小寫。例如 **.data**、**.DATA** 和 **.Data** 是完全一樣的。

以下範例的目的是說明指引及指令的差別，其中 DWORD 指引會告訴組譯器，在程式中為一個雙字組變數保留空間。而 MOV 指令則會在執行階段時，將 **myVar** 的內容複製到 EAX 暫存器內。

```
myVar      DWORD 26
mov        eax,myVar
```

雖然所有 Intel 處理器的組譯器使用相同指令集，但它們使用的指引卻是完全不同的，例如 Microsoft 組譯器的 REPT 指令，在其他組譯器中，就無法辨識。

定義區段

組譯器的指引有一個重要功能，就是定義**程式區段 (segment)**。區段是有著不同功能的程式的一個部分。如 .DATA 指引標記著程式中含有變數的區域：

```
.data
```

.CODE 指引標記著程式中含有可以執行的指令區域：

```
.code
```

.STACK 指引標記著程式在執行階段，保存堆疊的區域，並且設定其大小：

```
.stack 100h
```

若要了解指引及運算子，請參見本書附錄 A。

3.1.10　指令

指令 (instruction) 是一個或多個組合語言程式經過組譯以後，可以執行的敘述。指令會由組譯器轉譯成機器語言位元組；這些機器語言會在執行時期，被 CPU 載入及執行。一個指令含有以下四個基本部分：

- 標籤 (label)（非必要）
- 指令助憶符號 (mnemonic)（必要）
- 運算元 (operands)（通常需要）
- 註解 (comment)（非必要）

以下是指令的基本語法：

```
[label:]  mnemonic  [operands]  [;comment]
```

接下來將分別探討指令語法的四個組成，先從**標籤**開始討論。

標籤

標籤 (label) 是一種識別符，其作用是當作指令或資料的位置標記。若標籤置於指令前，則其內容即表示指令所在位址；同樣地，簡單的說，標籤置於變數之前。標籤有兩種：資料標籤與程式碼標籤。

資料標籤 (data label) 用於標記一個變數的位置，它提供了在程式碼中參照該變數的便利方式。以下範例表示定義一個名稱為 count 的變數：

```
count DWORD 100
```

組譯器會對每個標籤指定一數值位址，在一個標籤之後，又可以定義多個資料項。下列範例中，array 定義了第一個數值 (1024) 的位置。其他數值在記憶體中的位置會緊接第一個數值之後：

```
array DWORD 1024, 2048
      DWORD 4096, 8192
```

有關變數的詳細說明請見第 3.4.2 節，MOV 指令則在第 4.1.4 節加以說明。

在一支程式的程式碼區域（也就是指令所在的區段）內，且必須以冒號 (:) 作為結尾。程式碼標籤 (code label) 的功能是作為跳越或迴圈指令的標的。例如在以下的範例中，JMP（跳越）指令會將控制權轉移到 **target** 標籤所標記的位置，形成一個迴圈：

```
target:
    mov    ax,bx
    ...
    jmp    target
```

程式碼標籤可以與指令寫在同一列，或是自己獨立一列，如：

```
L1: mov  ax,bx
L2:
```

建立標籤名稱時，必須遵守第 3.1.8 節說明的識別符原則，讀者可以在一支程式內可以使用多個同名的程式碼標籤，但程序內的程式碼標籤必須唯一。我們在第 5 章顯示了如何建立程序。

指令助憶碼

指令助憶碼 (instruction mnemonic) 的功能是作為辨識指令的簡短代碼，在英文中，**mnemonic** 是幫助記憶的裝置。同理，像 mov、add 和 sub 等都是此類的簡短代碼。以下是數個指令助憶碼的名稱及代表之功能：

助憶碼	描述
MOV	將一個值 (或指定值) 移至另一個位置。
ADD	相加兩個值。
SUB	將一個值減去另一個值。
MUL	將兩個值相乘。

助憶碼	描述
JMP	跳躍到新位置。
CALL	呼叫一個程序。

運算元 (Operands)

　　運算元是一個用來幫助指令輸入與輸出的數值，組合語言指令之後可以有零至三個運算元，每個都可以是暫存器、記憶體運算元、常數運算式或 I/O 埠，我們在第 2 章已討論過暫存器的名稱，在第 3.1.2 節也已討論過整數運算式。此外，有不同的方法可以建立記憶體運算元——例如，使用變數名稱、被括號的暫存器等，我們在之後的章節會討論更多。變數名稱代表著變數的位址，它指引電腦去引用在指定位址上的記憶體內容。下列表格是四種不同運算元型態及範例：

範例	運算元類型
96	常數 (立即值)
2+4	常數運算式
eax	暫存器
count	記憶體

　　以下是使用不同數量運算元的組合語言指令，首先是不需使用運算元的 STC 指令：

```
stc                              ; 設定進位旗標
```

而 INC 指令使用一個運算元：

```
inc eax                          ; 將EAX加1
```

MOV 指令使用兩個運算元：

```
mov count,ebx                    ; 將EBX搬移到count
```

　　運算元有自然的順序，當指令有多個運算元時，第一個運算元稱為**目的 (destination)** 運算元，第二個運算元則為**來源 (source)** 運算元。一般而言，目的運算元的內容會被指令的功能所修改。例如，在 MOV 指令中，資料會由來源運算元複製到目的運算元。

　　另如 IMUL 指令可使用三個運算元，第一個是目地運算元，其後兩個都是來源運算元：

```
imul eax,ebx,5
```

　　在以上範例中，表示將以 EBX 之值乘以 5 之後，再將結果儲存至 EAX 暫存器。

註解

　　對於程式的撰寫者而言，註解 (comment) 是向閱讀原始程式碼的人，傳達程式是如何運作等相關訊息的有效方式。一般而言，下列訊息會寫在原始程式碼的最上面：

- 描述程式的用途。
- 撰寫與修改程式的程式設計人員姓名。

- 程式撰寫完成的日期與改版日期。
- 關於程式實作的技術備忘錄。

註解可以下列兩種方式指定：

- 單行註解：以分號 (;) 作為起始符號，所有在該分號之後同一行的字元，都會被組譯器忽略。
- 區塊註解：以 COMMENT 指引及使用者設定的符號作為開始，其後所有的原始程式碼中的每一行，都會被組譯器加以忽略，直到與前述使用者設定的相同符號再次出現為止，視為結束。例如，

```
COMMENT !
    This line is a comment.
    This line is also a comment.
!
```

另也可以使用其他符號，只要它不會與註解行一起出現：

```
COMMENT &
    This line is a comment.
    This line is also a comment.
&
```

當然，讀者應該在程式中提供註解，特別是您的程式碼並不明確的時候。

無作業 (NOP) 指令

最安全（或沒有作用）的指令應該是無作業 (no operation，NOP) 指令。此指令會在程式使用的記憶體中，佔用一個位元組空間，而且不會做任何事。有時候編譯器和組譯器也會利用它，將程式碼對齊成偶數位址邊界。在下列範例中，第一個 MOV 指令會產生三個機器碼位元組。此時，NOP 指令可以將第三個指令的位址，對齊到雙字組邊界（4 的偶數倍數）上：

```
00000000 66 8B C3       mov ax,bx
00000003 90             nop                  ; 使下一個指令對齊邊界
00000004 8B D1          mov edx,ecx
```

x86 處理器被設計從雙字組位址更快速的加載程式碼與資料。

3.1.11　自我評量

1. 使用 -35 數值撰寫一個十進位、十六進位、八進位與二進位格式的整數常數，此常數是符合 MASM 的句法。
2. （是非題）：A5h 是不是一個有效的十六進位常數？
3. （是非題）：在整數運算式中，乘號 (*) 的優先權是否比除號 (/) 來得高？
4. 建立一個使用 3.1.2 節中所有運算子的單一整數運算式，計算運算式的數值。
5. 撰寫一個實數 -6.2×10^4 為使用 MASM 語法的實數常數。
6. （是非題）：請問字串常數是否一定要被包含在單引號內？
7. 保留字可以是指令助憶符號、屬性、運算子、預先定義符號及 ＿＿＿＿＿＿＿＿。
8. 請問識別符的最大長度為何？

3.2 範例：整數的加法及減法運算

3.2.1 AddTwo 程式

讓我們重新開始 AddTwo 程式，在此章節中，我們加入了必要的宣告，使得程式可以完整操作。請記住，每一行的編號並不是程式的一部份。

```
 1: ; AddTwo.asm - adds two 32-bit integers
 2: ; Chapter 3 example
 3:
 4: .386
 5: .model flat,stdcall
 6: .stack 4096
 7: ExitProcess PROTO, dwExitCode:DWORD
 8:
 9: .code
10: main PROC
11:    mov    eax,5          ; 將5搬移到EAX暫存器
12:    add    eax,6          ; 將6加到EAX暫存器
13:
14:    INVOKE ExitProcess,0
15: main ENDP
16: END main
```

第 4 行包含 .386 指引，它會標示出這是一個 32 位元程式，可以存取 32 位元暫存器與位址。第 5 行選擇程式的記憶體模式 (flat)，並標示出程序的呼叫慣例（稱做 stdcall）。因為 32 位元視窗服務需要使用呼叫慣例，所以我們使用它。（第 8 章會解釋 stdcall 如何工作。）第 6 行為了執行時期的堆疊（每個程式都會有）設定 4096 位元組大小的儲存空間。

第 7 行宣告一個原型給 **ExitProcess** 函數，它是標準的視窗服務。原型是由函數名稱的關鍵字 **PROTO**、逗號、與輸入參數的列表組成。輸入給 ExitProcess 的參數叫做 **dwExitCode**，您或許會認為它是傳回到 Windows 操作系統的傳回數值，傳回數值為零，一般代表程式是成功的，任何其他的整數值是代表錯誤程式碼數字。所以，您可以將您的組合程式想成子程式，或是被操作系統呼叫的過程。當您程式差不多要結束時，它會呼叫 ExitProcess 並傳回整數，通知操作系統您的程式工作要結束了。

相關資訊：讀者或許會疑惑，為何操作系統會想知道程式是否成功的結束。以下為原因：系統管理員通常會建立腳本檔案，然後會按照順序執行程式的數字。在腳本中的每一段，它們需要知道最近一次執行的程式是否成功，好確定它們是否需要離開。通常會有類似下方的顯示，當 ErrorLevel1 指出過程從前一個步驟傳回程式碼大於或等於 1：

```
call program_1
if ErrorLevel 1 goto FailedLabel
call program_2
if ErrorLevel 1 goto FailedLabel
:SuccessLabel
Echo Great, everything worked!
```

讓我們回到 AddTwo 程式的列表。第 16 行使用 **end** 指引來標記最後一行可被組譯，而且它還標示出程式的入口點 (main)。主要標籤會在第 10 行中宣告，並且標記位址在即將開始執行的程式中。

> **小技巧**：當展示組合語言程式碼的時候，Visual Studio 的重點語法還有在關鍵字下的波浪線都不是一致的，如果您想讓它失效，請這樣做：從工具選單中選擇 Options，然後再選擇 Text Editor，接著是 C/C++，再來是 Advanced，然後在 Intellisense 標題的下方設定 Disable Squiggles 為真。點選 OK 來關閉選擇視窗，還有，請記得 MASM 沒有大小寫之分，所以您可以使用大寫或小寫。

組譯器指引的複習

讓我們複習一下一些在範例中重要的組譯器指引。

首先，.MODEL 指引會告知組譯器哪個記憶體模式可以使用：

```
.model flat, stdcall
```

在 32 位元的程式中，我們總是會使用平面記憶體模式，它與處理器的保護模式連結在一起。我們在第 2 章中討論過保護模式。stdcall 的關鍵字會在程序被呼叫的時候，告訴組譯器如何安排執行時期的堆疊，這個部份很複雜，此書會在第 8 章中做詳細討論。接下來，.STACK 指引會通知組譯器有多少位元組的記憶體，要為了程式的運轉堆疊保存：

```
.stack 4096
```

此數值 4096 可能大於我們會用到的，但是它剛好與用來安排記憶體的處理器的系統中之記憶體大小一致。目前所有的程式都在呼叫子程式時使用堆疊——首先，維持通過的參數。第二，維持呼叫函數的程式碼的位址。當函數呼叫完結時，CPU 使用此位址來傳回到函數呼叫的位置。除此之外，執行時期的堆疊可以維持區域變數，也就是在函數內宣告的變數。

.CODE 指引標記了程式區域程式碼的開端，此區域包含可執行的指令。通常在 .CODE 的下一行是程式的入口點的宣告，大多數是稱做 **main** 的程序。順帶一提，程式的入口點是第一個指令執行的位置。我們使用下方的範例來解釋這資訊：

```
.code
main PROC
```

ENDP 指引標記程序的結尾，我們程式有 main 程序，所以 endp 必須使用相同的結尾名稱：

```
main ENDP
```

最後：END 指引標記程式的結尾，並參照程式的入口點：

```
END main
```

如果您在 END 指引後新增行數到程式中，它們會被組譯器忽略，所以您可放置任何的東西——程式註解、程式碼的備份等——它都沒關係。

3.2.2　AddTwo 程式的執行與除錯

　　您可以簡單的使用 Visual Studio 編輯、建立與執行組合語言程式，本書的範例檔案指南有一個叫做 Project32 的資料夾，裡面有 Visual Studio 2012 Windows Console project，可安裝在 32 位元組合語言編程中。（另外一個叫做 Project64 的資料夾是給 64 位元組合的。）下列的指令在 Visual Studio 2012 之後成為模型，會告訴讀者如何打開範例專案與建立 AddTwo 程式：

1. 打開 Project32 資料夾並雙擊 Project.sln 檔案，這應該啟動安裝在讀者電腦上的最新版本的 Visual Studio。

2. 打開在 Visual Studio 中的 Solution Explorer 視窗。它應該已經看得到，但是讀者可以藉由從 View 選單中選擇 Solution Explorer，使得它可以一直被看到。

3. 在 Solution Explorer 的計畫名稱上點擊右鍵，從內容選單中選擇 Add，然後從彈出選單中選擇 New Item。

4. 在 Add New File 對話視窗中（請看圖 3-1），將檔案命名為 AddTwo.asm，藉由填寫位置選項，幫檔案選擇適當的磁碟資料夾。

5. 點擊 Add 按鈕儲存檔案。

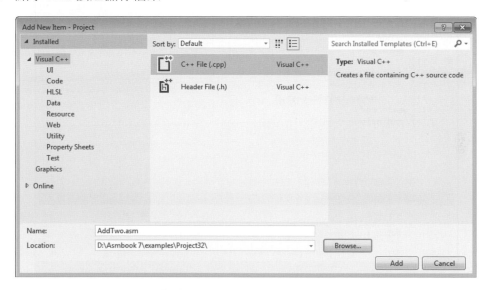

圖 3-1　新增新的原始碼檔案到 Visual Studio 計畫

6. 請將下方顯示的程式碼輸入至程式的原始碼，這裡並沒有要求關鍵字的大小寫：

```
; AddTwo.asm - adds two 32-bit integers.
.386
.model flat,stdcall
.stack 4096
ExitProcess PROTO,dwExitCode:DWORD
.code
main PROC
  mov eax,5
  add eax,6
```

```
      INVOKE ExitProcess,0
main ENDP
END main
```

7. 從計畫選單中選擇 Build Project，並在 Visual Studio 工作空間的底端找尋錯誤訊息，它被稱之為錯誤表單 (Error List)。圖 3-2 顯示我們的樣本程式打開與組譯之後的樣子。請注意在視窗底部的狀態行會在沒有錯誤時，顯示 Build succeeded 的字樣。

展示除錯

我們會展示 AddTwo 程式的樣本除錯集，我們還沒有指導讀者如何直接在控制台視窗展示變數值的方法，所以我們會在除錯集中執行程式。我們會使用 Visual Studio 2012 來展示，但是它的執行就如同在 Visual Studio 2008 的版本一樣。

執行與除錯程式的方法是：從除錯選單中選擇 Step Over。根據 Visual Studio 的安裝方式，F10 功能鍵與 Shift+F8 都可以執行 Step Over 命令。

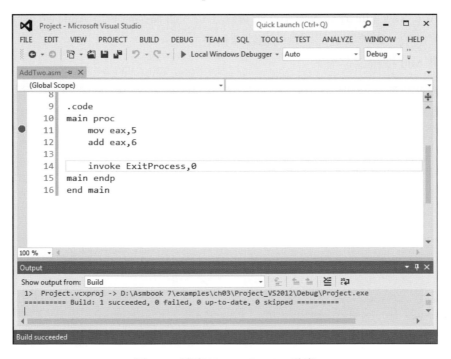

圖 3-2　建立 Visual Studio 計畫

另外一個開啟除錯集的方法是，在程式碼視窗左邊的垂直灰色條上，藉由點擊滑鼠在程式上設定關鍵點。接著會有一個大紅點標記出關鍵點的位置，然後讀者可以藉由從除錯選單中，選擇開始除錯執行程式。

> **小技巧**：如果您嘗試設定關鍵點在非執行的行上，當程式在運轉時，Visual Studio 會移動關鍵點往前至下一個執行的行上。

圖 3-3 顯示在除錯集開始的程式。關鍵點設定在第 11 行，而第一個 MOV 指令與除錯都是跳過這一行的，因為此行尚未執行。當開始除錯了，Visual Studio 底端的狀態行視窗會

變成橘色的。當您停止除錯並傳回到編輯模式中，狀態行會變成藍色的。這種看得見的提示是很有幫助的，因為您不能在除錯執行時編輯或是儲存程式。

　　圖 3-4 顯示在使用者通過第 11 與 12 行並抵達第 14 行之後的除錯器，藉由移動滑鼠到 EAX 暫存器名稱上方，我們可以看到它目前的內容 (11)，然後藉由點擊在工具列的 Continue 按鈕，或是點擊紅色的停止除錯按鈕（在工具列的右邊）我們會完成程式的執行。

自製除錯介面

　　在它運轉的時候，您可以自製除錯的介面，舉例來說，您可能會想展示 CPU 暫存器；因此，請從除錯選單中選擇視窗，然後選擇暫存器。圖 3-5 顯示與我們剛剛使用的相同的除錯集，而且暫存器視窗是看得見的。我們也會關閉一些其他非必要的視窗。在 EAX 中顯示的數值 0000000B 是代表 11 十進位的十六進位數值，我們在圖中畫了一個箭頭指出數值。

　　在暫存器視窗中，EFL 暫存器包含所有的狀態旗標設定（零、進位、溢位等等），如果您對暫存器視窗點擊右鍵，然後從彈跳視窗中選擇旗標 (Flag)，視窗會展示獨立的旗標數值。圖 3-6 顯示了一個範例，從左到右的旗標數值為：溢位旗標 (overflow flag, OV)、方向旗標 (direction flag, UP)、中斷旗標 (interrupt flag, EI)、符號旗標 (sign flag, PL)、零值旗標 (zero flag, ZR)、輔助進位旗標 (auxiliary carry, AC)、同位旗標 (parity flag, PE)、與進位旗標 (carry flag, CY)。在第 4 章中會有這些旗標的詳細解釋。

　　暫存器視窗其中很棒的一點是，透過程式，任何有藉由指令改變數字的暫存器都會變成紅色的。雖然我們不能顯示在輸出的頁面上（因為是黑白的），紅色的標記會跳出來，讓讀者知道您的程式如何影響暫存器。

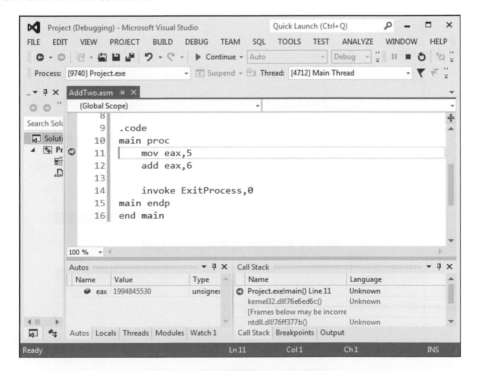

圖 3-3　停在關鍵點上的除錯器

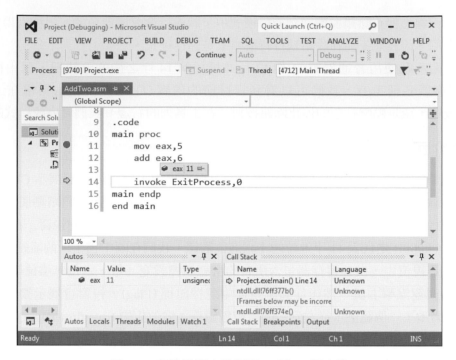

圖 3-4 在除錯器中執行第 11 與 12 行之後

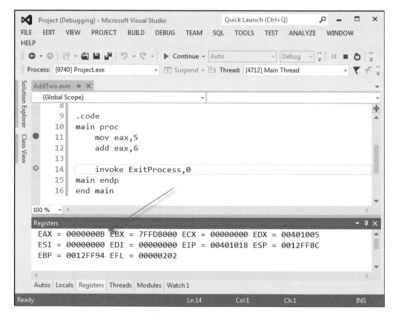

圖 3-5 新增暫存器視窗到除錯器集

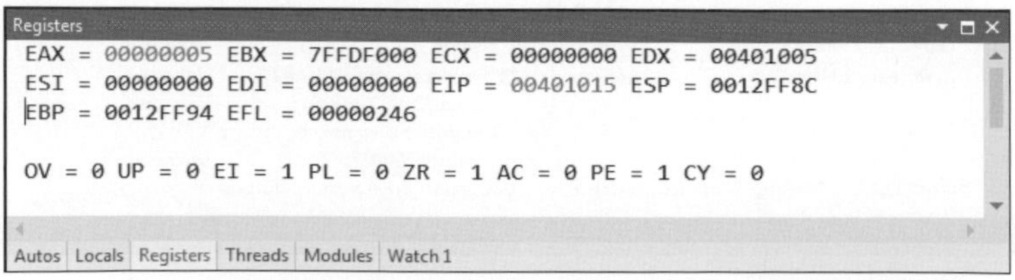

圖 3-6 在暫存器視窗中顯示 CPU 的狀態旗標

當您在 Visual Studio 中執行組合語言程式，它會啓動一個控制台視窗。此視窗與讀者從開始選單中執行 cmd.exe 檔名的程式是一樣的視窗。另外，您可以在計畫的 Debug\Bin 資料夾中打開命令提示，並從命令行直接執行應用程式。如果您這樣做，您只會看到程式的輸出，此輸出是由撰寫給控制台視窗的文字所組成。請尋找與 Visual Studio 計畫相同名稱的可執行檔名。

> **小技巧**：本書網站 (asmirvine.com) 有告知如何組譯和除錯組合語言程式。

3.2.3　程式範本

組合語言程式具有簡單的結構，只有少量的變異。當您開始撰寫新程式時，使用一個已經將所有基本元素放置在適當地方的空白範本會較有幫助。此時只須在空白位置填入需要的程式，然後將檔案存成另一個檔名，可以避免重複的打字工作，以下的保護模式程式 (Template.asm)，就是一個可加利用的空白範本程式。您應該已注意到，必要的註解都已加入，請在適當地方加入所需內容：

```
; Program template (Template.asm)
.386
.model flat,stdcall
.stack 4096
ExitProcess PROTO, dwExitCode:DWORD
.data
    ; 在這裡加入變數
.code
main PROC
    ; 在這裡撰寫程式碼

    INVOKE ExitProcess,0
main ENDP
END main
```

使用註解 (Use Comments)

將程式說明、程式的作者、建立日期和後續修定的相關資料等，放在一起是一個好決定，含有明確註解文字的文件，對任何閱讀程式原始碼的人（包含數月或數年後的自己），都會很有幫助。因爲很多程式設計人員發現，在寫完程式數年之後，他們在修改此程式以前，必須先重新熟悉自己撰寫的程式碼，以致於浪費不少時間。如果您有在上程式設計的課程，指導老師可能會要求加上其他額外的訊息。

3.2.4　自我評量

1. 在 AddTwo 程式中，INCLUDE 指引的作用爲何？
2. 在 AddTwo 程式中，.CODE 指引所標記的內容爲何？
3. 在 AddTwo 程式中，兩個區段的名稱爲何？
4. 在 AddTwo 程式中，哪一個暫存器的會顯示總和？
5. 在 AddTwo 程式中，哪一個敘述會中止程式的執行？

3.3 組譯、連結及執行程式

以組合語言撰寫的程式，無法在目標電腦上直接執行，它必須先要轉譯或**組譯**成可執行的程式碼。事實上，組譯器很類似於**編譯器 (compiler)**；編譯器是用來轉譯 C++ 或 Java 原始碼。

組譯器所產生含有機器碼的檔案稱為**目的檔 (object file)**，但只有這個檔案的應用程式仍不完整且無法執行，它必須再轉送到另一個稱為**連結器 (linker)** 的程式，然後由連結器產生**可執行檔案**，最後產生的檔案就可以在操作系統的命令提示模式下加以執行。

3.3.1 組譯－連結－執行循環

圖 3-7 整理了組合語言程式的編輯、組譯、連結和執行的過程。下列是每一步驟的詳細說明：

步驟 1：程式設計人員使用**文字編輯器 (text editor)** 寫出稱為**原始檔**的 ASCII 文字檔。

步驟 2：**組譯器 (assembler)** 讀取原始檔，產生**目的檔 (object file)**，其中目的檔是含有機器碼的程式檔案。此外，我們可以也選擇輸出**清單檔 (listing file)**。如果有錯誤發生，設計人員必須回到步驟 1 去修正程式。

步驟 3：**連結器 (linker)** 讀取目的檔，並且查看程式中是否有呼叫任何連結函式庫中的函式。**連結器 (linker)** 會從連結函式庫中複製使用的函式，並且結合目的檔，產生**可執行檔**。

步驟 4：作業系統的**載入器 (loader)** 讀取可執行檔，並將之載入到記憶體中，然後導引 CPU 到程式起始位址，接著程式便開始執行。

關於使用微軟 Microsoft Visual Studio 執行組譯、連結和執行組合語言程式的進一步資訊，請參閱本書網站 (www.asmirvine.com) 上「Getting started」的主題。

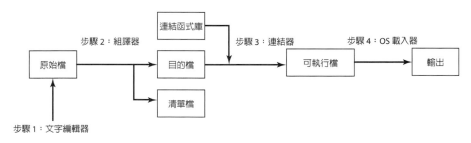

圖 3-7　組譯 - 連結 - 執行的循環

3.3.2 清單檔

清單檔 (listing file) 含有程式原始碼的複本，包含行號、指令位址以及每個指令（十六進位）的機器碼位元組和符號表等資訊的程式檔。符號表包含所有程式識別符的名稱、區段相關資訊。進階的程式設計者有的時候會使用清單檔，取得關於程式較細部的資訊。圖 3-8 顯示 AddTwo 程式的清單檔節錄，讓我們來看看它更多的細節吧。第 1-7 行沒有可執行程式碼，所以它們會直接從原始檔複製一份，第 9 行顯示一開始的程式碼區段放置在位址

00000000 的地方（在 32 位元的程式中，位址是以 8 位數的十六進位數字表示），此位址與程式的記憶體足跡開頭部分相關，但是當程式在載入記憶體時，位址會轉變到完整的記憶體位址。當這情形發生時，程式可能會出現在像是 00040000h 的位址上。

```
1:     ; AddTwo.asm - adds two 32-bit integers.
2:     ; Chapter 3 example
3:
4:     .386
5:     .model flat,stdcall
6:     .stack 4096
7:     ExitProcess PROTO,dwExitCode:DWORD
8:
9:     00000000                      .code
10:    00000000                  main PROC
11:    00000000 B8 00000005           mov  eax,5
12:    00000005 83 C0 06              add  eax,6
13:
14:                                   invoke ExitProcess,0
15:    00000008 6A 00                 push   +000000000h
16:    0000000A E8 00000000 E         call   ExitProcess
17:    0000000F                  main ENDP
18:                              END main
```

圖 3-8　AddTwo 原始清單檔節錄

第 10 與 11 行也顯示相同的開始位址 00000000，因為第一個可執行的敘述是在第 11 行的 MOV 指令，請注意到第 11 行有一些十六進位位元組出現在位址與原始碼之間。位元組 (B8 00000005) 代表機器碼指令 (B8)，以及被指令分配到 EAX 的 32 位元常數數值 (00000005)：

11: 00000000 B8 00000005 mov eax,5

B8 是操作碼（或 opcode），因為它代表特定機器指令移動 32 位元整數到 eax 暫存器的。在第 12 章中，我們會解釋 x86 機器指令結構的細節。

第 12 行也包含執行指令，開始於偏移量位址 00000005，此偏移量從程式的開頭位移了 5 位元組的距離，讀者們應該已經猜到如何計算偏移量了吧。

第 14 行包含 invoke **指令**，請注意第 15 與 16 行看起來好像插入到我們的程式碼中。這是因為 invoke 指令會造成組譯器產生在第 15 與 16 行中的推 (PUSH) 與呼叫 (CALL) 敘述，在第 5 章中我們會在說明如何使用 PUSH 與 CALL 敘述。

圖 3-8 中的樣本清單檔案，顯示機器指令以整數值的排列被載入記憶體，在此以十六進位的方式表達：B5、00000005、83、C0、06、6A、00、EB、00000000。每個號碼中的數字都指出了位數：二位數的號碼是八位、四位數的號碼是十六位、八位數的號碼是 32 位元等等。所以我們的機器指令精確的說是 15 位元組長（兩個 4 位元組數值與七個一位元組數值）。

無論讀者何時想要確認組譯器所產生的代碼是否正確，根據您所設計的程式，清單檔都是讀者最好的資源，如果讀者才剛開始學習如何產生機器碼指令，它同時也是一個好工具。

> **小技巧**：當計畫打開時，要告訴 Visual Studio 產生清單檔做下列事項：在計畫選單中選擇屬性，在安裝屬性下選擇微軟 Macro 組譯器，然後選擇清單檔。在對話視窗中，設定產生預加工原始清單爲 Yes，然後設定列表全部資訊可接收爲 Yes。對話視窗的顯示如圖 3-9。

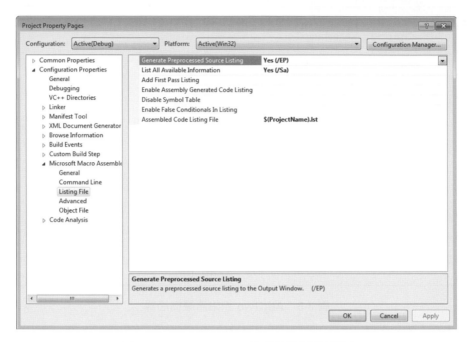

圖 3-9　Visual Studio 生產清單檔的配置

　　剩下的清單檔包含一系列的結構與單元，還有程序、參數與區域變數，我們不會在這裡顯示這些元素，但是我們會在之後的章節中討論它們。

3.3.3　自我評量

1. 請問組譯器產生的檔案類型爲何？
2. （是非題）：連結器的功能是由連結函式庫中，取出經過組譯的函式，並且將這些函式插入至可執行檔內。
3. （是非題）：更改程式的原始碼後，必須重新組譯及連結之後，才可執行。
4. 作業系統的哪一部分會讀取並且執行程式？
5. 請問連結器產生的檔案類型爲何？

3.4　定義資料

3.4.1　內建資料型別

　　組譯器定義了多種內建資料型別，每種內建資料型別都以大小描述（位元組、字組、雙字組等等），無論正負號、整數或實數，這些型別有相當多的數量——例如，DWORD 型（32 位元，無號整數）是與 SDWORD 型（32 位元，有號整數）可以互相改變的。您可能會認爲程式編寫者會使用 SDWORD 與讀者溝通，數值會有正負號，但是組譯器不會有強迫行為。組譯器只會評估運算元的大小。因此，舉例來說，您可能只能分配 DWORD、SDWORD、或 REAL4 型別的變數至 32 位元整數。在表 3-2 中，包含了內建資料型別的清單，符號 IEEE 指的是由 IEEE 電腦協會所指定的標準實數格式。

3.4.2 資料定義的敘述

資料定義敘述 (data definition statement) 使用任選的名稱，在於記憶體劃定及保留使用空間，資料定義敘述可以根據內建資料型別（表 3-2）建立變數。以下是資料定義敘述的語法慣例：

[*name*] *directive initializer* [*,initializer*]...

以下是資料定義敘述的使用範例：

count DWORD 12345

名稱 (Name)

這是可以指定給某個變數的任選名稱，它必須符合識別符的命名規則（第 3.1.8 節）。

指引 (Directive)

在資料定義敘述中的指引可以是 BYTE、WORD、DWORD、SBYTE、SWORD 或表 3-2 所列舉的任何型別。除此以外，它可以是任何一個表 3-3 所示的傳統資料定義指引，且 NASM 和 TASM 組譯器都可支援傳統資料定義指引。

表3-2　內建資料型別

型別	用法
BYTE	8 位元無號整數，B 表示位元。
SBYTE	8 位元有號整數，S 表示有號。
WORD	16 位元無號整數。
SWORD	16 位元有號整數。
DWORD	32 位元無號整數，D 表示 double。
SDWORD	32 位元有號整數，SD 表示有號 double。
FWORD	48 位元整數 (保護模式下的 Far 指標)。
QWORD	64 位元整數，Q 表示 quad。
TBYTE	80 位元 (10 個位元組)，T 表示 10 位元。
REAL4	32 位元 (4 個位元組) IEEE 短實數。
REAL8	64 位元 (8 個位元組) IEEE 長實數。
REAL10	80 位元 (10 個位元組) IEEE 延伸實數。

表3-3　傳統資料指引

指引	用法
DB	8位元整數
DW	16位元整數
DD	32位元整數或實數
DQ	64位元整數或實數
DT	定義80位元 (10個位元組) 整數

初始設定子 (initializers)

在資料定義中，至少要有一個**初始設定子**，即使它是 0 也是如此。如果有任何額外的初始設定子，則必須以逗點隔開。對於整數資料型別來說，**初始設定子**可以是一個整數常數，也可以是與變數型別大小相匹配，例如像是 BYTE 或 WORD 的運算式。如果您想讓變數未初始化（被指定一個隨機數值），可以使用 ？ 符號作為初始設定子。此外，所有初始設定子不論其格式為何，都會由組譯器轉換成二進位資料。如 00110010b、32h 和 50d 等初始設定子，在轉換後都具有相同的二進位數值。

3.4.3　新增變數到 AddTwo 程式

讓我們建立一個新的 **AddTwo** 程式，也就是在此章節一開始時的 **AddTwoSum** 程式，此版本會介紹一個 **sum** 變數，此變數會以完整的程式出現：

```
 1:  ; AddTwoSum.asm - Chapter 3 example
 2:
 3:      .386
 4:      .model flat,stdcall
 5:      .stack 4096
 6:      ExitProcess PROTO, dwExitCode:DWORD
 7:
 8:      .data
 9:      sum DWORD 0
10:
11:      .code
12:      main PROC
13:          mov eax,5
14:          add eax,6
15:          mov sum,eax
16:
17:          INVOKE ExitProcess,0
18:      main ENDP
19:      END main
```

讀者可以藉由在第 13 行設定關鍵點，使得程式可以在除錯器中運轉，並一次通過一個程式中的一行。在執行第 15 行之後，移動滑鼠到 **sum** 變數去觀看數值，或是打開觀看試窗。要這樣做，請從除錯選單中選擇試窗（在除錯集中），再選擇觀看，然後選擇四個選項中的其中一個 (Watch1、Watch2、Watch3 或 Watch4)。然後用滑鼠標記 **sum** 變數並拖曳它到觀看視窗。圖 3-10 顯示一個範例，並伴隨一個箭頭指向 **sum** 在第 15 行執行之後的數值。

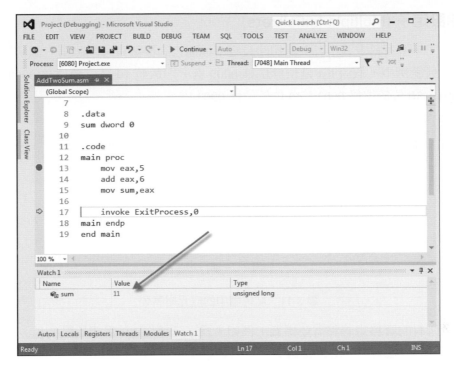

圖 3-10　在除錯集中使用觀看視窗

3.4.4　定義 BYTE 和 SBYTE 資料

BYTE（定義位元組）和 SBYTE（定義有號位元組）指引會配置一或多個、無號或有號數值的記憶體空間，且每個初始設定子都必須恰好符合 8 位元的記憶體空間。例如：

```
value1 BYTE 'A'          ; 字元常數
value2 BYTE   0          ; 最小的無號位元組
value3 BYTE 255          ; 最大的無號位元組
value4 SBYTE -128        ; 最小的有號位元組
value5 SBYTE +127        ; 最大的有號位元組
```

問號（？）初始設定子會讓變數處於未初始化的狀態，表示該變數在執行時期才會被設定擁有的值。

```
value6 BYTE  ?
```

另可使用選用名稱，作為標籤，標示著該變數相對於其所屬區段起始點的位移 (offset) 值。以下的範例表示 **value1** 是位於資料區段的位移 0000 處，而且它佔據了一個位元組的記憶體空間，則 **value2** 會自動地置於 0001 處：

```
value1 BYTE 10h
value2 BYTE 20h
```

DB 傳統指引也可定義 8 位元變數，而且此變數可以是有號或無號。

```
val1 DB 255              ; 無號位元組
val2 DB -128             ; 有號位元組
```

多重初始設定子 (Multiple Initializers)

如果在同一個資料定義中有多個初始設定子，則它的標籤只會參照第一個初始設定子的位移。在下列範例中，假設 **list** 是位於位移 0000 處，則數值 10 是位於位移 0000 處、20 位於位移 0001、30 位於位移 0002、40 位於位移 0003 處。

```
list BYTE 10,20,30,40
```

圖 3-11 將 **list** 顯示成一連串位元組，並標示出每一個位元組的位移值：

```
位移    內容值
0000:    10
0001:    20
0002:    30
0003:    40
```

圖 3-11　記憶體中的位元組序列

但不是所有的資料定義都需要標籤，例如，為了延續以 **list** 為起始點的位元組陣列，我們可以在其下一行定義額外的位元組：

```
list BYTE 10,20,30,40
     BYTE 50,60,70,80
     BYTE 81,82,83,84
```

在單一資料定義內，其初始設定子可以使用不同的基底。而且，字元跟字串常數也可以自由混合使用。在下面範例中，**list1** 和 **list2** 具有相同的內容：

```
list1 BYTE 10, 32, 41h, 00100010b
list2 BYTE 0Ah, 20h, 'A', 22h
```

定義字串

如果要定義若干個字元所形成的字串，可以將字元包含在單引號或雙引號之內。最常見的字串類型是以空位元組 (null byte) 作為結尾。這類字串被稱為**空字元終止 (null-terminated)** 字串，它們也是很多種程式語言使用的字串類型：

```
greeting1 BYTE "Good afternoon",0
greeting2 BYTE 'Good night',0
```

以上範例的每個字元使用記憶體空間是一個位元組。雖然在組合語言的設計中，位元組值之間必須以逗號區隔。如果沒有這樣的例外，則 **greeting1** 必須定義成：

```
greeting1 BYTE 'G','o','o','d'....etc.
```

但這樣的寫法實在過於冗長，所以組合語言提供可將多個字串分散在多行的撰寫方式，而且此時無須在每一行加上標籤：

```
greeting1 BYTE "Welcome to the Encryption Demo program "
  BYTE "created by Kip Irvine.",0dh,0ah
  BYTE "If you wish to modify this program, please "
  BYTE "send me a copy.",0dh,0ah,0
```

十六進位字碼 0Dh 及 0Ah 也稱為 CR/LF (carriage-return line-feed) 或行終止字元 (**end-of-line characters**)，當它們被寫到標準輸出時，游標將會移到下一行最左邊的欄位。

行接續字元 (\) 可將兩個原始碼程式行串接成為單一敘述，但它必須是該行的最後一個字元，例如，以下兩個敘述具有相同功能：

```
greeting1 BYTE "Welcome to the Encryption Demo program "
```

及

```
greeting1 \
BYTE "Welcome to the Encryption Demo program "
```

DUP 運算子

DUP 運算子使用常數運算式當作計數器 (counter)，為多個資料項配置記憶體空間。在為字串或陣列配置記憶體空間時，此運算子特別有用，而且它也可以搭配已初始化或未初始化的資料：

```
BYTE 20 DUP(0)              ; 20 個位元組，全部等於0
BYTE 20 DUP(?)              ; 20 個位元組，未初始化
BYTE  4 DUP("STACK")       ; 20 個位元組："STACKSTACKSTACKSTACK"
```

3.4.5 定義 WORD 和 SWORD 資料

WORD（定義字組）及 SWORD（定義有號字組）指引可為一個或多個的 16 位元整數，建立記憶體空間：

```
word1 WORD   65535          ; 最大無號數值
word2 SWORD -32768          ; 最小有號數值
word3 WORD    ?             ; 未初始化，無號
```

此外，也可使用傳統的 DW 指引：

```
val1 DW  65535             ; 無正負號
val2 DW -32768             ; 有正負號
```

16 位元字組陣列 (Array of 16-Bits Words)

經由列舉陣列元素或使用 DUP 運算子，可以建立字組陣列。以下陣列含有數值清單：

```
myList  WORD 1,2,3,4,5
```

而圖 3-12 則是一個在記憶體中的陣列圖，假設 **myList** 陣列是從位移值 0000 開始。因為每個值都佔據了 2 個位元組，所以接下來使用的位址每次都遞增 2：

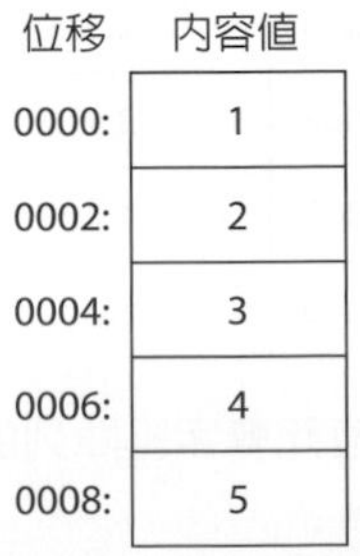

位移	內容值
0000:	1
0002:	2
0004:	3
0006:	4
0008:	5

圖 3-12 16 位元字組陣列的記憶體中配置

DUP 運算子能提供初始化多個字組的一個簡單方法：

```
array WORD 5 DUP(?)          ; 5 個值，未初始化
```

3.4.6　定義 DWORD 和 SDWORD 資料

DWORD（定義雙字組）及 SDWORD（定義有號雙字組）指引可為一個或多個的 32 位元整數配置記憶體空間：

```
val1 DWORD   12345678h      ; 無正負號
val2 SDWORD -2147483648      ; 有正負號
val3 DWORD   20 DUP(?)       ; 無號陣列
```

此外，也可使用傳統的 DD 指引：

```
val1 DD 12345678h           ; 無正負號
val2 DD -2147483648          ; 有正負號
```

DWORD 資料可以用宣告變數，且含有由其他變數起算的 32 位元位移值，例如，以下範例的變數 **pVal** 就含有 **val3** 的位移值：

```
pVal DWORD val3
```

32 位元雙字組陣列 (Array of 32-Bits Doublewords)

經由明確初始化每個元素或使用 DUP 運算子等設計，可以建立出雙字組陣列：

```
myList DWORD 1,2,3,4,5
```

圖 3-13 所示為記憶體中的陣列內容，其中假設 **myList** 是從位移值 0000 開始。請注意，圖中位址位移每次都增加 4。

3.4.7　定義 QWORD 資料

QWORD（定義四字組）指引可為 64 位元（8 個位元組）數值，配置記憶體空間。

```
quad1 QWORD 1234567812345678h
```

此外，也可使用傳統的 DQ 指引：

```
quad1 DQ 1234567812345678h
```

位移	內容值
0000:	1
0004:	2
0008:	3
000C:	4
0010:	5

圖 3-13　32 位元雙字組陣列的記憶體配置

3.4.8　定義 Packed Binary Coded Decimal (TBYTE) 資料

　　Intel 微處理器會將二進編碼十進位數 (binary coded decimal，BCD) 資料儲存在包裝或壓縮 (package) 後的 10 個位元組，其中每一個位元組（最高位元除外）都含有兩個數字，即在較低的 9 個位元組中，每半個位元組儲存一個數字，最高位元組的最高有效位元儲存著這個數字的正號或負號，若最高有效位元值為 80h，表示該數為負數；若最高位元是 00h，就表示該數字是正數。此類整數資料的範圍是－999,999,999,999,999,999 至 +999,999,999,999,999,999。

範例

　　下表是以十六進位儲存方式，由最低有效位元至最高有效位元，列出正負兩個 1234 數字的位元組內容：

十進位值	儲存位元
+1234	34 12 00 00 00 00 00 00 00 00
−1234	34 12 00 00 00 00 00 00 00 80

　　在 MASM 中可使用 TBYTE 指引，宣告已包裝的 BCD 變數。這個指引之後緊接著一個十六進位形式的常數值，因為組譯器無法將十進位值自動轉換為 BCD。以下兩個範例展示了正確與錯誤的十進位 -1234：

```
intVal TBYTE 800000000000001234h          ; 正確
intVal TBYTE -1234                         ; 錯誤
```

　　上述範例的第二個敘述之所以錯誤，是因為 MASM 可以將常數視為二進位整數，執行編碼，而非包裝後的 BCD 整數。

　　若想要將實數資料編碼為 BCD，必須先使用 FLD 指令，將實數資料載入至浮點運算暫存器之堆疊後，再以 FBSTP 指令，轉換為包裝後的 BCD 資料，此一指令可以將原始資料四捨五入為最接近的整數：

```
.data
posVal REAL8 1.5
bcdVal TBYTE  ?
.code
fld posVal            ; 載入至浮點運算堆疊
fbstp bcdVal          ; 四捨五入至2，成為BCD整數
```

　　若上述範例的變數 posVal 值等於 1.5，轉換後的 BCD 整數就會是 2，本書第 7 章將詳細說明 BCD 資料的運算處理。

3.4.9　定義浮點類型

　　REAL4 用於定義 4 位元組的單精準度實數 (single-precision real) 變數，REAL8 則用於定義 8 位元組的雙精準度實數 (double-precision real) 變數；REAL10 定義 10 位元組的延伸雙精準度實數 (double extended-precision real) 變數。以上多種實數資料在定義時，都需要一或多個的實數常數初始設定子：

```
rVal1        REAL4  -1.2
rVal2        REAL8  3.2E-260
rVal3        REAL10 4.6E+4096
ShortArray REAL4  20 DUP(0.0)
```

表 3-4 列出每一種標準實數型別的有效位數，可以表示的最小值及範圍：

表3-4　標準實數型別

資料型別	有效位數	約略的數值表示範圍
短實數	6	1.18×10^{-38} 到 3.40×10^{38}
長實數	15	2.23×10^{-308} 到 1.79×10^{308}
延伸精準度實數	19	3.37×10^{-4932} 到 1.18×10^{4932}

此外，也可使用傳統的 DD、DQ 及 DT 等指引定義實數：

```
rVal1 DD  -1.2                      ; 短實數
rVal2 DQ  3.2E-260                  ; 長實數
rVal3 DT  4.6E+4096                 ; 延伸精準度實數
```

> **小說明**：MASM 組譯器包含資料型別，像是 **real4** 與 **real8**，而且假設它們代表的數值為實數。更精確的說，這些數值為浮點數字，具有精度和範圍的限制。數學的角度上，實數有無限的精度和尺寸。

3.4.10　新增變數的程式

範例程式顯示目前為止的章節，加入整數儲存在暫存器。現在讀者已經有一些如何宣告資料的概念了，我們會修改一些程式，讓它可以新增三個整數變數，並儲存 sum 在第四個變數中。

```
1: ; AddVariables.asm - Chapter 3 example
2:
3:     .386
4:     .model flat,stdcall
5:     .stack 4096
6:     ExitProcess PROTO, dwExitCode:DWORD
7:
8:     .data
9:     firstval DWORD 20002000h
10:    secondval DWORD 11111111h
11:    thirdval DWORD 22222222h
12:    sum DWORD 0
13:
14:    .code
15:    main PROC
16:        mov eax,firstval
17:        add eax,secondval
18:        add eax,thirdval
19:        mov sum,eax
20:
21:        INVOKE ExitProcess,0
22:    main ENDP
23:    END main
```

請注意我們有初始化三個非零的變數（第 9-11 行）。第 16-18 行新增變數。x86 指令集並不會讓我們直接新增變數到其他的，但是它會允許變數新增到暫存器中。這就是為什麼第 16-17 行使用 EAX 為累加器：

```
16:    mov eax,firstval
17:    add eax,secondval
```

在第 17 行之後，EAX 包含 **firstval** 與 **secondval** 的 sum，接下來，第 18 行新增 **thridval** 到 EAX 的 sum 中：

```
18:    add eax,thirdval
```

最後，在第 19 行，sum 會備份到 sum 變數中：

```
19:    mov sum,eax
```

作為習題，我們鼓勵讀者在除錯集中運轉此程式，並在每個指令執行之後測試每個暫存器。最後的 sum 應該會是十六進位的 53335333。

> **小技巧：**在除錯集中，如果想要展示變數為十六進位，請這樣做：移動滑鼠到變數或暫存器，停留一下，直到看到灰色的矩形出現在滑鼠下方，然後點擊右鍵，並從彈跳視窗中選擇展示十六進位。

3.4.11　小端存取順序

x86 處理器從記憶體存取資料，使用的是所謂**小端存取順序 (little endian order)** 的方式。最小有效位元組是放在該資料所配置的第一個位址上，其餘的位元組則存放在接下來的連續位置上。例如雙字組 12345678h，如果將它放在記憶體中位移值 0000 的地方，則 78h 會存在第一個位元組，56h 會放在第二個位元組，其餘的位元組會放在位移值 0002 跟 0003 處，如圖 3-14：

0000:	78
0001:	56
0002:	34
0003:	12

圖 3-14　小端存取順序下的 12345678h

有些其他電腦系統則使用**大端存取順序 (big endian order)**（由高到低）的方式，圖 3-15 顯示的是以大端存取順序，由位移值 0 開始儲存 12345678h 記憶體配置：

0000:	12
0001:	34
0002:	56
0003:	78

圖 3-15　大端存取順序下的 12345678h

3.4.12　宣告未初始化的資料

　　.DATA ? 指引可以用來宣告未初始化資料，在定義大區塊的未初始化資料時，.DATA ? 指引可以減少編譯後的程式大小。例如，下列程式碼的宣告方式，就是較有效率的做法：

```
.data
smallArray DWORD 10 DUP(0)        ; 40 bytes
.data ?
bigArray DWORD 5000 DUP(?)        ; 20,000 bytes,未初始化
```

　　相對的，以下程式所產生的編譯後程式，會比上列的程式大 20,000 個位元組：

```
.data
smallArray DWORD 10 DUP(0)        ; 40 bytes
bigArray DWORD 5000 DUP(?)        ; 20,000 bytes
```

混合程式碼及資料 (Mixing Code and Data)

　　組譯器讓設計人員可以在程式中的程式碼與資料間自由來回切換，例如，您可能會想要宣告一個只使用在程式中區域的變數，如以下範例會將一個名為 **temp** 的變數，插入兩個程式碼敘述之間：

```
.code
mov eax,ebx
.data
temp DWORD  ?
.code
mov temp,eax
. . .
```

　　雖然上述範例看來在執行時好像會被 **temp** 中斷，但實際上 MASM 是將 **temp** 放在資料區段中，因此會與保存編譯後程式碼的區段有所區隔。但是混合 .code 及 .data 指引的設計，會使程式不易閱讀。

3.4.13　自我評量

1. 請為一個 16 位元有號整數建立未初始化資料宣告。
2. 請為一個 8 位元無號整數建立未初始化資料宣告。
3. 請為一個 8 位元有號整數建立未初始化資料宣告。
4. 請為一個 64 位元整數建立未初始化資料宣告。
5. 哪一種資料型別可以儲存 32 位元有號整數？

3.5　符號常數

　　我們可以將識別符（符號）與一個整數運算式或某些文字連結起來，藉此建立**符號常數 (symbolic constant)** 或**符號定義 (symbol definition)**，符號常數不會佔用任何記憶體空間。只有在程式進行組譯時，組譯器才會使用到它們，所以在執行時期不能對符號常數進行變更的動作。下列表格比較了符號與變數間的不同：

	符號	變數
是否有使用記憶體空間	否	是
其值在執行時期是否能改變	否	是

以下章節將說明如何使用等號指引 (=) 來建立代表整數運算式的符號，我們將使用 EQU 和 TEXTEQU 等指引，建立代表任意文字的符號。

3.5.1 等號指引

等號指引 (equal-sign directive) 可將符號名稱與整數運算式連結在一起 (參考第 3.1.3 節)。其語法是：

```
name = expression
```

正常情形下，上述語法中的運算式是一個 32 位元整數值。當程式在組譯時，所有上述語法中**名稱 (name)** 出現的地方，在組譯器的前置處理過程，都會被**運算式 (expression)** 所取代。假設以下的敘述在程式中的位置，是在接近原始碼檔案的起始位置：

```
COUNT = 500
```

以下敘述則在原始碼檔案的第 10 行之後：

```
mov   eax, COUNT
```

當這個檔案開始組譯時，MASM 會在掃描整個檔案後，為上列兩行敘述，產生如下的程式碼：

```
mov   eax, 500
```

為何要使用符號？

事實上，以上例而言，也可忽略 COUNT 符號，並且直接以文數字 500 來撰寫 MOV 指令的程式碼，但是經驗告訴我們，使用符號會讓程式容易閱讀及維護。假設 COUNT 在程式中會使用多次，在此之後，我們可依需求，隨意更改 COUNT 之值：

```
COUNT = 600
```

更改完成及重新組譯後，所有 COUNT 之執行個體就會自動以 600 取代之。

目前位置計數器 (Current Location Counter)

比較重要的符號是 $，稱為**目前位置計數器 (current location counter)**，例如以下的敘述表示宣告名稱是 **selfPtr** 的變數，並將其初值設定為目前位置計數器。

```
selfPtr DWORD $
```

鍵盤定義

在程式中也可定義代表常用鍵盤字元的符號，例如，27 是 ASCII 碼中的 Esc 鍵：

```
Esc_key = 27
```

在同章節的後段，一個程式使用符號而非數值，則程式會比較容易讓人理解。所以最好使用：

```
mov al,Esc_key                      ; 好的程式風格
```

而盡量不要使用

```
mov al,27                           ; 不好的程式風格
```

使用 DUP 運算子

第 3.4.4 節說明過如何利用 DUP 運算子，建立陣列和字串的儲存空間。為了簡化程式的維護工作，DUP 所使用的計數器最好是符號常數。例如，以下範例表示若 COUNT 已事先定義完成，則它就可以用於之後的資料定義：

```
array dword COUNT DUP(0)
```

重新定義

以 = 定義的符號，在相同程式內可以再給予重新定義。以下範例將說明組譯器如何在每次 COUNT 變更數值時，估算 COUNT 的值：

```
COUNT = 5
mov al,COUNT                        ; AL = 5
COUNT = 10
mov al,COUNT                        ; AL = 10
COUNT = 100
mov al,COUNT                        ; AL = 100
```

在上述程式中，COUNT 符號之值改變後，不會影響執行時期的敘述執行順序；不過在組譯器依序預先處理程式原始碼時，其符號值可能會改變。

3.5.2　計算陣列及字串的大小

在使用陣列時，通常我們都會想要知道它的大小。下列範例使用稱為 **ListSize** 的常數，宣告 **list** 的大小：

```
list BYTE 10,20,30,40
ListSize = 4
```

但明確定義陣列大小的做法，可能會造成設計的不便或錯誤，尤其是在建立陣列之後，想要新增或移除元素時，比較好的處理方式是讓組譯器自動計算陣列大小。此一設計必須使用 $ 運算子回傳程式的現行敘述位移值，這個運算子稱為**目前位置計數器 (current location counter)**。在下列範例中，藉著將 list 的位移值減去目前位置計數器所取得的值，結果就是陣列大小 (ListSize)：

```
list BYTE 10,20,30,40
ListSize = ($ - list)
```

在上述設計中，**ListSize** 必須緊跟在 list 之後。舉例而言，下面的例子會產生過大的 **ListSize** 值 (24)，因為 **var2** 使用的儲存空間會影響到目前位置計數器和 list 的位移值間的距離：

```
list BYTE 10,20,30,40
var2 BYTE 20 DUP(?)
ListSize = ($ - list)
```

與其計算字串的長度，還不如讓組譯器去做：

```
myString BYTE "This is a long string, containing"
         BYTE "any number of characters"
myString_len = ($ - myString)
```

字組及雙字組陣列

在計算陣列元素數量時，若陣列元素佔用位置超過一個位元組，如兩個位元組，則必須將計算所得之實際位元組數（位元組）除以 2，相除後結果才是陣列所含元素數量。例如，在以下範例中，由於陣列中每一字組都佔用 2 位元組（16 位元），取得陣列大小時，就必須除以 2：

```
list WORD 1000h,2000h,3000h,4000h
ListSize = ($ - list) / 2
```

同樣地，雙字組陣列中的每個元素都是四個位元組長，所以陣列的總長度必須除以 4，才是陣列元素的個數：

```
list DWORD 10000000h,20000000h,30000000h,40000000h
ListSize = ($ - list) / 4
```

3.5.3　EQU 指引

EQU 指引可以連結符號名稱、整數運算式或某些任意文字，以下是此指引的三種格式：

```
name EQU expression
name EQU symbol
name EQU <text>
```

在第一種格式中，**運算式**必須是一個有效的整數運算式（請參考第 3.1.3 節）；在第二種格式中，**符號**是一個既有的符號名稱，它必須在目前敘述之前，以＝或 EQU 完成定義；在第三種格式中，任何文字都可以出現在括號＜…＞內。當組譯器在之後的程式中遇到該定義過的**名稱**時，就會以整數值或文字替換該符號。

在定義一個不會被評算成整數的數值時，EQU 是相當好用的。舉例來說，實數常數就可以用 EQU 加以定義：

```
PI EQU <3.1416>
```

範例

下列範例會連結符號與字元字串，然後就可以使用此符號建立變數：

```
pressKey EQU <"Press any key to continue...",0>
.
.
.data
prompt BYTE pressKey
```

範例

假設想要定義一個符號，表示在 10 乘 10 整數矩陣中的計數結果，我們可以用以下兩種方式定義符號：第一種是定義成整數運算式；第二種是定義成文字運算式。然後再於資料定義內使用這兩個符號：

```
matrix1  EQU  10 * 10
matrix2  EQU <10 * 10>
.data
M1 WORD matrix1
M2 WORD matrix2
```

在上述範例中，組譯器會為 **M1** 及 **M2** 產生兩種不同的資料定義，在 **matrix1** 的整數運算式，經過計算以後的結果會指定給 **M1**。另一方面，在 **matrix2** 中的文字會直接複製到 **M2** 資料定義中：

```
M1 WORD  100
M2 WORD  10 * 10
```

無法重新定義

使用 EQU 指引定義的符號，不能在相同的程式原始碼檔案中重新定義；若使用＝指引，就可以重新定義，這個限制可以避免既有符號的內容，被不小心更改的危險。

3.5.4　TEXTEQU 指引

TEXTEQU 指引與 EQU 非常類似，它會建立所謂的**文字巨集 (text macro)**。以下是這種指引的三種格式：第一種格式使用指定文字，第二種指定既有文字巨集的內容，第三種則指定了常數整數運算式：

```
name TEXTEQU <text>
name TEXTEQU textmacro
name TEXTEQU %constExpr
```

例如，以下範例表示 **prompt1** 變數使用了文字巨集 **continueMsg**：

```
continueMsg TEXTEQU <"Do you wish to continue (Y/N)?">
.data
prompt1 BYTE continueMsg
```

文字巨集可以彼此互相建立，在下一個範例中，**count** 設定的值是含有 **rowSize** 的整數運算式；然後，將符號 **move** 定義成 **mov**；最後再以 **move** 及 **count** 建立 **setupAL**：

```
rowSize = 5
count    TEXTEQU %(rowSize * 2)
move     TEXTEQU <mov>
setupAL TEXTEQU <move al,count>
```

因此，下列敘述

```
setupAL
```

會被組譯成

```
mov al,10
```

由 TEXTEQU 定義的符號，任何時候都可以重新再定義。

3.5.5　自我評量

1. 試使用等號指引宣告一個內含 BackSpace 鍵的 ASCII 碼 (08h) 符號常數。
2. 試使用等號指引，宣告名為 **SecondInDay** 的符號常數，並且指定一個算術運算式給此符號常數，其中這個算術運算式會以 24 小時為一個週期，計算 24 小時的秒數。
3. 請寫出一個可以讓組譯器計算下列陣列位元組數量的敘述，並且將計算所得的值指定給名為 **ArraySize** 的符號常數：

```
myArray WORD 20 DUP(?)
```

4. 試說明如何計算下列陣列的元素數目，並且將該值指定給名為 **ArraySize** 的符號常數：

```
myArray DWORD 30 DUP(?)
```

5. 試使用 TEXTEQU 指引，將 "proc" 重新定義為 "procedure"。
6. 試使用 TEXTEQU 指引，為一個字串常數建立名為 **Sample** 的符號，然後在定義名為 **MyString** 的字串變數時，使用此符號。
7. 試使用 TEXTEQU 指引，將符號 **SetupESI**，指定成下面的程式碼：

```
mov esi,OFFSET myArray
```

3.6　64 位元程式

隨著 AMD 與 Intel 的 64 位元處理器的出現，64 位元編程變得越來越受歡迎。MASM 支援 64 位元程式碼，而 64 位元組譯器會與 Visual Studio 2012 的所有完整版（旗艦版、高級版與專業版），以及桌面上的 Visual Studio 2012 Express 一起安裝。在每一章節中，從此章節開始，我們會在一些範例程式中使用 64 位元版本，我們也會討論此書提供的 Irvine64 子程式資料庫。

讓我們借用此章先前顯示的 AddTwoSum 程式，並用 64 位元編程修改它。我們會使用 64 位元暫存器 RAX 來累積兩個整數，並儲存它們的總和在 64 位元變數中：

```
 1: ; AddTwoSum_64.asm - Chapter 3 example.
 2:
 3: ExitProcess PROTO
 4:
 5: .data
 6: sum DWORD 0
 7:
 8: .code
 9: main PROC
10:    mov   eax,5
11:    add   eax,6
12:    mov   sum,eax
13:
```

```
14:     mov   ecx,0
15:     call ExitProcess
16:   main ENDP
17:   END
```

此處會顯示出與早先出現的 32 位元版本程式做比較的不同之處：

- 下列出現在 32 位元版本中的 AddTwoSum 程式，不會出現在 64 位元的版本中：

```
.386
.model flat,stdcall
.stack 4096
```

- 使用 PROTO 關鍵字的敘述沒有在 64 位元程式的參數，下列是從第 3 行出來的：

```
ExitProcess PROTO
```

這是我們之前的 32 位元版：

```
ExitProcess PROTO,dwExitCode:DWORD
```

- 第 14-15 行使用兩個指令來結束程式（mov 與 call）。32 位元版本使用的是 INVOKE 敘述，而 MASM 的 64 位元並不支援 INVOKE 指引。
- 第 17 行中，結束指引不會定出程式的入口點，但 32 位元的程式版本會。

使用 64 位元暫存器

在一些應用程式中，您會需要用大於 32 位元的整數演算，因此，您可以使用 64 位元暫存器與變數。舉例來說，這是使我們的程式如何使用 64 位元數值的方法：

- 在第 6 行，當宣告 sum 變數時，我們會將 DWORD 轉成 QWORD。
- 在第 10-12 行，我們會改變 EAX 為 64 位元版本，並將其命名為 RAX。

當我們有所變動時，以下為第 6-12 行會出現的樣子：

```
 6: sum QWORD 0
 7:
 8: .code
 9: main PROC
10:     mov   rax,5
11:     add   rax,6
12:     mov   sum,rax
```

無論您寫的是 32 位元還是 64 位元程式，這是個人喜好問題，但這裡有些需要記住的事情：MASM 11.0 的 64 位元版本（與 Visual Studio 12 一同發行）並不會支援 INVOKE 指引，還有，您必須在 64 位元版本的 Windows 上才能運轉 64 位元的程式。

您可以在作者的網站 (asmirvine.com) 上找到指令，幫助您安裝 Visual Studio 64 位元的編程。

3.7　本章摘要

整數運算式是一個牽涉到整數常數、符號常數和算術運算子的數學運算式。**運算優先權**指的是：當運算式中有兩個以上的算術運算子時，各運算子之間的優先順序。

字元常數是包含在引號內的單一字元。組譯器會將字元轉換成對應此字元的二進位ASCII碼。**字串常數**則是包含在引號圈內的一連串字元，也可以空位元組作為字串結尾。

組合語言具有一組**保留字**，這些保留字擁有特別的意義，使得它們只能在正確的上下文脈絡中使用。**識別符**是程式設計人員用來辨識變數、符號常數、程序或程式碼標籤時，所選用的名稱；且識別符不可以是保留字。

指引是內建在程式原始碼中的命令，可由組譯器在進行組譯時加以解讀。**指令**是一個由處理器在執行時期加以執行的原始碼敘述。**指令助憶符號**是一個簡短的組譯器保留字，它用於幫助我們辨識指令所執行的運作。**標籤**是一種識別符，其作用是當作指令或資料的位置標記。

運算元的功能是將指定的值，傳遞給指令。組合語言指令可以有 0 個到 3 個運算元，每一個運算元都可以是暫存器、記憶體運算元、常數運算式或 I/O 埠數值等。

程式區分成三個**邏輯區段 (logical segments)**，分別為程式碼、資料與堆疊區段。程式碼區段含有可執行的指令，堆疊區段則含有程序參數、區域變數及回傳位址等，而資料區段則保存著變數。

原始碼檔案是包含組合語言敘述的文字檔案。**清單檔 (listing file)** 含有程式原始碼的複本，適合用於列印具有行號數、位移位址、轉譯的機器碼和符號表等資訊的程式檔。原始檔是使用文字編輯器所建立。**組譯器**是一個用於讀取程式原始檔，然後產生目的檔和清單檔的程式。**連結器**則是用於讀取一個或多個目的檔，並且產生可執行檔的程式。其中後者是由作業系統載入器加以執行。

MASM 定義了多種內建資料型別，每種內建資料型別都可描述一組數值，而這些值可以指定給該型別的變數或運算式。

- BYTE 和 SBYTE 定義 8 位元變數。
- WORD 和 SWORD 定義 16 位元變數。
- DWORD 和 SDWORD 定義 32 位元變數。
- QWORD 和 TBYTE 分別定義 8 位元組和 10 位元組的變數。
- REAL4、REAL8和REAL10分別定義4位元組、8位元組和10個位元組的實數變數。

資料定義敘述可以為變數保留記憶體空間，並可對該變數指定任意所需名稱。如果在同一個資料定義中有多個初始設定子，則它的標籤只會參照第一個初始設定子之位移。如果要建立字串資料定義，則必須將字元包含在引號之內。DUP 運算子使用常數運算式當作計數器，為重複的資料項配置記憶體空間。現行位置計數器運算子 ($) 則用於位址計算之運算式。

x86 處理器從記憶體存取資料，使用的是所謂**小端存取**順序的方式。在這種存取方式中，最小有效位元組是儲存在其起始位址。

符號常數（或符號定義）的內容是連結識別符（符號）與整數或文字運算式的結果。建立符號常數可以使用如下三種指引：

- 等號指引 (=) 可將符號名稱與整數運算式連結在一起。
- EQU 和 TEXTEQU 指引可將符號名稱、整數運算式或某些任意文字連結起來。

3.8　重要術語

3.8.1　術語

組譯器 (assembler)

大端 (big endian)

二進編碼十進位數 (binary coded decimal，BCD)

呼叫調用 (calling convention)

字元文字數 (character literal)

程式碼標籤 (code label)

程式碼區段 (code segment)

編譯器 (compiler)

整數常數運算式 (constant integer expression)

定義資料敘述 (data definition statement)

資料標籤 (data label)

資料區段 (data segment)

十進位實數 (decimal real)

指引 (directive)

實數編碼 (encoded real)

執行檔 (executable file)

浮點常數 (floating-point literal)

識別符 (identifier)

初始化程序 (initialize)

指令 (instruction)

指令助憶符號 (instruction mnemonic)

整數常數 (integer constant)

整數文字數 (integer literal)

內建資料型別 (intrinsic data type)

標籤 (label)

連結器 (linker)

連結庫 (link library)

清單檔 (listing file)

小端存取順序 (little-endian order)

巨集 (macro)

記憶體模型 (memory model)

記憶體運算元 (memory operand)

目的檔 (object file)

運算元 (operand)

運算優先權 (operator precedence)

壓縮的二進編程十進位(packed binary coded decimal)

程序傳回碼 (process return code)

程式入口點 (program entry point)

實數常數 (real number literal)

保留字 (reserved word)

原始檔 (source file)

堆疊區段 (stack segment)

字串文字 (string literal)

符號常數 (symbolic constant)

系統函數 (system function)

3.8.2　指令、運算子與指引

+ (加號、一元正號)

= (等於、分配)

/ (除號)

* (乘號)

( ) (小括號)

- (減號、一元負號)

ADD

BYTE

CALL

.CODE

COMMENT

.DATA

DWORD

END

ENDP

DUP

EQU

MOD

MOV

NOP

PROC

SBYTE

SDWORD

.STACK

TEXTEQU

3.9　本章習題與練習

3.9.1　簡答題

1. 請提供三個不同指令助憶符號的例子。
2. 除錯器如何在編程過程中幫忙？
3. 如何在程式中保存給堆疊的空間？
4. 請解釋為什麼術語中組合語言不是很正確？
5. 請問連結器與載入器在檔案運作中，扮演什麼角色？
6. 為何會在程式碼中使用符號常數而非整數常數？
7. 請問在組合語言中，使用標籤的好處是什麼？
8. 資料標籤與程式碼標籤有何不同？
9. （是非題）：識別符不可以用數字開頭。
10. （是非題）：十六進位文字數可以寫作 0x3A。
11. （是非題）：組合語言的指引可以在運轉時執行。
12. （是非題）：組合語言的指令會轉換為特殊的機器語言。
13. 請說出四個基本的組合語言指令。
14. 請問指引與指令的差別是什麼？
15. （是非題）：程式碼標籤後面一定有分號（：），但是資料標籤不用。
16. 請顯示一個區塊註解的範例。
17. 為什麼在寫存取變數的指令時，使用數字位址不是一個好方法？
18. 什麼類型的引數必須傳遞給 ExitProcess 程序？
19. 哪個指引代表程序結束？
20. 在 32 位元模式中，在 END 指引中的識別符的目的是什麼？
21. PROTO 指引的目的是？
22. （是非題）：目的檔是由連結器產生。
23. 請問 DWORD 指引代表傳送什麼資訊？
24. （是非題）：連結庫會在產生可執行的檔案之前加到程式中。
25. 請舉一個使用 EQU 指引的例子。
26. 哪個資料指引會建立 16 位元有號整數變數？
27. 哪個資料指引會建立 64 位元無號整數變數？
28. 哪一種數據指引會建立一個 10 位元組的壓縮 BCD 變數？
29. 請問 64 位元的程式與 32 位元的程式有何不同？請問 MASM 有支援 64 位元的編程嗎？

3.9.2　演算題

1. 請定義四個代表整數 25 的符號常數，以十進位、二進位、八進位與十六進位顯示。
2. 請藉由測試與錯誤，找出程式是否可以有多個程式碼與資料區段。

3. 請建立資料定義給以大端格式儲存在記憶體的雙字組。

4. 請撰寫一個程式，將整數 12 複製到 AL，將小寫 m 複製到 BL，以及將字元 $ 複製到 CL。接著，將它們分別移動到 AH、BH 與 CH。

5. 請撰寫一個程式包含兩個指令：(1) 新增數字 5 到 EAX 暫存器，(2) 新增 5 到 EDX 暫存器。請生產一個清單檔並測試由組譯器產生的機器碼。如果有不同的地方，讀者是否能在兩個指令中找到？

6. 請撰寫一個以 ASCII 表示的「I am Sam」的字串。

7. 請宣告位初始化的 120 的無號雙字組陣列。

8. 請在一個數據區段中儲存三個 16 位元的數字與四個位元組。

9. 請宣告 32 位元有號整數變數，並盡可能用最小的負十進位數值初始化它。（提示：請參照第 1 章中的整數範圍。）

10. 請宣告使用三個初始化程序的無號 16 進位整數變數 wArray。

11. 請宣告包含讀者喜歡顏色的名稱的字串變數，並宣告它為零值終止 (nullterminated) 字串。

12. 請宣告未初始化的 50 有號雙字組陣列 dArray。

13. 請撰寫一個程式，檢索儲存在數據區段的數字，並加入一個常數。此程式應該儲存修改過的數據到新的記憶位置。

14. 請宣告 20 無號字元組陣列 bArray，並初始化全部的元素為 0。

15. 請使用 DUP 指引在一個數據區段中分配空間給五個雙字組與兩個位元組。然後請使用 & 填滿 15 個空間、% 填滿 & 之後的 7 個空間，以及使用大寫 M 填滿剩下的空間。

3.10　程式設計習題

★1. 整數運算式計算

使用 3.2 節中的 AddTwo 程式為參考，撰寫一個程式計算下列運算式，請使用暫存器：A = (A + B)- (C + D)。分配整數值到 EAX、EBX、與 EDX 暫存器。

★2. 符號整數常數

試撰寫一個程式定義一周七天的符號常數，並建立使用符號為初始化程序的陣列變數。

★★3. 資料定義

請撰寫一個程式包含每個列在 3.4 節表 3-2 的資料型別的定義，並初始化每個變數與它的資料類型一致的數值。

★4. 符號文字常數

試撰寫一個程式，讓此程式能定義數個字串文數字（位於引號中的若干字元）的符號常數。在變數定義中使用這每一個符號名稱。

★★★★5. **AddTwoSum 的清單檔**

產生一個 AddTwoSum 程式的清單檔，並撰寫一個給每個指令的機器碼字元組的敘述，
或許會需要猜測一些字元組數值的意義。

★★★6. **AddVariables 程式**

請修改 AddVariables 程式，這樣它可以使用 64 位元的變數，請描述由組譯器產生的語
法錯誤，以及採用組譯器來解決錯誤的步驟。

Memo

4

資料轉移、定址和算術

此章節介紹一些基本的資料轉移指令，並且展示演算法。此章節有很大的一部分注重在基本的位址模式上，像是直接、立即與間接模式，這些模式使得位址能處理陣列。除此之外，我們顯示了如何建立迴圈，以及如何使用一些基本的運算子，例如 OFFSET、PTR 與 LENGTHOF。在讀完此章節後，讀者應該會獲得組合語言的基礎工作知識，但不包含條件敘述。

4.1 資料轉移指令

4.1.1 導論

在 C++ 和 Java 這種高階語言中編程時，當編譯器產生大量的語法錯誤時，初學者很容易會覺得煩躁。因此編譯器會嚴格的檢查變數與指定敘述，此一作法可以幫助程式設計人員，避免犯下變數與資料不合有關的錯誤。相反地，組譯器讓設計人員有很大的空間做想做的事，只要處理器的指令集做得到的。換句話說，組譯器強迫程式設計人員專注在資料的儲存與特定機器的細節。在撰寫具有意義的程式以前，您必須掌握相當多的細節。因此，x86 處理器有著大家都知道的複雜的指令集，所以他們會提供很多做事的方法。

如果您付出時間完整學習本章所討論的內容，那麼本書其餘的內容就會更易於理解。事實上，隨著範例程式越來越複雜，您將更加需要完全掌握本章所介紹的基本工具。

4.1.2 運算元型別

在本書第 3 章曾介紹 x86 指令的以下格式：

```
[label:] mnemonic [operands][ ; comment ]
```

由於運算元的數量不等，可以是 0-3 個，為便於說明，以下所示即省略標籤及註解，只顯示助憶碼及數量不等的運算元：

```
mnemonic
mnemonic [destination]
mnemonic [destination],[source]
mnemonic [destination],[source-1],[source-2]
```

以下三種是運算元的基本型：

- 立即型——使用數字常數運算式。
- 暫存器——使用 CPU 內已命名的暫存器。
- 記憶體——參照至記憶體的位址。

表 4-1 描述標準的運算元型別，並列舉出在 Intel 手冊上，可供自由採用的運算元（32 位元模式）簡單記號 (notation) 方式。我們會從此記號方式出發，說明各個指令的語法。

4.1.3 直接記憶體運算元

變數名稱參照 (reference) 的是資料區段中的位移值，舉例來說，下列 var1 變數的宣告表達出 byte 是它的大小，而它內含的數值是十六進位的數值 10：

表4-1　指令運算元符號，32位元模式

運算元	說明
reg8	8 位元通用暫存器：AH、AL、BH、BL、CH、CL、DH、DL。
reg16	16 位元通用暫存器：AX、BX、CX、DX、SI、DI、SP、BP。
reg32	32 位元通用暫存器：EAX、EBX、ECX、EDX、ESI、EDI、ESP、EBP。
reg	任何通用暫存器。
sreg	16 位元區段暫存器：CS、DS、SS、ES、FS、GS。
imm	8、16 或 32 位元立即值。
imm8	8 位元立即位元組值。
imm16	16 位元立即字組值。
imm32	32 位元立即雙字組值。
reg/mem8	8 位元運算元，可以是 8 位元通用暫存器或記憶體位元組。
reg/mem16	16 位元運算元，可以是 16 位元通用暫存器或記憶體字組。
reg/mem32	32 位元運算元，可以是 32 位元通用暫存器或記憶體雙字組。
mem	8、16 或 32 位元記憶體運算元。

```
.data
var1 BYTE 10h
```

我們可以撰寫一個指令，使用它們的位址，在記憶體參照 (dereference) 該運算元。假設 **var1** 是位於位移值 10400h 的位置，那麼將該變數搬移到 AL 的組合語言指令，可以寫成：

```
mov al, var1
```

然後，會將它組譯成下列機器語言指令：

```
A0 00010400
```

在這個機器指令中，第一個位元組是運算碼 (opcode)，其餘部分是 **var1** 的 32 位元十六進位制位址。雖然在設計時，可以只寫出數值式位址，但是使用如 **var1** 這樣的符號名稱，可以讓參照記憶體的工作變得比較容易。

另一種表示方式。有些程式設計人員喜歡使用下列含有直接運算元的表示方式，這是因為方括弧代表解參照運算的緣故：

```
    mov  al,[var1]
```

MASM 允許使用這種表示方式，所以您可在程式中使用直接運算元。但因為現已有許多程式（包括微軟的程式）都不使用方括弧，所以在本書中，只有在牽涉到算術運算式時，我們才會使用含有方括弧的表示方式：

```
    mov  al,[var1 + 5]
```

（以上表達方式稱為直接位移運算元，會在第 4.1.8 節詳細予以討論）

4.1.4　MOV 指令

MOV 指令會將資料從來源運算元複製到目的運算元，它就是所謂的**資料轉移 (data transfer)** 指令，幾乎每個程式都會用到。其基本格式含有兩個運算元，第一個是目的運算元，第二個是來源運算元：

```
MOV destination,source
```

這個指令執行完畢以後，目的運算元的內容會改變，來源運算元的值不變。由右往左的資料搬移方向，類似於 C++ 與 Java 中以等號給定一個值的搬移方向：

```
dest = source;
```

在幾乎所有組合語言指令中，左邊的運算元是目的運算元，右邊則是來源運算元。請了解及遵循下列原則，就可以在設計中彈性運用 MOV 指令：

- 兩個運算元必須具有相同的大小。
- 兩個運算元不能都是記憶體運算元。
- 指令指標暫存器 (IP、EIP、RIP) 不可以當作目的運算元。

以下是 MOV 指令常用的數種型式：

```
MOV reg,reg
MOV mem,reg
MOV reg,mem
MOV mem,imm
MOV reg,imm
```

由記憶體到記憶體

若只使用一個 MOV 指令，就不能將資料從記憶體目前位置移到另一個位置。可以採用的作法是在搬移之前，先將來源運算元的值移到暫存器中：

```
.data
var1 WORD  ?
var2 WORD  ?
.code
mov   ax,var1
mov   var2,ax
```

在複製一個整數常數到變數或暫存器前，您必須先考量該整數常數所需的最小位元組數目。對於無號整數常數而言，請參考第 1 章的表 1-4。對於有號整數常數而言，則請參考表 1-7。

重疊值

以下的範例表示如何在多個 32 位元暫存器之間，藉由傳遞不同大小的資料，達到更改資料的目的。當 **oneWord** 移至 AX，會覆寫 AL 的現有資料，當 **oneDword** 移至 EAX，就會覆寫 AX 的現有資料，最後，將 0 移至 AX 後，就會覆寫 EAX 較低位一半的內容。

```
.data
oneByte BYTE 78h
oneWord WORD 1234h
```

```
oneDword DWORD 12345678h
.code
  mov   eax,0                    ; EAX = 00000000h
  mov   al,oneByte               ; EAX = 00000078h
  mov   ax,oneWord               ; EAX = 00001234h
  mov   eax,oneDword             ; EAX = 12345678h
  mov   ax,0                     ; EAX = 12340000h
```

4.1.5 整數的補零/符號擴展

將較小值複製到較大值

雖然 MOV 不能直接將較小的運算元複製到較大的運算元，但仍有方法可以迴避這項限制。例如，假設 **count**（無號，16 位元）需要移到 ECX（32 位元），一個簡單的方法是先將 ECX 設為 0，再移動 **count** 到 CX：

```
.data
count WORD 1
.code
mov  ecx,0
mov  cx,count
```

如果我們使用相同作法來處理有號整數 –16，結果又會如何呢？

```
.data
signedVal SWORD -16          ; FFF0h (-16)
.code
mov  ecx,0
mov  cx,signedVal            ; ECX = 0000FFF0h (+65,520)
```

此時，ECX (+65,520) 中的值與 –16 完全不同。相對地，假如我們先設定 ECX 的內容為 FFFFFFFFh，然後再複製 **signedVal** 到 CX，則最後的值會是正確的：

```
mov  ecx,0FFFFFFFFh
mov  cx,signedVal            ; ECX = FFFFFFF0h (-16)
```

一個較有效的方式是使用來源運算元的最高位元 (1)，作為填滿目的運算元（ECX 暫存器）較高 16 位元的依據，這個方法稱為符號擴展 (sign extension)。當然我們不能總是假設最高位元為 1，幸運的是，Intel 的工程師已發現此問題，所以新增了可處理有號及無號整數的 MOVZX 和 MOVSX 指令。

MOVZX 指令

MOVZX 指令的英文原意是 **move with zero-extend**（以補零擴展的方式搬移），它會複製來源運算元的內容到目的運算元，並且不論目的運算元是 16 位元或 32 位元，都會在剩餘各位元填上零值。此指令只能用於無號整數，它有以下三種不同的形式：

```
MOVZX   reg32,reg/mem8
MOVZX   reg32,reg/mem16
MOVZX   reg16,reg/mem8
```

（運算元標記方式的說明請見表 4-1。）在這三種變化形式中，每種形式的第一個運算元都是目的運算元，而第二個則是來源運算元，請注意，來源運算元不能成爲常數。下列指令會將二進位 10001111 搬移到 AX：

```
.data
byteVal BYTE 10001111b
.code
movzx  ax,byteVal            ; AX = 0000000010001111b
```

圖 4-1 顯示了來源運算元是如何以補零擴展的方式，搬移到 16 位元目的運算元：

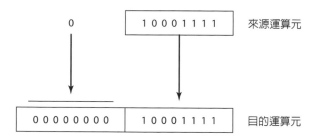

圖 4-1　使用 MOVZX 指令複製位元組資料至 16 位元的目的位置

在以下範例中，所有運算元都使用暫存器，且這些暫存器的儲存空間都不同：

```
mov    bx,0A69Bh
movzx  eax,bx                ; EAX = 0000A69Bh
movzx  edx,bl                ; EDX = 0000009Bh
movzx  cx,bl                 ; CX  = 009Bh
```

下面的範例則以記憶體運算元當作來源運算元，其所產生的結果是一樣的：

```
.data
byte1  BYTE 9Bh
word1  WORD 0A69Bh
.code
movzx  eax,word1             ; EAX = 0000A69Bh
movzx  edx,byte1             ; EDX = 0000009Bh
movzx  cx,byte1              ; CX  = 009Bh
```

MOVSX 指令

MOVSX 指令的英文原意是 **move with sign-extend（以正負號擴展的方式搬移）**，它會複製來源運算元的內容到目的運算元，並且擴展正負號數值爲 16 位元或 32 位元。此指令只能用於有號整數，它有以下三種不同的形式：

```
MOVSX  reg32,reg/mem8
MOVSX  reg32,reg/mem16
MOVSX  reg16,reg/mem8
```

運算元的有號擴展過程是先取出較小運算元的最大有效位元，然後重複地在目的運算元擴展位元。以下範例顯示將有號擴展的二進位值 10001111b，加入至 AX：

```
.data
byteVal BYTE 10001111b
.code
movsx  ax,byteVal          ; AX = 1111111110001111b
```

如同在圖 4-2，較低的 8 個位元會備份，來源運算元的最高位元則重複複製到目的運算元的最高 8 個位元內。

在十六進位的常數中，最高位元若大於 7，即表示該數字已被設定（有號），在以下的範例中，移至 BX 的十六進位值是 A69B，由其最高位元的 "A" 可知，最高位元已被設定。（以下範例在 A69B 之前的 0，只是作爲標記之用，以免組譯器誤將此常數視爲識別符）

```
mov    bx,0A69Bh
movsx  eax,bx              ; EAX = FFFFA69Bh
movsx  edx,bl              ; EDX = FFFFFF9Bh
movsx  cx,bl               ; CX = FF9Bh
```

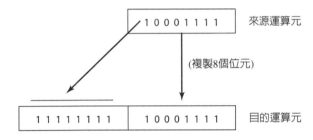

圖 4-2　使用 MOVSX 指令複製一個位元組至 16 位元的目的位置

4.1.6　LAHF 及 SAHF 指令

LAHF 指令的英文原意是 **load status flags into AH**（**將狀態旗標載入到 AH**），它會將 EFLAGS 暫存器的低位元組複製到 AH 中。它複製的旗標有：符號、零值、輔助進位、同位和進位旗標。設計人員可以使用這個指令，簡便又安全地將旗標複製到某個變數中：

```
.data
saveflags BYTE  ?
.code
lahf                        ; 將旗標放置到 AH
mov  saveflags,ah           ; 將旗標儲存在變數中
```

SAHF 指令的英文原意是 store AH into status flags（將 AH 存到狀態旗標中），它會將 AH 複製到 EFLAGS 暫存器的低位元組中。例如，可以重複早先儲存在變數中的旗標數值：

```
mov  ah,saveflags           ; 將原先儲存的旗標存到 AH
sahf                        ; 將 AH 的值存回旗標暫存器
```

4.1.7　XCHG 指令

XCHG 指令的英文原意是 **exchange data**（**資料交換**），它會將兩個運算元的內容互相交換，它有以下三種不同的形式：

```
XCHG    reg,reg
XCHG    reg,mem
XCHG    mem,reg
```

除了 XCHG 不接受立即運算元之外，這個指令的運算元使用規則與 MOV（第 4.1.4 節）指令一樣，除了 XCHG 不接受立即運算元。在陣列排序的應用設計中，XCHG 提供了一個可交換兩個陣列元素的簡單方式。以下是使用 XCHG 指令的數個範例：

```
xchg    ax,bx              ; 將兩個16位元暫存器的內容互相交換
xchg    ah,al              ; 將兩個8位元暫存器的內容互相交換
xchg    var1,bx            ; 將16位元的記憶體運算元與BX互相交換
xchg    eax,ebx            ; 將兩個32位元暫存器的內容互相交換
```

如果想交換兩個記憶體運算元的內容，可以使用暫存器當作暫時的資料儲存處，並且結合 MOV 與 XCHG 指令，完成交換：

```
mov     ax,val1
xchg    ax,val2
mov     val1,ax
```

4.1.8　直接位移運算元

若將某個位移值加到一個變數名稱上，可以建立直接位移運算元，此一功能可讓程式設計人員針對沒有明確標籤的記憶體位址，進行存取的動作。以下的範例由初始化位元組陣列 **arrayB** 開始：

```
arrayB   BYTE 10h,20h,30h,40h,50h
```

如果使用 MOV 指令，將 **arrayB** 當作來源運算元，則此指令會自動搬移陣列中的第一個位元組：

```
mov  al,arrayB              ; AL = 10h
```

藉由將 **arrayB** 的位移值加 1，就可以存取第二個位元組：

```
mov  al,[arrayB+1]          ; AL = 20h
```

第三個位元組則可以藉由加 2 予以存取：

```
mov  al,[arrayB+2]          ; AL = 30h
```

像 **arrayB+1** 這樣的運算式，藉由在變數位移值加上一個常數，可以產生所謂的**有效位址 (effective address)**。如果將有效位址置於方括弧內，代表的意義是此運算式會被解參照，以便取得在該位址的記憶體的內容。組譯器不會需要有括號的附近位址運算式，但是為了明確性，我們高度建議使用它們。

MASM 並沒有內建的範圍檢查功能。下列範例中，假設 arrayB 儲存五個字組指令會取得在陣列以外的一個記憶體位元組。這會產生一個難以追查的邏輯錯誤，所以程式設計人員在檢查陣列的參照位元組時，必須格外小心：

```
mov  al,[arrayB+20]        ; AL = ？？
```

字組及雙字組陣列

在一個 16 位元字組的陣列中，每個陣列元素的位移值都比前一個元素的位移值多了二個位元組。這就是為何在如下範例中，**ArrayW** 加 2 以後可以存取第二個元素的原因：

```
.data
arrayW WORD 100h,200h,300h
.code
mov  ax,arrayW              ; AX = 100h
mov  ax,[arrayW+2]          ; AX = 200h
```

同樣地，在雙字組陣列中的第二個元素是在第一個元素的 4 個位元組之後的位置上：

```
.data
arrayD DWORD 10000h,20000h
.code
mov  eax,arrayD            ; EAX = 10000h
mov  eax,[arrayD+4]        ; EAX = 20000h
```

4.1.9 範例程式（搬移）

讓我們結合全部之前提到過的指令，包含 MOV、XCHG、MOVSX、與 MOVDX，來顯示字元、字組與雙字組如何受到影響，我們也會包含一些直接位移運算元。

```
; Data Transfer Examples                    (Moves.asm)
.386
.model flat,stdcall
.stack 4096
ExitProcess PROTO,dwExitCode:DWORD
.data
val1 WORD 1000h
val2 WORD 2000h
arrayB BYTE 10h,20h,30h,40h,50h
arrayW WORD 100h,200h,300h
arrayD DWORD 10000h,20000h

.code
main PROC

; Demonstrating MOVZX instruction:
    mov   bx,0A69Bh
    movzx eax,bx               ; EAX = 0000A69Bh
    movzx edx,bl               ; EDX = 0000009Bh
    movzx cx,bl                ; CX = 009Bh
; Demonstrating MOVSX instruction:
    mov   bx,0A69Bh
    movsx eax,bx               ; EAX = FFFFA69Bh
    movsx edx,bl               ; EDX = FFFFFF9Bh
    mov   bl,7Bh
    movsx cx,bl                ; CX = 007Bh
; 記憶體對記憶體的交換
    mov   ax,val1              ; AX = 1000h
    xchg  ax,val2              ; AX=2000h, val2=1000h
    mov   val1,ax              ; val1 = 2000h
; 直接位移定址 (位元組陣列)：
```

```
        mov   al,arrayB                        ; AL = 10h
        mov   al,[arrayB+1]                    ; AL = 20h
        mov   al,[arrayB+2]                        ; AL = 30h
; 直接位移定址(字組陣列):
        mov   ax,arrayW                        ; AX = 100h
        mov   ax,[arrayW+2]                    ; AX = 200h
; 直接位移定址(雙字組陣列):
        mov   eax,arrayD                       ; EAX = 10000h
        mov   eax,[arrayD+4]                   ; EAX = 20000h
        mov   eax,[arrayD+4]                   ; EAX = 20000h
        INVOKE ExitProcess,0
main ENDP
END main
```

此程式不會產生螢幕輸出,但是您可以(也應該)使用除錯器執行它。

在 Visual Studio 除錯器中展示 CPU 旗標

要在除錯器中展示展示 CPU 旗標,請從除錯選單中,選擇視窗,然後選擇暫存器。在暫存器視窗中,點擊右鍵,然後從下拉列表中選擇旗標。必須要正在除錯,才能看到選單選項。下表為標示了在暫存器視窗中使用的旗標符號:

旗標名稱	溢位	方向	中斷	符號	零值	輔助進位	同位	進位
符號	OV	UP	EI	PL	ZR	AC	PE	CY

每個旗標都分配到 0(清除)或是 1(設定)。下列是範例:

```
OV = 0  UP = 0   EI = 1
PL = 0   ZR = 1  AC = 0
PE = 1   CY = 0
```

如同在除錯器中看到的程式碼,當指令修改旗標的數值時,每個旗標都以紅色展示。您可以學會指令如何影響旗標,藉由透過指令與專注在旗標改變的數值上。

4.1.10 自我評量

1. 請問運算元有哪三種基本型別?
2. (是非題):MOV 指令的目的運算元不可以是區段暫存器。
3. (是非題):在 MOV 指令中,第二個運算元是所謂的**目的**運算元。
4. (是非題):EIP 暫存器不可以是 MOV 指令的目的運算元。
5. 在 Intel 所建立的運算標記方式中,reg/mem32 的意義為何?
6. 在 Intel 所建立的運算標記方式中,imm16 的意義為何?

4.2　加法與減法

在組合語言中，算術運算是很大的一項主題。這一節會專注於討論整數加法和減法。第 7 章會介紹整數的乘法和除法。第 12 章則將說明如何使用完全不同的指令集，執行浮點算術運算。

讓我們先從最簡單也最有效率的指令開始：INC（遞增）與 DEC（遞減），也就是加一減一。接著是 ADD（加）、SUB（減）和 NEG（否定）等指令，它們提供較多的可能性。最後，我們會討論關於 CPU 旗標（進位、符號、零值等等）如何被算數指令影響。請記住，組合語言最重要的是細節。

4.2.1　INC 及 DEC 指令

INC（遞增）和 DEC（遞減）指令分別會將其單一運算元加 1 和減 1。其語法是

```
INC reg/mem
DEC reg/mem
```

以下是數個範例：

```
.data
myWord WORD 1000h
.code
inc  myWord                          ; myWord = 1001h
mov  bx,myWord
dec  bx                              ; BX = 1000h
```

溢位、符號、零值、輔助進位和同位旗標，會根據目的運算元的值而有變化。不過，INC 與 DEC 並不會影響進位旗標（這讓人有點驚訝）。

4.2.2　ADD 指令

ADD 指令會將來源運算元加到具有同樣空間大小的目的運算元上。其語法是

ADD dest,source

此運算不會改變來源運算元，而且兩者的總和會儲存在目的運算元，這個指令可使用的運算元與 MOV 指令相同（第 4.1.4 節）。以下是將兩個 32 位元整數相加的短程式碼範例：

```
.data
var1 DWORD 10000h
var2 DWORD 20000h
.code
mov  eax,var1                        ; EAX = 10000h
add  eax,var2                        ; EAX = 30000h
```

旗標

進位、零值、符號、溢位、輔助進位和同位旗標，會根據目的運算元的值而有變化。我們將在 4.2.6 節解釋旗標是如何運作。

4.2.3　SUB 指令

SUB 指令會將目的運算元的值減去來源運算元之值，這個指令可用的運算元，與 MOV、ADD 指令相同。其語法是

```
SUB dest,source
```

以下是將兩個 32 位元整數相減的短程式碼範例：

```
.data
var1 DWORD 30000h
var2 DWORD 10000h
.code
mov   eax,var1                         ; EAX = 30000h
sub   eax,var2                         ; EAX = 20000h
```

旗標

進位、零值、符號、溢位、輔助進位和同位旗標，會根據目的運算元的值而有變化。

4.2.4　NEG 指令

NEG（否定）指令會藉由將一個數值轉換成其 2's 補數，達到反轉該數值符號的目的。這個指令可使用的運算元如下：

```
NEG reg
NEG mem
```

（請回想一下，一個數值的二進位補數的取得方式為：將目的運算元中的所有位元予以倒轉，然後再加上 1。）

旗標

進位、零值、符號、溢位、輔助進位和同位旗標，會根據目的運算元的值而有變化。

4.2.5　建立算術運算式

在學習了 ADD、SUB 和 NEG 指令以後，現在我們已有工具可以在組合語言中，建立牽涉到加法、減法和負數的算術運算式。換句話說，我們已可以模擬在遇到如下列運算式時，C++ 編譯器會怎麼處理：

```
Rval = -Xval + (Yval - Zval);
```

讓我們看看樣本敘述該如何在組合語言中執行，下列為被使用的有號 32 位元變數：

```
Rval SDWORD  ?
Xval SDWORD 26
Yval SDWORD 30
Zval SDWORD 40
```

在轉譯一個運算式時，會先試著計算每一個數項，最後再將這些數項結合起來。首先，我們先把 Xval 的複本轉換為負數：

```
; 第一個數項：-Xval
mov  eax,Xval
neg  eax                                ; EAX = -26
```

然後，**Yval** 會複製到暫存器中，再減去 **Zval**：

```
; 第二個數項：(Yval - Zval)
mov  ebx,Yval
sub  ebx,Zval                           ; EBX = -10
```

最後，相加兩個數項 (EAX 及 EBX)：

```
;將兩個數項相加，並且儲存結果：

add   eax,ebx
mov   Rval,eax                          ; -36
```

4.2.6　受加法與減法影響的旗標

在執行算術指令時，我們通常會想要知道有關計算結果的一些訊息。例如，結果是負、正或 0？它是否太大或太小，因而無法放進目的運算元中？此類問題的答案可以幫助我們找出可能導致程式不正常執行的錯誤。在組合語言中，我們可以使用 CPU 狀態旗標來檢查算術運算的結果，程式設計人員也可以使用狀態旗標值，啟動具有條件的分支指令，這種設計算是最基本的程式設計邏輯，以下是數項有關狀態旗標的概略說明。

- 進位旗標可以指出無號整數的溢位狀態，舉例而言，如果某個指令具有 8 位元的目的運算元，但是這指令運算卻產生大於二進位 11111111 的結果，則進位旗標會被設定。
- 溢位旗標可以指出有號整數的溢位狀態。舉例而言，如果某個指令具有 16 位元的目的運算元，但是這個指令運算所產生的負數，卻小於十進位 −32,768，則溢位旗標會被設定。
- 零值旗標可以指出一個運算的結果是否產生零值。舉例而言，如果某個運算元被減去具有相同數值的另一個運算元，則零值旗標會被設定。
- 符號旗標可以指出一個運算是否產生負值的結果。如果目的運算元的最大有效位元 (MSB) 呈現設定狀態，則符號旗標將呈現設定狀態。
- 若在執行算術或布林運算指令後，目的運算元中的最小有效位元組中，有偶數個位元是 1，則設定同位旗標。
- 當目的運算元的最小有效位元組中，位置編號 3 的位元產生了進位，則輔助進位旗標會設定。

> 如果想要在除錯時顯示 CPU 的狀態旗標，請打開暫存器視窗，在視窗終點擊右鍵，並選擇旗標。

無號運算：零值、進位和輔助進位

當算術運算的結果是 0 時，零值旗標會呈現設定狀態。下列範例顯示在執行 SUB、INC 和 DEC 指令以後，目的暫存器和零值旗標的狀態。

```
mov   ecx,1
sub   ecx,1                               ; ECX = 0, ZF = 1
mov   eax,0FFFFFFFFh
inc   eax                                 ; EAX = 0, ZF = 1
inc   eax                                 ; EAX = 1, ZF = 0
dec   eax                                 ; EAX = 0, ZF = 1
```

加法與進位旗標

如果分別考慮加法和減法，則進位旗標的操作是最容易解釋的。當兩個無號整數相加時，進位旗標的狀態等同於目的運算元之 MSB（最大有效位元）的進位狀態。就直覺上而言，當總和超過目的運算元的儲存空間大小時，會產生 CF = 1 的結果。在以下範例中，因為總和 (100h) 已超過 AL 允許的空間，所以此加法運算將使進位旗標呈現設定狀態。

```
mov   al,0FFh
add   al,1                                ; AL = 00, CF = 1
```

圖 4-3 顯示在 0FFh 加上 1 之後，其各位元值會產生的結果，AL 的最高位元位置的進位值，會複製到進位旗標中：

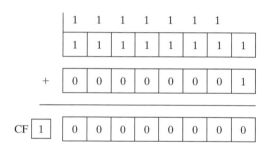

圖 4-3　加 1 至 0FFh 後設定進位旗標

另一方面，如果我們是在 AX 中，將 00FFh 加上 1，則總和可以輕易地放入 16 位元儲存空間內，因此進位旗標處於清除狀態：

```
mov   ax,00FFh
add   ax,1                                ; AX = 0100h, CF = 0
```

但是，如果在 AX 暫存器中，將 FFFFh 加上 1，則 AX 的最高位元位置將產生進位：

```
mov   ax,0FFFFh
add   ax,1                                ; AX = 0000, CF = 1
```

減法與進位旗標

當一個較小的無號整數減去一個較大的無號整數時，此減法運算將使進位旗標呈現設定狀態。圖 4-4 顯示了執行 1-2 的過程會發生的事。以下是相對應的組合語言程式碼：

```
mov   al,1
sub   al,2                                ; AL = FFh, CF = 1
```

> **Tip**：INC 和 DEC 指令不會影響進位旗標，此外，應用 NEG 指令在任何非 0 的運算元，都會使進位旗標呈現設定狀態。

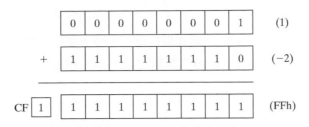

圖 4-4　執行 1−2 運算及設定進位旗標

輔助進位 (Auxiliary Carry)

輔助進位 (AC) 旗標會指出在目的運算元中，編號 3 的位元的進位或借位輸出狀態。它主要用於二進位十進制 (binary coded decimal, BCD) 算術運算，但也可用在其他時機。假設我們將 1 加到 0Fh 上，其總和 (10h) 在編號 4 的位元上具有位元值 1，這是因爲編號 3 的位元的進位輸出所造成：

```
mov al,0Fh
add al,1                                      ; AC = 1
```

以下是此一計算的過程：

```
  0 0 0 0 1 1 1 1
+ 0 0 0 0 0 0 0 1
------------------
  0 0 0 1 0 0 0 0
```

同位 (Parity)

當目的運算元的最小有效位元組具有偶數個位元值 1 時，同位 (PF) 旗標會呈現設定狀態。例如，以下數個 ADD 和 SUB 指令會改變 AL 的同位旗標狀態：

```
mov  al,10001100b
add  al,00000010b                     ; AL = 10001110, PF = 1
sub  al,10000000b                     ; AL = 00001110, PF = 0
```

在 ADD 運算之後，AL 的內容是二進位 10001110 (四個位元值 0，四個位元值 1)，所以 PF = 1。在 SUB 運算之後，AL 含有奇數個位元值 1，所以 PF = 0。

有號數運算：符號和溢位旗標

符號旗標 (Sign Flag)

當有號數算術運算的結果是負值時，符號旗標會呈現設定狀態。以下範例表示在比較小的整數 (4) 減去比較大的整數 (5)：

```
mov  eax,4
sub  eax,5                             ; EAX = -1, SF = 1
```

從機器的角度來看，符號旗標的狀態會與目的運算元最大有效位元的狀態相同。以下範例顯示，當運算結果使 BL 形成負值時，BL 所含有的十六進位值：

```
mov  bl,1                             ; BL = 01h
sub  bl,2                             ; BL = FFh (-1), SF = 1
```

溢位旗標 (Overflow Flag)

當有號數算術運算的結果使目的運算元溢位或欠位時，溢位旗標將呈現設定狀態。舉例而言，由第 1 章可知，有號位元組可能的最大整數值是 +127；將此整數再加 1，就會導致溢位：

```
mov al,+127
add al,1                                    ; OF = 1
```

同樣地，有號位元組可能的最小負數是 −128。將此數值再減去 1，就會導致欠位。在這樣的情形下，目的運算元擁有內容將不是正確的算術運算結果，而且溢位旗標會呈現設定狀態：

```
mov al,-128
sub al,1                                    ; OF = 1
```

加法測試

有一個簡單的方法可以分辨兩個運算元相加時，會不會有溢位產生，當下列情形發生時，會有溢位產生

- 兩個正數運算元相加，結果卻產生負數。
- 兩個負數運算元相加，結果卻產生正數。

當進行加法運算的兩個運算元具有不同符號時，溢位情形絕不會產生。

硬體如何偵測溢位

在執行加法或減法運算以後，CPU 會利用有趣的機制，以便判斷溢位旗標的狀態。也就是將進位旗標與進位到最高位元的進位值進行互斥運算，此運算的結果將保存在溢位旗標中。在圖 4-5 中，顯示了將八位元的整數 10000000 及 11111110 予以相加，獲得結果 CF = 1 及 carryIn(bit7)=0，換句話說，1 XOR 0 的結果會使 OF = 1。

圖 4-5　產生溢位旗標的運算

NEG 指令

當目的運算元無法正確地儲存時，NEG 指令會產生錯誤的結果。例如，如果我們要搬移 −128 到 AL，並且試圖反轉其符號，此時反轉後的正確值 (+128)，就無法存入 AL 中，結果使溢位旗標變成設定狀態，藉此警告 AL 含有不正確的值：

```
mov  al,-128 ; AL = 10000000b
neg  al                                     ; AL = 10000000b, OF = 1
```

相反地，如果 +127 被反轉符號，則計算結果是正確的，而且溢位旗標處於清除狀態：

```
mov  al,+127                                ; AL = 01111111b
neg  al                                     ; AL = 10000001b, OF = 0
```

那麼 CPU 是怎麼知道該算術運算究竟是有號或無號呢？我們只能提供一個令人失望的答案：CPU 不知道！在一個算術運算執行以後，CPU 會使用一套布林規則，去設定所有的狀態旗標，不管哪一個旗標是相關的。您（程式設計人員）必須根據自己對所執行的運算型別的知識，去判斷哪些旗標要予以詮釋，哪些旗標可以忽略。

4.2.7　範例程式（AddSubTest）

下列 AddSubTest 程式利用 ADD、SUB、INC、DEC 和 NEG 等指令，建立數個不同的算術運算式，並且顯示某些特定狀態旗標，在過程中受到的影響：

```
; Addition and Subtraction  (AddSubTest.asm)
.386
.model flat,stdcall
.stack 4096
ExitProcess proto,dwExitCode:dword
.data
Rval   SDWORD ?
Xval   SDWORD 26
Yval   SDWORD 30
Zval   SDWORD 40

.code
main PROC
    ; INC and DEC
    mov   ax,1000h
    inc   ax                 ; 1001h
    dec   ax                 ; 1000h

    ; 運算式：Rval = -Xval + (Yval - Zval)
    mov   eax,Xval
    neg   eax                ; -26
    mov   ebx,Yval
    sub   ebx,Zval           ; -10
    add   eax,ebx
    mov   Rval,eax           ; -36

    ; 零值旗標的例子：
    mov   cx,1
    sub   cx,1               ; ZF = 1
    mov   ax,0FFFFh
    inc   ax                 ; ZF = 1

    ; 符號旗標的例子：
    mov   cx,0
    sub   cx,1               ; SF = 1
    mov   ax,7FFFh
    add   ax,2               ; SF = 1

    ; 進位旗標的例子：
    mov   al,0FFh
    add   al,1               ; CF = 1, AL = 00
    ; 溢位旗標的例子：
    mov   al,+127
    add   al,1               ; OF = 1
    mov   al,-128
```

```
        sub   al,1              ; OF = 1
INVOKE ExitProcess,0
main ENDP
END main
```

4.2.8　自我評量

請使用下列資料，解答問題 1-5：

```
.data
val1   BYTE 10h
val2   WORD 8000h
val3   DWORD 0FFFFh
val4   WORD 7FFFh
```

1. 試寫出一個可增加 **val2** 的指令。
2. 試寫出一個將 EAX 減去 **val3** 的指令。
3. 寫出一個或一個以上的指令，執行 **val2** 減去 **val4**。
4. 如果 **val2** 使用 ADD 指令增加 1，則進位旗標與符號旗標的值為何？
5. 如果 **val4** 使用 ADD 指令增加 1，則溢位旗標與符號旗標的值為何？
6. 在執行下列各指令時，請寫出在每個指令執行以後，進位、符號、零值與溢位旗標的值：

```
mov  ax,7FF0h
add  al,10h          ; a. CF =    SF =   ZF =   OF =
add  ah,1            ; b. CF =    SF =   ZF =   OF =
add  ax,2            ; c. CF =    SF =   ZF =   OF =
```

4.3　資料相關的運算子和指引

　　運算子和指引並不是可執行的指令，它們會在組譯階段，由組譯器加以詮釋。設計人員可以使用以下數個組合語言指引，獲取有關資料位址和大小特徵等資訊。

- OFFSET 運算子會回傳從一個變數到該變數所屬區段起始位置的相對距離。
- PTR 運算子的功能是讓程式設計人員可以更改變數的預設大小。
- TYPE 運算子的功能是回傳運算元的大小（以位元組表示）或陣列中的每個元素的大小。
- LENGTHOF 運算子的功能是回傳陣列的元素數量。
- SIZEOF 運算子的功能是回傳由陣列初始設定子所使用的位元組數量。

　　除此以外，LABEL 指引提供重新定義變數的方式，使該變數具有不同的大小屬性。本章所述的運算子和指引，只是 MASM 所支援的所有運算子中之一小部分，如果讀者需要完整的清單請瀏覽本書附錄 D。

4.3.1　OFFSET 運算子

　　OFFSET 運算子會回傳資料標籤的位移，位移代表標籤到資料區段起始點的距離，其單位是位元組。爲了清楚說明，圖 4-6 顯示一個稱爲 **myByte** 且位於資料區段內的變數。

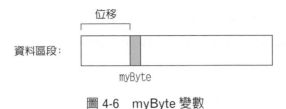

圖 4-6　myByte 變數

OFFSET 的例子

　　下列範例宣告了三個不同型別的變數：

```
.data
bVal  BYTE  ?
wVal  WORD  ?
dVal  DWORD ?
dVal2 DWORD ?
```

如果 **bVal** 位於位移 00404000（十六進位）處，則 OFFSET 運算元會回傳下列值：

```
mov  esi,OFFSET bVal        ; ESI = 00404000h
mov  esi,OFFSET wVal        ; ESI = 00404001h
mov  esi,OFFSET dVal        ; ESI = 00404003h
mov  esi,OFFSET dVal2       ; ESI = 00404007h
```

　　OFFSET 運算子也可以用於直接位移運算元，假設 **myArray** 含有五個 16 位元的字組。則下列 MOV 指令將會取得 **myArray** 的位移再加上 4，然後把總和搬移到 ESI，也可以說 ESI 會指向陣列中的第三個整數：

```
.data
myArray  WORD 1,2,3,4,5
.code
mov  esi,OFFSET myArray + 4
```

　　程式設計者可以藉由位移其他變數，初始化雙字組變數，在效率上會比建立指標爲佳，在以下範例中，**pArray** 就已指向 **bigArray** 的開始位置：

```
.data
bigArray  DWORD 500 DUP(?)
pArray  DWORD bigArray
```

以下範例會由 ESI 載入指標之值，所以此暫存器就可以指向陣列的起始位置：

```
mov  esi,pArray
```

4.3.2　ALIGN 指引

　　ALIGN 指引可以強制一個變數與位元組、字組、雙字組或段落的邊界對齊，其語法是

ALIGN *bound*

界限 (Bound) 可以是 1、2、4、8 或 16。數值是 1，則結果將使下一個變數對齊一個位元組的邊界（預設值）；如果界限是 2，則下一個變數會對齊於偶數編號的位址；假設界限是 4，則下一個位址將是 4 的倍數；假設界限是 16，則下一個位址將是 16 的倍數，都恰好是段落的邊界。組譯器會在變數之前插入一個或多個空位元組，以便完成對齊。為什麼要對齊資料呢？這是因為 CPU 處理儲存於偶數位址的資料，其速度比處理奇數位址的資料來得快。

在下列範例中，**bVal** 被任意地儲存在位移 00404000 處。我們在 **wVal** 之前插入 ALIGN 2 指引，這將導致系統指派一個偶數編號位移給予 **wVal**。

```
bVal       BYTE  ?                              ; 00404000h
ALIGN 2
WVal       WORD  ?                              ; 00404002h
bVal2      BYTE  ?                              ; 00404004h
ALIGN      4
DVal       DWORD ?                              ; 00404008h
dVal2      DWORD ?                              ; 0040400Ch
```

請注意，**dVal** 原本是位於位移 00404005 處，但是 ALIGN 4 指引使其位移變為 00404008。

4.3.3　PTR 運算子

您可以使用 PTR 運算子，其功能是更改運算元已被宣告的大小值，這只有在想要存取的變數的空間大小屬性，與當初宣告該變數的大小屬性不同時，才需要用到。

例如，假設現想要搬移一個名稱為 **myDouble** 的雙字組變數中，較低 16 位元部分到 AX，因運算元的空間大小並不匹配，所以組譯器不會允許下列的搬移動作：

```
.data
myDouble  DWORD 12345678h
.code
mov  ax,myDouble                        ; 錯誤
```

但是 WORD PTR 運算子卻提供搬移較低字組 (5678h) 到 AX 的功能：

```
mov  ax,WORD PTR myDouble
```

為什麼 1234h 會無法移至 AX 呢？x86 處理器使用的是**小端存取**方式（第 3.4.9 節），在這種存取格式中，編號順序比較小的位元組是儲存在變數的起始位址上。圖 4-7 列出三種變數 **myDouble** 的記憶體配置狀況：第一種是雙字組；第二種是兩個字組 (5678h, 1234h)；第三種則是四個位元組 (78h, 56h, 34h, 12h)：

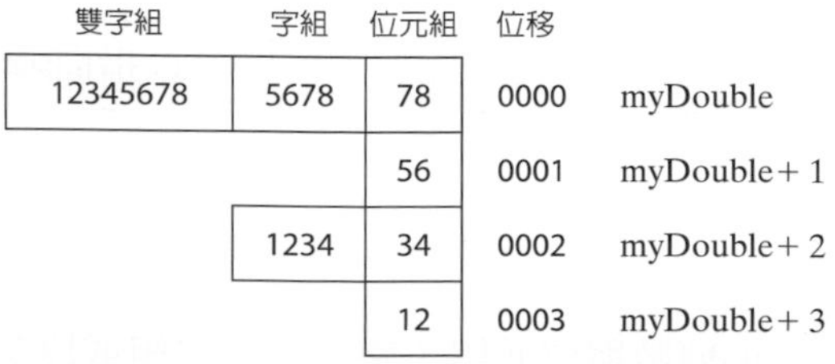

雙字組	字組	位元組	位移	
12345678	5678	78	0000	myDouble
		56	0001	myDouble + 1
	1234	34	0002	myDouble + 2
		12	0003	myDouble + 3

圖 4-7　myDouble 的記憶體配置

我們可以使用這三種方式的任何一種來存取記憶體，而且此一存取方式與變數定義的方式沒有關聯。例如，假設 **myDouble** 是從位移 0000 開始儲存，則儲存在該位址的 16 位元值是 5678h。我們也可以使用下列語法，存取放在 **myDouble + 2** 位置上的字組 1234h：

```
mov  ax,WORD PTR [myDouble+2]                    ; 1234h
```

同樣地，我們可以使用 BYTE PTR 運算子，從 **myDouble** 搬移單一位元組到 BL：

```
mov  bl,BYTE PTR myDouble                        ; 78h
```

請注意，PTR 必須要與標準的組譯器資料型別搭配使用，這些標準型別有 BYTE、SBYTE、WORD、SWORD、DWORD、SDWORD、FWORD、QWORD 或 TBYTE。

將較小值搬移到較大的目的運算元

設計過程中有時會需要從記憶體搬移兩個較小的值，到較大的目的運算元。在以下範例中，第一個字組將複製到 EAX 內位元編號比較低的一半，而第二個字組將搬移到比較高的一半，此一設計的關鍵是 DWORD PTR 運算子：

```
.data
wordList  WORD 5678h,1234h
.code
mov  eax,DWORD PTR wordList                      ; EAX = 12345678h
```

4.3.4　TYPE 運算子

TYPE 運算子會回傳變數的單一元素大小，其單位是位元組。例如，位元組的 TYPE 等於 1、字組的 TYPE 等於 2、雙字組的 TYPE 等於 4 而四字組的 TYPE 等於 8。以下是這四種變數型別的範例：

```
.data
var1  BYTE  ?
var2  WORD  ?
var3  DWORD ?
var4  QWORD ?
```

下列表格顯示了每個 TYPE 運算式的值：

運算式	其值
TYPE var1	1
TYPE var2	2
TYPE var3	4
TYPE var4	8

4.3.5　LENGTHOF 運算子

LENGTHOF 運算子會計算陣列中的元素數量，而此數量是由與標籤位於同一行的若干個值所定義。我們以下列資料當作範例：

```
.data
byte1       BYTE        10,20,30
array1      WORD        30 DUP(?),0,0
array2      WORD        5 DUP(3 DUP(?))
array3      DWORD       1,2,3,4
digitStr    BYTE        "12345678",0
```

當陣列定義中使用了巢狀 DUP 運算子時，LENGTHOF 會回傳兩個計數器值的乘積。以下表格列舉了由每個 LENGTHOF 運算式所回傳的值：

運算式	其值
LENGTHOF byte1	3
LENGTHOF array1	30 +2
LENGTHOF array2	5 * 3
LENGTHOF array3	4
LENGTHOF digitStr	9

如果您將一個陣列分散在多行程式中，則 LENGTHOF 只會計算第一行定義的部分陣列。在下列範例中，以 LENGTHOF 運算子取得 myArray 的回傳值是 5：

```
myArray BYTE 10,20,30,40,50
        BYTE 60,70,80,90,100
```

另一方法是可在第一行以逗號作為結尾，然後在下一行繼續列舉初始設定子。在下列範例中，以 LENGTHOF 運算子取得 myArray 的回傳值是 10：

```
myArray BYTE 10,20,30,40,50,
             60,70,80,90,100
```

4.3.6　SIZEOF 運算子

SIZEOF 運算子所回傳的值，等於 LENGTHOF 乘以 TYPE 的值。例如，intArray 的 TYPE＝2，LENGTHOF＝32，故以 SIZEOF 運算子取得 intArray 的回傳值是 64：

```
.data
intArray  WORD 32 DUP(0)
.code
mov  eax,SIZEOF intArray          ; EAX = 64
```

4.3.7　LABEL 指引

LABEL 指引可以讓我們插入標籤，並且在不配置任何記憶體的情形下，給予它空間大小的屬性。LABEL 可以與任何一種標準的空間大小屬性搭配使用，例如像是 BYTE、WORD、DWORD、QWORD 或 TBYTE。使用 LABEL 的常有設計是為接下來要在資料區段中宣告的變數，提供另一個名稱和空間大小屬性。在下列範例中，我們在 **val32** 的前一行宣告了一個稱為 **val16** 的標籤，並且讓它具有 WORD 的屬性：

```
.data
val16    LABEL WORD
val32    DWORD 12345678h
.code
mov   ax,val16                            ; AX = 5678h
mov   dx,[val16+2]                        ; DX = 1234h
```

val16 是 **val32** 的別名，兩者具有相同儲存位置，而且 LABEL 指引本身沒有配置及佔用記憶體空間。

有時候程式設計人員會需要以兩個較小整數，建構成一個較大整數。在以下範例中，兩個 16 位元變數將載入到 EAX 中，形成一個 32 位元值：

```
.data
LongValue LABEL DWORD
val1   WORD 5678h
val2   WORD 1234h
.code
mov   eax,LongValue                       ; EAX = 12345678h
```

4.3.8　自我評量

1. （是非題）：OFFSET 運算子永遠傳回 16 位元值。
2. （是非題）：PTR 運算子會回傳變數的 32 位元位址。
3. （是非題）：對於雙字組運算元，TYPE 運算子會回傳的值是 4。
4. （是非題）：LENGTHOF 運算子會回傳運算元中的位元組數目。
5. （是非題）：SIZEOF 運算子會回傳運算元中的位元組數目。

4.4　間接定址

直接定址很少使用在陣列處理上，因為使用常數位移位址，比起一些陣列元素，是比較無用的。因為我們使用暫存器為指標（稱做間接定址），並使用暫存器的數值。當運算元使用間接定址時，則被稱做間接運算元。

4.4.1　間接運算元

保護模式 (Protected Mode)

間接運算元可以是置於方括弧內的任何 32 位元通用暫存器 (EAX、EBX、ECX、EDX、ESI、EDI、EBP 及 ESP)，此暫存器會被假設成含有一些資料的位移位址。在以下範例中，ESI 含有 **byteVal** 的位移，其中 MOV 指令將間接運算元當作來源運算元，此時 ESI 中的位移會被解參照，而且會有一個位元組搬移到 AL：

```
.data
byteVal   BYTE 10h
.code
mov   esi,OFFSET byteVal
mov   al,[esi]                            ; AL = 10h
```

如果目的運算元使用了間接定址，則在暫存器所指向的記憶體位置上，會儲存一個新值，在以下範例中，BL 暫存器的內容會複製至 ESI 所指定的記憶體位址。

```
mov [esi],bl
```

將間接運算元與 PTR 搭配使用

在撰寫指令時，有可能沒有清楚指明運算元的空間大小。例如，以下指令在組譯時，將導致 "operand must have size"（運算元必須具有記憶體空間大小）的錯誤：

```
inc [esi]                          ; 錯誤：運算元必須具有記憶體空間大小
```

錯誤的原因是在這個指令中，組譯器不知道 ESI 究竟是指向位元組、字組、雙字組或其他的記憶體空間大小。若改用 PTR 運算子，可以讓運算元的大小變得清楚。

```
inc BYTE PTR [esi]
```

4.4.2　陣列

間接運算元是較理想處理陣列的工具，在以下範例中，**arrayB** 含有 3 個位元組，隨著 ESI 的遞增，就會依序指向每一個位元組：

```
.data
arrayB  BYTE 10h,20h,30h
.code
mov  esi,OFFSET arrayB
mov  al,[esi]                      ; AL = 10h
inc  esi
mov  al,[esi]                      ; AL = 20h
inc  esi
mov  al,[esi]                      ; AL = 30h
```

如果使用的是 16 位元整數的陣列，那麼就必須將 ESI 加 2，以便定址後續的每個陣列元素：

```
.data
arrayW  WORD 1000h,2000h,3000h
.code
mov  esi,OFFSET arrayW
mov  ax,[esi]                      ; AX = 1000h
add  esi,2
mov  ax,[esi]                      ; AX = 2000h
add  esi,2
mov  ax,[esi]                      ; AX = 3000h
```

假設 **arrayW** 位於位移 10200h 處，下圖可以說明 ESI 與陣列資料的關係：

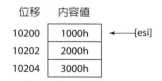

位移	內容值	
10200	1000h	◄——[esi]
10202	2000h	
10204	3000h	

範例：32 位元整數加法

下列程式範例說明了將三個雙字組相加的過程。因爲雙字組是長度是四個位元組，所以每一個後續陣列元素的位移要加上 4：

```
.data
arrayD  DWORD 10000h,20000h,30000h
.code
mov  esi,OFFSET arrayD
mov  eax,[esi]            ; 第一個數值
add  esi,4
add  eax,[esi]            ; 第二個數值
add  esi,4
add  eax,[esi]            ; 第三個數值
```

假設 **arrayD** 位於位移 10200h 處，下圖可以說明 ESI 與陣列資料的關係：

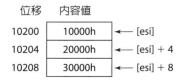

4.4.3　索引運算元

索引運算元 (indexed operand) 會將一個常數加到暫存器上，再產生一個有效位址，任何一個 32 位元通用暫存器都可以當作索引暫存器，MASM 允許使用如下數種不同標記方式（方括弧也是這些標記方式中的一部分）：

```
constant[reg]
[constant + reg]
```

第一種標記方式將暫存器與變數名稱結合在一起，其中變數名稱是代表變數的位移的一個常數。以下是上述兩種標記方式的範例：

arrayB[esi]	[arrayB + esi]
arrayD[ebx]	[arrayD + ebx]

索引運算元很適合用於處理陣列運算，請注意，在存取第一個陣列元素之前，索引暫存器必須先初始化成 0：

```
.data
arrayB  BYTE 10h,20h,30h
.code
mov  esi,0
mov  al,arrayB[esi]              ; AL = 10h
```

上述程式碼最後一行敘述，會將 ESI 加上 **arrayB** 的位移。由運算式 **[arrayB + ESI]** 所產生的位址會被解參照，然後在記憶體中所對應的位元組會複製到 AL。

加上移位量 (Adding Displacements)

索引定址方式的第二種類型會將暫存器與常數位移結合起來。其中索引暫存器保存的是陣列或結構的基底位址，常數則用於指出可變的陣列元素的位移。以下範例顯示如何在 16 位元字組的陣列存取其各元素：

```
.data
arrayW  WORD 1000h,2000h,3000h
.code
mov  esi,OFFSET arrayW
mov  ax,[esi]                         ; AX = 1000h
mov  ax,[esi+2]                       ; AX = 2000h
mov  ax,[esi+4]                       ; AX = 3000h
```

使用 16 位元暫存器

在實體位址模式下，通常會使用 16 位元暫存器當作索引運算元。在這種情形下，我們將只能使用 SI、DI、BX 和 BP 暫存器：

```
mov  al,arrayB[si]
mov  ax,arrayW[di]
mov  eax,arrayD[bx]
```

與間接運算元的情形一樣，除非是要定址堆疊中的資料，否則必須避免使用 BP。

索引運算元中的比例因子

在計算位移時，索引運算元必須考慮每個陣列元素的儲存空間大小。例如，如果使用的是雙字組陣列，那麼就必須將下標 (3) 乘以 4（雙字組的空間大小），以便產生可以儲存 400h 的陣列元素的位移。

```
.data
arrayD  DWORD 100h, 200h, 300h, 400h
.code
mov  esi,3 * TYPE arrayD              ; arrayD[3]的位移
mov  eax,arrayD[esi]                  ; EAX = 400h
```

Intel 開發人員想要設計一個對編譯器撰寫人員而言，比較容易的常用運算，所以他們提供計算位移的方法，那就是使用**比例因子 (scale factor)** 的方式。比例因子即為陣列元素的儲存空間大小（字組 = 2、雙字組 = 4 及四字組 = 8）。以下範例是由前例更改而來，更改處是將 ESI 設定成陣列下標 (3)，再乘以雙字組的比例因子 (4)。

```
.data
arrayD  DWORD 1,2,3,4
.code
mov  esi,3                           ; 下標
mov  eax,arrayD[esi*4]               ; EAX = 4
```

如果 arrayD 可能在未來需要重新定義成另一個型別，那麼 TYPE 運算子可以使進行索引的工作更具有彈性：

```
mov  esi,3                           ; 下標
mov  eax,arrayD[esi*TYPE arrayD]     ; EAX = 4
```

4.4.4 指標

指標 (pointer) 是一個其內儲存著另一個變數所在位址的變數，在處理陣列或資料結構時，指標是很重要的工具，因爲它們儲存的位址可以在執行時做修改。舉例來說，您可以使用系統呼叫來分配（保留）記憶體的區塊，並儲存在變數中的區塊位址。指標的大小是受到處理器的模式（32 位元或 64 位元）影響。在下列 32 位元程式碼範例中，**ptrB** 包含 arrayB 的位移：

```
.data
arrayB byte 10h,20h,30h,40h
ptrB dword arrayB
```

選擇上，您可以與 OFFSET 運算子一起宣告 **ptrB**，使得關係更加的清楚：

```
ptrB dword OFFSET arrayB
```

在本書中的 32 位元模式使用 NEAR 指標，所以這種指標會儲存在雙字組變數內。以下有兩個例子，其中 **ptrB** 儲存 **arrayB** 的位移，**ptrW** 則儲存 **arrayW** 的位移：

```
arrayB    BYTE    10h,20h,30h,40h
arrayW    WORD    1000h,2000h,3000h
ptrB      DWORD   arrayB
ptrW      DWORD   arrayW
```

您也可選擇使用 OFFSET 運算子，如此可讓它們之間的關係更加清楚。

```
ptrB  DWORD OFFSET arrayB
ptrW  DWORD OFFSET arrayW
```

> 高階語言會有意地隱藏有關指標的實體運作細節，這是因爲指標的實作方式，在不同的硬體架構上具有差異性。在組合語言中，因爲我們只會應用在單一種實作方式，所以會在實體層次上使用指標，這種作法可以幫助我們移除一些圍繞著指標的神秘面紗。

使用 TYPEDEF 運算子

TYPDEF 運算子可以讓設計人員建立使用者自訂型別；TYPEDEF 很適合用於建立指標變數。例如，以下宣告建立了一種新資料型別 PBYTE，它是一個指向位元組的指標：

```
PBYTE TYPEDEF PTR BYTE
```

這種宣告通常放在程式開始處的附近，而且必須是在資料區段之前。然後就可以使用 PBYTE 定義變數：

```
.data
arrayB BYTE 10h,20h,30h,40h
ptr1   PBYTE  ?                          ; 未初始化
ptr2   PBYTE arrayB                ; 指向陣列的指標
```

範例程式：指標

下列程式 (pointers.asm) 使用 TYPEDEF 建立了三種指標型別 (PBYTE、PWORD、PDWORD)，此段程式執行的動作包括：建立數個指標、指定數個陣列位移以及解參照這些指標：

```
TITLE Pointers                          (Pointers.asm)
.386
.model flat,stdcall
.stack 4096
ExitProcess proto,dwExitCode:dword

; 建立使用者自訂型別
PBYTE  TYPEDEF PTR BYTE              ; 指向位元組的指標
PWORD  TYPEDEF PTR WORD              ; 指向字組的指標
PDWORD TYPEDEF PTR DWORD             ; 指向雙字組的指標

.data
arrayB BYTE  10h,20h,30h
arrayW WORD  1,2,3
arrayD DWORD 4,5,6

; 建立一些指標變數
ptr1 PBYTE  arrayB
ptr2 PWORD  arrayW
ptr3 PDWORD arrayD

.code
main PROC
; 使用指標來存取資料
    mov   esi,ptr1
    mov   al,[esi]                  ; 10h
    mov   esi,ptr2
    mov   ax,[esi]                  ; 1
    mov   esi,ptr3
    mov   eax,[esi]                 ; 4
invoke ExitProcess,0
main ENDP
END main
```

4.4.5　自我評量

1. （是非題）：任何一種 32 位元通用暫存器均可用於當作間接運算元。

2. （是非題）：EBX 暫存器通常被保留用於對堆疊進行定址。

3. （是非題）：以下指令是無效的：inc [esi]

4. （是非題）：以下的運算元是索引運算元：array[esi]

試使用下列的資料定義，解答 5、6 問題：

```
myBytes   BYTE 10h,20h,30h,40h
myWords   WORD 8Ah,3Bh,72h,44h,66h
myDoubles   DWORD 1,2,3,4,5
myPointer   DWORD myDoubles
```

5. 請在以下各指令的右方，填入所要求的暫存器值：

```
mov  esi,OFFSET myBytes
mov  al,[esi]                      ; a. AL =
mov  al,[esi+3]                    ; b. AL =
mov  esi,OFFSET myWords + 2
mov  ax,[esi]                      ; c. AX =
mov  edi,8
mov  edx,[myDoubles + edi]         ; d. EDX =
```

```
mov   edx,myDoubles[edi]                ; e. EDX =
mov   ebx,myPointer
mov   eax,[ebx+4]                        ; f. EAX =
```

6. 請在以下各指令的右方，填入所要求的暫存器值：

```
mov   esi,OFFSET myBytes
mov   ax,[esi]                           ; a. AX =
mov   eax,DWORD PTR myWords              ; b. EAX =
mov   esi,myPointer
mov   ax,[esi+2]                         ; c. AX =
mov   ax,[esi+6]                         ; d. AX =
mov   ax,[esi-4]                         ; e. AX =
```

4.5　JMP 和 LOOP 指令

在預設的狀況下，CPU 會依序載入必要內容及執行程式。但是目前正在執行的指令可能是有**條件的 (conditional)**，意思是說，這指令會根據 CPU 狀態旗標（零值、符號和進位等等）的值，轉移控制權給程式的新位置。事實上，組合語言程式可以使用條件指令，來實作像 IF、迴圈等高階語言敘述的功能。每一個條件敘述都會牽涉到控制權轉移（跳越）到不同記憶體位址的可能性，**控制權轉移 (transfer of control)** 或分支 **(branch)** 是一種變更各敘述執行順序的方式。控制權轉移有兩種基本類型：

- **無條件轉移**：無論如何，程式都會轉移（分支）到新的位置；此時指令指標器會載入新位址，讓程式在新的位址上繼續執行，JMP 指令就是屬於此種方式。
- **有條件轉移**：當特定條件為真時，程式會進行分支。Intel 提供了多種不同的條件轉移指令，讓程式設計人員可依需求加以結合，以便建立條件邏輯結構。在這種情形下，CPU 將根據 ECX 和旗標暫存器的內容，詮釋 true/false 的條件。

4.5.1　JMP 指令

JMP 指令會造成程式無條件轉移控制權到目標位置，這個目標位置需以程式碼標籤標記之，而由組譯器轉譯成位移。其語法是

JMP destination

當 CPU 執行無條件轉移時，**目標位置**的位移（由程式碼的起始位址算起）會搬移到指令指標器中，導致程式會在新的位置上繼續執行。

建立迴圈

JMP 指令提供一個建立迴圈的簡單方法，其作法是跳越到迴圈頂端的標籤位置：

```
top:
    .
    .
    jmp top                              ; 重複無盡的迴圈
```

因為 JMP 是無條件的控制權轉移指令，所以除非提供終止迴圈的設計，否則此迴圈將無盡地持續進行。

4.5.2 LOOP 指令

LOOP 指令，一般被稱做根據 ECX 計數器的迴圈 (Loop According to ECX Counter) 用於使某個區塊的敘述，重複執行指定的次數。ECX 將自動作為計數器，每當迴圈重複執行一次，語法是：

```
LOOP destination
```

迴圈的目的地標籤必須在現行位置計數器的 −128 到 +127 位元組範圍內。LOOP 指令在執行時，有兩個步驟：首先，它將 ECX 減去 1；其次它會將 ECX 與 0 進行比較。如果 ECX 不等於 0，則 LOOP 指令會執行跳越動作，跳越到**目的地 (destination)** 的標籤所在。相反地，如果 ECX 等於 0，則不會發生跳越動作，而且控制權會交給緊接在迴圈之後的指令。

> 在實體位址模式下，CX 會用來當作 LOOP 指令的預設迴圈計數器。另一方面，LOOPD 指令會使用 ECX 作為迴圈計數器，LOOPW 指令則使用 CX 作為迴圈計數器。

在以下範例中，每當迴圈重複執行一次時，AX 都會加 1。當迴圈終止時，AX = 5 且 ECX = 0：

```
        mov   ax,0
        mov   ecx,5
L1:
        inc   ax
        loop L1
```

迴圈設計的常見錯誤是在迴圈開始以前，不慎地將 ECX 初始化成 0。若真如此，LOOP 指令會將 ECX 遞減成為 FFFFFFFFh，迴圈因而會重複執行 4,294,967,296 次。如果 CX 是迴圈計數器（在實體位址模式下），則迴圈會重複執行 65,536 次。

有時設計人員會建立較大迴圈，大到 LOOP 指令必須超過允許的範圍。以下範例是由 MASM 產生的錯誤訊息，因為 LOOP 指令的目的地標籤放置得太遠的緣故：

```
error A2075: jump destination too far : by 14 byte(s)
```

若沒有特別需要，請不要在迴圈內更改 ECX 之值。一般情況下，若更改了 ECX 之值。在以下範例中，程式設計人員在迴圈內為 ECX 加 1，結果使 ECX 永遠不會等於 0，因而迴圈永遠不會停止：

```
top:
    .
    .
    inc   ecx
    loop top
```

若需要在迴圈內更改 ECX 之值，必須在迴圈開始前，先將 ECX 之值取出及置於變數內，並且在 LOOP 指令之前回存到暫存器：

```
.data
count DWORD ?
.code
```

```
        mov    ecx,100              ; 設定迴圈計數次數
top:
        mov    count,ecx            ; 儲存迴圈計數次數
        .
        mov    ecx,20               ; 修改 ECX
        .
        mov    ecx,count            ; 回存迴圈計數次數
        loop   top
```

巢狀迴圈

如果想要在迴圈內建立迴圈，那麼就必須格外注意放在 ECX 中的外部迴圈計數器。您可以將它儲存在一個變數中：

```
.data
count DWORD  ?
.code
        mov    ecx,100              ; 設定外部迴圈計數次數
L1:
        mov    count,ecx            ; 儲存外部迴圈計數次數
        mov    ecx,20               ; 設定內部迴圈計數次數
L2:
        .
        .
        loop   L2                   ; 重複執行內部迴圈
        mov    ecx,count            ; 回存外部迴圈計數次數
        loop   L1                   ; 重複執行外部迴圈
```

一般程式設計人員的做法會避免巢狀迴圈超過兩層的深度，如果您正在使用的演算法需要多層巢狀迴圈，那麼建議可將一些內部迴圈移到副程式中執行。

4.5.3　在 Visual Studio 除錯器展示陣列

在除錯器中，如果想要展示陣列內容，請這樣做：從除錯選單中，選擇視窗→記憶體→記憶體 1。然後記憶體視窗會出現，接著可以使用滑鼠拖曳它到 Visual Studio 工作空白區。您也可以在視窗的標題上點擊右鍵，使得視窗在編輯視窗之上。在記憶體視窗頂端的位址欄位，在陣列名稱之後輸入 &（與）字元，按下輸入 (Enter)。例如：&myArray 就是一個有效的位址運算式。此外，記憶體視窗會展示陣列的位址的記憶體區塊，圖 4-8 為範例：

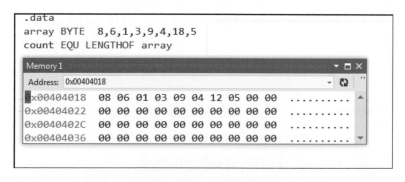

圖 4-8　使用除錯器的記憶體視窗展示陣列

如果您的陣列數值是雙字組，您可以在記憶體視窗點擊右鍵，從彈出選單中選擇 4 字元組整數，您也可以從不同格式中做選擇，例如：十六進位展示、有號十進位整數（有號展示）、或無號十進位整數（無號展示）格式。圖 4-9 會顯示完整的選項：

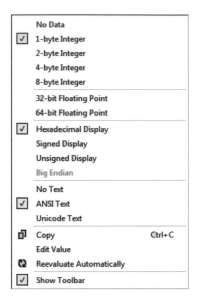

圖 4-9　除錯器記憶體視窗的彈出視窗

4.5.4　整數陣列的總和

在程式設計的初始階段，很難找到比計算陣列元素的總和更常見的任務了。在組合語言中要執行這項任務，應該遵循下列幾個步驟：

1. 將陣列的位址指定給一個暫存器，這個暫存器在此時可以當作索引運算元。
2. 初始化迴圈計數等於陣列長度。
3. 將用於累計總和的暫存器設定為 0。
4. 建立一個標記迴圈起始處的標籤。
5. 在迴圈的敘述主體中，使用間接定址將單一陣列元素，加到儲存著總和的暫存器上。
6. 指向陣列的下一個元素。
7. 使用 LOOP 指令重複執行從起始標籤處開始的迴圈。

步驟 1 到步驟 3 不需要依此處說明的順序執行，以下是將兩個 16 位元整數相減的短程式碼範例：

```
; Summing an Array                (SumArray.asm)
.386
.model flat,stdcall
.stack 4096
ExitProcess proto,dwExitCode:dword
.data
intarray DWORD 10000h,20000h,30000h,40000h

.code
main PROC
```

```
        mov   edi,OFFSET intarray        ; 1: 設定EDI等於intarray的位址
        mov   ecx,LENGTHOF intarray      ; 2: 設定迴圈計數器
        mov   eax,0                      ; 3: 設定累計總合的初值為0
L1:                                      ; 4: 標記迴圈的開始位址
        add   eax,[edi]                  ; 5: 加上一個整數
        add   edi,TYPE intarray          ; 6: 指向下一個元素
        loop  L1                         ; 7: 重複執行迴圈，直到ECX=0為止

        invoke ExitProcess,0
main ENDP
END main
```

4.5.5　字串的複製

　　程式通常必須將較大的資料區塊，從一個位置複製到另一個位置。這種資料可以是陣列或字串，但是它們可能包含了多種型態的物件。讓我們來看看在組合語言中，這樣的工作是如何藉由複製字串的迴圈，再加上含有空字組的陣列來完成的。因為同一個索引暫存器可以同時參照兩個字串，所以對於這類型的操作，使用索引定址的處理是較佳方式。使用這個方式的注意事項是目標字串需有足夠的空間，才可接收被複製的字元，包含尾端的空字元：

```
; Copying a String                      (CopyStr.asm)

.386
.model flat,stdcall
.stack 4096
ExitProcess proto,dwExitCode:dword
.data
source  BYTE  "This is the source string",0
target  BYTE  SIZEOF source DUP(0)

.code
main PROC
        mov   esi,0                      ; 索引暫存器
        mov   ecx,SIZEOF source          ; 迴圈計數器
L1:
        mov   al,source[esi]             ; 從來源字串取得字元
        mov   target[esi],al             ; 將該字元存到目標字串
        inc   esi                        ; 將索引暫存器指向下一個字元
        loop L1                          ; 對整個字串重複上述過程
        invoke ExitProcess,0
main ENDP
END main
```

　　由於 MOV 指令不能使用兩個記憶體運算元，所以每個字元都會從來源字串移到 AL，再從 AL 搬移到目標字串。

4.5.6　自我評量

1. （是非題）：JMP 指令只能跳越到現行程序中的標籤位置。

2. （是非題）：JMP 是有條件的轉移指令。

3. 如果 ECX 在迴圈開始執行以前初始化成 0，則 LOOP 指令將重複執行幾次？（假設 ECX 在迴圈中沒有被其他指令修改過。）

4. （是非題）：LOOP 指令首先會檢查 ECX 值是否不等於 0；然後它將 ECX 減去，並且跳到目的標籤。

5. （是非題）：LOOP 指令會執行以下動作：它會將 ECX 減去；然後，如果 ECX 大於 0，則這指令會跳越到目的標籤。

6. 在實體位址模式下，LOOP 指令會使用哪一個暫存器作為計數器？

7. 在實體位址模式下，LOOPD 指令會使用哪一個暫存器作為計數器？

8. （是非題）：LOOP 指令的目標標籤必須放置在現行位置的 256 位元組距離之內。

9. （挑戰題）：在下列範例中，EAX 最後的值為多少？

```
        mov     eax,0
        mov     ecx,10                  ; 外部迴圈計數器
L1:
        mov     eax,3
        mov     ecx,5                   ; 內部迴圈計數器
L2:
        add     eax,5
        loop    L2                      ; 重複執行內部迴圈
        loop    L1                      ; 重複執行外部迴圈
```

10. 改寫上一題的程式碼，使得內部迴圈開始執行時，外部迴圈計數器不會被清除掉。

4.6　64 位元編程

4.6.1　MOV 指令

在 64 位元模式的 MOV 指令與 32 位元模式的是很相似，只有一些的不同，在此我們會做說明。立即運算元（常數）可以是 8、16、32 或 64 位元，下列是 64 位元的範例：

```
mov   rax,0ABCDEFGAFFFFFFFFh        ; 64 位元立即運算元
```

當您移動 32 位元常數到 64 位元的暫存器時，目的地上層的 32 位元（32-63 位元）會是清空的（等於 0）：

```
mov   rax,0FFFFFFFFh                 ; rax = 00000000FFFFFFFF
```

當移動 16 位元常數或 8 位元常數到 64 位元暫存器時，上層的位元也都會清空：

```
mov   rax,06666h                    ; 清空 16-63 位元
mov   rax,055h                      ; 清空 8-63 位元
```

當移動記憶體運算元到 64 位元暫存器時，結果會被混合。例如：移動 32 位元記憶體運算元到 EAX（RAX 的下方那一半），造成在 RAX 上層的 32 位元被清空：

```
.data
myDword DWORD 80000000h
.code
 mov   rax,0FFFFFFFFFFFFFFFFh
 mov   eax,myDword                  ; RAX = 0000000080000000
```

但是當移動 8 或 16 位元的記憶體運算元到 RAX 的低層位元時，在目標暫存器的最高位元不會受到影響：

```
.data
myByte BYTE 55h
myWord WORD 6666h
.code
mov  ax,myWord                    ; 16-63 位元不受影響
mov  al,myByte                    ; 8-63 位元不受影響
```

MOVSXD 指令（符號擴展的移動）允許原始運算元成為 32 位元暫存器，或是記憶體運算元。下列指令造成 RAX 等於 FFFFFFFFFFFFFFFFh：

```
mov     ebx,0FFFFFFFFh
movsxd rax,ebx
```

OFFSET 運算元產生 64 位元位址，它必須被 64 位元暫存器或是變數儲存，在下列範例中，我們使用 RSI 暫存器：

```
.data
myArray WORD 10,20,30,40
.code
mov  rsi,OFFSET myArray
```

在 64 位元模式中的 LOOP 指令，使用 RCX 暫存器為迴圈計數器。

有著這些基礎概念，您可以在 64 位元模式中撰寫一些程式。大多數的時候，編程是簡單的，只要您持續使用 64 位元整數變數與 64 位元暫存器。ASCII 字串是特例，因為它們總是包含位元組，在編程時，通常會使用間接定址或索引定址。

4.6.2　SumArray 的 64 位元版本

讓我們重新建立 64 位元模式的 SumArray 程式，它會計算 64 位元整數陣列的總和。首先，我們使用 QWORD 指引來建立四字組陣列，然後，我們會改變所有 32 位元暫存器的名稱為 64 位元暫存器的名稱。下列是完整的程式：

```
; Summing an Array                     (SumArray_64.asm)
ExitProcess PROTO
.data
intarray   QWORD 1000000000000h,2000000000000h
           QWORD 3000000000000h,4000000000000h
.code
main PROC
    mov  rdi,OFFSET intarray           ; RDI=整數陣列的位址
    mov  rcx,LENGTHOF intarray         ; 初始化的迴圈計數器
    mov  rax,0                         ; sum = 0
L1:                                    ; 標記迴圈的起點
    add  rax,[rdi]                     ; 新增整數
    add  rdi,TYPE intarray             ; 指向下一個元素
    loop L1                            ; 一直重複直到RCX=0
    mov  ecx,0                         ; 離開，並傳回數值
    call ExitProcess
main ENDP
END
```

4.6.3　加法與減法

在 32 位元模式中的 ADD、SUB、INC 與 DEC 指令，會與在 64 位元模式中以一樣的方法影響 CPU 的狀態旗標，在下列範例，我們增加 1 到在 RAX 的 32 位元數字，每個位元都對齊左邊，使得 1 可以插入 32 位元中：

```
mov   rax,0FFFFFFFFh              ; 填滿低 32 位元
add   rax,1                      ; RAX = 100000000h
```

知道您的運算元大小是必要的，當使用同位暫存器運算元時，要注意暫存器剩下的部分並未修改。在下一個範例中，在 AX 的 16 位元總和變成 0，卻沒有影響任何在 RAX 的上層位元，因為運算元使用 16 位元暫存器 (AX 與 BX)：

```
mov   rax,0FFFFh                 ; RAX = 000000000000FFFF
mov   bx,1
add   ax,bx                      ; RAX = 0000000000000000
```

同樣的，在下列範例中，AL 中的總和不會進位到另外的 RAX 位元。之後 ADD, RAX 會等於 0：

```
mov   rax,0FFh                   ; RAX = 00000000000000FF
mov   bl,1
add   al,bl                      ; RAX = 0000000000000000
```

減法也是同樣的原則，在下列範例的程式碼引用中，EAX 從 0 減去 1，會造成 RAX 的 32 位元的低層等於 -1(FFFFFFFFh)。同樣的，AX 中從 0 減去 1 會造成 RAX 的 16 位元低層等於 -1(FFFFh)

```
mov   rax,0                      ; RAX = 0000000000000000
mov   ebx,1
sub   eax,ebx                    ; RAX = 00000000FFFFFFFF
mov   rax,0                      ; RAX = 0000000000000000
mov   bx,1
sub   ax,bx                      ; RAX = 000000000000FFFF
```

當指令包含間接運算元時，64 位元通用暫存器必須被使用。請記住，您必須使用 PTR 運算元來確定目標運算元的大小。下列範例包含一個 64 位元目標：

```
dec   BYTE PTR [rdi]             ; 8-bit target
inc   WORD PTR [rbx]             ; 16-bit target
inc   QWORD PTR [rsi]            ; 64-bit target
```

在 64 位元模式中，您可以在索引運算元中使用比例因子，就如同在 32 位元中做的一樣。如果與 64 位元整數一起工作，請適用 8 的比例因子。下列為範例：

```
.data
array QWORD 1,2,3,4
.code
mov   esi,3                      ; subscript
mov   eax,array[rsi*8]           ; EAX = 4
```

在 64 位元模式中，指標變數會儲存 64 位元位移。在下列範例中，**ptrB** 變數會儲存 arrayB 的位移：

```
.data
arrayB BYTE 10h,20h,30h,40h
ptrB QWORD arrayB
```

您可以選擇宣告 OFFSET 運算子的 ptrB 讓關係更加清楚：

```
ptrB QWORD OFFSET arrayB
```

4.6.4　自我評量

1. （是非題）：移動 0FFh 常數值到 RAX 暫存器會清空 8 位元為 63。

2. （是非題）：32 位元常數可被移動到 64 位元暫存器，但是 64 位元常數是不被允許的。

3. 在執行下列指令後，什麼數值會包含在 RCX 中？

```
mov   rcx,1234567800000000h
sub   ecx,1
```

4. 在執行下列指令後，什麼數值會包含在 RCX 中？

```
mov   rcx,1234567800000000h
add   rcx,0ABABABABh
```

5. 在執行下列指令後，什麼數值會包含在 AL 暫存器中？

```
.data
bArray BYTE 10h,20h,30h,40h,50h
.code
mov   rdi,OFFSET bArray
dec   BYTE PTR [rdi+1]
inc   rdi
mov   al,[rdi]
```

6. 在執行下列指令後，什麼數值會包含在 RCX 中？

```
mov   rcx,0DFFFh
mov   bx,3
add   cx,bx
```

4.7　本章摘要

MOV 指令是一個資料轉移指令，它會將資料從來源運算元複製到目的運算元。MOVZX 指令會以零值擴展方式將小的運算元搬移到大的運算元。MOVSX 指令會以符號值擴展方式將小的運算元搬移到大的運算元。XCHG 指令會將兩個運算元的內容互相交換。在使用 XCHG 指令時，至少要有一個運算元必須是暫存器。

運算元型別

本章中出現的運算元有下列幾種型別：

- **直接**運算元是變數的名稱，它代表該變數的位址。
- **直接位移**運算元會將移位值加到變數名稱上，藉此產生新的位移，此新的位移可以用來存取記憶體中的資料。
- **間接**運算元是保存著資料位址的暫存器。如果在程式中的暫存器是置於方括弧內 (例如 [esi])，那麼就可以解參照此位址，並且存取記憶體資料。
- **索引**運算元會將常數與間接運算元組合起來，結果使常數和暫存器的內容值相加在一起，而產生的位址會被解參照。例如，[array + esi] 和 array [esi] 都是索引運算元。

以下是重要的算術指令：

- INC 指令會將 1 加到運算元上。
- DEC 指令會將運算元減去 1。
- ADD 指令用於將來源運算元加到目的運算元。
- SUB 指令會將目的運算元的值減去來源運算元。
- NEG 指令會將運算元的符號予以反轉。

在將簡單的算術運算式轉換成組合語言時，必須遵守運算子優先權的規則，來選擇哪一個運算式要先計算。

狀態旗標

以下是在算術運算以後執行，會受到影響的 CPU 狀態旗標：

- 當算術運算結果為負時，符號旗標會成為設定狀態。
- 當無號算術運算結果太大因而無法置入目的運算元時，進位旗標會成為設定狀態。
- 若在執行運算或布林指令後，目的運算元中的最小有效位元中，有偶數個位元是 1，則設定同位旗標。
- 當目的運算元的位置編號 3 的位元，發生借位或進位的情形時，輔助進位旗標將成為設定狀態。
- 當算術運算結果為 0 時，零值旗標會成為設定狀態。
- 當有號算術運算結果太大，因而無法置入目的運算元時，溢位旗標會成為設定狀態。

運算子

以下是組合語言中的常用運算子：

- OFFSET 運算子會回傳由變數所屬區段起始位置至該變數距離。

- PTR 運算子可以更改一個變數已宣告的儲存空間大小。
- TYPE 運算子會回傳單一運算元的儲存空間大小（以位元組表示）或陣列中的單一元素大小。
- LENGTHOF 運算子會回傳陣列的元素數量。
- SIZEOF 運算子會回傳由陣列初始設定子所使用的位元組數量。
- TYPEDEF 運算子的功能是建立使用者自訂型別。

迴圈

　　JMP(跳躍) 指令會無條件地分支到程式的另一個位置。而 LOOP(根據 ECX 計數器的迴圈) 指令則使用在計數型迴圈。在 32 位元模式中，LOOP 指令使用 ECX 作為迴圈計數器；而在 64 位元模式中，則使用 RCX 作為計數器。兩種位元模式的 LOOPD 指令都使用 ECX 作為迴圈計數器；LOOPW 則使用 CX 作為計數器。

　　MOV 指令做的事情在 32 與 64 位元模式中是差不多的，但是，搬移常數與記憶體運算元到 64 位元暫存器中的規則有點難以處理，有可能在任何的時候，嘗試在 64 位元模式中使用 64 位元運算元，間接與索引運算元總是使用 64 位元暫存器。

4.8　重要術語

4.8.1　術語

輔助進位旗標 (Auxiliary Carry flag)	記憶體運算元 (memory operand)
進位旗標 (Carry flag)	溢位旗標 (Overflow flag)
有條件轉換 (conditional transfer)	同位旗標 (Parity flag)
資料轉換指令 (data transfer instruction)	指標 (pointer)
直接記憶體運算元 (direct memory operand)	暫存器運算元 (register operand)
直接位移運算元 (direct-offset operand)	比例因子 (scale factor)
有效位址 (effective address)	符號擴展 (sign extension)
立即運算元 (immediate operand)	無條件轉換 (unconditional transfer)
索引運算元 (indexed operand)	零值擴展 (zero extension)
間接運算元 (indirect operand)	零值旗標 (Zero flag)

4.8.2　指令、運算子與指引

ADD	MOV
ALIGN	MOVSX
DEC	MOVZX
INC	NEG
JMP	LABEL
LABEL	LAHF
LOOP	LENGTHOF

OFFSET	SUB
PTR	TYPE
SAHF	TYPEDEF
SIZEOF	XCHG

4.9　本章習題與練習

4.9.1　簡答題

1. 如果執行標記 (a) 與 (b) 的行列，EDX 中會是什麼數值？

   ```
   .data
   one WORD 8002h
   two WORD 4321h
   .code
   mov edx,21348041h
   movsx edx,one                                    ;  (a)
   movsx edx,two                                    ;  (b)
   ```

2. 請問下列指令含有多少運算元？

   ```
   a.  ADD
   b.  DEC
   ```

3. 如果執行下方行列，EAX 中會是什麼數值？

   ```
   mov eax,89h
   add eax,4568ae4h
   ```

4. 如果執行下方行列，EAX 中會是什麼數值？

   ```
   mov eax,1002FFFFh
   neg ax
   ```

5. 如果執行下方行列，目的運算元中的數值為？

   ```
   mov al,09h
   add al,0cfh
   ```

6. 如果執行下方行列，EAX 與符號旗標會是什麼數值？

   ```
   mov eax,5
   sub eax,6
   ```

7. 在下列程式碼中，AL 中的數值旨在成為有號位元組。請解釋溢位旗標如何幫助或不幫助程式設計者，來確定 AL 的終值是否會在有效的有號範圍內。

   ```
   mov al,-1
   add al,130
   ```

8. 在下列指令執行之後，RAX 會包含什麼數值？

   ```
   mov rax,44445555h
   ```

9. 如果執行下方行列，CX 中的數值為？

```
.code
mov cx,0
mov bx,8978
mov cx,bx
mov cx,09
```

10. 在下列指令執行之後，EAX 會包含什麼數值？

```
.data
dVal DWORD 12345678h
.code
mov ax,3
mov WORD PTR dVal+2,ax
mov eax,dVal
```

11. 在下列指令執行之後，EAX 會包含什麼？

```
.data
.dVal DWORD  ?
.code
mov dVal,12345678h
mov ax,WORD PTR dVal+2
add ax,3
mov WORD PTR dVal,ax
mov eax,dVal
```

12. （是非題）：如果您新增正整數到負整數，是可以設定溢位旗標的。

13. （是非題）：如果您新增負整數到負整數並生產正的數值結果，溢位旗標還可以設定。

14. （是非題）：NEG 有可能可以設定溢位旗標。

15. （是非題）：符號與零值旗標可以同時設定。

請使用下列定義變數回答 16-19 題：

```
.data
var1 SBYTE -4,-2,3,1
var2 WORD 1000h,2000h,3000h,4000h
var3 SWORD -16,-42
var4 DWORD 1,2,3,4,5
```

16. 下列敘述中，指令是否有效？

```
a.   mov        ax,var1？
b.   mov        ax,var2
c.   mov        eax,var3
d.   mov        var2,var3
e.   movzx      ax,var2
f.   movzx      var2,al
g.   mov        ds,ax
h.   mov        ds,1000h
```

17. 下列指令按順序執行後，溢位旗標與進位旗標的數值為？

```
mov al,f0h                       ; a.
add al,45h                       ; b.
add al,20                        ; c.
```

18. 下列指令按順序執行後，什麼會是目的地運算元的數值？

```
mov ax,var2                           ; a.
mov ax,[var2+4]                       ; b.
mov ax,var3                           ; c.
mov ax,[var3-2]                       ; d.
```

19. 請從下列的指令中，找出結構錯誤的指令。

```
mov al,6789                           ; a.
mov al,bx                             ; b.
mov bh,ch                             ; c.
mov cx,bh                             ; d.
mov dx,cl                             ; e.
```

4.9.2　演算題

1. 請撰寫一個使用 16 位元暫存器的程式，並加入 2 個四字組此程式應該將結果儲存在記憶體中。

2. 在使用 XCHG 指令不超過三次的情況下，重新安排四個 8 位元暫存器中的數值，順序從 A、B、C、D 變成 B、C、A、D。

3. 傳輸訊息通常包含同位位元，其數值與資料字節結合，生產 1 位元的數字。假設在 AL 暫存器中的訊息字節是 01110101。請顯示出您如何伴隨著算數指令使用同位旗標，決定訊息字節是否為偶同位或是奇同位。

4. 請撰寫一個程式，能夠在記憶體儲存 10 位元組，並根據它們的符號分類，且在記憶體中安排它們為兩個分開的群組。

5. 撰寫兩個指令的順序，同時使用加法設定零值與進位旗標。

6. 請撰寫一個程式，返回儲存在記憶體中 20 位元組的平均值。

7. 用組合語言建立下列演算運算式：EAX = –val2 + 7 –val3 + val1。假設 val1、val2 與 val3 都是 32 位元整數變數。

8. 撰寫一個迴圈，在雙字組陣列中互動，並計算它的元素總和，使用伴隨索引定址的比例因子。

9. 撰寫一個程式，計算前 20 個自然數的總和。

10. 撰寫兩個指令順序，同時設定進位與溢位旗標。

11. 撰寫指令順序，顯示零值旗標如何在執行 INC 與 DEC 指令之後，被使用來指出無號溢位。

使用下方定義資料回答 12-18 題：

```
.data
myBytes BYTE 10h,20h,30h,40h
myWords WORD 3 DUP(?),2000h
myString BYTE "ABCDE"
```

12. 在給定資料中插入指引，排列 myBytes 到相等數值位址。

13. 下列指令執行之後，什麼是 EAX 的數值？

```
mov eax,TYPE myBytes                          ; a.
mov eax,LENGTHOF myBytes                       ; b.
```

```
mov eax,SIZEOF myBytes                      ; c.
mov eax,TYPE myWords                         ; d.
mov eax,LENGTHOF myWords                     ; e.
mov eax,SIZEOF myWords                       ; f.
mov eax,SIZEOF myString                      ; g.
```

14. 請撰寫指令，移動在 myBytes 中的前三個位元組到三個不同的暫存器。

15. 撰寫一個指令，移動 myWords 中的第二個字節到 AL 暫存器。

16. 撰寫一個指令，移動 myBytes 中的所有的四字節到 EAX 暫存器。

17. 在給定資料中，插入 LABEL 指引，允許 myWords 可直接的移動到 32 位元暫存器。

18. 請撰寫指令，移動在 myStrings 中的前四個字元到 8 位元的暫存器 AL、AH、CL 以及 CH。

4.10　程式設計習題

下列習題可以在 32 位元模式或 64 位元模式下完成設計。

★1.　從大端轉換到小端

試寫出一個程式，使用下方變數，與 MOV 指令備份大端數值到小端，並反轉字節的順序。數字的 32 位元應該要是 12345678 十六進位數。

```
.data
bigEndian BYTE 12h,34h,56h,78h
littleEndian DWORD？
```

★★2.　交換陣列數值

試寫出一個有迴圈與索引定址的程式，交換陣列中元素的相同數字的數值，因此，項目 i 會與項目 i+1 交換，而 i+2 會與 i+3 交換，以此類推。

★★3.　總和陣列數值間的間距

試寫出一個有迴圈與索引定址的程式，計算所有在陣列元素間的間距的總和。陣列元素是雙字節，以非遞減順序排列。舉例來說，陣列 {0, 2, 5, 9, 10} 的間距是 2, 3, 4, 與 1，因此總和為 10。

★★4.　複製字組陣列到雙字組陣列

撰寫一個程式，使用迴圈複製所有的元素，從無號字組（16 位元）陣列到無號雙字組（32 位元）陣列。

★★5.　費氏 (Fibonacci) 數列

撰寫一個程式，使用迴圈計算費氏數列的前七個數值，請依照下列順序：Fib(1) = 1、Fib(2) = 1，Fib(n) = Fib(n − 1) + Fib(n − 2)。

★★★ 6. 反轉陣列

隨著間接與索引定址一起使用迴圈，反轉整數陣列的元素。請不要複製任何元素到其他陣列。使用 SIZEOF、YPE 與 LENGTHOF 運算元，使程式有彈性，因應陣列的大小可能在未來會做改變。

★★★ 7. 以反轉順序複製字串

撰寫一個具有迴圈與間接定址的程式，從 source 複製字串到 target，在過程中反轉字元順序，請使用下方變數：

```
source BYTE "This is the source string",0
target BYTE SIZEOF source DUP('#')
```

★★★ 8. 轉移陣列中的元素

使用迴圈與索引定址，撰寫旋轉 32 位元暫存器陣列往前移一位的程式碼。在陣列最後的數值必須繞回到第一位。例如：陣列 [10, 20, 30, 40] 會變成 [40, 10, 20, 30]。

5

程序

此章節會介紹程序，也稱做副程式與函式。任何程式都需要被分割成合理大小的部分，而且某些部分會被使用多次。讀者會學到以暫存器傳遞參數，還會學到關於 CPU 用來追蹤程序呼叫位置的執行時期堆疊。最後，會向您介紹此書提供的兩個程式碼函式庫，Irvine32 與 Irvine64，這兩個函式庫包含簡化輸入 / 輸出的實用工具函式。

5.1 堆疊運算

當我們要將 10 塊盤子，如下圖所示般一塊一塊地往上疊時，所得結果便可以稱為**堆疊 (stack)**。雖然在堆疊的情況下，有可能移除中間的盤子，但一般而言，通常不會這麼做，而是由頂端執行移除的動作。另一方面，要添加新的盤子到堆疊時，也會由頂端執行添加，而不會加在堆疊的底部或中間（圖 5-1）：

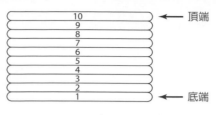

圖 5-1 盤子的堆疊

所有**堆疊資料結構 (stack data structure)** 都遵循相同的原則：加入新資料時必須由堆疊的頂端進行，而移出資料時也是由頂端進行。一般而言，在各種程式設計的應用中，堆疊是很好用的一種結構，而且它可以很容易地以物件導向的程式方法實作出來。假如讀者曾經上過需要利用資料結構的程式設計課程，那麼您應該已處理過**堆疊抽象資料型別 (stack abstract data type)**。電腦中的堆疊又稱為 LIFO（**Last-In, First-Out，後進先出**），因為最後一個放入堆疊的資料，總是會最先從堆疊中取出。

但在本章中，我們只會將焦點放在**執行時期堆疊 (runtime stack)**。這是直接由 CPU 硬體所支援，而且它是呼叫程序和由程序中返回的機制中，最根本的一部分。大部分時候我們會簡稱它為**堆疊 (stack)**。

5.1.1 執行時期的堆疊（32 位元模式）

執行時期堆疊是一段由 CPU 直接管理的記憶體陣列，它使用 ESP（extended stack pointer，延伸堆疊指標）暫存器，也就是一般熟知的**堆疊指標暫存器 (stack pointer register)**。在 32 位元模式中，ESP 暫存器會存放著一個 32 位元的位移，此位移指向堆疊中某個位置。程式設計人員很少會直接改變 ESP 的值；一般做法是使用如 CALL、RET、PUSH 及 POP 等指令，間接地改變它。

ESP 會永遠指向最後一個加入或**壓入 (pushed)** 堆疊頂端的資料，為使讀者易於了解，以下說明的堆疊只包含一個數值。在圖 5-2 中，延伸堆疊指標 (ESP) 的內容值為十六進位的 00001000，它是最新被壓入的數值 (00000006) 的位移，此圖也表示若堆疊指標的值減少，則堆疊頂端的內容就會下移。

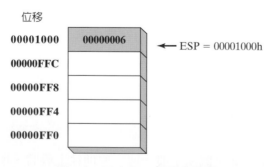

圖 5-2 只含有一個值的堆疊

在此圖中，每個堆疊中的位置都含有 32 位元，這是因為此程式是在 32 位元模式下執行的緣故。

> 這裡所討論的執行時期堆疊與資料結構課程中討論的堆疊抽象資料結構 (stack abstract data type，ADT)，並不相同。執行時期堆疊的運作層次是系統層次，用於處理副程式呼叫。而堆疊 ADT 是一種程式設計的架構，通常利用像 C++ 或 Java 這樣的高階語言來撰寫它。在實作後進先出的演算法時，就會使用到它。

壓入 (PUSH) 運算

32-bit 的壓入 (push) 運算會使堆疊指標的值減 4，並且將一個資料複製到由堆疊指標指向位於堆疊中的位置。圖 5-3 顯示在已含有 00000006 的堆疊中，再將 000000A5 壓入堆疊的過程。請注意 ESP 暫存器永遠指向堆疊的頂端，此圖形所畫的堆疊方向和先前所看到的盤子堆疊的方向剛好相反，因為執行時期堆疊在記憶體中的處理方向是由高位址到低位址，在壓入之前，ESP = 00001000h，在壓入之後，ESP = 00000FFCh。圖 5-4 則顯示了在相同的堆疊中，再壓入其他整數，成為含有四個整數的結果。

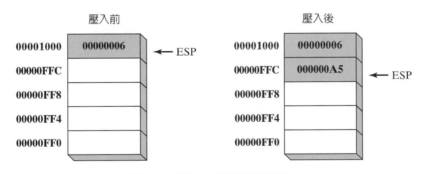

圖 5-3　壓入一個整數至堆疊中

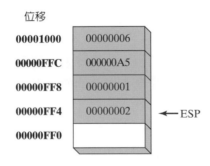

圖 5-4　壓入 00000001 及 00000002 至堆疊之後

彈出 (POP) 運算

彈出 (pop) 運算會將一筆資料由堆疊中移除，在資料從堆疊中彈出以後，堆疊指標會遞增其內容值（增加的大小視資料大小而定），以便指向堆疊中下一筆最高的資料的位置。圖 5-5 顯示了在 00000002 這筆資料，由堆疊中彈出資料之前和之後的狀態。

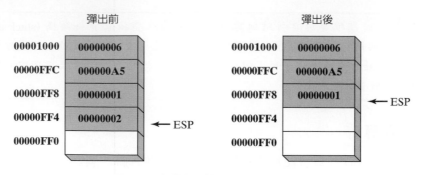

圖 5-5　在執行時期從堆疊彈出資料

在 ESP 下方的堆疊區域稱為是**邏輯上為空的 (logically empty)**，當目前程式下一次執行任何一個壓入堆疊動作的指令時，將被填入新的資料。

堆疊的應用

執行時期堆疊在程式中有如下幾個重要的應用方式：

- 當暫存器具有超過一個以上的用途時，堆疊可以為暫存器提供一個方便、暫時的存放區域。當暫存器被修改以後，仍然能回復成原來的值。
- 執行 CALL 指令時，CPU 會將現行程序的返回位址，存入堆疊中。
- 在呼叫程序時，我們通常會傳遞需要輸入的值，而傳遞的方式是將這些輸入值壓入堆疊中，這些輸入值稱為**引數 (arguments)**。
- 堆疊可以為副程式中的區域變數，提供暫時的存放空間。

5.1.2　PUSH 和 POP 指令

PUSH 指令

PUSH 指令首先會減少堆疊指標的值，然後將來源運算元複製到堆疊中。16 位元運算元會使 ESP 的值減去 2。32 位元運算元會使 ESP 的值減去 4。以下是此指令的三種格式：

```
PUSH      reg/mem16
PUSH      reg/mem32
PUSH      imm32
```

POP 指令

POP 指令首先會將在堆疊中，由 ESP 暫存器所指向的堆疊內容，複製到 16 位元或 32 位元的目的運算元中，然後增加 ESP 的值。當目的運算元是 16 位元時，ESP 的值會增加 2；當它是 32 位元時，ESP 會增加 4：

```
POP       reg/mem16
POP       reg/mem32
```

PUSHFD 和 POPFD 指令

PUSHFD 指令的功能是將 32 位元的 EFLAGS 暫存器，壓入堆疊中，而 POPFD 則是由堆疊中將資料彈出到 EFLAGS 暫存器：

```
pushfd
popfd
```

MOV 指令不能用來將旗標複製到變數內，所以 PUSHFD 是儲存旗標的最好方式。有時候為旗標製作備份，以便在稍後可以將旗標恢復到其先前的值，在撰寫程式時會很有用。其中一個方法就是將一段程式碼置於 PUSHFD 和 POPFD 之間：

```
pushfd                          ; 儲存旗標狀態
;
; 在這裡放置一個敘述區塊...
;
popfd                           ; 回復旗標狀態
```

在使用這種類型的 PUSH 及 POP 時，必須確保程式的執行路徑不會跳過 POPFD 指令。當某個程式一再地被修改時，可能會很難記得每一個 PUSH 和 POP 的位置。在這種情形下，確實無誤地建立註解說明，就顯得非常有必要！

有一個儲存和回復旗標而比較不易出錯的做法，是先將旗標壓入堆疊，然後立刻將它們彈出放到變數中：

```
.data
saveFlags DWORD  ?
.code
pushfd                          ; 將旗標壓入堆疊
pop saveFlags                   ; 從堆疊彈出放到變數中
```

下列敘述可以由同一個變數，將旗標回復成原來的值：

```
push saveFlags                  ; 將先前儲存的旗標壓入堆疊
popfd                           ; 將堆疊內的值複製到旗標中
```

PUSHAD、PUSHA、POPAD 和 POPA

PUSHAD 指令會將所有 32 位元通用暫存器，以下列順序壓入堆疊中：EAX、ECX、EDX、EBX、ESP（在執行 PUSHAD 之前的值）、EBP、ESI 和 EDI。POPAD 指令則會由堆疊中以相反順序彈出。同理，PUSHA 指令會將所有 16 位元通用暫存器 (AX、CX、DX、BX、SP、BP、SI、DI)，依照順序壓入堆疊中。而 POPA 指令則以相反順序，由堆疊中彈出這些暫存器值。在 16 位元模式的編程中，程式編寫人員應該使用 PUSHA 與 POPA。我們會在第 14-17 章中談到 16 位元的編程。

如果讀者想要撰寫一個會修改到某些 32 位元暫存器的程序，就應該在此程序開始處使用 PUSHAD，並且在結尾處使用 POPAD，以便儲存和回復各暫存器的值。下列程式碼片段可以作為說明範例：

```
MySub PROC
    pushad                          ; 儲存各通用暫存器的內容值
    .
    .
    mov eax,...
    mov edx,...
    mov ecx,...
    .
    .
    popad                           ; 回復各通暫存器的內容值
    ret
MySub ENDP
```

一個重要的例外是如同上述說明所指出的，如果一個程序會將所處理的結果回傳到一個以上暫存器內，則此程序就不應該使用 PUSHA 和 PUSHAD 指令。假設下列 **ReadValue** 程序會將某個整數，回傳到 EAX，則呼叫 POPAD 之後，EAX 內的回傳值將被覆寫：

```
ReadValue PROC
    pushad                          ; 儲存各通用暫存器
    .
    .
    mov eax,return_value
    .
    .
    popad                           ; EAX被覆寫了
    ret
ReadValue ENDP
```

範例：反轉字串

下列 RevStr.asm 程式以迴圈接收了某個字串，並且將每個字元壓入堆疊中。然後再由堆疊中彈出（以相反的順序）各字母，並且將它們存回原來的字串變數。因為堆疊是一種 LIFO（後進先出）結構，所以字串內各字母會以相反順序排列：

```
; Reversing a String                          (RevStr.asm)

.386
.model flat,stdcall
.stack 4096
ExitProcess PROTO,dwExitCode:DWORD

.data
aName BYTE "Abraham Lincoln",0
nameSize = ($ - aName) - 1

.code
main PROC
; 將名字壓入堆疊中
    mov   ecx,nameSize
    mov   esi,0

L1: movzx eax,aName[esi]                       ; 取得字元
    push  eax                                  ; 壓入堆疊
    inc   esi
    loop  L1
; 以相反順序將名字由堆疊彈出
```

```
     ;  並且儲存在  aName  陣列中
         mov     ecx,nameSize
         mov     esi,0

L2:  pop     eax                        ;  取得字元
         mov     aName[esi],al          ;  儲存在字串中
         inc     esi
         loop L2
         INVOKE ExitProcess,0
main ENDP
END main
```

5.1.3　自我評量

1. 請問哪個暫存器（在 32 位元模式下）會管理堆疊？

2. 請問執行時期堆疊和堆疊抽象資料型別有哪些不同？

3. 為何堆疊會被稱為是 LIFO 結構？

4. 當有一個 32 位元的值壓入堆疊中時，ESP 暫存器會有什麼變化？

5. （是非題）在程序中的區域變數會以堆疊的方式予以建立。

6. （是非題）PUSH 指令不能處理立即運算元。

5.2　定義和使用程序

　　如果讀者已學習過高階程式語言，應該了解將程式分割成若干個**副程式 (subroutines)**，是很常用的設計方式。任何複雜的問題都應該分解為若干個個別的任務，以便讓程式設計人員能更有效率地了解、實作和測試此程式。在組合語言中，通常使用**程序 (procedure)** 一詞，來代表上述的副程式。在其他語言中，副程式可能會稱作方法 (method) 或函式 (function)。

　　在物件導向程式設計的方式中，單一類別中的函式或方法，大致上可以視為等同於在組合語言的模組中，被封裝在一起的一群程序和資料。由於組合語言的出現遠早於物件導向程式設計語言，理所當然地，它就沒有物件導向程式語言所擁有的結構形式。不過，組合語言程式設計人員可以在程式中採用自己需要的結構形式。

5.2.1　PROC 指引

定義程序

　　我們可以將**程序 (procedure)** 定義成一個具有名稱的敘述 (statements) 區塊，程序必須使用 PROC 和 ENDP 兩個指引，來進行宣告。此外，程序還必須指定一個名稱（有效的識別字）。到目前為止，我們寫的每個程式都包含一個稱為 **main** 的程序，例如，

```
main PROC
 .
 .
main ENDP
```

在讀者設計的程式中，除了啟動程序以外，若還建立了其他程序，請記得在結尾處必須使用 RET 指令，這個指令會強迫 CPU 返回該程序到被呼叫的原來位置。

```
sample PROC
    .
    .
    ret
sample ENDP
```

程序中的標籤

一般而言，標籤需要在程序內明確定義才會存在，它常作為跳越及迴圈指令執行的依據，在以下範例中，名為 **Destination** 的標籤就必須定義在同一程序內，才能提供 JMP 指令執行跳越：

```
jmp Destination
```

另也可使用全域變數，其宣告方式是以兩個冒號 (::)，置於名稱之後：

```
Destination::
```

但在程式設計中，通常不會建議允許跳越或迴圈至目前程序以外的位置，因為程序會自動返回及調整執行時期堆疊，若允許將執行控制權轉移到程序之外，則執行時期堆疊有可能因此而被破壞。有關執行時期堆疊的更多資訊請見本書第 8.2 節。

範例：三個整數的總和

以下將建立一個稱為 **SumOf** 的程序，此程序可以計算三個 32 位元整數的和。假設在呼叫此程序以前，會先將三個相關整數傳遞至 EAX、EBX 和 ECX，而且此程序會將計算的結果，回傳到 EAX 中：

```
SumOf PROC
    add eax,ebx
    add eax,ecx
    ret
SumOf ENDP
```

程序的註解說明 (Documenting Procedures)

在撰寫程式時，應該養成為程式加上清楚、易讀等註解說明的好習慣。關於讀者應該在每個程序開頭處加上哪些說明資訊，以下是我們的建議：

- 由該程序完成的所有任務說明。
- 所有輸入參數及其使用方式的清單，並且加上如**接收參數 (Receives)** 這類文字的標籤。如果有任何輸入參數針對其輸入值具有特殊要求，也在這裡加以說明。
- 對該程序的所有回傳值加以說明，並且加上如**回傳值 (Returns)** 這類文字的標籤。
- 呼叫此程序所需要滿足的任何特殊需求，也要加以說明，這些特殊需求稱為**先決條件 (preconditions)**。這些說明可以加上像**先決條件 (Requires)** 這類文字的標籤。例如，對一個功能是可畫出直線的程序而言，其先決條件是視訊顯示裝置必須處於繪圖模式。

> 上列說明使用名詞，如接收參數 (Receives)、回傳值 (Returns) 和先決條件 (Requires) 等，並不是絕對的，其他有益於辨識，意思相近的名詞也可以使用。

在讀者牢記這些原則後，就可以為 **SumOf** 程序加上適當的註解：

```
;------------------------------------------------------
; sumof
;
; 計算並且回傳三個32位元整數的總和。
; 接收：EAX，EBX，ECX這三個整數；它們可以是
;       無號或有號整數。
; 回傳： EAX = 總和
------------------------------------------------------
SumOf PROC
    add eax,ebx
    add eax,ecx
    ret
SumOf ENDP
```

以 C 和 C++ 等高階語言所寫成的函式，通常會將 8 位元的回傳值放在 AL、將 16 位元的回傳值放在 AX 以及將 32 位元的值放在 EAX 中。

5.2.2　CALL 和 RET 指令

CALL 指令呼叫程序的做法，是指示處理器在一個新的記憶體位置上開始執行，同時此程序會使用 RET (return from procedure) 指令，將處理器帶回到程式呼叫該程序的原來位置，就運作機制而言，CALL 指令會將它的返回位址壓入堆疊中，並且將所要呼叫的程序的位址，複製到指令指標暫存器。當此程序執行完成並且準備返回時，程序中的 RET 指令會由堆疊中，取出先前存入堆疊的返回位址，然後將返回位址放入指令指標暫存器。在 32 位元模式下，CPU 所執行位於記憶體的指令，是由 EIP 所指向的位置。而在 16 位元模式下，則是利用 IP 來指向所要執行的指令。

呼叫和回傳的範例

假設在 **main** 中，CALL 敘述位於位移 00000020 的位址上。一般而言，此指令的機器碼需要 5 個位元組的空間，所以下一個敘述（在此例中是 MOV 指令）會放置在位移 00000025 的位址上：

```
            main PROC
00000020    call MySub
00000025    mov eax,ebx
```

接下來，假設在 **MySub** 中第一個可執行的指令，放在位移 00000040 的位址上：

```
            MySub PROC
00000040    mov eax,edx
              .
              .
            ret
            MySub ENDP
```

當 CALL 指令被執行（圖 5-6）時，緊接在 CALL 之後的位址 (00000025) 會被壓入堆疊中，而且 **MySub** 的位址會載入 EIP 內。當在 **MySub** 中的所有指令執行完畢以後，執行位置會來到 RET 指令。執行 RET 指令時，在堆疊中由 ESP 所指向的值，會彈出放到 EIP 內（圖 5-7 的步驟 1）。在步驟 2 中，ESP 所含的值在此時減少，使它指向堆疊中的前一個值（步驟 2）。

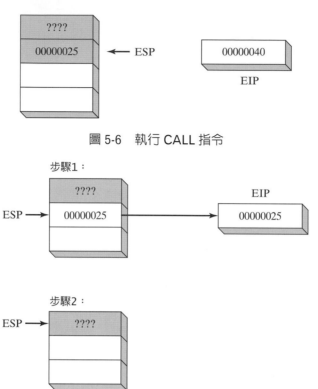

圖 5-6　執行 CALL 指令

圖 5-7　執行 RET 指令

5.2.3　巢狀程序呼叫

巢狀程序呼叫 (nested procedure call) 指的是在一個已被呼叫的程序中，還未返回之前，又呼叫了另一個程序。假設 **main** 呼叫了一個稱為 **Sub1** 的程序，當 **Sub1** 正在執行時，此程序又呼叫了 **Sub2** 程序，當 **Sub2** 正在執行時，此程序又呼叫了 **Sub3** 程序，其過程如圖 5-8 所示。

當位於 **Sub3** 結尾處的 RET 指令在執行時，它會將在 stack[ESP] 中的值彈出，放到指令指標內。這個動作會使執行位置回到呼叫 **Sub3** 指令之後，下圖顯示 **Sub3** 執行回傳前，堆疊內的情況：

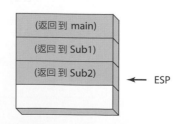

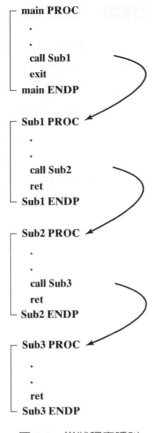

圖 5-8　巢狀程序呼叫

在返回動作完成以後，ESP 會指向在堆疊中下一個最高點的位置。當在 **Sub2** 結尾處的 RET 指令將要執行時，堆疊的情形如下圖所示：

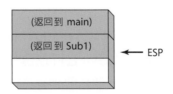

最後，當由 **Sub1** 返回時，stack [ESP] 會被彈出及放到指令指標內，並且回到 **main** 中，繼續先前執行的動作：

很明顯地，對於保存資訊而言，已可證明堆疊是很有用的裝置，即使在巢狀程序呼叫的情況，也一樣可以承擔這項工作。一般而言，我們使用堆疊結構的時機是當程式必須以特定順序回溯它們的執行步驟時。

5.2.4 傳遞暫存器引數到程序中

如果想要撰寫一個可以執行標準運算的程序，比如說計算整數陣列中所有整數的和，在程序中包含可指向特定變數名稱的參考，並不是好的做法。如果讀者使用了這樣的做法，那麼此程序就只能處理一個陣列。在處理這類問題時，比較好的做法是將陣列的位移傳遞到程序中，然後再傳遞一個整數來確認陣列的元素個數。這些傳入程序的參數稱為**引數 (arguments)**，或**輸入參數 (input parameters)**。在組合語言中，通常會以通用暫存器當作輸入參數來傳遞。

在前一節中，我們曾撰寫過一個稱為 **SumOf** 的簡單程序，它的功能是加總在 EAX、EBX 和 ECX 暫存器中的值。在 **main** 中，呼叫 **SumOf** 之前，已將需要作為計算依據的值傳遞給 EAX、EBX 和 ECX：

```
.data
theSum DWORD  ?
.code
main PROC
    mov eax,10000h                  ; 引數
    mov ebx,20000h                  ; 引數
    mov ecx,30000h                  ; 引數
    call Sumof                      ; EAX = (EAX + EBX + ECX)
    mov theSum,eax                  ; 儲存總和
```

在 CALL 敘述之後，我們的做法是將存放在 EAX 暫存器中的加總結果，複製到某個變數。

5.2.5 範例：計算整數陣列的總和

有一種常見的迴圈類型，或許讀者已使用 C++ 或 Java 撰寫過，那就是計算一個整數陣列中所有元素的總和。此程式用組合語言進行實作是非常容易的，而且還有特別的寫法可以讓程式非常有效率地執行動作。例如，我們可以在迴圈中使用暫存器來取代變數。

接著將建立一個稱為 **ArraySum** 的程序，它可以由呼叫它的程式接收以下兩個參數：首先是指向 32 位元整數陣列的指標，另一個是陣列元素的總數，此程序的功能是計算及回傳陣列中所有整數的總和到 EAX 中：

```
;-----------------------------------------------------
; ArraySum
;
; 計算32位元整數陣列的總和
; 接收：ESI = 陣列位移
;       ECX = 陣列的元素個數
; 回傳：EAX = 陣列元素的總和
;-----------------------------------------------------
ArraySum PROC
    push esi                        ; 儲存 ESI、ECX
    push ecx
    mov  eax,0                      ; 先將總和設定成0

L1: add  eax,[esi]                  ; 將每個整數加到總和中
    add  esi,TYPE DWORD             ; 指向下一個整數
```

```
        loop  L1                      ; 迴圈的執行次數爲陣列元素個數

        pop   ecx                     ; 回存 ECX、ESI
        pop   esi
        ret                           ; 總和存放在EAX
ArraySum ENDP
```

在此程序中，沒有任何敘述限制只能處理特定大小或名稱的陣列。只要那個程式需要計算的是 32 位元整數陣列的所有整數和即可。只要有可能，請儘量撰寫具有高度彈性和適應能力的程序。

測試 ArraySum 程序

以下程式會藉由呼叫 **ArraySum** 程序與傳遞位移跟 32 位元整數陣列的長度，測試此程序。在呼叫 ArraySum 之後，它會儲存程序的回傳值在變數 theSum 中：

```
; Testing the ArraySum procedure          (TestArraySum.asm)

.386
.model flat, stdcall
.stack 4096
ExitProcess PROTO, dwExitCode:DWORD

.data
array DWORD 10000h,20000h,30000h,40000h,50000h
theSum DWORD  ?

.code
main PROC
    mov  esi,OFFSET array          ; ESI 指向陣列
    mov  ecx,LENGTHOF array        ; ECX = 陣列數量
    call ArraySum                  ; 計算總和
    mov  theSum,eax                ; 回傳至EAX

    INVOKE ExitProcess,0
main ENDP
;-------------------------------------------------------
; ArraySum
; 計算32位元整數陣列的總和
; 接收： ESI = 陣列位移
;        ECX = 陣列元素的數量
; 回傳： EAX = 陣列元素的總和
;-------------------------------------------------------
ArraySum PROC
    push  esi                      ; 儲存 ESI、ECX
    push  ecx
    mov   eax,0                    ; 將總和先設定爲0
L1:
    add   eax,[esi]                ; 將每個整數加到總和變數上
    add   esi,TYPE DWORD           ; 指向下一個整數
    loop  L1                       ; 對所有陣列元素重複相同動作
    pop   ecx                      ; 回存ECX、ESI
    pop   esi
    ret                            ; 總和存放在EAX
ArraySum ENDP

END main
```

5.2.6 儲存和回復暫存器

在 **ArraySum** 範例中，ECX 和 ESI 在程序開始處就被壓入堆疊中，並且在結束的地方被彈出。對大部分會修改到暫存器的程序來說，這是一種典型的處理方式。請千萬記得要儲存和回復被程序所修改的暫存器，才可以確保在呼叫該程序的程式中，所有的暫存器都不會被重寫或覆蓋掉。但有一個例外，就是暫存器用於回傳程序處理結果時，通常是 EAX。在這種情形下，請勿壓入和彈出此類暫存器。

USES 運算子

與 PROC 指引配合使用的 USES 運算子，可以讓程式設計人員列舉出在程序中使用到的所有暫存器。USES 會指示組譯器做兩件事：首先是在程序開始之初，產生 PUSH 指令，將暫存器儲存到堆疊中。其次是在程序結束時，產生 POP 指令，將相關暫存器的值予以回復。USES 運算子必須緊跟在 PROC 後面，並且在 USES 之後的同一行程式中，羅列出所有會使用到的暫存器，這些暫存器間必須以空白字元或 TAB 鍵（不是逗號）予以分開。

第 5.2.5 節中的 **ArraySum** 程序使用了 PUSH 和 POP 指令，目的是儲存和回復 ESI、ECX。若使用 USES 運算子，可以更輕易地完成同樣的動作：

```
ArraySum PROC USES esi ecx
    mov    eax,0                    ; 將總和先設定為0
L1:
    add    eax,[esi]                ; 將每個整數加到總和變數上
    add    esi,TYPE DWORD           ; 指向下一個整數
    loop   L1                       ; 對所有陣列元素重複相同動作

    ret                             ; 將總和的值以EAX回傳
ArraySum ENDP
```

經過以上的修改之後，組譯器會產生下列相對應的程式碼，此程式碼顯示了 USES 的效用：

```
ArraySum PROC
    push   esi
    push   ecx
    mov    eax,0                    ; 將總和先設定為0
L1:
    add    eax,[esi]                ; 將每個整數加到總和變數上
    add    esi,TYPE DWORD           ; 指向下一個整數
    loop   L1                       ; 對所有陣列元素重複相同動作

    pop    ecx
    pop    esi
    ret
ArraySum ENDP
```

除錯訣竅：如果讀者使用的是 Microsoft Visual Studio 的除錯器，可以在此工具檢視由 MASM 進階運算子和指引，所產生的隱藏機器指令。操作方式是由 [檢視] 選單中選擇 [除錯視窗]，再點選 [反組譯]。此視窗會顯示出程式原始碼，以及由組譯器所產生的隱藏機器指令。

例外

當一個程序使用暫存器回傳處理結果（通常是 EAX）時，有一個和上述有關儲存暫存器規則的例外，也就是回傳資料的暫存器，不應該被壓入堆疊及彈出堆疊。舉列來說，在 SumOf 程序中，如果我們針對 EAX 進行壓入和彈出的動作，則此程序的回傳值便會遺失：

```
SumOf PROC                    ; 三個整數的和
    push   eax                ; 儲存EAX
    add    eax,ebx            ; 計算EAX, EBX, ECX
    add    eax,ecx            ; 的總和
    pop    eax                ; 總合值遺失！
    ret
SumOf ENDP
```

5.2.7 自我評量

1. （是非題）：PROC 指引用於啟始一個程序，而 ENDP 指引則用於結束一個程序。
2. （是非題）：在現有的程序之內，可以再定義一個程序。
3. 如果在程序中，RET 指令被遺漏了，請問將會發生什麼事？
4. 請問在內文中所建議的程序註解說明中，**接收參數**及**回傳值**的作用為何？
5. （是非題）：CALL 指令會將該 CALL 指令的位移壓入堆疊中。
6. （是非題）：CALL 指令會將緊接在其後的下一個指令之位移壓入堆疊中。

5.3 連結外部函式庫

如果您願意花時間，程式設計人員可以學會以組合語言，寫出可精確控制輸入和輸出的程式碼。這就如同從無到有組裝一台汽車，然後開著它到處走。此過程很有趣但是也很花時間。在第 11 章中，您將會有機會學到如何在 MS-Windows 保護模式下，處理輸入和輸出的動作。當讀者接觸到可利用的工具時，您會發現到樂趣，一個新的世界將隨之開啟。不過就目前而言，對於剛開始學習組合語言基礎的人，輸入輸出的設計只須簡單即可。第 5.3 節會說明，如何從此書的連結函式庫 Irvine32.lib 與 Irvine64.obj 中呼叫程序。讀者可以從作者的網站 (asmirvine.com) 取得函式庫的完整程式碼（註明於序言內）。

Irvine32 函式庫是用於在 32 位元保護模式下所寫成的程式。此函式庫內的程序，在產生輸入輸出動作時，會連結到 MS-Windows API。而 Irvine64 函式庫在 64 位元應用程式有較多的限制，它被限制在只能處理必要顯示以及字串操作。

5.3.1 背景資訊

連結函式庫 (link library) 是一個包含多個程序（副程式）的檔案，而且這些程序都已被組譯成機器碼。連結函式庫本來是一個或一個以上的原始碼檔案，這些原始碼檔案先被組譯成目的檔，然後這些目的檔會插入至具有特殊格式的檔案。假設一支程式想在主控台視窗中，呼叫 WriteString 程序及顯示字串，則此程式的來源必須包含 PROTO 指引，才可辨別 WriteString 程序：

```
WriteString proto
```

接下來，接下來再利用 CALL 指令執行 **WriteString** 程序：

```
Call WriteString
```

當組譯此程式時，組譯器會將 CALL 指令的目標位址空下來，因為組譯器知道這個位址將由連結器填入。連結器會在連結函式庫中尋找稱為 **WriteString** 的程序，並從函式庫中將其機器碼指令複製到該程式的可執行檔中。此外，連結器還會將 **WriteString** 的位址，插入到 CALL 指令原先空下的位址上。如果呼叫的程序不存在於連結函式庫中，連結器將會發出錯誤訊息，而且不會產生此程式的可執行檔。

連結器功能選項 (Linker Command Options)

連結器公用程式可以將目標程式的目的檔，與一個或多個目的檔和連結函式庫，組合起來。例如：下列指令會連結 hello.obj 到 irving32.lib 與 kernel32.lib 函式庫：

```
link hello.obj irvine32.lib kernel32.lib
```

連結 32 位元程式 (Linking 32-Bit Program)

kernel32.lib 檔案是微軟視窗平台中的軟體開發工具箱 (Software Development Kit) 之一部分，此檔案包含有關於放置在 kernel32.dll 檔案中的系統函式連結資訊。而 kernel32.dll 是 MS-Windows 作業系統的一個重要組成要件，通常稱為動態連結函式庫 (dynamic link library)，它包含許多可用來進行以字元為基礎的輸出入作業之函式庫。圖 5-9 顯示 kernel32.lib 如何作為與 kernel32.dll 溝通的橋樑角色：

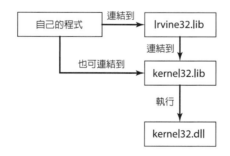

圖 5-9　連結 32 位元程式

從第 1 章到第 10 章，我們的程式都會連結到 Irvine32.lib 或 Irvine64.obj 函式庫。第 11 章則會說明如何將程式直接連結到 kernel32.lib。

5.3.2　自我評量

1. （**是非題**）：連結函式庫中包含了組合語言原始程式碼。
2. 試使用 PROTO 指引，來宣告一個放置於外部連結函式庫中，稱為 MyProc 的程序。
3. 請撰寫一個 CALL 敘述，用它呼叫一個位於外部連結函式庫中，稱為 MyProc 的程序。
4. 此書提供的 32 位元連結函式庫的名稱是什麼？
5. kernel32.dll 是什麼樣的檔案類型？

5.4　Irvine32 函式庫

5.4.1　建立函式庫的動機

　　組合語言編程中沒有微軟授權的標準函式庫。當程式設計人員在 1980 年代，第一次撰寫 x86 處理器的組合語言時，MS-DOS 是很常見的操作系統。這些 16 位元程式可以呼叫 MS-DOS 函式（也被稱做 INT 21h 服務），處理簡單的輸入輸出動作。在那時候，若是想要在主控台顯示整數，您必須要撰寫一個複雜的程序，將整數內建的二進位表示法轉換成 ASCII 字元的順序，以便可以在螢幕上顯示整數。我們稱呼它爲 **WriteInt**，將抽象轉換爲虛擬碼是有邏輯的：

初始化：

```
let n equal the binary value
let buffer be an array of char[size]
```

演算法：

```
i = size -1                        ; 緩衝區的最後一個位置
repeat
    r = n mod 10                   ; 餘數
    n = n / 10                     ; 整數除法
    digit = r OR 30h               ; 改變 r 爲ASCII 數值
    buffer[i--] = digit            ; 儲存在緩衝區
until n = 0

if n is negative
    buffer[i] = "-"                ; 插入一個負號

while i > 0
    print buffer[i]
    i++
```

　　請注意，數字被以相反的順序產生，並插入到緩衝器中，從後面移動到前面。然後，撰寫到主控台的數字會以正向的順序寫入，雖然此程式碼能夠操作 C/C++ 高階程式語言，但是它還需要使用組合語言一些進階的技巧。

　　專業的程式設計人員通常傾向建立他們自己的函式庫，而且這是一個富有教育價值的經驗。在 Windows 底下運作的 32 位元模式，輸入輸出函式庫必須直接呼叫到操作系統當中。學習曲線並不陡峭，事實上它對初學者來說只有一些挑戰而已。因此，Irvine32 函式庫是被設計來提供給初學者簡單的輸入輸出介面。只要讀者繼續閱讀此章節，將會獲得知識與技巧來建立您自己的函式庫。您將能自由的重複使用函式庫，只要給予原作者適度的尊重。在第 13 章中我們會討論另外一個選項，就是從您的組合語言程式呼叫標準 C 函式庫的函式。同樣，那會需要一些其他背景資料。

表5-1　在Irvine32函式庫的程序

程序	描述
CloseFile	關閉已開啟的磁碟檔案。
Clrscr	清除主控台視窗內容，並將游標停在左上角。
CreateOutputFile	在輸出模式下，建立新的磁碟檔案。
Crlf	在主控台視窗寫入行尾標記 (end-of-line)。
Delay	暫停程式 n 個毫秒間隔。
DumpMem	以十六進位表示法，將一個區塊的記憶體內容，寫入至主控台視窗。
DumpRegs	以十六進位表示法，顯示 EAX、EBX、ECX、EDX、ESI、EDI、EBP、ESP、EFLAGS 及 EIP 等暫存器內容，包括大部分 CPU 狀態旗標。
GetCommandTail	複製程式的命令列引數 (又稱為 command tail) 到位元組陣列。
GetDateTime	取得目前系統日期與時間。
GetMaxXY	取得主控台視窗緩衝區的行數和列數。
GetMseconds	返回由午夜十二點到現在的毫秒數。
GetTextColor	返回目前主控台視窗的前景及背景顏色。
Gotoxy	在主控台視窗中，將游標定位於指定的行次及列次上。
IsDigit	如果 AL 暫存器包含 ASCII 碼的十進位數字 (0-9)，就設定零值旗標。
MsgBox	顯示彈出式對話方塊。
MsgBoxAsk	顯示含有是 / 否按鈕及詢問問題的彈出式對話方塊。
OpenInputFile	開啟現有檔案成為輸入模式。
ParseDecimal32	轉換無號十進位整數字串，成為 32 位元二進位整數。
ParseInteger32	轉換有號十進位整數字串，成為 32 位元二進位整數。
Random32	產生 32 位元，且在 0 至 FFFFFFFFh 之間的隨機整數。
Randomize	以一個唯一值，設定隨機種子值。
RandomRange	產生特定範圍內的隨機整數。
ReadChar	等待由鍵盤輸入字元及予以回應。
ReadDec	從鍵盤讀取 32 位元十進位整數，直到按下 Enter 鍵為止。
ReadFromFile	從磁碟檔案讀取資料至緩衝區。
ReadHex	從鍵盤讀取 32 位元的十六進位制整數，直到按下 Enter 鍵為止。
ReadInt	從鍵盤讀取 32 位元的有號十進位制整數，直到按下 Enter 鍵為止。
ReadKey	不等待輸入動作，由輸入緩衝區讀取一個字元。
ReadString	從鍵盤讀取字串，直到按下 Enter 鍵為止。
SetTextColor	為後續輸出至主控台視窗的內容，設定前景及背景顏色。
Str_compare	比較兩個字串。
Str_copy	將來源字串複製成至目的字串。
Str_length	返回 EAX 暫存器所含字串的長度。
Str_trim	從字串中移除不需要的字元。

表5-1　在Irvine32函式庫的程序（續）

程序	描述
Str_ucase	將字串轉換為大寫。
WaitMsg	顯示含有訊息的對話方塊，並等待來自鍵盤的回應。
WriteBin	以 ASCII 二進位格式，寫入 32 位元無號整數至主控台視窗。
WriteBinB	以位元組、字組、雙字組等格式，寫入二進位整數至主控台視窗。
WriteChar	寫入單一字元至主控台視窗。
WriteDec	以十進位格式寫入 32 位元整數至主控台視窗。
WriteHex	以十六進位格式寫入 32 位元無號整數至主控台視窗。
WriteHexB	以十六進位格式寫入位元組、字組、雙字組等整數至主控台視窗。
WriteInt	以十進位格式寫入 32 位元有號整數至主控台視窗。
WriteStackFrame	將目前程序的堆疊，寫入至主控台視窗。
WriteStackFrameName	將目前程序的名稱與堆疊，寫入至主控台視窗。
WriteString	寫入空字組字串至主控台視窗。
WriteToFile	將緩衝區資料寫入至輸出檔案。
WriteWindowsMsg	顯示最近由 MS-Windows 發出的錯誤訊息。

5.4.2　概觀

主控台視窗 (Console Window)

主控台視窗（或**命令列視窗**）是在 MS-Windows 下，只可執行文字命令的視窗。

要在微軟 Windows 中展示主控台視窗，先按下桌面的開始按鈕，在**搜尋欄位**中輸入 cmd 及按下 Enter 鍵。開啟主控台視窗後，就可以更改主控台視窗使用的緩衝區大小，操作方式是在主控台視窗的左上角按下滑鼠右鍵，再從彈出視窗中選擇**屬性**，於圖 5-10 的對話方塊中更改數值。

您還可以選擇不同的字體大小和顏色，主控台視窗的預設列數是 25，行數是 80，您也可以使用 mode 命令，來改變列數及行數。在命令提示符號下，鍵入下列命令，可以將主控台視窗設定成 40 行及 30 列：

```
mode con cols=40 lines=30
```

檔案處置碼 (file handle) 是 32 位元整數，藉由 Windows 操作系統去指出目前開啟的檔案。當程式呼叫 Windows 服務開啟或建立一個檔案，操作系統會建立新的檔案處置碼，並將它與程式連結。每次您呼叫 OS 服務方法去讀取或撰寫檔案，您必須傳遞相同的檔案處置碼作為參數至服務方法。

請注意：如果您的程式在 Irvine32 函式庫中呼叫程序，您必須總是將 32 位元的數值壓入執行時期堆疊；若是不這樣做，被函式庫呼叫的 Win32 主控台函式，就不會正確的工作。

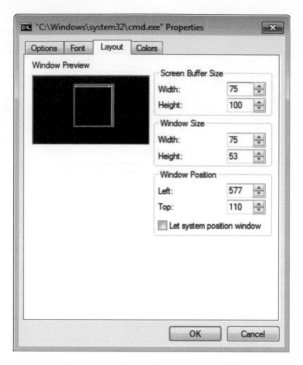

圖 5-10　更改主控台視窗的屬性

5.4.3 個別程序的描述

本節將逐一說明在 Irvine32 等連結函式庫中，使用到的程序。但會省略部分進階功能的程序，這些程序的功能將在稍後章節中說明。

CloseFile

CloseFile 程序會將先前打開的檔案予以關閉（請看 CreatOutputFile 與 OpenInputFile）。在辨識檔案時，使用的是 32 位元整數的**處置碼 (handle)**，在執行過程中，處置碼會透過 EAX 進行傳遞。如檔案順利關閉，則在 EAX 中回傳的值將會是非零值。以下是此程序的呼叫範例：

```
mov     eax,fileHandle
call    CloseFile
```

Clrscr

此程序的功能是清除主控台視窗的內容，一般都會在程式開始和結束的地方呼叫此程序。如果您想在程式執行過程的其他時機呼叫此程序，可以在呼叫之前，先執行 WaitMsg 程序，暫停程式的執行。這樣做可以讓使用者在清除螢幕以前，看清楚已顯示在螢幕上的訊息。以下是此程序的呼叫範例：

```
call    WaitMsg                 ; "Press any key..."
call    Clrscr
```

CreateOutputFile

CreateOutputFile 程序會建立一個磁碟檔案，並且將這個檔案開啓等待狀態。當呼叫程序時，必須傳遞檔案名稱的位移到 EDX。當程序返回時，如果該磁碟檔案成功建立，則 EAX 將含有一個有效的檔案處置碼（32 位元整數）。否則，EAX 的內容值會等於 INVALID_ HANDLE_VALUE（預先定義的常數）。以下是此程序的呼叫範例：

```
.data
filename BYTE "newfile.txt",0
.code
mov   edx,OFFSET filename
call CreateOutputFile
```

以下是呼叫 CreateOutputFile 後，虛擬碼描述的可能輸出：

```
if EAX = INVALID_HANDLE_VALUE
    the file was not created successfully
else
    EAX = handle for the open file
endif
```

Crlf

此程序會將游標移至主控台視窗的下一列起始位置，它藉由寫入一個包含 ASCII 字元程式碼 0Dh 及 0Ah 的字串。以下是此程序的呼叫範例：

```
call Crlf
```

Delay

此程序會暫停程式的執行，暫停的時間可由設計人員所指定，單位是毫秒。在呼叫 Delay 以前，必須將 EAX 設定成所需要暫停的時間間隔。以下是此程序的呼叫範例：

```
mov   eax,1000  ; 1 second
call Delay
```

DumpMem

此程序會將一段範圍內的記憶體內容，以十六進位的格式寫到主控台視窗。將起始位置的值傳入 ESI、將單位的數量值傳到 ECX 以及將單位大小值傳入 EBX（1 = 位元組、2 = 字組、4 = 雙字組）。以下範例會以十六進位顯示 11 個雙字組所構成的陣列：

```
.data
array DWORD 1,2,3,4,5,6,7,8,9,0Ah,0Bh
.code
main PROC
    mov   esi,OFFSET array          ; 起始位置的位移
    mov   ecx,LENGTHOF array        ; 單位的數量
    mov   ebx,TYPE array            ; 單位大小是雙字組
    call DumpMem
```

以下是上述程式所產生的輸出：

```
00000001 00000002 00000003 00000004 00000005 00000006
00000007 00000008 00000009 0000000A 0000000B
```

DumpRegs

這個程序的功能是以十六進位的方式顯示 EAX、EBX、ECX、EDX、ESI、EDI、EBP、ESP、EIP 及 EFL (EFLAGS) 等暫存器的內容值，它同時也顯示進位、符號、零值、溢位、輔助進位和同位等旗標的內容值。以下是此程序的呼叫範例：

```
call DumpRegs
```

範例輸出內容：

```
EAX=00000613  EBX=00000000  ECX=000000FF  EDX=00000000
ESI=00000000  EDI=00000100  EBP=0000091E  ESP=000000F6
EIP=00401026  EFL=00000286  CF=0 SF=1   ZF=0  OF=0  AF=0   PF=1
```

EIP 的顯示值是緊跟在呼叫 DumpRegs 之後的指令位移。在對程式進行除錯時，因為 DumpRegs 的功能是顯示某個瞬間的 CPU 狀態，所以此指令在除錯時可以提供有用的訊息。此程序不需要輸入任何參數，也沒有回傳值。

GetCommandTail

此程序會將程式的命令列，複製到一個以空字元作為結尾的字串中。若命令列內容為空值時，進位旗標會被設定，反之進位旗標會處於清除狀態。因為此程序允許程式的使用者，傳遞命令列上的資訊，所以它算是程式設計人員的常用指令。假設有一個名稱是 **Encrypt. exe** 的程式，可以讀取一個檔名為 **file1.txt** 的輸入檔，並且會產生一個名稱為 **file2.txt** 的輸出檔。使用者就可以在執行程式時，於命令列中輸入這兩個檔名：

```
Encrypt file1.txt file2.txt
```

當程式開始執行時，Encrypt 程式會呼叫 GetCommandTail，擷取這兩個檔案名稱。不過在呼叫 GetCommandTail 時，EDX 必須儲存陣列的位移，而且該陣列的大小至少要有 129 位元組。以下是此程序的呼叫範例：

```
.data
cmdTail BYTE 129 DUP(0)               ; 空的緩衝區
.code
mov  edx,OFFSET cmdTail
call GetCommandTail                   ; 在緩衝區中填入資料
```

在 Visual Studio 執行的應用程式，也可以傳遞命令列參數，操作方式是在專案功能表中，選擇 **<專案名稱> 屬性**，在屬性頁的視窗中展開**設定屬性**的內容，再選擇**除錯**，接下來請在右方區塊的**命令列的引數**中輸入所需參數。

GetMaxXY

GetMaxXY 程序會回傳主控台視窗的緩衝區大小，如果主控台視窗的緩衝區大於視窗可見區域，會自動顯示捲軸，此程序不需要輸入參數。而且在由此程序返回時，DX 暫存器將儲存著緩衝區的欄數，AX 則儲存著緩衝區的列數。這兩個緩衝區的上限是 255，不過此值有可能小於實際視窗緩衝區的大小。以下是此程序的呼叫範例：

```
.data
rows   BYTE  ?
cols   BYTE  ?
.code
call   GetMaxXY
mov    rows,al
mov    cols,dl
```

GetMseconds

此程序會做回傳的動作，以毫秒為單位計時，將從午夜十二點到現在所經過的時間回傳至 EAX 暫存器中。這個程序常使用在事件之間的時間控制，它不需要輸入任何參數。以下的範例表示呼叫 GetMseconds 程序，並且儲存它的回傳值。且在程式中的迴圈執行以後，會再一次呼叫 GetMseconds 程序，然後將所得到的兩個時間值相減。此時間差就是迴圈執行的約略時間。

```
.data
startTime DWORD  ?
.code
call GetMseconds
mov  startTime,eax
L1:
  ; (loop body)
  loop L1
call GetMseconds
sub  eax,startTime                    ; EAX = 迴圈執行時間，單位是毫秒
```

GetTextColor

GetTextColor 程序會回傳主控台視窗目前的前景和背景顏色。且此程序不需要輸入任何參數。它回傳的值會置於 AL 內，前四個位元代表背景顏色底色，後四個位元代表前景顏色。以下是此程序的呼叫範例：

```
.data
color  byte  ?
.code
call   GetTextColor
mov    color,AL
```

Gotoxy

Gotoxy 程序會將游標，置於螢幕上由程式設計人員指定的行數與列數交錯位置上。在主控台視窗中，其 X 座標預設範圍是 0 到 79，而 Y 座標預設範圍是 0 到 24。當設計人員呼叫 Gotoxy 時，必須將游標目的位置的 Y 座標值傳入 DH 中，X 座標值傳入 DL 中。以下是此程序的呼叫範例：

```
mov  dh,10                            ; 第10列
mov  dl,20                            ; 第20行
call Gotoxy                           ; 將游標放置於指定位置
```

不過使用者有可能在操作時，調整主控台視窗的大小，此時可以呼叫 GetMaxXY 程序，以便找出目前行數與列數。

IsDigit

IsDigit 程序的功能是判斷在 AL 中的字元,是否為 ASCII 程式碼中有效的十進位數字。在呼叫此程序時,必須先將一個 ASCII 字元傳遞到 AL 中。如果 AL 的內容值是有效十進位數字,則此程序會設定零值旗標;否則零值旗標將處於清除狀態。以下是呼叫此程序的範例:

```
mov    AL,somechar
call   IsDigit
```

MsgBox

MsgBox 程序的功能是顯示彈出式的對話方塊視窗,而且對話方塊中的訊息可以由設計人員定義。(這個工作可以在主控台視窗中執行程式後開始) 在使用此程序時,必須將要顯示在對話方塊內的字串位移,傳遞到 EDX。此外,用來當作對話方塊標題的字串,其位移必須傳遞到 EBX 中。如果不想顯示標題,請將 EBX 設定為 0。以下是此程序的呼叫範例:

```
.data
caption BYTE "Dialog Title", 0
HelloMsg BYTE "This is a pop-up message box.", 0dh,0ah
        BYTE "Click OK to continue...", 0
.code
mov    ebx,OFFSET caption
mov    edx,OFFSET HelloMsg
call   MsgBox
```

以下是上述程式產生對話方塊:

MsgBoxAsk

MsgBoxAsk 程序的功能是顯示彈出式的對話方塊視窗,而且此對話方塊具有「是 (Yes)」和「否 (No)」等按鈕。(這個工作可以在主控台視窗中,執行程式後開始) 在使用此程序時,必須將要顯示在對話方塊內的字串位移,傳遞到 EDX。此外,用來當作對話方塊標題的字串,其位移必須傳遞到 EBX 中。如果不想顯示標題,請將 EBX 設定為 0。MsgBoxAsk 會回傳一個整數到 EAX 中,以便告訴程式設計人員,使用者按下哪一個按鈕,傳回值必定是以下兩個預先定義的 Windows 常數之一:IDYES(等於 6)或 IDNO(等於 7)。以下是此程序的呼叫範例:

```
.data
caption BYTE "Survey Completed",0
question BYTE "Thank you for completing the survey."
  BYTE 0dh,0ah
  BYTE "Would you like to receive the results?",0
.code
mov  ebx,OFFSET caption
```

```
mov   edx,OFFSET question
call MsgBoxAsk
;(check return value in EAX)
```

以下是上述程式產生對話方塊：

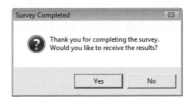

OpenInputFile

　　OpenInputFile 程序會開啟一個現存的檔案，用於進行輸入的動作。在使用此程序時，必須將檔案名稱的位移傳遞到 EDX。執行此程序後會將返回值置於 EAX 內，如果檔案成功開啟，則 EAX 的內容是有效的檔案處置碼。反之若開啟失敗，則 EAX 的內容值會等於 INVALID_HANDLE_VALUE（預先定義的常數）。

　　以下是此程序的呼叫範例：

```
.data
filename BYTE "myfile.txt",0
.code
mov   edx,OFFSET filename
call OpenInputFile
```

　　以下是執行 OpenInputFile 程序後，針對不同結果可以採用的設計：

```
if EAX = INVALID_HANDLE_VALUE
    the file was not opened successfully
else
    EAX = handle for the open file
endif
```

ParseDecimal32

　　ParseDecimal32 程序會將無號的十進位整數字串，轉換成 32 位元的二進位值。這個程序會轉換出現在非數字字元之前的所有有效數字，而且此程序會忽略前導的所有空白字元。在使用此程序前，必須將目標整數字串的位移傳遞到 EDX，並且將字串的長度傳遞到 ECX。所產生的二進位值，則會回傳於 EAX 中。以下是此程序的呼叫範例：

```
.data
buffer BYTE "8193"
bufSize = ($ - buffer)
.code
mov   edx,OFFSET buffer
mov   ecx,bufSize
call  ParseDecimal32        ; returns EAX
```

- 如果輸入的整數是空的，則 EAX = 0 而且 CF = 1。
- 如果輸入的整數只含有空白鍵，則 EAX = 0 而且 CF = 1。
- 如果輸入的整數大於 $2^{32} - 1$，則 EAX = 0 而且 CF = 1。
- 否則，EAX = 被轉換的整數，而且 CF = 0。

有關進位旗標如何受影響的細節，請參閱 **ReadDec** 程序的說明。

ParseInteger32

ParseInteger32 程序會將有號的十進位整數字串，轉換成 32 位元的二進位值。所有由起始位置開始的有效位元內容，直到第一個非數字字元，都會被轉換。而且此程序將忽略前導的所有空白字元。將目標整數字串的位移傳遞到 EDX，並且將字串的長度傳遞到 ECX。以下是此程序的呼叫範例：

```
.data
buffer byte "-8193"
bufSize = ($ - buffer)
.code
mov    edx,OFFSET buffer
mov    ecx,bufSize
call   ParseInteger32                  ; 回傳值置於EAX
```

有時處理的字串含以正負號為首，其後都是數字。如果所輸入的值不能以 32 位元有號整數加以表示，則主控台會設定溢位旗標，並且顯示錯誤訊息。（32 位元有號整數的範圍是 −2,147,483,648 至 +2,147,483,647）

Random32

此程序會隨機產生一個 32 位元的整數亂數，並且將此隨機整數回傳到 EAX 中。若重複執行多次 Random32 程序，會產生模擬隨機序列，而隨機數字是以**種子值 (seed)** 為依據，透過簡單的函式所產生。此函式會將輸入的種子值放入一個方程式中，因而產生隨機數值。後續的隨機值會使用前一個隨機數值當成種子值，以該函式產生下一個隨機數值。以下的程式碼片段顯示如何呼叫 Random32 程序：

```
.data
randVal DWORD ?
.code
call   Random32
mov    randVal,eax
```

Randomize

此程序的功能是初始化 Random32 和 RandomRange 等兩個程序的種子值，種子值會被設定為呼叫此程序的當時時間值，精確度可達 1/100 秒，之後每次執行呼叫 Random32 和 RandomRange 的程式時，所產生的隨機數列都將是不同的。種子值的初始化只需要在程式開始執行之初，呼叫 Randomize 程序一次就可以了。以下範例可產生 10 個隨機整數：

```
    call Randomize
    mov ecx,10
L1: call Random32
    ; 在這裡使用或顯示EAX中的隨機值...
    loop L1
```

RandomRange

此程序可以產生一個介於 0 到 n−1 範圍中的隨機數值，其中 n 是一個參數，它會被輸入到 EAX 暫存器中。所產生的隨機數值，則會回傳到 EAX 中。以下範例會產生單一隨機整數，其值介於 0 到 4999 之間，此隨機整數將儲存於名為 **randVal** 的變數中：

```
.data
randVal DWORD  ?
.code
mov  eax,5000
call RandomRange
mov  randVal,eax
```

ReadChar

ReadChar 程序功能是由鍵盤讀取單一字元，並且將該字元回傳到 AL 暫存器，但回傳的字元不會顯示在主控台視窗上。以下是此程序的呼叫範例：

```
.data
char BYTE  ?
.code
call ReadChar
mov  char,al
```

如果使用者按的是延伸鍵，例如功能鍵、游標方向鍵、Ins 或 Del 等按鍵，則此程序會將 AL 設定為 0，並且讓 AH 的內容值變成鍵盤掃描碼。此外，EAX 的上半部並沒有保留下來。以下是執行 ReadChar 程序後，針對不同結果可以採用的設計：：

```
if an extended key was pressed
    AL = 0
    AH = keyboard scan code
else
    AL = ASCII key value
endif
```

ReadDec

ReadDec 程序功能是從鍵盤讀取一個 32 位元無號十進位整數，然後將回傳值存放在 EAX 內，而且此程序將忽略前導的所有空白字元。它會擷取輸入的所有數字，直到第一個非數字字元出現為止。舉例而言，若使用者輸入 123ABC，則回傳到 EAX 的數值是 123。以下是此程序的呼叫範例：

```
.data
intVal DWORD  ?
.code
call ReadDec
mov  intVal,eax
```

ReadDec 程序會以下列方式影響進位旗標：

- 如果輸入的整數是空的，則 EAX = 0 而且 CF = 1。
- 如果輸入的整數只含有空白鍵，則 EAX = 0 而且 CF = 1。
- 如果輸入的整數大於 $2^{32} - 1$，則 EAX = 0 而且 CF = 1。
- 否則，EAX = 被轉換的整數，而且 CF = 0。

ReadFromFile

ReadFromFile 程序的功能是將輸入檔案的資料讀取到緩衝區中。在呼叫此程序時，必須將一個已開啟檔案的處置碼傳遞到 EAX，將欲放置資料的緩衝區位移傳遞到 EDX，並且將可以讀取的最大位元組數量傳遞到 ECX。當 ReadFromFile 傳回，請檢查進位旗標，如果

CF 是空的，則 EAX 存放的是從輸入檔案讀取的位元組總數。但若 CF 已被設定，則 EAX 含有的是數字內容的系統錯誤代碼，您可呼叫 WriteWindowsMsg，來取得此錯誤碼的相對應文字解釋。以下範例表示可以由檔案複製 5000 個位元組資料到組衝區內：

```
.data
BUFFER_SIZE = 5000
buffer BYTE BUFFER_SIZE DUP(?)
bytesRead DWORD  ?

.code
mov    edx,OFFSET buffer            ; 指向緩衝區
mov    ecx,BUFFER_SIZE              ; 設定可讀取的最多位元組數量
call   ReadFromFile                 ; 由檔案讀取資料
```

若進位旗標在此時被清除，您可執行以下指令：

```
mov bytesRead,eax                   ; 計算實際讀取的位元組數量
```

但若進位旗標已被設定，您可呼叫 WriteWindowsMsg 程序，顯示最近由應用系統產生的錯誤。

```
call WriteWindowsMsg
```

ReadHex

　　ReadHex 程序的功能是從鍵盤讀取一個 32 位元十六進位整數，然後將回傳相對的二進位值存放在 EAX 內，這個程序不會檢查處理內容是否含有無效字元。對於十六進位數字 A 到 F 而言，大寫和小寫字母都能使用。不過，ReadHex 程序可以接受的輸入數字，不可以超過八個（多出來的字元會被忽略）。而且此程序將忽略前導的所有空白字元。以下是此程序的呼叫範例：

```
.data
hexVal DWORD  ?
.code
call ReadHex
mov  hexVal,eax
```

ReadInt

　　ReadInt 程序的功能是從鍵盤讀取一個 32 位元有號整數，然後將回傳值存放在 EAX 內。使用者可以鍵入一個前導的正號或負號，然後其餘字元只能是數字。如果所輸入的值不能以 32 位元有號整數加以表示，則 ReadInt 程序會使溢位旗標呈現設定狀態，並且顯示錯誤訊息。（32 位元有號整數的範圍是 $-2,147,483,648$ 至 $+2,147,483,647$）此程序會擷取輸入的所有數字，直到第一個非數字字元出現為止。舉例而言，如果使用者輸入的是 +123ABC，則回傳的數值是 +123。以下是此程序的呼叫範例：

```
.data
intVal SDWORD  ?
.code
call ReadInt
mov  intVal,eax
```

ReadKey

ReadKey 程序會執行立即性 (no-wait) 鍵盤檢查。換句話說，這指令會在鍵盤輸入緩衝區內，檢查是否含有使用者輸入的按鍵。如果沒有發現任何鍵入值，則零值旗標會處於設定狀態。如發現鍵入值，則零值旗標會處於清除狀態，且 AL 的內容值不是 0 就是一個 ASCII 碼。如果 AL 的內容值是 0，則使用者按下的可能是特殊鍵（功能鍵、游標方向鍵）。AH 的內容值會是一個虛擬掃描碼，DX 存放的是虛擬鍵碼，EBX 存放的是鍵盤旗標位元。以下是執行 ReadKey 程序後，針對不同結果可以採用的虛擬程式設計：

```
if no_keyboard_data then
    ZF = 1
else
    ZF = 0
    if AL = 0 then
      extended key was pressed, and AH = scan code, DX = virtual
          key code, and EBX = keyboard flag bits
    else
      AL = the key's ASCII code
    endif
endif
```

其中，EAX 和 EDX 的上半部會被重寫。

ReadString

此程序會由鍵盤讀取一個字串，並且在使用者按下 [Enter] 鍵時，結束讀取動作。在呼叫此程序時，必須將緩衝區的位移傳遞到 EDX，並且將 ECX 設定為使用者可以讀取字元的最大數量，再加上 1（以便保留用於放置空字元）。此外，ReadString 會將使用者所鍵入的字元數量，回傳到 EAX 暫存器中。以下是此程序的呼叫範例：

```
.data
buffer BYTE 21 DUP(0)              ; 輸入緩衝區
byteCount DWORD ?                  ; 輸入字元計數器
.code
mov   edx,OFFSET buffer            ; 緩衝區的位移
mov   ecx,SIZEOF buffer            ; 指定所輸入字元的最大數量
call ReadString                    ; 輸入字串
mov   byteCount,eax                ; 存放所鍵入的字元數量
```

ReadString 會在記憶體中的字串尾端，自動插入空字元終止符。以下是在使用者輸入 "ABCDEFG" 的字串後，以十六進位和 ASCII 的格式，傾印**緩衝區**中前 8 個位元組的結果：

41 42 43 44 45 46 47 00	ABCDEFG

而且變數 **byteCount** 等於 7。

SetTextColor

（**只可用於 Irvine32**）SetTextColor 程序可以用來設定輸出文字的前景及背景顏色。在呼叫 SetTextColor 時，必須在 EAX 中指明顏色屬性。下表是預先定義的顏色常數，可以作為前景及背景顏色：

黑色 = 0	紅色 = 4	灰色 = 8	淺紅色 = 12
藍色 = 1	洋紅色 = 5	淺藍色 = 9	淺洋紅色 = 13
綠色 = 2	棕色 = 6	淺綠色 = 10	黃色 = 14
青綠色 = 3	淺灰色 = 7	淺青綠色 = 11	白色 = 15

這些顏色常數都已定義在 Irvine32.inc 之內,另外有一點需要注意,在輸入顏色屬性時,背景顏色的常數值必須乘上 16 以後,再加到前景顏色的常數值。以下列敘述會將前景設定為黃色,背景設定為藍色:

```
yellow + (blue * 16)
```

以下敘述會將前景設為白色,背景設定為藍色:

```
mov  eax,white <?> (blue * 16)      ; 顏色是白色,底色是藍色
call SetTextColor
```

有關顏色設定的另一方法是使用 SHL 運算子,將背景顏色的位元內容向左移 4 個位元,再加上前景顏色的設定:

```
yellow + (blue SHL 4)
```

這個向左移的過程會在組譯時執行,所以只可使用常數。本書第 7 章將說明如何在執行階段轉移整數資料。如果您想了解更多關於視訊屬性的資料,請查閱本書的第 16.3.2 節(第 16 章為線上原文內容,僅提供購買原文書者)。

StrLength

StrLength 程序會針對以空字元作為終止符的字串,回傳其字串長度。在傳遞字串的位移到 EDX。再將字串的長度,回傳到 EAX 中。以下是此程序的呼叫範例:

```
.data
buffer BYTE "abcde",0
bufLength DWORD ?
.code
mov  edx,OFFSET buffer           ; 字串的位移
call Str_length                  ; EAX = 5
mov  bufLength,eax               ; 存放字串的長度
```

WaitMsg

此程序會在螢幕上顯示 "Press any key to continue …" 的訊息,程式會暫停執行,直到使用者按下任意按鍵時,才繼續動作。在資料過多,想要分頁顯示時,這個程序可以在捲動前,暫停螢幕的顯示。且此程序不需要輸入任何參數。以下是此程序的呼叫範例:

```
call WaitMsg
```

WriteBin

WriteBin 程序會將一個整數,以 ASCII 二進位格式,寫到主控台視窗。在呼叫此程序時,必須將所要寫入的整數傳遞到 EAX 中。為了便於閱讀,二進位位元會分成每四個一組顯示出來。以下是此程序的呼叫範例:

```
mov  eax,12346AF9h
call WriteBin
```

以下是上述程式的輸出結果：

```
0001 0010 0011 0100 0110 1010 1111 1001
```

WriteBinB

WriteBinB 程序會將一個 32 位元整數，以 ASCII 二進位格式，寫到主控台視窗。在呼叫此程序時，必須將所要寫入的值傳遞到 EAX 暫存器中，並且在 EBX 指出所要顯示出來的記憶體空間大小（1、2 或 4 個位元組）。為了便於閱讀，二進位位元會分成每四個一組顯示出來。以下是此程序的呼叫範例：

```
mov  eax,00001234h
mov  ebx,TYPE WORD               ; 二個位元組
call WriteBinB                   ;顯示的結果是0001 0010 0011 0100
```

WriteChar

此程序的功能是將單一字元寫到主控台視窗，在呼叫此程序時，必須將該字元（或其 ASCII 碼）傳遞到 AL。以下是此程序的呼叫範例：

```
mov  al,'A'
call WriteChar                   ; 顯示的結果： "A"
```

WriteDec

此程序的功能是將一個 32 位元無號整數，以十進位的格式寫到主控台視窗，且不會有 0 作為前導字元。將所要寫入的整數傳遞到 EAX 中。以下是此程序的呼叫範例：

```
mov  eax,295
call WriteDec                    ; 顯示的結果： "295"
```

WriteHex

此程序的功能是將一個 32 位元無號整數，以 8 個數字的十六進位格式寫到主控台視窗，並在開頭處補上 0。將所要寫入的整數傳遞到 EAX 中。以下是此程序的呼叫範例：

```
mov  eax,7FFFh
call  WriteHex                   ; 顯示的結果： "00007FFF"
```

WriteHexB

此程序的功能是將一個 32 位元無號整數，以十六進位格式寫到主控台視窗，並在開頭處補上 0。將所要寫入的值傳遞到 EAX 暫存器中，並且在 EBX 指出所要顯示出來的記憶體空間大小（1、2 或 4 個位元組）。以下是此程序的呼叫範例：

```
mov  eax,7FFFh
mov  ebx,TYPE WORD               ; 二個位元組
call  WriteHexB                  ; 顯示的結果： "7FFF"
```

WriteInt

此程序的功能是將一個 32 位元有號整數，以十進位的格式寫到主控台視窗，含有一個前導的正負號，但是不會有 0 作為前導字元。它會將所要寫入的整數傳遞到 EAX 中。以下是此程序的呼叫範例：

```
mov    eax,216543
call   WriteInt                        ;  顯示的結果: "+216543"
```

WriteString

此程序的功能是將一個以空字元作為終止符的字串，寫到主控台視窗。在呼叫此程序時，必須傳遞字串的位移到 EDX。以下是此程序的呼叫範例：

```
.data
prompt BYTE "Enter your name: ",0
.code
mov    edx,OFFSET prompt
call   WriteString
```

WriteToFile

WriteToFile 程序會將一個緩衝區的內容，寫到輸出檔案中。將一個有效檔案的處置碼傳遞到 EAX，將該緩衝區的位移傳遞到 EDX，並且將所要寫入的位元組數量傳遞到 ECX。當由此程序返回時，若 EAX 的值大於 0，表示寫到檔案的位元組數量，反之則表示發生錯誤。以下是此程序的呼叫範例：

```
BUFFER_SIZE = 5000
.data
fileHandle    DWORD  ?
buffer BYTE   BUFFER_SIZE DUP(?)

.code
mov   eax,fileHandle
mov   edx,OFFSET buffer
mov   ecx,BUFFER_SIZE
call WriteToFile
```

以下是執行 WriteToFile 程序後，針對 EAX 的不同結果，可以採用的設計：

```
if EAX = 0 then
    error occurred when writing to file
    call WriteWindowsMessage to see the error
else
    EAX = number of bytes written to the file
endif
```

WriteWindowsMsg

當執行呼叫到系統函式時，WriteWindowsMsg 程序撰寫字串包含最近由應用程式產生到主控台視窗的錯誤。以下是此程序的呼叫範例：

```
call WriteWindowsMsg
```

以下是上述程式的顯示訊息：

```
Error 2: The system cannot find the file specified.
```

5.4.4 函式庫測試程式

Tutorial：測試函式庫 #1

在本節的步驟式引導下，您可以完成對於整數資料的輸入及輸出設計，並配合不同顯示顏色。

步驟 1：請在程式開頭部分輸入必要標題內容：

```
; Library Test #1: Integer I/O (InputLoop.asm)
; 測試 Clrscr、Crlf、DumpMem、ReadInt、SetTextColor,
; WaitMsg、WriteBin、WriteHex 及 WriteString程序
INCLUDE Irvine32.inc
```

步驟 2：宣告 **COUNT** 常數決定稍後迴圈的執行次數。接下來再宣告兩個常數，**BlueTextOnGray** 及 **DefaultColor**，此二者將在稍後用來更改主控台視窗的顏色。背景顏色儲存在高位的 4 個位元，前景顏色則儲存在低位的 4 個位元。但我們還未討論關於移位的指令，您仍可在背景顏色乘上 16，達到將背景顏色移至較高位 4 個位元的目的，如：

```
.data
COUNT = 4
BlueTextOnGray = blue + (lightGray * 16)
DefaultColor = lightGray + (black * 16)
```

步驟 3：使用十六進位常數，宣告一個有號雙字組整數陣列，然後加入一個字串，此字串將作為要求使用輸入整數數字的提示訊息：

```
arrayD SDWORD 12345678h,1A4B2000h,3434h,7AB9h
prompt BYTE "Enter a 32-bit signed integer: ",0
```

步驟 4：在程式碼區塊中，宣告主要程序及並撰寫程式碼，在 ECX 設定使用藍色文字及淺灰色背景。再呼叫 **SetTextColor** 方法，為在此之後輸出到視窗的文字，更改背景及前景顏色設定：

```
.code
main PROC
    mov  eax,BlueTextOnGray
    call SetTextColor
```

為了更改主控台視窗的背景顏色，必須先執行 Clrscr 程序，清除螢幕內容：

```
call Clrscr                          ; 清除螢幕
```

> 接下來程式會以雙字組形式，顯示變數 arrayD 在記憶體中的內容。DumpMem 程序需要的參數，必須先傳遞至 ESI、EBX 及 ECX 等暫存器。

步驟 5：將 **arrayD** 的位移傳遞至 ESI，這個位址標記著顯示內容的開始位置：

```
mov esi,OFFSET arrayD
```

步驟 6：將每一個陣列元素的大小，以整數形式傳遞至 EBX。由於 EBX 之值等於 4，故可以雙字組的形式，顯示陣列內容，顯示的指令是 TYPE arrayD：

```
mov ebx,TYPE arrayD                    ; 雙字組 = 4 位元組
```

步驟 7：使用 LENGTHOF 運算子，設定 ECX 暫存器的值，作為顯示資料的單位數量，完成所需資訊的設定後，就可以呼叫 DumpMem 程序：

```
mov ecx,LENGTHOF arrayD                ; 設定arrayD的單位數量
call DumpMem                           ; 顯示記憶體內容
```

下圖顯示的內容是 DumpMem 程序產生的輸出資訊：

```
Dump of offset 00405000
--------------------------------
12345678 1A4B2000 00003434 00007AB9
```

接下來的設計是要求使用者輸入四個有號整數，再將該整數以十進位、十六進位和二進位顯示出來。

步驟 8：呼叫 Crlf 程序，輸出一個空白行。再初始化 ECX 至 COUNT 常數，使 ECX 作為稍後執行迴圈所需的計數器：

```
call  Crlf
mov   ecx,COUNT
```

步驟 9：我們需要顯示出提示字串，要求使用者輸入整數的字串，首先將字串的位移傳遞至 EDX，再呼叫 WriteString 程序，接下來呼叫 ReadInt 程序，接收使用者輸入的資料。接收的資料會自動儲存在 EAX 內：

```
L1: mov    edx,OFFSET prompt
    call   WriteString
    call   ReadInt                     ; 輸入整數至EAX
    call   Crlf                        ; 換行
```

步驟 10：呼叫 WriteInt 程序，以有號十進位格式，顯示儲存在 EAX 的整數內容，再呼叫 Crlf 程序，將游標移到下一個輸出行：

```
call  WriteInt                         ; 以十進位有號格式顯示資料
call  Crlf
```

步驟 11：呼叫 WriteHex 及 WriteBin 程序，以十六進位及二進位格式，顯示儲存在 EAX 的內容：

```
call  WriteHex                         ; 顯示為十六進位格式
call  Crlf
call  WriteBin                         ; 顯示為二進位格式
call  Crlf
call  Crlf
```

步驟 12：您必須加入 Loop 指令，其後指定名稱為 L1 的標籤，作為迴圈重複執行的依據，這個迴圈首先會遞減 ECX 之值，再跳越至 L1 標籤，直到 ECX 之值等於 0 為止：

```
Loop L1                                ; 重覆執行迴圈
```

步驟 13：迴圈執行完畢後，必須顯示"Press any key…"之訊息，同時暫停輸出作業，等待
　　　　使用者按下任意按鍵，此一設計可以呼叫 WaitMsg 程序：

```
call WaitMsg ;                        "Press any key..."
```

步驟 14：在結束程式之前，主控台視窗的屬性會回復爲預設顏色(淺灰色文字及黑色背景)。

```
mov    eax, DefaultColor
call   SetTextColor
call   Clrscr
```

以下是結束程式的設計：

```
    exit
main ENDP
END main
```

以下是本範例程式的其他輸出內容，根據使用者輸入的四個整數，傳回相關內容：

```
Enter a 32-bit signed integer: -42

-42
FFFFFFD6
1111 1111 1111 1111 1111 1111 1101 0110

Enter a 32-bit signed integer: 36

+36
00000024
0000 0000 0000 0000 0000 0000 0010 0100

Enter a 32-bit signed integer: 244324

+244324
0003BA64
0000 0000 0000 0011 1011 1010 0110 0100

Enter a 32-bit signed integer: -7979779

-7979779
FF863CFD
1111 1111 1000 0110 0011 1100 1111 1101
```

以下是完整程式碼，並加上少數註解文字：

```
; Library Test #1: Integer I/O (InputLoop.asm)
```

```
; 測試Clrscr、Crlf、DumpMem、ReadInt、SetTextColor、
; WaitMsg、WriteBin、WriteHex 及 WriteString 程序
```

```
include Irvine32.inc

.data
COUNT = 4
BlueTextOnGray = blue + (lightGray * 16)
DefaultColor = lightGray + (black * 16)
arrayD SDWORD 12345678h,1A4B2000h,3434h,7AB9h
prompt BYTE "Enter a 32-bit signed integer: ",0

.code
main PROC
```

```
; 設定藍色文字及淺灰色背景

    mov     eax,BlueTextOnGray
    call    SetTextColor
    call    Clrscr                  ; 清除螢幕

    ; 使用 DumpMem 設定陣列內容

    mov     esi,OFFSET arrayD       ; 起始位移
    mov     ebx,TYPE arrayD         ; 雙字組 = 4位元組
    mov     ecx,LENGTHOF arrayD     ; 設定陣列的單位數量
    call    DumpMem                 ; 顯示記憶體的內容

    ; 要求使用者輸入有號整數

    call    Crlf                    ; 換行
    mov     ecx,COUNT

L1: mov     edx,OFFSET prompt
    call    WriteString
    call    ReadInt                 ; 輸入整數資料至EAX
    call    Crlf                    ; 換行
; Display the integer in decimal, hexadecimal, and binary

    call    WriteInt                ; 顯示有號十進位格式
    call    Crlf
    call    WriteHex                ; 顯示十六進位格式
    call    Crlf
    call    WriteBin                ; 顯示二進位格式
    call    Crlf
    call    Crlf
    Loop    L1                      ; 重複執行迴圈
; 將主控台視窗回復為預設顏色

    call    WaitMsg                 ; "請按下任意鍵"
    mov     eax,DefaultColor
    call    SetTextColor
    call    Clrscr

    exit
main ENDP
END main
```

測試函式庫 #2：隨機整數

再來是第二個例子，本例會說明如何以連結函式庫產生隨機數值，也將介紹 CALL 指令（完整說明請見 5.5 節）。首先，此程式會產生 10 個無號整數，其範圍從 0 到 4,294,967,294。接著再產生 10 個有號整數，其範圍從 −50 到 +49：

```
; Link Library Test #2              (TestLib2.asm)
; 測試Irvine32 函式庫中的程序

include Irvine32.inc

TAB = 9                             ; 定位鍵的ASCII碼
.code
main PROC
    call Randomize                  ; 初始化隨機整數產生器
    call Rand1
```

```
        call Rand2
        exit
main ENDP

Rand1 PROC
; Generate ten pseudo-random integers.
        mov  ecx,10                      ; 設定迴圈執行十次

L1: call   Random32                      ; 產生隨機整數
        call   WriteDec                  ; 以無號十進位格式寫入
        mov    al,TAB                    ; 水平定位鍵
        call   WriteChar                 ; 將水平定位鍵的碼寫入
        loop   L1
        call   Crlf
        ret
Rand1 ENDP

Rand2 PROC
; Generate ten pseudo-random integers from -50 to +49
        mov ecx,10                       ; 設定迴圈執行十次

L1: mov eax,100                          ; 先設定隨機整數範圍為0-99
        call   RandomRange               ; 產生隨機整數
        sub    eax,50                    ; 使範圍變成-50到+49
        call   WriteInt                  ; 以有號十進位格式寫入
        mov    al,TAB                    ; 水平定位鍵
        call   WriteChar                 ; 將水平定位鍵的碼寫入
        loop   L1

        call   Crlf
        ret
Rand2 ENDP
END main
```

以下是此程式的輸出範例：

```
3221236194    2210931702  974700167    367494257    2227888607
926772240     506254858    1769123448  2288603673  736071794
-34      +27  +38   -34   +31    -13   -29    +44   -48   -43
```

測試函式庫 #3：針對效能的計時

組合語言通常用於對程式效能有關鍵影響的程式碼區段，達到最佳化的結果。連結函式庫中的 **GetMseconds** 程序，可以回傳從午夜之後到現在的時間，其計時單位是毫秒。在第三個測試程式中，我們會呼叫 **GetMseconds**，並且執行一個巢狀迴圈，最後再執行一次 **GetMseconds** 程序。兩次呼叫 GetMseconds 程序會獲得兩值之差，這時間差即為巢狀迴圈執行所花的時間。

```
; Link Library Test #3            (TestLib3.asm)
; 計算執行巢狀迴圈的時間
include Irvine32.inc
.data
OUTER_LOOP_COUNT = 3
```

```
        startTime DWORD  ?
        msg1 byte "Please wait...",0dh,0ah,0
        msg2 byte "Elapsed milliseconds: ",0
        .code
        main PROC
            mov    edx,OFFSET msg1            ; 顯示"請等待"
            call   WriteString

        ; 儲存開始時間

            call   GetMSeconds
            mov    startTime,eax

        ; 開始執行外層迴圈

            mov    ecx,OUTER_LOOP_COUNT
        L1: call   innerLoop
            loop   L1

        ; 計算執行時間

            call   GetMSeconds
            sub    eax,startTime

        ; 顯示執行時間

            mov    edx,OFFSET msg2            ; "Elapsed milliseconds: "
            call   WriteString
            call   WriteDec                   ; 寫入毫秒數
            call   Crlf

            exit
        main ENDP

        innerLoop   PROC
            push   ecx                        ; 儲存 ECX 的目前值

            mov    ecx,0FFFFFFFh              ; 設定迴圈計數器
        L1: mul    eax                        ; 迴圈起始位置
            mul    eax
            mul    eax
            loop   L1                         ; 重複執行內層迴圈

            pop    ecx                        ; 回復 ECX 之值
            ret
        innerLoop ENDP

        END main
```

以下是在 Intel Core Duo 處理器，執行上述程式的輸出範例：

```
Please wait....
Elapsed milliseconds: 4974
```

程式的詳細分析

以下將說明 Test #3 的設計細節，名為 **main** 的程序會在主控台視窗顯示 "Please wait…"
等字串：

```
main PROC
    mov  edx,OFFSET msg1 ;              "Please wait..."
    call WriteString
```

當 GetMseconds 被呼叫時，它會回傳一個從午夜 12 點到現在所經過的時間，其計時單
位是毫秒，而且回傳值會放置於 EAX 中，這個值也會儲存在一個變數內，以便稍後取用：

```
call GetMSeconds
mov  startTime,eax
```

接下來再以 OUTER_LOOP_COUNT 常數為依據，建立一個迴圈，這個常數值會移至
ECX，並在稍後的 LOOP 指令使用此值：

```
mov ecx,OUTER_LOOP_COUNT
```

迴圈的起始處是 L1 標記，此標記所在的程式會呼叫 **innerLoop** 程序，而 CALL 指令會
重複執行，直到 ECX 的值遞減至 0 為止：

```
L1: call innerLoop
    loop L1
```

在設定此程序到新的數值之前，先以 **innerLoop** 程序，執行 PUSH 指令，儲存 ECX 暫
存器目前的值到堆疊中。（有關 PUSH 及 POP 指令的說明，請見稍後的 5.4 節）然後迴圈會
依照少數指令的設計，形成週期性循環：

```
innerLoop PROC
    push   ecx                  ; 儲存ECX的目前值
    mov    ecx,0FFFFFFFh        ; 設定迴圈計數器
L1: mul    eax                  ; 迴圈起始位置
    mul    eax
    mul    eax
    loop L1                     ; 重覆執行內層迴圈
```

此時 LOOP 指令會遞減 ECX 之值，直到遞減至 0 為止，所以我們必須將 ECX 的現有
值，儲存至堆疊中。堆疊內就會含有執行迴圈之前，ECX 的原有值。由於本例的 **main** 程序
在呼叫 **innerLoop** 時，使用 ECX 作為迴圈計數器，所以必須執行 PUSH 及 POP 指令，以下
是 innerLoop 的最後數行程式：

```
    pop   ecx                   ; 回復ECX之值
    ret
innerLoop ENDP
```

迴圈執行完畢後，接著再回到 **main** 程序，及呼叫 GetMSeconds，其返回結果會儲存至
EAX，接下來的工作是將最近呼叫 GetMSeconds 程序的結果，與開始時間相減：

```
call GetMSeconds
sub  eax,startTime
```

程式會顯示新的字串訊息，還會顯示儲存在 EAX 中的整數，此整數代表本次作業花費的時間：

```
        mov     edx,OFFSET msg2          ; "Elapsed milliseconds: "
        call    WriteString
        call    WriteDec                 ; 顯示儲存在 EAX 的數值
        call    Crlf
        exit
main ENDP
```

5.4.5　自我評量

1. 在連結函式庫中，哪一個程序可以在選定範圍中產生一個隨機數值？
2. 在連結函式庫中，哪一個程序會顯示 "Press [Enter] to continue…"，然後等待使用者按下 Enter 鍵？
3. 試寫若干個敘述，功能是讓程式可以暫停 700 毫秒。
4. 請問函式庫中的哪一個程序，可以將一個無號整數，以十進位格式寫入主控台視窗？
5. 在連結函式庫中，哪一個程序可以將游標放置到主控台視窗中的特定位置？
6. 請寫出在使用 Irvine32 函式庫時所需要的 INCLUDE 指引。
7. 請問在 **Irvine32.inc** 檔案中，含有何種形式的敘述？
8. 請問 DumpMem 程序需要輸入什麼參數？
9. 請問 ReadString 程序需要輸入什麼參數？
10. 請問 DumpRegs 程序可以顯示處理器的哪些狀態旗標？
11. （挑戰題）：請撰寫幾個敘述，功能是提示使用者鍵入一個辨識號碼，然後將所鍵入的數字字串，輸入到某個位元組陣列。

5.5　64 位元組譯編程

5.5.1　Irvine64 函式庫

此書提供最小的函式庫，讓您在 64 位元編程中受到幫助，它包含下列程序：

- **Crlf**：在主控台寫入行尾標記 (end-of-line)。
- **Random64**：產生 64 位元虛擬碼隨機整數，範圍是 0 到 $2^{64}-1$，而數值會傳回到 RAX 暫存器中。
- **Randomize**：以一個唯一值，設定隨機種子值。
- **ReadInt64**：從鍵盤讀取 64 位元有號整數，直到按下 Enter 鍵為止。它會回傳在 RAX 暫存器中的整數值。
- **ReadString**：從鍵盤讀取字串，直到按下 Enter 鍵為止。傳遞它在 RDX 中的輸入緩衝器的位移，並設定 RCX 到使用者輸入字元的最大數值加 1（為了空字元終止符）。它會回傳使用者的字元數目（在 RAX 中）。
- **Str_compare**：比較兩個字串。傳遞指標到在 RSI 的原始字串，還有一個指標到 RDI

的目標字串。設定零值與進位旗標以同樣的方式作為 CMP（比較）指令。

- **Str_copy**：將來源字串複製成至目的字串。傳遞在 RSI 中的原始位移，還有在 RDI 的目標位移。
- **Str_length**：傳回 EAX 暫存器所含字串的長度。傳遞在 RCX 的字串位移。
- **WriteInt64**：以 64 位元的有號十進位整數，顯示 RAX 暫存器內容，伴隨著正負號。它沒有回傳值。
- **WriteHex64**：以 64 位元十六進位整數，顯示 RAX 暫存器的內容。它沒有回傳值。
- **WriteHexB**：以十六進位格式寫入 1 位元組、2 位元組、4 位元組、或 8 位元組的格式，顯示 RAX 暫存器的內容。在 RBX 暫存器中，傳遞它顯示的大小（1、2、4 或 8）。它沒有回傳值。
- **WriteString**：顯示空值終止的 ASCII 字串。傳遞字串的 64 位元位移在 RDX 中。它沒有回傳值。

雖然這個函式庫必定比 32 位元函式庫小，但它會包含很多基礎的工具，這些工具都是用來使程式更有互動性。鼓勵讀者使用自己的程式碼擴展此函式庫。Irvine64 函式庫會保存 RBX、RBP、RDI、RSI、R12、R14、R14 與 R15 暫存器的數值。另一方面，RAX、RCX、RDX、R8、R9、R10 和 R11 暫存器的數值，通常不會被保存。

5.5.2　呼叫 64 位元副程式

如果您想要呼叫建立的副程式，或是在 Irvine64 函式庫中的副程式，您必須要放置輸入參數至暫存器，然後執行 CALL 指令。舉例來說：

```
mov    rax,12345678h
call   WriteHex64
```

這裡還有一件必須做的事情，就是使用 PROTO 指令在您的程式頂端，用來識別在外部程式中，每個計畫呼叫的程序：

```
ExitProcess    PROTO              ; 位於 Windows API
WriteHex64     PROTO              ; 位於Irvine64 函式庫
```

5.5.3　x64 呼叫慣例

微軟在 64 位元程式中傳遞參數與呼叫程序有一套慣例，被稱作微軟 x64 呼叫慣例 (Microsoft x64 Calling Convention)。此慣例被 C/C++ 編譯器使用，含有 Windows 應用程式設計介面 (Application Programming Interface, API)。只有當您在 Windows API 中呼叫函式，或是寫入 C/C++ 的函式時會需要使用此呼叫慣例。這裡有一些基本的呼叫慣例的特性：

1. CALL 指令會從 RSP 暫存器（堆疊指標）減去 8，因為位址只有 64 位元的長度。
2. 首先傳遞至程序的四個參數，會依此順序放置在 RCX、RDX、R8 與 R9 暫存器中。如果只有一個參數傳遞，它會被放置在 RCX 中。如果有第二個參數，它會被放置在 RDX 中，以此類推。其他的參數會由左至右被壓入到堆疊中。

3. 這是呼叫器的責任，在執行時期堆疊上排列 32 位元的空格，這樣被呼叫的程序可以儲存暫存器的參數在此區域。

4. 當呼叫副程式，堆疊指標 (RSP) 必須在 16 位元邊界排列（16 的倍數）。CALL 指令會壓入 8 位元傳回位址在堆疊上，這樣呼叫程式必須從堆疊指標減去 8，除了 32 之外，它已經減去了空白區域。我們很快就會在範例程式中顯示這樣的做法。

有關於 x64 呼叫慣例的其他細節，會在第 8 章中介紹，屆時我們會討論更多關於執行時期堆疊的細節。這裡有一個好消息：當在 Irvine64 函示庫中呼叫副程式時，您不需要使用微軟 x64 呼叫慣例。您只有在呼叫 Windows API 函式時會使用到它。

5.5.4 呼叫程序的範例程式

讓我們建立一個使用微軟 x64 呼叫慣例的簡短程式，呼叫 AddFour 副程式，這個副程式會新增數值到四個參數的暫存器（RCX、RDX、R8 與 R9），並儲存在 RAX 中的總和。由於程序一般會在 RAX 中傳回整數值，呼叫程式會期待當副程式返回時，數值會進到暫存器中。這樣一來，我們可以認為副程式是函式，因為它接收四個輸入與（確定性）產生單一輸出。

```
 1: ; Calling a subroutine in 64-bit mode          (CallProc_64.asm)
 2: ; Chapter 5 example
 3:
 4: ExitProcess PROTO
 5: WriteInt64 PROTO                 ; Irvine64 函式庫
 6: Crlf PROTO                       ; Irvine64 函式庫
 7:
 8: .code
 9: main PROC
10:    sub rsp,8                     ; 對齊堆疊指標
11:    sub rsp,20h                   ; 預留32 位元給空白參數
12:
13:    mov rcx,1                     ; 傳遞四個參數
14:    mov rdx,2
15:    mov r8,3
16:    mov r9,4
17:    call AddFour                  ; 尋找在RAX 的回傳值
18:    call WriteInt64               ; 顯示其值
19:    call Crlf                     ; 輸出 CR/LF
20:
21:    mov ecx,0
22:    call ExitProcess
23: main ENDP
24:
25: AddFour PROC
26:    mov rax,rcx
27:    add rax,rdx
28:    add rax,r8
29:    add rax,r9                    ; 將總和置於 RAX
30:    ret
31: AddFour ENDP
32:
33: END
```

讓我們檢測一些其他在範例中的細節：第 10 行對齊堆疊指標到偶數 16 位元邊界。這會如何運作？在 OS 呼叫 main 之前，我們假設堆疊指標被對齊到 16 位元邊界，然後，當 OS 呼叫 main，CALL 指令會壓入 8 位元傳回位址在堆疊上，從堆疊指標減去另外的 8，變成 16 的倍數。

您可以在 Visual Studio 除錯器中執行此程式，並觀看 RSP 暫存器（堆疊指標）改變數值。當我們這樣做，我們會看到十六進位數值顯示如圖 5-11。此圖顯示只有低於 32 位元的位址，因為 32 位元包含所有的零值：

1. 在第 10 行執行之前，RSP = 01AFE48。這讓我們知道，在 OS 呼叫我們的程式時，RSP 等於 01AFE50。（CALL 指令會從堆疊指標中減去 8）。

2. 在第 10 行執行之後，RSP = 01AFE40。顯示在 16 位元邊界中有適當的安排。

3. 在第 11 行執行之後，RSP = 01AFE20。顯示 32 位元的空白會保存位址 01AFE20 到 01AFE3F 之間。

4. 在 AddFour 程序中，RSP = 01AFE18，顯示呼叫器的回傳位址被壓入至堆疊中。

5. 在 AddFour 傳回之後，RSP 再一次等於 01AFE20，與呼叫 AddFour 之前的值相同。

與其呼叫 ExitProcess 到程式的結尾，我們選擇執行 RET 指令，它會返回到啟動程式的過程。然而，它會需要回復堆疊指令，如同在 main 程序開始執行時一樣。下列三行會取代 CallProc_64 程式的第 21-22 行：

```
21: add rsp,28          ; 回復堆疊指標
22: mov ecx,0           ; 回傳程式碼的過程
23: ret                 ; 回傳至OS
```

> **小訣竅：** 當使用 Irvine64 函式庫時，新增 Irvine64.obj 檔案到您的 Visual Studio 專案中。要這樣做，請在 Visual Studio 中，在解決問題視窗的專案名稱上點擊右鍵，選擇新增→存在的項目→ Irvine64.obj 檔

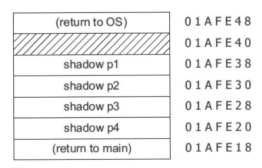

圖 5-11　CallProc_64 的執行時期堆疊

5.6 本章摘要

本章介紹了本書所提供的連結函式庫，它可以讓讀者在組合語言的應用程式中，更方便且容易處理輸入及輸出作業。

表 5-1 列舉了 Irvine32 連結函式庫內大部分的程序。最新版的程序會在本書的網站中定期更新，讀者可以從此處下載 (www.asmirvine.com)。

第 5.4.4 節中的**函式庫測試程式 (library test program)**，示範及說明了 Irvine32 函式庫中的輸入輸出函式。此測試程式會產生及顯示出一連串隨機數、暫存器傾印和記憶體傾印。它也以不同的格式顯示整數，並且示範說明了字串的輸入和輸出。

執行時期堆疊 (runtime stack) 是一種特殊陣列，它的目的是作為位址和資料的暫時存放區域。ESP 暫存器則存放著一個 32 位元的位移，此位移是指向堆疊中的某個位置。堆疊也稱為 LIFO（**last-in, first-out**，即**後進先出**）結構，這是因為最後存進堆疊中的值會最先被取出。**壓入 (push)** 運算會將一筆資料複製到堆疊中。**彈出 (pop)** 運算會由堆疊中移除一筆資料，並且將它複製到一個記憶體或暫存器中。堆疊經常用來保存程序的返回位址、程序參數、區域變數以及在程序內部會用到的暫存器。

PUSH 指令首先會減少堆疊指標的值，然後將來源運算元複製到堆疊中。POP 指令首先會將在堆疊中，由 ESP 暫存器所指向的堆疊內容，然後增加 ESP 的值。

PUSHAD 指令會將 32 位元通用暫存器，壓入堆疊中，而 PUSHA 指令也是一樣的作用，只是它處理的對象是 16 位元通用暫存器。POPAD 指令會由堆疊中彈出資料到 32 位元通用暫存器，而 POPA 指令也是一樣的作用，只是它的處理對象是 16 位元通用暫存器。

PUSHFD 指令的功能是將 32 位元的 EFLAGS 暫存器，壓入堆疊中，而 POPFD 則是由堆疊中將資料彈出到 EFLAGS 暫存器；PUSHF 和 POPF 具有相同的作用，但是它們處理的是 16 位元 FLAGS 暫存器。

在第 5.1.2 節中介紹過的 **RevStr** 程式，功能是使用堆疊來反轉一個字串中的字元順序。

程序是使用 PROC 和 ENDP 兩個指引，來進行宣告並且具有名稱的程式碼區段。程序一定要以 RET 指令當作它的結尾。在第 5.2.1 節中的 **SumOf** 程序，其功能是計算三個整數的和。CALL 指令執行程序的做法是，將程序的位址插入指令指標暫存器中。當程序結束時，程序會使用 RET（由程序返回）指令，將處理器帶回到程式呼叫該程序的原來位置。**巢狀程序呼叫 (nested procedure call)** 指的是，在一個已被呼叫的程序中，在還未返回前，又呼叫另一個程序。

其後緊接著單一個冒號的程式碼標籤，會被當成是區域標籤，有效區域就是該標籤所在的程序。若標籤之後緊跟著兩個冒號 (::)，表示該程式碼標籤是全域標籤，有效區域是該標籤所在的程式檔案。

第 5.2.5 節中的 **ArraySum** 程序，功能是計算及回傳一個陣列中所有元素的總和。

與 PROC 指引配合使用的 USES 運算子，可以讓程式設計人員列舉出在程序中被修改的所有暫存器。組譯器會在程序的開頭和結尾處產生一些程式碼，以便將這些暫存器在程序開始時，壓入堆疊中，並且在結束時予以彈出。

5.7　重要術語

5.7.1　術語

引數 (arguments)

主控台視窗 (console window)

檔案處置碼 (file handle)

全域標籤 (global label)

輸入參數 (input parameter)

標籤 (label)

後進先出 (last-in, first-out, LIFO)

連結函式庫 (link library)

巢狀程序呼叫 (nested procedure call)

先決條件 (precondition)

彈出操作 (pop operation)

壓入操作 (push operation)

執行時期堆疊 (runtime stack)

堆疊抽象資料型別 (stack abstract data type)

堆疊資料結構 (stack data structure)

堆疊指標暫存器 (stack pointer register)

5.7.2　指令、運算子與指引

ENDP

POP

POPA

POPAD

POPFD

PROC

PUSH

PUSHA

PUSHAD

PUSHFD

RET

USES

5.8　本章習題與練習

5.8.1　簡答題

1. 為什麼 x86 處理器的堆疊會設計為一個遞減堆疊？

2. 什麼指令會壓入 32 位元 EFLAGS 暫存器到堆疊之上？

3. 什麼指令會彈出堆疊到 EFLAGS 暫存器？

4. 挑戰題：其他的組譯器（叫做 NASM）允許 PUSH 指令列出一些特定的暫存器。為什麼此方法可能比在 MASM 中的 PUSHAD 指令好？下列是 NASM 的範例：

   ```
   PUSH EAX EBX ECX
   ```

5. 請列出壓入資料與彈出資料，這個處理器的堆疊步驟。

6. （是非題）：RET 指令會將堆疊頂端彈出到指令指標。

7. （是非題）：巢狀程序呼叫不被微軟組譯器允許，除非 NESTED 操作在程序定義中使用。

8. （是非題）：堆疊只是一個由堆疊指標的行動所建立的資料結構。

9. （是非題）：當 32 位元參數傳遞到程序時，ESI 與 EDI 暫存器無法被使用。

10. （是非題）：ArraySum 程序（5.2.5 節）接收指標到任何雙字組的陣列。

11. （是非題）：在程序的內文中，傳遞一個參數的意義是什麼？

12. （是非題）：USES 運算子只能生產 PUSH 指令，所以您必須自行編寫 POP 程式碼。

13. （是非題）：列舉在 USES 指引中的暫存器，必須使用逗號分隔的暫存器名稱。

14. 在 AddSum 程序 (5.2.5 節) 的哪個敘述需要被修改，以便讓它累積 16 位元字組的陣列？請建立 ArraySum 的版本並測試它。

15. 在這些指令執行之後，堆疊指標的數值為？

```
mov sp,6800
push ax
push bx
push cx
```

16. 下列哪個敘述是正確的，當範例程式碼運轉時，會發生什麼事？

```
1: main  PROC
2:    push 10
3:    push 20
4:    call Ex2Sub
5:    pop eax
6:    INVOKE ExitProcess,0
7: main ENDP
8:
9: Ex2Sub PROC
10:   pop eax
11:   ret
12: Ex2Sub ENDP
```

   a. EAX 在第 6 行會等於 10。

   b. 程式在第 10 行會儲存執行時期錯誤。

   c. EAX 在第 6 行會等於 20。

   d. 程式在第 11 行會儲存執行時期錯誤。

17. 請在下列三個指令組執行後，找出 CX 與 DX 的內容。假設 AX 與 BX 分別初始化為 3600h 與 0D07h。

```
a.   push ax
     push bx
     pop  cx
     pop  dx
b.   push ax
     push bx
     pop  dx
     pop  cx
c.   push bx
     push ax
     pop  cx
     pop  dx
d.   push bx
     push ax
     pop  dx
     pop  cx
```

18. 下列哪個敘述是正確的，當範例程式碼運轉時，會發生什麼事？

```
1: main PROC
2:     mov eax,40
3:     push offset Here
4:     jmp Ex4Sub
5:  Here:
6:     mov eax,30
7:     INVOKE ExitProcess,0
8: main ENDP
9:
10: Ex4Sub PROC
11:     ret
12: Ex4Sub ENDP
```

   a. EAX 在第 7 行會等於 30。

   b. 程式在第 4 行會儲存執行時期錯誤。

   c. EAX 在第 6 行會等於 30。

   d. 程式在第 11 行會儲存執行時期錯誤。

19. 下列哪個敘述是正確的，當範例程式碼運轉時，會發生什麼事？

```
1: main PROC
2:     mov edx,0
3:     mov eax,40
4:     push eax
5:     call Ex5Sub
6:     INVOKE ExitProcess,0
7: main ENDP
8:
9: Ex5Sub PROC
10:    pop eax
11:    pop edx
12:    push eax
13:    ret
14: Ex5Sub ENDP
```

   a. EAX 在第 6 行會等於 40。

   b. 程式在第 13 行會儲存執行時期錯誤。

   c. EAX 在第 6 行會等於 0。

   d. 程式在第 11 行會儲存執行時期錯誤。

20. 當下列程式碼執行時，什麼數值會被寫到陣列？

```
.data
array DWORD 4 DUP(0)
.code
main PROC
    mov eax,10
    mov esi,0
    call proc_1
    add esi,4
    add eax,10
    mov array[esi],eax
    INVOKE ExitProcess,0
```

```
main ENDP

proc_1 PROC
    call proc_2
    add esi,4
    add eax,10
    mov array[esi],eax
    ret
proc_1 ENDP

proc_2 PROC
    call proc_3
    add esi,4
    add eax,10
    mov array[esi],eax
    ret
proc_2 ENDP

proc_3 PROC
    mov array[esi],eax
    ret
proc_3 ENDP
```

5.8.2 演算題

下列習題可在 32 或 64 位元模式下處理：

1. 請撰寫一個程序計算第 N 個自然數的平方總和，第 N 個數請使用者自行輸入。

2. 請撰寫一個程式，找出三數的階乘總和，此程式必須傳遞到一個程序，此程序會循環的計算階乘。

3. 在高階程式語言中的函式，通常會宣告區域變數在堆疊的傳回位址。請撰寫一個指令，使您可放置組合語言副程式在一開始的地方，其會保存兩個整數雙字組變數的空間，然後分配數值 1000h 與 2000h 到兩個區域變數。

4. 撰寫一個使用索引定址的敘述，複製在雙字組陣列中的元素到同陣列的前面位置。

5. 請撰寫一個敘述顯示副程式的傳回位址，可以確定的是，您對堆疊做任何的修改，並不會影響副程式返回它的呼叫器。

5.9 程式設計習題

當您在撰寫解答的程式時，請盡可能使用多個程序。除非指導老師有其他要求，否則請依循本書所使用的樣式和命名用法。在每個程序開頭處以及意義不明顯的敘述之後，必須加上說明註解。指導老師也可以附帶要求在解答中，必須完成程式的流程圖和虛擬碼。

★1. 改變文字顏色

撰寫一個使用迴圈的邏輯結構，功能是可將同一字串顯示為不同顏色。您可以利用本書所提供連結函式庫中的 **SetTextColor** 程序。顏色可任意選擇，但是您可能會發覺改變文字（前景）顏色是最容易的設計。

★★2. 連結陣列項目

假設您給定三個資料項目，指出起始索引的項目：字元陣列與連結索引陣列。請您撰寫一個程式連結，並以正確順序放置字元。每個您放置的字元都會複製到新的陣列。假設您使用下列範例資料，並假設陣列是使用以零值為基礎的索引：

```
start = 1
chars:    H      A      C      E      B      D      F      G
links:    0      4      5      6      2      3      7      0
```

接著數值複製到輸出陣列的順序會是 A、B、C、D、E、F、G、H。宣告字元陣列為 BYTE 型別，為了讓問題更有趣，宣告連結陣列為 DWORD 型。

★3. 簡單的減法 (1)

試撰寫一個程式，功能是先清除螢幕內容，然後將游標定位在螢幕的正中央，提示使用者輸入兩個整數，再執行相減，並在螢幕顯示執行結果。

★★4. 簡單的減法 (2)

使用前一個習題的程式當作起始點。使用迴圈，讓此一新程式可以重複執行同樣的步驟三次。

★5. 改良版 RandomRange 程序

Irvine32 函式庫的 RandomRange 程序可以產生介於 0 至 N-1 的隨機亂數，請撰寫一個程序，名為 **BetterRandomRange**，可以產生介於 M 至 N-1 的隨機亂數，其中 M 來自 EBX 暫存器、N 來自 EAX 暫存器，完成之後，可以如下程序進行測試：

```
mov   ebx,-300          ; lower bound
mov   eax,100           ; upper bound
call BetterRandomRange
```

請再撰寫一個簡短測試程式，以迴圈呼叫 BetterRandomRange 程序 50 次，並顯示每次產生的隨機亂數。

★★6. 隨機字串

請建立一個可以產生隨機 L 長度的字串的程式，它包含所有的大寫字母。當呼叫程式時，傳遞 L 數值到 EAX 以及位元組陣列的指標，以便保存隨機字串。撰寫一個測試程式，並呼叫它 20 次，顯示這個字串到主控台視窗。

★7. 隨機螢幕位置

試撰寫一個程式，此程式必須可以將單一字元顯示在螢幕上 100 個隨機位置，並請加入 100 毫秒的時間延遲。提示：使用 GetMaxXY 程序來判斷主控台視窗的目前大小。

★★8. 色彩矩陣

請撰寫一個程式，此程式必須可以利用文字顏色和底色 (16×16 = 256) 的所有可能組合，來顯示單一字元。顏色的代號是從 0 到 15，因此您可以使用一個巢狀迴圈，來產生所有可能的組合方式。

★★★9. 遞迴過程

當程序呼叫自己的時候，我們使用直接遞迴 (Direct recursion) 這個術語，當然，您絕對不會想要讓程序一直呼叫自己，因為執行時期堆疊會被裝滿。相反的，您必須限制遞迴。請撰寫一個程式，呼叫遞迴程序，在此程序內，增加 1 到計數器，這樣您可以核對它執行的次數。用除錯器運轉您的程式，在程式的尾端，檢查計數器的數值。將數字放到 ECX，指定您想要遞迴持續的次數。只使用 LOOP 指令（沒有使用後面其他章節的條件），找到一個方法讓遞迴程序去呼叫它自己來修改次數。

★★★10. 費氏數列產生器

撰寫一個程序，在費氏數列中生產 N 個數值，並儲存它們在雙字組陣列。輸入參數應該是雙字組陣列的指標，由數值的計數器產生。請撰寫一個測試程式呼叫您的程序，傳遞 N = 47。陣列中的第一個數值為 1，最後的數值為 2,971,215,073。使用 Visual Studio 除錯器來開啟與檢查內容。

★★★11. 找到 K 的倍數

在一個 N 大小的陣列中，撰寫程序找到所有小於 N 的 K 的倍數。初始化陣列，以零值為起始值，每當一個倍數被找到，設定相對應的陣列元素為 1。您的程序必須儲存與回復任何修改過的暫存器。用 K=2 及 K=3 呼叫您的程序兩次，讓 N 等於 50。運轉您的程式在除錯器中，並檢核陣列數值是否正確。請注意：此程序在找尋質數時，可成為一個有用的工具。它是一個用來建立質數表的演算法，也被稱做埃拉托斯特尼篩法 (Sieve of Eratosthenes)。當條件敘述在第 6 章提到時，您能使用此演算法。

6

條件處理

　　此章節介紹組合語言工具箱中，最主要的項目，它能給予您的程式做決定的能力。基本上每個程式都需要這項能力。首先，我們會介紹布林操作，它是決策敘述的核心，因為這些操作能影響 CPU 的狀態旗標。然後我們會顯示如何使用條件跳越，以及直譯 CPU 的狀態旗標的迴圈指令。接下來，會顯示如何使用工具去操作電腦科學理論性的最基礎函式結構：有限狀態機。最後，我們將以展示 MASM 的 32 位元編程內建邏輯結構，來結束此章節。

6.1 條件式分支

能夠進行決策處理的程式設計語言，通常可以讓設計人員利用，稱為**條件式分支 (conditional branching)** 的技術，改變程式的控制流程。在高階語言經常可以看到的每一個 IF 敘述、switch 敘述或條件迴圈，都具有內建的分支邏輯。儘管組合語言是很早期的程式語言，它還是能夠提供決策邏輯中所需要的全部工具。在這一章中，您將會學習到高階語言的條件敘述如何以低階語言程式碼，予以實作出來。

處理硬體裝置的程式，必須能夠操作數值中的個別位元。這些個別位元必須可以加以測試、清除和設定，此外，資料加密和壓縮也必須依靠位元操作，我們將會說明這些操作如何以組合語言進行之。

在讀完這一章以後，您應該可以回答下列的基本問題：

- 如何利用第 1 章所介紹的布林運算 (AND、OR、NOT)？
- 如何利用組合語言撰寫 IF 敘述？
- 編譯器如何將巢狀 IF 敘述轉譯成機器語言？
- 如何設定和清除二進位制數字中的個別位元？
- 如何完成簡單的二進位制資料加密？
- 在布林運算式中，如何區別有號數和無號數？

本章將遵循**由下而上 (bottom-up)** 的介紹方式，首先將介紹程式設計邏輯運算的二進位制基礎。接著再說明 CPU 如何使用 CMP 指令和處理器狀態旗標，來比較指令運算元。最後，我們將集結及融合以上觀念，展示如何使用組合語言，完成高階語言特有的邏輯結構。

6.2 布林和比較指令

在第 1 章，我們介紹了布林代數的四種基本運算：AND、OR、XOR 和 NOT。這些運算可以使用組合語言的指令，在二進位位元層次上執行。同時它們也是布林敘述的重要形式，例如 IF 敘述。首先說明位元比較指令，這項技術經常使用於電腦硬體裝置的設計，如通訊協定、加密資料等，以上二者只是眾多應用的少數例子，Intel 指令集包含了 AND、OR、XOR 及 NOT 等指令，它們都可以在位元組之間完成布林運算，如表 6-1 所示，TEST 可以執行隱含 AND 運算。

表6-1　布林指令

運算	說明
AND	一個來源運算元和一個目的運算元間作 AND 布林運算。
OR	一個來源運算元和一個目的運算元間作 OR 布林運算。
XOR	一個來源運算元和一個目的運算元間作互斥或布林運算。
NOT	一個目的運算元作 NOT 布林運算。
TEST	此指令會針對一個來源運算元和一個目的運算元進行隱含的 AND 布林運算，它只會適切地設定 CPU 旗標。

6.2.1　CPU 旗標

布林運算會影響零值、進位、符號、溢位和同位旗標。以下將快速地複習這些旗標的意義：

- 當運算的結果為 0 時，零值旗標會呈現設定狀態。
- 當指令運算所產生的目的運算元中，其最高位元發生必須進位時，則進位旗標會呈現設定狀態。
- 符號旗標之值等於目的運算元最高位元的內容，如果符號旗標呈現**設定**狀態，則目的運算元為負值，如果符號旗標呈現**清除**狀態，則目的運算元為正值。（假設 0 是正值。）
- 當指令運算產生了無效有號數時，則溢位旗標會呈現設定狀態。
- 當指令運算所產生的目的運算元中，其低位元組具有偶數個位元值為 1 的位元時，同位旗標會呈現設定狀態。

6.2.2　AND 指令

AND 指令會在兩個運算元中，每一對相對應位元之間執行逐位元 (bitwise) AND 布林運算，並且將結果存放於目的運算元：

```
AND destination,source
```

以下是被允許的運算元組合，但立即數沒有超過 32 位元：

```
AND reg,reg
AND reg,mem
AND reg,imm
AND mem,reg
AND mem,imm
```

指令的運算元可以是 8、16、32 或 64 位元，但是兩個運算元必須具有相同的儲存空間大小。以下是兩運算元之間，每個相對應的位元所需遵循的規則：如果兩個相對應位元都是 1，則結果的相對應位元為 1；否則為 0。以下是第 1 章曾提及的真值表，其中 x、y 表示兩個輸入位元，第三行顯示的則是運算式 $x \wedge y$ 的值：

x	y	$x \wedge y$
0	0	0
0	1	0
1	0	0
1	1	1

AND 運算子可以在不影響其他位元之下，清除一或多個位元，這個技術稱為**遮罩 (masking)**，就好像在為房子油漆之前，為不需要油漆的地方（如窗戶），予以覆蓋一樣，例如一個控制位元將由 AL 暫存器複製至硬體裝置，而且假定這個裝置的位元 0 及位元 3 在被控制位元清除時，該裝置會重置或重設，接著我們可以在不更改 AL 其他位元的情況下，重設裝置，這個動作可以撰寫為如下的程式：

```
    and AL,11110110b                          ; 清除位元0與3,其他不變
```

例如,假設 AL 的初值是二進位的 10101110,經過與 11110110 的 AND 運算後,AL 的值成為 10100110:

```
    mov al,10101110b
    and al,11110110b                          ; AL的值是 10100110
```

旗標

AND 指令永遠會清除溢位和進位旗標,並且會根據目的運算元的值,修正符號、零值和同位旗標。例如,假設以下的指令運算結果,會造成 EAX 暫存器的值成為 0,在此例中,就會設定零值旗標:

```
    and eax,1Fh
```

將字元轉換成大寫字母

AND 指令提供了一個簡單的方法,可以將字母由小寫轉換成大寫。如果對大寫 **A** 和小寫 **a** 的 ASCII 碼加以比較,很顯然地,只有位元 5 是不同的:

```
0 1 1 0 0 0 0 1 = 61h ('a')
0 1 0 0 0 0 0 1 = 41h ('A')
```

其他字母的大小寫比較,也具有相同的關係。如果將任何一個字元與二進位制數字 11011111 做 AND 運算,則除了位元 5 會被清除以外,其他位元都將保持不變。在下列範例中,陣列中的所有字元都將轉換成大寫:

```
    .data
    array BYTE 50 DUP(?)
    .code
        mov    ecx,LENGTHOF array
        mov    esi,OFFSET array
    L1: and    BYTE PTR [esi],11011111b       ; 清除位元 5
        inc    esi
        loop   L1
```

6.2.3　OR 指令

OR 指令會執行兩個運算元中,每一對相對應位元之間的逐位元 OR 布林運算,並且將結果存放於目的運算元:

```
OR destination,source
```

OR 指令所使用的運算元組合和 AND 指令相同:

```
OR reg,reg
OR reg,mem
OR reg,imm
OR mem,reg
OR mem,imm
```

指令的運算元可以是 8、16、32 或 64 位元，但是兩個運算元必須具有相同的儲存空間大小。對於兩個運算元之間的每一對相對應的位元而言，當輸入位元至少有一個為 1 時，則輸出位元為 1。以下真值表取自第 1 章，它說明了布林運算式 x ∨ y 的輸入輸出之間的關係：

x	y	x ∨ y
0	0	0
0	1	1
1	0	1
1	1	1

OR 指令經常用來在不影響其他位元下，將特定位元設為 1，例如，假設控制位元中的位元 2 被設定後，電腦就會連接到伺服器，而 AL 暫存器的其他位元又保留了重要且不可更改的資料，以下的敘述就可以只更改位元 2：

```
or AL,00000100b                     ; 設定位元2，其他位元不變
```

故若 AL 的初值是二進位的 11100011，再與 00000100 執行 OR 運算，結果會是 11100111：

```
mov al,11100011b
or  al,00000100b                    ; AL的值是11100111
```

旗標

OR 指令永遠會清除溢位和進位旗標。並會根據目的運算元的值，修正符號、零值和同位旗標。舉例來說，讀者可以將一個數字與自己（或 0）進行 OR 運算，得到關於此數值的一些資訊：

```
or  al,al
```

由零值旗標和符號旗標的不同內容值，可以了解 AL 所含內容：

零值旗標	符號旗標	AL 中的值為 …
呈清除狀態	呈清除狀態	大於 0
呈設定狀態	呈清除狀態	等於 0
呈清除狀態	呈設定狀態	小於 0

6.2.4　位元對映集合

有些應用系統會將數量不多的同類選項，集中後選擇項目，例如一家公司的員工、由天氣監測系統讀取的資料等，在類似的例子中，二進位位元可用來表示它們之間的關係，就像在 Java 使用 HashSet 作為指標及參考的容器一樣，組合語言的設計也可使用**位元向量 (bit vector 或 bit map)**，在位元及記憶體中的二進位陣列建立對映關係。

例如，以下的二進位數字使用由右至左的 0 至 31 等位元，表示第 0、1、2 及 31 等對應的內容，屬於陣列 **SetX**：

```
SetX = 10000000 00000000 00000000 00000111
```

（為便於閱讀，上圖的位元組予以分開顯示）接下來就可以 AND 運算，在各個不同位元檢查其值，若等於 1，就表示該位元已含有對應關係：

```
mov   eax,SetX
and   eax,10000b                        ; 第4個元素是不是SetX的成員？
```

如果 AND 指令清除零值旗標，就可以確定第 4 個元素是屬於 SetX 的成員。

集合補集

若要取得補集，可以使用 NOT 指令，它可取得所有位元的相反結果，如要取得在 EAX 產生的 SetX 之補集，可使用如下敘述：

```
mov   eax,SetX
not   eax                               ; SetX的補集
```

集合交集

AND 指令可以產生一位元向量，用以表示兩個集合之交集，以下敘述可以產生 SetX 及 SetY 的交集，並儲存在 EAX 內：

```
mov   eax,SetX
and   eax,SetY
```

以下則是在 SetX 及 SetY 產生交集的過程：

```
        10000000000000000000000000000111 (SetX)
AND     10000010101000000000011101100011 (SetY)
--------------------------------------------------------
        10000000000000000000000000000011 (交集)
```

產生交集恐怕沒有更好方法，故在大型系統中，若單一暫存器必須處理較多資料，可能需以迴圈，對所有位元執行 AND 運算。

集合聯集

OR 指令可以產生一位元向量，用以表示兩個集合之聯集，以下敘述可以產生 SetX 及 SetY 的聯集，並儲存在 EAX 內：

```
mov   eax,SetX
or    eax,SetY
```

以下則是在 SetX 及 SetY，使用 OR 指令產生聯集的過程：

```
        10000000000000000000000000000111 (SetX)
OR      10000010101000000000011101100011 (SetY)
--------------------------------------------------
        10000010101000000000011101100111 (聯集)
```

6.2.5　XOR 指令

XOR 指令會在兩個運算元中，針對每一相對應位元之間，執行逐位元互斥 OR 布林運算，並且將結果存放於目的運算元：

```
XOR destination,source
```

XOR 指令所使用的運算元組合和儲存空間的大小與 AND、OR 相同。以下是 XOR 在兩個運算元之間所執行運算的規則：如果兩個運算元之間相對應的兩個位元，具有相同的位元值（都是 0 或都是 1），則所得結果的相對應位元為 0，反之則為 1。以下的真值表描述了布林運算式 $x \oplus y$ 的輸入輸出的關係：

x	y	$x \oplus y$
0	0	0
0	1	1
1	0	1
1	1	0

任何位元和 0 進行互斥 OR 運算，都會保持本來的值不變，而和 1 做互斥 OR 運算，則其值改變（反相）。XOR 有一個特別的性質是如果在相同的運算元上連續執行兩次，則運算元本身的值會被恢復到原值。以下的真值表顯示，當位元 x 連續和位元 y 進行互斥 OR 運算兩次，則位元 x 的值將回復到最初未做運算時的值：

x	y	$x \oplus y$	$(x \oplus y) \oplus y$
0	0	0	0
0	1	1	0
1	0	1	1
1	1	0	1

在第 6.3.4 節的說明中，讀者將會發現 XOR 這種「可逆」的特性，使其成為對稱式加密的簡單又理想的工具。

旗標

XOR 指令永遠會清除溢位和進位旗標。並且它會根據目的運算元的值，修正符號、零值和同位旗標。

檢查同位旗標

檢查同位旗標是一個在二進位數字計算 1 位元的函式；如果結果是偶數，我們會認為資料是偶數同位。如果計算結果是奇數，資料為奇數同位。在 x86 處理器中，同位旗標會在目標運算元較低位元組逐位元運算後，產生偶數個位元為 1 時被設定，反過來說，若運算元有奇數個位元為 1，則清除同位旗標。針對一個數值，在不改變其值的情形下，要檢查其同位數，較方便的方法是將該數值與 0 值進行互斥 OR 運算：

```
mov  al,10110101b          ; 5 個位元 = 奇同位
xor  al,0                  ; 清除同位旗標(奇同位)
mov  al,11001100b          ; 4個位元= 偶同位
xor  al,0                  ; 設定同位旗標(偶同位)
```

Visual Studio 使用 PE = 1 代表偶數同位，用 PE = 0 代表奇數同位。

16 位元的同位狀態

我們也可以檢查 16 位元暫存器的同位狀態，其做法是將較高和較低的兩個位元組進行 OR 互斥運算：

```
mov  ax,64C1h                    ; 0110 0100 1100 0001
xor  ah,al                       ; 設定同位旗標 (偶同位)
```

讓我們將每個暫存器中其位元值為 1 的位元，想成是 8 位元集合的成員。XOR 指令會將屬於兩個集合的交集的位元，全部設定為 0。同時，XOR 指令也會讓其餘位元形成一個聯集。此聯集的同位狀態會和整個 16 位元整數的同位狀態相同。

那麼 32 位元的數值又如何求取得其同位狀態呢？如果我們為各位元組設定編號為 B_0 到 B_3，，則同位狀態可以如此計算：B_0 XOR B_1 XOR B_2 XOR B_3。

6.2.6　NOT 指令

NOT 指令會使運算元中的所有位元值反相。所得結果稱為 **1 的補數 (one's complement)**。以下是可使用在此指令的運算元類型：

```
NOT reg
NOT mem
```

舉例來說，F0h 的 1 的補數是 0Fh：

```
mov  al,11110000b
not  al                          ; AL = 00001111b
```

旗標

NOT 指令不會影響任何旗標。

6.2.7　TEST 指令

TEST 指令會在兩個運算元中，針對每對相對應位元執行隱含的 AND 運算，並且依結果設定符號、零值、同位旗標。TEST 和 AND 唯一的不同是，TEST 不會修改目的運算元的值，TEST 指令所使用的運算元組合和 AND 指令完全相同。對於找出運算元中個別的各個位元是否被設定，TEST 指令特別有用。

範例：測試多個位元

TEST 指令可以一次檢查多個位元，假設我們想要知道，AL 暫存器中究竟是位元 0 或位元 3 處於設定狀態。下列指令可以找出這項結果：

```
test al,00001001b                ; 測試位元0和位元3
```

[在此範例中的值 00001001 稱為**位元遮罩 (bit mask)**。] 由以下所列的多個範例中，可以了解零值旗標只有在所有位元被清除時才會被設定：

```
0 0 1 0 0 1 0 1 <- 輸入值
0 0 0 0 1 0 0 1 <- 測試值
0 0 0 0 0 0 0 1 <- 結果: ZF = 0

0 0 1 0 0 1 0 0 <- 輸入值
0 0 0 0 1 0 0 1 <- 測試值
0 0 0 0 0 0 0 0 <- 結果: ZF = 1
```

旗標

TEST 指令永遠會清除溢位和進位旗標。而且它將利用和 AND 指令相同的方式，修改符號、零值和同位旗標。

6.2.8　CMP 指令

以上說明的是逐位元運算的各個指令，接下來將說明邏輯（布林）運算式。所有布林運算式的核心，都是屬於比較的型別。以下的虛擬碼是邏輯比較的例子：

```
if A > B ...
while X > 0 and X < 200 ...
if check_for_error( N ) = true
```

在 x86 組合語言中，我們會使用 CMP 指令，執行對於整數資料的比較。由於字元資料也是整數形式，所以 CMP 指令也可處理字元資料。浮點運算就需要特別的比較指令，將在第 12 章中說明。

CMP（比較）指令會執行隱含的減法運算，將目的運算元減去來源運算元，但這個指令不會修改任何運算元的值：

```
CMP destination,source
```

CMP 指令使用的運算元組合與 AND 相同。

旗標

CMP 指令會根據目的運算元計算後的值，去改變溢位、符號、零值、進位、輔助進位和同位旗標。例如，如果比較的是兩個無號運算元，則零值和進位旗標將會指出兩個運算元之間，具有下列關係：

CMP 的結果	ZF	CF
目的 < 來源	0	1
目的 > 來源	0	0
目的 = 來源	1	0

如果比較的是兩個有號運算元，則符號、零值和溢位旗標將可以指出兩個運算元之間，具有下列關係：

CMP 的結果	旗標狀態
目的 < 來源	SF ≠ OF
目的 > 來源	SF = OF
目的 = 來源	ZF = 1

在建立條件邏輯結構時，CMP 是很有用的工具。如果您將有條件的跳越指令接在 CMP 之後，則其結果便等同於在組合語言中使用 IF 敘述。

範例

以下共有三個程式碼片段，這些程式碼顯示了 CMP 指令如何影響旗標值。如果 AX 的內容值是 5，並且將它和 10 進行比較，則因為將 5 減去 10 時，需要借位，所以進位旗標會呈現設定狀態：

```
mov   ax,5
cmp   ax,10                          ; ZF = 0 而且 CF = 1
```

如果將 1000 和 1000 進行比較，則因為將目的運算元減去來源運算元，會產生 0 的結果，所以零值旗標會呈現設定狀態：

```
mov   ax,1000
mov   cx,1000
cmp   cx,ax                          ; ZF = 1 而且 CF = 0
```

如果將 105 和 0 進行比較，則因為以 105 減 0，會得到大於 0 的正值，所以零值和進位旗標都會呈現清除狀態：

```
mov   si,105
cmp   si,0                           ; ZF = 0 而且 CF = 0
```

6.2.9　清除或設定 CPU 的個別旗標

也許有人想了解清除或設定零值、符號、進位及溢位旗標，最簡單的方法是什麼？有幾個方法可以完成這項任務，但這些方法大多需要修改目的運算元。當我們將任何運算元與 0 進行 AND 運算時，零值旗標會被設定；如果要想清除零值旗標，則可以將運算元與 1 進行 OR 執行運算：

```
test   al,0                          ; 使零值旗標被設定
and    al,0                          ; 使零值旗標被設定
or     al,1                          ; 使零值旗標被清除
```

其中，TEST 不會改變運算元，但是 AND 則會。將運算元中的最高位元與 1 進行 OR 運算，便能設定符號旗標。如果想要清除符號旗標，則可以將運算元中的最高位元和 0 進行 AND 運算：

```
or     al,80h                        ; 使符號旗標呈現設定狀態
and    al,7Fh                        ; 使符號旗標呈現清除狀態
```

使用 STC 指令，可以設定進位旗標，使用 CLC 指令，則可清除進位旗標：

```
stc                                  ; 使進位旗標呈現設定狀態
clc                                  ; 使進位旗標呈現清除狀態
```

將兩個正值相加，使所產生的和為負值，便能設定溢位旗標。如果想要清除溢位旗標，則可以將運算元和 0 進行 OR 運算：

```
mov   al,7Fh                      ; AL = +127
inc   al                         ; AL = 80h (-128), OF=1
or    eax,0                      ; 使溢位旗標呈現清除狀態
```

6.2.10　64 位元模式的布林指令

大部分 64 位元的指令在 32 與 64 位元模式中，是一樣的工作，舉例來說，如果原始運算元是一個大小小於 32 位元，而且目的地是 64 位元暫存器或記憶體運算元的常數，所有在目的地的運算元皆會被影響：

```
.data
allones QWORD 0FFFFFFFFFFFFFFFFh
.code
    mov   rax,allones           ; RAX = FFFFFFFFFFFFFFFF
    and   rax,80h               ; RAX = 0000000000000080
    mov   rax,allones           ; RAX = FFFFFFFFFFFFFFFF
    and   rax,8080h             ; RAX = 0000000000008080
    mov   rax,allones           ; RAX = FFFFFFFFFFFFFFFF
    and   rax,808080h           ; RAX = 0000000000808080
```

但是當原始運算元是 32 位元常數或暫存器時，只有小於 32 位元的目的地運算元會受到影響，在下列範例，只有小於 32 位元的 RAX 被修改：

```
mov   rax,allones               ; RAX = FFFFFFFFFFFFFFFF
and   rax,80808080h             ; RAX = FFFFFFFF80808080
```

當目的地運算元是記憶體運算元時，相同的結果為真。也就是說，32 位元是特例，所以您必須將它與其他運算元大小分開考慮。

6.2.11　自我評量

1. 試撰寫一個具有 16 位元運算元的指令，來清除 AX 中較高的 8 個位元，但不改變較低的 8 個位元。

2. 試撰寫一個具有 16 位元運算元的指令，來設定 AX 中較高的 8 個位元，但不改變較低的 8 個位元。

3. 試撰寫一個指令，來反向 EAX 所有的位元（不使用 NOT 指令）。

4. 請寫出若干個指令，當 EAX 中的 32 位元值為偶數時，便設定零值旗標，若為奇數，則清除零值旗標。

5. 試撰寫一個指令，功能是將 AL 中的大寫字元轉換成小寫，但是如果 AL 的內容值已是小寫字元，則不改變其內容值。

6.3　條件跳越

6.3.1　條件結構

在 x86 指令集中沒有高階的邏輯結構，但是我們都可使用比較和跳越的組合，在組合語言中予以實作。在執行條件敘述時，牽涉到兩個步驟：首先，使用如 CMP、AND 或 SUB

等運算，修改 CPU 狀態旗標。其次，使用條件跳越的指令來測試旗標值，並且導致一個跳往新位址的分支構造。以下是兩個範例：

範例 1：

以下範例使用 CMP 指令，在 EAX 和 0 之間進行比較。如果 CMP 指令設定了零值旗標，那麼 JZ（如果零值旗標呈現設定狀態，則跳越）指令將跳越到 **L1** 標籤處：

```
cmp    eax,0
jz     L1                              ; 如果 ZF = 1，則跳越
.
.
L1:
```

範例 2：

以下範例使用 AND 指令，對 DL 暫存器執行逐位元 AND 運算，並且會影響到零值旗標。如果零值旗標被清除了，那麼 JNZ（如果零值旗標呈現清除狀態，則跳越）指令將會執行跳越的動作：

```
and    dl,10110000b
jnz    L2                              ; 如果 ZF = 0，則跳越
.
.
L2:
```

6.3.2　Jcond 指令

當狀態旗標條件為真時，條件跳越指令會分支到目的標籤上。若狀態旗標條件為偽時，則執行緊接在條件跳越之後的指令。語法如下：

Jcond destination

其中 **cond** 指的是一個旗標，可用於識別一個或以上的旗標。下表列出不同的進位及零值旗標：

JC	若有進位（進位旗標呈設定狀態），則跳越。
JNC	若沒有進位（進位旗標呈清除狀態），則跳越。
JZ	若等於 0（零值旗標呈設定狀態），則跳越。
JNZ	若不等於 0（零值旗標呈清除狀態），則跳越。

算術、比較以及布林指令，幾乎都會改變某些 CPU 狀態旗標。條件跳越指令則會評估旗標的狀態，然後使用它們來判斷是否要進行跳越的動作。

使用 CMP 指令

假設當 EAX 的值等於 5 時，執行跳越至 L1 標籤。在以下範例中，若 EAX 等於 5，則 CMP 指令會設定零值旗標，然後 JE 指令就會因為零值旗標已被設定，而跳越至 L1：

```
cmp    eax,5
je     L1                              ; 如果相等，則跳越
```

（JE 指令會根據零值旗標的狀態，而執行跳越）如果 EAX 不等於 5，則 CMP 將使零值旗標呈現清除狀態，此時 JE 指令不會進行跳越的動作。

在以下範例中，因為 AX 小於 6，所以將發生跳越的情況：

```
mov  ax,5
cmp  ax,6
jl   L1                              ; 如果小於，則跳越
```

在下列範例中，因為 AX 大於 4，所以將發生跳越的情況：

```
mov  ax,5
cmp  ax,4
jg   L1                              ; 如果大於，則跳越
```

6.3.3　條件跳越指令的型別

x86 指令集擁有非常多不同的條件跳越指令，這些指令可以根據不同 CPU 旗標的值，分別在有號及無號整數之間執行比較，再執行跳越。條件跳越指令可以分為下四種類別：

- 根據特定旗標值執行跳越。
- 根據兩個運算元之間的是否相等，或 (E)CX 的值，執行跳越。
- 根據無號運算元之間的比較結果，執行跳越。
- 根據有號運算元之間的比較結果，執行跳越。

表 6-2 列出了根據零值、進位、溢位、同位、符號等旗標值而進行的跳越：

表6-2　根據特定旗標值而執行的跳越動作

助憶碼	說明	旗標 / 暫存器
JZ	等於0則跳越	ZF = 1
JNZ	不等於0則跳越	ZF = 0
JC	進位則跳越	CF = 1
JNC	不進位則跳越	CF = 0
JO	有溢位則跳越	OF = 1
JNO	無溢位則跳越	OF = 0
JS	是負號則跳越	SF = 1
JNS	不是負號則跳越	SF = 0
JP	若是同位則跳越 (偶數)	PF = 1
JNP	不是同位則跳越 (奇數)	PF = 0

相等關係的比較

表 6-3 列出根據多個運算元是否相等，執行跳越的情況，部分情況是兩個運算元的比較，也可使用如 CX、ECX 或 RCX 等暫存器，執行比較。在此表格中，*leftOp* 和 *rightOp* 分別代表 CMP 指令中左邊（目的）和右邊（來源）的運算元：

CMP *leftOp,rightOp*

上述運算元的名稱也反映了在一個運算式中，各運算元的順序關係。舉例來說，在 X < Y 此運算式中，X 可以稱為 *leftOp*，而 Y 可以稱為 *rightOp*。

表6-3 根據等式執行的跳越

助憶碼	說明
JE	若相等則跳越 (*leftOp* = *rightOp*)
JNE	若不相等則跳越 (*leftOp*≠*ightOp*)
JCXZ	若 CX=0 則跳越
JECXZ	若 ECX=0 則跳越
JRCXZ	若 RCX = 0 則跳越 (64 位元模式)

雖然 JE 指令等同於 JZ（零值旗標被設定則跳越），且 JNE 指令等同於 JNZ（零值旗標未設定則跳越），我們仍然建議使用助憶碼（JE 或 JZ），因為使用助憶碼可以明確定義所需動作，包括比較兩個運算元或檢查特定旗標。

以下是使用 JE、JNE、JCXZ 及 JECXZ 等指令的範例，請仔細閱讀各指令的註解文字，確實了解每行程式的條件式跳越的發生或不發生之原因：

範例 1：

```
mov   edx,0A523h
cmp   edx,0A523h
jne   L5                        ; 跳越動作未進行
je    L1                        ; 跳越動作有進行
```

範例 2：

```
mov   bx,1234h
sub   bx,1234h
jne   L5                        ; 跳越動作未進行
je    L1                        ; 跳越動作有進行
```

範例 3：

```
mov   cx,0FFFFh
inc   cx
jcxz  L2                        ; 跳越動作有進行
```

範例 4：

```
xor    ecx,ecx
jecxz  L2                       ; 跳越動作有進行
```

無號數的比較

表 6-4 列出了在比較無號數時，發生跳越與否的多種情況，在表達式 (*leftOp*<*rightOp*) 中運算元的名稱反映了它們的順序。此表只列出比較無號數的情況，因為有號數的跳越動作有不同的行為。

有號數的比較

表 6-5 列出比較有號數，而進行的跳越情況。以下的指令範例展示了在兩個有號數進行比較的過程：

```
mov   al,+127                          ; 7Fh的十六進位值
cmp   al,-128                          ; 80h的十六進位值
ja    IsAbove                          ; 因為7Fh小於80h，不執行跳越
jg    IsGreater                        ; 因為+127大於-128，故執行跳越
```

表6-4　根據比較無號數結果的跳越

助憶碼	說明
JA	如果大於 （如果 *leftOp* > *rightOp*） 則跳越
JNBE	如果不是小於或等於則跳越 （和 JA 一樣）
JAE	如果大於或等於 （如果 *leftOp* ≥ *rightOp*） 則跳越
JNB	如果不是小於則跳越 （和 JAE 一樣）
JB	如果小於 （如果 *leftOp* < *rightOp*） 則跳越
JNAE	如果不是大於或等於則跳越 （和 JB 一樣）
JBE	如果小於或等於 （如果 *leftOp* ≤ *rightOp*） 則跳越
JNA	如果不是大於則跳越 （和 JBE 一樣）

以上 JA 指令沒有進行跳越動作，這是因為無號的 7Fh 比無號的 80h 小。另一方面，因為 +127 (7Fh) 大於 −128 (80h)，所以 JG 進行了跳越動作。

表6-5　根據比較有號數結果的跳越

助憶碼	說明
JG	如果大於則跳越 (如果 *leftOp* > *rightOp*)
JNLE	如果不是小於或等於則跳越 (同 JG)
JGE	如果大於或等於則跳越 (如果 *leftOp* ≥ *rightOp*)
JNL	如果不是小於則跳越 (同 JGE)
JL	如果小於則跳越 (如果 *leftOp* < *rightOp*)
JNGE	如果不是大於或等於則跳越 (同 JL)
JLE	如果小於或等於則跳越 (如果 *leftOp* ≤ *rightOp*)
JNG	如果不是大於則跳越 (同 JLE)

在以下範例中，請仔細閱讀各指令的註解文字，確實了解每行程式的條件式跳越是發生或不發生之原因：

範例 1：

```
mov   edx,-1
cmp   edx,0
jnl   L5                               ; 由於(-1 >= 0)為偽，故不執行跳越
jnle  L5                               ; 由於(-1 > 0)為偽，故不執行跳越
jl    L1                               ; 由於(-1 < 0)為真，故執行跳越
```

範例 2：

```
mov   bx,+32
cmp   bx,-35
jng   L5                               ; 由於(+32 <= -35)為偽，故不執行跳越
jnge  L5                               ; 由於(+32 < -35)為偽，故不執行跳越
jge   L1                               ; 由於(+32 >= -35)為真，故執行跳越
```

範例 3：

```
mov   ecx,0
cmp   ecx,0
jg    L5                        ; 由於(0 > 0)爲僞，故不執行跳越
jnl   L1                        ; 由於(0 >= 0)爲眞，故執行跳越
```

範例 4：

```
mov   ecx,0
cmp   ecx,0
jl    L5                        ; 由於(0 < 0)爲僞，故不執行跳越
jng   L1                        ; 由於(0 <= 0)爲眞，故執行跳越
```

6.3.4　條件跳越的應用

測試狀態位元

組合語言做的最好的事情之一，就是測試位元。位元比較指令通常都會在檢查多個位元的值之後，更改 CPU 狀態旗標，而條件跳越指令則會評估旗標，據以做出決定是否要進行跳越的動作。舉例來說，假設有一個 8 位元的記憶體運算元稱爲 **status**，它含有關於一個連接到電腦外部裝置的狀態資訊。如果位元 5 被設定，表示機器是在離線狀態，那麼以下的指令可用於跳越到某個標籤：

```
mov   al,status
test  al,00100000b              ; 測試位元5
jnz   DeviceOffline
```

或者也可改成如果第 0、第 1 或第 4 個位元中，有任何一個被設定，則可以使用下列敘述跳越到某個標籤：

```
mov   al,status
test  al,00010011b              ; 測試第0,1,4位元
jnz   InputDataByte
```

如果希望在第 2、第 3 及第 7 位元全呈現設定狀態時才跳越，那麼就需要使用 AND 和 CMP 指令：

```
mov   al,status
and   al,10001100b              ; 保留下第2,3,7位元
cmp   al,10001100b              ; 是否所有位元都呈現設定狀態？
je    ResetMachine              ; 如果是，則跳越至標籤所在
```

兩個整數中較大者

以下程式碼會比較在 EAX 和 EBX 中的無號整數，並且將較大者存入 EDX：

```
      mov   edx,eax             ; 假設EAX是較大的一個
      cmp   eax,ebx             ; 若EAX is >= EBX
      jae   L1                  ; 跳越至L1
      mov   edx,ebx             ; 反之則將EBX移至EDX
L1:                             ; EDX含有較大的數字
```

三個整數中最小者

以下指令會比較變數 V1、V2 及 V3 中的 16 位元無號數值，並且將三個之中最小者存入 AX：

```
.data
V1 WORD  ?
V2 WORD  ?
V3 WORD  ?
.code
    mov  ax,V1            ; 假設v1最小
    cmp  ax,V2            ; 如果AX <= V2，則
    jbe  L1               ; 跳越到L1
    mov  ax,V2            ; 否則便將v2搬移到AX
L1: cmp  ax,V3            ; 如果AX <= V3，則
    jbe  L2               ; 跳越到L2
    mov  ax,V3            ; 否則便將v3搬移到AX
L2:
```

以按鍵終止的迴圈

在以下的 32 位元程式碼中，會執行一個迴圈，直到使用者按下標準字母鍵為止，位於 Irvine32 函式庫的 **ReadKey** 方法會在輸入緩衝區找不到使用者按下按鍵時，設定零值旗標：

```
.data
char BYTE  ?
.code
L1: mov  eax,10          ; 產生10毫秒的延遲
    call Delay
    call ReadKey         ; 檢查使用者是否已按下按鍵
    jz   L1              ; 若找不到則重覆執行
    mov  char,AL         ; 儲存找到的按鍵字元
```

以上程式首先產生 10 毫秒的延遲，以便讓 MS-Windows 可以處理事件訊息，若省略延遲，則有可能會略過使用者按下的按鍵而找不到。

挑戰題：陣列的循序搜尋

有一個常見設計是在陣列中搜尋符合某些條件的值，例如以下的程式可以在陣列中尋找第一個非零的 16 位元整數資料，如果找到符合的值，便會顯示該值；否則便顯示一個訊息，說明找不到非零值：

```
; Scanning an Array                    (ArrayScan.asm)
; 掃描陣列及取得第一個非零值

INCLUDE Irvine32.inc

.data
intArray  SWORD 0,0,0,0,1,20,35,-12,66,4,0
;intArray SWORD 1,0,0,0              ; 另一個可替代的測試資料
;intArray SWORD 0,0,0,0              ; 另一個可替代的測試資料
;intArray SWORD 0,0,0,1              ; 另一個可替代的測試資料
noneMsg BYTE "A non-zero value was not found",0
```

請注意，此程式包含了其他多個替代的測試資料，但都以註解的形式存在於程式中。您可以解除這幾列的註解，再使用這些不同的資料結構，來測試此程式。

```
    .code
main PROC
    mov   ebx,OFFSET intArray        ; 指向陣列
    mov   ecx,LENGTHOF intArray      ; 迴圈計數器

L1: cmp   WORD PTR [ebx],0           ; 將該陣列元素值與0比較
    jnz   found                      ; 找到一個值
    add   ebx,2                      ; 指向下一個陣列元素
    loop  L1                         ; 迴圈持續進行
    jmp   notFound                   ; 沒有找到這樣的值

found:                               ; 顯示該值
    movsx eax,WORD PTR[ebx]          ; 符號擴充至EAX
    call  WriteInt
    jmp   quit

notFound:                            ; 顯示 "not found" 的訊息
    mov   edx,OFFSET noneMsg
    call  WriteString

quit:
    call  Crlf
    exit
main ENDP
END main
```

挑戰題：字串加密

如果一個整數 X 與 Y 進行 XOR 運算，而且所得結果再與 Y 進行一次 XOR 運算，則所產生的結果等仍為 X：

$$((X \otimes Y) \otimes Y) = X$$

XOR 的這個「可逆的」特性，提供了一個完成資料加密的簡單方法。這種加密方法為，由使用者輸入**明文 (plain text)** 訊息，然後選擇一個稱為**鑰匙 (key)** 的字串，再將明文中的每個字元與鑰匙中的某個字元進行 XOR 運算，因而轉換成晦澀難懂的字串，這最後的字串即為**密文 (cipher text)**。預期中的審閱者必須使用該鑰匙，將密文還原為加密前的明文。

範例程式

下列程式使用的是**對稱加密 (symmetric encryption)** 的處理方式，在這種加密的方式中，加密和解密都使用相同的鑰匙。以下是加密的執行步驟：

1. 使用者輸入明文。
2. 此程式使用單一字元作為鑰匙，用來將明文加密而產生密文，並且將密文顯示在螢幕上。
3. 程式將密文解密，因而產生原始的明文，並且將明文顯示在螢幕上。

以下是此程式的輸出範例：

```
C:\WINDOWS\system32\cmd.exe                                    _ □ ×
Enter the plain text: Bank account #: 8753257

Cipher text:          ¡Äüä±ÄîîÇüü¢┤│╠╣┤╗╗┌┤ ╡┼

Decrypted:            Bank account #: 8753257
```

程式列表

完整的程式列印如下：

```asm
; Encryption Program                 (Encrypt.asm)

INCLUDE Irvine32.inc
KEY = 239                           ; 任何一個 1-255之間的值
BUFMAX = 128                        ; 最大的緩衝區大小

.data
sPrompt  BYTE "Enter the plain text:",0
sEncrypt BYTE "Cipher text:      ",0
sDecrypt BYTE "Decrypted:        ",0
buffer   BYTE BUFMAX+1 DUP(0)
bufSize  DWORD ?

.code
main PROC
    call   InputTheString          ; 輸入明文
    call   TranslateBuffer         ; 將緩衝區加密
    mov    edx,OFFSET sEncrypt      ; 顯示加密後的訊息
    call   DisplayMessage
    call   TranslateBuffer         ; 將緩衝區解密
    mov    edx,OFFSET sDecrypt      ; 顯示解密後的訊息
    call   DisplayMessage
    exit
main ENDP

;--------------------------------------------------------
InputTheString PROC
;
; 提示使用者輸入明文字串：並且儲存該字串以及其長度。
; 接收參數：無
; 回傳值：無
;--------------------------------------------------------
    pushad                          ; 儲存32位元暫存器
    mov    edx,OFFSET sPrompt        ; 顯示一個提示符號
    call   WriteString
    mov    ecx,BUFMAX               ; 最大的輸入字元數
    mov    edx,OFFSET buffer         ; 指向緩衝區
    call   ReadString               ; 輸入字串
    mov    bufSize,eax              ; 儲存字串長度
    call   Crlf
    popad
    ret
InputTheString ENDP

;--------------------------------------------------------
DisplayMessage PROC
;
; 顯示加密後或解密後的訊息
```

```
; 接收參數：EDX 指向訊息
; 回傳值：無
;------------------------------------------------------------
    pushad
    call   WriteString
    mov    edx,OFFSET buffer          ; 顯示緩衝區
    call   WriteString
    call   Crlf
    call   Crlf
    popad
    ret
DisplayMessage ENDP

;------------------------------------------------------------
TranslateBuffer PROC
;
; 經由將每個位元組與加密鑰匙位元組
; 進行互斥OR運算，對字串進行轉換。
; 接收參數：無
; 回傳值：無
;------------------------------------------------------------
    pushad
    mov    ecx,bufSize                ; 迴圈計數器
    mov    esi,0                      ; 設定緩衝區的索引值為0
L1:
    xor    buffer[esi],KEY            ; 轉換一個位元組
    inc    esi                        ; 指向下一個位元組
    loop   L1
    popad
    ret
TranslateBuffer ENDP
END main
```

　　但請勿以單一字元作為鑰匙，加密重要資料，因為很容易被破解。所以在本章習題中，要求必須以含有多個字元的加密鑰匙，對明文進行加密和解密的動作。

6.3.5　自我評量

1. 請問在無號整數的比較中，會使用到哪些跳越指令？
2. 請問在有號整數的比較中，會使用到哪些跳越指令？
3. 請問哪一個跳越指令等同於 JANE ？
4. 請問哪一個跳越指令等同於 JNA 指令？
5. 請問哪一個跳越指令等同於 JNGE 指令？
6. （是非題）：以下的程式碼會跳越至標籤 **Target** 處嗎？

```
mov  ax,8109h
cmp  ax,26h
jg   Target
```

6.4　條件迴圈指令

6.4.1　LOOPZ 和 LOOPE 指令

LOOPZ（若等於 0 則繼續迴圈）指令的功能同 LOOP，不同的是 LOOPZ 有一個附加條件：就是零值旗標必須被設定，才可在流程控制中，轉移至標籤。其語法是

```
LOOPZ destination
```

LOOPE（如果相等則繼續迴圈）指令等同於 LOOPZ，因為它們使用相同的運算碼。以下是 LOOPNZ 和 LOOPNE 的執行邏輯：

```
ECX = ECX - 1
if ECX > 0 and ZF = 1, jump to destination
```

反之將不進行跳越的動作，而且控制權會轉移到下一個指令。LOOPZ 和 LOOPE 不會影響到任何一個狀態旗標。在 32 位元模式下，ECX 暫存器將作為迴圈計數器，在 64 位元模式則使用 RCX，作為計數器。

6.4.2　LOOPNZ 和 LOOPNE 指令

LOOPNZ（如果零值旗標未被設定則繼續迴圈）指令是與 LOOPZ 配對的指令。當 ECX 中的無號值大於 0（遞減之後），而且零值旗標呈現清除狀態時，迴圈將繼續進行。其語法是：

```
LOOPNZ destination
```

LOOPNE（如果不等則繼續迴圈）指令等同於 LOOPNZ，因為它們使用的是相同運算碼。以下是 LOOPNZ 和 LOOPNE 的執行邏輯：

```
ECX = ECX - 1
if ECX > 0 and ZF = 0, jump to destination
```

反之將不進行跳越的動作，而且控制權會轉移到下一個指令。

範例

下列摘錄的程式碼（取自 Loopnz.asm）會掃描陣列中的每個數值，直到找到一個非負數的數值（也就是符號旗標被清除時）：請注意以下的程式在執行 ADD 運算前，先將旗標值放入堆疊中，因為 ADD 運算會更改旗標。然後在執行 LOOPNZ 指令之前，以 POPFD 回復旗標原有的值：

```
.data
array SWORD   -3,-6,-1,-10,10,30,40,4
sentinel SWORD   0
.code
    mov   esi,OFFSET array
    mov   ecx,LENGTHOF array
L1: test WORD PTR [esi],8000h        ; 測試符號位元
    pushfd                           ; 將旗標放入堆疊
```

```
        add     esi,TYPE array          ; 移至下一個位置
        popfd                           ; 由堆疊彈出旗標值
        loopnz  L1                      ; 繼續執行迴圈
        jnz     quit                    ; 沒有找到
        sub     esi,TYPE array          ; ESI指到資料值
quit:
```

如果有找到非負值，則 ESI 會保留下來繼續指向該值。如果在迴圈執行的過程中沒有找到正數，那麼迴圈將在 ECX 等於 0 時停止。在這種情形下，JNZ 指令會跳越到標籤 quit 處，而且 ESI 會指向記憶體中緊接在陣列之後的警哨值 (sentinel) 值（即 0）。

6.4.3　自我評量

1. （是非題）：當 (而且僅當) 零值旗標呈現清除狀態時，LOOPE 指令會進行跳越。
2. （是非題）：在 32 位元模式中，當 ECX 大於 0，而且零值旗標呈現清除狀態時，LOOPNZ 指令會進行跳越。
3. （是非題）：LOOPZ 指令的目的標籤的位置，不能位於緊隨在 LOOPZ 之後下一個指令所在位址的 −128 到 +127 位元組之間。
4. 試修改第 6.4.2 節中 LOOPNZ 的範例，使其掃描陣列中的第一個負值。請先適當地改變資料宣告，以便讓陣列的第一個元素是正數。
5. （挑戰題）：在第 6.4.2 節中 LOOPNZ 的範例，以警哨值 (sentinel) 來處理沒有找到正值的可能狀況。如果我們移除這個警哨值，那麼將會發生什麼情況？

6.5　條件結構

條件結構 (conditional structure) 可以看成是一個或多個條件運算式，而這些條件運算式會引發不同邏輯分支之間的選擇。其中，不同的分支會導致不同的指令執行順序。雖然您可能在高階語言中早就撰寫過條件結構的程式，但可能不了解編譯器如何將條件結構轉換為低階機器碼，以下將說明這個動作是如何進行的。

6.5.1　區塊結構式 IF 敘述

一個 IF 結構表示必須使用布林運算作為判斷依據，再加上兩個敘述，一個在運算式為真時執行，另一個在運算式為偽時執行：

```
if( boolean-expression )
    statement-list-1
else
    statement-list-2
```

其中 **else** 部分不是必要的，在組合語言中，我們將此結構分成多個步驟。首先必須評估布林運算式會影響哪一個 CPU 狀態旗標，其次需要建立一系列的跳越動作，在兩個敘述之間，依據 CPU 狀態旗標之值，轉換控制權。

範例 1：

以下程式碼使用的是 C++ 的語法，如果 **op1** 和 **op2** 相等，則執行兩個指定敘述：

```
if( op1 == op2 )
{
    X = 1;
    Y = 2;
}
```

接下來要將上述 IF 敘述轉換為組合語言，必須在 CMP 指令之後使用條件式跳越。不過因為 **op1** 和 **op2** 都是記憶體運算元（變數），所以在執行 CMP 之前，必須先將其中一個運算元移至暫存器中。以下的敘述可以有效率地實作 IF 結構，使用的方法是在布林運算式的結果為真時，將控制權轉移至兩個 MOV 指令：

```
    mov   eax,op1
    cmp   eax,op2          ; 比較op1及op2是否相等
    jne   L1               ; 二者不相等，則略過以下敘述
    mov   X,1              ; 二者相等，傳送資料至X及Y
    mov   Y,2
L1:
```

如果使用的是 JE 來實作 = = 運算子，則所產生的程式碼會較長（使用六個指令，而不是五個指令）：

```
    mov   eax,op1
    cmp   eax,op2          ; 比較op1及op2是否相等
    je    L1              ; 二者相等，跳越至L1
    jmp   L2              ; 二者不相等，略過傳送資料的動作
L1: mov   X,1              ; 傳送資料至X及Y
    mov   Y,2
L2:
```

> 一如以上的兩個例子，我們可以在組合語言使用不同的設計，達到相同的目的。在本章顯示經過編譯的幾個程式碼範例中，它們僅代表著一個假定的編譯器所可能產生的程式碼。

範例 2：

在 NTFS 檔案系統中，磁碟叢集 (disk cluster) 的大小會隨著整個磁碟的容量而改變。在以下的虛擬碼中，如果磁碟大小（變數 terrabytes）小於 16 TB，則將叢集大小設為 4,096。否則，便設為 8,192：

```
clusterSize = 8192;
if terrabytes < 16
   clusterSize = 4096;
```

以下是以組合語言，實作相同敘述的範例：

```
    mov   clusterSize,8192     ; 設定較大的叢集大小
    cmp   terrabytes, 16       ; 測試是否大於16 TB？
    jae   next
    mov   clusterSize,4096     ; 切換至較小的叢集大小
next:
```

範例 3：

```
if op1 > op2
    call Routine1
else
    call Routine2
end if
```

在下列的組合語言範例中，我們假設 **op1** 和 **op2** 是有號的雙字組變數。在進行比較時，必須將其中之一移至暫存器中：

```
    mov   eax,op1          ; 將op1移至暫存器
    cmp   eax,op2          ; 測試op1是否大於op2？
    jg    A1               ; 測試結果為眞，呼叫Routine1
    call  Routine2         ; 測試結果為僞，呼叫Routine2
    jmp   A2               ; 離開IF敘述
A1: call  Routine1
A2:
```

白箱測試

組合語言中的複雜條件敘述具有多個執行路徑，使得程式複雜度提高，很難利用目視（觀察程式碼）的方式進行除錯。程式設計人員通常會運用所謂**白箱測試 (white box testing)** 的技術，這種測試技術可用來驗證副程式的輸入及相對應的輸出。白箱測試技術要求執行人員必須複製一份原始碼，執行人員會將各種不同的值，指定給輸入變數。針對輸入的每種組合，執行人員必須自行追溯原始碼、驗證執行路徑及驗證副常式所產生的輸出。以下說明如何使用白箱測試的方法，在組合語言的巢狀 IF 敘述中，執行測試：

```
if op1 == op2
   if X > Y
       call Routine1
   else
       call Routine2
   end if
else
   call Routine3
end if
```

下面有一個轉換成組合語言的可能方式，其中行號是為便於說明所加，不是程式的一部分。此例將原本的條件 (op1 = = op2) 予以顛倒，而且會緊接著跳越到 ELSE 的部分，其他需要轉換的就是內部的 IF-ELSE 敘述。

```
1:     mov  eax,op1
2:     cmp  eax,op2          ; op1 == op2？
3:     jne  L2               ; 否：呼叫Routine3
; 進行內部的IF-ELSE敘述
4:     mov  eax,X
5:     cmp  eax,Y            ; X > Y？
6:     jg   L1               ; 是：呼叫Routine1
7:     call Routine2         ; 否：呼叫Routine2
8:     jmp  L3               ; 離開此巢狀IF敘述
9: L1: call Routine1         ; 呼叫Routine1
```

```
10:     jmp  L3                        ; 離開此巢狀IF敘述
11: L2: call Routine3
12: L3:
```

表 6-6 顯示的是在上述程式碼進行白箱測試的結果，在此表格的前四行，分別將測試值指定予 op1、op2、X 和 Y，執行路徑及呼叫程序則列在第 5 及第 6 行。

表6-6　在巢狀IF敘述的測試

op1	op2	X	Y	指令執行順序	呼叫
10	20	30	40	1, 2, 3, 11, 12	Routine3
10	20	40	30	1, 2, 3, 11, 12	Routine3
10	10	30	40	1, 2, 3, 4, 5, 6, 7, 8, 12	Routine2
10	10	40	30	1, 2, 3, 4, 5, 6, 9, 10, 12	Routine1

6.5.2　複合運算式

邏輯 AND 運算子

組合語言可以很容易地實作出，含有 AND 運算子的複合布林運算式。請見下列的虛擬碼，在此虛擬碼中，各數值都假定為無號整數。

```
if (al > bl) AND (bl > cl)
    X = 1
end if
```

捷徑估算

以下程式碼是利用**捷徑估算 (short-circuit evaluation)** 方式的直接實作結果，在這種估算方式中，如果第一個運算式為偽，則第二個運算式將不會進行估算，這也是高階語言的標準方式：

```
    cmp  al,bl              ; 第一個運算式...
    ja   L1
    jmp  next
L1: cmp  bl,cl              ; 第二個運算式...
    ja   L2
    jmp  next
L2: mov  X,1                ; 兩者都為真：將x設定成1
next:
```

將上述程式的 JA 指令改為 JBE，則程式碼可以最佳化成如下的五個指令：

```
    cmp  al,bl              ; 第一個運算式...
    jbe  next               ; 如果為偽則停止
    cmp  bl,cl              ; 第二個運算式
    jbe  next               ; 如果為偽則停止
    mov  X,1                ; 兩者都為真
next:
```

此程式碼的大小縮減了 29%（七個指令降為五個），這是因為如果第一個 JBE 指令沒有進行跳越，那麼 CPU 便會直接進入第二個 CMP 指令。

邏輯 OR 運算子

若在一個複合運算式中，含有多個以 OR 結合的個別運算式，則其中若有任一個別運算式為真，則複合運算式的結果就是真，以下的虛擬碼是複合運算式之範例：

```
if (al > bl) OR (bl > cl)
    X = 1
```

在以下程式中，如果第一個運算式為真，那麼程式碼將會分支到 L1；否則便會執行第二個 CMP 指令。而且，下列程式碼已將第二個運算式中的 > 運算子予以反轉，並且改成使用 JBE 指令：

```
        cmp    al,bl              ; 1：將AL與BL進行比較
        ja     L1                 ; 如果為真，就跳過第二個運算式
        cmp    bl,cl              ; 2：將BL與CL進行比較
        jbe    next               ; 偽：跳過下一個敘述
L1: mov    X,1                    ; 真：執行X = 1
next:
```

對於任何複合運算式，如果使用組合語言，至少會有多種方式可予以實作。

6.5.3　WHILE 迴圈

WHILE 結構在執行一個區塊的敘述以前，會先測試迴圈條件是否成立。只要迴圈條件保持為真，那麼區塊中的這些敘述就會重複地執行。以下的迴圈是使用 C++ 所寫成的：

```
while( val1 < val2 )
{
    val1++;
    val2--;
}
```

在使用組合語言撰寫此結構的程式碼時，較方便的做法是將迴圈條件予以顛倒，使程式在迴圈條件為真時會跳至 **endwhile**。假設 **val1** 和 **val2** 是兩個變數，我們必須在程式剛開始時，先將其中一個變數搬移到暫存器內，並且在程式即將結束時，將它回存到原本的變數中：

```
        mov    eax,val1           ; 複製變數到EAX
beginwhile:
        cmp    eax,val2           ; 如果(val1 < val2)為偽
        jnl    endwhile           ; 則離開迴圈
        inc    eax                ; val1++;
        dec    val2               ; val2--;
        jmp    beginwhile         ; 重複迴圈
endwhile:
        mov    val1,eax           ; 回存val1的新值
```

在迴圈中，**val1** 以 EAX 替代。任何涉及 **val1** 的操作，都必須透過 EAX 來進行。此外，請注意此處使用的是 JNL，這表示 **val1** 和 **val2** 是有號整數。

範例：巢狀迴圈中的 IF 敘述

高階結構化語言特別擅於撰寫巢狀 (nested) 的控制結構，在以下的 C++ 程式範例中，WHILE 迴圈內部包含了一個 IF 敘述。此程式的功能是將大於 **sample** 內容值的所有陣列元素，加總起來。

```cpp
int array[] = {10,60,20,33,72,89,45,65,72,18};
int sample = 50;
int ArraySize = sizeof array / sizeof sample;
int index = 0;
int sum = 0;
while( index < ArraySize )
{
    if( array[index] > sample )
    {
        sum += array[index];
    }
    index++;
}
```

在將此結構改寫為組合語言以前，我們先以圖 6-1 的流程圖，來描述此結構的邏輯。為了簡化轉譯成組合語言的過程，以及為了藉由減少記憶體存取的次數來提升執行速率，暫存器將會用來替代相關變數。其中，EDX = sample，EAX = sum，ESI = index，且 ECX = ArraySize（常數）。此外，在流程圖中，標籤名稱都已加在各個圖形符號旁。

組合語言程式碼

若要將流程圖改寫為組合語言程式碼，最簡單的方法是實作圖中每個圖形符號的程式碼。另外請注意，流程圖中的各個標籤對應至以下原始碼中的各相關位置（請見 Flowchart.asm）。

```asm
.data
sum DWORD 0
sample DWORD 50
array DWORD 10,60,20,33,72,89,45,65,72,18
ArraySize = ($ - Array) / TYPE array

.code
main PROC
    mov   eax,0                    ; 總和
    mov   edx,sample
    mov   esi,0                    ; 索引
    mov   ecx,ArraySize

L1: cmp   esi,ecx                  ; 若esi < ecx
    jl    L2
    jmp   L5

L2: cmp   array[esi*4], edx        ; 若array[esi]值大於edx
    jg    L3
    jmp   L4
L3: add   eax,array[esi*4]

L4: inc   esi
    jmp   L1

L5: mov   sum,eax
```

在第 6.5 節末的複習題目中，會有機會讓讀者改善上述的程式碼。

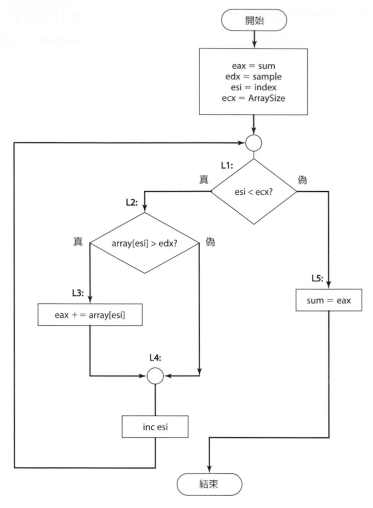

圖 6-1　含有 IF 敘述的迴圈架構

6.5.4　表格驅動式選擇

表格驅動式選擇 (Table-driven selection) 是一種使用表格查詢來取代多路選擇結構的方法。在使用這種方法之前，必須先建立一個表格，此表格必須包含欲查找的值，以及標籤或程序的位移，然後再使用迴圈來搜尋此表格。雖然這個方法需要進行大量比較的工作，但此方法具有最佳的效益。

舉例來說，以下是一個表格的一部分，此表格包含了單一字元查詢值及各程序的位址：

```
.data
CaseTable BYTE 'A'                    ; 查詢值
    DWORD Process_A                   ; 程序的位址
    BYTE 'B'
    DWORD Process_B
    (etc.)
```

假設 Process_A、Process_B、Process_C 及 Process_D 的位址分別為 120h、130h、140h 和 150h。那麼此表格在記憶體中的配置形式,會如圖 6-2 所示:

圖 6-2　表格在記憶體的位移

範例程式

在下列範例程式 **(ProcTble.asm)** 中,使用者會從鍵盤輸入字元。程式則利用迴圈,將此輸入字元與表格中每個項目進行比較。當程式在表格中找到第一個符合的項目時,將呼叫儲存在此查詢值之後的程序位移。而每個程序都會將一個不同字串的位移存入 EDX 中,其中該相對應字串會在迴圈執行期間顯示出來。

```
; Table of Procedure Offsets                        (ProcTable.asm)
; 本範例程式含有一個各個程序位移的表格
; 程式會使用這個表格,執行各個程序
INCLUDE Irvine32.inc
.data
CaseTable BYTE 'A'                   ; 查詢值
          DWORD   Process_A          ; 程序的位址
          EntrySize = ($ - CaseTable)
          BYTE 'B'
          DWORD   Process_B
          BYTE 'C'
          DWORD   Process_C
          BYTE 'D'
          DWORD   Process_D
NumberOfEntries = ($ - CaseTable) / EntrySize
prompt BYTE "Press capital A,B,C,or D: ",0
```

為每個程序定義不同的訊息字串:

```
msgA BYTE "Process_A",0
msgB BYTE "Process_B",0
msgC BYTE "Process_C",0
msgD BYTE "Process_D",0
.code
main PROC
     mov   edx,OFFSET prompt         ; 要求使用者輸入字元
     call  WriteString
     call  ReadChar                  ; 將讀取到的字元存入 AL中
     mov   ebx,OFFSET CaseTable      ; EBX指向表格
     mov   ecx,NumberOfEntries       ; 將迴圈計數器的值搬移到ECX
L1:
     cmp   al,[ebx]                  ; 比較是否符合?
     jne   L2                        ; 否:繼續執行迴圈
     call  NEAR PTR [ebx + 1]        ; 是:呼叫相對應程序
```

上述 CALL 指令所呼叫的程序，其位址是儲存在由 EBX+1 參照的記憶體位置中。而此一間接形式的呼叫，需要使用到 NEAR PTR 運算子。

```
        call    WriteString             ; 顯示訊息
        call    Crlf
        jmp     L3                      ; 離開搜尋的迴圈
L2:
        add     ebx,EntrySize           ; 指向下一個項目
        loop    L1                      ; 重複迴圈直到ECX = 0
L3:
        exit
main ENDP
```

下列每個程序都會將一個不同的字串的位移，搬移到 EDX 中：

```
Process_A   PROC
    mov     edx,OFFSET msgA
    ret
Process_A   ENDP
Process_B   PROC
    mov     edx,OFFSET msgB
    ret
Process_B   ENDP
Process_C   PROC
    mov     edx,OFFSET msgC
    ret
Process_C   ENDP
Process_D   PROC
    mov     edx,OFFSET msgD
    ret
Process_D   ENDP
END main
```

　　雖然表格驅動式選擇的方法包含了一些初始上的負擔，但是它可以減少設計人員撰寫的程式碼數量。另外，表格可以處理大量的比較動作，而且也比一長串的比較、跳越和 CALL 指令容易進行修改，甚至在執行時期也可以修改。

6.5.5　自我評量

　　請注意：請在所有複合運算式中，使用捷徑估算的方式，並且假設 **val1**、**X** 都是 32 位元的變數。

1.　試以組合語言實作以下虛擬碼：

```
if ebx > ecx
    X = 1
```

2.　試以組合語言實作以下虛擬碼：

```
if edx <= ecx
    X = 1
else
    X = 2
```

3. 在第 6.5.4 節的程式中，為什麼讓組譯器計算 NumberOfEntries，會比指定一個 NumberOfEnteries = 4 常數來得好？

4. （**挑戰題**）：請改寫第 6.5.3 節的程式碼，使此程式可以較少的指令，完成相同的功能。

6.6　應用程式：有限狀態機

　　有限狀態機 (finite-state machine, FSM) 指的是一個依據不同輸入值，而改變狀態的機器或程式，使用圖表來描述 FSM 較容易理解，在這樣的圖表中，會包含方形（或圓形）圖形及方形與方形之間具有箭號的線條，其中，具有箭頭的線條稱為**邊 (edges)** 或**弧 (arcs)**，而方形或圓形則稱為**節點 (nodes)**。

　　圖 6-3 顯示的是一個簡單的例子，其中每個節點代表一個狀態，而每條邊則代表一個狀態到另一個狀態的轉換。在有限狀態機的圖表中，會有一個指定為**起始狀態 (initial state)** 的節點，而在我們所畫的圖表中，起始狀態顯示為進入圖表的第一個含有箭號之線條，其餘狀態則以數字或字母作為標記。此外，還會有一個或多個狀態被指定為**終端狀態 (terminal states)**，是以較粗實線的方形加以表示。終端狀態代表程式可以在此停止，且不會產生錯誤。有限狀態機其實是一般性結構型態的特殊型態，這種一般性結構稱為**有向圖 (directed graph, 或簡寫為 digraph)**，而所謂有向圖是指以具有特定方向的邊，連接起來的一組節點。

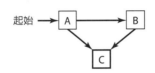

圖 6-3　有限狀態機的範例

6.6.1　驗證輸入的字串

　　讀取輸入資料流的程式，經常必須執行一定數量的錯誤檢查，來檢驗輸入的內容是否正確。例如，程式語言的編譯器可以利用有限狀態機，來掃描原始程式，並且將字組和符號轉換為 tokens；它是指如關鍵字、算術運算子和識別字等物件。

　　在使用有限狀態機去檢查輸入字串的正確性時，必須一個字元接著一個字元地讀取資料，而在圖形中，每個字元都是以邊 [轉換 (transtition)] 來代表。有限狀態機會使用以下兩種方法的其中之一，來偵測不合法的輸入順序：

- 下一個輸入字元並未對應到從現行狀態出發的任何轉換。
- 輸入動作已到達尾端，但是現行狀態卻不是終端狀態。

字元字串範例

接下來將根據以下兩個規則，檢查輸入字串的正確性：

- 輸入字串必須以字母 'x' 為開頭，並且以字母 'z' 為結尾。
- 在第一個字元和最後一個字元之間，可以有零或多個字母，而這些字母必須在 {'a'..'y'} 的範圍之內。

圖 6-4 的 FSM 圖示描述了此一語法，其中每個轉換都被視爲一種特別形式的輸入。舉例來說，只有當字母 x 從輸入資料流中被讀取時，由狀態 A 到狀態 B 的轉換才可能完成。另外，當輸入除了 z 以外的任何字母時，由狀態 B 到狀態 B 本身的轉換便會完成。至於狀態 B 到狀態 C 的轉換，則只有當從輸入資料流中讀取到的是字母 z 時，才會完成。

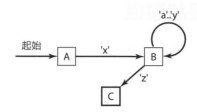

圖 6-4 以 FSM 驗證輸入的字串

如果在程式處於狀態 A 或狀態 B 時，輸入資料流已到達尾端，那麼將會發生錯誤情況，因爲在此例子中，只有狀態 C 被標記爲終端狀態。舉例來說，以下輸入的字串是這個 FSM 所認可的：

```
xaabcdefgz
xz
xyyqqrrstuvz
```

6.6.2 驗證有號整數

圖 6-5 顯示的是一個用於分析有號整數的有限狀態機，在此有限狀態機的規則中，輸入資料含有一個非必要的前導符號，其後緊接著一連串數字。此外，在此圖形中並沒有說明輸入數字的最大數量。

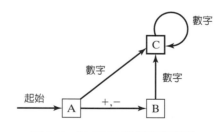

圖 6-5 以 FSM 驗證有號整數

有限狀態機非常容易轉換成組合語言程式碼，在圖形中的每個狀態 (A, B, C,…) 都可以在程式碼中使用標籤加以表示，然後在每個標籤處，可能會執行下列動作：

1. 呼叫輸入程序來讀取下一個輸入的字元。
2. 如果狀態爲終止，則檢查使用者是否按下 Enter 鍵來結束輸入的動作。
3. 使用一或多個比較指令，以便檢查從現行狀態所可能進行的下一步轉換。而且在每個比較指令執行之後，都緊接著條件跳越指令。

例如，在狀態 A 上，以下的程式碼將讀取下一個輸入字元，並執行是否進入狀態 B 的檢查動作：

```
StateA:
    call  Getnext                  ; 將下一個字元讀取進AL
    cmp   al,'+'                   ; 判斷輸入字元是否為 + 符號？
    je    StateB                   ; 到狀態B
    cmp   al,'-'                   ; 判斷輸入字元是否為 - 符號？
    je    StateB                   ; 到狀態B
    call  IsDigit                  ; 如果AL的內容值是數字，則ZF = 1
    jz    StateC                   ; 到狀態C
    call  DisplayErrorMsg          ; 發現無效的輸入字元
    jmp   Quit
```

接下來將檢視上述程式的細節，首先呼叫 **Getnext** 程序，由主控台讀取下一個字元至 AL 暫存器，接著檢查是否含有 + 或 – 等符號，檢查方式是先在 AL 暫存器比對是否含有 ‘+’ 字元，若找到此字元，則執行跳越至標籤 **StateB** 的位置：

```
StateA:
    call  Getnext                  ; 讀取字元至AL
    cmp   al,'+'                   ; 檢查是否有 + 符號？
    je    StateB                   ; 跳越至B
```

此時請回頭看圖 6-5，此圖由狀態 A 至狀態 B 的轉換，只有在輸入資料中找到 + 或 – 等符號時，才可執行，所以還必須再加上檢查負號的程式：

```
cmp   al,'-'                       ; 檢查是否有 - 符號？
je    StateB                       ; 跳越至State B
```

如果無法轉換至狀態 B，則接著必須在 AL 暫存器檢查是否含有數字資料，以便引發轉換至狀態 C。這個動作是以 IsDigit（來自本書函式庫）程序來完成，若檢查結果是數字，則設定零值旗標：

```
call  IsDigit                      ; 若AL含有數字則ZF = 1
jz    StateC                       ; 轉換至狀態C
```

至此就完成了由狀態 A 開始的所有可能轉換設計，若在 AL 暫存器找不到符號字元及數字，就會呼叫 DisplayErrorMsg（在主控台視窗顯示錯誤訊息）程序，再跳越至名為 Quit 的標籤位置：

```
call  DisplayErrorMsg              ; 找到不合法的輸入資料
jmp   Quit
```

Quit 標籤的位置是在 main 程序之末，功能是結束程式：

```
Quit:
    call Crlf
    exit
main ENDP
```

簡單的有限狀態機

下列程式所實作的是圖 6-5 的有限狀態機，此圖描述的是有號整數：

```
    ; Finite State Machine                     (Finite.asm)

    INCLUDE Irvine32.inc

    ENTER_KEY = 13
    .data
    InvalidInputMsg BYTE "Invalid input",13,10,0

    .code
    main PROC
        call   Clrscr

    StateA:
        call   Getnext                 ; 讀取下一個字元到 AL
        cmp    al,'+'                   ; 是前導的 + 號嗎？
        je     StateB                   ; 跳越到狀態 B
        cmp    al,'-'                   ; 是前導的 - 號嗎？
        je     StateB                   ; 跳越到狀態B
        call   IsDigit                  ; 若AL 內含的是數字，則ZF = 1
        jz     StateC                   ; 跳越到 C
        call   DisplayErrorMsg          ; 發現無效的輸入
        jmp    Quit

    StateB:
        call   Getnext                 ; 讀取下一個字元到 AL
        call   IsDigit                  ; 若AL 內含的是數字，則ZF = 1
        jz     StateC
        call   DisplayErrorMsg          ; 發現無效的輸入
        jmp    Quit

    StateC:
        call   Getnext                 ; 讀取下一個字元到 AL
        call   IsDigit                  ; 若AL 內含的是數字，則ZF = 1
        jz     StateC
        cmp    al,ENTER_KEY             ; 按下的是Enter鍵嗎？
        je     Quit                     ; 是：離開程式
        call   DisplayErrorMsg          ; 否：發現無效的輸入
        jmp    Quit

    Quit:
        call   Crlf
        exit
    main ENDP

    ;-----------------------------------------------
    Getnext PROC
    ;
    ; 由標準輸入得取一個字元
    ; 接收參數：無
    ; 回傳值： AL內含該字元
    ;-----------------------------------------------
        call ReadChar                   ; 由鍵盤輸入
        call WriteChar                  ; 在螢幕上顯示該輸入
        ret
    Getnext ENDP

    ;-----------------------------------------------
    DisplayErrorMsg PROC
    ;
    ; 顯示錯誤訊息，指出輸入字串流含有
    ; 不正確的字元
```

```
;  接收參數：無
;  回傳值：無
;------------------------------------------------
     Push   edx
     mov    edx,OFFSET InvalidInputMsg
     call   WriteString
     pop    edx
     ret
DisplayErrorMsg ENDP
END main
```

IsDigit 程序

　　以上實作有限狀態機的例子中，使用了本書函式庫提供的 **IsDigit** 程序，以下說明這個程序的原始碼。它會由 AL 暫存器接收資料，再依據資料內容進行處理，將結果置於零值旗標：

```
;--------------------------------------------------------------------
IsDigit PROC
;
; 判斷AL中的字元是否是有效的十進位數字。
; 接收的參數：AL = 字元。
; 回傳值：如果AL內容有效的十進位數字，則ZF = 1，否則，ZF = 0.
;--------------------------------------------------------------------
     cmp  al,'0'
     jb   ID1                          ; 在執行跳越動作時ZF = 0
     cmp  al,'9'
     ja   ID1                          ; 在執行跳越動作時ZF = 0
     test ax,0                         ; 設定ZF = 1
ID1: ret
IsDigit ENDP
```

　　在閱讀 IsDigit 程序的程式以前，請先在以下表格瀏覽各數字的 ASCII 碼，由於各數字 ASCII 碼是連續數值，所以只需要在第一個及最後一個值的範圍之間，執行檢查即可：

字元	'0'	'1'	'2'	'3'	'4'	'5'	'6'	'7'	'8'	'9'
ASCII碼 (十六進位)	30	31	32	33	34	35	36	37	38	39

　　在 IsDigit 程序中，前兩個指令會先取得 AL 暫存器字元的 ASCII 碼，再與數字 0 的 ASCII 碼做比較，如果字元的 ASCII 碼小於 0 的 ASCII 碼，程式就會跳越至標籤 ID1：

```
cmp  al,'0'
jb   ID1                          ; 若ZF = 0，則執行跳越
```

　　但您可能會問，若 JB 指令將控制權轉移至 ID1 標籤，我們要如何知道零值旗標的狀態？這個問題的答案是 CMP 指令－它會在 AL 暫存器所含內容及零值 (30h) 之間執行隱含的相減運算，如果 AL 暫存器的值較小，就會設定進位旗標及清除零值旗標，（也許您會希望在除錯器中逐步執行此一過程）JB 指令的功能就是在 CF = 1 及 ZF = 0 時，轉換控制項至到指定的標籤。

　　接下來的 IsDigit 程序會再比較 AL 儲存格內容及數字 9 的 ASCII 碼，若其值較大，就會跳越到同一個標籤：

```
cmp   al,'9'
ja    ID1                          ; 若ZF = 0，則執行跳越
```

若 AL 所含字元的 ASCII 碼大於數字 9 的 ASCII 碼 (39h)，就會清除進位及零值旗標。這兩個旗標都被清除時，就會導致 JA 轉換控制權到指定標籤。

若 JA 及 JB 都沒有執行跳越，就可以假定 AL 所含資料不是數字，此時必須加入一個指令，確保可以設定零值旗標，做法是在資料的所有位元，執行與 0 的所有位元之隱含式 AND 運算，其結果必須是 0：

```
test   ax,0                        ; 設定ZF = 1
```

由於 IsDigit 程序中的 JB 及 JA 指令，都會在 TEST 指令之前跳越到指定標籤，故若發生了跳越，可以確定零值旗標是處於清除狀態，以下是完整的程序內容：

```
Isdigit PROC
    cmp   al,'0'
    jb    ID1                      ; 若ZF = 0，則執行跳越
    cmp   al,'9'
    ja    ID1                      ; 若ZF = 0，則執行跳越
    test  ax,0                     ; 設定ZF = 1
ID1: ret
Isdigit ENDP
```

在要求即時及高效能的應用系統中，設計人員經常需要發揮硬體的最佳功能，執行撰寫的程式。IsDigit 程序就是一個較佳範例，因為它使用 JB、JA 及 TEST 等指令設定的旗標，作為回傳值，且回傳內容是布林型態。

6.6.3　自我評量

1. 有限狀態機是使用哪種資料結構的特殊應用程式？
2. 在有限狀態機的圖示中，節點代表的是什麼？
3. 在有限狀態機的圖示中，邊代表的是什麼？
4. 在有號整數的有限狀態機（第 6.6.2 節）中，當輸入資料是 "+5" 時，將抵達哪一個狀態？
5. 在有號整數的有限狀態機（第 6.6.2 節）中，在負號之後可以出現多少個數字？
6. 在有限狀態機中，當不會再有輸入字元出現時，但目前狀態卻不是終端狀態時，請問會產生什麼情況？
7. 以下是一個有號十進位整數的有限狀態機的簡化圖，請問它可以和第 6.6.2 節中所示的圖形，同樣運作得宜嗎？如果不能，請說明為什麼？

6.7　條件控制流程指引

　　MASM 提供許多高階的**條件控制流程指引 (conditional control flow directives)**，可以協助設計人員有效率地撰寫條件敘述的程式。可惜，它無法在 64 位元模式中使用。在組譯器執行組譯之前，會先進行組譯前準備的動作，在這個步驟中，它會先識別如 .CODE、.DATA 等，可以產生條件分支流程的指引，表 6-7 列出此類指引：

表6-7　條件控制流程指引

指引	說明
.BREAK	產生中止 .WHILE 或 .REPEAT 區塊的程式碼。
.CONTINUE	產生跳越至 .WHILE 或 .REPEAT 等區塊位置之首的程式碼。
.ELSE	產生 .IF 之後條件式為偽，執行的程式碼區塊起始位置。
.ELSEIF *condition*	產生可以測試 *condition* 的 ELSEIF 敘述，以及結果為真時執行的程式碼，直到 .ENDIF 或另一個 .ELSEIF 指引為止。
.ENDIF	在 .IF、.ELSE 或 .ELSEIF 等指引內，結束區塊的敘述。
.ENDW	在 .WHILE 指引內結束區塊的敘述。
.IF **condition**	產生可以測試 *condition* 的 IF 敘述及在結果為真時，執行時的程式碼。
.REPEAT	產生重複執行的程式碼，直到條件式為真時。
.UNTIL *condition*	產生可以執行在 .REPEAT 和 .UNTIL 之間的程式碼，直到 *condition* 結果為真時停止。
.UNTILCXZ	產生可以執行在 .REPEAT 和 . UNTILCXZ 之間的程式碼，直到 *CX* 等於 *0* 為止。
.WHILE *condition*	只要 *condition* 為真，就產生可執行 .WHILE 和 .ENDW 之間的程式碼。

6.7.1　建立 IF 敘述

　　.IF、.ELSE、.ELSEIF 和 .ENDIF 等，這些指引讓程式設計人員快速編寫出多路分支邏輯的程式碼。它們使組譯器在背景運作中，產生 CMP 和條件跳越指令，置於組譯器產生的輸出清單檔 (progname.lst) 檔案中。其語法如下：

```
.IF condition1
    statements
[.ELSEIF condition2
    statements ]
[.ELSE
    statements ]
.ENDIF
```

　　以上的方括號表示 .ELSEIF 和 .ELSE 並不是必要的，而 .IF 和 .ENDIF 則是必要的。此外，以上的條件是一個布林運算式，其中所使用的運算子和 C++ 及 Java 中所使用的運算子相同（例如像是 <、>、= = 和 !=）。程式將在執行時期判斷此運算式是否成立。以下是有效條件式的例子，並使用 32 位元暫存器和變數：

```
eax > 10000h
val1 <= 100
val2 == eax
val3 != ebx
```

以下是複合條件式的例子：

```
(eax > 0) && (eax > 10000h)
(val1 <= 100) || (val2 <= 100)
(val2 != ebx) && !CARRY ?
```

表 6-8 所示是關係運算子和邏輯運算子的完整清單。

表6-8　執行時期的關係及邏輯運算子

運算子	說明
expr1 == *expr2*	當 *expr1* 等於 *expr2* 時回傳 true（　）
expr1 != *expr2*	當 *expr1* 不等於 *expr2* 時回傳 true
expr1 > *expr2*	當 *expr1* 大於 *expr2* 時回傳 true
expr1 ≧ *expr2*	當 *expr1* 大於或等於 *expr2* 時回傳 true
expr1 < *expr2*	當 *expr1* 小於 *expr2* 時回傳 true
expr1 ≦ *expr2*	當 *expr1* 小於或等於 *expr2* 時回傳 true
! *expr*	當 expr 為 false（偽）時回傳 true
expr1 && *expr2*	在 *expr1* 和 *expr2* 之間執行邏輯 AND 運算
expr1 ‖ *expr2*	在 *expr1* 和 *expr2* 之間執行邏輯 OR 運算
expr1 & *expr2*	在 *expr1* 和 *expr2* 之間執行逐位元 AND 運算
CARRY?	如果進位旗標呈設定狀態，則回傳 true
OVERFLOW?	如果溢位旗標呈設定狀態，則回傳 true
PARITY?	如果同位旗標呈設定狀態，則回傳 true
SIGN?	如果符號旗標呈設定狀態，則回傳 true
ZERO?	如果零值旗標呈設定狀態，則回傳 true

> 因此在使用 MASM 決策指引之前，必須確信自己已透徹瞭解如何在純組合語言環境中，使用條件分支指令。除此以外，當一個具有決策指引的程式被組譯時，務必檢視其清單檔，以便確保由 MASM 產生的程式碼是自己所想要的。

產生 ASM 程式碼

若在程式中使用了如 .IF 和 .ELSE 等高階指引時，組譯器會為設計人員扮演程式碼撰寫者的角色。例如，以下範例使用了可以比較 EAX 和變數 **val1** 的 .IF 指引：

```
mov eax,6
.IF eax > val1
   mov result,1
.ENDIF
```

以上程式碼假定 **val1** 和 **result** 都是 32 位元的無號整數，當組譯器讀取到上述幾行程式碼時，會將它們展開為以下的組合語言指令，您也可在 Visual Studio 執行時，查看其內容，點擊右鍵，選擇反組譯器：

```
        mov eax,6
        cmp eax,val1
        jbe @C0001                          ; 無號整數比較的跳越
        mov result,1
@C0001:
```

上述的標籤名稱 @C0001 是由組譯器所建立的，組譯器賦予的標籤名稱，可以確保在相同程序內的所有標籤都是唯一的。

若要檢視原始碼，不論是不是 MASM 所產生的程式碼，可以在 Visual Studio 中設定專案屬性。以下是此一操作方式：由專案功能表點選 Project 屬性，再分別選擇 Microsoft Macro Assembler、Listing File，最後設定 Enable Assembly Generated Code Listing 為是 (Yes)。

6.7.2　有號和無號的比較

當讀者使用 .IF 指引去比較一些值時，必須知道 MASM 是如何產生條件跳越指令的。如果比較過程牽涉到無號變數，那麼在所產生的程式碼中，將會插入無號的條件跳越指令。前一個範例針對 EAX 和 **val1** 進行了比較，其中 val1 是無號的雙字組，而下列程式碼則是前一個範例的重複版本：

```
.data
val1 DWORD 5
result DWORD  ?
.code
    mov eax,6
    .IF eax > val1
    mov result,1
    .ENDIF
```

組譯器會使用 JBE（無號的跳越）指令，並將上述程式碼展開如下：

```
        mov eax,6
        cmp eax,val1
        jbe @C0001                          ; 無號整數比較的跳越
        mov result,1
@C0001:
```

比較有號整數

如果比較 .IF 過程牽涉到有號變數，那麼在所產生的程式碼中，將會插入有號的條件跳越指令。例如在以下的範例中，**val2** 是有號雙字組：

```
.data
val2 SDWORD -1
result DWORD  ?
.code
    mov eax,6
    .IF eax > val2
    mov result,1
    .ENDIF
```

現在組譯器會使用 JLE 指令，來產生組合語言程式碼，JLE 指令會依據有號數的比較結果來進行跳越：

```
    mov eax,6
    cmp eax,val2
    jle @C0001                      ; 有號整數比較的跳越
    mov result,1
@C0001:
```

針對暫存器的比較

接下來我們想要了解的問題是如果比較的對象是兩個暫存器，其結果會是如何？很顯然地，組譯器沒辦法判斷暫存器中的值是有號還是無號：

```
mov eax,6
mov ebx,val2
.IF eax > ebx
    mov result,1
.ENDIF
```

以下的程式是組譯器所產生的，由此段程式可知，組譯器預設會進行無號整數的比較（請注意使用的是 JBE 指令）。

```
    mov eax,6
    mov ebx,val2
    cmp eax, ebx
    jbe @C0001
    mov result,1
@C0001:
```

6.7.3　複合運算式

許多複合布林運算式使用了邏輯 OR 和 AND 運算子。在使用 .IF 指引時，符號 || 代表邏輯 OR 運算子：

```
.IF expression1 || expression2
    statements
.ENDIF
```

同樣地，符號 && 代表邏輯 AND 運算子：

```
.IF expression1 && expression2
    statements
.ENDIF
```

下一個程式範例將使用到邏輯 OR 運算子。

SetCursorPosition 範例

以下範例顯示的 **SetCursorPosition** 程序，將對兩個輸入參數 DH 和 DL，執行範圍的檢查（參見 SetCur.asm）。其中 Y 座標 (DH) 的範圍必須在 0 至 24 之間，而 X 座標 (DL) 則必須在 0 至 79 之間。如果兩者之中有任何一個座標超出範圍，將會顯示錯誤訊息：

```
SetCursorPosition PROC
; 設定游標位置
; 接收參數：DL = X-座標，DH = Y-座標
; 檢查DL和DH的範圍
;回傳值：無
;-------------------------------------------------
.data
BadXCoordMsg BYTE "X-Coordinate out of range!",0Dh,0Ah,0
BadYCoordMsg BYTE "Y-Coordinate out of range!",0Dh,0Ah,0

.code
    .IF (dl < 0) || (dl > 79)

        mov   edx,OFFSET BadXCoordMsg
        call  WriteString
        jmp   quit
    .ENDIF

    .IF (dh < 0) || (dh > 24)
        mov   edx,OFFSET BadYCoordMsg
        call  WriteString
        jmp   quit

    .ENDIF

    call Gotoxy
quit:
    ret
SetCursorPosition ENDP
```

以下是 MASM 針對 SetCursorPosition 程序在前置處理產生的程式碼：

```
.code
; .IF (dl < 0) || (dl > 79)

    cmp   dl, 000h
    jb    @C0002
    cmp   dl, 04Fh
    jbe   @C0001
@C0002:
    mov   edx,OFFSET BadXCoordMsg
    call  WriteString
    jmp   quit
    ; .ENDIF

@C0001:
; .IF (dh < 0) || (dh > 24)
    cmp   dh, 000h
    jb    @C0005
    cmp   dh, 018h
    jbe   @C0004

@C0005:
    mov   edx,OFFSET BadYCoordMsg
    call  WriteString
    jmp   quit
    ; .ENDIF

@C0004:
    call  Gotoxy
quit:
    ret
```

學院註冊的範例

假設有一位學院學生想要註冊入學，我們將使用兩個標準，來決定該名學生能否註冊：第一個標準是學生的平均等級，其中等級被劃分為 0 至 400 級別，而 400 是學生可能得到的最高級別。第二個標準則是學生想要修讀的學分數。此範例使用了多路分支結構，它牽涉到 .IF、.ELSEIF 及 .ENDIF 等指引。其範例（參見 Regist.asm）如下：

```
.data
TRUE = 1
FALSE = 0
gradeAverage WORD 275                 ; 測試資料值
credits WORD 12                       ; 測試資料值
OkToRegister BYTE  ?
.code
    mov OkToRegister,FALSE
    .IF gradeAverage > 350
       mov OkToRegister,TRUE
    .ELSEIF (gradeAverage > 250) && (credits <= 16)
       mov OkToRegister,TRUE
    .ELSEIF (credits <= 12)
       mov OkToRegister,TRUE
.ENDIF
```

表 6-9 列出了組譯器所產生的相對應程式碼，讀者可以在 Microsoft Visual Studio 除錯器中的反組譯視窗上，查看這些程式碼。（此處已稍做整理，以便使其更容易閱讀。）如果讀者在程式組譯的過程中，使用了 /Sg 命令列選項，則 MASM 所產生的程式碼將出現在來源清單檔 (source listing file) 中。定義的常數大小（如目前程式碼範例的 TRUE 及 FALSE）都是 32 位元，也就是說，若一個常數移至 BYTE 位址，MASM 會插入 BYTE PTR 運算子。

表6-9 學院註冊範例，由MASM產生的程式碼

```
        mov   byte ptr OkToRegister,FALSE
        cmp   word ptr gradeAverage,350
        jbe   @C0006
        mov   byte ptr OkToRegister,TRUE
        jmp   @C0008
@C0006:
        cmp   word ptr gradeAverage,250
        jbe   @C0009
        cmp   word ptr credits,16
ja @C0009
        mov   byte ptr OkToRegister,TRUE
        jmp   @C0008
@C0009:
        cmp   word ptr credits,12
        ja    @C0008
        mov   byte ptr OkToRegister,TRUE
@C0008:
```

6.7.4 用 .REPEAT 及 .WHILE 建立迴圈

.REPEAT 和 .WHILE 指引兩者皆可提供 CMP 及條件式跳越的另一種作法，使設計人員可以撰寫出具有 CMP 和條件跳越指令的迴圈。這兩個指引也允許使用表 6-8 中所列舉的條件運算式，此外在對 .UNTIL 指引之後的執行時期條件進行測試以前，.REPEAT 指引會先執行迴圈本體：

```
.REPEAT
     statements
.UNTIL condition
```

相反地，.WHILE 指引在執行迴圈本體之前，會先測試迴圈條件：

```
.WHILE condition
     statements
.ENDW
```

範例

以下的敘述使用了 .WHILE 指引，顯示數值 1 到 10：迴圈計數器 (EAX) 在開始之前設定初值為 0，接下來第一行敘述加入至迴圈內，EAX 開始遞增其值，.WHILE 指引則會在 EAX 等於 10 時，將控制權轉移至迴圈之外。

```
mov eax,0
.WHILE eax < 10
    inc  eax
    call WriteDec
    call Crlf
.ENDW
```

以下的敘述則利用 .REPEAT 指引，顯示出數值 1 到 10：

```
mov eax,0
.REPEAT
    inc  eax
    call WriteDec
    call Crlf
.UNTIL eax == 10
```

範例：含有 IF 敘述的迴圈

本章稍早之前的第 6.5.3 節中，曾提及如何為 WHILE 迴圈內部含有 IF 敘述的結構，撰寫組合語言程式碼。以下是其虛擬碼：

```
while( op1 < op2 )
{
    op1++;
    if( op1 == op3 )
      X = 2;
    else
      X = 3;
}
```

下列程式碼使用了 .WHILE 及 .IF 指引，來實作上述的虛擬碼。另外，因為 **op1**、**op2** 和 **op3** 都是變數，為了避免任何一個指令中包含了兩個記憶體運算元，所以此程式碼將它們都搬移入暫存器：

```
.data
X DWORD 0
op1 DWORD 2                              ; 測試資料
op2 DWORD 4                              ; 測試資料
op3 DWORD 5                              ; 測試資料
.code
    mov eax,op1
    mov ebx,op2
    mov ecx,op3
    .WHILE eax < ebx
      inc eax
      .IF eax == ecx
          mov X,2
      .ELSE
          mov X,3
      .ENDIF
    .ENDW
```

6.8 本章摘要

AND、OR、XOR、NOT 和 TEST 指令皆可稱為**逐位元指令**，因為這幾個指令都在位元層次上進行操作。也就是說，在執行這些指令時，來源運算元中的每個位元都會與目的運算元中相同位置的位元配成對，並且進行相關的邏輯運算：

- 當兩個輸入位元皆為 1 時，AND 指令將產生 1 的結果。
- 當兩個輸入位元其中至少有一個為 1 時，OR 指令將產生 1 的結果。
- 只有當兩個輸入位元具有不同位元值時，XOR 指令才會產生 1 的結果。
- TEST 指令會對目的運算元，執行隱含的 AND 運算，並且根據此運算的結果，適當地設定相關旗標值。此指令不會改變目的運算元的值。
- NOT 指令會將目的運算元中的所有位元值予以反向。

CMP 指令會將目的運算元和來源運算元進行比較。此指令會執行隱含的減法運算，而將目的運算元減去來源運算元，並且根據運算結果，修改 CPU 的各狀態旗標。CMP 的後面通常緊接著條件跳越指令，藉以將程式的控制權轉移到某個程式碼標籤處。

以下是本章所介紹的四種條件跳越指令：

- 表 6-2 列舉的跳越指令，會根據特定旗標值而執行動作，例如 JC (jump carry)、JZ (jump zero) 及 JO (jump overflow) 等指令。
- 表 6-3 列舉的指令，會根據等式的不同結果而跳越，例如 JE (jump equal)、JNE (jump not equal) 及 JECXZ (jump if ECX = 0) 等指令。
- 表 6-4 列舉的條件跳越指令，會根據無號數比較的結果而執行動作，例如 JA (jump if above)、JB (jump if below) 及 JAE (jump if above or equal) 等指令。
- 表 6-5 列舉的條件跳越指令，會根據有號數比較的結果而執行動作，例如 JL (jump if less) 以及 JG (jump if greater) 等指令。

在 32 位元模式中，當零值旗標被設定，而且 ECX 大於 0 時，LOOPZ (LOOPE) 指令會重複執行迴圈。而當零值旗標被清除，而且 ECX 大於 0 時，LOOPNZ (LOOPNE) 會重複執行迴圈。

加密是一種將資料編碼的處理過程，而**解密**則是將資料解碼的處理過程。利用 XOR 指令可以執行簡單的加密和解密工作，不過一次只能處理一個位元組。

流程圖是以視覺化的方式，呈現程式邏輯的有效工具。藉助流程圖作為模型，我們可以輕易地撰寫組合語言程式碼。在流程圖的每個圖形符號上附加標籤，並且在組合語言原始碼中使用相同的標籤，這樣的做法是相當有用的。

在驗證含有可辨識字元的字串時，例如像是有號整數等，**有限狀態機 (FSM)** 是一種有效的工具。在使用組合語言實作有限狀態機時，如果將每個狀態以標籤加以表示，可以在清楚標示的協助下，完成設計。

.IF、.ELSE、.ELSEIF 和 .ENDIF 指引用於評估執行時期的運算式，並且相當程度地簡化了編寫組合語言程式碼的工作。尤其在撰寫複雜的複合布林運算式時，特別有用。讀者也可以使用 .WHILE 和 .REPEAT 指引，建立條件迴圈。

6.9　重要術語

6.9.1　術語

位元對應集合 (bit-mapped set)

位元遮罩 (bit mask)

位元向量 (bit vector)

布林運算式 (boolean expression)

密文 (cipher text)

複合運算式 (compound expression)

條件分支 (conditional branching)

條件控制流程指引 (conditional control flow directives)

條件結構 (conditional structure)

解密 (decryption)

有向圖 (directed graph)

邊 (edge)

加密 (encryption)

有限狀態機 (finite-state machine, FSM)

起始狀態 (initial state)

金鑰（解密）(key (encryption))

邏輯 AND 運算子 (logical AND operator)

邏輯 OR 運算子 (logical OR operator)

遮罩（位元）(masking (bits))

節點 (node)

明文 (plain text)

集合補集 (set complement)

集合交集 (set intersection)

集合聯集 (set union)

捷徑估算 (short-circuit evaluation)

對稱加密 (symmetric encryption)

終止狀態 (terminal state)

表格驅動式選擇 (table-driven selection)

白箱測試 (white box testing)

6.9.2　指令、運算子與指引

AND	JRCXZ	JNL
.BREAK	JG	JNP
CMP	JGE	JNS
.CONTINUE	JL	JNZ
.ELSE	JLE	LOOPE
.ELSEIF	JP	LOOPNE
.ENDIF	JS	LOOPZ
.ENDW	JZ	LOOPNZ
.IF	JNA	NOT
JA	JNAE	OR
JAE	JNB	.REPEAT
JB	JNBE	TEST
JBE	JNC	.UNTIL
JC	JNE	.UNTILCXZ
JE	JNG	.WHILE
JECXZ	JNGE	XOR

6.10　本章習題與練習

6.10.1　簡答題

1. 下列指令執行後，BX 的數值是什麼？

   ```
   mov   bx,0FFFFh
   and   bx,6Bh
   ```

2. 下列指令執行之後，請問 AX 的數值為？

   ```
   mov   ax,0fe4h
   and   ax,7865h
   ```

3. 下列指令執行後，BX 的數值是什麼？

   ```
   mov   bx,0649Bh
   or    bx,3Ah
   ```

4. 下列指令執行後，BX 的數值是什麼？

   ```
   mov   bx,029D6h
   xor   bx,8181h
   ```

5. 下列指令執行之後，請問 AX 的數值為？

   ```
   mov   ax,7896h
   or    ax,0fffh
   ```

6. 下列指令執行後，RBX 的數值為？

```
mov   rbx,0AFAF649Bh
xor   rbx,0FFFFFFFFh
```

7. 請依照下列指令順序，以二進位的格式顯示 AL 的結果：

```
mov   al,01101111b
and   al,00101101b                ; a.
mov   al,6Dh
and   al,4Ah                      ; b.
mov   al,00001111b
or    al,61h                      ; c.
mov   al,94h
xor   al,37h                      ; d.
```

8. 給予 AX、BX 與 CX 初始值為 009Eh、325Dh 與 4709h，請問下列指令執行之後，ZF 與 CF 目的運算元的數值為？

```
and    bx,cx                      ; a.
or     ax,bx                      ; b.
xor    ax,cx                      ; c.
test   ax,cx                      ; d.
cmp    al,cl                      ; e.
cmp    ax,bx                      ; f.
test   al,bl                      ; g.
and    ah,ch                      ; h.
```

9. 請依照下列指令的順序，顯示進位、零值與符號旗標的數值：

```
mov   al,00001111b
test  al,00000010b                ; a.  CF=  ZF=  SF=
mov   al,00000110b
cmp   al,00000101b                ; b.  CF=  ZF=  SF=
mov   al,00000101b
cmp   al,00000111b                ; c.  CF=  ZF=  SF=
```

10. 根據 ECX 的內容，哪一個條件跳越指令會執行？

11. JA 與 JNBE 如何被零值與進位旗標影響？

12. 在此程式碼執行之後，EDX 最終數值為？

```
mov   edx,1
mov   eax,7FFFh
cmp   eax,8000h
jl    L1
mov   edx,0
L1:
```

13. 下列指令執行之後，目的運算元的數值為？指令執行之後，將要控制跳轉的位置是否 OK？指令執行之後，比較進位旗標和零值旗標的狀態如何？

```
mov   ax,9878h
mov   bx,4567h
add   bx,5432h
cmp   ax,bx
jc    OK
```

14. 在此程式碼執行之後，EDX 最終數值為？

```
mov   edx,1
mov   eax,7FFFh
cmp   eax,0FFFF8000h
jl    L2
mov   edx,0
L2:
```

15. (**是非題**)：下列程式碼會跳越至 Target 標籤。

```
mov   eax,-30
cmp   eax,-50
jg    Target
```

16. 下列指令執行之後，將會跳越至 NUM ？

```
mov   ax,-25
mov   bx,-345
jge   NUM
```

17. 下列指令執行之後，什麼是 RBX 的數值？

```
mov   rbx,0FFFFFFFFFFFFFFFFh
and   rbx,80h
```

18. 下列指令執行之後，什麼是 RBX 的數值？

```
mov   rbx,0FFFFFFFFFFFFFFFFh
and   rbx,808080h
```

19. 下下列指令執行之後，請問 AL 中的數值為？

```
mov   al,'d'
and   al,'c'
```

6.10.2　演算題

1. 撰寫一個單一指令，在 AL 轉換為 ASCII 數字其對應的二進位數值。如果 AL 已經包含二進位數值 (00h~09h)，就不要改變它。

2. 請撰寫程式碼，測試兩個記憶體內容所坐落的位置是否分開。

3. 給定兩個位元遮罩 SetX 與 SetY，撰寫指令在 EAX 生產位元字串，代表在 SetX 的成員，而不是 SetY 的。

4. 撰寫指令跳越至 L1 標籤，在 DX 無號整數小於等於 CX 中的整數。

5. 請撰寫一個指令，遮罩 EBX 暫存器的上層 16 位元。

6. 撰寫指令首先清理在 AL 中的 0 與 1 位元，然後，若是目的地運算元等於 0，程式碼應該跳越至 L3 標籤，否則它會跳越至 L4 標籤。

7. 在組合語言中執行下列虛擬碼，使用捷徑計算，並假設 X 是 32 位元變數。

```
if( val1 > ecx ) AND ( ecx > edx )
    X = 1
else
    X = 2;
```

8. 在組合語言中執行下列虛擬碼，使用捷徑計算，並假設 X 是 32 位元變數。

```
if( ebx > ecx ) OR ( ebx > val1 )
    X = 1
else
    X = 2
```

9. 請撰寫一個組合順序，測試兩個 32 位元暫存器是否有相同的數字在其中，如果沒有，這個順序必須要能區分哪一個暫存器中的數字比較大。假設數字為無號數字。

```
if( ebx > ecx AND ebx > edx) OR ( edx > eax )
    X = 1
else
    X = 2
```

10. 在組合語言中執行下列虛擬碼，使用捷徑計算，並假設 A、B 與 N 是 32 位元有號整數。

```
while N > 0
    if N != 3 AND (N < A OR N > B)
        N = N - 2
    else
        N = N - 1
end whle
```

6.11　程式設計習題

6.11.1　測試程式碼建議

這裡有一些測試此章節與之後章節中編程習題程式碼的建議。

- 第一次測試時，總是使用除錯器運轉一遍。因為很容易會忽略小細節，而除錯器可以讓程式設計者一行一行的檢查。
- 如果有號陣列有特定的呼叫，要包含負數在內。
- 當輸入數值的範圍被特定出來，請包含在邊界之前、之間、及之後的測試資料。
- 建立多元測試案例，使用不同長度的陣列。
- 當您撰寫一個撰寫陣列的程式，Visual Studio 除錯器是用來評估程式的正確性最好的工具。使用除錯器的記憶體視窗來展示陣列，並選擇以十六進位還是十進位來呈現。
- 呼叫正在測試的程序之後，立即呼叫它第二次，來修正被保存之所有暫存器的程式。

    下列為範例：

```
mov  esi,OFFSET  array
mov  ecx,count
call CalcSum                ; 在 EAX傳回總和
call CalcSum                ; 如果暫存器被保留，在第二次呼叫時會被看到
```

通常在 EAX 中會有一個單一傳回值，它無法被保存。因為程式設計者通常不使用 EAX 輸出參數。

- 如果您正在計畫傳遞多個陣列到程序中，請確認您不是使用在程序中命名的陣列。反之，要在呼叫程序之前，設定 ESI 或 EDI 到陣列的位移，也就是說，您會間接使用在程序內的定址 (像是 [esi] 或 [edi])。

- 如果需要建立一個變數只用在程序內，您可以在變數之前使用 .data 指引，然後在變數之後使用 .code 指引。下列為範例：

```
MyCoolProcedure PROC
.data
sum SDWORD  ?
.code
mov sum,0
(etc.)
```

此變數是公開變數，不像一般 C++ 或 Java 語言是區域變數。但當程式設計人員宣告它在程序內，就意味著您沒有使用他的計畫。當然，您必須使用執行時期指令去初始化在程序內使用的變數，因為此程序會被呼叫超過一次，在第二次呼叫時，是不希望有任何遺漏的數值的。

6.11.2　習題敘述

★1. 填滿陣列

建立一個程序，用雙字組以 N 個隨機整數填滿陣列，要確保數值在 j....k 範圍之間。當呼叫程序時，傳遞指標到存取資料的陣列，傳遞 n 還有 j 與 k 數值。保存所有在呼叫與程序之間的暫存器數值。撰寫一個測試程式，呼叫程序兩次，使用不同數值代表 j 與 k，並使用除錯器檢查結果。

★★2. 總和範圍內的陣列元素

建立一個程序，傳回所有陣列元素的總和，範圍是 j….k。撰寫一個測試程式，呼叫程序兩次，傳遞指標到有號雙字組陣列、陣列大小以及 j 與 k 的數值。傳回總和到 EAX 暫存器中並保存所有在呼叫與程序之間的其他暫存器數值。

★★3. 測驗分數估算

建立 CalcGrade 程序，接收在 0 與 100 之間的整數值，並傳回單一大寫字母到 AL 暫存器，保存所有在暫存器與呼叫之間其他暫存器的數值。由程序傳回的字母會依照下列表格的範圍顯示：

分數範圍	字母等級
90 to 100	A
80 to 89	B
70 to 79	C
60 to 69	D
0 to 59	F

撰寫一個測試程式，產生 10 個在 50 到 100 之間的隨機整數，每個產生的整數，都傳遞到 CalcGrade 程序。您可以用除錯器測試程式，或是使用此書的函式庫，展示給各整數與它的字母。（此程式需要 Irvine32 函式庫，因為它使用隨機範圍程序。）

★★4. **學院註冊**

試以第 6.7.3 節的學院註冊範例為基礎，執行以下要求的作業：

- 使用 CMP 和條件跳越指令（取代 .IF 和 .ELSEIF 指引），重新撰寫此程式的邏輯結構。
- 對 **credits** 的值進行範圍檢查，其值不能小於 1 以及大於 30。如果發現不合規定的數值，則顯示適當的錯誤訊息。
- 提示使用者成績等級及學分數。
- 顯示對於學生的評估結果，如 "此位學生可以註冊" 或 "此位學生不可註冊"。
（此程式需要 Irvine32 函式庫）

★★★5. **布林計算器 (1)**

試建立一個程式，功能是可作為 32 位元整數的簡單布林計算器。此程式必須顯示一個清單，要求使用者從以下項目中做出選擇：

1. x AND y
2. x OR y
3. NOT x
4. x XOR y
5. 離開程式

當使用者做出決定以後，必須呼叫一個程序，功能是顯示出即將被執行的運算名稱。（我們將在後面的習題中實作這些運算。）

★★★6. **布林計算器 (2)**

試藉由實作以下程序，完成前一個習題的設計：

- AND_op：提示使用者輸入兩個十六進位整數。將這兩個輸入進行 AND 運算，並且以十六進位制顯示結果。
- OR_op：提示使用者輸入兩個十六進位整數。將這兩個輸入進行 OR 運算，並且以十六進位制顯示結果。
- NOT_op：提示使用者輸入一個十六進位整數。在此數字進行 NOT 運算，並且以十六進位制顯示結果。
- XOR_op：提示使用者輸入兩個十六進位整數。將這兩個輸入進行互斥 OR 運算，並且以十六進位制顯示結果。

★★7. 機率與顏色

試撰寫一個程式,功能是可從三個不同的顏色中隨機選擇其中一個,作為在螢幕上顯示文字的顏色。並且使用迴圈來顯示 20 行文字,每行文字的顏色請隨機選擇。其中每個顏色被使用的機率如下:白色 30%、藍色 10%、綠色 40%、紅色 20%。

提示:隨機產生介於 0 和 9 之間的整數,如果所產生的整數位於 0 和 2 之間,便選擇白色。如果所產生的整數為 3,則選擇藍色。如果所產生的整數位於 4 和 9(含)之間,便選擇綠色。測試您的程式,使之運行 10 次,觀察顏色分布的狀況,是否符合所要求的概率。(這種解決方案需要 Irvine32 函式庫。)

★★★8. 訊息加密

試將第 6.3.4 節的加密程式,修改成下列型態:提示使用者輸入一個含有多個字元的加密鑰匙。使用此鑰匙對明文進行加密和解密的工作,其作法是將鑰匙中的每個字元,與訊息中的相對應位元組進行 XOR 運算。視需要重複使用此鑰匙多次,直到明文的所有位元組轉換完畢。例如,假設鑰匙為 "ABXmv#7"。以下是鑰匙與明文的各位元組對齊後的內容。

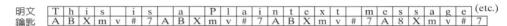

(重複使用鑰匙直到將明文轉換完畢...)

★★9. 驗證 PIN 碼

銀行會使用個人識別號碼 (Persoanl Identification Number, PIN) 來確認客戶身分。假設銀行對於客人的 PIN 有五位數的限制。下方表格會顯示可接受的範圍,數字在 PIN 當中是由左至右排列,然後我們可以看到 PIN 52413 是有效的。但是 PIN 43534 是無效的,因為第一個數不在範圍內,相對的 64535 因為最後一個數字不在範圍內,所以是無效的。

Digit Number	Range
1	5 to 9
2	2 to 5
3	4 to 8
4	1 to 4
5	3 to 6

您的任務式建立一個稱做 Validate_PIN(驗證)的程序,這個程序會接收一個指標到一個包含 5 個 PIN 碼數字的位元組陣列。請宣告兩個陣列來支持最小與最大範圍數值,並使用這兩個陣列來驗證每個通過程序的 PIN 碼數字。如果找出任何超出有效範圍的數字,請立即回報(傳回)此數字在 EAX 暫存器的位置(範圍是 1-5)。如果整個 PIN 碼是有效的,請在 EAX 中傳回 0,並保存所有呼叫與程序之間的其他暫存器。

請撰寫一個至少呼叫 Validate_PIN 四次的程式，並使用有效與無效的位元組陣列。藉由在除錯器中執行程式，檢核在 EAX 中每個程序呼叫之後的傳回數值為有效。或者，如果您傾向使用本書中的資料庫，您可以在每個程序呼叫之後，在主控台中展示 " 有效 " 與 " 無效 "。

★★★★ 10. 檢查同位

資料傳送系統與檔案子系統通常使用錯誤指引格式，此格式依賴計算資料區塊的同位（偶數或奇數）。您的任務是建立一個程序，如果陣列中的字節是偶數，傳回在 EAX 暫存器中的 True，如果是奇數，傳回 False。換句話說，如果在整個陣列中計算位元，他們的計算會是奇數或偶數。保存所有在程序與呼叫之間的暫存器數值，撰寫一個程式呼叫成績兩次，每次都傳遞指標到陣列還有陣列的長度。在 EAX 程式的傳回值是 1（真數）或 0（偽數）。要測試資料，請建立兩個陣列，包含至少 10 位元，一個是偶數同位，一個是奇數同位。

小技巧： 在此章節的前面，我們顯示了您如何可以重複使用 XOR 指令到字節數值來決定它們的同位。所以，我們建議使用迴圈。但是要小心，既然有些機器指令會影響同位旗標，而其他的不會，您可以藉由觀看附錄 B 中的獨立指令找到解答。迴圈中的程式碼會檢查同位有沒有安全的儲存與回復同位旗標的狀態，以避它不經意的修改程式碼。

Memo

7

整數算術運算

此章節介紹基礎的二進位移位 (binary shift) 與旋轉 (rotation)，它們在組合語言中是重要的一環。事實上，位元操作是電腦圖像、資料加密與硬體操作的內在組成部分。指令是一個強而有力的工具，藉由平台的獨立性，部份由高階語言所實施，部份會被隱藏。我們會顯示一些方法，讓您可以做位元移位，包含乘法與除法的最佳化。

不是所有高階語言都支援任意長度的整數演算法，但是組合語言指令不管是任何大小的整數加減法都是可以處理的。我們還會提供一些特別的指令，用來處理壓縮的十進制整數與整數字串的演算法。

7.1 移位與旋轉指令

與第 6 章所討論的逐位元指令一樣，移位指令也是組合語言最鮮明的一個特色。位元移位 (bit shifting) 表示在運算元之內向左或向右移動運算元，x86 處理器提供了特別豐富的指令集（表 7-1），而且它們全都會影響到溢位和進位旗標。

表7-1　移位及旋轉指令

SHL	向左移位
SHR	向右移位
SAL	向左算術移位
SAR	向右算術移位
ROL	向左旋轉
ROR	向右旋轉
RCL	包含進位旗標向左旋轉
RCR	包含進位旗標向右旋轉
SHLD	雙精準度的向左移位
SHRD	雙精準度的向右移位

7.1.1 邏輯移位和算術移位

對運算元所含各位元進行移位的操作，有兩種基本的方法。首先是**邏輯移位 (logical shift)**，這種方式會在移位過程中新建立的位元位置填入 0。在下圖中，一個位元組進行了邏輯移位，並且向右移位了一個位置。換言之，每一位元都移至下一個較低位置。請注意，位元 7 已被指定爲 0：

舉例來說，假設我們對二進位值 11001111，執行一次向右邏輯移位，結果產生了 01100111，其中最小位元將移位進入進位旗標：

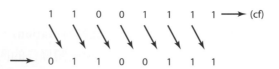

另一種移位方式稱爲**算術移位 (arithmetic shift)**，這種方式會在新建立的位元位置，填入該數值原本的正負號位元：

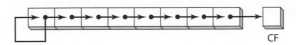

舉例來說，二進位值 11001111 的正負號位元為 1，如果將它向右執行一次算術移位，則它會變成 11100111：

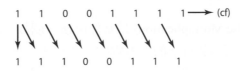

7.1.2 SHL 指令

SHL（往左移位，其英文全文為 shift left）指令的功能是對目的運算元執行向左邏輯移位，並且在最低位元填入 0。此指令會將最高位元移至進位旗標，而原本進位旗標的值則會被覆蓋：

若將 11001111 向左移一個位元，會成為 10011110：

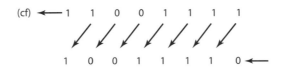

在 SHL 的指令語法中，第一個運算元是目的運算元，第二個運算元是移位的位元數：

```
SHL  destination,count
```

以下是此指令所允許的運算元類型：

```
SHL  reg,imm8
SHL  mem,imm8
SHL  reg,CL
SHL  mem,CL
```

x86 處理器允許上述程式的 **imm8** 可以是 0 至 255 的任意整數，CL 暫存器則包括移位的位元數。此外，這些格式也適用於 SHR、SAL、SAR、ROR、ROL、RCR 和 RCL 等指令。

範例

在下列指令中，BL 被向左移位了一次。最高位元將複製到進位旗標中，而最低位元位置則指定為 0：

```
mov  bl,8Fh                         ; BL = 10001111b
shl  bl,1                           ; CF = 1, BL = 00011110b
```

當一個數值經過多次向左移位以後，進位旗標的內容值將變成最後一個移出最大有效位元 (MSB) 的位元值。在下列範例中，進位旗標最後的值並不是位元 7，因為它後來又被位元 6 所取代（其位元值為 0）。

```
mov  al,10000000b
shl  al,2                        ; CF = 0, AL = 00000000b
```

同樣的，當一個數值經過多次向右移位以後，進位旗標的內容值將變成最後一個移出最小有效位元 (LSB) 的位元值。

無號的乘法運算

無號的乘法運算 (Bitwise Multuplication) 是當您位移一個數字的位元到向左邊的指引（朝向 MSB）。舉例來說，SHL 可以執行 2 的次方數的高速乘法，將任何運算元左移 **n** 個位元，就相當於將其乘以 2^n。舉例來說，將 5 左移一個位元，便會產生 $5 \times 2^1 = 10$ 的結果：

```
mov  dl,5
shl  dl,1
```

移位之前： $\boxed{0\ 0\ 0\ 0\ 0\ 1\ 0\ 1}$ = 5

移位之後： $\boxed{0\ 0\ 0\ 0\ 1\ 0\ 1\ 0}$ = 10

如果將 00001010（十進位的數字 10）左移 2 位元，則結果相當於將其乘以 2^2：

```
mov  dl,10                       ; 移位之前： 00001010
shl  dl,2                        ; 移位之後： 00101000
```

7.1.3　SHR 指令

SHR（往右移位，其英文全文為 shift right）指令的功能是對目的運算元執行向右邏輯移位，並在最高位元填入 0。此指令會將最低位元複製到進位旗標，而原本進位旗標的值則會消失：

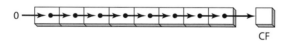

SHR 的指令格式和 SHL 相同。在以下的例子中，AL 的最低位元 0 會複製到進位旗標中，而 AL 的最高位元則被填入 0：

```
mov  al,0D0h                     ; AL = 11010000b
shr  al,1                        ; AL = 01101000b, CF = 0
```

在多次移位運算中，最後一個移出位元位置 0 (LSB) 的位元，其值便是進位旗標的值：

```
mov  al,00000010b
shr  al,2                        ; AL = 00000000b, CF = 1
```

快速除法

快速除法 (bitwise division) 是當您向右邊位移（朝向 LSB）一個數字的位元。將任何無號的整數向右邏輯移位 **n** 位元，相當於將其除以 2^n。例如，將 32 除以 2^1，產生的結果是 16。

```
mov  dl,32
shr  dl,1
```

移位之前：$\boxed{0\ 0\ 1\ 0\ 0\ 0\ 0\ 0}$ = 32

移位之後：$\boxed{0\ 0\ 0\ 1\ 0\ 0\ 0\ 0}$ = 16

在以下的例子中，64 被除以 2^3：

```
mov  al,01000000b                ; AL = 64
shr  al,3                        ; divide by 8, AL = 00001000b
```

有號數的除法必須以 SAR 指令來執行，因為此指令會保留數值的正負號位元。

7.1.4 SAL 與 SAR 指令

SAL（向左算術移位，其英文全文為 shift arithmetic left）與 SHL 指令功能相同，SAL 會將每一個在目的運算元的位元，執行向下一個高位元移動的動作，再於最低位元填入 0，最高位元則填入進位旗標，此旗標的原有值則會被覆蓋：

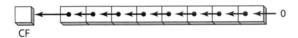

若將二進位的 11001111 執行向左一個位元，結果是成為 10011110：

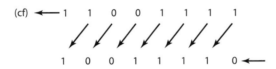

而 SAR（向右算術移位，其英文全文為 shift arithmetic right）指令則對其目的運算元，執行算術右移的運算：

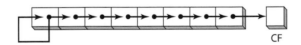

SAR 和 SAL 的運算元與 SHR 和 SHL 功能相同，移位動作則是根據第二個運算元中的計數器來重複執行：

```
SAR  destination,count
```

以下的例子將向讀者說明 SAR 如何複製正負號位元，AL 在向右移位之前和之後，都是負數：

```
mov  al,0F0h                     ; AL = 11110000b (-16)
sar  al,1                        ; AL = 11111000b (-8), CF = 0
```

有號除法

您可以使用 SAR 指令，將一個有號運算元除以 2 的次方數，在以下的例子中，-128 被除以 2^3，其商為 -16：

```
mov  dl,-128                     ; DL = 10000000b
sar  dl,3                        ; DL = 11110000b
```

將 AX 的符號延伸進入 EAX

假設 AX 的內容值是有號整數，而且我們想要將它的符號延伸到 EAX 中。首先，將 EAX 往左移位 16 位元，然後再往右算術移位 16 位元：

```
mov   ax,-128                        ; EAX = ？？？？FF80h
shl   eax,16                         ; EAX = FF800000h
sar   eax,16                         ; EAX = FFFFFF80h
```

7.1.5　ROL 指令

逐位元旋轉 (Bitwise rotation) 會在您以循環的方式移動位元時發生，在一些版本中，位元留下的數字結尾是會立即複製到另外一個結尾的，另外一種旋轉的型別會使用進位旗標為位移位元的中間點。

ROL（往左旋轉，其英文全文為 rotate left）指令的功能是將每個位元向左移位，且最高位元將複製到進位旗標以及最低位元位置。其指令格式與 SHL 指令相同：

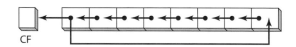

位元旋轉和位元移位不同的地方，在於位元旋轉不會失去任何位元，從一端旋轉出去的位元，會在另一端出現。在以下的例子中，請注意最高的位元如何同時複製到進位旗標與位元位置 0：

```
mov  al,40h                          ; AL = 01000000b
rol  al,1                            ; AL = 10000000b, CF = 0
rol  al,1                            ; AL = 00000001b, CF = 1
rol  al,1                            ; AL = 00000010b, CF = 0
```

多次旋轉

當執行旋轉的次數大於 1 時，進位旗標的內容是最後一個旋轉出最高有效位元位置的位元值：

```
mov  al,00100000b
rol  al,3                            ; CF = 1, AL = 00000001b
```

交換位元集合

讀者可以使用 ROL，將一個位元組的上半部（位元 4-7），和下半部（位元 0-3）交換位置，例如，如果 26h 向右或向左旋轉 4 位元，結果將會變成 62h：

```
mov  al,26h
rol  al,4                            ; AL = 62h
```

如果將一個多位元組的整數旋轉 4 位元，所產生的結果是每個十六進位數字往左或往右旋轉一個位置。舉例來說，將 6A4Bh 重複往左旋轉 4 位元多次，最後所產生的結果將等於原來的值：

```
mov  ax,6A4Bh
rol  ax,4                            ; AX = A4B6h
```

```
rol   ax,4                            ; AX = 4B6Ah
rol   ax,4                            ; AX = B6A4h
rol   ax,4                            ; AX = 6A4Bh
```

7.1.6　ROR 指令

ROR（向右旋轉，其英文全文為 rotate right）指令的功能是將每個位元向右移位，而且最低位元會同時複製到進位旗標與最高位元位置中。其指令格式與 SHL 指令相同：

在以下的範例中，請注意最低位元如何複製到進位旗標，與所得結果的最高位元位置：

```
mov   al,01h                          ; AL = 00000001b
ror   al,1                            ; AL = 10000000b, CF = 1
ror   al,1                            ; AL = 01000000b, CF = 0
```

多次旋轉

當執行旋轉的次數大於 1 時，進位旗標的內容是最後一個旋轉出最低有效位元位置的位元：

```
mov   al,00000100b
ror   al,3                            ; AL = 10000000b, CF = 1
```

7.1.7　RCL 與 RCR 指令

RCL（包含進位旗標的向左旋轉，其英文全文為 rotate carry left）指令的功能是將每個位元向左移位，在旋轉過程中，進位旗標會複製到最小有效位元 (LSB)，再將最高有效位元 (MSB) 複製到進位旗標中：

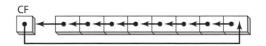

如果將進位旗標想像成一個添加運算元到最高位元位置處的額外位元，那麼 RCL 看起來就像一個向左旋轉運算。在以下的例子中，CLC 指令會清除進位旗標。第一個 RCL 指令功能是將 BL 的最高位元搬移至進位旗標，並且將所有其他位元向左移位。第二個 RCL 指令則會將進位旗標搬移至最低位元位置，並且將所有其他位元再次左移：

```
clc                                   ; CF = 0
mov   bl,88h                          ; CF,BL = 0 10001000b
rcl   bl,1                            ; CF,BL = 1 00010000b
rcl   bl,1                            ; CF,BL = 0 00100001b
```

從進位旗標回復一個位元

RCL 可以回復之前被移位到進位旗標中的一個位元，下面的例子會藉由將 **testval** 的最低位元，移位至進位旗標的方式，檢查 testval 的最低位元。如果 testval 的最低位元是 1，則進行跳越的動作，如果 testval 的最低位元是 0，則 RCL 指令會將其回復為原來的值：

```
.data
testval BYTE 01101010b
.code
shr  testval,1                   ; 將LSB移位至進位旗標
jc   exit                        ; 若設定進位旗標則結束程式
rcl  testval,1                   ; 反之則回復為原來數值
```

RCR 指令

RCR（包含進位旗標的向右旋轉，其英文全文為 rotate carry right）指令功能是將每個位元向右移位，在旋轉過程中，進位旗標會複製到最大有效位元，再將其最小有效位元會複製到進位旗標：

與 RCL 的情況類似，上述圖形中的整數可以想像為 9 個位元的值，並且將進位旗標視為最低有效位元，會有助於理解整個運作過程。

以下範例使用 STC 指令設定進位旗標，再於 AH 暫存器，實作 Rotate Carry Right 動作：

```
stc                              ; CF = 1
mov  ah,10h                      ; AH, CF = 00010000 1
rcr  ah,1                        ; AH, CF = 10001000 0
```

7.1.8 有號數的溢位

當對一個有號整數執行移位或旋轉一個位元位置，因而使其所產生的值，超過運算元的有號整數範圍時，溢位旗標將被設定。用另一種方式來表達的話，就是此時該數值的符號已被反轉。在以下範例中，當一個儲存在 8 位元暫存器的正數 (+127)，向左旋轉以後，其值變成負數 (−2)：

```
mov  al,+127                     ; AL = 01111111b
rol  al,1                        ; OF = 1, AL = 11111110b
```

同樣地，當 −128 向右移位一個位置以後，溢位旗標也會被設定。此時，AL 的結果 (+64) 已變成相反的正負號：

```
mov  al,-128                     ; AL = 10000000b
shr  al,1                        ; OF = 1, AL = 01000000b
```

不過，當移位或旋轉執行次數超過一次時，溢位旗標的值是未定義的。

7.1.9 SHLD/SHRD 指令

SHLD（其英文全文為 shift left double）指令的功能是將目的運算元向左移位指定的位元數，移位過程中所產生的未定位元，則填入來源運算元最高有效位元的位元值。來源運算元的值並不會受影響，但是符號、零值、輔助進位、同位和進位旗標則會受影響。

```
SHLD  dest, source, count
```

以下的範例表示使用 SHLD 指令，執行向左移位一個位元，結果是來源運算元的最高位元會複製到目的運算元的最低位元，而目的運算元的其他位元則向左移：

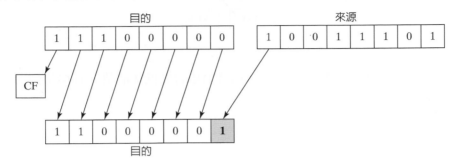

SHRD（其英文全文為 shift right double）指令的功能是將目的運算元向右移位指定的位元數，移位過程中所產生的未定位元位置，則填入來源運算元最小有效位元的位元值。

```
SHRD   dest, source, count
```

以下的範例表示以 SHRD 指令執行向右移位一個位元的過程：

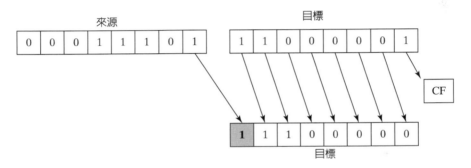

以下的指令格式可以同時適用於 SHLD 和 SHRD，其中目的運算元可以是暫存器或記憶體，而來源運算元則必須是暫存器。此外，位元移位運算元可以是 CL 暫存器或 8 位元立即運算元。

```
SHLD   reg16,reg16,CL/imm8
SHLD   mem16,reg16,CL/imm8
SHLD   reg32,reg32,CL/imm8
SHLD   mem32,reg32,CL/imm8
```

範例 1

下列敘述會將 **wval** 左移 4 個位元，並將 AX 的最高 4 個位元，插入 **wval** 的最低 4 個位元：

```
.data
wval   WORD 9BA6h
.code
mov    ax,0AC36h
shld   wval,ax,4                    ; wval = BA6Ah
```

資料的移動如下圖所示：

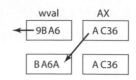

範例 2

在下列例子中，AX 會右移 4 個位元，而且 DX 的最低 4 個位元將移位到 AX 的最高 4 個位元內：

```
mov    ax,234Bh
mov    dx,7654h
shrd   ax,dx,4
```

SHLD 和 SHRD 指令可以用來操作點陣圖影像 (bit-mapped images)，使一群位元往左或往右移位，以便讓影像在螢幕上改變位置。另一個可能的應用是資料加密，適用於牽涉到位元移位的加密演算法。此外，在對非常長的整數執行快速乘法和除法運算時，也可以使用這兩個指令。

以下的範例展示如何使用 SHRD 指令，在一個雙字組陣列向右移位 4 個位元：

```
.data
array DWORD 648B2165h,8C943A29h,6DFA4B86h,91F76C04h,8BAF9857h

.code
    mov    bl,4                         ; 設定位移量
    mov    esi,OFFSET array             ; 陣列位移
    mov    ecx,(LENGTHOF array) - 1     ; 設定陣列的元素數量

L1: push   ecx                          ; 儲存迴圈計數器
    mov    eax,[esi + TYPE DWORD]
    mov    cl,bl                        ; 取得位移量
    shrd   [esi],eax,cl                 ; 將EAX移位至ESI的高位元

    add    esi,TYPE DWORD               ; 指向下一個雙字組
    pop    ecx                          ; 回復迴圈計數器
    loop   L1
    shr DWORD PTR [esi],COUNT           ; 移位最後一個雙字組
```

7.1.10　自我評量

1. 哪一個指令會將運算元中的每個位元向左移動，並且將該運算元最高位元同時複製到進位旗標和最低位元位置？

2. 哪一個指令會將每個位元向右移動，然後複製最低位元到進位旗標，並且複製進位旗標至最高位元位置？

3. 哪一個指令會執行下列的操作 (CF = 進位旗標)？

```
Before: CF,AL = 1 11010101
After:  CF,AL = 1 10101011
```

4. 當我們執行 SHR AX,1 這個指令之後，進位旗標將會受到甚麼影響？

5. （**挑戰題**）：試寫出一連串指令，這些指令必須在不使用 SHRD 指令的情形下，將 AX 的最低位元移位至 BX 的最高位元。然後再使用 SHRD 達成相同的操作。

6. （**挑戰題**）：要計算 EAX 中的 32 位元數值的同位值，有一個方法是使用迴圈，將每個位元移位到進位旗標，並且累計進位旗標被設定的次數。試寫出可完成上述功能的程式碼，並且根據結果設定同位旗標。

7.2　移位與旋轉指令的應用

　　組合語言對於在整數內的位元搬移設計，可說是較佳工具。有時爲了分隔位元，可能需要將一個數字的部分位元，移至位置 0 開始之處。在本節中，我們將展示如何以最簡便的方法，完成可達到上述目的的設計，更多相關應用將置於本章習題中。

7.2.1　移位多個雙字組

　　我們可以藉由將延伸精準度整數，分割成位元組、字組或雙字組所構成的陣列，對該整數進行移位。但在執行這個動作前，必須了解陣列的儲存方式。一個常用儲存整數的方式是**小端順序 (little-endian order)**，其作業方式如下：先將排序後的較低位元組置於陣列起始位址，接著再以所需的設計，取得較高位元組，依序置於記憶體中的下一個位址，這個方法除了可儲存一系列的位元組外，也可儲存字組或雙字組，由於 x86 機器儲存方法是小端順序，所以儲存字組或雙字組時，其個別位元組也是以小端順序的方法，執行儲存。

　　以下步驟列出的是在一個陣列內，執行向右移位一個位元的過程。

步驟 1：將位於 [ESI + 2] 的最高順序位元組向右移位，並且使其最低位元複製到進位旗標。

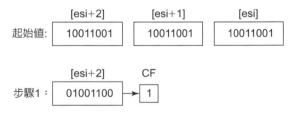

步驟 2：將 [ESI+1] 之值向右旋轉，在最高位元填入進位旗標之值，再將最小位元之值移位至進位旗標：

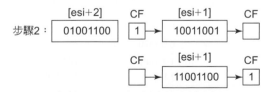

步驟 3：將 [ESI] 之值向右旋轉，在最高位元填入進位旗標之值，再將最小位元之值移位至進位旗標：

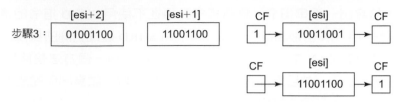

完成之後，所有位元就可以向右移位一個位元位置：

以下是來自 **Multishift.asm** 的程式碼，可以實作上述步驟。

```
.data
ArraySize = 3
array BYTE ArraySize DUP(99h)        ; 1001 pattern in each nybble
.code
main PROC
    mov esi,0
    shr array[esi+2],1               ; 較高位元組
    rcr array[esi+1],1               ; 中間位元組，包括進位旗標
    rcr array[esi],1                 ; 較低位元組，包括進位旗標
```

上述範例只有 3 個位元組，也可以改為含有字組或雙字組的陣列，作為移位處理對象，若配合使用迴圈，就可以在陣列內移位任意大小的位元。

7.2.2　二進位乘法

有的時候程式員會藉由移動位元，將所有性能上的優勢擠壓進入整數乘法中，而不是藉由 MUL 指令。當乘數為 2 的次方數時，SHL 指令可以有效率地執行無號數的乘法運算。將一個無號整數向左移位 n 位元，相當於對它乘以 2^n。事實上，任何其他的乘數，都可以表示成 2 的次方數的和。例如，如果想要將無號的 EAX 乘以 36，我們可以將 36 分解成 $2^5 + 2^2$，並且使用乘法的分配律完成運算：

```
EAX * 36 = EAX * (2  + 2 )
         = EAX * (32 + 4)
         = (EAX * 32) + (EAX * 4)
```

下圖顯示了 123 * 36 的乘法運算過程，其乘積為 4428：

```
          01111011        123
    ×     00100100        36
          01111011        123 SHL  2
  +  01111011             123 SHL  5
 0001000101001100 0       4428
```

請注意，在乘數 (36) 中，第 2 和第 5 位元是處於設定狀態的，而它們也是程式運算過程所需要的移位位元數。經由上述分析之後，以下的程式碼就可以使用 SHL 及 ADD 指令，完成 123 乘 36 的設計：

```
mov   eax,123
mov   ebx,eax
shl   eax,5                          ; 乘上2⁵
shl   ebx,2                          ; 乘上2²
add   eax,ebx                        ; 加上乘積
```

　　本章的習題會要求讀者，將此範例一般化，並且使用移位與加法指令，建立一個可以相乘任何兩個 32 位元無號整數的程序。

7.2.3 顯示二進位位元

　　一個常見的設計是將二進位整數轉換為二進位 ASCII 碼字串，稍後將有範例。此時可以使用 SHL 指令，因為它會在每次向左移位時，將最高位複製至進位旗標。下列的 BinToAsc 程序是可達成此任務的簡易設計：

```
;----------------------------------------------------------
BinToAsc PROC
;
; 轉換32位元二進位整數為 ASCII二進位
; 接收參數：EAX = 二進位整數，ESI指向陣列
; 回傳：填滿ASCII二進位數字的緩衝區
;----------------------------------------------------------
      push   ecx
      push   esi

      mov    ecx,32                  ; EAX的位元數
L1:   shl    eax,1                   ; 將較高位元移至進位旗標
      mov    BYTE PTR [esi],'0'      ; 將0作為預設數字
      jnc    L2                      ; 若進位旗標沒有設定，則跳越至L2
      mov    BYTE PTR [esi],'1'      ; 否則，將1投入緩衝區

L2:   inc    esi                     ; 下一個緩衝位置
      loop   L1                      ; 向左移位至下一個位元

      pop    esi
      pop    ecx
      ret
BinToAsc ENDP
```

7.2.4 分隔檔案的日期欄位

　　當儲存空間非常寶貴時，系統軟體常會將多個資料欄位封裝至一個數字內，若要予以解開，應用程式必須針對各位元依序執行解開**位元字串 (bit strings)**。舉例來說，在實體位址模式下，MS-DOS 函式 57h 會以 DX 暫存器，回傳檔案的日期戳記。（日期戳記用於顯示檔案最後一次修改時的日期。）其中的第 0 到 4 位元代表 1-31 日的數值，第 5 到 8 位元代表月份的數值，而第 9 到 15 位元則代表年份。假設有一個檔案的最後修改日期是 1999 年 3 月 10 日。則此檔案的日期戳記會以下列方式，儲存在 DX 暫存器中（年份是相對於 1980 年來計算）：

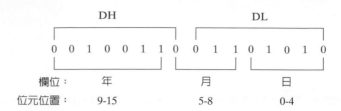

如果想要擷取其中一個欄位，可以將該欄位的位元移位到某個暫存器的最低部分，並且將無關的位元位置加以清除。下面的程式碼範例，藉由對 DL 製作一份複本，並且將不屬於該欄位的位元全部遮蔽，再擷取日期部分的數值：

```
mov  al,dl                    ; 在DL執行複製
and  al,00011111b             ; 清除位元 5-7
mov  day,al                   ; 儲存至 day
```

如果想要擷取月份的數值，必須將第 5 到 8 位元移到 AL 的最低部分，然後將所有其他位元予以遮蔽，再複製 AL 到指定變數中：

```
mov  ax,dx                    ; 在DX執行複製
shr  ax,5                     ; 向右位移5個位元
and  al,00001111b             ; 清除位元4-7
mov  month,al                 ; 儲存至month
```

代表年份的數值（第 9 到 15 位元）完全放在 DH 暫存器內，可將其複製到 AL，並且右移一個位元：

```
mov  al,dh                    ; 複製DH
shr  al,1                     ; 向右位移1個位元
mov  ah,0                     ; 清除AH為0
add  ax,1980                  ; 加上1980
mov  year,ax                  ; 儲存至year
```

7.2.5　自我評量

1. 試使用二進位乘法，寫出能夠計算 EAX * 24 的 ASM 指令。
2. 試使用二進位乘法，寫出能夠計算 EAX * 21 的 ASM 指令。提示：$21 = 2^4 + 2^2 + 2^0$。
3. 在第 7.2.3 節的 BinToAsc 程序中，如果想要將二進位位元以相反順序顯示出來，請問應該如何改變程式碼？
4. 檔案的時間戳記使用第 0 到 4 位元代表秒，第 5 到 10 位元代表分，第 11 到 15 位元代表小時。請寫出幾個指令，功能是可將分鐘的值擷取出來，並且儲存該值到變數 **bMinutes** 中。

7.3　乘法與除法指令

x86 組合語言可以實作 32 位元、16 位元及 8 位元的整數乘法運算。在 64 位元模式中，則可以使用 64 位元運算元。MUL 和 IMUL 指令分別使用於執行無號和有號整數運算，DIV 指令執行的是無號整數的除法，而 IDIV 指令執行的則是有號整數的除法。

7.3.1　MUL 指令

在 32 位元中，MUL（無號數相乘，其英文全文為 unsigned multiply）指令有三種版本，首先是使用 AL 暫存器，在 8 位元運算元執行的乘法運算。其次是使用 AX 暫存器，在 16 位元運算元執行的乘法，最後的乘法版本是在 EAX 暫存器與 32 位元運算元所執行。在此指令格式中，乘數和被乘數必須具有相同記憶體空間的大小，而乘積的空間大小則是乘數的兩倍。此外，這三種格式都可以接受暫存器和記憶體運算元作為運算元，但是不能接受立即運算元：

```
MUL    reg/mem8
MUL    reg/mem16
MUL    reg/mem32
```

上面在 MUL 中的單一運算元是乘數。表 7-2 顯示預設的被乘數和乘積，而到底應該採用哪一種，則根據乘數的記憶體空間大小而定。因為目的運算元的記憶體空間大小是被乘數和乘數的兩倍，所以不可能發生溢位的情形。而且如果乘積儲存空間的上半部不等於 0，則 MUL 指令會設定進位和溢位旗標。一般而言，進位旗標使用於無號算術運算時，所以本節將只會提及這個旗標。舉例來說，當 AX 乘以 16 位元運算元時，乘積會存放在 DX 及 AX 的組合中。也就是說，乘積的較高 16 位元儲存在 DX，而較低 16 位元則儲存在 AX。若 DX 不等於 0，就會設定進位旗標，設計人員可由此了解乘積是否佔用了超過一半的位元。

表7-2　MUL指令

被乘數	乘數	乘數
AL	reg/mem8	AX
AX	reg/mem16	DX：AX
EAX	reg/mem32	EDX：EAX

> 在執行 MUL 以後，最好養成檢查進位旗標的習慣，這樣做有一個好理由，就是可以知道乘積的上半部是否能安全無虞地予以忽略。

MUL 指令的範例

下列敘述會將 AL 乘以 BL，並且將乘積存放在 AX。因為 AH（乘積的上半部）等於 0，所以進位旗標呈現清除狀態 (CF = 0)，下方方格圖顯示暫存器之間的移動：

```
mov   al,5h
mov   bl,10h
mul   bl                        ; AX = 0050h, CF = 0
```

下列敘述會將 16 位元的數值 2000h，乘以 0100h。進位旗標被設定，因為在 DX 中的乘積上半部不等於 0。

```
.data
val1 WORD 2000h
val2 WORD 0100h
.code
mov ax,val1                        ; AX = 2000h
mul val2                           ; DX:AX = 00200000h, CF = 1
```

下列敘述將 12345h 乘以 1000h，結果產生了 64 位元的乘積，置於 EDX 及 EAX 暫存器的組合中。因為 EDX（乘積的上半部）等於 0，所以進位旗標呈現清除狀態。下方方格圖顯示暫存器之間的移動：

```
mov   eax,12345h
mov   ebx,1000h
mul   ebx                          ; EDX:EAX = 0000000012345000h, CF = 0
```

在 64 位元模式中使用 MUL

在 64 位元模式中，您可以藉由 MUL 指令，使用 64 位元運算元。64 位元暫存器或記憶體運算元是不被 RDX 相乘，且在 RDX:RAX 中產生 128 位元結果。在下列範例中，當 RAX 乘以 2，每個在 RAX 中的位元都會移位一個位置到左邊，最高的 RAX 位元會溢出到 RDX 暫存器，它等同於十六進位的 0000000000000001：

```
mov   rax,0FFFF0000FFFF0000h
mov   rbx,2
mul   rbx                 ; RDX:RAX = 0000000000000001FFFE0001FFFE0000
```

下一個範例，我們會藉由 64 位元記憶體運算元乘以 RAX。此數值會乘以 16，所以每個十六進位的數字都會移位一個位置到左邊（4 位元的位移就如同乘以 16）。

```
.data
multiplier QWORD 10h
.code
mov   rax,0AABBBBCCCCDDDDh
mul   multiplier        ; RDX:RAX = 00000000000000000AABBBBCCCCDDDD0h
```

7.3.2　IMUL 指令

IMUL 指令的功能是執行有號整數乘法，不像處理無號乘法的 MUL，IMUL 會在乘積保留符號位元，它的做法是將乘積的下半部位元，移至上半部，符號位元就可延伸置於最高位置的位元。以下是 x86 指令集支援此指令的三種格式：單一運算元、兩個運算元和三個運算元。在單一運算元的格式中，乘數和被乘數必須具有相同記憶體空間的大小，而乘積的空間大小則是乘數的兩倍。

單運算元格式

單一運算元格式會將乘積存放在 AX、DX：AX 或 EDX：EAX 中：

```
IMUL    reg/mem8                    ; AX = AL * reg/mem8
IMUL    reg/mem16                   ; DX:AX = AX * reg/mem16
IMUL    reg/mem32                   ; EDX:EAX = EAX * reg/mem32
```

與 MUL 的情形類似，乘積的儲存空間大小使得在單一運算元格式中，不可能發生溢位的情況。而且，如果乘積的上半部不是下半部的符號延伸，則進位和溢位旗標會被設定。設計人員可以利用這項資訊來判斷，是否要忽略乘積的上半部。

兩個運算元格式（32 位元模式）

此指令在 32 位元模式使用兩個運算元時，會將乘積存放在第一個運算元，且此運算元必須是暫存器，第二個運算元（乘數）可以是暫存器、記憶體運算元或立即值。以下是 16 位元的格式：

```
IMUL    reg16,reg/mem16
IMUL    reg16,imm8
IMUL    reg16,imm16
```

以下是 32 位元的格式，其中顯示了乘數可以是 32 位元暫存器，32 位元記憶體運算元，或立即值（8 或 32 位元）：

```
IMUL    reg32,reg/mem32
IMUL    reg32,imm8
IMUL    reg32,imm32
```

兩個運算元的格式會將乘積截斷成目的運算元的長度，如果有任何具有意義的數字因此遺失了，則溢位和進位旗標會呈現設定狀態。因此，在執行完兩個運算元格式的 IMUL 運算以後，務必檢查這兩個旗標的其中一個。

三個運算元格式

32 位元模式中，三個運算元的格式是將乘積儲存在第一個運算元，第二個運算元可以是 16 位元的暫存器或記憶體運算元，其功能是作為被乘數，乘上可以是 8 或 16 位元立即值的第三個運算元：

```
IMUL    reg16,reg/mem16,imm8
IMUL    reg16,reg/mem16,imm16
```

而 32 位元的暫存器或記憶體運算元，可以被乘以 8 或 32 位元的立即值：

```
IMUL    reg32,reg/mem32,imm8
IMUL    reg32,reg/mem32,imm32
```

如果有任何具有意義的數字因此遺失了，則溢位和進位旗標會呈現設定狀態。因此，在執行完三個運算元格式的 IMUL 運算以後，務必檢查這兩個旗標的其中一個。

在 64 位元模式使用 IMUL 指令

在 64 位元模式中，您可以藉由 IMUL 指令使用 64 位元運算元。在兩個運算元的格式中，64 位元暫存器或記憶體運算元不被 RDX 相乘，在 RDX:RAX 中，產生 128 位元有號延伸。在下一個範例中，RBX 被 RAX 相乘，產生 128 位元的 -16 結果：

```
mov   rax,-4
mov   rbx,4
imul rbx                              ; RDX = 0FFFFFFFFFFFFFFFFh, RAX = -16
```

換句話說，十進位 -16 在 RAX 中代表的是十六進位的 FFFFFFFFFFF0，而 RDX 只包含 RAX 的高級安排位元的延伸，也就是符號位元。

三個運算元的格式在 64 位元中都可取得，在下一個範例中，我們用 4 乘以 -16，在 RAX 暫存器中等於 -64：

```
.data
multiplicand QWORD -16
.code
imul rax, multiplicand, 4             ; RAX = FFFFFFFFFFFFFFC0 (-64)
```

無號的乘法運算

兩個運算元與三個運算元 IMUL 格式，也可以用於執行無號乘法運算，這是因為對於無號與有號數而言，乘積的下半部是相同的。但這樣做會有一個小缺點：進位與溢位旗標將不會指出乘積的上半部是否為 0。

IMUL 指令的範例

下列指令將 48 乘以 4，結果在 AX 中產生了 +192。雖然所得乘積是正確的，由於 AH 不是 AL 正負號的延伸，故設定了溢位旗標。

```
mov    al,48
mov    bl,4
imul bl                               ; AX = 00C0h, OF = 1
```

下列指令將 -4 乘以 4，結果在 AX 中產生了 -16。由於 AH 是 AL 正負號的延伸，所以溢位旗標呈現清除狀態。

```
mov    al,-4
mov    bl,4
imul bl                               ; AX = FFF0h, OF = 0
```

下列指令將 48 乘以 4，結果在 DX:AX 中產生了 +192。由於 DX 是 AX 正負號的延伸，所以溢位旗標呈現清除狀態。

```
mov    ax,48
mov    bx,4
imul bx                               ; DX:AX = 000000C0h, OF = 0
```

下列指令執行的是 32 位元有號數乘法運算 (4,823,424 * -423)，結果在 EDX：EAX 中產生了 -2,040,308,352。由於 EDX 是 EAX 正負號的延伸，所以溢位旗標呈現清除狀態。

```
mov    eax,+4823424
mov    ebx,-423
imul   ebx                              ; EDX:EAX = FFFFFFFF86635D80h, OF = 0
```

下列指令可以示範說明兩個運算元的格式：

```
.data
word1  SWORD 4
dword1 SDWORD 4
.code
mov    ax,-16                           ; AX = -16
mov    bx,2                             ; BX = 2
imul   bx,ax                            ; BX = -32
imul   bx,2                             ; BX = -64
imul   bx,word1                         ; BX = -256
mov    eax,-16                          ; EAX = -16
mov    ebx,2                            ; EBX = 2
imul   ebx,eax                          ; EBX = -32
imul   ebx,2                            ; EBX = -64
imul   ebx,dword1                       ; EBX = -256
```

IMUL 指令的兩個及三個運算元格式中，目的運算元的大小必須與乘數相同，也就是說有可能發生符號溢位的情況，故請務必在以這兩種格式執行 IMUL 指令後，檢查溢位旗標之值。在下列使用兩個運算元的指令格式中，因為 −64,000 無法存放在 16 位元目的運算元內，故發生符號溢位的情況：

```
mov    ax,-32000
imul   ax,2                             ; OF = 1
```

下列指令示範說明了三個運算元的格式，也出現符號溢位的情況：

```
.data
word1  SWORD 4
dword1 SDWORD 4
.code
imul   bx,word1,-16                     ; BX = word1 * -16
imul   ebx,dword1,-16                   ; EBX = dword1 * -16
imul   ebx,dword1,-2000000000          ; 符號溢位!
```

7.3.3　執行時間檢測

設計人員經常在尋找可以檢測或比較程式執行效能的工具，Microsoft Windows API 的函式庫中，就有提供可以完成上述作業的工具，設計人員只要正確引用，即可運用於程式中，如 Irvine32 函式庫的 GetMseconds 程序，這個程序會取得由午夜至現在的毫秒數，在以下範例中，會先呼叫 GetMSeconds，目的是記錄程式啟動時間，接下來執行想要測試執行時間的程序 (**FirstProcedureToTest**)，最後會再呼叫 GetMseconds 程序，取得結束時間後，計算結束時間及起始時間的差距：

```
.data
startTime DWORD ?
procTime1 DWORD ?
procTime2 DWORD ?
```

```
.code
call GetMseconds                    ; 取得起始時間
mov  startTime,eax
    .
call FirstProcedureToTest
    .
call GetMseconds                    ; 取得結束時間
sub  eax,startTime                  ; 計算兩個時間差距
mov  procTime1,eax                  ; 儲存時間差距
```

所以每次測量執行時間，都必須呼叫兩次 GetMseconds 程序，為了檢測執行時間，而在多個程序間來回呼叫，雖然會造成一點執行成本，但這是微不足道的，以下是檢測另一程序執行時間的範例 **(procTime2)**：

```
call GetMseconds                    ; 取得起始時間
mov  startTime,eax
    .
call SecondProcedureToTest
    .
call GetMseconds                    ; 取得結束時間
sub  eax,startTime                  ; 計算兩個時間差距
mov  procTime2,eax                  ; 儲存時間差距
```

現在就可以觀察 procTime1 至 procTime2 等執行效能上的相對表現。

比較 MUL 及 IMUL 的位元移位效率

在早期的 x86 的處理器中，以 MUL 及 IMUL 指令執行乘法運算，與移位處理有著明顯效能差異。我們可以使用 GetMseconds 程序，比較兩種乘法的執行時間。以下兩個程序會以 LOOP_COUNT 常數值作為重複執行乘法的依據，以便計算使用的時間：

```
mult_by_shifting PROC
;
;  使用SHL 指令，為EAX乘上36，LOOP_COUNT代表執行次數
;
    mov  ecx,LOOP_COUNT
L1: push  eax                       ; 儲存EAX原始值
    mov  ebx,eax
    shl  eax,5
    shl  ebx,2
    add  eax,ebx
    pop  eax                        ; 回復EAX原始值
    loop L1
    ret
mult_by_shifting ENDP

mult_by_MUL PROC
;
;  使用MUL 指令，為EAX乘上36，LOOP_COUNT代表執行次數
;
    mov  ecx,LOOP_COUNT
L1: push eax                        ; 儲存EAX原始值
    mov  ebx,36
    mul  ebx
    pop  eax                        ; 回復EAX原始值
    loop L1
    ret
mult_by_MUL ENDP
```

以下程式會呼叫 **mult_by_shifting** 程序及顯示計算後的時間，若要查看完整原始碼，請見本書第 7 章範例檔的 **CompareMult.asm** 程式：

```
.data
LOOP_COUNT = 0FFFFFFFFh
.data
intval DWORD 5
startTime DWORD ?
.code
call    GetMseconds                 ; 取得起始時間
mov     startTime,eax
mov     eax,intval                  ; 執行乘法
call    mult_by_shifting
call    GetMseconds                 ; 取得結束時間
sub     eax,startTime
call    WriteDec                    ; 顯示執行時間
```

在 4-GHz Pentium 4 的機器上，以相同的方法呼叫 **mult_by_MUL** 程序，執行 SHL 指令所費時間是 6.078 秒，執行 MUL 指令的時間則是 20.718 秒，換言之，使用 MUL 指令會導致計算速度慢了 241%。但若在使用 Intel Duo-core 處理器的較新電腦上執行，則時間差距就會非常接近，幾乎一致，由此例可知，Intel 在新版處理器的設計上，已針對 MUL 及 IMUL 的處理效能予以改善。

7.3.4　DIV 指令

在 32 位元模式中，DIV（無號的除法運算）指令的功能是執行 8 位元、16 位元和 32 位元的無號整數除法運算。此指令所使用的單一暫存器和記憶體運算元作為除數，其指令格式如：

```
DIV     reg/mem8
DIV     reg/mem16
DIV     reg/mem32
```

下列表格顯示了，被除數、除數、商數和餘數之間的關係：

被除數	除數	商數	餘數
AX	reg/mem8	AL	AH
DX：AX	reg/mem16	AX	DX
EDX：EAX	reg/mem32	EAX	EDX

在 64 位元模式中，DIV 指令使用 RDX:RAX 為被除數，它允許除數為 64 位元暫存器或記憶體運算元。RAX 中會儲存商數，而餘數則式儲存在 RDX。

DIV 指令的範例

下列指令執行的是 8 位元無號數除法運算（83h / 2），所產生的商數是 41h，餘數為 1：

```
mov   ax,0083h                        ; 被除數
mov   bl,2                            ; 除數
div   bl                             ; AL = 41h, AH = 01h
```

```
      div   bl                             ; AL = 41h,  AH = 01h
```

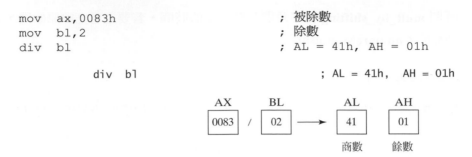

上述圖型描述的是暫存器之間的移動。

下列指令執行的是 16 位元無號數除法運算 (8003h / 100h)，所產生的商數是 80h，餘數為 3：因為 DX 儲存的是被除數的上半部，所以在 DIV 指令執行之前，必須將它清除：

```
mov   dx,0                           ; 清除被除數的上半部
mov   ax,8003h                       ; 被除數的下半部
mov   cx,100h                        ; 除數
div   cx                             ; AX = 0080h, DX = 0003h
```

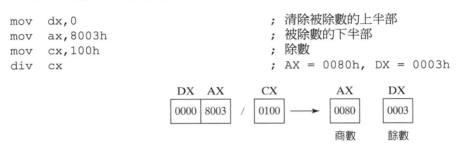

上述圖型描述的是暫存器之間的移動。

下列指令執行的是 32 位元無號數除法運算，其中以記憶體運算元當作除數：

```
.data
dividend QWORD 0000000800300020h
divisor  DWORD 00000100h
.code
mov   edx,DWORD PTR dividend + 4     ; 雙字組的上半部
mov   eax,DWORD PTR dividend         ; 雙字組的下半部
div   divisor                        ; EAX = 08003000h, EDX = 00000020h
```

上述圖型描述的是暫存器之間的移動。

下列 64 位元除法會在 RAX 中產生商數 (0108000000003330h)，在 RDX 中產生餘數 (0000000000000020h)：

```
.data
dividend_hi   QWORD 0000000000000108h
dividend_lo   QWORD 0000000033300020h
divisor       QWORD 0000000000010000h
.code
mov   rdx, dividend_hi
mov   rax, dividend_lo
div   divisor                        ; RAX = 0108000000003330
                                     ; RDX = 0000000000000020
```

請注意，在除法中的每個十六進位數字都向右位移的四個位置，因為它被 64 除。（如果是 16 下去除，只會向右移動一個位置。）

7.3.5　有號整數的除法

有號整數的除法幾乎與無號整數除法完全相同，不過兩者有一個重要的差異：在執行除法運算之前，未明示的被除數必須是完全地符號延伸。符號延伸是用來複製最高位元數字到所有上層位元的封閉變數與暫存器的。應用於有號整數除法指令 IDIV。為了要讓您知道它為何是必須的，我們先試著不使用它。下列範例使用 MOV 來分配 -101 到 AX，這是 DX：AX 的下半部：

```
.data
wordVal SWORD -101            ; 009Bh
.code
mov  DX,0
mov  ax,wordVal               ; DX:AX = 0000009Bh (+155)
mov  bx,2                     ; BX 為除數
idiv bx                       ; DX:AX 除以 BX（符號運算）
```

不幸的是，DX：AX 中的 009Bh 不是真正的等於 -101。它等於 +155，所以商數是我們不想要的 +77，然而，正確的方法是使用 CWD (convert word to doubleword) 指令，它是在除法之前的 AX 到 DX 的符號延伸：

```
.data
wordVal SWORD -101            ; 009Bh
.code
mov  dx,0
mov  ax,wordVal               ; DX:AX = 0000009Bh (+155)
cwd                           ; DX:AX = FFFFFF9Bh (-101)
mov  bx,2
idiv bx                       ; DX:EAX 除以 BX
```

我們在第 4 章中，隨著 MOVSX 指令介紹符號延伸的概念，x86 指令及包含一些符號延伸的指令。首先，我們會觀看這些指令，然後會在有號整數除法指令 IDIV 中使用它們。

符號延伸指令 (CBW、CWD、CDQ)

Intel 提供了三個有用的符號延伸指令：CBW、CWD 和 CDQ。CBW（將位元組轉換成字組，其英文全文為 convert byte to word) 指令的功能是將 AL 的符號位元，延伸到 AH 中，以便保留數值的符號。在下一個例子中，9Bh（放在 AL）和 FF9Bh（放在 AX）都等於十進位 -101：

```
.data
byteVal SBYTE -101            ; 9Bh
.code
mov al,byteVal                ; AL = 9Bh
cbw                           ; AX = FF9Bh
```

CWD（將字組轉換成雙字組，其英文全文為 convert word to doubleword）指令的功能是將 AX 中的符號位元，延伸進 DX：

```
.data
wordVal SWORD -101                      ; FF9Bh
.code
mov ax,wordVal                          ; AX = FF9Bh
cwd                                     ; DX:AX = FFFFFF9Bh
```

CDQ（將雙字組轉換成四字組，其英文全文為 convert doubleword to quadword）指令的功能是將 EAX 中的符號位元，延伸進 EDX：

```
.data
dwordVal SDWORD -101                    ; FFFFFF9Bh
.code
mov eax,dwordVal
cdq                                     ; EDX:EAX = FFFFFFFFFFFFF9Bh
```

IDIV 指令

IDIV（有號除法）指令執行的是有號整數除法運算，它使用的運算元與 DIV 一樣。在執行 8 位元除法之前，被除數 (AX) 必須完全地符號延伸。而且，餘數永遠和被除數具有相同符號。

範例 1

下列指令會將 −48 除以 5，在 IDIV 執行以後，存放在 AL 中的商為 −9，AH 中的餘數為 −3：

```
.data
byteVal SBYTE -48                       ; D0 十六進位
.code
mov   al,byteVal                        ; 被除數的下半部
cbw                                     ; 由 AL 延伸至 AH
mov   bl,+5                             ; 除數
idiv bl                                 ; AL = -9, AH = -3
```

下圖顯示使用 CBW 指令，將 AL 的符號延伸至 AX 之過程：

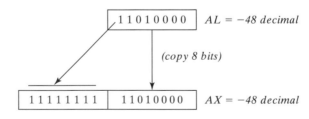

為了讓您更了解為何在除法運算時，需要執行符號延伸的動作，讓我們重複之前的範例，但沒有使用符號延伸。以下程式會先將 AH 設為已知的 0，且不對被除數執行 CBW 指令，直接執行除法：

```
.data
byteVal SBYTE -48                       ; D0 十六進位
.code
mov   ah,0                              ; 被除數的上半部
mov   al,byteVal                        ; 被除數的下半部
mov   bl,+5                             ; 除數
idiv bl                                 ; AL = 41, AH = 3
```

在執行除法之前，AX 等於 00D0h（十進位是 208），再以 IDIV 指令執行除以 5，獲得的商數是十進位的 41、餘數爲 3，顯然這不是正確的答案。

範例 2

16 位元除法必須將 AX 的符號延伸進 DX。以下範例會將 –5000 除以 256：

```
.data
wordVal SWORD -5000
.code
mov  ax,wordVal                 ; 被除數的下半部
cwd                             ; 將AX 延伸至 DX
mov  bx,+256                    ; 除數
idiv bx                         ; 商數 AX = -19, 餘數 DX = -136
```

範例 3

32 位元除法必須將 EAX 的符號延伸進 EDX。以下範例會將 50,000 除以 –256：

```
.data
dwordVal SDWORD +50000
.code
mov  eax,dwordVal               ; 被除數的下半部
cdq                             ; 將 EAX延伸至EDX
mov  ebx,-256                   ; 除數
idiv ebx                        ; 商數 EAX = -195, 餘數 EDX = +80
```

> 在執行 DIV 和 IDIV 之後，所有算術狀態旗標值都是未定義的。

除法溢位

如果除法運算所產生的商數，無法被目的運算元正確存放，就會形成**除法溢位 (divide overflow)**。這種情況會導致產生 CPU 中斷信號，並且使現行程式停止執行。舉例來說，在下列指令中，因爲商數 (100h) 無法正確存放在 AL 暫存器中，所以會發生除法溢位的情況：

```
mov  ax,1000h
mov  bl,10h
div  bl                         ; 100h 無法儲存至AL
```

當此程式碼在 MS-Windows 下執行時，將會發出如圖 7–1 所示的錯誤訊息：如果我們撰寫的程式碼是要將被除數除以 0，也會出現類似的對話方塊：

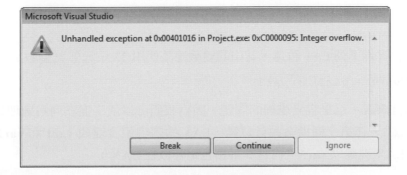

圖 7-1　發生除法溢位時的錯誤訊息

這裡有個建議：請使用 32 位元的除數及 64 位元的被除數，可以降低發生除法溢位的機率。以下範例表示以 EBX 為除數，64 位元的被除數放在 EDX 及 EAX 等暫存器的組合中：

```
mov   eax,1000h
cdq
mov   ebx,10h
div   ebx                        ; EAX = 00000100h
```

而且，如果想要避免除數為 0 的狀況，最好在執行除法運算之前，測試除數的值：

```
mov   ax,dividend
mov   bl,divisor
cmp   bl,0                       ; 檢查除數的值
je    NoDivideZero               ; 若等於 0，顯示錯誤訊息
div   bl                         ; 不等於 0，繼續處理
.
.
NoDivideZero:                    ;顯示 "Attempt to divide by zero"
```

7.3.6 實作算術運算式

第 4 章已向讀者說明，如何使用加法和減法，實作算術運算式，本節則要在算術運算式加入乘法和除法指令。第一眼的印象會覺得，實作算術運算式應該是留給編譯器的撰寫人員去作的事，但是如果我們能親手處理將會獲益良多。這樣做可以學習到，編譯器如何最佳化程式碼。此外，藉由在執行乘法運算之後，立即檢查乘積的大小，可以實作出比一般的編譯器，更好的錯誤檢查方式。大多數的高階語言編譯器，在對兩個 32 位元運算元進行乘法運算時，都會將乘積的上半部 32 位元的檢查工作予以忽略。然而，在組合語言中，程式設計員可以使用進位與溢位旗標，去判斷乘積是否可存放於 32 位元空間中。這些旗標的用法，在第 7.4.1 和 7.4.2 節已解釋過了。

> **小訣竅**：要檢視由 C++ 編譯器所產生的組合語言代碼，這裡有兩個簡單的方法：
>
> 當在 Visual Studio 中除錯時，在除錯視窗中點擊右鍵，然後選擇「Go to Disassemble(前往拆解)」選項，接著請在計畫選單中選擇 Properties（屬性）來產生列表檔案。在外觀屬性的選項之下，請選擇 Miccrosoft Macro Assenbler（微軟巨集組和語言）。接下來請選擇 Listing File（列表檔案）。在對話視窗中，將 Generate Preprocessed Source Listing（預處理的來源列表）以及 List All Available Information（列出所有可取得資訊）設為 yes。

範例 1

以組合語言實作下列 C++ 敘述，其中的變數應該使用 32 位元無號整數：

```
var4 = (var1 + var2) * var3;
```

對組合語言來說，這是容易處理的問題，因為我們可以依序從左向右處理以上敘述（先加法，然後乘法），在第二個指令執行以後，EAX 的內容值會變成 **var1** 和 **var2** 的和。在第三個指令中，EAX 被乘以 **var3**，而且其乘積也是存放在 EAX：

```
        mov   eax,var1
        add   eax,var2
        mul   var3                ; EAX = EAX * var3
        jc    tooBig              ; 檢查是否發生無號溢位
        mov   var4,eax
        jmp   next
tooBig:                           ; 顯示錯誤訊息
```

如果 MUL 指令產生的乘積大於 32 位元，則 JC 指令會使程式跳越到處理錯誤狀況的標籤處。

範例 2

實作下列 C++ 敘述，其中的變數應該使用 32 位元無號整數：

var4 = (var1 * 5) / (var2 - 3);

在此例中，有兩個子運算式擺放在小括弧內。左邊的小括弧可以指定給 EDX：EAX，所以不需要檢查是否有溢位發生。然後，右邊的小括弧指定給 EBX，最後再以除法完成此運算式：

```
mov   eax,var1                ; 左半部
mov   ebx,5
mul   ebx                     ; EDX:EAX = 乘積
mov   ebx,var2                ; 右半部
sub   ebx,3
div   ebx                     ; 最後執行除法
mov   var4,eax
```

範例 3

實作下列 C++ 敘述，其中的變數應該使用 32 位元有號整數：

var4 = (var1 * -5) / (-var2 % var3);

此例比前面兩個例子需要多一點技巧，我們可以從右邊的運算式開始，並且將其值存放於 EBX。因為運算元是有號的，所以將被除數的符號延伸進 EDX，再使用 IDIV 指令，這是很重要的步驟。

```
mov   eax,var2                ; 由右邊開始
neg   eax
cdq                           ; 執行符號延伸
idiv  var3                    ; EDX = 餘數
mov   ebx,edx                 ; EBX = 右半部計算結果
```

接下來，是要計算左邊的運算式，並且將乘積存放於 EDX：EAX：

```
mov   eax,-5                  ; 計算左邊運算式
imul  var1                    ; EDX:EAX = 左半部計算結果
```

最後，將左邊運算式 (EDX：EAX) 除以右邊運算式 (EBX)：

```
idiv  ebx                     ; 最後的除法運算
mov   var4,eax                ; 商數
```

7.3.7 自我評量

1. 試解釋為什麼在執行 MUL 指令、單一運算元 IMUL 指令時不可能發生溢位的情形。
2. 請問在產生乘積的方式上，單一運算元 IMUL 指令與 MUL 不同之處爲何？
3. 在什麼情況下會使單一運算元 IMUL 指令，設定進位和溢位旗標？
4. 請問在 DIV 指令中，如果使用 EBX 作爲運算元，那麼商數會存放在哪個暫存器內？
5. 請問在 DIV 指令中，如果使用 BX 作爲運算元，那麼商數會存放在哪個暫存器內？
6. 請問在 MUL 指令中，如果使用 BL 作爲運算元，那麼乘積會存放在哪個暫存器內？
7. 試舉一個符號延伸的例子，其中此符號延伸的動作，是在使用 IDIV 指令對 16 位元運算元執行除法運算以前所做的。

7.4 延伸加法與減法

延伸精準度的加法與減法，可以對大小幾乎沒有極限的數字執行加法和減法運算。在 C++ 中，可以很容易地撰寫出針對兩個 1024 位元整數的加法，而在組合語言中，可以使用 ADC（包含進位的加法）及 SBB（包含借位的減法）等指令，處理這類問題。

7.4.1 ADC 指令

ADC（包含進位的加法）指令的功能是將來源運算元和進位旗標，加到目的運算元。其指令格式與 ADD 指令相同，且運算元的大小必須相同：

```
ADC    reg,reg
ADC    mem,reg
ADC    reg,mem
ADC    mem,imm
ADC    reg,imm
```

舉例來說，下列指令將兩個 8 位元整數 (FFh + FFh) 予以相加，將所得的 16 位元和存放到 DL：AL 中，其值爲 01FEH：

```
mov    dl,0
mov    al,0FFh
add    al,0FFh                    ; AL = FEh
adc    dl,0                       ; DL/AL = 01FEh
```

下圖顯示了在加法執行過程中，資料搬移的情況。首先是將 FFh 加入至 AL，在 AL 中處理 FEh 及設定進位旗標，接下來將 0 及進位旗標的內容加入至 DL 暫存器：

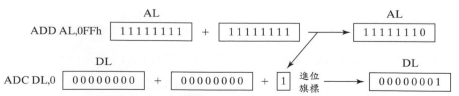

同樣地，下列指令將兩個 32 位元的整數予以相加 (FFFFFFFFh + FFFFFFFFh)，並且將所得 64 位元的總和，存放在 EDX：EAX 中，而且其值爲 00000001FFFFFFFEh：

```
mov   edx,0
mov   eax,0FFFFFFFFh
add   eax,0FFFFFFFFh
adc   edx,0
```

7.4.2　延伸加法運算的範例

以下的 **Extended_Add** 程序，會將兩個具有相同記憶體空間的延伸精準度整數予以相加。做法是使用迴圈，以如同陣列的方式，處理兩個延伸整數，每次迴圈為成對的數字執行加總之後，該項結果都會在迴圈的下一次處理時，執行累計，以下處理假定整數是儲存在位元組陣列中，也可以更改為雙字組陣列：

此過程會在 ESI 與 EDI 中接收兩個指標，指向要被加入的整數。EBX 暫存器指向緩衝器，緩衝器會儲存位元組的總和，伴隨著一個先決條件：緩衝器必須比兩個整數多一個位元組單位。還有，程序會接收在 ECX 中的最長的整數，此數字必須被儲存在小端中，其存取是在陣列的開始位移中最小的位元組。下列程式碼可以討論細節：

```
 1: ;-------------------------------------------------------
 2: Extended_Add PROC
 3: ;
 4: ;  計算儲存在位元組陣列的兩個延伸整數總和
 5: ;
 6: ;  接收參數：指向兩個整數的ESI 和 EDI、
 7: ;       EBX 指向保存加總結果
 8: ;       ECX 指加總之位元組數量
 9: ;  儲存總和的長度必須比輸入運算元多一個位元組
10: ;
11: ;  傳回值：無
12: ;-------------------------------------------------------
13: pushad
14: clc                          ; 清除進位旗標
15:
16: L1: mov  al,[esi]            ; 取得第一個整數
17:     adc  al,[edi]            ; 加上第二個整數
18:     pushfd                   ; 儲存進位旗標
19:     mov  [ebx],al            ; 儲存加總結果
20:     add  esi,1               ; 向前移動三個指標
21:     add  edi,1
22:     add  ebx,1
23:     popfd                    ; 回復進位旗標值
24:     loop L1                  ; 重複執行迴圈
25:
26:     mov  byte ptr [ebx],0    ; 清除總和的較高位元組
27:     adc  byte ptr [ebx],0    ; 加上剩餘的進位
28:     popad
29:     ret
30: Extended_Add ENDP
```

當第 16 與 17 行新增前兩個低位字組，加法會設定進位旗標。因此，藉由推入進位旗標到第 18 行的堆疊，儲存進位旗標是很重要的，因為我們會在迴圈重複時需要它。第 19 行會儲存第一個位元組的總和，然後第 20-22 行會推進這三個指標（兩個運算元與一個總和陣列）。第 23 行回復進位旗標，而第 24 行會繼續第 16 行的迴圈。（LOOP 指標不會修改 CPU

的狀態旗標。）當迴圈重複了，第 17 行會增加下一個位元組，包含進位旗標的數值。所以如果進位旗標在第一次傳遞到迴圈時就產生了，進位會出現在第二次的迴圈傳遞。迴圈會一直重複直到加入位元組。然後，第 26 與 27 行會在兩個運算元的位元組被加入時，尋找已經產生的進位，然後在總和運算元中加入進位旗標到額外的位元組。

下列範例程式碼會呼叫 **Extended_Add**，傳遞兩個 8 位元組的整數給這個程序。我們必須小心配置總和額外的位元組：

```
.data
op1 BYTE 34h,12h,98h,74h,06h,0A4h,0B2h,0A2h
op2 BYTE 02h,45h,23h,00h,00h,87h,10h,80h
sum BYTE 9 dup(0)

.code
main PROC
    mov esi,OFFSET op1              ; 第一個運算元
    mov edi,OFFSET op2              ; 第二個運算元
    mov ebx,OFFSET sum              ; 加總運算元
    mov ecx,LENGTHOF op1            ; 位元組數量
    call Extended_Add

; 顯示總和

    mov esi,OFFSET sum
    mov ecx,LENGTHOF sum
    call Display_Sum
    call Crlf
```

下列的輸出是由上述程式所產生：而且，相加的結果有產生進位：

```
0122C32B0674BB5736
```

另在 **Display_Sum** 程序中（來自與前例相同的範例），會由較高排序位元組開始，再向下處理較低排序位元組，以及顯示總和：

```
Display_Sum PROC
    pushad
    ; 指向陣列的最後一個元素
    add  esi,ecx
    sub  esi,TYPE BYTE
    mov  ebx,TYPE BYTE
L1: mov  al,[esi]                   ; 取得陣列位元組
    call WriteHexB                  ; 予以顯示
    sub  esi,TYPE BYTE              ; 指向前一個位元組
    loop L1

    popad
    ret
Display_Sum ENDP
```

7.4.3 SBB 指令

SBB（包含借位的減法）指令的作用是將目的運算元，減去進位旗標和來源運算元。這個指令可以使用的運算元，與 ADC 指令相同。下列範例程式碼所執行的是 64 位元減法 32 位元的運算。在此過程中，程式碼會設定 EDX：EAX 為 0000000700000001h，並且將其減

去 2。EDX : EAX 下半部的 32 位元會先執行減法動作,並且設定進位旗標。然後,再減去上半部的 32 位元,在執行過程中,也會考慮到進位旗標:

```
mov   edx,7                          ; 上半部
mov   eax,1                          ; 下半部
sub   eax,2                          ; 減2
sbb   edx,0                          ; 減去上半部
```

圖 7-2 顯示了在兩個減法過程中,資料移動的情況。首先在 EAX 減 2,獲得結果是 EAX 的新值 FFFFFFFFh,由於減數比被減數小,必須執行借位,故會設定進位旗標,接下來是 SBB 指令會在 EDX 同時減去 0 及進位旗標之值。

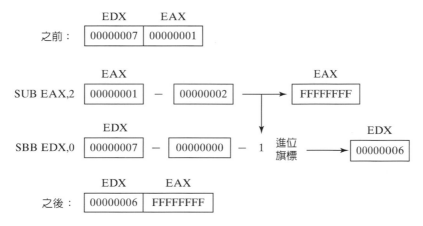

圖 7-2　使用 SBB 在 64 位元整數執行減法運算

7.4.4　自我評量

1. 試描述 ADC 指令的功能。

2. 試描述 SBB 指令的功能。

3. 在下列指令執行以後,EDX:EAX 的值將為何?

```
mov   edx,10h
mov   eax,0A0000000h
add   eax,20000000h
adc   edx,0
```

4. 在下列指令執行以後,EDX:EAX 的值將為何?

```
mov   edx,100h
mov   eax,80000000h
sub   eax,90000000h
sbb   edx,0
```

5. 在下列指令執行以後,DX 的內容值將為何(STC 用於設定進位旗標)?
```
mov   dx,5
stc                                  ; 設定進位旗標
mov   ax,10h
adc   dx,ax
```

7.5 ASCII 與未壓縮十進制的算術運算

（在 7.5 節中討論的指令只有在 32 位元模式中編程時會用到）到目前為止，本書所介紹的整數算術運算處理的都是二進位值。雖然 CPU 是以二進位方式進行計算，但是它也可以對 ASCII 十進制字串，執行算術運算。傳統上，後者是由使用者所輸入的資料，並且會顯示在主控台視窗，所以不需要將它們轉換成二進制。假設有一個程式要求使用者輸入兩個數值，並且要將它們相加起來。以下是此程式的示範輸出，使用者輸入的數值為 3402 及 1256：

```
Enter first number:     3402
Enter second number:    1256
The sum is:             4658
```

在設計完成上述計算及顯示總和時，我們有兩個選擇：

1. 將兩個運算元都轉換成二進位，然後以二進位的形式相加，再把總和從二進位轉換成 ASCII 數字字串。

2. 藉由連續地將每對 ASCII 數字相加 (2+6、0+5、4+2 和 3+1) 起來，達到相加兩個數字字串的目的。因為其總和為 ASCII 數字字串，所以它可以直接顯示於螢幕上。

第二個選擇需要使用特定的指令，目的是在將每對 ASCII 數字相加以後，調整總和。可以處理 ASCII 的加法、減法、乘法與除法的四個指令如下：

AAA	在完成加法運算後執行ASCII調整
AAS	在完成減法運算後執行ASCII調整
AAM	在完成乘法運算後執行ASCII調整
AAD	在執行除法運算前進行ASCII調整

ASCII 十進制與未壓縮十進制

未壓縮十進制整數 (unpacked decimal integer) 的最高 4 個位元永遠為 0，而 ASCII 十進制整數的最高 4 位元則為 0011b。在任何情況下，兩種類型的整數都是在一個位元組內，儲存一個數字。下列範例說明了在兩種格式下，3402 的儲存內容：

ASCII格式：	33	34	30	32		未壓縮格式：	03	04	00	02

(所有數值都是十六進位格式)

雖然一般來說 ASCII 算術會執行得比較慢，但是它有兩個優點：

- 在執行算術運算以前，不需要進行字串格式的轉換工作。
- 在使用假定的小數點以後，可以執行實數的運算，而不會有取近似值發生錯誤的危險；相反地，浮點數就會發生這種危險。

在執行 ASCII 加法與減法時，運算元可以是 ASCII 格式或未壓縮十進制格式。不過，只有未壓縮十進制格式可以進行乘法與除法運算。

7.5.1　AAA 指令

在 32 位元模式中，AAA（在執行加法運算後執行 ASCII 調整）指令可以對 ADD 或 ADC 所產生的二進制結果進行調整，假設 AL 的內容值是將兩個 ASCII 數字相加所產生的二進位數值，則 AAA 指令會使 AL 轉換成兩個未壓縮十進位數字，並分別儲存在 AH 及 AL。只要是未壓縮十進制格式，AH 和 AL 就可以透過與 30h 進行 OR 運算，而輕易地轉換成 ASCII。

下列範例可以說明如何使用 AAA 指令，將 ASCII 數字 8 和 2 正確地相加。在執行加法運算以前，我們必須將 AH 清除為 0，否則它會影響由 AAA 回傳的結果。其中，最後一個指令用於將 AL 和 AH，轉換為 ASCII 數字：

```
mov   ah,0
mov   al,'8'              ; AX = 0038h
add   al,'2'              ; AX = 006Ah
aaa                       ; AX = 0100h (ASCII 調整後結果)
or    ax,3030h            ; AX = 3130h = '10' (轉換為 ASCII)
```

運用 AAA 的多位元組加法運算

接著說明一個可將 ASCII 十進位數值相加的程序，其中的 ASCII 十進位數值具有未明示的小數點。此程序的實作會比想像中更為複雜，因為由每個數字的加法所產生的進位，必須傳遞到更高位位置。在下列的虛擬碼中，名稱 *acc* 指的是 8 位元的累加暫存器。

```
esi (index) = length of first_number - 1
edi (index) = length of first_number
ecx = length of first_number
set carry value to 0
Loop
    acc = first_number[esi]
    add previous carry to acc
    save carry in carry1
    acc += second_number[esi]
    OR the carry with carry1
    sum[edi] = acc
    dec edi
Until ecx == 0
Store last carry digit in sum
```

在此情形下，進位數字必須轉換為 ASCII，當我們將進位數字加到第一個運算元時，必須使用 AAA 調整結果。以下是實作上述功能的組合語言程式碼：

```
; ASCII Addition                    (ASCII_add.asm)
; Perform ASCII arithmetic on strings having
; an implied fixed decimal point.

INCLUDE Irvine32.inc

DECIMAL_OFFSET = 5                   ; 從字串的右邊位移
.data
decimal_one BYTE "100123456789765"   ; 1001234567.89765
decimal_two BYTE "900402076502015"   ; 9004020765.02015
sum BYTE (SIZEOF decimal_one + 1) DUP(0),0
```

```
    .code
main PROC
; Start at the last digit position.
    mov esi,SIZEOF decimal_one - 1
    mov edi,SIZEOF decimal_one
    mov ecx,SIZEOF decimal_one
    mov bh,0                              ; 設定進位值為0

L1: mov ah,0                             ; 在加總前清除 AH
    mov al,decimal_one[esi]              ; 取得第一個數字
    add al,bh                            ; 與之前進位相加
    aaa                                  ; 調整總和 (AH = 進位)
    mov bh,ah                            ; 儲存carry1代表的進位
    or bh,30h                            ; 轉換為 ASCII
    add al,decimal_two[esi]              ; 加上第二個數字
    aaa                                  ; 調整總和 (AH = 進位)
    or bh,ah                             ; 在兩個進位值執行OR運算
    or bh,30h                            ; 轉換為 ASCII
    or al,30h                            ; 將 AL 轉換為 ASCII
    mov sum[edi],al                      ; 儲存在總和中
    dec esi                              ; 倒退一個數字
    dec edi
    loop L1
    mov sum[edi],bh                      ; 儲存最後一個進位值
; 顯示字串的總和
    mov edx,OFFSET sum
    call WriteString
    call Crlf

    exit
main ENDP
END main
```

以下是此程式的輸出，它顯示出沒有小數點的總和：

```
1000525533291780
```

7.5.2　AAS 指令

在 32 位元模式中，AAS（在減法運算之後執行 ASCII 調整）指令會緊接在 SUB 或 SBB 指令之後執行，而 SUB 或 SBB 指令則會將兩個未壓縮的十進位值予以相減，並且將結果存放在 AL 中。此時，執行 AAS 指令會使 AL 中的結果，配合 ASCII 數字表示格式。事實上，只有在減法產生的結果為負時，才需要做此調整。舉例來說，下面的敘述將 ASCII 的 8 減去 9：

```
.data
val1 BYTE  '8'
val2 BYTE  '9'
.code
mov  ah,0
mov  al,val1                             ; AX = 0038h
sub  al,val2                             ; AX = 00FFh
aas                                      ; AX = FF09h
```

```
pushf                              ; 儲存進位旗標
or  al,30h                         ; AX = FF39h
popf                               ; 回復進位旗標之值
```

在執行 SUB 指令之後，AX 等於 00FFh。此時，AAS 指令會將 AL 轉變成 09h，並且將 AH 減去 1，然後再使 AH 設定為 FFh 及設定進位旗標。

7.5.3　AAM 指令

在 32 位元模式中，AAM（在乘法運算之後執行 ASCII 調整）指令的功能是將 MUL 所產生的二進制乘積，轉換成未壓縮十進位，這種乘法運算必須使用未壓縮十進制來執行。在下列範例中，我們將 5 乘以 6，並且讓存放在 AX 中的結果進行調整。在經過調整之後，AX=0300h，這是未壓縮十進制表示法的 30：

```
.data
AscVal BYTE 05h,06h
.code
mov  bl,ascVal                     ; 第一個運算元
mov  al,[ascVal+1]                 ; 第二個運算元
mul  bl                            ; AX = 001Eh
aam                                ; AX = 0300h
```

7.5.4　AAD 指令

在 32 位元模式中，AAD（在除法運算之前進行 ASCII 調整）指令功能是將存放於 AX 中的未壓縮十進制被除數，轉換成二進制，以便執行 DIV 指令。下面的例子會將未壓縮十進制的 0307h，轉換成二進制，然後將該二進制的值除以 5。DIV 指令會在 AL 中產生商數 07h，並且在 AH 中產生餘數 02h：

```
.data
quotient BYTE  ?
remainder BYTE  ?
.code
mov  ax,0307h                      ; 被除數
aad                                ; AX = 0025h
mov  bl,5                          ; 除數
div  bl                            ; AX = 0207h
mov  quotient,al
mov  remainder,ah
```

7.5.5　自我評量

1. 試撰寫一個指令，功能是將存放在 AX 中的兩個數字的未壓縮十進位整數，轉換成 ASCII 十進制。

2. 試撰寫一個指令，功能是將存放在 AX 中的兩個數字的 ASCII 十進位整數，轉換成未壓縮十進位格式。

3. 試撰寫兩個指令，以便將存放在 AX 中的兩個數字的 ASCII 十進位數值，轉換成二進制。

4. 試撰寫一個指令，以便將存放在 AX 中的無號二進位整數，轉換成未壓縮十進制。

7.6 壓縮十進制的算術運算

（在 7.6 節中討論的指令只能在 32 位元模式中執行）壓縮十進制整數可以在每個位元組中，存放兩個十進制數字，其中每個數字是由四個位元加以表示。如果有奇數個數字，則最高階的 4 位元字 (nibble) 會填入 0，所以其儲存空間的大小是可變動的：

```
bcd1 QWORD 2345673928737285h      ; 2,345,673,928,737,285 十進制
bcd2 DWORD 12345678h              ; 12,345,678 十進制
bcd3 DWORD 08723654h              ; 8,723,654 十進制
bcd4 WORD 9345h                   ; 9,345 十進制
bcd5 WORD 0237h                   ; 237 十進制
bcd6 BYTE 34h                     ; 34 十進制
```

壓縮十進制的儲存方式至少有如下兩個優點：

- 其數值幾乎可以有任何大小的有效位數，這使壓縮十進制可以執行具有相當精確度的計算工作。
- 壓縮十進制與 ASCII 之間的轉換，相對而言比較簡單。

DAA（在執行加法之後執行十進制調整）與 DAS（在執行減法之後執行十進制調整）這兩個指令，都可以調整壓縮十進制的加法與減法的運算結果。但不幸地，對於乘法與除法，並沒有這樣的指令。因此在這種情形下，必須先把數字解壓縮，然後執行乘法和除法運算，完成後再重新加以壓縮。

7.6.1 DAA 指令

在 32 位元模式中，DAA（在執行加法運算之後實行十進制調整，其英文全文為 decimal adjust after addition）指令的功能是將從 ADD 或 ADC 在 AL 中所產生的二進制總和，轉換為壓縮十進制格式。舉例來說，下列指令可以將壓縮十進制的 35 與 48 相加。而且二進位的總和 (7Dh) 被調整為 83h，這正是壓縮十進制的 35 和 48 的總和。

```
mov  al,35h
add  al,48h                       ; AL = 7Dh
daa                               ; AL = 83h (調整後的結果)
```

若要了解 DAA 內部邏輯，請見 Intel 指令集參考手冊。

範例

下列程式會將兩個 16 位元壓縮十進制整數予以相加，並將總和存放在一個壓縮的雙字組內。加法運算要求用於存放總和的變數，必須具有比運算元多一個數字的記憶體空間：

```
; Packed Decimal Example          (AddPacked.asm)
; 示範說明壓縮十進位數字的加法運算
INCLUDE Irvine32.inc

.data
packed_1 WORD 4536h
packed_2 WORD 7207h
sum DWORD ?
```

```
    .code
main PROC
; 初始化總和及索引值
    mov sum,0
    mov esi,0

; 相加低位元祖
    mov al,BYTE PTR packed_1[esi]
    add al,BYTE PTR packed_2[esi]
    daa
    mov BYTE PTR sum[esi],al

; 相加高位元組，包括進位值
    inc esi
    mov al,BYTE PTR packed_1[esi]
    adc al,BYTE PTR packed_2[esi]
    daa
    mov BYTE PTR sum[esi],al

; 若需要的話，加上最後的進位
    inc esi
    mov al,0
    adc al,0
    mov BYTE PTR sum[esi],al

; 以十六進位顯示加總結果
    mov eax,sum
    call WriteHex
    call Crlf
    exit
main ENDP
END main
```

這裡應該不必再提醒讀者，程式含有重複的程式碼，而這意味著我們可以使用迴圈結構。其中的一個習題會要求您建立程序，新增任一大小的壓縮十進位整數。

7.6.2　DAS 指令

在 32 位元模式中，DAS（在執行減法運算之後執行十進制調整）指令的功能是將被 SUB 或 SBB 指令在 AL 中所產生的二進制結果，轉換爲壓縮十進制。舉例來說，下列敘述會將壓縮十進制的 85 減去 48，並且調整其結果：

```
mov  bl,48h
mov  al,85h
sub  al,bl                       ; AL = 3Dh
das                              ; AL = 37h （調整後結果）
```

若要了解 DAS 內部邏輯，請見 Intel 指令集參考手冊。

7.6.3　自我評量

1. 請問在什麼情況下，DAA 指令會設定進位旗標？請舉出一個例子。
2. 請問在什麼情況下，DAS 指令會設定進位旗標？請舉出一個例子。
3. 請問在將兩個長度爲 n 個位元組的壓縮十進制整數相加時，必須爲存放總和的變數保留多少位元組的存放空間？

7.7　本章摘要

從先前章節的過程，移位指令也是組合語言最鮮明的一個特色。移位一個數值時，其意義表示將該數值的各位元往左或往右移位。

SHL（向左移位）指令的功能是將目的運算元中的每個位元向左移位，並且在最低的位元位置填入 0。SHL 最好的用途之一就是，當乘數為 2 的次方數時，可以快速地執行乘法運算。此時，將任何運算元左移 n 位元，就相當於將其乘以 2^n。SHR（往右移位）指令的作用是將每個位元向右移位，並且在最高位元位置填入 0。此時，將任何運算元右移 n 位元，就相當於將其除以 2^n。

SAL（向左算術移位）與 SAR（向右算術移位）是特別為了有號整數進行移位所設計的移位指令。

ROL（向左旋轉）指令的功能是將每個位元向左移位，而且最高位元會同時複製到進位旗標與最低位元位置中。ROR（向右旋轉）指令的功能是將每個位元向右移位，而且最低位元會同時複製到進位旗標與最高位元位置中。

RCL（包含進位旗標的向左旋轉）指令的功能是將每個位元向左移位，並且將最高位元複製到進位旗標，同時將原本進位旗標的值複製到最低位元。RCR（包含進位旗標的向右旋轉）指令會將每個位元向右移位，並且將最低位元複製到進位旗標，而且原本的進位旗標的值會複製到最高位元。

SHLD（英文全文為 shift left double）指令和 SHRD（英文全文為 shift right double）指令都只出現在 x86 系列以上的處理器，當處理的是對大整數進行移位的工作時，它們會特別有效率。

在 32 位元模式中，MUL 指令會將 8 位元、16 位元和 32 位元運算元，乘以 AL、AX 和 EAX 暫存器。在 64 位元模式中，數值也可以藉由 RAX 暫存器相乘。IMUL 指令執行的則是有號整數乘法。IMUL 指令有三種格式：單一運算元、兩個運算元和三個運算元。

在 32 位元模式中，DIV 指令的功能是執行 8 位元、16 位元和 32 位元的無號整數除法運算。在 64 位元模式中，您也可以進行 64 位元除法。IDIV 指令執行的則是有號整數除法運算，它使用的運算元與 DIV 一樣。

CBW（將位元組轉換成字組）指令的功能是將 AL 的符號位元，延伸到 AH 暫存器中。CDQ（將雙字組轉換成四字組）指令的功能是將 EAX 中的符號位元，延伸進 EDX 暫存器。CWD（將字組轉換成雙字組）指令的功能是將 AX 中的符號位元，延伸進 DX 暫存器中。

延伸加法與減法指的是對任意大小的整數，所執行的加法和減法運算，ADC 和 SBB 指令可以用於實作出這樣的加法和減法。ADC（考慮到進位的加法）指令會將來源運算元和進位旗標，加到目的運算元。SBB（考慮到借位的減法）指令的作用是將目的運算元，減去進位旗標和來源運算元。

ASCII 十進位整數會在一個位元組內儲存一個數字，而且是編碼成 ASCII 數字的形式。AAA（在執行加法運算以後實行 ASCII 調整）指令的作用是將 ADD 或 ADC 所產生的二進制結果，轉換成 ASCII 十進制。AAS（在執行減法運算以後實行 ASCII 調整）指令的功能是將 SUB 或 SBB 指令所產生的二進制結果，轉換成 ASCII 十進制。這些指令都只能在 32 位元模式中取得。

　　未壓縮十進制整數會在一個位元組內存放一個十進位數字，而且該數字是以二進位值的形式儲存。AAM（在乘法運算之後實行 ASCII 調整）指令的功能是將由 MUL 指令所產生的二進制乘積，轉換成未壓縮十進制。AAD（在除法運算之前實行 ASCII 調整）指令的功能是將未壓縮十進制的被除數，轉換成二進制，以便執行 DIV 指令。這些指令都只能在 32 位元模式中取得。

　　壓縮十進制整數可以在每個位元組中，存放兩個十進制數字。DAA（在執行加法運算之後實行十進制調整）指令可將 ADD 或 ADC 指令在 AL 中所產生的二進制結果，轉換成壓縮十進制。DAS（在執行減法運算之後實行十進制調整）指令的功能是將 SUB 或 SBB 指令在 AL 中所產生的二進制結果，轉換為壓縮十進制。這些指令都只能在 32 位元模式中取得。

7.8　重要術語

7.8.1　術語

數學位移 (arithmetic shift)　　除法溢位 (divide overflow)
二進位乘法 (binary multiplication)　　小端順序 (little-endian order)
位元旋轉 (bit rotation)　　邏輯位移 (logical shift)
位元位移 (bit shifting)　　符號延伸 (sign extension)
位元字串 (bit strings)　　有號除法 (signed division)
逐位元除法 (bitwise division)　　有號乘法 (signed multiplication)
逐位元乘法 (bitwise multiplication)　　有號溢位 (signed overflow)
逐位元旋轉 (bitwise rotation)　　無號乘法 (unsigned multiplication)

7.8.2　指令、運算子與指引

AAA	DIV	SAL
AAD	IDIV	SAR
AAM	IMUL	SBB
AAS	MUL	SHL
ADC	RCL	SHLD
CBQ	RCR	SHR
CBW	ROL	SHRD
DAA	ROR	

7.9　本章習題與練習

7.9.1　簡答題

1. 下列程式碼顯示每次位移或旋轉指令執行之後的 AL 數值：

```
mov al,0D4h
shr al,1                        ; a.
mov al,0D4h
sar al,1                        ; b.
mov al,0D4h
sar al,4                        ; c.
mov al,0D4h
rol al,1                        ; d.
```

2. 下列指令按照順序執行後，目的暫存器中的數值為？請給定 CL、DX 與 AL 初始為 3、1001111010111100 與 01010111。

```
shr dx,1                        ; a.
shr dx,cl                       ; b.
rol dx,cl                       ; c.
ror al,1                        ; d.
rcr al,cl                       ; e.
rcr dx,1                        ; f.
sar dx,cl                       ; g.
sar al,1                        ; h.
rcl dx,cl                       ; i.
rcl al,cl                       ; j.
```

3. 下列操作執行之後，AX 與 DX 的內容為？

```
mov dx,0
mov ax,222h
mov cx,100h
mul cx
```

4. 下列操作執行之後，AX 的內容為？

```
mov ax,63h
mov bl,10h
div bl
```

5. 請考慮在 BL 中的那些 AX 的無號除法內容，依照下列的案例，請找出商數並且提醒暫存器。

```
a. ax=2345, bl=24
b. ax=2345 bl=234
c. ax=2345 bl=100
```

6. 下列操作執行之後，BX 的內容為？

```
mov bx,5
stc
mov ax,60h
adc bx,ax
```

7. 當下列程式碼在 64 位元模式中執行，請描述它的輸出：

```
.data
dividend_hi   QWORD 00000108h
dividend_lo   QWORD 33300020h
divisor       QWORD 00000100h
.code
mov   rdx,dividend_hi
mov   rax,dividend_lo
div   divisor
```

8. 請用兩個乘法的程式來給定下列的數值，那麼每個案例的輸出會是什麼？哪一個暫存器
   會在輸出當中被找到？

```
a. mov al,78h
   mov cl,0fhh
   mul cl
b. mov bx,45efh
   mov ax,bx
   mov bx,230dh
   mul bx
```

9. 下列程式碼在 64 位元模式執行之後，RAX 的十六進位內容為？

```
 .data
multiplicand QWORD 0001020304050000h
.code
imul rax,multiplicand, 4
```

7.9.2　演算題

1. 請撰寫一個程式，轉換一個壓縮的 BCD 位元組為兩個解壓縮的位元組。
2. 假設指令集不包含旋轉指令。請顯示您會如何使用 SHR 還有條件跳越指令去旋轉 AL
   暫存器 1 位元的內容到右邊。
3. 撰寫一個邏輯移位指令，用 16 乘以 EAX 的內容。
4. 請撰寫一個程式碼順序，計算在位元組中 1 的個數。
5. 撰寫單一旋轉指令，交換 DL 暫存器的上下半段。
6. 撰寫單一 SHLD 指令，位移 AX 暫存器的最高位元到 DX 的最低位置，還有位移 DX 往
   左邊一位元。
7. 撰寫一個指令，位移三個記憶體字組到 1 位元的右邊。使用下列測試資料：

   byteArray BYTE 81h,20h,33h

8. 請撰寫一個程式碼順序，以反向位元運算子，完成數字 16 的乘法。
9. 撰寫一個指令，使 3 乘上 -5，並儲存結果在 16 位元變數 val1 中。
10. 撰寫一個指令，使 10 除以 -276，並儲存結果在 16 位元變數 val1 中
11. 請撰寫一個組合程式碼，使用 16 位元暫存器來評估計算 XY+YZ 運算式，其中 XY 與
    Z 是 16 位元無號數字

12. 用組合語言操作下列 C++ 運算式，並使用 32 位元有號運算元：

```
val1 = (val2 / val3) * (val1 + val2)
```

13. 撰寫一個程序，展示無號 8 位元二進位數值以十進位格式。在 AL 中傳遞二進位數值，輸出的範圍是十進位的 0 到 99。程式設計人員唯一能呼叫的程序是此書的連結函式庫中的 WriteChar。程序應該包含大約八個指令，以下是範例：

```
mov al,65                               ; 限制範圍：0到99
call showDecimal8
```

14. 請使用記憶的 AAM，轉換在 AX 中的 16 位元二進位數字為四位數的 ASCII 字元。小提示：請用 100 除以 AX-DX，然後使用 AAM。

15. 挑戰題：只使用 SUB、MOV 與 AND 指令，顯示如何計算 x = n mod y，假設您給定 n 與 y 的值，您可以設定 n 為任一 32 位元無號整數，y 為 2 的倍數。

16. 挑戰題：只使用 SAR、ADD 與 XOR 指令（沒有條件跳躍），撰寫程式碼，計算 EAX 暫存器中的有號整數的絕對值。提示：透過增加 -1 可以使數字成為負數。還有，如果 XOR 指令中的整數有 1，它的 1 會反轉，也就是說，XOR 指令整數有 0，則整數不變。

7.10　程式設計習題

★1. 展示 ASCII 十進位

撰寫一個 WriteScaled 程序輸出十進位的 ASCII 數字有著隱含的十進位小數點。假設下列數字如同下列範例所定義的，DECIMAL_OFFSET 會指出十進位小數點必須從右邊插入五個位置到數字中：

```
DECIMAL_OFFSET = 5
.data
decimal_one BYTE  "100123456789765"
```

會像下列數列所排列的樣子：

```
1001234567.89765
```

當呼叫 Writealed 時，通過在 EDX 中數字的偏移量、ECX 中的數字長度、以及在 EBX 中的十進位偏移量。請撰寫一個會傳遞三個不同大小的數字到 WriteScaled 程序的測試程式。

★2. 延伸減法程序

試建立並且測試一個名為 **Extended_Sub** 的程序，功能是可將兩個任意大小的二進制整數相減。限制：兩個整數的儲存空間大小必須相同，而且它們的空間大小必須是 32 位元的倍數。撰寫一個測試程式，通過幾對的整數，每個至少都有 10 位元組的長度。

★★3. 壓縮十進位反轉

撰寫一個 **PackedToAsc** 程序，反轉 4 字組壓縮十進位整數到 ASCII 十進位數字的字串。傳遞壓縮的整數與緩衝器儲存 ASCII 數字的位址到程序中。撰寫一個簡短的測試程式傳遞至少 5 個壓縮十進位整數到程序中。

★★4. 使用旋轉執行加密

請撰寫一個程式，可以利用旋轉指令，完成可以針對明文，使用多位元組及不同方向的加密作業。例如，下列的陣列表代表加密的鑰匙，負值表示由左向右執行旋轉，正值表示由右向左執行旋轉，各數字在陣列的位置，則代表該數字在旋轉中的重要性：

```
key BYTE -2, 4, 1, 0, -3, 5, 2, -4, -4, 6
```

您的程式可以將鑰匙對齊至明文的前 10 個位元組，再針對每一個明文的位元組，以明文各位元組對應的陣列值執行旋轉，最後再將作為鑰匙的位元資料，對齊至目前位置之後的 10 個位元，繼續執行加密處理。撰寫一個程式，藉由呼叫它兩次以測試您的加密程序，用不同的資料設定。

★★★5. 質數

撰寫一個程式，產生在 2 到 1000 之間所有的質數，並使用埃拉斯特托尼法，在網路上，可以找到很多描述此方法找尋質數的文章。請展示所有的數值。

★★★6. 最大公因數 (GCD)

兩個整數的最大公因數就是可以整除這兩個整數的最大整數，GCD 演算法需要在迴圈中執行除法，下列 C++ 程式碼描述了其演算法：

```cpp
int GCD(int x, int y)
{
    x = abs(x)                  // 絕對值
    y = abs(y)
    do {
        int n = x % y
        x = y
        y = n
    } while (y > 0)
    return x
}
```

請使用組合語言實作此函式，並且寫一個測試程式，呼叫此函式若干次，每次傳入不同的值，將所有結果顯示在螢幕上。

★★★ 7. 快速乘法

撰寫一個 **BitwiseMultiply** 程序，用 EAX 乘以任何無號 32 位元整數，只使用位移與加法，傳遞整數到 EBX 暫存器中的程序，然後傳回 EAX 暫存器中的乘積。撰寫一個簡短的測試程式，呼叫程序並展示乘積。（我們會假設乘積永遠不會大於 32 位元。）這是一個公平的挑戰程式。其中一個適合的方法為使用迴圈，來位移乘數到右邊，注意進位旗標設定之前的位移。位移的結果可以被 SHL 指令使用，使用乘法為目的運算元，然後相同的過程必須重複，直到您在乘數中找到最後一個位元。

★★★ 8. 新增壓縮整數

從 7.6.1 節中延伸 **AddPacked** 程序，這樣它會增加兩個任意大小的壓縮十進位整數（兩個數的長度要一樣）。撰寫一個測試程式，傳遞 AddPacked 一些的整數對：4 字組、8 字組與 16 字組。我們建議您使用下列暫存器傳遞資訊到程序中：

```
ESI - pointer to the first number
EDI - pointer to the second number
EDX - pointer to the sum
ECX - number of bytes to add
```

8

進階程序

8.1 導論

此章節會介紹副程式呼叫的底層結構,著重在執行時期堆疊。此章節中的資訊對於 C 與 C++ 語言的程式設計人員是有價值的,因為他們必須在除錯低階例行程序(作業系統或裝置驅動的函式)時,必須檢查執行時期堆疊的內容。

大多數現代的程式語言會在呼叫程式之前壓入引數,副程式通常會依照順序儲存它們的區域變數到堆疊中。此章中學到的細節與 C++ 及 Java 是有關連的,我們會顯示如何藉由數值及參考傳遞引數、區域變數是如何建立與破壞以及遞迴如何被操作。在此章節的結尾,我們會解釋不同的記憶體模組,還有 MASM 使用的語言指令者。在 64 位元模式中,參數可以被傳遞到暫存器與堆疊中,微軟為此建立了 x64 呼叫慣例。

各程式設計語言使用了不同的名詞,來指向副程式。舉例而言,在 C 和 C++ 語言中,副程式稱為**函式 (functions)**。在 Java 語言中,副程式稱為**方法 (methods)**。而在 MASM 中,副程式則稱為**程序 (procedures)**。本章的目的是要說明在 C 和 C++ 語言中,一般的副程式呼叫,在低階層次上是如何實作的。在本章剛開始的地方,當我們指的是一般原則時,會使用一般性的名詞**副程式 (subroutine)**。而在本章稍微後面的地方,當我們全神貫注於探討特殊的 MASM 指引(如 PROC 和 PROTO)時,則會使用特殊的名詞——**程序 (procedure)**。

由呼叫者傳遞給副程式的值,稱為**引數 (arguments)**。當被呼叫的副程式收到那些值的時候,就稱為**參數 (parameters)**。

8.2 堆疊框

8.2.1 堆疊參數

在此章節的前半節中,我們的副程式會接收暫存器參數,在 Irvine32 函式庫更是這樣。例如:在本章中,將說明副程式如何接收置於執行時期堆疊的參數。在 32 位元模式中,堆疊參數總是被 Windows API 函式使用,然而在 64 位元模式中,Windows 函式會接收暫存器參數與堆疊參數的結合物。

堆疊框 (stack frame) 或**啟動記錄 (activation record)** 是一個堆疊區域,這個區域被保留下來存放傳遞的參數、副程式的返回位址、區域變數、以及任何被儲存的暫存器。建立堆疊框的步驟依序如下:

1. 被傳遞的參數被壓進堆疊中。
2. 呼叫副程式,因而導致副程式的返回位址被壓進堆疊中。
3. 當副程式開始執行的時候,EBP 被壓進堆疊中。
4. 設定 EBP 等於 ESP,從這個時候開始,EBP 的作用是當作所有副程式參數的基底參考。
5. 如有任何區域變數存在,則我們可將 ESP 減去某值,以便在堆疊中保留區域變數的儲存空間。
6. 如果需要儲存任何暫存器,則將它們壓入堆疊中。

　　堆疊框的結構會受到程式的記憶體模型及程式所選的參數傳遞方式等因素的直接影響。

　　有關為何要學習在堆疊之上傳遞引數，我們有一個很好的理由，那就是所有高階語言都用得到這項技巧。如果想在 32 位元 Windows 應用程式編寫介面 (API) 舉例而言，就必須傳遞相關引數到堆疊中。換句話說，64 位元程式使用不同參數傳遞慣例，我們會在第 11 章中討論。

8.2.2　暫存器參數的缺點

　　好幾年來，微軟在 32 位元 fastcall 程式中包含了參數的傳遞慣例。如同名稱所示，有一些執行時期效能在呼叫副程式之前，被暫存器中的參數所擁有，所以包含壓入到堆疊中的參數會執行的比較緩慢，使用暫存器傳遞參數，一般來說會包含 EAX、EBX、ECX 與 EDX，還有比較不常見的 EDI 與 ESI。不幸的是，這些暫存器被用來儲存資料數值，像是迴圈計數器與計算的運算元。因此，任何被用來當作參數的暫存器必須一開始就被壓入到堆疊中，而且是在程序呼叫、分配程序引數的數值、與在程序傳回之後，回復到它們原本的數值之前。舉例來說：下方為 Irvine32 函式庫呼叫 DumpMem 的範例：

```
push   ebx                       ; 儲存暫存器的值
push   ecx
push   esi
mov    esi,OFFSET array          ; 起始位置的 OFFSET
mov    ecx,LENGTHOF array        ; 陣列大小
mov    ebx,TYPE array            ; 雙字組格式
call   DumpMem                   ; 顯示記憶體內容
pop    esi                       ; 恢復暫存器的值
pop    ecx
pop    ebx
```

　　不只是所有額外的壓入與彈出會建立出混亂的程式碼，它們往往消除我們希望藉由暫存器參數來獲得的計算優勢。還有因為每個暫存器的 PUSH 都有它適合與相對應的 POP，即使當程式碼存在多個執行路徑，程式設計人員都必須要非常小心。例如，在下列程式碼中，如果 EAX 在第 8 行等於 1，程序不會在第 17 行傳回它的呼叫器，因為三個暫存器的數值都被留在執行時期堆疊中了。

```
 1: push   ebx                   ; 儲存暫存器的值
 2: push   ecx
 3: push   esi
 4: mov    esi,OFFSET array      ; 起始位置的 OFFSET
 5: mov    ecx,LENGTHOF array    ; 陣列大小
 6: mov    ebx,TYPE array        ; 雙字組格式設定
 7: call   DumpMem               ; 顯示記憶體內容
 8: cmp    eax,1                 ; 錯誤旗標設定？
 9: je     error_exit            ; 離開旗標設定
10:
11: pop    esi                   ; 回復暫存器的值
12: pop    ecx
13: pop    ebx
14: ret
15: error_exit:
16: mov  edx,offset error_msg
17: ret
```

您或許會同意錯誤 (bug) 不容易被發現，除非您花了很長的時間盯著程式碼看。

堆疊參數提供一個更具有彈性的方法，它不需要暫存器參數。在即將要呼叫副程式之前，必須將引數壓入到堆疊中。舉例來說，如果 DumpMem 使用堆疊參數，我們可以使用下列程式碼呼叫它：

```
push  TYPE array
push  LENGTHOF array
push  OFFSET array
call  DumpMem
```

在呼叫副程式的期間，壓入堆疊的引數有兩種類型：

● 數值引數（變數與常數的值）
● 參考引數（變數位址的 Reference）

傳遞值的呼叫方式

當傳遞的引數內容是**值**的時候，該值會被複製到堆疊中。假設以下程式表示呼叫副程式 **AddTwo**，並且傳遞兩個 32 位元整數給它：

```
.data
val1  DWORD 5
val2  DWORD 6
.code
push  val2
push  val1
call  AddTwo
```

以下是即將要執行 CALL 指令之前的堆疊示意圖：

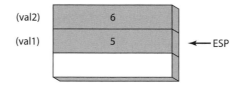

如果以 C++ 語言撰寫上述程式碼，則其對等的函式呼叫為

```
int sum = AddTwo( val1, val2 );
```

請注意，引數是以相反順序壓入堆疊中的，而這正是 C 和 C++ 語言處理堆疊引數的準則。

傳遞參考的呼叫方式

以參考的方式加以傳遞的引數，此時傳遞的是某個物件的位址（位移）。下列幾個敘述呼叫了 **Swap**，並以參考的方式傳遞兩個引數：

```
push  OFFSET val2
push  OFFSET val1
call  Swap
```

以下是即將要呼叫 Swap 之前的堆疊示意圖：

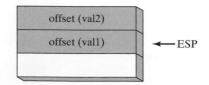

以下是以 C/C++ 語言撰寫的對等函式呼叫，可傳遞引數 val1 和 val2 的位址：

```
Swap( &val1, &val2 );
```

傳遞陣列

高階語言在傳遞陣列時，其方式只能是傳遞參考。也就是說必須將陣列的位址壓入至堆疊中，副程式再由堆疊中的位址，在此位址取得陣列內容，可想而知為什麼要以傳遞參考的方式，處理陣列引數，因為如此一來，可以避免在傳值時，將每一陣列元素壓入堆疊的麻煩，可能的麻煩包括會造成執行動作變慢，且在處理堆疊時，必須考慮各元素在堆疊前後位置的關係。舉例而言，下列敘述會將 **array** 的位移，傳遞給副程式 **ArrayFill**：

```
.data
array DWORD 50 DUP(?)
.code
push  OFFSET array
call  ArrayFill
```

8.2.3　存取堆疊參數

在函式呼叫的期間，高階語言的程式在初始化和存取參數上，有多種不同處理方式。以 C 及 C++ 為例，它們剛開始會先執行一個**開場程式碼 (prologue)**，這個程式碼會先儲存 EBP 暫存器，再將 EBP 設定為堆疊的頂端位置。此外，它們也可以選擇性地將特定暫存器壓進堆疊，使得在由被呼叫函式返回的時候，這些特定暫存器的值可以回復為原來內容。在函式結尾處會執行一個**收場程式碼 (epilogue)**，這個程式碼會使 EBP 暫存器回復成原來的值，然後執行 RET 指令，以便由函式返回。

AddTwo 範例

下列 **AddTwo** 函式是以 C 語言寫成的，它會接收以傳值方式進行傳遞的兩個整數，並且回傳這兩個整數的總和值：

```
int AddTwo( int x, int y )
{
    return x + y;
}
```

以下是以組合語言，實作與上述程式相同功能的程式碼。在這個函式的開場程式碼中，**AddTwo** 將 EBP 壓進堆疊，以便保存其現存的值：

```
AddTwo PROC
    push ebp
```

其次，EBP 會設定成與 ESP 具有相同的值，因此 EBP 可以當作 AddTwo 的堆疊框基底指標。

```
AddTwo PROC
    push ebp
    mov ebp,esp
```

下列圖形顯示了執行這兩個指令以後，堆疊框相關的內容值。若以 AddTwo (5, 6) 執行呼叫及傳入兩個數字，則會依序放入堆疊，第二個參數在第第一個參數上方：

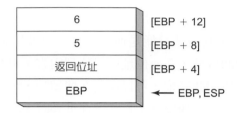

AddTwo 可以在不改變堆疊參數相對於 EBP 的位移的情形下，將其他額外的暫存器壓入堆疊。此時 ESP 之值會改變，EBP 不變。

基底位址位移

接下來要討論的是以基底位址位移的方式，存取堆疊參數。其中 EBP 是基底暫存器，而位移則是一個常數，此外，32 位元的值通常會回傳到 EAX 中。下列以組合語言實作出來的 AddTwo，可將兩個參數相加，並且回傳其總和到 EAX：

```
AddTwo PROC
    push    ebp
    mov     ebp,esp                 ; 堆疊框的基底位址
    mov     eax,[ebp + 12]          ; 第二個參數
    add     eax,[ebp + 8]           ; 第一個參數
    pop     ebp
    ret
AddTwo ENDP
```

明確堆疊參數

當堆疊參數的參照內容是如 [ebp + 8] 之形式時，稱為**明確堆疊參數 (explicit stack parameters)**，如此稱呼的原因是此一形式可以明確告知參數所在的位移位址，類似有明確意義的常數，有些程式設計師會定義符號常數，表示明確堆疊參數，使其程式易於閱讀：

```
y_param EQU [ebp + 12]
x_param EQU [ebp + 8]

AddTwo PROC
    push    ebp
    mov     ebp,esp
    mov     eax,y_param
    add     eax,x_param
    pop     ebp
    ret
AddTwo ENDP
```

清除堆疊

在由副程式返回的時候，必須使用某種方式將參數從堆疊中移除掉。否則可能會發生記憶體漏失，而且堆疊也將因而毀壞。如在 main 中的下列敘述呼叫了 AddTwo：

```
push   6
push   5
call   AddTwo
```

假設 AddTwo 程序在執行完成後，留下兩個參數在堆疊中，此時的堆疊內容如下圖：

在 main 程序中，我們可以忽略此一記憶體漏失的問題，並且期盼著程式能正常地結束。但若是在迴圈中呼叫 AddTwo 程序，堆疊就會發生溢位，假設每一個堆疊空間需使用 12 個位元組，其中每一參數使用 4 個位元組，另外 4 個位元組作為 CALL 指令的回傳位址，如果我們是在 main 呼叫 **Example1**，然後再由 Example1 呼叫 **AddTwo**，此時將會有更嚴重的問題會產生：

```
main PROC
    call   Example1
    exit
main ENDP
Example1 PROC
    push   6
    push   5
    call   AddTwo
    ret                                ; 堆疊在此損壞!
Example1 ENDP
```

當 Example1 中的 RET 指令即將執行的時候，ESP 所指向的是整數 5，而不是能帶領程式返回 main 的位址。

RET 指令在此時會載入 5 至指令指標，並嘗試將控制權轉移至記憶體位址 5 之處，若這個位址是程式控制區域之外，處理器就會產生執行階段例外，同時通知作業系統中止程式。

8.2.4　32 位元呼叫慣例

在此節，我們會呈現兩個在 Windows 環境中 32 位元編程最常見的呼叫慣例。首先，C 呼叫慣例使建立在 C 語言編成之上，此語言用來建立 Unix 與 Windows。STDCALL 呼叫慣例會描述呼叫 Windows API 函式的慣例，這兩個都很重要，既然您會從 C 與 C++ 程式中找到您自己的呼叫組譯函式，而您的組合語言程式也會呼叫多種 Windows API 函式。

C 語言呼叫慣例

C 的呼叫慣例是 C 與 C++ 程式語言所使用的，副程式參數會以反轉的順序被壓入到堆疊中，所以 C 程式會讓函式呼叫，這會將 B 壓入到堆疊，然後是壓入 A：

```
AddTwo( A, B )
```

C 語言的呼叫慣例用簡單的方法，解決了清理執行時期堆疊的問題：當一個程式呼叫一個副程式，它會在 CALL 指令之後，伴隨著加入數值到堆疊指標 (ESP) 的敘述，它與副程式參數的結合大小相等。下列範例中，在 CALL 指令執行之前，有兩個參數 (5 與 6) 都被壓入到堆疊：

```
Example1 PROC
    push  6
    push  5
    call  AddTwo
    add   esp,8                          ; 從堆疊中移除參數
    ret
Example1 ENDP
```

因此，以 C/C++ 撰寫的程式，必須在副程式完成回傳後，由堆疊中移除參數。

STDCALL 式呼叫方式

另一種移除堆疊的常用處理方式是使用稱為 STDCALL 的方法，在以下的 AddTwo 的程序中，提供給 RET 指令的參數是整數值 8，這個值會在完成回傳後加至 EBP。該整數必須等於副程式消耗掉的堆疊空間數量，其單位是位元組：

```
AddTwo PROC
    push  ebp
    mov   ebp,esp                        ; 堆疊框基底位址
    mov   eax,[ebp + 12]                 ; 第二個參數
    add   eax,[ebp + 8]                  ; 第一個參數
    pop   ebp
    ret   8                              ; 清除堆疊
AddTwo ENDP
```

此處必須指出的是 STDCALL 方法就像 C 語言一樣，會以相反的順序，將參數壓入堆疊中，只要利用 RET 指令的參數，就可以讓 STDCALL 降低呼叫副程式所產生的程式碼數量（差一個指令），並且可以確保呼叫程式不會忘記清理堆疊。另一方面，C 語言程式採取的方式，則允許副程式宣告可變的參數數量，呼叫程式就可以依需求決定傳遞多少個引數。C 語言中的 **printf** 函式就是一個例子，這個函式的引數個數，由初始字串引數中，格式指定符的個數來決定：

```
int x = 5;
float y = 3.2;
char z = 'Z';
printf("Printing values: %d, %f, %c", x, y, z);
```

C 編譯器會以相反順序將各引數壓入堆疊，其後尾隨著一個計數引數，功能是指出實際引數的個數。然後函式會取得引數的計數值，並且一個接著一個地存取引數。關於可清除堆疊的 RET 指令中的常數，在對它進行編碼的時候，沒有任何比現行做法更為便利的函式實作方式，所以清除堆疊的責任就留給了呼叫程式。

為了可與 32 位元 Windows 的 API 函式庫彼此相容，Irvine32 函式庫使用的是 STDCALL 呼叫方式。而 Irvine64 函式庫會使用 x64 呼叫慣例。

本書由此開始，我們將假定所有程序範例使用的都是 STDCALL 方式，除非有特別明確的指出使用其他的作法。

保存和回復各暫存器

副程式通常會在更改暫存器的內容值以前，先將原本的內容值保存起來，以便在即將返回之前，可將暫存器回復成原來的值。在理想狀況下，會造成問題的暫存器，應該緊接在將 EBP 設定為 ESP 之後，以及在即將為區域變數保留記憶體空間之前，壓入堆疊中，如此有助於避免更動到既有堆疊參數的位移。舉例而言，假設下列 **MySub** 程序具有一個堆疊參數，它會在設定 EBP 為堆疊框的基底位址之後，將 ECX 和 EDX 壓入堆疊中，並且載入堆疊參數到 EAX：

```
MySub PROC
    push   ebp              ; 儲存基底指標
    mov    ebp,esp          ; 堆疊框基底位址
    push   ecx
    push   edx              ; 儲存 EDX
    mov    eax,[ebp+8]      ; 取得堆疊參數
    .
    .
    pop    edx              ; 回復暫存器為原有的值
    pop    ecx
    pop    ebp              ; 回復基底指標
    ret                     ; 清除堆疊
MySub ENDP
```

當程序完成初始化的工作以後，在整個副程式的執行期間，EBP 的內容值會保持固定。將 ECX 和 EDX 壓入堆疊，不會影響到已經位於堆疊中的參數，因為堆疊的增長，是往 EBP 的下方（參閱圖 8–1）。

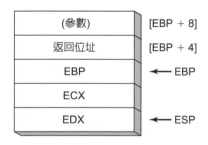

圖 8-1　MySub 程序的堆疊框

8.2.5　區域變數

在高階語言程式中，於單一副程式內部所產生、使用和銷毀的變數，稱為**區域變數 (local variables)**。區域變數是在執行時期堆疊中所建立的，它們通常位於基底指標 (EBP) 的下方。雖然區域變數不能在組譯時期指定預設的值，但是它們可以在執行時期加以初始化。我們可以使用與 C 和 C++ 語言相同的技術，在組合語言中建立區域變數。

範例：

下列 C++ 函式宣告了區域變數 X 和 Y：

```
void MySub()
{
    int X = 10;
    int Y = 20;
}
```

我們可以使用經過編譯的 C++ 程式作爲引導，以便說明 C++ 編譯器，如何爲區域變數配置記憶體空間。每一個堆疊中的項目都預設成是 32 位元，所以每個變數的儲存空間大小，都會被擴展成最接近的 4 的倍數。此處總共有 8 個位元組，保留給這兩個區域變數使用：

變數	位元組	堆疊位移
X	4	EBP - 4
Y	4	EBP - 8

下列 Mysub 函式反組譯（由除錯器顯示）的結果顯示了 C++ 程式如何建立區域變數、指定數值、從堆疊移除變數等，此段程式碼使用的是 C 語言慣用呼叫方式：

```
MySub PROC
    push   ebp
    mov    ebp,esp
    sub    esp,8                    ; 建立區域變數
    mov    DWORD PTR [ebp-4],10     ; X
    mov    DWORD PTR [ebp-8],20     ; Y
    mov    esp,ebp                  ; 從堆疊中移除區域變數
    pop    ebp
    ret
MySub ENDP
```

圖 8–2 顯示區域變數初始化以後的函式堆疊框。

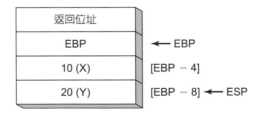

圖 8-2　建立區域變數後的堆疊框

在函式結束以前，這個函式會重置堆疊指標，其過程是將堆疊指標指定爲 EBP 的值，結果使得區域變數釋放出其在堆疊中的記憶體空間：

```
mov   esp,ebp                        ; 從堆疊中移除區域變數
```

如果省略了這個步驟，POP EBP 指令會將 EBP 設定成 20，而且 RET 指令會分支到記憶體位置 10，因而導致例外情形發生，程式也因此停止執行。如同下列的 MySub 版本所發生的情形一樣：

```
MySub PROC
    push    ebp
    mov     ebp,esp
    sub     esp,8                   ; 建立區域變數
    mov     DWORD PTR [ebp-4],10    ; X
    mov     DWORD PTR [ebp-8],20    ; Y
    pop     ebp
    ret                             ; 返回至錯誤的位址！
MySub ENDP
```

區域變數的符號

　　為了讓程式更易於閱讀，讀者可以為每個區域變數的位移，定義一個符號，並且將該符號使用於自己的程式碼中：

```
X_local EQU DWORD PTR [ebp-4]
Y_local EQU DWORD PTR [ebp-8]

MySub PROC
    push    ebp
    mov     ebp,esp
    sub     esp,8                   ; 為區域變數保留儲存空間
    mov     X_local,10              ; X
    mov     Y_local,20              ; Y
    mov     esp,ebp                 ; 由堆疊中移除區域變數
    pop     ebp
    ret
MySub ENDP
```

8.2.6　參考參數

　　參考參數通常是透過副程式使用基底位移定址（以 EBP 為基準點）的方式，來加以存取。因為每個參考參數都是一個指標，所以它通常都會載入暫存器，當作間接運算元加以使用。舉例而言，假設有一個指向陣列的指標，放置於堆疊位址 [ebp + 12] 上。則下列敘述會將該指標複製到 ESI 中：

```
    mov   esi,[ebp+12]              ; 指向陣列
```

ArrayFill 範例

　　以下將說明 **ArrayFill** 程序，其功能是可使一個陣列填入由 16 位元整數所組成的擬隨機數列。它將接收兩個引數：指向陣列的指標以及陣列的長度。第一個引數利用參考的方式加以傳遞，第二個則使用傳值的方式傳遞。以下是一個呼叫範例：

```
.data
count = 100
array  WORD count DUP(?)

.code
push   OFFSET array
push   count
call   ArrayFill
```

　　在 **ArrayFill** 程序中，使用了下列開場程式碼，將堆疊框指標 (EBP) 予以初始化：

```
ArrayFill PROC
    push  ebp
    mov   ebp,esp
```

現在堆疊框含有陣列的位移、陣列的長度、返回位址、保存起來的 EBP 等：

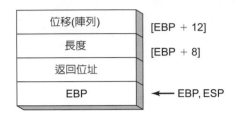

ArrayFill 的執行動作包括保存通用暫存器、擷取參數以及填入陣列等：

```
ArrayFill PROC
push ebp
    mov   ebp,esp
    pushad                          ; 儲存暫存器的值
    mov   esi,[ebp+12]              ; 陣列的位移
    mov   ecx,[ebp+8]               ; 陣列的長度
    cmp   ecx,0                     ; 測試ECX 是否等於 0
    je    L2                        ; 是，就略過迴圈
L1:
    mov   eax,10000h                ; 在0至FFFFh之間取得一個隨機亂數
    call  RandomRange               ; 來自連結函式庫的程序
    mov   [esi],ax                  ; 加入一個值到陣列中
    add   esi,TYPE WORD             ; 移到下一個元素
    loop  L1
L2: popad                           ; 回復暫存器之值
    pop   ebp
    ret   8                         ; 清除堆疊
ArrayFill ENDP
```

8.2.7　LEA 指令

LEA 指令的功能是回傳間接運算元的位移，因為間接運算元會使用到一個或更多暫存器，所以間接運算元的位移必須在執行時期加以計算。為了說明如何使用 LEA，以下先列出的是 C++ 程式，這個程式宣告了一個由字元組成的區域陣列，並且在指定數值給陣列的時候，參照了 **myString**：

```
void makeArray( )
{
    char myString[30];
    for( int i = 0; i < 30; i++ )
        myString[i] = '*';
}
```

上述程式的對應組合語言程式碼，在堆疊中替 myString 配置了記憶體空間，並且使用間接運算元，將陣列的位址指定給 ESI。雖然這個陣列只有 30 個位元組，不過 ESP 會減掉 32，以便陣列能與雙位元組邊界互相對齊。請注意這個組合語言程式碼，如何使用 LEA 指定陣列位址給 ESI：

```
makeArray PROC
    push   ebp
    mov    ebp,esp
    sub    esp,32              ; 將myString置於EBP-30的位址
    lea    esi,[ebp-30]        ; 載入myString的位址
    mov    ecx,30              ; 迴圈計數器
L1: mov    BYTE PTR [esi],'*'   ; 填入一個位置
    inc    esi                 ; 移到下一個
    loop   L1                  ; 繼續處理直到ECX等於0
    add    esp,32              ; 移除陣列(回復ESP)
    pop    ebp
    ret
makeArray ENDP
```

在這種情形下，想要使用 OFFSET 取得陣列參數的位址，是不可能的，因為 OFFSET 只能處理在編譯時期才知道的位址。因此下列敘述將無法加以組譯：

```
mov  esi,OFFSET [ebp-30]        ; 錯誤
```

8.2.8　ENTER 和 LEAVE 指令

ENTER 指令會為被呼叫的程序，自動建立堆疊框。它可為區域變數保留堆疊空間，並且將 EBP 存放在堆疊中。它會執行下列三個動作：

- 將 EBP 壓入堆疊中 **(push ebp)**
- 將 EBP 設定為堆疊框的基底 **(mov ebp, esp)**
- 為區域變數保留堆疊空間 **(sub esp,numbytes)**

ENTER 具有兩個運算元：第一個運算元是常數，這個常數的功能是為區域變數指定所要保留的堆疊空間位元組數目；而第二個運算元功能是指出程序的語法巢狀層次。

```
ENTER numbytes, nestinglevel
```

這兩個運算元都是立即值，其中 **Numbytes** 永遠都會擴展為最接近四的倍數，以便使 ESP 對齊於雙位元字組邊界上。**Nestinglevel** 則用於決定要從呼叫者程序的堆疊框，複製到現行堆疊框裡的指標數量。在我們的程式中，**nestinglevel** 永遠是零，另在 Intel 手冊，有解釋 ENTER 指令如何支援區塊結構的語言的巢狀層次。

範例 1

下列範例宣告了一個沒有區域變數的程序：

```
MySub PROC
    enter 0,0
```

它相當於下列指令：

```
MySub PROC
    push ebp
    mov ebp,esp
```

範例 2

以下的 ENTER 指令會為區域變數保留 8 個位元組的堆疊空間：

```
MySub PROC
    enter 8,0
```

它相當於下列指令：

```
MySub PROC
    push ebp
    mov  ebp,esp
    sub  esp,8
```

圖 8–3 顯示的是在執行 ENTER 指令之前和之後的堆疊。

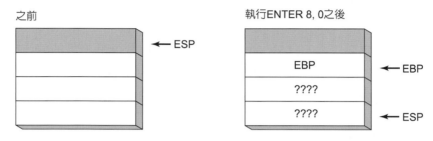

之前　　　　　　　　執行ENTER 8, 0之後

圖 8-3　執行 ENTER 指令之前及之後的堆疊

> 如果讀者想要使用 ENTER 指令，我們強烈地建議同時也在相同程序的結尾處，使用 LEAVE 指令。否則您為區域變數建立的堆疊空間，可能不會在該程序結束以後被釋放出來。而這將導致 RET 指令從堆疊中，彈出錯誤的返回位址。

LEAVE 指令

　　LEAVE 指令的功能是為程序終止堆疊框，透過將 ESP 和 EBP 回存為在程序被呼叫時，它們所具有的值，可以將前一個 ENTER 執行的動作予以倒轉。以下要再次使用 **MySub** 程序時，可以撰寫下列程式碼：

```
MySub PROC
    enter 8,0
    .
    .
    leave
    ret
MySub ENDP
```

　　下列指令可以產生與上述指令相同功能，它們可為區域變數，保留以及移除 8 個位元組的堆疊空間：

```
MySub PROC
    push   ebp
    mov    ebp,esp
    sub    esp,8
    .
    .
    mov    esp,ebp
    pop    ebp
    ret
MySub ENDP
```

8.2.9　LOCAL 指引

我們可以將微軟公司設計的 LOCAL 指引，想像成是為了當作 ENTER 指令的高階代替品。LOCAL 指引可以利用變數名稱，宣告一個或多個的區域變數，並且可以對這些名稱指定記憶體空間大小的屬性。（相反地，ENTER 只能為若干個區域變數，保留單一未命名的堆疊空間區塊。）如果想要使用 LOCAL，必須將它緊接在 PROC 指引之後。其語法是：

```
LOCAL varlist
```

varlist 是一連串的多個變數定義，而且相鄰變數之間必須以逗點區隔開，如果需要的話，varlist 可以涵蓋若干行。其中每個變數定義都採用下列形式：

```
label:type
```

在上述定義的形式中，label 可以是任何有效的識別字，而 type 可以是任何基本資料型別（WORD、DWORD、…等等）或使用者定義型別。（結構與其他使用者定義型別，將在第 10 章進一步說明。）

範例

MySub 程序含有一個區域變數 **var1**，其型別為 BYTE：

```
MySub PROC
    LOCAL var1:BYTE
```

BubbleSort 程序含有一個名稱為 **temp** 的雙位元組區域變數，以及一個名稱為 **SwapFlag** 的位元組區域變數：

```
BubbleSort PROC
    LOCAL temp:DWORD, SwapFlag:BYTE
```

Merge 程序含有一個稱為 **pArray** 的 PTR WORD 區域變數，它是指向 16 位元整數的指標：

```
Merge PROC
    LOCAL pArray:PTR WORD
```

區域變數 **TempArray** 是 10 個雙位元組所組成的陣列，請注意，方括弧代表陣列的元素個數：

```
LOCAL TempArray[10]:DWORD
```

MASM 程式碼的產生

由 MASM 所產生的程式碼，當程式碼執行到 LOCAL 指引時，看看會產生何種狀況。以下的 **Example1** 程序使用了單一雙位元組區域變數：

```
Example1 PROC
    LOCAL temp:DWORD

    mov    eax,temp
    ret
Example1 ENDP
```

MASM 針對 Example1 所產生的下列程式碼，說明了如何將 ESP 減去 4，以便替雙位元組區域變數保留堆疊空間：

```
push    ebp
mov     ebp,esp
add     esp,0FFFFFFFCh              ; 在ESP 加上 -4
mov     eax,[ebp-4]
leave
ret
```

以下是 Example1 的堆疊框示意圖：

8.2.10　微軟 x64 呼叫慣例

微軟在一項計畫之下，在 64 位元程式中傳遞參數與呼叫副程式，被稱做微軟 x64 呼叫慣例 (Microsoft x64 calling convention)。C 與 C++ 語言會使用此慣例，還有 Windows API 函式庫也會，您唯一會需要用到這個呼叫慣例的時候，是當您呼叫 Windows 函式，或是呼叫 C 或 C++ 所撰寫的函式時。下列有一些此呼叫慣例的特色與要求：

1. CALL 指令從 RSP（堆疊指標）暫存器減去 8，因為位址有 64 位元長。
2. 前四個傳遞到副程式的參數，會按照順序被放置在 RCX、RDX、R8 與 R9 暫存器中，所以，如果只有一個參數被傳遞，它會被放在 RCX，如果有第二個參數，則會放在 RDX，以此類推。其他的參數則會以左至右的順序被壓入堆疊。
3. 小於 64 位元長的參數不是零延伸，所以上層位元有不確定的數值。
4. 如果返回數值是一個整數，其大小小於或等於 64 位元，它必須傳回在 RAX 暫存器中。
5. 呼叫器的責任是在執行時期堆疊上，排列至少 32 位元組的空白，所以呼叫副程式可以選擇性的儲存暫存器參數在此區域中。
6. 當呼叫副程式，堆疊指標 (RSP) 必須排列在 16 位元組的邊界上。CALL 指令會壓入 8 位元組傳回位址到堆疊，所以除了它從暫存器減去的 32，呼叫程式必須從堆疊指標減去 8。
7. 呼叫程式的責任是從執行時期堆疊在呼叫的副程式完結之後，移除所有的參數與空格。
8. 傳回數值大於 64 位元會被放在執行時期堆疊，而 RCX 會指向它的位置。
9. RAX、RCX、RDX、R8、R9、R10、與 R11 暫存器會被副程式改變，所以，如果呼叫程式想要保存它們，要在副程式呼叫之前，將它們壓入堆疊，然後再讓它們彈跳出來。
10. RBX、RBP、RDI、RSI、R12、R14、R14、與 R15 暫存器必須被副程式保存。

8.2.11　自我評量

1. （是非題）：副程式的堆疊框永遠都含有呼叫者程序的返回位址，以及副程式的區域變數。
2. （是非題）：將陣列傳遞給程序時，使用傳入參考呼叫的方式，其原因是避免將陣列複製到堆疊中。
3. （是非題）：程序的開場程式碼都會將 EBP 壓入堆疊。
4. （是非題）：建立區域變數的做法是將一個正值加到堆疊指標上。
5. （是非題）：當處於 32 位元保護模式下，在一個程序呼叫中，最後被壓入堆疊的引數會存放在 EBP+8 的位置。
6. （是非題）：當以傳參考的方式傳遞引數時，必須在被呼叫的程序內部，從堆疊中彈出某個參數的位移。
7. 請問兩種最常見的堆疊參數類型為何？

8.3　遞迴

　　遞迴式 (recursive) 副程式指的是會直接或間接地呼叫自己的副程式，呼叫遞迴式副程式的實際執行過程稱爲**遞迴 (Recursion)**；在配合具有重複性形式的資料結構一起使用的時候，遞迴是很有效的工具。重複性資料結構的例子有鏈結串列 (linked lists) 和各種不同形式的連接圖 (connected graphs)，在這類資料結構中，程式必須追朔它曾執行過的路徑。

無窮遞迴 (Endless Recursion)

　　最明顯的遞迴型式就是一個副程式呼叫它本身，如以下的程式有一個名稱爲 **Endless** 的程序，該程序會不停地重複呼叫它自己：

```
; Endless Recursion                    (Endless.asm)
INCLUDE Irvine32.inc
.data
endlessStr BYTE "This recursion never stops",0
.code
main PROC
    call  Endless
    exit
main ENDP

Endless PROC
    mov   edx,OFFSET endlessStr
    call  WriteString
    call  Endless
    ret                           ; 永遠不會執行
Endless ENDP
END main
```

　　當然，這個範例並沒有任何實際的價值，每當 Endless 程序呼叫它自己，在 CALL 指令壓入返回位址的時候，這個程序都會用掉 4 個位元組的堆疊空間，而且 RET 指令永遠都不會被執行到。

8.3.1 使用遞迴計算總和

在實務上具有價值的程序，必定會具備一個程序終止條件。當終止條件為真的時候，等到程式執行了所有擱置的 RET 指令以後，堆疊就會釋出。為了說明這一點，讓我們考慮一個名稱為 **CalcSum** 的遞迴式程序，這個程序的功能是將 1 到 n 的整數予以相加，n 是經由 ECX 傳遞的輸入參數。最後 CalcSum 會將所得總和回傳到 EAX：

```
; Sum of Integers                     (RecursiveSum.asm)
INCLUDE Irvine32.inc
.code
main PROC
     mov    ecx,5                ; 設定count = 5
     mov    eax,0                ; 保存總和
     call   CalcSum              ; 計算總和
L1:  call   WriteDec             ; 顯示 EAX之值
     call   Crlf                 ; 產生新行
     exit
main ENDP

;-----------------------------------------------------
CalcSum PROC
; 計算多個整數的總和
; 接收參數：ECX = 整數數量
; 回傳值：EAX = 總和
;-----------------------------------------------------
     cmp    ecx,0                ; 檢查計數器的值
     jz     L2                   ; 若等於0則結束程式
     add    eax,ecx              ; 反之則加至目前總和
     dec    ecx                  ; 遞減計數器之值
     call   CalcSum              ; 遞迴呼叫
L2:  ret
CalcSum ENDP
end Main
```

CalcSum 的前兩行程式會檢查計數器，而且在 ECX = 0 的情況下，中止執行，藉此可以避免繼續進行遞迴式的呼叫。在遞迴過程中，當 RET 指令第一次被執行時，程式會返回到上一次呼叫 CalcSum 的地方，接著上一次的程序又返回上上一次呼叫的地方……依此類推。表 8-1 顯示了由 CALL 指令壓入堆疊的幾個返回位址，也顯示了相對應的 ECX（計數器）與 EAX（總和）數值。

表8-1　堆疊框及暫存器 (CalcSum)

壓入堆疊	ECX 之值	EAX 之值
L1	5	0
L2	4	5
L2	3	9
L2	2	12
L2	1	14
L2	0	15

　　由此例可知，就算是一個很簡單的遞迴式程序，也會使用大量的堆疊空間。在最節省的情況下，每次的程序呼叫也至少會使用 4 個位元組的堆疊空間，以便存放返回位址。

8.3.2　計算階乘

　　遞迴式副程式通常會將暫時的資料，存放在堆疊參數中。當遞迴式呼叫返回之後，存放在堆疊中的資料可能會很有用。在下一個例子中，我們將觀察如何計算整數 n 的**階乘 (factorial)**，也就是計算 n!，且 n 是無號整數。當第一次呼叫 **factorial** 函式的時候，參數 n 是啟始值，以下是以 C/C++/Java 語法所撰寫的程式：

```
int function factorial(int n)
{
    if(n == 0)
      return 1;
    else
      return n * factorial(n-1);
}
```

　　在給定任何數字 n 中，為了可以計算出 n － 1 的階乘，必須持續減低 n 之值，直到它變成零為止。依照定義，0! 等於 1，在往後回到原本運算式 n! 的過程中，可以將每次乘法運算的乘積累積起來。舉例來說，如果想要計算 5!，遞迴演算法將沿著圖 8-4 左邊那一行往下降，然後沿著右邊那一行回來。

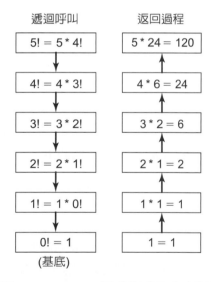

圖 8-4　Factorial 函式的遞迴呼叫過程

範例程式

　　下列組合語言程式含有一個稱為 **Factorial** 的程序，這個程序會以遞迴方式計算階乘結果。這個程式將堆疊中的 n（介於 0 和 12 之間的無號整數）傳遞給 **Factorial** 程序，而且該程序會回傳一個值到 EAX。因為使用的是 32 位元暫存器，所以暫存器可以保存的最大階乘數是 12! (479,001,600)。

```
; Calculating a Factorial               (Fact.asm)
INCLUDE Irvine32.inc
.code
main PROC
     push  5                    ; 計算 5!
     call  Factorial            ; 計算階乘 (EAX)
     call  WriteDec             ; 顯示結果
     call  Crlf
     exit
main ENDP

;------------------------------------------------------
Factorial PROC
; 計算階乘
; 接收參數：[ebp+8] = n，作為計算依據
; 回傳值：eax = n的階乘
;------------------------------------------------------
     push  ebp
     mov   ebp,esp
     mov   eax,[ebp+8]          ; 取得 n
     cmp   eax,0                ; 測試n 是否大於 0
     ja    L1                   ; 若大於0則繼續執行
     mov   eax,1                ; 反之回傳1,作為本次計算結果!
     jmp   L2                   ; 及回傳給呼叫者
L1:  dec   eax
     push  eax                  ; Factorial(n-1)
     call  Factorial
; 以下程式只有在遞迴返回時
; 才會執行

ReturnFact:
     mov   ebx,[ebp+8]          ; 取得 n
     mul   ebx                  ; EDX:EAX = EAX * EBX
L2:  pop   ebp                  ; 回傳 EAX
     ret   4                    ; 清除堆疊
Factorial ENDP
END main
```

接下來將詳細說明 Factorial 程序的細節,並假設 N = 3,作為執行依據,一如稍早所說,計算結果會回傳至 EAX 暫存器。

```
push 3
call Factorial                    ; EAX = 3!
```

Factorial 程序會以接收的參數 N,作為階乘計算的起始值,呼叫者程式的回傳位址會自動以 CALL 指令壓入至堆疊中,Factorial 程序做的第一件事是將 EBP 壓入至堆疊,以便保留呼叫之前的基底指標:

```
Factorial PROC
    push  ebp
```

接著必須將 EBP 設為目前堆疊框的起始位址:

```
    mov   ebp,esp
```

到此為止,EBP 及 ESP 都含有指向堆疊最高點的指標,所以執行時期堆疊就會包含以下的堆疊框內容,這些內容包括參數 N、呼叫者的返回位址及已儲存其值的 EBP 等:

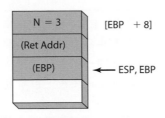

　　上圖也顯示了另一個處理動作，就是爲了在堆疊中正確取得參數 N 的值，必須在 EBP 之值加 8，故此位址表示爲基底位移的方式：

```
mov  eax,[ebp+8]              ; 取得 n
```

　　下一步是程式會檢查作爲中止遞迴的基本條件，如果參數 N（目前在 EAX 內）等於 0，則函式會回傳 1，也就是 0! 的結果：

```
cmp  eax,0                    ; 測試 n 是否大於 0
ja   L1                       ; 若大於0則繼續執行
mov  eax,1                    ; 反之回傳1，作爲本次計算結果！
jmp  L2                       ; 及回傳給呼叫者
```

　　（稍後再說明標籤 L2 的程式）所以 EAX 的值在執行之初是等於 3，表示 Factorial 會遞迴呼叫自己。此時會先在參數 N 減 1，再將新值壓入至堆疊。這個值將傳入至遞迴呼叫的 Factorial 程序：

```
L1: dec  eax
    push eax                  ; Factorial(n - 1)
    call Factorial
```

執行權在此時帶著傳入的參數 N，會回到 Factorial 程序的第一行：

```
Factorial PROC
    push ebp
    mov  ebp,esp
```

在 N = 2 時，執行時期堆疊就會擁有原堆疊框兩倍的內容：

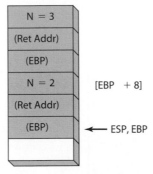

參數 N = 2 的值，會載入至 EAX，並與 0 做比較：

```
mov  eax,[ebp+8]             ; 此時N = 2
cmp  eax,0                   ; 比較 N 及 0
ja   L1                      ; 若N大於0
mov  eax,1                   ; 不執行
jmp  L2                      ; 不執行
```

若參數 N 的值大於 0，就會繼續執行標籤 L1 的程式。

> 小技巧：您可能會發現在上述的執行過程中，EAX 的值會不斷被更改，這在本例顯示了一個重點：就是在執行遞迴呼叫時，必須小心處理其值會被覆蓋的暫存器，這描述了一項很重要的重點：當遞迴呼叫程序時，您應該小心的注意哪一個暫存器被修改了。若需要保留暫存器的值，請在遞迴開始之前，先予以保留，再予執行完成之後，由堆疊中取出及回復。但在本例中，我們並未考慮是否要保留及回復 EAX 之值。

標籤 L1 的位置在本例是表示遞迴呼叫的起點，也就是 N – 1 後，程式會在 EAX 執行減 1，並壓入至堆疊中，再呼叫 Factorial 程序：

```
L1: dec   eax                    ; N = 1
    push  eax                    ; Factorial(1)
    call  Factorial
```

現在已第三次執行 Factorial 程序，所以會有三個作用中的堆疊框：

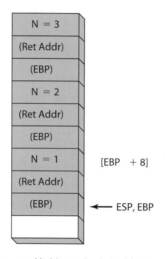

Factorial 會持續比對 N 及 0，N 的值只會大於等於 0，當 N 等於 0 時，會再一次呼叫 Factorial 程序，成為第四次遞迴，執行時期堆疊就會產生第四個堆疊框，表示這是最後一次呼叫 Factorial 程序：

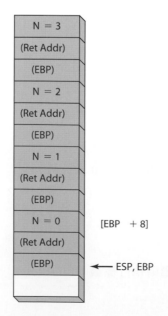

當階乘呼叫 N = 0，此時會發生一些有趣的現象，以下的敘述表示執行權在最後會轉換至標籤 L2 處，此時會將 1 傳入至 EAX，因為 0!= 1，但 EAX 又必須是 Factorial 程序的回傳值：

```
mov    eax,[ebp+8]          ; 傳入0至EAX
cmp    eax,0                ; 測試n是否大於 0
ja     L1                   ; 若大於0則繼續執行
mov    eax,1                ; 反之回傳1，作為本次計算結果!
jmp    L2                   ; 及回傳給呼叫者
```

以下是標籤 L2 的程式碼，此段程式會是 Factorial 程序的最後執行位置，並在此回傳執行結果：

```
L2: pop  ebp                ; 回傳 EAX
    ret  4                  ; 清除堆疊
```

下圖顯示了在此時的數個執行時期堆疊框，且 EAX 等於 1（0 的階乘結果）：

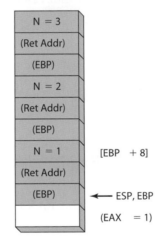

以下的程式是 Factorial 程序的回傳位置，此段程式會以目前的參數 N（儲存在 EBP + 8 的位址）之值，乘以 EAX 之值（上次呼叫 Factorial 的傳回值），置於 EAX 的乘積，就會是本次遞迴呼叫 Factorial 的結果：

```
ReturnFact:
    mov  ebx,[ebp+8]        ; 取得 n
    mul  ebx                ; EAX = EAX * EBX
L2: pop  ebp                ; 回傳 EAX
    ret  4                  ; 清除堆疊
Factorial ENDP
```

（在 EDX 的高位元乘積內容為 0，故略過不處理）所以在第一次執行上述程式時，EAX 的值是 1×1 的結果，再到執行 RET 指令時，另一堆疊框就會予以移除：

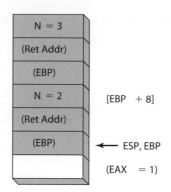

然後會執行緊接著 CALL 之下的指令，將 EAX（目前是 1）之值乘以 2（因為參數 N 等於 2）：

```
ReturnFact:
    mov   ebx,[ebp+8]        ; 取得 n
    mul   ebx                ; EDX:EAX = EAX * EBX
L2: pop   ebp                ; 回傳 EAX
    ret   4                  ; 清除堆疊
Factorial ENDP
```

現在 EAX 之值為 2，RET 指令會移除另一個堆疊框：

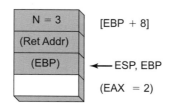

最後會再一次執行 CALL 指令之後的程式，以 EAX（目前是 2）之值乘以 N（目前是 3）：

```
ReturnFact:
    mov   ebx,[ebp+8]        ; 取得 n
    mul   ebx                ; EDX:EAX = EAX * EBX
L2: pop   ebp                ; 回傳 EAX
    ret   4                  ; 清除堆疊
Factorial ENDP
```

最後的結果在 EAX 內，其值是 6，是傳入 3 的遞迴計算結果，這也是我們一開始執行 Factorial 程序的預期結果，且最後一個堆疊框會在 RET 指令執行之後被移除。

8.3.3　自我評量

1. （是非題）：如果要完成同一個工作，遞迴式副程式通常會比非遞迴式副程式，使用更少的記憶體。

2. 在 Factorial 函式中，使用什麼條件來終止遞迴？

3. 在組合語言的 Factorial 程序中，哪一個指令會在每個遞迴式呼叫結束之後被執行？

4. 如果試圖用 Factorial 程式計算 13!，請問其輸出結果會發生什麼狀況？

5. （挑戰題）：在 Factorial 程式中，如果想要計算 5!，請問 Factorial 程序會使用多少位元組的堆疊空間？

8.4　INVOKE、ADDR、PROC 和 PROTO

在 32 位元模式中，INVOKE、ADDR、PROC 和 PROTO 指引提供了用於定義和呼叫程序等之有效工具，隨著這些指引，ADDR 運算元是用來定義程序參數基礎的工具。從許多方面來看，這些指引幾乎可以做到高階程式設計語言所能提供的便利性。而從教學的角度來看，因為這些指引掩蓋了執行時期堆疊的基底結構，所以使用它們是具有爭議的。因為對於學習電腦根本結構的學生而言，在學習呼叫副程式的設計時，最好對低階機制具有詳細的瞭解。

但有一種情況在運用高階程序指引獲得比較好的程式設計結果——當您的程式需要執行跨越模組邊界的程序時。此時 PROTO 指引可以幫助組譯器，透過將引數串列與程序宣告進行核對，來確認程序呼叫的有效性。這項功能促使了高等組合語言程式設計員，利用高階 MASM 指引所提供的便利性。

8.4.1　INVOKE 指引

只有在 32 位元模式中，INVOKE 指引會將各引數壓入堆疊（根據 MODEL 指引的語言指定符所規定的順序）中，並且呼叫某個程序。因為 INVOKE 指引可以讓程式設計人員，使用一行程式碼來傳遞多個引數，所以 INVOKE 是 CALL 指令很方便的一個替代方案。以下是它的一般性語法：

```
INVOKE procedureName [, argumentList]
```

ArgumentList 是傳遞給程序的選用引數清單，多個引數之間是以逗號作為區隔。舉例而言，如果使用 CALL 指令，在執行幾個 PUSH 指令之後，就可以接著呼叫 **DumpArray**。

```
push   TYPE array
push   LENGTHOF array
push   OFFSET array
call   DumpArray
```

如果使用的是 INVOKE，則對等的敘述可以簡化成僅剩一行程式，在這一行程式碼中，各引數是以相反順序加以列舉（假設語言指定符使用的是 STDCALL）：

```
INVOKE DumpArray, OFFSET array, LENGTHOF array, TYPE array
```

INVOKE 幾乎允許使用任何個數的引數，而且個別引數可以出現在原始碼的個別一行程式中。請見如下 INVOKE 敘述的註解文字：

```
INVOKE DumpArray,                    ; 顯示陣列
    OFFSET array,                    ; 指向陣列
    LENGTHOF array,                  ; 陣列長度
    TYPE array                       ; 陣列元素的大小
```

表 8-2 列舉了數項可以使用的引數類型。

表8-2　INVOKE可使用的引數類型

類型	範例
立即值	10, 3000h, OFFSET mylist, TYPE array
整數運算式	(10 * 20), COUNT
變數	myList, array, myWord, myDword
位址運算式	[myList + 2], [ebx + esi]
暫存器	eax, bl, edi
ADDR 名稱	ADDR myList
OFFSET 名稱	OFFSET myList

覆寫 EAX, EDX

如果將小於 32 位元的引數傳遞給程序，則 INVOKE 會在將引數壓入堆疊以前，先擴展引數的空間大小，因而經常導致組譯器覆寫了 EAX 和 EDX。如果要避免這種情況，可以採取如下做法，就是只傳遞 32 位元的引數給 INVOKE，或者在程序呼叫之前和之後，保存及回復 EAX、EDX 之值。

8.4.2　ADDR 運算子

ADDR 運算子在 32 位元模式也可以用。當呼叫程序是使用 INVOKE 指引的時候，ADDR 運算子可以用於傳遞指標引數。如以下的 INVOKE 敘述可以將 **myArray** 的位址，傳遞給 **FillArray** 程序：

```
INVOKE FillArray, ADDR myArray
```

傳遞給 ADDR 的引數必須是一個組譯時期的常數，因此以下是錯誤的程式碼：

```
INVOKE mySub, ADDR [ebp+12]          ; 錯誤
```

ADDR 運算子必須與 INVOKE 搭配使用，因此以下是錯誤的程式碼：

```
mov esi, ADDR myArray                ; 錯誤
```

範例：

下列的 INVOKE 指引呼叫了程序 **Swap**，並且傳遞某個雙位元組陣列前兩個元素的位址給這個程序：

```
.data
Array DWORD 20 DUP(?)
.code
...
INVOKE Swap,
    ADDR Array,
    ADDR [Array+4]
```

假設採用 STDCALL，則以下是由組譯器所產生的對應程式碼：

```
push OFFSET Array+4
push OFFSET Array
call Swap
```

8.4.3　PROC 指引

PROC 指引的語法

在 32 位元模式下，PROC 指引的基本語法如下：

label PROC [*attributes*] [*USES reglist*], *parameter_list*

其中**標籤 (Label)** 是使用者自訂的標籤，它必須依循識別符的建立規則，而這些規則已經在第 3 章說明過，**屬性 (attributes)** 則可以下如下的內容：

[*distance*] [*langtype*] [*visibility*] [*prologuearg*]

表 8-3 說明了每一個屬性。

表8-3　PROC指引的屬性欄位

屬性	說明
distance	NEAR 或 FAR，代表由組譯器產生的 RET (或 RETF) 指令類型。
langtype	指定呼叫方式 (參數傳遞)，如 C、PASCAL、STDCALL 等，此屬性的值會覆寫 .MODEL 指引設定的語言別。
visibility	定義在其他模組是否可取用程序，可用的設定包括 PRIVATE、PUBLIC(預設值)、EXPORT 等，若是 EXPORT，則連結器會將程序名稱置於分段執行的輸出表格中，同時 EXPORT 也具有 PUBLIC 的功能。
prologuearg	功能是指出會影響 prologue 和 epilogue 程式碼的引數。

參數清單

PROC 指引允許程式設計員使用以逗號區隔的具名參數清單，宣告一個程序，實作程式碼可以使用名稱來指出對應的參數，而不必使用如 [ebp+8]，需要經過計算的堆疊位移：

label PROC [*attributes*] [*USES reglist*],
    parameter_1,
    parameter_2,
    .
    .
    parameter_n

此外，參數清單也可以出現在程式碼的同一行中：

label PROC [*attributes*], *parameter_1, parameter_2, ..., parameter_n*

如果是單獨一個參數，其語法如下：

paramName:type

ParamName 是程式設計人員指定給參數的任意名稱，它的有效範圍被限制在現行的程序中，稱為**區域作用範圍 (local scope)**。同樣的參數名稱可以用在超過一個以上的程序中，但是不能與全域變數或程式碼標籤相同。而資料**型別**則可以是下列其中一種：BYTE、SBYTE、WORD、SWORD、DWORD、SDWORD、FWORD、QWORD 或 TBYTE。它可以是**限制型別 (qualified type)**，如指向現存資料型別的指標。以下是這種經過限制型別的幾個例子：

```
PTR BYTE        PTR SBYTE
PTR WORD        PTR SWORD
PTR DWORD       PTR SDWORD
PTR QWORD       PTR TBYTE
```

雖然可以增加 NEAR 和 FAR 屬性到上述這些運算式中，但是它們只有在較特殊的應用程式中，才會發揮作用。此外限制型別也可以使用 TYPEDEF 和 STRUCT 指引加以建立，第 10 章中將會探討這些指引。

範例 1

AddTwo 程序會接收兩個雙位元組數值，並且回傳它們的總和到 EAX 中：

```
AddTwo PROC,
    val1:DWORD,
    val2:DWORD
    mov   eax,val1
    add   eax,val2
    ret
AddTwo ENDP
```

以下是由 MASM 在組譯 AddTwo 所產生的組合語言程式碼，顯示了參數名稱如何被轉譯成相對於 EBP 的位移。因為語言指定是採用 STDCALL，所以會出現一個針對 RET 指令所產生的常數運算元。

```
AddTwo PROC
    push   ebp
    mov    ebp, esp
    mov    eax,dword ptr [ebp+8]
    add    eax,dword ptr [ebp+0Ch]
    leave
    ret    8
AddTwo ENDP
```

請注意：AddTwo 程序的以下兩行程式碼也可以 ENTER 0,0 指令，予以替換：

```
push   ebp
mov    ebp,esp
```

> **小技巧**：由 MASM 所產生程式碼的完整內容，使用除錯器打開程式，然後查看反組譯視窗。

範例 2

程序 FillArray 可接收一個指向位元組陣列的指標：

```
FillArray PROC,
    pArray:PTR BYTE
    . . .
FillArray ENDP
```

範例 3

程序 Swap 可接收兩個指向雙位元組的指標：

```
Swap PROC,
    pValX:PTR DWORD,
    pValY:PTR DWORD
    . . .
Swap ENDP
```

範例 4

程序 Read_File 可接收一個稱為 **pBuffer** 的位元組指標，它含有一個稱為 **fileHandle** 的區域雙位元組變數，而且會將兩個暫存器 (EAX 和 EBX) 存放在堆疊中：

```
Read_File PROC USES eax ebx,
    pBuffer:PTR BYTE
    LOCAL fileHandle:DWORD
    mov   esi,pBuffer
    mov   fileHandle,eax
    .
    .
    ret
Read_File ENDP
```

在 MASM 針對 Read_File 所產生的程式碼中，顯示了區域變數 (fileHandle) 的堆疊空間，會在將 EAX 和 EBX（在 USES 子句中被指定）壓入堆疊之前保留下來：

```
Read_File PROC
    push  ebp
    mov   ebp,esp
    add   esp,0FFFFFFFCh        ; 建立 fileHandle
    push  eax                   ; 儲存 EAX
    push  ebx                   ; 儲存 EBX
    mov   esi,dword ptr [ebp+8]  ; pBuffer
    mov   dword ptr [ebp-4],eax  ; fileHandle
    pop   ebx
    pop   eax
    leave
    ret   4
Read_File ENDP
```

請注意：以下是另一種可以為 Read_File 程序產生的程式碼，雖然微軟的工具不是如此：

```
Read_File PROC
    enter 4,0
    push  eax
    (etc.)
```

上述程式中的 ENTER 指令可以儲存 EBP，將其值設定為堆疊指標，再為區域變數保留空間。

經過 PROC 修改的 RET 指令

　　當程式使用了 PROC 並且具有一或多個參數，而且當 STDCALL 是預設的協定時，假設 PROC 具有 n 個參數，則 MASM 會產生以下的進入程式碼和離開程式碼：

```
push  ebp
mov   ebp,esp
.
.
leave
ret   (n*4)
```

出現在 RET 指令中的常數值，會等於參數的個數乘以 4（因為每個參數都是雙位元組）。當我們 INCLUDE 了 Irvine32.inc 的時候，STDCALL 將會是預設的呼叫方式，而且對於所有的 Windows API 函式呼叫而言，都必須使用此呼叫方式。

規定參數傳遞協定

一個程式可以呼叫 Irvine32 函式庫中的程序，也可以含有可由 C++ 程式加以呼叫的程序。為了能提供這樣的使用彈性，PROC 指引的**屬性**欄位允許程式設計人員，規定傳遞參數的語言慣用方式，且這項功能可以推翻在 .MODEL 指引中所指定的預設語言慣用方式。下面的例子宣告了一個使用 C 呼叫方式的程序：

```
Example1 PROC C,
    parm1:DWORD, parm2:DWORD
```

如果我們使用 INVOKE 執行 Example1，組譯器就會產生與 C 呼叫方式相容的程式碼。同樣地，如果是使用 STDCALL 去宣告 Example1，則 INVOKE 也會產生能與該語言呼叫方式相容的程式碼：

```
Example1 PROC STDCALL,
    parm1:DWORD, parm2:DWORD
```

8.4.4　PROTO 指引

在 64 位元模式中，我們使用 PROTO 指引去指出程式外部的程序，下列為範例：

```
ExitProcess PROTO
.code
mov   ecx,0
call  ExitProcess
```

在 32 位元模式中，PROTO 是強而有力的指引，因為它可以包含程序參數的列表。我們認為 PROTO 指引於存在的程序建立原型，**原型 (prototype)** 是可用於宣告程序的名稱和參數清單。它允許程式設計人員在定義出程序以前，先呼叫該程序，還可用於確認引數的個數和型別，是否與程序的定義互相吻合。

在 MASM 中，每一個使用 INVOKE 呼叫的程序，都需要具有原型。而且，PROTO 必須在 INVOKE 第一次使用之前出現。換句話說，這些指引的標準順序如下

```
MySub PROTO                        ; 程序原型
.
INVOKE MySub                       ; 程序呼叫
.
MySub PROC                         ; 程序實作
.
.
MySub ENDP
```

除此之外，還有另一個可行的替代方案：程序的實作可以出現在 INVOKE 呼叫此程序的敘述之前，在這種情況下，PROC 就可以當作自己的原型：

```
MySub PROC                              ; 程序定義
.
.
MySub ENDP
.
INVOKE MySub                            ; 程序呼叫
```

假設您已經撰寫了一個特定的程序，就可以輕易地建立其原型，做法是將 PROC 敘述複製一份，並執行以下的更改：

- 將 PROC 改成 PROTO。
- 移除 USES 運算子（如果有的話）以及其暫存器清單。

舉例來說，假設我們已經建立了 ArraySum 程序：

```
ArraySum PROC USES esi ecx,
    ptrArray:PTR DWORD,             ; 指向陣列
    szArray:DWORD                   ; 陣列大小
    ; (remaining lines omitted...)
ArraySum ENDP
```

它的相對應原型宣告為：

```
ArraySum PROTO,
    ptrArray:PTR DWORD,             ; 指向陣列
    szArray:DWORD                   ; 陣列大小
```

PROTO 指引可以讓程式設計人員推翻由 .MODEL 指引所指定的預設參數傳遞協定，不過它必須與程序的 PROC 宣告內容一致：

```
Example1 PROTO C,
    parm1:DWORD, parm2:DWORD
```

組譯時期的引數檢查

PROTO 指引可以幫助組譯器，將程序呼叫中的引數清單與程序的定義形式進行比對。不過，此一錯誤檢查的品質不如 C 和 C++。MASM 只會檢查參數的正確數量，以及在有限度的範圍內核對引數的資料型別與參數的型別。假設 Sub1 的原型宣告如下：

```
Sub1 PROTO, p1:BYTE, p2:WORD, p3:PTR BYTE
```

我們將定義下列變數：

```
.data
byte_1  BYTE     10h
word_1  WORD     2000h
word_2  WORD     3000h
dword_1 DWORD    12345678h
```

那麼以下對 Sub1 的呼叫是有效的：

```
INVOKE Sub1, byte_1, word_1, ADDR byte_1
```

由 MASM 針對這個 INVOKE 所產生的程式碼顯示，各引數是以相反順序壓入堆疊的：

```
push   404000h                      ; 指向byte_1的指標
sub    esp,2                         ; 在堆疊加上兩個位元組
push   word ptr ds:[00404001h]      ; 壓入word_1的值
mov    al,byte ptr ds:[00404000h]   ; byte_1的值
push   eax
call   00401071
```

EAX 已經被覆寫，而且 **sub esp,2** 指令會將後續的堆疊項目，墊成 32 位元。

MASM 會察覺的錯誤

如果一個引數超過所宣告參數的空間大小，則 MASM 會發出如下的錯誤訊息：

```
INVOKE Sub1, word_1, word_2, ADDR byte_1        ; 參數 1 錯誤
```

如果換用 invoke Sub1 時使用了太少或太多引數，則 MASM 將產生如下的錯誤訊息：

```
INVOKE Sub1, byte_1, word_2          ; 錯誤：因為參數過少
INVOKE Sub1, byte_1,                 ; 錯誤：因為參數過多
    word_2, ADDR byte_1, word_2
```

MASM 不會察覺的錯誤

如果引數的資料型別的空間大小，小於被宣告的參數，則 MASM 不會察覺這是一個錯誤：

```
INVOKE Sub1, byte_1, byte_1, ADDR byte_1
```

MASM 採取的做法是將空間較小的引數，擴展成被宣告的參數空間大小，以下是由上述 INVOKE 例子所產生的程式碼，第二個引數 (byte_1) 在壓入堆疊之前，已經將其空間擴展成 EAX 的整個空間：

```
push   404000h                      ; byte_1的位址
mov    al,byte ptr ds:[00404000h]   ; 設定byte_1的值
movzx  eax,al                       ; 擴展成EAX
push   eax                          ; 壓入堆疊
mov    al,byte ptr ds:[00404000h]   ; 設定byte_1的值
push   eax                          ; 壓入堆疊
call   00401071                     ; 呼叫Sub1
```

如果程序預期的參數是指標，但是傳遞進來的卻是雙位元組，則不會察覺這種錯誤。一般而言，這會導致執行時期的錯誤，此時副程式會試著將此堆疊參數當作指標使用：

```
INVOKE Sub1, byte_1, word_2, dword_1        ; 沒有察覺錯誤
```

ArraySum 示範程式

現在先回顧一下第 5 章的 **ArraySum** 程序，其功能是可以計算雙位元組陣列元素的總和，在原始設計中，傳入的參數是多個暫存器，現在要改為寫使用 PROC 指引宣告的堆疊參數：

```
ArraySum PROC USES esi ecx,
    ptrArray:PTR DWORD,             ; 指向陣列
    szArray:DWORD                   ; 陣列元素數量

    mov    esi,ptrArray             ; 陣列的位址
    mov    ecx,szArray              ; 陣列元素數量
    mov    eax,0                    ; 設定總和的初值為0
    cmp    ecx,0                    ; 測試陣列長度是否等於0
    je     L2                       ; 若測試陣列長度等於0,則中止執行
L1: add    eax,[esi]                ; 將每一個整數加至總和
    add    esi,4                    ; 指向下一個整數
    loop   L1                       ; 重複執行
L2: ret                            ; 將總和置於EAX
ArraySum ENDP
```

在下列程式碼中,INVOKE 敘述將呼叫 **ArraySum**,並且傳遞陣列的位址、陣列元素的個數等兩個參數:

```
.data
array DWORD 10000h,20000h,30000h,40000h,50000h
theSum DWORD  ?
.code
main PROC
    INVOKE ArraySum,
       ADDR array,                  ; 陣列位址
       LENGTHOF array               ; 元素數量
    mov theSum,eax                  ; 儲存總和
```

8.4.5　參數分類

程序的參數通常會依照呼叫者程式和被呼叫的程序之間資料的傳輸方向,來進行分類:

- **輸入**:輸入參數即為由呼叫者程式傳遞給被呼叫程序的資料,在此時被呼叫程序可以修改接收的的參數,但修改後的結果就只侷限在被呼叫程序本身以內。

- **輸出**:當呼叫者程式傳遞某個變數的位址給一個程序時,就會建立起輸出參數。程序可使用這個位址,找到代表的變數,如在 Win32 主控台函式庫中,有一個名為 **ReadConsole** 的函式,其功能是由鍵盤讀取字元,在呼叫的過程中,呼叫者程式會傳遞一個指向字串緩衝區的指標,然後 ReadConsole 會將使用者鍵入的文字,儲存到該緩衝區內。

```
.data
buffer BYTE 80 DUP(?)
inputHandle DWORD  ?
.code
INVOKE ReadConsole, inputHandle, ADDR buffer,
    (etc.)
```

- **輸入 - 輸出**:輸入 - 輸出參數與輸出參數幾乎完全相同,它們的差異點是:被呼叫的程序會預期由參數所參照的變數將會含有一些資料。而且程序也被預期會透過指標,去修改變數的內容。

8.4.6　範例：交換兩個整數

以下的程式可以將兩個 32 位元整數的內容互相交換。其中使用到的 Swap 程序具有兩個輸入 - 輸出參數，名稱分別爲 **pValX** 和 **pValY**，這兩個參數所含有的內容，就是要進行交換的資料位址：

```
; Swap Procedure Example                 (Swap.asm)
INCLUDE Irvine32.inc
Swap PROTO, pValX:PTR DWORD, pValY:PTR DWORD

.data
Array DWORD 10000h,20000h

.code
main PROC
    ; 在交換前顯示陣列的內容：
    mov    esi,OFFSET Array
    mov    ecx,2                          ; 陣列長度等於 2
    mov    ebx,TYPE Array
    call   DumpMem                        ; 顯示陣列內容

    INVOKE Swap, ADDR Array, ADDR [Array+4]

    ; 在交換後顯示陣列內容：
    call DumpMem
    exit
main ENDP

;---------------------------------------------------------
Swap PROC USES eax esi edi,
    pValX:PTR DWORD,                      ; 指向第一個整數
    pValY:PTR DWORD                       ; 指向第二個整數
;
; 交換兩個32位元整數值
; 傳回值：無
;---------------------------------------------------------
    mov    esi,pValX                      ; 取得兩個指標
    mov    edi,pValY
    mov    eax,[esi]                      ; 取得第一個整數
    xchg   eax,[edi]                      ; 與第二個整數執行交換
    mov    [esi],eax                      ; 取代第一個整數
    ret                                   ; PROC在此產生RET 8
Swap ENDP
END main
```

在 Swap 程序中的兩個參數 **pValX** 和 **pValY**，都是輸入 - 輸出參數。這兩個參數既有的值會**輸入**到程序中，而且它們的新值是從程序**輸出**得到的。因爲我們使用的是具有參數的 PROC，所以組譯器會將位於程序結尾處的 RET 指令，轉變成 **RET 8**（假設 STDCALL 是預設的呼叫方式）。

8.4.7　除錯的訣竅

這一節將討論在組合語言中傳遞引數給程序的時候，幾個常遇到的錯誤，期盼讀者永遠都不會犯這些錯誤。

引數的空間大小不吻合

陣列的位址會受到其元素空間大小的影響，舉例而言，如果想要對某個雙位元組陣列的第二個元素加以定址，則程式設計人員應該在陣列的起始位置加上 4。假設我們要呼叫第 8.4.6 節中的 **Swap** 程序，而且傳遞了指向 **DoubleArray** 前兩個元素的指標。如果我們將第二個元素的位址，錯誤地計算為 **DoubleArray + 1**，則在呼叫 **Swap** 之後，**DoubleArray** 裡所得到的十六進位值是不正確的：

```
.data
DoubleArray DWORD 10000h,20000h
.code
INVOKE Swap, ADDR [DoubleArray + 0], ADDR [DoubleArray + 1]
```

傳遞錯誤的指標型別

在使用 INVOKE 的時候，請記得組譯器不會檢查傳遞給程序的指標型別。例如，第 8.4.6 節中的 **Swap** 程序預期會收到兩個雙位元組指標，假設我們不慎地傳給它指向位元組的指標：

```
.data
ByteArray BYTE 10h,20h,30h,40h,50h,60h,70h,80h
.code
INVOKE Swap, ADDR [ByteArray + 0], ADDR [ByteArray + 1]
```

此時，程式仍然將進行組譯及執行，但是當程式將 ESI 和 EDI 解參照的時候，互相交換的會是 32 位元的值。

傳遞立即值

如果某個程序具有參考參數 (reference parameter)，那麼請不要傳遞給它立即值引數。請見以下使用一個參考參數的程序：

```
Sub2 PROC, dataPtr:PTR WORD
    mov  esi,dataPtr ; get the address
    mov  WORD PTR [esi],0 ; dereference, assign zero
    ret
Sub2 ENDP
```

雖然下列的 INVOKE 敘述可以被組譯，但是會造成執行時期的錯誤，因為 **Sub2** 程序收到 1000h 後，將它當作指標，然後對記憶體位址 1000h 執行解參照：

```
INVOKE Sub2, 1000h
```

這個示範程式可能會導致一般性保護錯誤，因為記憶體位置 1000h 並不在這個程式的資料區段中。

8.4.8　WriteStackFrame 程序

本書的 Irvine32 函式庫有一個稱為 WriteStackFrame 的有用程序，它可以顯示現行程序的堆疊框內容。顯示的內容包括程序的堆疊參數、返回位址、區域變數以及保存的暫存器。這個程序是由 Pacific Lutheran University 的 James Brink 教授慷慨提供的。以下是其原型：

```
WriteStackFrame PROTO,
    numParam:DWORD,                    ; 傳遞參數數量
    numLocalVal: DWORD,                ; DWordLocal變數數量
    numSavedReg: DWORD                 ; 儲存的暫存器數量
```

下列程式碼是由一個用於示範 WriteStackFrame 的程式中摘錄下來的：

```
main PROC
    mov eax, 0EAEAEAEAh
    mov ebx, 0EBEBEBEBh
    INVOKE myProc, 1111h, 2222h ; pass two integer arguments
    exit
main ENDP

myProc PROC USES eax ebx,
    x: DWORD, y: DWORD
    LOCAL a:DWORD, b:DWORD
    PARAMS = 2
    LOCALS = 2
    SAVED_REGS = 2
    mov a,0AAAAh
    mov b,0BBBBh
    INVOKE WriteStackFrame, PARAMS, LOCALS, SAVED_REGS
```

下列的示範輸出結果，是由這個 WriteStackFrame 呼叫所產生的：

```
        Stack Frame

        00002222 ebp+12 (parameter)
        00001111 ebp+8 (parameter)
        00401083 ebp+4 (return address)
        0012FFF0 ebp+0 (saved ebp) <--- ebp
        0000AAAA ebp-4 (local variable)
        0000BBBB ebp-8 (local variable)
        EAEAEAEA ebp-12 (saved register)
        EBEBEBEB ebp-16 (saved register) <--- esp
```

第二個程序，稱為 **WriteStackFrameName** 的程序，它使用更多的參數，保存擁有堆疊框的程序名稱：

```
WriteStackFrameName PROTO,
    numParam:DWORD,                    ; 傳遞參數數量
    numLocalVal:DWORD,                 ; DWORD 區域變數數量
    numSavedReg:DWORD,                 ; 儲存的暫存器數量
    procName:PTR BYTE                  ; 空字元終止字串
```

讀者可以在此書的安裝指引（通常是 C:\Irvine），在 \Examples\Lib32 目錄下的 Irvine32 函式庫找到原始碼，請找檔案名稱為 Irvine32.asm。

8.4.9 自我評量

1. （是非題）：CALL 指令不能包含程序的引數。

2. （是非題）：INVOKE 指引可以包含最多三個引數。

3. （是非題）：INVOKE 指引只能傳遞記憶體運算元，不能傳遞暫存器運算元。

4. （是非題）：PROC 指引可以包含 USES 運算子，但是 PROTO 指引則不行。

8.5 建立多模組程式

　　大型的原始碼檔案很難管理，進行組譯時也很慢。雖然可以將單一個大型檔案，分割成多個含括檔 (include files)，但是對任何原始碼檔案進行修改，仍然需要將所有檔案完整地組合起來。比較方便的做法是將程式分割成好幾個**模組 (modules)**，這些模組都可以當作組譯的單元。此時每個模組都可獨立地組譯，故若修改了其中一個模組的原始碼，就只需要重新組譯這個模組即可。在這種情形下，連結器可以相當快地將多個組譯過的模組（OBJ 檔），組合成單一可執行檔。一般來說，將很多個目的模組連結起來，比組譯相同個數的原始碼檔案要快得多。

　　一般而言，有兩個方法可以建立多模組程式：第一個是傳統的方式，即使用 EXTERN 指引；對於不同的 x86 組譯器而言，這個指引多少有些可攜帶性。第二個方式是使用微軟公司的高階 INVOKE 和 PROTO 指引，這兩個指引可以簡化程序呼叫，並且讓人不必操心某些低階的細節。這一節將會示範說明這兩種方式，讀者可依需求決定想要使用哪一種。

8.5.1 隱藏與輸出程序名稱

　　依照預設的環境，MASM 會讓所有程序變成公用性質，而所謂公用程序就是它允許相同程式的其他模組呼叫此程序。不過，程式設計人員可以使用 PRIVATE 限定符，來撤銷這項預設環境的行為：

```
mySub PROC PRIVATE
```

　　透過將程序變成私用的設計，設計人員可以使用**封裝 (encapsulation)** 的原理，將模組內的程序隱藏起來，以便當不同模組的程序具有相同名稱時，避免發生名稱抵觸的情況。

OPTION PROC：PRIVATE 指引

　　另一個將程序隱藏在原始碼模組內的方法是放置 OPTION PROC:PRIVATE 指引在檔案的最上面，此時所有程序都會預設成是私用的。設計人員也可以使用 PUBLIC 指引，標示出想要匯出的任何程序：

```
OPTION PROC:PRIVATE
PUBLIC mySub
```

在 PUBLIC 指引的名稱清單中，必須使用逗號將不同名稱區隔開：

```
PUBLIC sub1, sub2, sub3
```

另一種做法是將個別程序指定為公用：

```
mySub PROC PUBLIC
.
mySub ENDP
```

　　如果讀者在自己程式的啟動模組中，使用了 OPTION PROC:PRIVATE，請務必將啟動程序（通常是 main）指定為 PUBLIC，否則作業系統的載入器會無法找到它。例如：

```
main PROC PUBLIC
```

8.5.2 呼叫外部程序

當呼叫的程序位於現行模組之外，就可以使用 EXTERN 指引，這個指引能辨識出程序的名稱，以及堆疊框的記憶體空間大小。下列程式範例呼叫了位於外部模組中的 sub1 程序：

```
INCLUDE Irvine32.inc
EXTERN sub1@0:PROC
.code
main PROC
    call sub1@0
    exit
main ENDP
END main
```

當組譯器發現在原始碼檔案中，缺少某個程序（利用 CALL 指令加以辨識）時，其預設的反應是發出錯誤訊息。不過，在使用 EXTERN 以後，這個指引會告知組譯器為該程序建立空白的位址。當連結器要建立程式的可執行檔時，它會解決缺少程序位址的問題。

尾隨在程序名稱之後的 @ n，可以用於辨識由被宣告參數（參閱第 8.4 節中經過擴展的 PROC 指引）所使用的總堆疊空間。如果程式設計人員使用的是不具有宣告參數的基本 PROC 指引，則在 EXTERN 中每個程序名稱的尾隨字元將會是 @ 0。如果使用了經過擴展的 PROC 指引來宣告程序，那麼就應該為每個參數加 4 個位元組。假設我們宣告 **AddTwo** 具有兩個雙位元組參數：

```
AddTwo PROC,
    val1:DWORD,
    val2:DWORD
    . . .
AddTwo ENDP
```

那麼相對應的 EXTERN 指引會是 **EXTERN AddTwo @ 8:PROC**，或者可使用 PROTO 指引來替代 EXTERN：

```
AddTwo PROTO,
    val1:DWORD,
    val2:DWORD
```

8.5.3 使用可跨越模組邊界的變數和符號

匯出變數與符號

依照預設，變數和符號對於其所處的模組而言，都是私用的。但設計人員可以使用 PUBLIC 指引，匯出特定的名稱，例如：

```
PUBLIC count, SYM1
SYM1 = 10
.data
count DWORD 0
```

存取外部變數和符號

設計人員可以使用 EXTERN 指引，存取定義在外部模組的變數和符號：

```
EXTERN name : type
```

對於符號（利用 EQU 和 = 加以定義）而言，資料型別應該是 ABS。對於變數而言，資料型別應該是像 BYTE、WORD、DWORD 和 SDWORD 等資料定義屬性，包括 PTR。如以下的範例：

```
EXTERN one:WORD, two:SDWORD, three:PTR BYTE, four:ABS
```

使用具有 EXTERNDEF 的 INCLUDE 檔案

MASM 提供一個稱為 EXTERNDEF 的指引，這個指引可以替代 PUBLIC 和 EXTERN。它可以被放置在某個文字檔中，並且利用 INCLUDE 指引複製到每個需要使用該變數或符號的程式模組中。假設定義一個稱為 **vars.inc** 的檔案，而且這個檔案含有下列宣告：

```
; vars.inc
EXTERNDEF count:DWORD, SYM1:ABS
```

接下來，再建立一個稱為 **sub1.asm** 的原始碼檔案，其中將會使用到 **count** 和 **SYM1**，這個檔案利用了 INCLUDE 敘述，複製 vars.inc 到編譯流 (compile stream) 中。

```
; sub1.asm
.386
.model flat,STDCALL
INCLUDE vars.inc
SYM1 = 10
.data
count DWORD 0
END
```

因為這並不是程式的啟動模組，所以在 END 指引中的程式進入點標籤被省略了，而且不需要宣告執行時期堆疊。

接著再建立一個稱為 **main.asm** 的啟動模組，這個啟動模組會含括 **vars.inc**，並且使用到 count 和 SYM1：

```
; main.asm
.386
.model flat,stdcall
.stack 4096
ExitProcess proto, dwExitCode:dword
INCLUDE vars.inc
.code
main PROC
    mov   count,2000h
    mov   eax,SYM1
    INVOKE ExitProcess,0
main ENDP
END main
```

8.5.4 範例：ArraySum 程式

ArraySum 程式在第 5 章第一次出現，這個程式的功能是可以輕易地分割幾個模組。為了能快速地溫習此程式的設計，讓我們回顧一下它的結構流程圖（圖 8–5）。含有陰影的長方形意指本書連結函式庫所提供的程序，此流程圖顯示 **main** 程序呼叫了 **PromptForIntegers**，而 PromptForIntegers 又呼叫 **WriteString** 和 **ReadInt**。想要管理多模組程式中的各個檔案，最容易的作法是為這些檔案建立一個專屬的磁碟目錄。而這也是本書針對 **ArraySum** 程式所做的規劃，下一小節將會詳細說明。

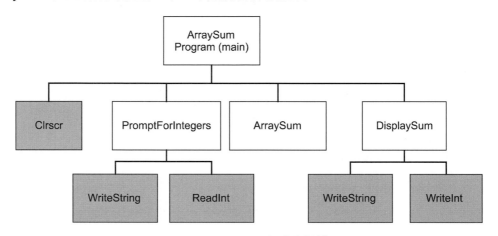

圖 8-5　ArraySum 程式的結構圖

8.5.5 使用 Extern 建立模組

本小節將向讀者示範說明多模組 ArraySum 程式的兩種版本，首先是使用傳統的 EXTERN 指引，來參照各個模組中的函式。稍後在第 8.5.6 節則會使用高階的 INVOKE、PROTO 和 PROC 等，實作相同的程式。

PromptForIntegers

_prompt.asm 含有 PromptForIntegers 程序的原始碼檔案，這個程序會顯示幾個提示符號，要求使用者輸入三個整數，並且透過呼叫 ReadInt 來讀取這些數值，然後將它們安插到陣列中：

```
; Prompt For Integers                    ( _ prompt.asm)
INCLUDE Irvine32.inc
.code
;-----------------------------------------------------
PromptForIntegers PROC
; 提示使用者輸入整數，再將這些整數填入至陣列
; the array with the user's input.
; 接收參數：
;    ptrPrompt:PTR BYTE                    ; 提示字串
;    ptrArray:PTR DWORD                    ; 指向陣列的指標
;    arraySize:DWORD                       ; 陣列元素的數量
; 回傳值：無
;-----------------------------------------------------
```

```
arraySize EQU [ebp+16]
ptrArray  EQU [ebp+12]
ptrPrompt EQU [ebp+8]

    enter 0,0
    pushad                        ; 儲存所有暫存器

    mov   ecx,arraySize
    cmp   ecx,0                   ; 測試陣列大小是否小於等於0
    jle   L2                      ; 測試結果為真，結束程式
    mov   edx,ptrPrompt           ; 提示訊息的位址
    mov   esi,ptrArray

L1: call  WriteString             ; 顯示訊息
    call  ReadInt                 ; 讀取整數至 EAX
    call  Crlf                    ; 移至下一個輸出行
    mov   [esi],eax               ; 儲存至陣列
    add   esi,4                   ; 下一個整數
    loop  L1

L2: popad                         ; 回復所有暫存器
    leave
    ret   12                      ; 回復堆疊
PromptForIntegers ENDP
END
```

ArraySum

　　_arraysum.asm 模組含有 ArraySum 程序，這個程序可計算出陣列各元素的總和，並且回傳計算結果到 EAX：

```
; ArraySum Procedure                    (_arrysum.asm)
INCLUDE Irvine32.inc
.code
;-------------------------------------------------------
ArraySum PROC
;
; 計算含有32位元整數的陣列各元素總和
; 接收參數：
;    ptrArray                   ; 指向陣列的指標
;    arraySize                  ; 陣列的元素數量 (DWORD)
; Returns: EAX = sum
;-------------------------------------------------------
ptrArray  EQU [ebp+8]
arraySize EQU [ebp+12]
    enter 0,0
    push  ecx                     ; 不將EAX壓入堆疊
    push  esi

    mov   eax,0                   ; 將總和初值設為0
    mov   esi,ptrArray
    mov   ecx,arraySize
    cmp   ecx,0                   ; 測試陣列大小是否小於等於0
    jle   L2                      ; 測試結果為真，結束程式

L1: add   eax,[esi]               ; 將各個整數加至總和
    add   esi,4                   ; 指向下一個整數
    loop  L1                      ; 重複處理
```

```
L2: pop    esi
    pop    ecx                      ; 將總和回傳至EAX
    leave
    ret 8                           ; 回復堆疊
ArraySum ENDP
END
```

DisplaySum

_display.asm 模組含有 DisplaySum 程序，其功能是顯示陣列的總和：

```
; DisplaySum Procedure                (_display.asm)
INCLUDE Irvine32.inc
.code
;-------------------------------------------------------
DisplaySum PROC
; 在主控台視窗顯示總和
; 接收參數：
;    ptrPrompt                       ; 顯示訊息的位移
;    theSum                          ; 陣列元素總和 (DWORD)
; 回傳值：無
;-------------------------------------------------------
theSum    EQU [ebp+12]
ptrPrompt EQU [ebp+8]
    enter  0,0
    push   eax
    push   edx

    mov    edx,ptrPrompt            ; 指向提示訊息
    call   WriteString
    mov    eax,theSum
    call   WriteInt                 ; 顯示EAX之值
    call   Crlf

    pop    edx
    pop    eax
    leave
    ret    8                        ; 回復堆疊
DisplaySum ENDP
END
```

啓動模組

Sum_main.asm 模組含有啓動程序 (main)，並針對三個外部程序使用 EXTERN 指引。爲了使原始碼更易於閱讀，此模組還使用了 EQU 指引來重新定義程序的名稱：

```
ArraySum           EQU ArraySum@0
PromptForIntegers  EQU PromptForIntegers@0
DisplaySum         EQU DisplaySum@0
```

在每次將要呼叫相關程序之前，這個模組都會使用註解，說明參數的順序。另提醒讀者，這個程式是使用 STDCALL 參數傳遞方式：

```
; Integer Summation Program                     (Sum_main.asm)

; 多模組範例：
; 本程式範例會要求使用者輸入多個整數，
; 儲存至陣列，再計算陣列所有元素的總和，
; 最後顯示在螢幕上

INCLUDE Irvine32.inc

EXTERN PromptForIntegers@0:PROC
EXTERN ArraySum@0:PROC, DisplaySum@0:PROC

; 重新定義為易於瞭解的名稱
ArraySum           EQU ArraySum@0
PromptForIntegers  EQU PromptForIntegers@0
DisplaySum         EQU DisplaySum@0

; 更改陣列大小：
Count = 3

.data
prompt1 BYTE "Enter a signed integer: ",0
prompt2 BYTE "The sum of the integers is: ",0
array   DWORD Count DUP(?)
sum     DWORD ?

.code
main PROC
    call Clrscr

; PromptForIntegers( addr prompt1, addr array, Count )
    push Count
    push OFFSET array
    push OFFSET prompt1
    call PromptForIntegers

; 總和 = ArraySum( addr array, Count )
    push Count
    push OFFSET array
    call ArraySum
    mov sum,eax

; DisplaySum( addr prompt2, sum )
    push sum
    push OFFSET prompt2
    call DisplaySum

    call Crlf
    exit
main ENDP
END main
```

此程式的原始碼檔案存放在 ch08\ModSum32_traditional 的程式目錄中。

接下來讀者會看到，如果這個程式改成使用微軟公司的 INVOKE 和 PROTO 指引加以建立，則程式將產生什麼樣的變化。

8.5.6 使用 INVOKE 和 PROTO 建立模組

在 32 位元模式中，多模組程式也可以利用微軟公司的高階 INVOKE、PROTO 和擴展的 PROC 等指引（第 8.4 節）加以建立，與使用 CALL 和 EXTERN 的傳統方式相比，這些

指引的主要優點是：它們具有比對由 INVOKE 傳遞的引數清單，以及由 PROC 宣告的相對應參數清單的能力。

接下來將使用 INVOKE、PROTO 和擴展的 PROC 等指引，重建 ArraySum 範例程式，第一步最好先為每一個外部程序，建立含有 PROTO 指引的含括檔。每個模組都將含括這個檔案（利用 INCLUDE 指引），而不用承受任何程式碼空間或執行時期的額外負擔。如果一個模組沒有呼叫某個特殊程序，則組譯器會忽略相對應的 PROTO 指引。這個程式的原始碼放置在 \ch08\ModSum32_advanced 資料夾中。

sum.inc 含括檔

以下是這個程式的含括檔 **sum.inc**：

```
; (sum.inc)
INCLUDE Irvine32.inc

PromptForIntegers PROTO,
    ptrPrompt:PTR BYTE,              ; 提示字串
    ptrArray:PTR DWORD,              ; 指向陣列的指標
    arraySize:DWORD                  ; 陣列元素的數量

ArraySum PROTO,
    ptrArray:PTR DWORD,              ; 指向陣列的指標
    arraySize:DWORD                  ; 陣列元素的數量

DisplaySum PROTO,
    ptrPrompt:PTR BYTE,              ; 提示字串
    theSum:DWORD                     ; 陣列元素的總和
```

_prompt 模組

_prompt.asm 檔案使用了 PROC 指引，為 PromptForIntegers 程序宣告參數。此外，它也使用 INCLUDE，將 **sum.inc** 複製到這個檔案中：

```
; Prompt For Integers              (_ prompt.asm)
INCLUDE sum.inc                     ; 取得程序原型
.code
;---------------------------------------------------------
PromptForIntegers PROC,
  ptrPrompt:PTR BYTE,               ; 提示字串
  ptrArray:PTR DWORD,               ; 指向陣列的指標
  arraySize:DWORD                   ; 陣列元素的數量
;
; 提示使用者輸入整數，再將這些整數
; 填入至陣列
; 回傳值：無
;---------------------------------------------------------
    pushad                          ; 儲存所有暫存器

    mov ecx,arraySize
    cmp ecx,0                       ; 測試陣列大小是否小於等於0
    jle L2                          ; 測試結果為真，結束程式
    mov edx,ptrPrompt               ; 提示訊息的位址
    mov esi,ptrArray

L1: call WriteString                ; 顯示提示訊息
    call ReadInt                    ; 讀取整數至 EAX
```

```
        call  Crlf                    ; 移至下一個輸出行
        mov   [esi],eax               ; 儲存至陣列
        add   esi,4                   ; 指向下一個整數
        loop  L1
L2: popad                             ; 回復所有暫存器
    ret
PromptForIntegers ENDP
END
```

　　與先前的 PromptForIntegers 版本相互比較，因為敘述 **enter 0, 0** 和 **leave** 會由 MASM 在遇見具有被宣告參數的 PROC 指引時予以產生，所以這兩個敘述在本例已經移除了。此外，RET 指引也已經不需要任何常數參數（PROC 會處理這個問題）。

_arraysum 模組

　　以下是內含於 **_arrysum.asm** 檔案的 ArraySum 程序：

```
; ArraySum Procedure                 (_arrysum.asm)
INCLUDE sum.inc
.code
;-----------------------------------------------------
ArraySum PROC,
    ptrArray:PTR DWORD,               ; 指向陣列的指標
    arraySize:DWORD                   ; 陣列元素的數量
;
; 計算32位元整數陣列各元素的總和
; 回傳值： EAX = 總和
;-----------------------------------------------------
    push ecx                          ; 不將EAX壓入堆疊
    push esi

    mov   eax,0                       ; 設定總和的初值為0
    mov   esi,ptrArray
    mov   ecx,arraySize
    cmp   ecx,0                       ; 測試陣列大小是否小於等於0
    jle   L2                          ; 測試結果為真，結束程式
L1: add   eax,[esi]                   ; 將各個整數加至總和
    add   esi,4                       ; 指向下一個整數
    loop  L1                          ; 重複處理

L2: pop   esi
    pop   ecx                         ; 將總和回傳至 EAX
    ret
ArraySum ENDP
END
```

_display 模組

　　以下是內含於 **_display.asm** 檔案的 DisplaySum 程序：

```
; DisplaySum Procedure                (_display.asm)
INCLUDE Sum.inc
.code
;-----------------------------------------------------
DisplaySum PROC,
    ptrPrompt:PTR BYTE,               ; 提示字串
```

```
        theSum:DWORD                        ; 陣列元素總和
;
;  在主控台視窗顯示總和
;  回傳值：無
;------------------------------------------------------
    push    eax
    push    edx

    mov     edx,ptrPrompt               ; 指向提示訊息
    call    WriteString
    mov     eax,theSum
    call    WriteInt                    ; 顯示EAX之值
    call    Crlf
    pop     edx
    pop     eax
    ret
DisplaySum ENDP
END
```

Sum_main 模組

Sum_main.asm（啓動模組）含有 main，並且會呼叫其他每個程序。它也使用了 INCLUDE，目的是由 **sum.inc** 複製程序原型：

```
; Integer Summation Program (Sum_main.asm)

INCLUDE sum.inc
Count = 3
.data
prompt1 BYTE "Enter a signed integer: ",0
prompt2 BYTE "The sum of the integers is: ",0
array   DWORD Count DUP(?)
sum     DWORD ?

.code
main PROC
    call Clrscr

    INVOKE PromptForIntegers, ADDR prompt1, ADDR array, Count
    INVOKE ArraySum, ADDR array, Count
    mov     sum,eax
    INVOKE DisplaySum, ADDR prompt2, sum

    call  Crlf
    exit
main ENDP
END main
```

總結

本節將向讀者說明建立多模組程式的兩種方式，第一種是使用比較傳統的 EXTERN 指引，第二種是使用 INVOKE、PROTO 和 PROC 等較高階的功能。第二種方法所使用的指引，可以簡化許多低階細節，而且在呼叫 Windows API 函式時，它們已經被最佳化了。但也因爲它們隱藏了一些低階細節，所以您有可能會傾向於使用堆疊參數，以及 CALL 和 EXTERN。

8.5.7　自我評量

1. （是非題）：連結 OBJ 模組會比組譯 ASM 原始碼檔案快很多。

2. （是非題）：將大型程式分割成若干個小型模組，會增加程式維護的困難度。

3. （是非題）：在多模組程式中，具有標籤的 END 敘述只會出現一次，而且是在啓動模組中出現。

4. （是非題）：PROTO 指引會用掉記憶體，所以設計人員必須小心處理，如果某個程序沒有被呼叫到，就不要含括進那個程序的 PROTO 指引。

8.6　參數的進階使用（選讀）

　　在此章節中，我們會探索一些在 32 位元中，傳遞參數到執行時期堆疊時，比較不常見的狀況。舉例來說，如果您要測試用 C 與 C++ 編譯器建立的程式碼，您會看到一些這裡範例所示的技巧。

8.6.1　USES 運算子影響的堆疊

　　在第 5 章中所介紹的 USES 運算子，會列出暫存器的名稱，來保存起始的程序與回復程序的結尾。組譯器會自動的產生適當的 PUSH 與 POP 指令給每個暫存器，但是您必須知道：USES 運算子不能在宣告程序時使用，此程序會存取使用常數位移它們的堆疊參數，像是 [ebp+8]。讓我們來觀看顯示其範例。下列 **MySub1** 程序雇用了 USES 運算子來儲存與回復 ECX 與 EDX：

```
MySub1 PROC USES ecx edx
     ret
MySub1 ENDP
```

下列程式碼是由 MASM 所建立的，就在它組譯 **MySub1** 的時候：

```
push ecx
push edx
pop  edx
pop  ecx
ret
```

假設我們將 USES 與堆疊參數結合在一起，如同下列 **MySub2** 程序，它的參數會落在 EBP+8 的堆疊位置上：

```
MySub2 PROC USES ecx edx
    push ebp                  ; 儲存基底指標
    mov  ebp,esp              ; 堆疊框的基底位址
    mov  eax,[ebp+8]          ; 取得堆疊的參數
    pop  ebp                  ; 回復基底指標
    ret  4                    ; 清除堆疊
MySub2 ENDP
```

下列是由 MASM 的 MySub2 所生產的一致的程式碼：

```
push  ecx
push  edx
push  ebp
mov   ebp,esp
mov   eax,dword ptr [ebp+8]          ; 錯誤的位置！
pop   ebp
pop   edx
pop   ecx
ret   4
```

　　會發生錯誤是因為組譯器插入 PUSH 指令，在 EXC 與 EDX 程序的起始，改變了堆疊參數的位移。圖 8-6 顯示堆疊參數如何被參照為 [EBP+16]。USES 在儲存 EBP 之前修改了堆疊，EBP 會將副程式使用的標準開場程式碼給破壞。

> **小技巧**：前面章節我們看到 PROC 指引有高階宣告堆疊參數的語法，在內容中，USES 運算子不會造成問題。

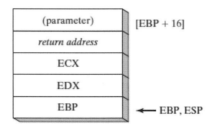

圖 8-6　MySub2 程序的堆疊框架

8.6.2　傳遞 8 與 16 位元引數到堆疊

　　當傳遞堆疊引數到 32 位元模式中的程式，最好是壓入 32 位元的運算元。雖然您可以壓入 16 位元的運算元到堆疊中，但是這樣可以防止 ESP 被排列到雙位元組當中。頁面缺失可能會發生，而執行時期效能可能會降低。您應該在將它們壓入堆疊之前，將它們擴展到 32 位元。下列範例大寫程序接收字元引數並傳回與它相等的大寫在 AL 當中：

```
Uppercase PROC
    push  ebp
    mov   ebp,esp
    mov   al,[esp+8]                  ; AL = 字元
    cmp   al,'a'                      ; 少於'a'？
    jb    L1                          ; 如果yes：什麼都不做
    cmp   al,'z'                      ; 大於'z'？
    ja    L1                          ; 如果yes：什麼都不做
    sub   al,32                       ; 如果no：請換掉它
L1:
    pop   ebp
    ret   4                           ; 清除堆疊
Uppercase ENDP
```

如果我們傳遞字元到大寫字母，PUSH 指令會自動的擴展字元到 32 位元大小：

```
push 'x'
call Uppercase
```

傳遞字元變數需要更多的注意力，因為 PUSH 指令不允許 8 位元運算元：

```
.data
charVal BYTE  'x'
.code
push charVal                        ; 語法錯誤!
call Uppercase
```

相反的，我們會使用 MOVZX 來擴展字元到 EAX 中：

```
movzx eax,charVal                   ; 移動擴展字元
push  eax
call  Uppercase
```

16 位元引數範例

假設我們想要傳遞兩個 16 位元整數到 AssTwo 程序，此程序需要 32 位元數值，所以下列程序呼叫會出現錯誤：

```
.data
word1 WORD 1234h
word2 WORD 4111h
.code
push  word1
push  word2
call  AddTwo                        ; 錯誤!
```

相反的，我們可以在壓入到堆疊之前，零值延伸每個引數，下列程序會正確的呼叫 AddTwo：

```
movzx eax,word1
push eax
movzx eax,word2
push eax
call AddTwo                        ; 總和在 EAX
```

> 程序的呼叫器必須確保引數傳遞是包含程序想要的參數，在堆疊參數的案例中，參數的順序與大小是很重要的！

8.6.3　傳遞 64 位元引數

在 32 位元模式中，當傳遞 64 位元整數引數到堆疊上的副程式時，壓入前面引數的高階雙位元組，後面會跟隨著低階雙位元組。這樣做會放置整數在小端順序（低順序的位元組在最低的位址）的堆疊。副程式可以輕鬆的擷取這些數值，就如同在下列 **WriteHex64** 程序，它以十六進位展示 64 位元整數顯示：

```
WriteHex64 PROC
    push   ebp
    mov    ebp,esp
    mov    eax,[ebp+12]              ; 高階雙位元組
    call   WriteHex
    mov    eax,[ebp+8]              ; 低階雙位元組
    call   WriteHex
    pop    ebp
    ret    8
WriteHex64 ENDP
```

下列範例對 WriteHex64 的呼叫會壓入 **longVal** 的上半層，其次是下半層：

```
.data
longVal QWORD 1234567800ABCDEFh
.code
push  DWORD PTR longVal + 4      ; 高階雙位元組
push  DWORD PTR longVal          ; 低階雙位元組
call  WriteHex64
```

圖 8-7 顯示在 WriteHex64 的堆疊框架的圖，就在 EBP 被壓入堆疊之後，還有 ESP 複製到 EBP 的時候：

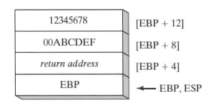

8.6.4　無號雙字組區域變數

LOCAL 指引有著很有趣的行為，當您宣告不同大小的區域變數，每個都會依照它的大小安排位置：8 位元變數會分配到下一個可取得的位元組，16 位元變數會被分配到下一個位址（分配的字組），而 32 位元的變數會被分到下一個雙位元組對齊的邊界。讓我們看看一些範例，首先，**Example1** 程序包含 BYTE 型的區域變數 **var1**：

```
Example1 PROC
    LOCAL var1:byte
    mov al,var1                  ; [EBP - 1]
    ret
Example1 ENDP
```

因為堆疊位移在 32 位元模式中，預設為 32 位元，有人會期待 **var1** 會放置在 EBP - 4。事實上，如同圖 8-8 顯示的，MASM 將 ESP 遞減 4，然後放置 **var1** 到 EBP - 1，留下三個位元組沒有使用（用 nu 標記，意指沒有使用）。在圖中，每個區塊都代表一個位元組。

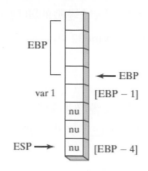

圖 8-8　建立空間給區域變數（Example1 程序）

Example2 程序包含在位元組後的雙位元組：

```
Example2 PROC
    local temp:dword, SwapFlag:BYTE
    .
    .
    ret
Example2 ENDP
```

下列程式碼是由 **Example2** 的組譯器建立。ADD 指令增加 8 到 ESP，爲了兩個區域變數，在 ESP 與 EBP 之間的堆疊中建立開場：

```
push ebp
mov  ebp,esp
add  esp,0FFFFFFF8h        ; add -8 to ESP
mov  eax,[ebp-4]           ; temp
mov  bl,[ebp-5]            ; SwapFlag
leave
ret
```

雖然 **SwapFlag** 只是一個位元組變數，ESP 會往下到下一個雙位元組堆疊位置。堆疊的其中一個細節，顯示在圖 8-9 的獨立位元組，顯示了 SwapFlag 正確的位置，而且沒有使用在它下方的空格（nu 標籤）。在圖中，每個區塊都等於一個位元組：

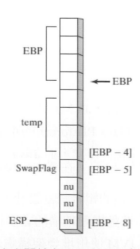

圖 8-9　建立空間給在 Example2 中的區域變數

如果您計畫要建立超過百位元組大小區域變數的陣列，要確定預留足夠的空間給執行時期堆疊，使用 STACK 指引。例如，在 Irvine32 函式庫中，我們預留了 4096 位元組的堆疊空間。

```
.stack 4096
```

如果程序呼叫是巢狀的，執行時期堆疊必須要夠大以儲存所有區域變數的總和，尤其是在程式執行中的任何一段時間。例如，在下列程式碼中，**Sub1** 呼叫 **Sub2**，而 **Sub2** 呼叫 **Sub3**，每個都有區域陣列變數：

```
Sub1 PROC
local array1[50]:dword                    ; 200 bytes
callSub2
.
.
ret
Sub1 ENDP
Sub2 PROC
local array2[80]:word                     ; 160 bytes
callSub3
.
.
ret
Sub2 ENDP
Sub3 PROC
local array3[300]:dword                   ; 1200 bytes
.
.
ret
Sub3 ENDP
```

當程式輸入 **Sub3**，執行時期堆疊會從 **Sub1**、**Sub2** 與 **Sub3** 儲存區域變數。堆疊會需要 1,560 位元組來儲存區域變數，加上兩個程序傳回的位址（8 位元組），再加上任何可能與程序一起壓入堆疊的暫存器。如果程序被重複呼叫，它使用的堆疊空間大約是區域變數與參數的大小乘以遞迴預估的深度。

8.7　Java 位元碼（選讀）

8.7.1　Java 虛擬機

Java 虛擬機 (Java Virtual Machine，JVM) 是一個軟體，可以執行已編譯完成的 Java 位元碼 (bytecodes)，它是 Java 平台 (Java Platform) 的重要組成，這個平台的功能是結合程式、函式庫、特定規格、資料結構等執行作業，而 **Java 位元碼 (bytecodes)** 指的是編譯後的 Java 程式，其形式是機器語言。

雖然本書的重點是有關 x86 處理器的組合語言設計，但除此之外，仍然需要學習及了解其他不同架構的運作。JVM 是基於堆疊處理架構的首要例子，它不像組合語言需要使用暫存器處理及保留運算元（如 x86），JVM 使用堆疊架構處理資料移動、算術計算、比較及分支操作等。

編譯後的 Java 程式會成為 **Java 位元碼**，再交由 JVM 予以執行，所以每一個 Java 原始碼都必須經由編譯的過程，轉換為 Java 位元碼（.class 檔案），且 Java 位元碼必須在已安裝 Java 執行階段軟體的機器上，才可執行。

例如 Java 原始碼檔案名稱為 **Account.java**，則編譯後的檔案會是 **Account.class**，這個檔案的內容就是類別 (class) 及其所含各方法的位元碼，JVM 有時會使用名為 **just-in-time compilation** 的技術，將類別內的二進位碼轉換為更低階，可適用於所在環境的機器語言。

執行一個 Java 方法時，它會擁有專屬的堆疊框，且分割為如下數個區域：區域變數，運算元及執行環境，運算元區域會在堆疊的最頂端，所以算術運算元、邏輯運算元、傳遞給方法的參數等，可以立即由堆疊中彈出。

若要在指令中使用區域變數，執行運算或比對前，必須先將區域變數壓入堆疊框中，置於運算元區域之上，由此觀之，此時可以稱呼此區域為**運算元堆疊 (operand stack)**。

在 Java 位元碼中，每一指令可能使用 0 或多個運算元，其後跟著 1 個位元組的運算代碼，使用 Java 的反組譯工具時，此一運算代碼會顯示為名稱，可能是 iload、istore、imul 或 goto，同時堆疊進入點的大小是 4 個位元組（32 位元）。

檢視反組譯位元碼

Java Development Kit (JDK) 提供名為 javap.exe 的工具，可以顯示 .class 檔案內的位元碼，這個動作稱為**反組譯 (disassembly)**。以下是此工具的命令列語法：

```
javap -c classname
```

例如要查看內容的檔案名稱是 Account.class，在命令列執行 **javap** 工具的語法如下：

```
javap -c Account
```

javap.exe 的位置應在 Java Development Kit 所在資料下的 \bin 目錄中。

8.7.2　指令集

主要資料型別

JVM 可以辨識及使用七種主要資料型態，請見表 8-4，所有有號整數如同 x86 的整數一樣，都是 2's 補數格式。但這些資料的儲存順序是 big-endian，也就是每個整數值的排列方式是由高位元組至低位元組（x86 整數則是由低至高的 little-endian）。有關 IEEE 的 real 數字格式說明請見第 12 章。

表8-4　Java主要資料型別

資料型別	位元組	格式
char	2	Unicode 字元
byte	1	有號整數
short	2	有號整數
int	4	有號整數

表8-4　Java主要資料型別（續）

資料型別	位元組	格式
long	8	有號整數
float	4	IEEE 單精準度實數
double	8	IEEE 雙精準度實數

比較指令

比較指令會由堆疊中取得最上方的兩個運算元，執行比對運算，再將結果壓入至原來的堆疊中。下圖表示假設兩個運算元在堆疊中的順序：

op2	(堆疊頂端)
op1	

下表列出的是在 **op1** 及 **op2** 執行不同比較，獲得及壓入堆疊的結果：

op1及op2的比對結果	壓入至運算元堆疊的值
op1 > op2	1
op1 = op2	0
op1 < op2	−1

dcmp 指令可以比較 doubles 型別的資料，**fcmp** 可以比較 float 型別。

分支指令

分支指令可以分為條件分支及無條件分支等兩種類型，如 Java 中的 **goto** 及 **jsr** 等都是屬於無條件分支指令。

以下是以 **goto** 指令，無條件分支到指定標籤的範例：

```
goto label
```

jsr 指令可以將控制權轉移至標籤代表的副程式。其語法是：

```
jsr label
```

條件分支指令通常會檢查運算元堆疊最上方的值，再以此值為依據，判斷是否要將控制權轉移到標籤指定位置。例如，**ifle** 指令可以在取得的值小於等於 0 時，分支到指定標籤。其語法是：

```
ifle label
```

同樣地，**ifgt** 指令可以在取得的值大於 0 時，分支到指定標籤。其語法是：

```
ifgt label
```

8.7.3　Java 反組譯範例

為了協助您可以更深入地了解 Java 位元碼運作方式，以下將展示多個以 Java 撰寫的小範例。您也應該了解在不同版本的 Java 中，以下範例所顯示的位元碼內容，可能會稍有不同。

範例：加總兩個整數

以下的 Java 程式功能是加總兩個變數所含的整數，再將總和置於第三個變數：

```
int A = 3;
int B = 2;
int sum = 0;
sum = A + B;
```

以下是針對上述 Java 程式的反組譯後內容：

```
0: iconst_3
1: istore_0
2: iconst_2
3: istore_1
4: iconst_0
5: istore_2
6: iload_0
7: iload_1
8: iadd
9: istore_2
```

上述每一行的編號數字，都代表一個位元組的 Java 位元碼指令位移，也可以說在這個範例中，每一個指令都只有一個位元組長度，因為它們的位移是連續性的。

由於針對位元碼的反組譯內容不會自動加入註解文字，在此我們予以加上，以便讀者易於了解。執行時期堆疊會為區域變數保留作業空間，此時會產生另一個名為**運算元堆疊 (operand stack)** 的堆疊，其功能是作為指令執行運算及資料搬移之用。但為了避免在兩個同名堆疊間發生混淆，以下將以不同變數位置，分別給予 0、1、2 等唯一索引值，作為代表。

以下開始分析位元碼的細節，前兩個指令會將常數壓入運算元堆疊，並將相同的值賦予位置 0 的變數：

```
0: iconst_3                        // 將常數 (3) 壓入運算元堆疊
1: istore_0                        // 將值傳遞給變數0
```

以下四行指令會將兩個常數壓入堆疊，並設定至於位置 1 及 2 的變數：

```
2: iconst_2                        // 將常數 (2) 壓入至堆疊
3: istore_1                        // 將值傳遞給變數 1
4: iconst_0                        // 將常數(0) 壓入至堆疊
5: istore_2                        // 將值傳遞給變數 2
```

如同上述說明以 Java 原始碼產生的位元碼，處理的三個變數及其位置如下表：

位置的索引值	變數名稱
0	A
1	B
2	sum

接著為了執行加法運算，兩個運算元必須壓入至運算元堆疊，**iload_0** 指令可將變數 A 壓入堆疊，**iload_1** 則可對變數 B 執行相同動作：

```
6: iload_0                          // 將 A 壓入堆疊
7: iload_1                          // 將 B 壓入堆疊
```

此時運算元堆疊會含有兩個值：

此處我們並不關心到底在本例使用了何種特定機制，因為不論使用何種方式，執行時期堆疊都會向上成長，所以在堆疊最上方的值，就是最近壓入動作的內容。

iadd 指令可以加總堆疊最上方的兩個值，再將結果壓回至堆疊：

```
8: iadd
```

運算元堆疊就會含有 A + B 的總和：

5 (A + B)

istore_2 指令會將堆疊設定至位置 2 的變數，此變數的名稱是 **sum**：

```
9: istore_2
```

至此運算元堆疊就已清空。

範例：加總兩個 Doubles

以下的 Java 程式碼片段可以加總兩個 double 型態的變數，並儲存加總結果，這個範例的執行動作同稍早的 **Adding Two Integer**，故此處僅說明二者處理整數及 double 資料的差異：

```
double A = 3.1;
double B = 2;
double sum = A + B;
```

以下是此例的反組譯內容，右方的註解文字是 **javap** 工具程式所加入：

```
0:  ldc2_w #20;                        // double 3.1d
3:  dstore_0
4:  ldc2_w #22;                        // double 2.0d
7:  dstore_2
8:  dload_0
9:  dload_2
10: dadd
11: dstore_4
```

接著將詳細說明此段程式的細節，在位移位址 0 的 **ldc2_w** 指令會將一個浮點數 (3.1)，由常數池 (constant pool) 壓入至運算元堆疊，**ldc2** 指令會內含 2 個位元組的常數池索引：

```
0: ldc2_w #20;                        // double 3.1d
```

在位移位址 3 的 **dstore** 指令會由運算元堆疊取出一個 double 資料，再設定至位置 0 的區域變數，這個指令的起始位址 (3)，也顯示第一個指令使用了 3 個位元組（運算碼再加 2 個位元組的索引）：

```
3: dstore_0                          // 儲存至變數 A
```

接下來的兩個指令分別在位移位址 4 及 7，功能是初始化變數 B：

```
4: ldc2_w #22;                        // double 2.0d
7: dstore_2                          // 儲存至變數B
```

dload_0 及 **dload_2** 指令會將區域變數壓入至堆疊，由於雙位元組資料的長度是 8 位元組，所以參考至兩個變數在堆疊入口的索引長度共有 64 位元：

```
8: dload_0
9: dload_2
```

下一個指令 **(dadd)** 會加總在堆疊最上方的兩個變數值，再將結果壓回至堆疊：

```
10: dadd
```

最後一個指令是 **dstore_4**，會將堆疊放入至位置 4 的區域變數：

```
11: dstore_4
```

8.7.4　範例：條件分支

有關 Java 位元碼的了解重點是 JVM 如何處理條件分支作業，比對運算的依據永遠是來自堆疊最上方的兩個項目，比對完的結果會成為一個整數，再壓回至堆疊。條件分支指令隨後就會檢查堆疊最上方的整數值，再據以做出是否要分支到指定標籤的判斷，如以下的 Java 程式含有一個簡單的 IF 敘述，可以將兩個布林值其中之一，存入布林型態的變數：

```
double A = 3.0;
boolean result = false;
if( A > 2.0 )
    result = false;
else
    result = true;
```

以下則是上述 Java 程式的反組譯內容：

```
0:  ldc2_w #26;                      // double 3.0d
3:  dstore_0                         // 放入變數 A
4:  iconst_0                         // false = 0
5:  istore_2                         // 儲存至變數 result
6:  dload_0
7:  ldc2_w #22;                      // double 2.0d
10: dcmpl
11: ifle 19                          // 若變數 A 小於等於2.0，分支到位址 19
```

```
14: iconst_0                    // false
15: istore_2                    // 變數result = false
16: goto 21                     // 略過以下兩個敘述
19: iconst_1                    // true
20: istore_2                    // 變數result = true
```

前兩行指令會由常數池複製 3.0 至執行時期堆疊，再由堆疊取出及置於變數 A：

```
0: ldc2_w #26;                  // double 3.0d
3: dstore_0                     // 放入變數 A
```

接著兩個指令會由常數區域複製布林值的 false（等於 0）至堆疊中，再置於名為 result 的變數：

```
4: iconst_0                     // false = 0
5: istore_2                     // 儲存至變數 result
```

變數 A（位置 0）會緊接著 2.0 的資料後，壓入至運算元堆疊：

```
6: dload_0                      // 將變數 A 之值壓入至堆疊
7: ldc2_w #22;                  // double 2.0d
```

此時的運算元堆疊會含有如下圖的兩個值：

```
        2.0
        3.0     (A)
```

dcmpl 指令會由堆疊取出兩個 double 型態的資料，再加以比對，由於堆疊最上方的值 (2.0) 小於其下方的值 (3.0)，所以會將二者相減後的整數 1，壓入至堆疊：

```
10: dcmpl
```

ifle 指令會取出堆疊最上方的值，若此值小於等於 0，就執行分支到指定位址：

```
11: ifle 19                     // 若stack.pop()小於等於0，就分支到位址19
```

至此請回想本範例的 Java 原始碼，會比較變數 A 是否大於 2.0，再分別設定變數 result 的布林值：

```
if( A > 2.0 )
    result = false;
else
    result = true;
```

Java 位元碼會將 IF 敘述轉換為若變數 A 小於等於 2.0 時，跳越至位址 19，在位址 19，變數 **result** 的值會設定為 **true**，. 若沒有分支到位址 19，變數 **result** 就會在下一行程式設定為 **false**：

```
14: iconst_0                    // false
15: istore_2                    // 變數result = false
16: goto 21                     // 略過以下兩行敘述
```

在位址 16 的 **goto** 指令，會略過以下兩行敘述，這兩行的功能是將 **true** 設定至變數 **result**。

```
19: iconst_1                          // true
20: istore_2                          // 變數result = true
```

結論

總括而言，Java 虛擬機器與 x86 處理器的作業方式有明顯差異，JVM 的處理方式是堆疊導向，包括計算、比較、條件分支等都是，組合語言的任何處理則都是使用暫存器及記憶體運算元，作爲執行依據，而將 Java 位元碼反組譯後的內容，是不易閱讀的 x86 組合語言，其內容是爲了讓編譯器易於處理。每一個執行動作都可視爲個別單元，JVM 使用的 just-in-time 編譯器，可以在執行前，將 Java 位元碼轉換爲原始機器語言。也可以說由於 Java 位元碼基於精簡指令集 (RISC) 的設計，故可以與機器語言有良好的溝通。

8.8　本章摘要

程序的參數有兩個基本類型：暫存器參數與堆疊參數。Irvine32 和 Irvine64 函式庫使用的是暫存器參數，這使得函式庫程序能在程式執行速度方面，具有最佳化的效能。暫存器參數易於使得呼叫者程式的程式碼變得雜亂，堆疊參數是另一個選擇，在使用堆疊參數的時候，呼叫者程式必須將程序引數壓進堆疊中。

堆疊框（或啓動記錄）是一個堆疊區域，這個區域被保留下來存放傳遞的參數，程序的返回位址，區域變數，以及任何被儲存的暫存器。堆疊框是在執行中的程式，要開始執行一個程序時所建立的。

當程序引數的複製版本被壓入堆疊時，這種傳遞引數的方式稱爲**傳值**。當程序引數的位址被壓入堆疊時，它被參考傳遞，此時被呼叫的程序可以透過位址來修改變數的內容。爲了避免必須將陣列的所有元素都壓入堆疊，所以陣列應該使用傳參考的方式，傳遞給程序。

程序參數可以使用非直接定址的方式，再配合 EBP 暫存器加以存取。例如 [ebp+8]，可讓程式設計人員對堆疊參數的位址進行高階的控制。而 LEA 指令則用於回傳任何類型的間接運算元的位移，LEA 則非常適合與堆疊參數搭配使用。

ENTER 指令可以經由將 EBP 存放在堆疊，以及爲區域變數保留堆疊空間，來完成堆疊框的建置。LEAVE 指令可以經由將先前的 ENTER 指令動作，加以反向執行，來終止程序的堆疊框。

遞迴式程序指的是會直接或間接地呼叫自己的程序，呼叫遞迴式程序的執行過程稱爲遞迴，在配合具有重複性形式的資料結構一起使用的時候，遞迴是很有用的工具。

LOCAL 指引可以在程序裡面宣告一個或多個區域變數，它必須放在緊接著 PROC 指引的下一行。與全域變數相比較，區域變數具有以下明顯的優點：

- 對於區域變數的名稱和內容的存取權，可以被限制在該變數所屬的程序中。因爲只有所屬程序內的敘述能夠修改區域變數，所以區域變數有助於程式的除錯工作。
- 區域變數的生命期，被限制在其所屬程序的執行範圍 (scope) 中。因爲當區域變數的生命期結束以後，其所使用的空間可以供其他變數運用，所以區域變數能夠充分利用記憶體。

- 相同的變數名稱可以用在不同的程序中，而不會造成名稱上的衝突。
- 區域變數可以使用在遞迴式程序中，以便將數值存放在堆疊內。如果使用的是全域變數，則每次程序呼叫它自己的時候，全域變數的值都會重新再寫入一次。

　　INVOKE 指引（只有 32 位元模式）是 Intel 的 CALL 指令很有效力的替代操作方式，它可以讓程式設計員傳遞多個引數。當呼叫程序是使用 INVOKE 指引的時候，ADDR 運算子可以用於傳遞指標。

　　PROC 指引可以宣告一個程序的名稱，以及具名的程序參數清單。PROTO 指引可以為已存在的程序建立原型，原型的目的是宣告程序的名稱和參數清單。

　　如果應用程式的所有原始碼都放在同一個檔案內，則不論其記憶體空間大小為何，這個程式都會變得不易管理。比較方便的做法是將程式分割成多個原始碼檔案（稱為模組），這將使得每個檔案都可以易於檢視和編輯。

Java 位元碼

　　Java 位元碼指的是編譯後的 Java 程式，Java 虛擬機 (JVM) 是可以執行編譯後 Java 位元碼之軟體。在 Java 位元碼中，每一指令在零或多個運算元之後，都會含有 1 個位元組的運算碼，JVM 使用堆疊導向的處理方式，包括執行計算、資料移動、資料比對及分支等。Java Development Kit (JDK) 提供名為 javap.exe 的工具程式，可以顯示 .class 檔案所含位元碼的反組譯內容。

8.9　重要術語

8.9.1　術語

啟動記錄 (activation record)

引數 (argument)

呼叫慣例 (calling convention)

有效位址 (effective address)

收場程式碼 (epilogue)

明確的堆疊參數 (explicit stack parameters)

Java 位元碼 (Java bytecodes)

Java 開發工具 (Java Development Kit, JDK)

Java 虛擬機 (Java Virtual Machine, JVM)

即時編譯 (just-in-time compilation)

區域變數 (local variables)

記憶模式 (memory model)

微 軟 x64 呼 叫 慣 例 (Microisoft x64 calling convention)

運算元堆疊 (operand stack)

參數 (parameter)

傳參考 (passing by reference)

傳數值 (passing by value)

程序原形 (procedure prototype)

開場程式碼 (prologue)

遞迴 (recursion)

遞迴副程式 (recursive subroutine)

堆疊框架 (stack frame)

STDCALL 呼叫慣例 (STDCALL calling convention)

參考參數 (reference parameter)

堆疊參數 (stack parameter)

副程式 (subroutine)

8.9.2　指令、運算子與指引

ADDR	LOCAL
ENTER	PROC
INVOKE	PROTO
LEA	RET
LEAVE	USES

8.10　本章習題與練習

8.10.1　簡答題

1. 當程序有堆疊參數與區域變數時，哪一個敘述屬於程序的收場程式？
2. 當 C 函式傳回 32 位元整數，被傳回的數值會儲存在哪裡？
3. 為什麼通過記憶體的傳遞參數被認為是優於傳值參數？
4. LEA 指令如何比 OFFSET 運算元更加強大？
5. 請列出 ENTER 指令的堆疊框架建立步驟。
6. C 呼叫慣例比 STDCALL 呼叫慣例更具優勢的地方是什麼？
7. （是非題）：當使用 PROC 指引時，所有的參數必須被列在同一行。
8. （是非題）：USES 運算元是用來分辨暫存器的列表，這些暫存器會放入堆疊中。
9. （是非題）：如果您傳遞立即值到參考參數的程序，將會產生一般性保護錯誤。

8.10.2　演算題

1. 使用程序撰寫程式，計算 3X+4Y，其中 X 與 Y 為位元組的數值。
2. 建立一個 AddThree 程序，接收三個整數參數，與計算及傳回它們在 EAX 暫存器中的總和。
3. 宣告區域變數 pArray，它是雙字組的指標。
4. 宣告區域變數 buffer，它是 20 位元組的陣列。
5. 使用指標，找出表格中輸入的總和大小為 27（輸入的數值為 16 位元數字）。
6. 宣告區域變數 myByte，它儲存 8 位元有號整數。
7. 宣告區域變數 myArray，它是 20 雙字組的陣列。
8. 請使用適當的程序，從記憶體中取出 10 個二位數的十進位數值，將它們轉換為二進制，找出最大的數字，並將它儲存到記憶體中。
9. 建立 WriteColorChar 程序，接收三個堆疊參數：char、forecolor 與 backcolor，它會展示使用單一顏色屬性字元在 forecolor 與 backcolor 上。
10. 撰寫一個 DumpMemory 程序，壓縮 DumpMem 程序到 Irvine32 函式庫，使用宣告參數與 USES 指引。下列是它會如何被呼叫的範例：INVOKE DumMomory、OFFSET 陣列、LENGTHOF 陣列與 TYPE 陣列。

11. 宣告 MultArray 程序，接收兩個指標到雙字組的陣列，和第三個參數指出陣列元數的數量，除此之外，建立 PROTO 宣告給此程序。

8.11　程式設計習題

★1. **FindLargest 程序**

建立一個 FindLargest 程序，接收兩個參數：有號雙字組指標與陣列長度計算。程序必須傳回在 EAX 中最長的陣列的數值，當宣告程序時，請使用 PROC 指引伴隨著參數列表，保存所有被程序修改的暫存器（除了 EAX）。撰寫一個測試程式呼叫 FindLargest 並傳遞三個不同長度的不同陣列，確認您的陣列中有負數，然後建立一個 PROTO 宣告給 FindLargest。

★2. **西洋棋盤**

撰寫一個程式，畫出 8x8 的西洋棋盤，棋盤顏色為灰色與白色。您可以使用 Irvine32 函式庫中的 SetTextColor 與 Gotoxy 程序。請避免使用全域變數 (global variables)，並使用在所有程序中宣告的參數。使用短的程序，因為它一次只專注在一任務。

★★★3. **可改變顏色的西洋棋盤**

接續前面的習題，每過 500 毫秒，會自動更改西洋棋盤顏色，請盡可能使用 4 位元背景顏色，為棋盤更改 16 次顏色（白色區域不變）。

★★4. **FindThree 程序**

建立 FindThree 程序，如果在陣列中有三個連續的數值，傳回 1。否則，傳回 0。程序的輸入參數列表包含到陣列的指標，還有陣列的大小。當宣告程序時，使用參數列表中的 PROC 指引，保存所有被程序修改的暫存器（除了 EAX）。撰寫一個測試程式用不同的陣列呼叫 FindThree 數次。

★★5. **DifferentInputs 程序**

請撰寫一個 DifferentInputs 程序，如果三個輸入參數的數值都不一樣，傳回 EAX = 1，反之，則傳回 EAX = 0。當程序宣告時，請使用參數列表中的 PROC 指引。建立一個 PROTO 宣告給您的程序，並從傳遞不同輸入的測試程式呼叫它五次。

★★6. **交換整數**

建立一個隨機順序的整數陣列，使用 8.4.6 節中的 Swap 程序為工具，撰寫一個交換陣列中每個連續整數對的順序。

★★7. **最大公約數**

撰寫一個遞迴操作輾轉相除法 (Euclid's algorithm)，用它來找出兩個整數的最大公約數 (GCD)。輾轉相除法的描述可以在網路上的代數書籍中找到。撰寫一個測試程式，呼叫 GCD 程序五次，使用下列整數對：(5,20)、(24,18)、(11,7)、(432,226)、(26,13)。在每次呼叫程序之後，請展示最大公約數。

★★8. **計算相符元素**

撰寫一個 CountMatchs 程序，接收有號雙字組的兩個陣列的指標，還有指出兩個陣列長度的三個參數。每一個在第一個陣列中的元素 x_i，如果與第二個陣列中的 y_i 一致，計數會遞增。最後，傳回 EAX 中所有相符的陣列元素的數量。撰寫一個測試程式，呼叫程序並傳遞兩個不同陣列對的指標。使用 INVOKE 敘述呼叫程序並傳遞堆疊參數。建立一個 PROTO 宣告給 CountMatchs。儲存並回復任何被程序改變的暫存器（除了 EAX）。

★★★9. **計算幾乎相符的元素**

撰寫一個 CountNearMatchs 程序，接收兩個有號雙字組陣列的指標，指出兩個列陣長度的參數，以及指出兩個相符合的元素之間最大不同（稱為：差異）的參數。每個在第一陣列的 x_i 元素，如果與一致的第二陣列的 y_i 不同，像是小於大於或等於的差異，它數量會遞增。最後，傳回 EAX 中所有幾乎相符元素的數量總和。撰寫一個測試程式，呼叫 CountNearMatchs 並傳遞陣列中兩個不同的指標。使用 INVOKE 敘述呼叫程序，並傳遞堆疊參數。建立 PROTO 宣告給 CountMatchs。儲存與回復被程序所修改的暫存器（除了 EAX）。

★★★10. **顯示程序參數**

撰寫一個 ShowParams 程序，展示位址與在執行時期堆疊上 32 位元參數的十六進位數值。參數會以最低到最高的順序展示。輸入程序會是單一整數，它會指出參數展示出來的數字。舉例來說，假定下列在 main 敘述呼叫 MySample，傳遞三個引數：

```
INVOKE MySample, 1234h, 5000h, 6543h
```

接下來，在 MySample 中，您應該能呼叫 ShowParams，傳遞想要展示的參數數目：

```
MySample PROC first:DWORD, second:DWORD, third:DWORD
paramCount = 3
call ShowParams, paramCount
```

ShowParams 應該在下列格式中展示輸出：

```
Stack parameters:
---------------------------
Address 0012FF80 = 00001234
Address 0012FF84 = 00005000
Address 0012FF88 = 00006543
```

Memo

9

字串與陣列

9.1　導論

　　如果讀者知道如何有效率地處理字串和陣列，那麼您將可以掌握在一般應用設計中，最佳化程式碼的能力。經過研究顯示，大部分程式會花費 90% 的執行時間，只執行 10% 的程式碼。毫無疑問的，這 10% 經常就是發生在迴圈當中，而在處理字串和陣列的時候，都會使用到迴圈。這一章將會向讀者說明，在處理字串和陣列的技巧時，如何撰寫有效率的程式碼。

　　我們會由最佳化的字串基本指令開始介紹，這些指令是設計用來搬移、比較，載入和儲存資料區塊。緊接著，將介紹幾個 Irvine32 與 Irvine64 函式庫中的字串處理程序。這些程序的實作方式，類似於標準 C 字串函式庫中的程式碼。本章的第三部分會說明如何處理二維陣列，在處理的過程中，會使用到高等間接定址方式：基底 - 索引和基底 - 索引 - 移位。有關簡單的間接定址方式說明，請見第 4.4 節。

9.5 節的標題是「**整數陣列的搜尋和排序**」，這個部分是最有趣的。讀者將從中發覺到，實作計算機科學中最普遍的兩種陣列處理演算法有多容易，這兩種演算法是：氣泡排序和二元搜尋。使用組合語言來學習這些演算法，和使用 C++ 及 Java 語言一樣，都是非常不錯的想法。

9.2 字串的基本指令

x86 指令集共有五類指令，可以用於處理位元組陣列、字組陣列以及雙字組陣列。雖然這些指令被稱為字串基本指令 **(string primitives)**，但是它們的應用並不侷限於字元陣列。在 32 位元模式中，表 9-1 中的每個指令，都未明示地使用了 ESI 或 EDI 或這兩個暫存器來定址記憶體。當這些指令參照到累加器的時候，就隱含地表示使用到 AL、AX 或 EAX，而到底是使用其中哪一個，則必須根據指令的資料大小來決定。此外，因為字串的基本指令會自動地重複和遞增陣列的索引，所以這些指令可以執行得很有效率。

表9-1　字串基本指令

指令	說明
MOVSB, MOVSW, MOVSD	搬移字串資料：將資料從 ESI 指定的記憶體位址，複製到 EDI 指定的記憶體位址。
CMPSB, CMPSW, CMPSD	比較字串：比較位於 ESI 及 EDI 所定址之記憶體位址的字串。
SCASB, SCASW, SCASD	掃描字串：比較累加器（AL、AX 或 EAX）及 EDI 所指定記憶體位址所含資料。
STOSB, STOSW, STOSD	儲存字串資料：將累加器所含內容儲存到 EDI 指定的記憶體位址。
LODSB, LODSW, LODSD	載入字串資料至累加器：將 ESI 指定為記憶體位址所有資料，載入至累加器。

使用重複性指令前置字

根據原先的設計，字串基本指令只能處理單一記憶體的數值或一對數值。但若程式設計人員加上**重複性指令前置字 (repeat prefix)**，則這個指令將會使用 ECX 作為計數器，來執行重複的動作。當設計人員使用了重複性指令前置字的時候，就可以使用單一指令來處理整個陣列。可以使用的重複性指令前置字如下：

REP	當 ECX > 0 時重複執行。
REPZ, REPE	當零值旗標為設定狀態，且 ECX > 0 時重複執行。
REPNZ, REPNE	當零值旗標為清除狀態，且 ECX > 0 時重複執行。

範例：複製字串

在接下來的例子中，MOVSB 將從 **string1** 移動 10 個位元組到 **string2**，重複性指令前置字在執行 MOVSB 指令之前，會先測試 ECX > 0 是否成立。如果 ECX = 0，那麼這個指令

將被忽略,然後程式的控制權將移至下一列。如果 ECX > 0,則 ECX 將遞減其值,而且這個指令將重複執行:

```
cld                             ; 清除方向旗標
mov  esi,OFFSET string1         ; 將ESI指向來源運算元
mov  edi,OFFSET string2         ; 將EDI指向目的運算元
mov  ecx,10                     ; 設定計數器之值為10
rep  movsb                      ; 移動10個位元組
```

在每次重複執行 MOVSB 的時候,ESI 和 EDI 都會自動地遞增,此一行為是受到 CPU 的方向旗標所控制。

方向旗標 (Direction Flag)

字串基本指令會根據方向旗標的狀態(參閱表 9-2),來遞增或遞減 ESI 與 EDI。設計人員可以使用 CLD 和 STD 指令,明確地更改方向旗標。

```
CLD                             ; 清除方向旗標(向前)
STD                             ; 設定方向旗標(向後)
```

在使用字串基本指令之前,如果忘了處理方向旗標的狀態,很可能產生令人頭痛的問題,如 ESI 及 EDI 暫存器無法如預期遞增或遞減其值。

表9-2 字串基本指令的方向旗標

方向旗標之值	對於 ESI 和 EDI 的影響	位址順序
清除狀態	遞增	低 - 高
設定狀態	遞減	高 - 低

9.2.1 MOVSB、MOVSW 和 MOVSD

MOVSB、MOVSW 和 MOVSD 指令的功能是由 ESI 所指向的記憶體位置,複製資料到由 EDI 所指向的記憶體位置。在複製的過程中,這兩個暫存器會自動地遞增或遞減(依據方向旗標的設定):

MOVSB	移動 (複製) 位元組
MOVSW	移動 (複製) 字組
MOVSD	移動 (複製) 雙字組

設計人員可依需求選擇一個重複性指令前置字,與 MOVSB、MOVSW 和 MOVSD 搭配使用。此時,方向旗標將用於決定 ESI 和 EDI 會遞增或遞減。而遞增或遞減的大小如下表所示:

指令	在 ESI 和 EDI 增或減少的值
MOVSB	1
MOVSW	2
MOVSD	4

範例：複製雙字組陣列

假設我們想要從 **source**，複製 20 個雙字組整數到 **target**。且在複製完資料以後，ESI 和 EDI 會指向每個對應陣列尾端之後的位置（4 個位元組）：

```
.data
source DWORD 20 DUP(0FFFFFFFFh)
target DWORD 20 DUP(?)
.code
cld                              ; 方向 = 向前
mov  ecx,LENGTHOF source         ; 設定 REP 的計數器
mov  esi,OFFSET source           ; 以ESI 指向來源預算元
mov  edi,OFFSET target           ; 以EDI 指向目的運算元
rep  movsd                       ; 複製雙字組資料
```

9.2.2 CMPSB、CMPSW 和 CMPSD

CMPSB、CMPSW 和 CMPSD 指令的功能是將由 ESI 所指向的記憶體運算元，與由 EDI 所指向的記憶體運算元進行比較：

CMPSB	比較位元組
CMPSW	比較字組
CMPSD	比較雙字組

設計人員可依需求選擇一個重複性指令前置字，與 CMPSB、CMPSW 和 CMPSD 搭配使用。此時，方向旗標可決定 ESI 和 EDI 是遞增或遞減。

範例：比較雙字組資料

假設現想要使用 CMPSD，比較一對雙字組資料。在下列的例子中，假設已經知道 source 的值小於 **target**，所以 JA 指令不會跳越至標籤 L1：

```
.data
source DWORD 1234h
target DWORD 5678h
.code
mov     esi,OFFSET source
mov     edi,OFFSET target
cmpsd                            ; 比較雙字組
ja      L1                       ; 若來源 > 目的，則執行跳越
```

如果我們想要比較多個雙字組，那麼就必須清除方向旗標（向前），然後初始化 ECX 為計數器，最後再選擇使用一個重複性指令前置字與 CMPSD 搭配使用：

```
mov     esi,OFFSET source
mov     edi,OFFSET target
cld                              ; 方向 = 向前
mov     ecx,LENGTHOF source      ; 重複動作的計數器
repe    cmpsd                    ; 相等時重複執行
```

REPE 字首會重複執行比較運算，並且自動地增加 ESI 和 EDI 的值，直到 ECX 等於零，或發現任何一對雙字組不相同為止。

9.2.3　SCASB、SCASW 和 SCASD

SCASB、SCASW 和 SCASD 指令的功能是將 AL/AX/EAX 中的值與由 EDI 所指向的位元組、字組或雙字組，進行比較。當程式設計人員想在字串或陣列中尋找某個單一值的時候，這些指令會特別有用。如果將這些指令和 REPE（或 REPZ）指令前置字組合起來使用，那麼若 ECX > 0，而且當 AL/AX/EAX 中的值，與記憶體中隨後的各個值彼此吻合的時候，目的字串或陣列就會被持續掃描。如果將這些指令與 REPNE 指令前置字一起使用，則掃描的動作會持續進行，直到 AL/AX/EAX 任一者的值，與記憶體中的值吻合，或者 ECX = 0 為止。

掃描有無吻合的字元

在接下來的例子中，我們要在字串 **alpha** 中搜尋字母 F。如果在這個字串中找到該字母，則 EDI 將指向位於字串中，吻合字元之後的一個位置。如果沒有找到該字母，那麼 JNZ 指令會結束程式：

```
.data
alpha BYTE "ABCDEFGH",0
.code
mov    edi,OFFSET alpha        ; 將EDI指向字串
mov    al,'F'                  ; 在字串尋找字母 F
mov    ecx,LENGTHOF alpha      ; 設定尋找字數
cld                            ; 方向 = 向前
repne  scasb                   ; 若不相等，則重複執行
jnz    quit                    ; 若沒有找到，則結束執行
dec    edi                     ; 找到：遞減EDI之值
```

在這個例子中，迴圈之後所添加的 JNZ，是為了要測試迴圈停止的原因，是不是因為沒有找到 AL 中字元及 ECX = 0 的緣故。

9.2.4　STOSB、STOSW 和 STOSD

STOSB、STOSW 和 STOSD 指令的功能是將 AL/AX/EAX 的內容，存放在 EDI 所指定的記憶體位址中，其中 EDI 的值會依據方向旗標的狀態而遞增或遞減。此外，如果把這些指令與 REP 指令前置字搭配使用，則在要將單一值填入字串或陣列所有元素時，這些指令會非常有用。例如，以下的程式碼會將 string1 中的每個位元組，初始化為 0FFh：

```
.data
Count = 100
string1 BYTE Count DUP(?)
.code
mov  al,0FFh                   ; 儲存的值
mov  edi,OFFSET string1        ; 在EDI 指向目的運算元
mov  ecx,Count                 ; 字元的數量
cld                            ; 方向 = 向前
rep  stosb                     ; 填入AL的值
```

9.2.5 LODSB、LODSW 和 LODSD

LODSB、LODSW 和 LODSD 指令會由 ESI 所指的記憶體位址中，載入一個位元組、字組或雙字組到 AL/AX/EAX 中，ESI 的值會依據方向旗標的狀態而遞增或遞減。由於每一個新載入累加器的值都會覆寫其前一個內容值，所以 REP 指令前置字很少和 LODS 一起使用，LODS 比較常見的設計是用來載入單一的值。在下一個例子中，LODSB 會用來代替以下兩個指令（假設方向旗標處於清除狀態）：

```
mov  al,[esi]                    ; 移動位元組至 AL
inc  esi                         ; 指向下一個位元組
```

陣列乘法的範例

以下的程式會將雙字組陣列的每個元素，乘以一個常數值。此例同時使用了 LODSD 和 STOSD：

```
; Multiply an Array                (Mult.asm)
; 這個範例會在陣列的每一個32位元整數，
; 乘以一個常數值

INCLUDE Irvine32.inc
.data
array DWORD 1,2,3,4,5,6,7,8,9,10   ; 測試資料
multiplier DWORD 10                ; 測試資料

.code
main PROC
    cld                            ; 方向 = 向前
    mov   esi,OFFSET array         ; 來源索引
    mov   edi,esi                  ; 目的索引
    mov   ecx,LENGTHOF array       ; 設定迴圈計數器

L1: lodsd                          ; 將 [ESI] 載入至 EAX
    mul   multiplier               ; 乘上常數值
    stosd                          ; 將 EAX 之值儲存至 [EDI]
    loop  L1

    exit
main ENDP
END main
```

9.2.6 自我評量

1. 關於字串基本指令，請問哪一個 32 位元暫存器會用來當成**累加器**？

2. 請問哪一個指令功能是將累加器中的 32 位元整數與由 EDI 所指向的記憶體內容值進行比較？

3. 請問 STOSD 指令使用的是哪一個索引暫存器？

4. 請問哪一個指令會由 ESI 所定址的記憶體位置，複製資料到 AX 中？

5. REPZ 指令前置字首對 CMPSB 指令有何影響？

9.3　經過篩選的字串程序

在這一節中，我們將示範說明幾個可以操作空字元終止字串 (null-terminated strings) 的程序，這些程序都是選自 Irvine32 函式庫。且本節說明的程序內容，大多與 C 標準程式庫中的函式非常類似：

```
;  複製來源字串至目的字串
Str_copy PROTO,
    source:PTR BYTE,
    target:PTR BYTE

;  回傳字串長度(除了空字元終止字串)至EAX
Str_length PROTO,
    pString:PTR BYTE
;  比較 string1及string2，並以CMP指令相同的方式
;  設定零值及進位旗標
Str_compare PROTO,
    string1:PTR BYTE,
    string2:PTR BYTE

;由字串移除指定的尾隨字元
;第二個引數代表被移除的字元
Str_trim PROTO,
    pString:PTR BYTE,
    char:BYTE

;  將字串轉換為大寫
Str_ucase PROTO,
    pString:PTR BYTE
```

9.3.1　Str_compare 程序

Str_compare 程序的功能是比較兩個字串，其呼叫的格式為

```
INVOKE Str_compare, ADDR string1, ADDR string2
```

它會從第一個位元組開始，順向比較兩個字串。因為大寫字母的 ASCII 碼與小寫字母的 ASCII 碼不同，此程式就是以 ASCII 碼為依據，執行比對。此外，這個程序沒有回傳值，但會在不同情況設定進位和零值旗標，如表 9-3 所示，**string1** 和 **string2** 代表兩個引數：

表9-3　Str_compare程序影響的旗標及代表意義

關係	進位旗標	零值旗標	若成立的分支
string1 < string2	1	0	JB
string1 = string2	0	1	JE
string1 > string2	0	0	JA

有關 CMP 指令如何設定進位和零值旗標的說明，請參見第 6.2.8 節。以下為 **Str_compare** 程序的內容，說明請見 **Compare.asm** 程式：

```
;-------------------------------------------------------
Str_compare PROC USES eax edx esi edi,
    string1:PTR BYTE,
    string2:PTR BYTE
;
; 比較兩個字串
; 沒有回傳值，但零值及進位旗標會受到與CMP指令相同的影響
;
;-------------------------------------------------------
    mov esi,string1
    mov edi,string2

L1: mov al,[esi]
    mov dl,[edi]
    cmp al,0                        ; 測試是否已到字串string1結尾？
    jne L2                          ; 否
    cmp dl,0                        ; 測試是否已到字串string2結尾？
    jne L2                          ; 否
    jmp L3                          ; 是，當 ZF = 1則終止程式

L2: inc esi                         ; 指向下一個位置
    inc edi
    cmp al,dl                       ; 字元是否相同？
    je L1                           ; 是，則繼續迴圈
                                    ; 否，設定旗標及離開

L3: ret
Str_compare ENDP
```

　　雖然在實作 Str_compare 的時候，我們也可以使用 CMPSB 指令，但在使用 CMPSB 指令之前，必須先知道兩個不同長度字串中，較大的字串長度，如此一來，就必須呼叫兩次 **Str_length** 程序。在這種特殊情況下，在相同的迴圈中檢查兩個字串的空字元終止符號，會是比較容易的做法。不過，在處理已知長度的大字串或陣列時，CMPSB 指令是最有效率的。

9.3.2　Str_length 程序

　　Str_length 程序的功能是回傳字串的長度到 EAX 暫存器中，當讀者呼叫這個程序的時候，必須將字串的位移傳遞給它。例如：

```
INVOKE Str_length, ADDR myString
```

以下是這個程序的實作程式碼：

```
Str_length PROC USES edi,
    pString:PTR BYTE                ; 指向字串
    mov edi,pString
    mov eax,0                       ; 字元數量
L1: cmp BYTE PTR[edi],0             ; 測試是否已到字串結尾？
    je  L2                          ; 是：結束程式
    inc edi                         ; 否：指向下一個
    inc eax                         ; 計數器加1
    jmp L1
L2: ret
Str_length ENDP
```

有關上述程序的示範說明，參見 **Length.asm** 程式。

9.3.3　Str_copy 程序

　　Str_copy 程序的功能是由來源運算元所定址的位置，複製一個空字元終止字串，到目的運算元所定址的位置。在呼叫這個程序之前，程式設計人員必須先確定目的運算元的大小，足以容納所要複製的字串。呼叫 Str_copy 的語法如下：

```
INVOKE Str_copy, ADDR source, ADDR target
```

這個程序不會回傳任何值，以下是這個程序的實作程式碼：

```
;------------------------------------------------------------
Str_copy PROC USES eax ecx esi edi,
    source:PTR BYTE,                    ; 來源字串
    target:PTR BYTE                     ; 目的字串
;
;  由來源字串複製至目的字串
;  必要條件：目的字串的長度，必須足以容納複製過來的來源字串
;
;------------------------------------------------------------
    INVOKE  Str_length,source           ; EAX = 來源字串長度
    mov   ecx,eax                       ; REP 的執行次數
    inc   ecx                           ; 加1以保留空位元組
    mov   esi,source
    mov   edi,target
    cld                                 ; 方向 = 向前
    rep   movsb                         ; 複製字串
    ret
Str_copy ENDP
```

有關上述程序的示範說明，參見 **CopyStr.asm** 程式。

9.3.4　Str_trim 程序

　　Str_trim 程序的功能是將空字元終止字串中的指定尾隨字元予以移除，呼叫這個程序的語法如下：

```
INVOKE Str_trim, ADDR string, char_to_trim
```

這個程序的邏輯很有趣，因為讀者必須檢查幾種可能的情況（這裡以 # 代表被指定的尾隨字元）：

1. 字串是空的。
2. 字串含有其他字元，而且其後接著一個或多個尾隨字元，例如 "Hello##"。
3. 字串只含有一個字元，而這個字元即為尾隨字元，例如 "#"。
4. 字串沒有尾隨字元，例如 "Hello" 或 "H"。
5. 字串含有一個或多個尾隨字元，而且這些尾隨字元之後還接著一個或多個其他非尾隨字元，例如 "#H" 或 "###Hello"。

　　例如我們可以使用 Str_trim，將從字串尾端算起的所有空格字元（或任何其他重複的字元）予以移除。若要從字串中間截斷某些字元，最簡單的方法就是緊接在希望保留的那些字元之後，插入一個空位元組 (null byte)。如此一來，在空位元組之後的任何字元就變得沒有意義了。

表 9-4 列出幾個有用的測試情況，每一情況都假定 # 代表需要被移除的字元，一如移除後的結果。

接下來是針對 Str_trim 程序的數項測試，以下的 INVOKE 敘述會傳字串所在的位址給 Str_trim 程序：

```
.data
string_1 BYTE "Hello##",0
.code
INVOKE Str_trim,ADDR string_1,'#'
INVOKE ShowString,ADDR string_1
```

另在 ShowString 程序中（沒有列印在本書），可以顯示加上成對方括號的被處理字串：以下是此程序的輸出內容：

```
[Hello]
```

若想查看更多範例程式，請見第九章範例的 **Trim.asm**。以下是實作 Str_trim 的設計，功能是在被處理字串之末，加上空字元終止字串，然後每一個在空字元之後的內容，都會在字串處理過程中被忽略。

```
;------------------------------------------------------------
; Str_trim
; 移除所有在字串之末端出現的指定字元
; 回傳值：無
;------------------------------------------------------------
Str_trim PROC USES eax ecx edi,
    pString:PTR BYTE,              ; 指向字串
    char: BYTE                     ; 移除的字元

    mov  edi,pString              ; 準備呼叫 Str_length程序
    INVOKE Str_length,edi         ; 將字串長度回傳至 EAX
    cmp  eax,0                    ; 測試長度是否等於0
    je   L3                       ; 是：結束程式
    mov  ecx,eax                  ; no: ECX = 字串長度
    dec  eax
    add  edi,eax                  ; 指向最後一個字元

L1: mov  al,[edi]                 ; 取得一個字元
    cmp  al,char                  ; 測試是否為欲移除的字元
    jne  L2                       ; 否：插入一個空位元組
    dec  edi                      ; 是：繼續向後處理
    loop L1                       ; 直到開始位置為止
L2: mov BYTE PTR [edi+1],0        ; 插入一個空位元組
L3: ret
Stmr_trim ENDP
```

表9-4　以 # 作為移除字元及測試Str_trim程序

輸入字串	期望處理結果
"Hello##"	"Hello"
"#"	"" (empty string)
"Hello"	"Hello"
"H"	"H"
"#H"	"#H"

細部說明

以下將逐步說明 **Str_trim** 程序的處理動作，處理原則是由字串的尾端開始，由後至前掃描及尋找第一個非移除字元，找到第一個字元後，就在該字元之後，插入一個空位元組：

```
ecx = length(str)
if length(str) > 0 then
    edi = length - 1
    do while ecx > 0
      if str[edi] ≠ delimiter then
          str[edi+1] = null
          break
      else
          edi = edi - 1
      end if
      ecx = ecx - 1
    end do
```

接下來將逐行說明關於上述程式的實作，首先是 **pString** 含有被處理字串的位址，我們必須知道字串長度，此長度可由 Str_length 程序取得，它會將長度回傳至 EDI 暫存器內：

```
mov edi,pString             ; 準備呼叫 Str_length程序
INVOKE Str_length,edi       ; 回傳長度至 EAX
```

Str_length 程序將長度回傳至 EAX 暫存器後，後續程式就會以 EAX 的值與 0 做比較，並在字串為空時，略過其他程式：

```
cmp eax,0                   ; 測試長度是否等於0？
je  L3                      ; 是：結束程式
```

由此開始，我們假設字串不是空白，ECX 將作為迴圈計數器，故其初始值等於字串長度，然後必須將 EDI 指向字串的最後一個字元，做法是在 EAX（含有字串長度）減 1 及傳入至 EDI：

```
mov   ecx,eax               ; 否：ECX = 字串長度
dec   eax
add   edi,eax               ; 指向最後一個字元
```

此時 EDI 就會指向字串的最後一個字元，以下設計是將此字元複製至 AL 暫存器，並與移除字元進行比對：

```
L1: mov  al,[edi]           ; 取得一個字元
    cmp  al,char            ; 測試是否為欲移除的字元？
```

若該字元不是事先設定的移除字元，就中止迴圈，並在標籤 L2 加入一個空位元組：

```
jne L 2                     ; 否：插入一個空字元組
```

反之，若該字元就是移除字元，就會繼續執行迴圈，在字串向後尋找，這個動作是藉由將 EDI 向後移動一個位置，再重複執行迴圈：

```
dec   edi                   ; 是：繼續向後處理
loop L1                     ; 直到開始位置為止
```

若全部字串內容都是移除字元，迴圈計數器就會遞減至 0，再繼續執行迴圈之後的程式，當然此時也會在標籤 L2 的位置，為字串插入空位元組：

```
L2: mov BYTE PTR [edi+1],0  ; 插入一個空位元組
```

若因為迴圈計數遞減至 0，使程式執行至此，則 EDI 會指向字串的起點，因為我們使用 [edi+1] 的表示法，故會指向字串的起始位置。

以上設計會有兩個地方執行至標籤 L2：包括在字串找不到移除字元及迴圈計數遞減至 0，標籤 L2 之後則緊接著標籤 L3，內容是以 RET 指令作為程序的結束：

```
L3: ret
Str_trim ENDP
```

9.3.5 Str_ucase 程序

Str_ucase 程序的功能是將一個字串，全都轉換成大寫的字元，這個程序不會回傳任何值。當讀者要呼叫這個程序的時候，必須將字串的位移傳遞給這個程序：

```
INVOKE Str_ucase, ADDR myString
```

以下是這個程序的實作程式碼：

```
;-----------------------------------------------------
; Str_ucase
; 將含有空字元終止的字串轉換為大寫
; 回傳值：無
;-----------------------------------------------------
Str_ucase PROC USES eax esi,
pString:PTR BYTE

    mov  esi,pString

L1:
    mov  al,[esi]                   ; 取得字元
    cmp  al,0                       ; 測試是否已達字串結尾？
    je   L3                         ; 是：離開
    cmp  al,'a'                     ; 測試是否比"a"小？
    jb   L2
    cmp  al,'z'                     ; 測試是否比"z"大？
    ja   L2
    and  BYTE PTR [esi],11011111b   ; 轉換字元
L2: inc  esi                        ; 取得下一個字元
    jmp  L1

L3: ret
Str_ucase ENDP
```

（有關上述程序的示範說明，請見 Ucase.asm 程式。）

9.3.6 字串函式庫示範程式

下列 32 位元程式 **(StringDemo.asm)** 顯示了呼叫本書 Irvine32 函式庫的幾個程序範例，這些程序包括 Str_trim、Str_ucase、Str_compare 和 Str_length 等程序。

```
; String Library Demo                (StringDemo.asm)
; 以下程式示範如何使用本書函式庫
; 有關字串處理的程序

INCLUDE Irvine32.inc

.data
string_1 BYTE "abcde////",0
string_2 BYTE "ABCDE",0
msg0     BYTE "string_1 in upper case: ",0
msg1     BYTE "string_1 and string_2 are equal",0
msg2     BYTE "string_1 is less than string_2",0
msg3     BYTE "string_2 is less than string_1",0
msg4     BYTE "Length of string_2 is ",0
msg5     BYTE "string_1 after trimming: ",0

.code
main PROC

    call   trim_string
    call   upper_case
    call   compare_strings
    call   print_length

    exit
main ENDP

trim_string PROC
; 從 string_1移除指定尾隨字元

    INVOKE Str_trim, ADDR string_1, '/'
    mov    edx,OFFSET msg5
    call   WriteString
    mov    edx,OFFSET string_1
    call   WriteString
    call   Crlf

    ret
trim_string ENDP

upper_case PROC
; 將 string_1轉換為大寫

    mov    edx,OFFSET msg0
    call   WriteString
    INVOKE Str_ucase, ADDR string_1
    mov    edx,OFFSET string_1
    call   WriteString
    call   Crlf
    ret
upper_case ENDP

compare_strings PROC
; 比較 string_1 及 string_2.

    INVOKE Str_compare, ADDR string_1, ADDR string_2
    .IF ZERO?
    mov    edx,OFFSET msg1
    .ELSEIF CARRY?
    mov    edx,OFFSET msg2 ; string 1 is less than...
    .ELSE
    mov    edx,OFFSET msg3 ; string 2 is less than...
```

```
        .ENDIF
        call    WriteString
        call    Crlf

        ret
compare_strings ENDP

print_length PROC
; 顯示string_2的長度

        mov     edx,OFFSET msg4
        call    WriteString
        INVOKE Str_length, ADDR string_2
        call    WriteDec
        call    Crlf

        ret
print_length ENDP
END main
```

在上述程式中,要將 string_1 的尾隨字元移除的時候,呼叫的是 Str_trim 程序,而要將字串全部轉換成大寫字母的時候,則是呼叫 Str_ucase 程序。

程式輸出

以下是這個字串函式庫示範程式的輸出結果:

```
string_1 after trimming: abcde
string_1 in upper case: ABCDE
string1 and string2 are equal
Length of string_2 is 5
```

9.3.7 Irvine64 函式庫字串程序

在此節中,我們會顯示如何反轉一些重要字串處理的程序,從 Irvine32 函式庫轉到 64 位元模式。這種改變非常簡單——堆疊參數被消除,而且所有的 32 位元暫存器都被 64 位元暫存器取代。表 9-5 列出了字串程序,包含了它們輸出輸入的描述。

表9-5　64位元函式庫的字串程序

Str_compare	比較兩個字串。
	輸入參數:RSI 指向來源字串,RDI 指向目的字串。
	傳回數值:如果來源 < 目的,則進位旗標 = 1,如果來源 = 目的,則零值旗標 = 1,如果來源 > 目的,則進位旗標與零值旗標皆等於 0。
Str_copy	複製來源字串到目的指標指向的位置。
	輸入參數:RSI 指向來源字串,RDI 指向複製字串被儲存的位置。
Str_length	傳回空字元終止字串的長度。
	輸入參數:RCX 指向字串。
	傳回數值:RAX 包含字串的長度。

在 **Str_compare** 程序中，RSI 與 RDI 都是輸入參數的邏輯性選擇，因為它們都被字串的比較迴圈給使用。使用這些暫存器參數，會讓我們在程序一開始時，就避免複製輸入參數到這些暫存器中。

```
; ---------------------------------------------------
; Str_compare
; 比較兩個字串
; 接收參數：RSI指向來源字串
;           RDI指向目的字串
; 回傳值：如果字串相等，設定ZF
;         如果來源 < 目的，則設定CF
; ---------------------------------------------------
Str_compare PROC USES rax rdx rsi rdi

L1: mov  al,[rsi]
    mov  dl,[rdi]
    cmp  al,0                  ; 測試是否已到字串string1結尾
    jne  L2                    ; 否
    cmp  dl,0                  ; 是，測試是否已到字串string2結尾
    jne  L2                    ; 否
    jmp  L3                    ; 是，當 ZF = 1則終止程式

L2: inc  rsi                   ; 指向下一個位置
    inc  rdi
    cmp  al,dl                 ; 字元是否相同？
    je   L1                    ; 是，則繼續迴圈
                               ; 否，設定旗標及離開
L3: ret
Str_compare ENDP
```

請注意，PROC 指引有著 USES 關鍵字來列出所有的暫存器，這些暫存器都是必須在程序一開始就被壓入堆疊，而且要在程序傳回之前彈跳出堆疊。

Str_copy 程序在 RSI 與 RDI 中，接收它的字串指標：

```
;-------------------------------------------------------
; Str_copy
; 複製一個字串
; 接收參數：RSI 指向來源字串
;           RDI 指向目的字串
; 回傳值：無
;-------------------------------------------------------
Str_copy PROC USES rax rcx rsi rdi

    mov rcx,rsi                ; 取得來源字串的長度
    call Str_length            ; 回傳字串長度至 RAX

    mov rcx,rax                ; 設定迴圈計數器
    inc rcx                    ; 加1以保留空位元組
    cld                        ; 方向 = 向上
    rep movsb                  ; 複製字串
    ret
Str_copy ENDP
```

Str_length 程序在 RCX 中接收字串指標，而且在空字元位元組找到之前，會在字串中不斷的形成迴圈。它會傳回 RAX 中的字串長度：

```
;--------------------------------------------------------
; Str_length
; 取得字串的長度
; 接收參數：RCX 指向字串
; 回傳值：字串的長度傳至 RAX
;--------------------------------------------------------
Str_length PROC USES rdi

    mov   rdi,rcx                   ; 取得指標
    mov   eax,0                     ; 字元數量

L1:
    cmp   BYTE PTR [rdi],0          ; 測試是否已到字串結尾
    je    L2                        ; 是：結束程式
    inc   rdi                       ; 否：指向下一個
    inc   rax                       ; 計數器加1
    jmp   L1
L2: ret                            ; 回傳計數器至RAX
Str_length ENDP
```

一個簡單的測試程式

下列測試程式呼叫 64 位元的 Str_length、Str_copy 與 Str_compare 程序。雖然我們沒有撰寫敘述來展示字串，但是在 Viusal Studio 除錯器中運轉程式是一個好主意，所以您可以檢查視窗、暫存器與旗標：

```
; Testing the Irvine64 string procedures (StringLib64Test.asm)
Str_compare    proto
Str_length     proto
Str_copy       proto
ExitProcess    proto

.data
source BYTE "AABCDEFGAABCDFG",0    ; size = 15
target BYTE 20 dup(0)
.code
main PROC
    mov   rcx,offset source
    call  Str_length               ; 回傳長度至 RAX

    mov   rsi,offset source
    mov   rdi,offset target
    call  str_copy
; 我們剛才複製的字串，它們應該是相等的

    call  str_compare              ; ZF = 1，字串相等
; 改變目的字串第一個字元，而且
; 再對它們進行比較
    mov   target,'B'

    call  str_compare              ; CF = 1, 來源 < 目的
    mov   ecx,0

    call  ExitProcess
main ENDP
```

9.3.8　自我評量

1.　（是非題）：當比較長的字串到達其空字元，**Str_compare** 程序將停止執行。
2.　（是非題）：32 位元的 **Str_compare** 程序不需要使用 ESI 和 EDI 來存取記憶體。
3.　（是非題）：32 位元的 **Str_length** 程序使用 SCASB 來找出字串末端的空字元終止符號。
4.　（是非題）：**Str_copy** 程序可以預防將字串複製到過小的記憶體區域內。

9.4　二維陣列

9.4.1　行與列的排列

　　從組合語言的觀點來看，二維陣列是一維陣列的高等抽象形式。高階語言通常使用以下兩種方法的其中之一，在記憶體中排列各行與各列，這兩種方法是**以列為主 (row-major order)** 及**以行為主 (column-major order)**，請見圖 9-1，若使用以列為主的排列順序（最常用），表示第一列的元素會出現在記憶體區塊的開端，然後在記憶體中，第一列的最後一個元素會緊接著第二列的第一個元素。當使用的是以行為主的排列順序時，第一行的元素會出現在記憶體區塊的開端，然後在記憶體中，第一行的最後一個元素會緊接著第二行的第一個元素。

　　如果設計人員想要以組合語言實作二維陣列，可以選擇這兩種排列方式的其中之一。在這一章中，我們選擇使用的是以列為主的方式。如果讀者想要為高階語言撰寫組合語言程序，就必須遵循在檔案中所指明的排列順序。

　　針對陣列的排列順序，x86 指令集提供了兩種運算元形式，分別為基底 - 索引 (base-index) 和基底 - 索引 - 移位 (base-index-displacement)，這兩種形式都很適合於陣列的應用。這一節將會檢視這兩種運算元形式，並且舉例說明如何有效率地加以運用。

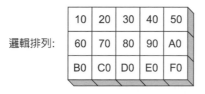

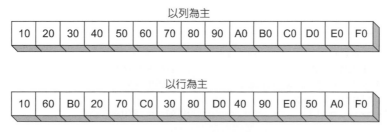

圖 9-1　以列為主及以行為主的排序

9.4.2 基底 – 索引運算元

基底 – 索引運算元會將兩個暫存器（分別作為**基底**及**索引**）的值相加，並且產生一個新位移位址：

```
[base + index]
```

請注意在上述格式中，方括弧是必須的。在 32 位元模式下，任何 32 位元通用暫存器都可以當作基底和索引暫存器。（但除非是要定址堆疊記憶體，否則應該避免使用 EBP。）以下是在 32 位元模式下，使用基底及索引運算元的數個不同組合範例：

```
.data
array WORD 1000h,2000h,3000h
.code
mov   ebx,OFFSET array
mov   esi,2
mov   ax,[ebx+esi]              ; AX = 2000h

mov   edi,OFFSET array
mov   ecx,4
mov   ax,[edi+ecx]             ; AX = 3000h

mov   ebp,OFFSET array
mov   esi,0
mov   ax,[ebp+esi]             ; AX = 1000h
```

二維陣列

在以列為主的排列順序中，當我們想要存取二維陣列的時候，列位移是存放在基底暫存器，而行位移則存放在索引暫存器。舉例而言，下列表格具有三列及五行：

```
tableB BYTE 10h, 20h, 30h, 40h, 50h
Rowsize = ($ - tableB)
       BYTE 60h, 70h, 80h, 90h, 0A0h
       BYTE 0B0h, 0C0h, 0D0h, 0E0h, 0F0h
```

上述表格是以列為主的排列順序，而且其中的常數 **Rowsize** 會被組譯器計算成每一個表格列中的位元組個數。假設我們想要使用行座標和列座標，來定出表格中一個特定項目的位置，並且假設這兩個座標都是以零為起始點，那麼在這個表格第 1 列第 2 行位置上的項目，其值就是 80h。如果想要存取這個項目，就必須將 EBX 設定為表格的位移，然後加上 (Rowsize * row_index) 來計算列的位移，並且將 ESI 設定為行的索引：

```
row_index = 1
column_index = 2

mov   ebx,OFFSET tableB          ; 表格的位移
add   ebx,RowSize * row_index    ; 列的位移
mov   esi,column_index
mov   al,[ebx + esi]             ; AL = 80h
```

假設陣列是位於位移 0150h 處，那麼 EBX + ESI 所代表的有效位址即為 0157h。圖 9–2 顯示如何將 EBX 加上 ESI，藉以產生在 tableB [1, 2] 處的位元組的位移。如果有效位址指向程式的資料區域之外，那麼將發生一般性保護錯誤。

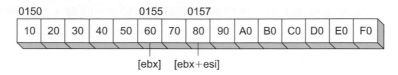

圖 9-2　以基底 - 索引運算元表示的陣列位址

計算一個列的總和

　　基底 - 索引定址方式可以簡化許多與二維陣列有關的工作，舉例而言，我們可能想要計算一個整數矩陣中，某個列的各元素總和。下列 32 位元 calc_row_sum 程序（請參見 **RowSum.asm**）會在一個 8 位元整數的矩陣中，計算某個列的元素總和：

```
;------------------------------------------------------------
; calc_row_sum
; 在位元組矩陣中，計算一個列各元素的組合
; 接收參數：EBX = 表格位移，EAX = 列的索引值
;           ECX = 列的大小，以位元組為單位
; 回傳值：含有總和的 EAX
;------------------------------------------------------------
calc_row_sum PROC USES ebx ecx edx esi

     mul    ecx                      ; 列索引 * 列大小
     add    ebx,eax                  ; 列的位移
     mov    eax,0                    ; 初始化累加器為0
     mov    esi,0                    ; 行索引

L1: movzx edx,BYTE PTR[ebx + esi]    ; 取得一個位元組
     add    eax,edx                  ; 加至累加器
     inc    esi                      ; 移至列的下一個位元組

     loop   L1
     ret
calc_row_sum ENDP
```

　　上述程式還使用到 BYTE PTR，目的是為了釐清 MOVZX 指令的運算元空間大小。

比例因子

　　如果您要為一個由字組組成的陣列，撰寫程式碼，那麼在利用前述陣列的時候，必須乘以比例因子 2，如下列程式碼可以定出第 1 列第 2 行的值的位置：

```
tableW  WORD 10h, 20h, 30h, 40h, 50h
RowsizeW = ($ - tableW)
        WORD 60h, 70h, 80h, 90h, 0A0h
        WORD 0B0h, 0C0h, 0D0h, 0E0h, 0F0h
.code
row_index = 1
column_index = 2
mov  ebx,OFFSET tableW              ; 表格位移
add  ebx,RowSizeW * row_index       ; 列的位移
mov  esi,column_index
mov  ax,[ebx + esi*TYPE tableW]     ; AX = 0080h
```

在這個例子 (TYPE tableW) 中，使用的比例因子等於 2。同理，如果陣列元素是雙字組，則必須使用的比例因子為 4。

```
tableD DWORD 10h, 20h, ...etc.
.code
mov   eax,[ebx + esi*TYPE tableD]
```

9.4.3 基底 - 索引 - 移位運算元

基底 - 索引 - 移位運算元會將移位、基底暫存器、索引暫存器和可選用的比例因子組合起來，產生一個有效位址。以下是其格式：

```
[base + index + displacement]
displacement[base + index]
```

移位 (Displacement) 可以是一個變數名稱或常數運算式，在 32 位元模式下，任何 32 位元通用暫存器都可以當作基底和索引暫存器。基底 - 索引 - 移位運算元也很適合用於處理二維陣列。其中移位可以是陣列名稱，基底運算元可以存放列的位移，而且索引運算元可以存放行的位移。

雙字組陣列的例子

下列二維陣列存放了三個列，每一列都具有五個雙字組元素：

```
tableD DWORD 10h, 20h, 30h, 40h, 50h
Rowsize = ($ - tableD)
       DWORD 60h, 70h, 80h, 90h, 0A0h
       DWORD 0B0h, 0C0h, 0D0h, 0E0h, 0F0h
```

在上列表格中，Rowsize 等於 20 (14h)。並且假設這兩個座標都是以零為起始點，那麼在這個表格第 1 列第 2 行位置上的項目，其所包含的就是 80h。如果想要存取這個項目，則必須設定 EBX 為列的索引，並且設定 ESI 為行的索引：

```
mov   ebx,Rowsize                    ; 列的索引
mov   esi,2                          ; 行的索引
mov   eax,tableD[ebx + esi*TYPE tableD]
```

假設 **tableD** 起始於位移 0150h 處，圖 9–3 顯示了 EBX 和 ESI 相對於陣列的位置。且在這個表格中，所有位移都表示成十六進位。

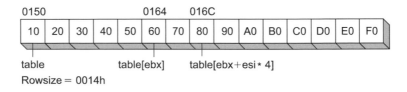

圖 9-3　基底 - 索引 - 移位的範例

9.4.4　基底 -64 位元模式索引運算元

在 64 位元模式中，使用暫存器索引的運算元必須使用 64 位元暫存器。您可以使用基底 - 索引運算元與基底 - 索引 - 移位運算元。

下列是一個簡短的程式，使用 **get_tableVal** 程序，放置數值到 64 位元整數的二維表格。如果您將它與先前章節中的 32 位元程式碼做比較，您會注意到 ESI 變成 RSI，而 EAX 與 EBX 變成 RAX 與 RBX。

```
; Two-dimensional arrays in 64-bit mode (TwoDimArrays.asm)

Crlf          proto
WriteInt64    proto
ExitProcess   proto

.data
table QWORD 1,2,3,4,5
RowSize = ($ - table)
      QWORD 6,7,8,9,10
      QWORD 11,12,13,14,15

.code
main PROC
; 基底-索引-移位運算元

    mov    rax,1                  ; 列索引 (zero-based)
    mov    rsi,4                  ; 行索引 (zero based)
    call   get_tableVal           ; 回傳值至 RAX
    call   WriteInt64             ; 顯示
    call   Crlf

    mov    ecx,0                  ; 結束程式
    call   ExitProcess
main ENDP
;----------------------------------------------------
; get_tableVal
; 請在指定的行與列上傳回陣列數值
; 在四字組的二維陣列中。
; 接收參數：  RAX = 列的數量，  RSI = 行的數量
; 回傳值：數值傳至 RAX
;----------------------------------------------------
get_tableVal PROC USES rbx

    mov    rbx,RowSize
    mul    rbx                    ; product(low) = RAX
    mov    rax,table[rax + rsi*TYPE table]
    ret
get_tableVal ENDP
end
```

9.4.5　自我評量

1. 在 32 位元模式下，哪些暫存器可作為基底 - 索引運算元？

2. 假設一個二維雙字組陣列具有三個邏輯列，以及四個邏輯行。如果 ESI 被用來當成列的索引，請問 ESI 必須加上什麼數值，才能使其從目前列移至下一列？

3. 在 32 位元模式下，我們應該使用 EBP 來定址一個陣列嗎？

9.5　整數陣列的搜尋和排序

　　為了尋找比較好的方法，來對大量資料組合進行搜尋和排列的操作，計算機科學家已經花費了大量的時間和精力。而截至目前的研究顯示，替特定的應用問題，選擇最好的演算法會比購買一台比較快的電腦更為有效。多數的學生都是使用像 C++ 和 Java 這樣的高階語言，來研究搜尋和排序的問題。但組合語言可以經由讓讀者瞭解低階的實作細節，進而提供研究演算法的另一個不同觀點。

　　搜尋和排序的資料處理方式，也為本章所介紹的幾個定址模式，提供了測試的機會。其中特別的是基底 - 索引定址最終將會證明是非常有用的，因為我們可以將一個暫存器（例如像是 EBX）指向陣列的基底，然後再使用另一個暫存器（例如像是 ESI）來作為任何其他的陣列位置的索引。

9.5.1　氣泡排序

　　氣泡排序法 (bubble sort) 會從位置 0 和位置 1 開始，比較陣列中的每對陣列值。 如果被比較的兩個值是相反順序的，就為它們交換位置。圖 9–4 顯示了在進行氣泡排序法時，一個完整通過整數陣列的處理過程：

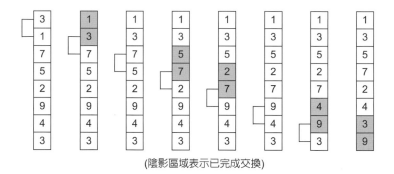

(陰影區域表示已完成交換)

圖 9-4　對陣列的第一次掃描作業（氣泡排序）

　　經過這樣一次的掃描處理之後，陣列仍然尚未排序完成，但是其中最大的值此時已經放置在最高的索引位置。於是，外層的迴圈又開始執行另一次陣列的掃描處理過程。在經過 **n−1** 次掃描處理過程之後，這個陣列就可以完成排序。

　　對於元素比較少的小陣列而言，氣泡排序具有不錯的效果，但是對於比較大的陣列而言，這種方法會變得很沒有效率。計算機科學家們在衡量演算法的效率時，通常會使用 "big-O"，表示不同數量項目的平均執行時間，由此數字也可看出數量增加時，執行時間的增加幅度。因為氣泡排序是一種 $O(n^2)$ 演算法，意思是說排序的時間會隨著陣列元素的個數 (n) 呈現平方關係的增加態勢。舉例來說，假設排序 1000 個元素，需要花費 0.1 秒。當元素個數增加為 10 倍的時候，排序這個陣列所需的時間，將增加為 10^2 (100) 倍。以下表格顯示不同的陣列大小所需的排序時間，並假設 1000 個陣列元素可以在 0.1 秒內排序完畢：

陣列大小	時間（秒數）
1,000	0.1
10,000	10.0
100,000	1000
1,000,000	100,000 (27.78 hours)

對於一個由一百萬個整數所組成的陣列而言，氣泡排序法並非好的處理方式，因為此時它必須花費相當長的時間，才能排序完成！但對於幾百個整數的排序作業，它卻是個好方法。

虛擬碼

使用與組合語言類似的虛擬碼，來建立氣泡排序的簡化版本，是相當有用的。在以下範例中，我們使用 **N** 代表陣列的大小，使用 **cx1** 來代表外層迴圈計數器，而 **cx2** 則表示內層迴圈計數器：

```
cx1 = N - 1
while( cx1 > 0 )
{
   esi = addr(array)
   cx2 = cx1
   while( cx2 > 0 )
   {
     if( array[esi] > array[esi+4] )
       exchange( array[esi], array[esi+4] )
     add esi,4
     dec cx2
   }
   dec cx1
}
```

以上虛擬碼牽涉到機器層次的動作，例如儲存和回存外層迴圈計數器等，都已經刻意地省略掉了。請注意內層的迴圈計數器 **(cx2)** 會依據外層迴圈計數器 **(cx1)** 現行的值來設定，而外層迴圈計數器的值將隨著陣列每進行一次掃描而遞減。

組合語言

由虛擬碼出發，就可以輕易地使用組合語言來產生實作的程式碼，然後再將它與參數和區域變數一起放置在程序中：

```
;------------------------------------------------
; BubbleSort
; 在32位元有號整數的陣列中
; 以氣泡排序演算法執行遞增排序
; 接收參數：指向陣列的指標、陣列元素數量
; 回傳值：無
;------------------------------------------------
BubbleSort PROC USES eax ecx esi,
    pArray:PTR DWORD,                ; 指向陣列的指標
    Count:DWORD                      ; 陣列元素數量

    mov  ecx,Count
    dec  ecx                         ; 計數器減 1
```

```
L1: push   ecx                        ; 儲存外部迴圈計數
    mov    esi,pArray                 ; 指向第一個值

L2: mov    eax,[esi]                  ; 取得陣列值
    cmp    [esi+4],eax                ; 比較成對的值
    jg     L3                         ; 若 [ESI] <= [ESI+4]，不交換
    xchg   eax,[esi+4]                ; 交換目前成對的值
    mov    [esi],eax

L3: add    esi,4                      ; 同時向前移動指標
    loop   L2                         ; 內層迴圈
    pop    ecx                        ; 取得外部迴圈計數
    loop   L1                         ; 重複外層迴圈

L4: ret
BubbleSort ENDP
```

9.5.2 二元搜尋

在一般的程式設計應用中，陣列搜尋是最常用的資料操作。對於一個小陣列（1000 個元素或少於此數目）而言，會使用較容易執行的**循序搜尋 (sequential search)** 方法；在循序搜尋的過程中，會從陣列的起點開始進行，然後依序檢視陣列中的每個元素，直到發現符合搜尋條件的元素為止。而對於任何 **n** 個元素的陣列而言，執行循序搜尋平均需要 **n/2** 個比較動作。因此，如果循序搜尋的對象是一個小陣列，則執行時間是極微小的。相反地，如果搜尋的對象是具有一百萬個元素的陣列，就需要非常可觀的執行時間了。

在針對大陣列搜尋單一個項目時，**二元搜尋 (binary search)** 演算法特別有效。這種搜尋方式具有一個重要的先決條件：陣列的元素必須依照遞增或遞減的順序加以排列。假設在遞增排序時，搜尋的步驟如下：

在開始搜尋的動作以前，先要求使用者輸入一個整數，這裡將此整數稱為 **searchVal**。

1. 使用稱為 **first** 和 **last** 的下標符號，標示陣列的搜尋範圍。如果 **first > last**，就終止搜尋作業，並且回應無法找到符合搜尋條件的元素。

2. 計算介於 **first** 和 **last** 之間的陣列中點。

3. 將 **searchVal** 與位於陣列中點的整數進行比較：

    - 如果兩個值相等，則從程序中回傳這個中點的位置到 EAX，這個回傳值代表已經從陣列中找到符合條件的值。

    - 另一方面，如果 searchVal 比位於中點的值大，那麼便將 first 重新設定為比中點高一個位置的新數值。

    - 或者，如果 searchVal 比位於中點的值小，那麼便將 last 重新設定為比中點低一個位置的新數值。

4. 回到步驟 1。

因為二元搜尋法使用了**各個擊破 (divide and conquer)** 的策略，所以二元搜尋與其他方法相較之下，顯得較有效率。在搜尋的過程中，隨著每次迴圈的重複執行，搜尋的數值範圍都會減少一半。一般而言，二元搜尋被描述成是一種 O(log n) 演算法，意味著當陣列元素個數增加 n 倍時，平均搜尋時間只會增加為 $\log_2 n$ 倍。由於實際的比較次數會有所變動，因此

表 9-6 列出針對各種陣列大小，在二元搜尋或循序搜尋時，所需的最大比較次數，此表的搜尋次數代表在實務上的最壞情況，這些數字可能必須在經過數次比對後，才會發生。

表9-6　在循序搜尋及二元搜尋的最大比較次數

陣列大小	循序搜尋	二元搜尋
64	64	6
1,024	1,024	10
65,536	65,536	17
1,048,576	1,048,576	21
4,294, 967,296	4,294, 967,296	33

以下是使用 C++ 所實作的二元搜尋函式，這個函式適用於搜尋有號整數的陣列：

```cpp
int BinSearch( int values[], const int searchVal, int count )
{
    int first = 0;
    int last = count - 1;

    while( first <= last )
    {
      int mid = (last + first) / 2;
      if( values[mid] < searchVal )
        first = mid + 1;
      else if( values[mid] > searchVal )
        last = mid - 1;
      else
        return mid;                 // 找到資料
    }
    return -1;                      // 沒有找到
}
```

以下是針對 C++ 範例程式，所實作的組合語言程式碼：

```asm
;-------------------------------------------------------------
; BinarySearch
; 在有號整數陣列尋找特定值
; 接收參數：指向陣列的指標、陣列元素數量及尋找的資料
; 回傳值：若在陣列內找到符合的值，將該值在陣列的位置設定在EAX
; 若未找到，則EAX = -1
;-------------------------------------------------------------
BinarySearch PROC USES ebx edx esi edi,
    pArray:PTR DWORD,               ; 指向陣列的指標
    Count:DWORD,                    ; 陣列元素數量
    searchVal:DWORD                 ; 尋找的資料
    LOCAL first:DWORD,              ; 第一個位置
    last:DWORD,                     ; 最後一個位置
    mid:DWORD                       ; 陣列中點位置

    mov    first,0                  ; first = 0
    mov    eax,Count                ; last = (count - 1)
    dec    eax
    mov    last,eax
    mov    edi,searchVal            ; EDI = searchVal
```

```
        mov     ebx,pArray                  ; 在EBX 指向陣列
L1: ; while first <= last
        mov     eax,first
        cmp     eax,last
        jg      L5                          ; 結束搜尋作業
; mid = (last + first) / 2
        mov     eax,last
        add     eax,first
        shr     eax,1
        mov     mid,eax
; EDX = values[mid]
        mov     esi,mid
        shl     esi,2                       ; 將mid的值調為4倍
        mov     edx,[ebx+esi]               ; EDX = values[mid]
; if ( EDX < searchval(EDI) )
        cmp     edx,edi
        jge     L2
; first = mid + 1
        mov     eax,mid
        inc     eax
        mov     first,eax
        jmp     L4
; else if( EDX > searchVal(EDI) )
L2: cmp     edx,edi                         ; 非必要的選用設計
        jle     L3
; last = mid - 1
        mov     eax,mid
        dec     eax
        mov     last,eax
        jmp     L4
; else return mid
L3: mov     eax,mid                         ; 找到資料
        jmp     L9                          ; 回傳mid代表的位置
L4: jmp     L1                              ; 繼續執行迴圈
L5: mov     eax,-1                          ; 搜尋失敗
L9: ret
BinarySearch ENDP
```

測試程式

為了示範說明本章所討論的氣泡排序法和二元搜尋法，我們撰寫一個簡短的測試程式，這個程式會依序執行以下步驟：

- 以若干個隨機整數填入一個陣列。
- 顯示這個陣列。
- 使用氣泡排序法針對這個陣列進行排序。
- 重新顯示陣列。
- 要求使用者輸入一個整數。
- 在陣列中執行二元搜尋，以便尋找是否有符合條件的整數。

● 顯示二元搜尋的結果。

在撰寫程式的過程中，需要用到的程序已經置於各個相關原始檔內，以便使得原始碼的尋找和編輯工作更爲容易。表 9-7 列舉了每一個模組以及其內容，事實上，大部分專業人員所寫的程式，也都是分割成若干個個別模組。

表9-7　氣泡排序 / 二元搜尋的模組內容

模組	內容
BinarySearchTest.asm	這是本範例程式的主模組：內含 **ShowResults** 和 **AskForSearchVal** 等程序，也含有本範例的進入點及管理執行作業所需的設計。
BubbleSort.asm	內含 **BubbleSort** 程序：可以在 **32** 位元有號整數陣列執行氣泡式排序。
BinarySearch.asm	內含 **BinarySearch** 程序：可以在 **32** 位元有號整數陣列執行二元搜尋。
FillArray.asm	內含 **FillArray** 程序：可以將某範圍內的數值，填入至 **32** 位元有號整數陣列執行。
PrintArray.asm	內含 **PrintArray** 程序：可以將 **32** 位元有號整數的陣列內容寫入至標準輸出。

除了 **BinarySearchTest.asm** 以外，所有模組中的程序都撰寫成可在不做任何修改的情形下，就可以輕易地在其他程式中使用它。而這樣的做法是相當令人期盼的，因爲將來我們會重複地利用既存的程式碼，因而節省不少設計程式的時間，當然 Irvine32 函式庫也使用了相同的做法。以下是一個含括檔 **(BinarySearch.inc)**，包含了由主模組呼叫的幾個程序原型：

```
; BinarySearch.inc - 可使用於
; 氣泡式排序 / 二元搜尋程式的程序原型

; 在32位元有號整數陣列尋找指定數值
; integers.
BinarySearch PROTO,
    pArray:PTR DWORD,               ; 指向陣列的指標
    Count:DWORD,                    ; 陣列元素數量
    searchVal:DWORD                 ; 尋找的資料

; 將隨機數值填入至32位元有號整數陣列
FillArray PROTO,
    pArray:PTR DWORD,               ; 指向陣列的指標
    Count:DWORD,                    ; 陣列元素數量
    LowerRange:SDWORD,              ; 隨機整數下限
    UpperRange:SDWORD               ; 隨機整數上限

; 將32位元有號整數陣列寫入至標準輸出
PrintArray PROTO,
    pArray:PTR DWORD,
    Count:DWORD

; 對陣列所含元素執行遞增排序
BubbleSort PROTO,
    pArray:PTR DWORD,
    Count:DWORD
```

以下是 **BinarySearchTest.asm** 的內容，也就是主模組：

```
; Bubble Sort and Binary Search     (BinarySearchTest.asm)
; 在有號整數陣列分別執行氣泡式排序及
; 二元搜尋
; 主模組，會呼叫BinarySearch、BubbleSort、FillArray
; 以及PrintArray等

INCLUDE Irvine32.inc
INCLUDE BinarySearch.inc                ; 含括程序的原型

LOWVAL = -5000                          ; 最小值
HIGHVAL = +5000                         ; 最大值
ARRAY_SIZE = 50                         ; 陣列元素數量
.data
array DWORD ARRAY_SIZE DUP(?)

.code
main PROC
    call Randomize

    ; 以隨機有號整數填入至陣列
    INVOKE FillArray, ADDR array, ARRAY_SIZE, LOWVAL, HIGHVAL
    ; 顯示陣列內容
    INVOKE PrintArray, ADDR array, ARRAY_SIZE
    call WaitMsg

    ; 執行氣泡式排序，再顯示陣列內容
    INVOKE BubbleSort, ADDR array, ARRAY_SIZE
    INVOKE PrintArray, ADDR array, ARRAY_SIZE

    ; 示範執行二元搜尋
    call AskForSearchVal            ; 回傳至 EAX
    INVOKE BinarySearch,
       ADDR array, ARRAY_SIZE, eax
    call ShowResults

    exit
main ENDP

;------------------------------------------------------------
AskForSearchVal PROC
;
; 提示使用者輸入有號整數
; 接收參數：無
; 回傳值：EAX = 使用者輸入的資料
;------------------------------------------------------------
.data
prompt BYTE "Enter a signed decimal integer "
       BYTE "in the range of -5000 to +5000 "
       BYTE "to find in the array: ",0
.code
    call   Crlf
    mov    edx,OFFSET prompt
    call   WriteString
    call   ReadInt
    ret
AskForSearchVal ENDP

;------------------------------------------------------------
ShowResults PROC
```

```
;
; 顯示執行二元搜尋的結果
; 接收參數：EAX = 顯示資料的位置編號
; 回傳值：無
;-----------------------------------------------------------
.data
msg1 BYTE "The value was not found.",0
msg2 BYTE "The value was found at position ",0
.code
.IF eax == -1
    mov    edx,OFFSET msg1
    call   WriteString
.ELSE
    mov    edx,OFFSET msg2
    call   WriteString
    call   WriteDec
.ENDIF
    call   Crlf
    call   Crlf
    ret
ShowResults ENDP
END main
```

PrintArray

以下是含有程序 PrintArray 的模組內容：

```
; PrintArray Procedure                (PrintArray.asm)

INCLUDE Irvine32.inc

.code
;-----------------------------------------------------------
PrintArray PROC USES eax ecx edx esi,
    pArray:PTR DWORD,                ; 指向陣列的指標
    Count:DWORD                      ; 陣列元素的數量
;
; 將32位元有號十進位整數以逗號分隔，
; 寫入至標準輸出
; 接收參數：指向陣列的指標，陣列元素數量
; 回傳值：無
;-----------------------------------------------------------
.data
comma BYTE ", ",0
.code
    mov    esi,pArray
    mov    ecx,Count
    cld                              ; 方向 = 向前

L1: lodsd                           ; 載入 [ESI] 至 EAX
    call   WriteInt                 ; 傳送至輸出
    mov    edx,OFFSET comma
    call   Writestring              ; 顯示逗號
    loop   L1

    call   Crlf
    ret
PrintArray ENDP
END
```

FillArray

以下是含有程序 FillArray 的模組內容：

```
; FillArray Procedure                 (FillArray.asm)
INCLUDE Irvine32.inc

.code
;------------------------------------------------------------
FillArray PROC USES eax edi ecx edx,
    pArray:PTR DWORD,              ; 指向陣列的指標
    Count:DWORD,                   ; 陣列元素的數量
    LowerRange:SDWORD,             ; 隨機數值下限
    UpperRange:SDWORD              ; 隨機數值上限
;
; Fills an array with a random sequence of 32-bit signed
; integers between LowerRange and (UpperRange - 1).
; Returns: nothing
;------------------------------------------------------------
    mov    edi,pArray              ; 以 EDI 之值指向陣列
    mov    ecx,Count               ; 迴圈計數器
    mov    edx,UpperRange
    sub    edx,LowerRange          ; EDX = 在 (0..n) 範圍之間的絕對值
    cld                            ; 清除方向旗標

L1: mov eax,edx                    ; 取得絕對值範圍
    call   RandomRange
    add    eax,LowerRange          ; bias the result
    stosd                          ; 將 EAX 之值儲存至 [edi]
    loop   L1

    ret
FillArray ENDP
END
```

9.5.3　自我評量

1. 如果陣列已經排列完成，那麼第 9.5.1 節 **BubbleSort** 程序中的外層迴圈將執行幾次？

2. 在 **BubbleSort** 程序中，當針對陣列執行第一次掃描時，內層迴圈將執行多少次？

3. 在 **BubbleSort** 程序中，內層迴圈的執行次數總是相同嗎？

4. 如果經過測試以後發現，500 個整數所組成的陣列可在 0.5 秒內排序完畢，那麼使用氣泡排序排序一個 5000 個整數的陣列，將花費多少秒？

9.6　Java 位元碼：字串處理（選讀）

在第 8 章中，我們介紹了如何將 Java 的 .class 檔案，予以反組譯後，檢視 Java 位元碼內容，本小節則將說明 Java 如何處理字串資料。

範例：在字串內尋找資料

以下的 Java 程式使用一個字串變數，內含員工 ID 及姓氏，然後再呼叫 substring 方法，取出變數內的部分字元，作為帳號及置於第二個變數內：

```
String empInfo = "10034Smith";
String id = empInfo.substring(0,5);
```

以下是上述程式經過反組譯後的位元組碼：

```
0: ldc #32;                          // String 10034Smith
2: astore_0
3: aload_0
4: iconst_0
5: iconst_5
6: invokevirtual #34;               // Method java/lang/String.substring
9: astore_1
```

接下來將逐步說明位元碼的執行動作，並加上註解文字。**ldc** 指令會由常數池載入字串的參考位址至運算元堆疊中，接著 **astore_0** 指令由執行時期堆疊取得字串參考位址，再儲存至名為 **empInfo**，位置在變數區域，索引 0 的區域變數內：

```
0: ldc #32;                          // 載入字串內容：10034Smith
2: astore_0                          // 儲存至 empInfo (索引 0)
```

再來是 **aload_0** 指令會將 empinfo 的參考位址壓入至運算元堆疊：

```
3: aload_0                           // 載入 empinfo 至堆疊
```

之後是在呼叫 substring 方法之前，必須先將它的兩個引數（0 及 5），壓入運算元堆疊，這個動作是由 **iconst_0** 及 **iconst_5** 等指令所完成：

```
4: iconst_0
5: iconst_5
```

將引數壓入堆疊後，就可以執行 substring 方法，此動作是由 invokevirtual 指令，參考 ID 等於 34 所執行：

```
6: invokevirtual #34;               // Method java/lang/String.substring
```

substring 方法會在此時建立新的字串，並將此新字串的參考位址壓入至運算元堆疊，最後的 **astore_1** 指令可以將取得的字串儲存在變數區域的位置 1，這個位置就是名為 id 的變數所在之處：

```
9: astore_1
```

9.7　本章摘要

字串基本指令夠在高速存取記憶體方面，具有最佳化的效能。字串基本指令包含

- MOVS：搬移字串資料
- CMPS：比較字串
- SCAS：掃描字串
- STOS：儲存字串資料
- LODS：從字串載入資料到累加器

當這些指令用於以位元組、字組或雙字組為單位，處理字串時，其名稱分別會具有 B、W 或 D 的字尾。

　　重複性指令前置字 REP 可以重複執行一個字串基本指令，並連帶地自動遞增或遞減索引暫存器。例如，當 REPNE 和 SCASB 搭配使用時，它會掃描記憶體的各位元組，直到在記憶體中由 EDI 所指向的值與 AL 暫存器中的內容值彼此吻合為止。此外，在字串基本指令每次重複執行的期間，方向旗標都會用於判斷索引暫存器的值，究竟是要遞增或遞減。

　　從實務的觀點來看，字串和陣列是相同的。傳統上，字串是由單一位元組的 ASCII 值陣列所組成，但是現在字串也可以是 16 位元的 Unicode 字元陣列。字串和陣列之間唯一的重要差異，是字串通常是利用單一空位元組（其值為 0）作為終止符號。

　　陣列的處理會涉及到密集的計算作業，因為它通常都牽涉到迴圈的演算法。大部分程式都花費 80% 到 90% 的執行時間，去執行整個程式碼的一小部分。結果使得設計人員可經由降低迴圈內部指令的數目和複雜度，來提升自己的軟體的執行速度。因為使用組合語言可以讓設計人員掌控每個細節，所以組合語言也是程式碼最佳化的強大工具。例如設計人員可以經由運用暫存器來代替記憶體變數，使得程式碼區塊達到最佳化。或者設計人員可以選擇使用本章介紹的任一字串處理指令，而不要使用 MOV 和 CMP 指令。

　　本章也介紹了幾個有用的字串處理程序：**Str_copy** 程序功能是將一個字串複製到另一個字串。**Str_length** 功能是回傳字串的長度。**Str_compare** 比較兩個字串。**Str_trim** 可以在字串尾端移除被選定的字元。**Str_ucase** 可將字串轉換成大寫字母。

　　基底 - 索引運算元使得二維陣列（表格）的處理更為容易，設計人員可以將基底暫存器，設定為表格中某列的位址，並且讓索引暫存器指向被選定的該列中，某一行的位移。在 32 位元模式下，任何 32 位元通用暫存器都可以當作基底和索引暫存器。此外，基底 - 索引 - 移位運算元很類似基底 - 索引運算元，只是前者包含了陣列的名稱：

```
[ebx + esi]                        ; 基底-索引
array[ebx + esi]                   ; 基底-索引-移位
```

　　本章也提出了氣泡排序和二元搜尋的組合語言實作程式碼，就氣泡排序法而言，它會以遞增或遞減的順序排列一個陣列。此方法對於幾百個元素以內的陣列是很有效率的，但若用於比較大的陣列，便顯得效率不佳。二元搜尋則可在一個經過排序的陣列內，快速地搜尋某個單一值，這種搜尋法能輕易地使用組合語言加以實作。

9.8　重要術語與指令

基底 - 索引運算元 (base-index operands)

基底 - 索引 - 移位運算元 (base-index-displacement operands)

CMPSB、CMPSW、CMPSD

以行為主 (column-major order)

方向旗標 (Direction flag)

Java 位元碼 (Java bytecodes)

LODSB、LODSW、LODSD

MOVSB、MOVSD、MOVSW

REP、REPE、REPNE、REPNZ、REPZ

重複性指令前置字 (repeat prefix)

以列為主 (row-major order)

SCASB、SCASD、SCASW

STOSB、STOSW、STOSD

字串基本指令 (string primitives)

9.9　本章習題與練習

9.9.1　簡答題

1. 當字串基本指令執行時，哪一個方向旗標設定會造成索引暫存器往後移動到記憶體？

2. 請問設定與清除方向旗標，使得字串指令的執行有什麼不同？

3. 請用 CLD 指令，比較 REP MOVSB 與 REP MOVSW 指令的參考有何不同。

4. 當方向旗標是清空的，而 SCASB 有找到符合的字元，EDI 會指向哪裡？

5. 前置字 REP 是用來重複字串指令的行為，然而，它卻極少用在 LODS 指令上，為什麼？

6. 在 9.3 節，哪個方向旗標設定是 Str_trim 程序所使用？

7. 在 9.3 節，為什麼 Str_trim 程序使用 JNE 指令？

8. 在 9.3 節，如果目的字串包含數字，Str_ucase 程序會發生什麼事情？

9. 如果 9.3 節中的 Str_length 程序使用 SCASB，哪個重複性指令前置字會最適當？

10. 如果 9.3 節中的 Str_length 程序使用 SCASB，它會如何計算與傳回字串長度？

11. 請問在什麼條件的情況下，字串指令 REPNZ COMPSB 會離開重複迴圈？

12. 9.5 節中的二元搜索範例的 FillArray 程序，為什麼方向旗標必須被 CLD 指引清除？

13. 9.5 節的二元搜索範例，為什麼 L2 標籤的敘述要在沒有影響結果的情況下被移出？

14. 9.5 節的二元搜索範例，L4 標籤敘述如何被消除？

9.9.2　演算題

1. 請撰寫一個程式，掃描 ALEXANDER 的名字，並且將 B 取代第一個字母 A 以及用 H 取代 R。

2. 請用 32 位元模式顯示一個基底 - 索引 - 移位運算元的範例。

3. 假設雙字組的二維陣列有三個邏輯列與四個邏輯行。撰寫一個使用 ESI 與 EDI 的運算式，將第三行定址在第二列。(列與行都從 0 開始。)

4. 請撰寫一個程式，在 N 個字塊中搜索特定的詞，此程式應該顯示這個單字是否呈現於列表中。

5. 撰寫使用 SCASW 的指令，掃描在 wordArray 陣列中的 16 位元數值 0100h，複製相符成員的位移到 EAX 暫存器中。

6. 撰寫一個指令，使用 Str_compare 程序決定兩個輸入字串的大小，並撰寫它到主控台視窗。

7. 顯示如何呼叫 Str_trim 程序，與移除字串中所有的「@」字元。

8. 顯示如何修改 Irvine32 函式庫中的 Str_ucase 程序，將它所有的字元改成小寫。

9. 請使用 SCAS，以確認一個特定字元是否出現在儲存在記憶體的 25 個 ASCII 字元的字串當中。如果有，請找出它在字串中出現多少次。

10. 在 64 位元模式中，顯示基底 - 索引運算元的範例。

11. 假設在 32 位元整數 myArray 二維陣列，EBX 包含索引列，EDI 包含索引行，請撰寫一個單一敘述，移動指定陣列元素的內容到 EAX 暫存器中。

12. 假設在 64 位元整數 myArray 二維陣列，RBX 包含索引列，RDI 包含索引行，請撰寫一個單一敘述，移動指定陣列元素的內容到 RAX 暫存器中。

9.10　程式設計習題

以下的習題可以在 32 位元模式或 64 位元模式下加以完成，而且每個字串處理程序都假定字串使用了空字元作為終止符號。此外，即使題目中沒有明確地要求，請不要忘記撰寫一個小程式，測試您在以下每一題所撰寫的程序。

★1.　經過改善的 Str_copy 程序

本章提出的 **Str_copy** 程序，並未限制要複製的字元個數。請針對此程序進行改寫（名稱為 **Str_copyN**），這個版本需要一個額外的輸入參數，表示被複製字元的最大數量。

★★2.　Str_concat 程序

請撰寫一個稱為 **Str_concat** 的程序，功能是將來源字串連接到目的字串的尾端。目的字串中必須具有充分的可用空間，才能容納新的字元。而且在呼叫這個程序的時候，必須傳遞來源字串和目的字串的指標給它。以下是一個呼叫範例：

```
.data
targetStr BYTE "ABCDE",10 DUP(0)
sourceStr BYTE "FGH",0
.code
INVOKE Str_concat, ADDR targetStr, ADDR sourceStr
```

★★3.　Str_remove 程序

請撰寫一個名為 **Str_remove** 的程序，功能是從字串移除 **n** 個字元。在呼叫此程序時，必須將該字串想要移除的字元位置，使用指標加以定址，然後將這個指標傳遞給 Str_remove，而且還要傳遞移除的字元個數給程序。例如，以下程式碼用於示範說明如何從 **target** 移除 "xxxx"：

```
.data
target BYTE "abcxxxxdefghijklmop",0
.code
INVOKE Str_remove, ADDR [target+3], 4
```

★★★4.　Str_find 程序

請撰寫一個命名為 **Str_find** 的程序，功能是在目的字串內執行搜尋，第一個與來源字串吻合的部分字串位置，並且回傳此一位置。在呼叫時，輸入參數應該有一個指向來源字串的指標，和一個指向目的字串的指標。如果找到吻合的部分字串，則這個程序會設定零值旗標，並且將 EAX 指向目的字串中吻合的位置。若找不到資料，零值旗標將處於清除狀態，而且 EAX 是未定義的。例如，以下程式碼會搜尋 "ABC"，而且在找到以後，將回傳指向目的字串內 "A" 的位置到 EAX：

```
.data
target  BYTE "123ABC342432",0
source  BYTE "ABC",0
pos  DWORD ?
.code
INVOKE  Str_find, ADDR source, ADDR target
jnz notFound
mov pos,eax                             ; 儲存找到的位置至EAX
```

★★5. Str_nextword 程序

試撰寫一個名為 **Str_nextword** 的程序，功能是可以掃描一個字串，以便從字串中找到某個定義符號 (delimiter) 字元第一次出現的位置，並且以空位元組取代該定義符號。這個程序有兩個輸入參數：指向字串的指標和定義符號字元。在呼叫程序以後，如果發現了這個定義符號字元，則零值旗標將處於設定狀態，而且 EAX 將含有定義符號字元之後下一個字元的位移。若沒有找到資料，則零值旗標將處於清除狀態，而且 EAX 是未定義的。以下的範例程式碼，會將 **target** 的位移和作為定義符號字元的逗號，傳遞給該程序：

```
.data
target BYTE "Johnson,Calvin",0
.code
INVOKE Str_nextWord, ADDR target, ','
jnz notFound
```

在圖 9–5 中，呼叫 **Str_nextword** 之後，EAX 將指向發現（並且取代）逗號處其後一個位置的字元。

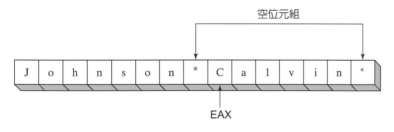

圖 9-5　Str_nextword 範例

★★6. 建立字元頻率表

請撰寫一個名為 **Get_frequencies** 的程序，功能是建立一個字元頻率表。這個程序的輸入參數包括一個指向字串的指標，和一個指向 256 個雙字組元素陣列的指標，且每個陣列元素都必須初始化為零。在這個陣列中，每個元素位置都利用其對應的 ASCII 碼建立索引。當程序回傳處理結果時，陣列中的每個元素所包含的值，代表該元素所對應的字元，出現在字串中的次數。例如，

```
.data
target BYTE "AAEBDCFBBC",0
freqTable DWORD 256 DUP(0)
```

```
.code
INVOKE Get_frequencies, ADDR target, ADDR freqTable
```

圖 9–6 顯示了字串的示意圖，以及次數表中項目 41（十六進制）到 4B 的內容。其中因為字母 A（ASCII 碼是 41h）在字串中出現兩次，所以位置 41 含有的值為 2，其他字元的出現次數，也同樣依照原則予以顯示。在資料壓縮和其他涉及字元處理的應用中，頻率表是很有用的。例如，在**霍夫曼編碼演算法 (Huffman encoding algorithm)** 中，出現頻率最多的字元會比出現頻率較少的字元，使用比較少的位元數來儲存。

圖 9-6　字元頻率表範例

★★★7. Eratosthenes 篩選法

由具有相同名字的希臘數學家所發明的 **Eratosthenes 篩選法 (Sieve of Eratosthenes)**，提供了一個很快的方法，可以在指定範圍內找出所有質數。這個演算法需要建立一個位元組陣列，在這個陣列中，各個位置是利用以下的方法插入 1，來將作為該位置的「標記」：先從位置 2 開始（2 是質數），在每一個是 2 的倍數位置中，插入一個 1。因為 3 是下一個質數，所以接著針對 3 的倍數執行相同動作。然後找出 3 的下一個質數，也就是 5，然後將 5 的倍數位置標記起來。持續沿用這個方法，直到所有質數的倍數都已經找出。陣列中剩餘未被標記的位置，便代表該位置的對應數值是質數。請為這個程式建立一個 65,000 個元素的陣列，並且顯示出 2 到 65,000 之間的所有質數。請在一個未初始化的資料區段宣告這個陣列（參見第 3.4.11 節），有關以 STOSB 填入 0 的說明。

★8. 氣泡排序

請為 9.5.1 節中的 **BubbleSort** 程序增加一個變數，每當在內層迴圈中有一對數值被交換的時候，這個變數便設定為 1。如果在一趟完整掃描陣列的期間，並沒有元素交換的情形出現，則使用這個變數在排序正常完成以前，從排序的進程中跳出。[換言之，這個變數就是一般所熟知的交換旗標 (exchange flag)]。

★★9. 二元搜尋

在本章所提出的二元搜尋程序中，使用暫存器代替 mid、first 和 last，重新撰寫該程序。請記得加上註解來註明暫存器的用途。

★★★10. 字母矩陣

建立一個程序，生產 4X4 隨機排列大寫字母矩陣。當選擇一個字母時，必須有 50% 的機率選到母音。撰寫一個有迴圈的測試程式，呼叫程序五次，在主控台視窗中展示每個矩陣。下列是三個輸出範例：

```
D W A L
S I V W
U I O L
L A I I

K X S V
N U U O
O R Q O
A U U T

P O A Z
A E A U
G K A E
I A G D
```

★★★★11. 字母矩陣 / 母音

接續前一個習題的編程，生產單一隨機 4X4 矩陣，一樣有 50% 的機率選到母音。交叉每行每列與對角線的矩陣，產生字母集。展示剛好兩個母音的 4 字母集。例如：假設下列舉陣被生產出來：

```
P O A Z
A E A U
G K A E
I A G D
```

然後由程序顯示出來的 4 字母集，將成為 POAZ、GKAE、IAGD、PAGI、ZUED、PEAD 和 ZAKI。每組字母集的順序並不重要。

★★★★12. 計算陣列的列之總和

撰寫一個 cale_row_sum 程序，計算二維陣列位元組、字組與雙字組單一列的總和。程序應該有下列堆疊參數：陣列位移、列的大小、陣列型別、列的索引。它必須在 EAX 中傳回總和。使用明確的堆疊參數，不是 INVOKE 或延伸 PROC。撰寫一個程式，測驗您的程序的陣列位元組、字組與雙字組。提供使用者列索引，並展示選擇的列之總和。

★★★★13. 修改前導字元

建立 Str_trim 程序的差異，讓呼叫器移除所有字串中的前導字元的實例。舉例來說，如果您要用指標呼叫它到字串「###ABC」並傳遞 # 字元，則結果會是「ABC」。

★★★★14. 修改字元集

建立 Str_trim 程序的差異，讓呼叫器移除所有字串結尾的字元集。例如，如果您要用指標呼叫它到字串「ABC#$&」，並傳遞指標到篩選字元的陣列，此陣列包含「%#!;$&*」，則結果會是「ABC」。

Memo

10

結構與巨集

10.1 結構

　　結構 (structure) 是一個樣板或樣式，功能是可將邏輯上相關的變數予以集中，而結構中的各個變數則可以稱為**欄位 (field)**。程式中的敘述可以將結構當成單一的實體來加以存取，也可以存取結構的各個欄位，此外，結構通常含有不同資料型別的欄位。另一方面，聯合體也用於將多個識別字整理成一組，不過這些識別字會重疊在記憶體中的相同區域內，第 10.1.7 節將會討論聯合體概念。

結構提供了一種集結大量資料的便利設計，並且可以將這些資料，從一個程序傳遞給另一個程序。假設某個程序的輸入參數，是由屬於磁碟機的 20 筆不同資料單位所組成，呼叫類似程序時就會容易發生錯誤，這是因為參數的順序可能不正確，或者傳入了錯誤數量的參數。比較可行的做法是將所有相關的輸入資料放入一個結構中，然後將這個結構的位址傳遞給程序。透過這種處理方式，可以只使用很小的堆疊空間（一個位址），而且被呼叫的程序也可以修改結構的內容。

組合語言中的結構，與 C 和 C++ 中的結構，實質上是相同的。因此只需要稍微加以轉換，就可取用 MS-Windows API 函式庫中的任何結構，然後在組合語言中使用它們，大部分除錯器都可以顯示出個別的結構欄位。

COORD 結構

在 Windows API 中所定義的 COORD 結構，可以識別出螢幕座標 X 和 Y。欄位 X 相對於結構起始點的位移為 0，而欄位 Y 的位移則等於 2：

```
COORD STRUCT
  X WORD  ?                              ; 位移 00
  Y WORD  ?                              ; 位移 02
COORD ENDS
```

以下是使用結構的三個步驟：

1. 定義結構。
2. 宣告一個或多個該結構型別的變數，這些變數稱為**結構變數 (structure variables)**。
3. 撰寫執行時期的指令來存取結構的各欄位。

10.1.1 定義結構

定義結構需要使用到 STRUCT 和 ENDS 指引，而在結構之內，可以使用與一般變數相同的語法，來定義各欄位，欄位的數量則沒有限制，一個結構幾乎可以含有任何數量的欄位：

```
name STRUCT
     field-declarations
name ENDS
```

欄位的初始設定子

如果結構的欄位具備了初始設定子，則當結構變數被建立的時候，初始設定子的值將指定為預設值。初始設定子可以有下列幾種不同類型：

- **未定義 (Undefined)**：使用 ? 運算子，讓欄位的內容成為未定義的狀態。
- **文數字字串 (String literals)**：內含在引號的字元字串。
- **整數**：整數常數和整數運算式。
- **陣列**：當欄位為陣列時，可以使用 DUP 運算子來初始化陣列元素。

以下 **Employee** 結構功能是描述員工的資料，其中包含的欄位有 ID 編號、姓氏、服務年資以及記錄著歷年薪資變更的陣列等。這個結構的定義，必須出現在 **Employee** 型別的任何變數被宣告之前：

```
Employee STRUCT
     IdNum     BYTE "000000000"
     LastName BYTE 30 DUP(0)
     Years     WORD 0
     SalaryHistory DWORD 0,0,0,0
Employee ENDS
```

下圖是這個結構的記憶體配置的線性呈現方式：

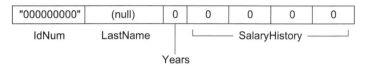

使結構的各欄位對齊

為了獲得最佳 I/O 效能，結構的各成員應該與可配合其資料型別的位址互相對齊，否則 CPU 將花費比較多的時間去存取結構的各成員。舉例來說，雙字組的成員應該對齊於雙字組邊界上。表 10-1 列出了微軟 C 和 C++ 編譯器，和 Win32 API 函式所使用的對齊方式。而在組合語言中，可以使用 ALIGN 指引，設定下一個欄位或變數的位址對齊方式：

```
ALIGN datatype
```

如以下幾個敘述可以將 **myVar** 對齊於雙字組邊界上：

```
.data
ALIGN DWORD
myVar DWORD ?
```

現在將使用 ALIGN，定義 Employee 的完整結構，其中 **Years** 會放置在 WORD 邊界，而 **SalaryHistory** 會放置在 DWORD 邊界上。且在註解中標明了各欄位的記憶體空間大小。

```
Employee STRUCT
     IdNum     BYTE "000000000"     ; 9
     LastName BYTE 30 DUP(0)         ; 30
     ALIGN     WORD                   ; 增加1個位元組
     Years     WORD 0                 ; 2
     ALIGN     DWORD                  ; 增加2個位元組
     SalaryHistory DWORD 0,0,0,0     ; 16
Employee ENDS                          ; 共60個位元組
```

表10-1　數種結構成員的對齊方式

成員型態	對齊方式
BYTE, SBYTE	對齊於 8 位元（位元組）邊界。
WORD, SWORD	對齊於 16 位元（字組）邊界。
DWORD, SDWORD	對齊於 32 位元（雙字組）邊界。
QWORD	對齊於 64 位元（四字組）邊界。
REAL4	對齊於 32 位元（雙字組）邊界。
REAL8	對齊於 64 位元（四字組）邊界。
structure	最大成員的對齊方式。
union	第一個成員的對齊方式。

10.1.2　宣告結構變數

在宣告結構變數的時候，可以選擇使用明確的值，對此變數進行初始化的工作。以下是宣告結構變數的語法，其中的 structureType 已經使用 STRUCT 指引完成定義：

identifier structureType < initializer-list >

在此宣告語法中，**識別字**的制訂方式與 MASM 中的其他變數名稱制訂方式，依循著相同的法則。而**初始設定子名單 (initializer-list)** 是非必要的，使用初始設定子名單時，必須注意它是組譯時期的常數，各常數必須使用逗號隔開，而且這些常數的型態必須符合各結構欄位的資料型別：

initializer [, initializer]. . .

在宣告結構變數時，如果使用了空的角括號 < >，那麼在所產生的結構變數中，相對應的欄位值會採用結構定義中預設的欄位值，除此之外，也可在插入新值至選定的欄位中，要安插到結構欄位中的各個值，是以從左到右的順序排列，它會與結構宣告敘述中的欄位順序互相吻合。以下的 **COORD** 和 **Employee** 結構，可以說明上述兩種初始化方式：

```
.data
point1 COORD <5,10>              ; X = 5, Y = 10
point2 COORD <20>               ; X = 20, Y = ?
point3 COORD <>                 ; X = ?, Y = ?
worker Employee <>             ; (預設初始設定子)
```

我們也可以只重新設定幾個選定欄位值，如下列的宣告方式，只會重新設定 **Employee** 結構中的 **IdNum** 欄位，其餘欄位則指定為預設值：

```
person1 Employee <"555223333">
```

事實上也可以使用大括號 {…}，來代替角括號：

```
person2 Employee {"555223333"}
```

當一個字串欄位的初始設定子，比欄位空間較短時，剩餘位置將會填入空格，並請注意空字元組不會自動地插入至字串欄位的尾端。讀者可以藉由插入逗號來當作位置標記，以便跳過不想特別處理的結構欄位。如以下敘述跳過了 **IdNum** 欄位，而將 **LastName** 欄位初始化：

```
person3 Employee <,"dJones">
```

對於陣列欄位而言，可以使用 DUP 運算子，將陣列中的部分或全部元素初始化。如果初始設定子小於欄位的空間，那麼剩餘的位置將會填入零。如以下敘述會將 **SalaryHistory** 的前兩個值初始化，並且使其他值設為零：

```
person4 Employee <,,,2 DUP(20000)>
```

結構陣列

我們可以使用 DUP 運算子，來建立結構陣列 (array of structures)。在下列敘述中，**AllPoints** 中每個元素的 X 和 Y 欄位，都會初始化成零：

```
NumPoints = 3
AllPoints COORD NumPoints DUP(<0,0>)
```

對齊結構變數

　　為了使處理器達到最好的效能，結構變數所需對齊的邊界，即為結構成員中，佔用最大空間單位的邊界。例如，Employee 結構含有 DWORD 欄位，所以下列敘述就會以它作為對齊的邊界：

```
.data
ALIGN DWORD
person Employee <>
```

10.1.3　參照結構變數

　　當我們想要參照結構變數及名稱的時候，可以使用 TYPE 和 SIZEOF 運算子。舉例來說，以下是先前介紹過的 **Employee** 結構：

```
Employee STRUCT
    IdNum      BYTE "000000000"     ; 9
    LastName BYTE 30 DUP(0)        ; 30
    ALIGN      WORD                ; 增加1個位元組
    Years      WORD 0              ; 2
    ALIGN      DWORD               ; 增加2個位元組
    SalaryHistory DWORD 0,0,0,0    ; 16
Employee ENDS                      ; 共60個位元組
```

如果資料宣告如下：

```
.data
worker Employee <>
```

則下列每個運算式都會回傳相同的值：

```
TYPE Employee                      ; 60
SIZEOF Employee                    ; 60
SIZEOF worker                      ; 60
```

> TYPE 運算子（第 4.4 節）將回傳識別字的儲存型別（BYTE、WORD、DWORD 等等）所使用的位元組數目。LENGTHOF 運算子會回傳陣列的元素數量，而 SIZEOF 運算子則回傳 LENGTHOF 和 TYPE 的乘積。

參照結構的成員

　　針對結構的各成員所進行的參照動作，必須以某個結構變數作為限定符 (qualifier)。以下的常數運算式會在組譯時期產生出來，其中使用了 **Employee** 結構：

```
TYPE Employee.SalaryHistory        ; 4
LENGTHOF Employee.SalaryHistory    ; 4
SIZEOF Employee.SalaryHistory      ; 16
TYPE Employee.Years                ; 2
```

以下是在執行時期針對 **worker** 所進行的參照動作，worker 是 Employee 的結構變數：

```
.data
worker Employee <>
.code
mov  dx,worker.Years
mov  worker.SalaryHistory,20000       ; 第一次薪資
mov  [worker.SalaryHistory+4],30000   ; 第二次薪資
```

運用 OFFSET 運算子

設計人員可以使用 OFFSET 運算子，來取得結構變數中，某個欄位的位址：

```
mov  edx,OFFSET worker.LastName
```

間接與索引運算元

間接運算元允許使用暫存器（如 ESI），來定址結構的成員。間接定址方式提供了相當的彈性，當需要將結構的位址傳入程序中，或是使用到結構陣列的時候，這種定址方式會特別有用。在要對間接運算元進行參照時，會需要使用到 PTR 運算子：

```
mov  esi,OFFSET worker
mov  ax,(Employee PTR [esi]).Years
```

在以下的敘述中，因為 **Years** 無法自行辨識出它所屬的結構，所以此敘述是無法組譯的：

```
mov  ax,[esi].Years               ; 無效敘述
```

索引運算元

若要存取結構陣列，可使用索引運算元，假設 **department** 是由五個 Employee 物件所組成的陣列。下列敘述將對位於索引位置 1 上的 **Years** 欄位，進行存取的動作：

```
.data
department Employee 5 DUP(<>)
.code
mov  esi,TYPE Employee            ; 索引值 = 1
mov  department[esi].Years, 4
```

通過陣列的迴圈

在使用間接或索引定址方式的時候，可以搭配迴圈來操作結構陣列。下列程式 **(AllPoints.asm)** 會指定座標值給 **AllPoints** 陣列：

```
; Loop Through Array              (AllPoints.asm)

INCLUDE Irvine32.inc
NumPoints = 3
.data
ALIGN WORD
AllPoints COORD NumPoints DUP(<0,0>)

.code
main PROC
    mov  edi,0                    ; 陣列索引
```

```
        mov    ecx,NumPoints                  ; 迴圈計數器
        mov    ax,1                            ; 設定x及y的起始值
L1: mov    (COORD PTR AllPoints[edi]).X,ax
        mov    (COORD PTR AllPoints[edi]).Y,ax
        add    edi,TYPE COORD
        inc    ax
        loop L1
        exit
main ENDP
END main
```

對齊後結構成員的執行效能

我們在前面已經說明過，對於正確對齊的結構成員，處理器可以更有效率地存取它們，那麼沒有對齊的欄位會對效能產生多少影響呢？以下將執行一個簡單的測試，並會使用到本章所提出的兩種 Employee 結構。這裡先對第一個版本重新命名，使得這兩個結構可以同時出現在一個程式中：

```
EmployeeBad STRUCT
    IdNum     BYTE "000000000"
    LastName BYTE 30 DUP(0)
    Years     WORD 0
    SalaryHistory DWORD 0,0,0,0
EmployeeBad ENDS

Employee STRUCT
    IdNum     BYTE "000000000"
    LastName BYTE 30 DUP(0)
    ALIGN    WORD
    Years     WORD 0
    ALIGN    DWORD
    SalaryHistory DWORD 0,0,0,0
Employee ENDS
```

下列程式碼將會取得系統時間，執行一個能存取結構欄位的迴圈，並且計算執行這些動作所花費的時間，變數 emp 可以宣告為 Employee 或 EmployeeBad 物件：

```
.data
ALIGN DWORD
startTime DWORD ?                    ; 對齊 startTime
emp Employee <>                      ; 或：emp EmployeeBad <>
.code
    call   GetMSeconds               ; 取得開始時間
    mov    startTime,eax

    mov    ecx,0FFFFFFFFh            ; 迴圈計數器
L1: mov    emp.Years,5
    mov    emp.SalaryHistory,35000
    loop   L1

    call   GetMSeconds               ; 取得開始時間
    sub    eax,startTime
    call   WriteDec                  ; 顯示花費時間
```

在上述的簡單測試程式 **(Struct1.asm)** 中，使用正確對齊的 Employee 結構，其執行時間是 6141 毫秒。使用 EmployeeBad 結構時，執行時間是 6203 毫秒。其時間差並不大（62 毫秒），這或許是因為處理器的內部快取記憶體已最小化，而減少沒有正確對齊所產生的問題。

10.1.4 範例：顯示系統時間

MS-Windows 有提供可設定螢幕游標位置，以及獲取系統時間的主控台函式。為了能使用這些函式，必須建立以下兩個預先定義的結構的實體——COORD 及 SYSTEMTIME：

```
COORD STRUCT
    X WORD ?
    Y WORD ?
COORD ENDS

SYSTEMTIME STRUCT
    wYear WORD ?
    wMonth WORD ?
    wDayOfWeek WORD ?
    wDay WORD ?
    wHour WORD ?
    wMinute WORD ?
    wSecond WORD ?
    wMilliseconds WORD ?
SYSTEMTIME ENDS
```

這兩個結構都定義於 **SmallWin.inc** 中，而這個檔案則放置在組譯器的 INCLUDE 檔案夾內，並且可以由 **Irvine32.inc** 加以參照。如果想要取得系統時間（例如調整自己所在的時區），可以呼叫 MS-Windows 的 **GetLocalTime** 函式，並且傳入一個 SYSTEMTIME 結構變數的位址：

```
.data
sysTime SYSTEMTIME <>
.code
INVOKE GetLocalTime, ADDR sysTime
```

然後，從該 SYSTEMTIME 結構變數中擷取適當的值：

```
movzx eax,sysTime.wYear
call WriteDec
```

> 由作者建立的 **SmallWin.inc** 檔案，包含了由微軟視窗標頭檔改寫的結構定義和函式原型，而這個微軟視窗標頭檔是設計給 C 和 C++ 程式設計者使用的。可以由應用程式呼叫的可能函式中，SmallWin.inc 只佔了其中的一小部分。

當一個 Win32 程式將產生螢幕輸出時，它會呼叫 MS-Windows 的 **GetStdHandle** 函式，以便擷取標準主控台輸出處置碼 (handle)（一個整數）：

```
.data
consoleHandle DWORD ?
.code
INVOKE GetStdHandle, STD_OUTPUT_HANDLE
mov consoleHandle,eax
```

（常數 STD_OUTPUT_HANDLE 定義於 **SmallWin.inc** 中。）

如果想要設定游標位置，可以呼叫 MS-Windows 的 **SetConsoleCusorPosition** 函式，在使用這個函式的時候，需要傳遞給它的引數有主控台輸出控制碼，以及內含 X、Y 字元座標的 COORD 結構變數：

```
.data
XYPos COORD <10,5>
.code
INVOKE SetConsoleCursorPosition, consoleHandle, XYPos
```

程式內容

以下的程式 (**ShowTime.asm**) 會擷取系統時間，並且將該時間顯示在螢幕中的選定位置上，但這個程式只能在保護模式下執行：

```
; Structures                         (ShowTime.ASM)
INCLUDE Irvine32.inc
.data
sysTime SYSTEMTIME <>
XYPos COORD <10,5>
consoleHandle DWORD ?
colonStr BYTE ":",0

.code
main PROC
; 取得 Win32 主控台的標準輸出控制碼
    INVOKE GetStdHandle, STD_OUTPUT_HANDLE
    mov consoleHandle,eax

; 設定游標位置及取得系統時間
    INVOKE SetConsoleCursorPosition, consoleHandle, XYPos
    INVOKE GetLocalTime, ADDR sysTime

; 顯示系統時間(hh:mm:ss).
    movzx   eax,sysTime.wHour       ; 小時
    call    WriteDec
    mov     edx,OFFSET colonStr     ; ":"
    call    WriteString
    movzx   eax,sysTime.wMinute     ; 分鐘
    call    WriteDec
    call    WriteString
    movzx   eax,sysTime.wSecond     ; 秒
    call    WriteDec
    call    Crlf
    call    WaitMsg                 ; "Press any key..."
    exit
main ENDP
END main
```

以下是這個程式所使用的定義，這些定義是出自於 SmallWin.inc（Irvine32.inc 會自動含括這個檔案）：

```
STD_OUTPUT_HANDLE EQU -11

SYSTEMTIME STRUCT ...

COORD STRUCT ...
```

```
GetStdHandle PROTO,
    nStdHandle:DWORD

GetLocalTime PROTO,
    lpSystemTime:PTR SYSTEMTIME

SetConsoleCursorPosition PROTO,
    nStdHandle:DWORD,
    coords:COORD
```

以下是本範例程式的輸出內容，其執行時間是在 12:16 p.m.：

```
12:16:35

Press any key to continue...
```

10.1.5　含有結構的結構

結構之內也可以含有其他結構的實體，如 **Rectangle** 結構可利用其左上角和右下角兩個點加以定義，而這兩個點都是 COORD 結構：

```
Rectangle STRUCT
    UpperLeft COORD <>
    LowerRight COORD <>
Rectangle ENDS
```

在宣告 Rectangle 變數的時候，個別的 COORD 欄位可以重新設定，也可以不重新設定：以下列舉出幾個宣告 Rectangle 變數的形式：

```
rect1 Rectangle < >
rect2 Rectangle { }
rect3 Rectangle { {10,10}, {50,20} }
rect4 Rectangle < <10,10>, <50,20> >
```

以下敘述直接參照了巢狀結構的欄位：

```
mov  rect1.UpperLeft.X, 10
```

此外，讀者也可以使用間接運算元的方式，來存取巢狀結構的欄位，下列例子會將 10 複製到由 ESI 所指向結構的左上角 Y 座標中：

```
mov  esi,OFFSET rect1
mov  (Rectangle PTR [esi]).UpperLeft.Y, 10
```

其中 OFFSET 運算子會回傳指向個別結構欄位的指標，這裡的結構欄位也可以是巢狀欄位：

```
mov  edi,OFFSET rect2.LowerRight
mov  (COORD PTR [edi]).X, 50
mov  edi,OFFSET rect2.LowerRight.X
mov  WORD PTR [edi], 50
```

10.1.6　範例：醉漢漫步

　　一些程式設計教科書常使用「醉漢漫步」的習題，這個習題程式模擬了一位酒醉教授，在要去上課途中所採取的路徑。讀者可以使用亂數產生器，來選擇教授每一步的方向。在這個例子中，設計人員通常必須先檢查這個教授的下一步，會不會跌進校園的湖中，但此處將暫不考慮這個問題。假設這個教授是從一個想像的網狀格子的中央出發，每個方格代表的是往北、往南、往西或往東的下一個步伐。如此繼續下去，這個教授將會產生一個穿越網狀格子的隨機路徑（圖 10-1）：

　　即將介紹的程式將使用 COORD 結構，來記錄這位教授所產生的路徑中的每一步，這些步伐會存放於 COORD 物件的陣列中：

```
WalkMax = 50
DrunkardWalk STRUCT
    path COORD WalkMax DUP(<0,0>)
    pathsUsed WORD 0
DrunkardWalk ENDS
```

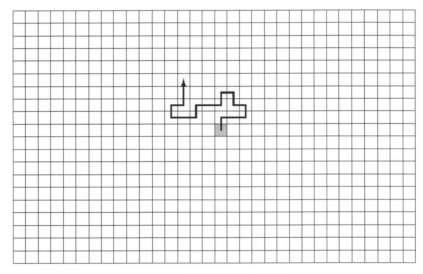

圖 10-1　醉漢漫步的可能路徑

　　在上面的敘述中，**WalkMax** 常數代表教授在模擬過程中，使用的步伐的總數。而 **pathsUsed** 欄位則代表當迴圈結束時，教授走了多少步。隨著教授走出每一步，其位置都會儲存在一個 COORD 物件中，並且將這個物件放置在 **path** 陣列的下一個可用位置。此外，這個程式也會在螢幕中顯示各個座標位置，以下是這個程式的完整內容：

```
; Drunkard's Walk                    (Walk.asm)
; 醉漢漫步程式，教授由25,25的位置開始，
; 在附近的區域漫步

INCLUDE Irvine32.inc
WalkMax = 50
StartX = 25
StartY = 25
```

```
DrunkardWalk STRUCT
    path COORD WalkMax DUP(<0,0>)
    pathsUsed WORD 0

DrunkardWalk ENDS

DisplayPosition PROTO currX:WORD, currY:WORD

.data
aWalk DrunkardWalk <>

.code
main PROC
    mov  esi,OFFSET aWalk
    call TakeDrunkenWalk
    exit
main ENDP

;-----------------------------------------------------
TakeDrunkenWalk PROC
    LOCAL currX:WORD, currY:WORD
;
; 以隨機的方向開始漫步 (北、南、東、西)
;
; 接收參數：在ESI指向DrunkardWalk結構
; 回傳值：以隨機值初始化的結構
;-----------------------------------------------------
    pushad

; 使用 OFFSET 運算子獲得路徑的位址，
; COORD物件的陣列、再複製至EDI
    mov  edi,esi
    add  edi,OFFSET DrunkardWalk.path
    mov  ecx,WalkMax                  ; 迴圈計數器
    mov  currX,StartX                 ; 目前x座標
    mov  currY,StartY                 ; 目前y座標
Again:
    ; 插入目前位置至陣列中
    mov  ax,currX
    mov  (COORD PTR [edi]).X,ax
    mov  ax,currY
    mov  (COORD PTR [edi]).Y,ax

    INVOKE DisplayPosition, currX, currY

    mov  eax,4                        ; 選擇一個方向 (0-3)
    call RandomRange

    .IF eax == 0                      ; 向北
      dec currY
    .ELSEIF eax == 1                  ; 向南
      inc currY
    .ELSEIF eax == 2                  ; 向西
      dec currX
    .ELSE                             ; 向東 (EAX = 3)
      inc currX
    .ENDIF

    add  edi,TYPE COORD               ; 指向下一個COORD
    loop Again
```

```
Finish:
    mov (DrunkardWalk PTR [esi]).pathsUsed, WalkMax
    popad
    ret
TakeDrunkenWalk ENDP

;-------------------------------------------------------
DisplayPosition PROC currX:WORD, currY:WORD
;顯示目前位置的x及y座標
;-------------------------------------------------------
.data
commaStr BYTE ",",0
.code
    pushad
    movzx eax,currX                 ; 目前的x座標
    call  WriteDec
    mov   edx,OFFSET commaStr        ; 字串","
    call  WriteString
    movzx eax,currY                 ; 目前的y座標
    call  WriteDec
    call  Crlf
    popad
    ret
DisplayPosition ENDP
END main
```

TakeDrunkenWalk 程序

讓我們更仔細地審視 **TakeDrunkenWalk** 程序，這個程序接收了一個指向 **DrunkardWalk** 結構的指標 (ESI)。再使用 OFFSET 運算子，計算 **path** 陣列的位移，然後將所得到的位移加到 EDI：

```
mov edi,esi
add edi,OFFSET DrunkardWalk.path
```

在這個程式中，教授的初始 X 和 Y 位置 (StartX 和 StartY) 是設定為 25，也就是在想像的 50×50 網狀格子的中央。此外，迴圈計數器也會加以初始化：

```
mov ecx, WalkMax                    ; 迴圈計數器
mov currX,StartX                    ; 目前的x座標
mov currY,StartY                    ; 目前的y座標
```

在迴圈剛開始的時候，**path** 陣列最前面的兩項也將被初始化：

```
Again:
    ; 插入目前位置至陣列
    mov  ax,currX
    mov  (COORD PTR [edi]).X,ax
    mov  ax,currY
    mov  (COORD PTR [edi]).Y,ax
```

而在漫步過程結束的時候，計數器會存入 **pathsUsed** 欄位中，以便指出教授總共走了多少步伐：

```
Finish:
mov (DrunkardWalk PTR [esi]).pathsUsed, WalkMax
```

　　雖然在這個版本的程式中，**pathsUsed** 總是與 **WalkMax** 相等，但是如果我們有必要檢測湖泊和建築物等行進障礙，那麼這種總是相等的情況就會改變。在這種情形下，迴圈將在抵達 WalkMax 值之前就會終止。

10.1.7　宣告和使用聯合體

　　在結構中的每個欄位位移值，都是相對於結構的第一個位元組。而在**聯合體 (union)** 中，所有欄位則都是以相同的位移作為起始點。事實上，聯合體所佔的儲存空間大小，等於該聯合體內最長欄位的長度。當聯合體不是結構的一部分時，它的宣告方式會需要使用到 UNION 和 ENDS 指引：

```
unionname UNION
    union-fields
unionname ENDS
```

如果聯合體位於結構的巢狀內，那麼語法將稍有不同：

```
structname STRUCT
    structure-fields
    UNION unionname
        union-fields
    ENDS
structname ENDS
```

　　在聯合體內的欄位宣告中，除了每個欄位都只能有一個初始設定子以外，聯合體內的欄位宣告規則，都與結構的欄位宣告規則相同。如針對相同的資料，以下的 **Integer** 聯合體可以有三個不同大小的屬性，而且所有欄位的初值都是零：

```
Integer UNION
    D DWORD 0
    W WORD  0
    B BYTE  0
Integer ENDS
```

一致的初始值

　　如果在宣告聯合體時有使用初始設定子，則這些初始設定子必須具有一致的值。假設在宣告 Integer 時，使用了具有不同值的初始設定子：

```
Integer UNION
    D DWORD 1
    W WORD  5
    B BYTE  8
Integer ENDS
```

然後，宣告 **myInt** 為 Integer 變數，並且在過程中使用預設初始設定子：

```
.data
myInt Integer <>
```

　　結果是 myInt.D、myInt.W 和 myInt.B 的值會全都等於 1，也就是說在這種不一致初始值的情形下，組譯器將忽略掉欄位 W 和 B 被宣告的初始設定子。

含有聯合體的結構

如同下列將 **FileID** 欄位放在 **FileInfo** 結構之內一樣，讀者可以經由在一個宣告式中使用聯合體名稱，將聯合體置於結構中：

```
FileInfo STRUCT
    FileID Integer <>
    FileName BYTE 64 DUP(?)
FileInfo ENDS
```

或者也可以使用如下針對 **FileID** 欄位之設計，直接在結構之內宣告一個聯合體：

```
FileInfo STRUCT
  UNION FileID
      D DWORD ?
      W WORD ?
      B BYTE ?
  ENDS
  FileName BYTE 64 DUP(?)
FileInfo ENDS
```

宣告及使用聯合體變數

聯合體變數的宣告和初始化的方式，大致上和結構變數採用的方式相同，但有一個如下重要的差異：就是聯合體變數的初始設定子只可以有一個。以下是幾個 Integer 型別變數的例子：

```
val1 Integer <12345678h>
val2 Integer <100h>
val3 Integer <>
```

如果想要在可執行的指令中使用聯合體變數，設計人員必須提供多個欄位中的一個名稱。在以下的例子中，我們將暫存器的值指定給 **Integer** 聯合體的各欄位，請注意在這個過程中，因為可以使用不同的運算元空間大小，所呈現的彈性：

```
mov  val3.B, al
mov  val3.W, ax
mov  val3.D, eax
```

除此之外，聯合體也可以內含結構，以下的 INPUT_RECORD 結構，會使用於某些 MS-Windows 主控台輸入函式。這個結構含有一個稱為 **Event** 的聯合體，它可以用於在幾個預先定義過的結構中做出選擇。**EventType** 欄位的功能是表示出現於這個聯合體的內容，是哪種形式的記錄。且每種結構都具有不同的佈局和空間大小，但是一次只會使用到一個：

```
INPUT_RECORD STRUCT
    EventType WORD ?
    ALIGN DWORD
    UNION Event
      KEY_EVENT_RECORD <>
      MOUSE_EVENT_RECORD <>
      WINDOW_BUFFER_SIZE_RECORD <>
      MENU_EVENT_RECORD <>
      FOCUS_EVENT_RECORD <>
    ENDS
INPUT_RECORD ENDS
```

在對結構加以命名的時候，Win32 API 通常會加入 RECORD 一字，如以下是 KEY_ EVENT_RECORD 結構的定義：

```
KEY_EVENT_RECORD STRUCT
    bKeyDown            DWORD  ?
    wRepeatCount        WORD   ?
    wVirtualKeyCode     WORD   ?
    wVirtualScanCode    WORD   ?
    UNION uChar
       UnicodeChar      WORD   ?
       AsciiChar        BYTE   ?
    ENDS
    dwControlKeyState DWORD  ?
KEY_EVENT_RECORD ENDS
```

有興趣的讀者可以在 SmallWin.inc 檔案中，查看 INPUT_RECORD 內的其餘 STRUCT 定義。

10.1.8　自我評量

問題 1 到 9 請使用下方結構：

```
MyStruct  STRUCT
    field1 WORD  ?
    field2 DWORD 20 DUP(?)
MyStruct ENDS
```

1. 試宣告一個具有預設值的 **MyStruct** 變數。
2. 試宣告一個 **MyStruct** 變數，並且將其第一個欄位初始化為零。
3. 試宣告一個 **MyStruct** 變數，並且將第二個欄位初始化為各元素全部為零的陣列。
4. 試將一個變數宣告為由 20 個 **MyStruct** 物件所組成的陣列。
5. 試利用前一個問題中的 **MyStruct** 陣列，將其第一個陣列元素的 **field1**，複製到 AX。
6. 試利用前一個問題中的 **MyStruct** 陣列，使用 ESI 去索引第三個陣列元素，並且將 AX 的值複製到 **field1**。提示：使用 PTR 運算子。
7. 請問運算式 **TYPE MyStruct** 的回傳值為何？
8. 請問運算式 **SIZEOF MyStruct** 的回傳值為何？
9. 請撰寫一個可以回傳在 **MyStruct** 中，**field2** 的位元組數量的運算式。

10.2　巨集

10.2.1　概觀

巨集程序 (macro procedure) 是指在一段已命名的組合語言程式碼區塊。一旦加以定義，就可在程式中，依需求多次引用該巨集程序。當您**引用 (invoke)** 了一個巨集程序時，其程式碼將會被複製及直接插入至程式中，插入的位置就是引用巨集之處，此一自動加入程式碼的動作也稱為**內嵌展開 (inline expansion)**。習慣上，我們稱呼這種引用過程為**呼叫 (calling)** 巨集程序，不過就技術上而言，過程中並沒有牽涉到任何 CALL 指令。

> **小技巧：** Microsoft Assembler 技術手冊中所使用的專有名詞巨集程序 (macro precedure)，是指不會回傳值的巨集，另有一個名詞巨集函式 (macro function)，是指可以回傳值的巨集。在程式設計者眼中，巨集一詞通常被解讀成代表巨集程序的意義。從現在開始，本書將使用這個比較簡短的稱呼方式。

宣告

　　巨集可以直接在原始碼程式開始處加以定義，或者它們也可以置於個別獨立的檔案中，然後經由 INCLUDE 指引複製到程式中。接著在組譯器的**預處理 (preprocessing)** 過程中，巨集就會被展開。在預處理過程中，預處理器會讀取巨集定義，並且掃描程式中的其餘程式碼。在有巨集被呼叫的位置上，組譯器就會將巨集的原始程式碼，複製及插入至程式中。也就是，在呼叫任何巨集及加以組譯以前，組譯器必須已經先找到該巨集的定義。如果一個程式定義了某個巨集，但是卻沒有呼叫過它，則在編譯過程中，該巨集程式碼將不會出現。

　　在下列例子中，一個稱為 **PrintX** 的巨集含有可呼叫 Irvine32 函式庫中，**WriteChar** 程序的敘述。在一般情形下，以下定義應該放置於資料區段即將開始之前：

```
PrintX MACRO
    mov  al,'X'
    call WriteChar
ENDM
```

然後在程式碼區段中，我們可以呼叫這個巨集：

```
.code
PrintX
```

　　在預處理器掃描這個程式，並且發現對 **PrintX** 的呼叫動作時，它會使用以下敘述取代對巨集的呼叫：

```
mov  al,'X'
call WriteChar
```

　　所以在整個過程中，發生了程式文字的替代。雖然巨集有點缺乏彈性，但是很快地我們將說明，如何傳遞引數到巨集中，使巨集的設計及運用更為靈活。

10.2.2　定義巨集

　　定義巨集需要使用到 MACRO 和 ENDM 指引：其語法如下：

```
macroname MACRO parameter-1, parameter-2...
    statement-list
ENDM
```

　　雖然關於縮排並沒有固定的規則，但是我們建議讀者，應該將位於**巨集名稱**和 ENDM 之間的敘述向右縮排。您也可以使用小寫字母 'm' 作為巨集名稱前置字元，來建立易辨認的巨集名稱，例如 **mPutchar**、**mWriteString** 以及 **mGotoxy**。此外，在 MACRO 和 ENDM 指引之間的敘述，直到該巨集被引用之前，都不會被組譯。另在巨集的定義中，可以有任何數量的參數，各參數之間必須以逗號區隔開。

參數

巨集的參數是一種具有名稱的**佔位器 (placeholders)**，它的功能是傳遞文字引數。這些引數事實上可以是整數、變數名稱或其他名稱，不過預處理器只會將它們當作文字處理。此外，因為參數沒有設定型別，所以預處理器不會檢查及判斷引數的型別是否正確。如果有型別不符的情形出現，則組譯器會在巨集被展開以後，找出這種錯誤。

mPutchar 巨集的範例

以下的 **mPutchar** 巨集會接收一個輸入參數，此參數名稱為 **char**，然後此巨集會呼叫本書連結函式庫中的 **WriteChar** 函式，將 char 顯示在螢幕上：

```
mPutchar MACRO char
    push    eax
    mov     al,char
    call    WriteChar
    pop     eax
ENDM
```

10.2.3　引用巨集

經由在程式中插入巨集的名稱，就可以呼叫（引用）該巨集，如果需要的話，也可以在緊隨巨集名稱之後，加上巨集的引數。呼叫巨集的語法如下

```
macroname argument-1, argument-2, ...
```

以上語法的**巨集名稱**，必須是在原始碼的呼叫位置以前，就已經定義過的巨集的名稱。而每個引數都是一個文字值，該文字值將會取代巨集中的參數。此外，引數的順序必須與參數的順序相對應，但引數的個數並不需要與參數個數保持一致。如果傳遞的引數太多，則組譯器將發出警告。如果所傳遞的引數太少，那麼未被填入的參數將處於空白狀態。

引用 mPutchar

在前一節中，我們定義了 **mPutChar** 巨集。在引用這個巨集時，我們可以傳入任何字元或 ASCII 碼。以下的敘述引用了 mPutchar，並且將字母 'A' 傳遞給它：

```
mPutchar 'A'
```

組譯器的預處理器會自動將這個敘述展開為以下的程式碼，讀者可以在清單檔中看到這些程式碼：

```
1    push    eax
1    mov     al,'A'
1    call    WriteChar
1    pop     eax
```

在左側那一行中的 '1'，代表巨集展開的層數，當設計人員在一個巨集之內，呼叫其他巨集時，就會增加層數值。以下迴圈功能是列出字母表的前 20 個字母：

```
        mov   al,'A'
        mov   ecx,20
L1:
        mPutchar al                    ; 巨集呼叫
        inc   al
        loop L1
```

　　上述迴圈會由預處理器展開成以下程式碼（請見程式清單檔），而呼叫巨集的敘述，會顯示在該巨集的展開程式碼之前：

```
        mov   al,'A'
        mov   ecx,20
L1:
        mPutchar al                    ; 巨集呼叫
1       push  eax
1       mov   al,al
1       call  WriteChar
1       pop   eax
        inc   al
        loop  L1
```

> **小技巧**：一般來說，因為呼叫程序使用到 CALL 和 RET 指令，會造成額外負擔，故相較而言，沒有使用這兩個指令的巨集，其執行效率較程序為佳。然而使用巨集會有一個缺點：就是每次呼叫巨集時，都會複製巨集內的敘述，再插入至程式中，所以若重複使用大型的巨集，將增加程式佔用的記憶體空間大小。

對巨集的程式進行除錯

　　對含有巨集的程式進行除錯，是一項特殊的挑戰。在組譯一個程式以後，請先檢查該程式的清單檔（副檔名 .LST），以便確保每個巨集都如預期的方式被展開。接下來，在除錯器（例如像是 Visual Studio .NET）中開啓該程式，然後在反組譯視窗中追蹤這個程式，如果除錯器有支援「**顯示原始碼 (show source code)**」此功能，請予以啓用。讀者將看到每個巨集所引起的展開程式碼，都會緊隨在該巨集的呼叫敘述之後。以下是一個例子：

```
mWriteAt 15,10,"Hi there"
    push  edx
    mov   dh,0Ah
    mov   dl,0Fh
    call  _Gotoxy@0 (401551h)
    pop   edx
    push  edx
    mov   edx,offset ??0000 (405004h)
    call  _WriteString@0 (401D64h)
    pop   edx
```

　　因為 Irvine32 函式庫使用 STDCALL 呼叫方式，所以上述的函式名稱都具有底線字元（＿）作為開頭。

10.2.4 額外的巨集功能

必要的參數

設計人員可以利用 REQ 限定符 (qualifier)，來明確指出某個巨集參數是必要的。如果在呼叫巨集時，沒有傳遞與必要參數互相吻合的引數，那麼組譯器將顯示錯誤訊息，如果巨集具有多個必要參數，則每個必要參數都必須標示出 REQ 限定符。在下列 **mPutchar** 巨集中，**char** 參數是必要的：

```
mPutchar MACRO char:REQ
    push   eax
    mov    al,char
    call   WriteChar
    pop    eax
ENDM
```

巨集的註解

撰寫在巨集定義中的一般註解，會在每次巨集被展開的時候，都出現在程式中。如果想在巨集加入註解，且不會出現在巨集展開的敘述中，則可以在註解行以雙分號 (;;) 作為起始註解符號：

```
mPutchar MACRO char:REQ
    push   eax                              ;;  提醒：巨集必須包含8位元
    mov    al,char
    call   WriteChar
    pop    eax
ENDM
```

ECHO 指引

在組譯程式的過程中，ECHO 指引會在控制台中顯示訊息。以下的 **mPutchar** 巨集版本，將於組譯期間在控制台上顯示出訊息「Expanding the mPutchar macro」：

```
mPutchar MACRO char:REQ
    ECHO   Expanding the mPutchar macro
    push   eax
    mov    al,char
    call   WriteChar
    pop    eax
ENDM
```

> **小技巧**：Visual Studio 2012 的主控台視窗不會從 ECHO 指引中抓取輸出，除非您在建立程式時，將它安裝好並產生冗長的輸出。欲這樣做，請從工具選單中選擇 Options（選項），然後選擇 Projects and Solution（專案與解答），接下來選擇 Build and Run（建立與執行），最後從 MSBuild project build output verbosity 下拉列表的 Detailed（細節）。您也可以選擇一個命令提示並組譯程式。首先，執行命令，適應您的 Visual Studio 版本路徑：
>
> ```
>     "C:\Program Files\Microsoft Visual Studio 11.0\VC\bin\vcvars32"
> ```
>
> 接著，在原始碼檔案為 filename.asm 檔名的檔案輸入此命令：
>
> ```
>     ml.exe /c /I "c:\Irvine" filename.asm
> ```

LOCAL 指引

巨集定義若含有標籤，就可以在巨集的程式碼內，自我參照這些標籤。下列的 **makeString** 巨集宣告了命名為 **string** 的變數，並且以字元字串初始化該變數：

```
makeString MACRO text
    .data
    string BYTE text,0
ENDM
```

假設引用這個巨集兩次：

```
makeString "Hello"
makeString "Goodbye"
```

因為組譯器不允許 **string** 標籤被重新定義，所以將會產生錯誤：

```
    makeString "Hello"
1   .data
1   string BYTE "Hello",0
    makeString "Goodbye"
1   .data
1   string BYTE "Goodbye",0          ; 錯誤！
```

使用 LOCAL 指引

為了避免標籤被重新定義所引起的問題，設計人員可以在巨集定義中，針對標籤運用 LOCAL 指引。為巨集內標籤標記 LOCAL 指引後，預處理器會在每次展開巨集的期間，將標籤的名稱轉換成獨一無二的識別符。以下是在 **makeString** 巨集加入 LOCAL 指引之後的新版本：

```
makeString MACRO text
    LOCAL string
    .data
    string BYTE text,0
ENDM
```

如果我們再度引用這個巨集兩次，則由預處理器所產生的程式碼，會在每次出現 string 時，以獨一無二的識別符取代 **string**：

```
    makeString "Hello"
1   .data
1   ??0000 BYTE "Hello",0
    makeString "Goodbye"
1   .data
1   ??0001 BYTE "Goodbye",0
```

由組譯器所產生的標籤名稱，採用的形式是 ?? **nnnn**，其中 **nnnn** 是獨一無二的整數。事實上，LOCAL 指引也可適用於巨集內的程式碼標籤。

含有程式碼和資料的巨集

巨集通常同時含有程式碼和資料，如下列的 **mWrite** 巨集可以在主控台中，顯示一個文數字字串。

```
mWrite MACRO text
    LOCAL string                    ;; 區域標籤
    .data
    string BYTE text,0              ;; 定義字串
    .code
    push  edx
    mov   edx,OFFSET string
    call  WriteString
    pop   edx
ENDM
```

下列敘述將引用上述巨集兩次，並且傳遞不同的字串文數字給該巨集：

```
mWrite "Please enter your first name"
mWrite "Please enter your last name"
```

由組譯器針對這兩個敘述所展開的結果顯示，每個字串都被指定給一個獨一無二的標籤，而且 **MOV** 指令也會隨著該標籤的差異，而有所改變：

```
      mWrite "Please enter your first name"
1     .data
1     ??0000 BYTE "Please enter your first name",0
1     .code
1     push edx
1     mov  edx,OFFSET ??0000
1     call WriteString
1     pop  edx
      mWrite "Please enter your last name"
1     .data
1     ??0001 BYTE "Please enter your last name",0
1     .code
1     push edx
1     mov  edx,OFFSET ??0001
1     call WriteString
1     pop  edx
```

巢狀巨集

當一個巨集引用了另一個巨集時，便稱為**巢狀巨集 (nested macro)**。當組譯器的預處理器遇到呼叫巢狀巨集的敘述時，它會就地展開這個巨集。在此過程中，傳遞給外層巨集的參數，也可以直接傳遞給位於巢狀內的巨集。

> **小技巧**：在建立巨集的時候，請使用模組化方式。設計人員應該盡量將巨集保持得既簡短又單純，以便在有需要時，可以結合小巨集成為更複雜的巨集。如果程式設計人員可以做到這一點，就可在自己的程式中，盡可能地減少相同程式碼重複出現的情況。

mWriteln 範例

下列 **mWriteln** 巨集功能是將一個字串文數字，寫到主控台中，並且在行末加上結束標記。此一範例引用了 **mWrite** 巨集及呼叫 **Crlf** 程序：

```
mWriteln MACRO text
    mWrite text
    call   Crlf
ENDM
```

其中的 **text** 參數將直接傳遞給 **mWrite**，假設下列敘述引用了 mWriteln：

```
mWriteln "My Sample Macro Program"
```

在組譯器所展開的程式碼中，緊靠在敘述旁的巢狀層次數 (2)，代表已經有巢狀巨集被引用：

```
      mWriteln "My Sample Macro Program"
2     .data
2     ??0002 BYTE "My Sample Macro Program",0
2     .code
2     push edx
2     mov  edx,OFFSET ??0002
2     call WriteString
2     pop  edx
1     call Crlf
```

10.2.5　使用本書提供的巨集函式庫（32 位元模式限定）

本書所提供的幾個範例程式，包含一個小而有用的程式庫，讀者在 INCLUDE 原本應該含括的檔案之後，可以加上以下程式碼，就可以啟用這個巨集函式庫：

```
INCLUDE Macros.inc
```

在此巨集函式庫中，有部分是針對內含於 Irvine32 函式庫中的程序，加以封裝資料的巨集，這些巨集可以讓傳遞參數變得更加容易，其他的巨集則提供了其他新功能，表 10-2 詳細說明了每個巨集的內容，這些巨集的範例程式碼，請見 **MacroTest.asm**。

表10-2　在Macros.inc函式庫的巨集

巨集名稱	參數	說明
mDump	varName, useLabel	使用名稱及預設屬性，顯示變數內容。
mDumpMem	address, itemCount, componentSize	顯示範圍內的記憶體內容。
mGotoxy	X, Y	將游標設定至主控台視窗緩衝區中的指定位置。
mReadString	varName	由鍵盤讀取字串。
mShow	itsName, format	以不同格式顯示變數或暫存器內容。
mShowRegister	regName, regValue	以十六進位制顯示 32 位元暫存器名稱及內容。
mWrite	text	寫入字串至主控台視窗。
mWriteSpace	count	寫入一或多個空格至主控台視窗。
mWriteString	buffer	寫入字串變數的內容至主控台視窗。

mDumpMem

mDumpMem 巨集的功能是在主控台視窗中，顯示一個記憶體區塊。您可以將所要顯示的記憶體區塊之位移，透過暫存器或變數，傳遞給這個巨集。此巨集的第二個引數是所要顯示的資料單元數量，第三個引數則是每個資料單元的記憶體空間大小。（這個巨集會呼叫函式庫中的 DumpMem 程序，並且將三個引數分別指定給 ESI、ECX 和 EBX。）以下是範例中的資料定義：

```
.data
array DWORD 1000h,2000h,3000h,4000h
```

然後再以下列敘述，顯示使用預設值的陣列內容：

```
mDumpMem OFFSET array, LENGTHOF array, TYPE array
```

所得的輸出結果為：

```
Dump of offset 00405004
--------------------------------
00001000 00002000 00003000 00004000
```

下列敘述則會將相同的陣列，顯示為一系列的位元組資料：

```
mDumpMem OFFSET array, SIZEOF array, TYPE BYTE
```

所得的輸出結果為：

```
Dump of offset 00405004
--------------------------------
00 10 00 00 00 20 00 00 00 30 00 00 00 40 00 00
```

下列程式碼會將三個值壓入堆疊中，也會設定 EBX、ECX 和 ESI 的值，並且使用 mDumpMem 顯示堆疊內容：

```
mov     eax,0AAAAAAAAh
push    eax
mov     eax,0BBBBBBBBh
push    eax
mov     eax,0CCCCCCCCh
push    eax
mov     ebx,1
mov     ecx,2
mov     esi,3
mDumpMem esp, 8, TYPE DWORD
```

上述程式碼傾印出來的結果顯示，巨集已經將 EBX、ECX 和 ESI 壓入堆疊。緊接在這些數值之後的是我們在引用 mDumpMem 之前，所壓入堆疊的三個整數。

```
Dump of offset 0012FFAC
--------------------------------
00000003 00000002 00000001 CCCCCCCC BBBBBBBB AAAAAAAA 7C816D4F
0000001A
```

巨集的實作

以下是這個巨集的程式碼內容：

```
mDumpMem MACRO address:REQ, itemCount:REQ, componentSize:REQ
;
; 使用DumpMem程序，顯示記憶體傾印內容
; 接收參數：記憶體位移、顯示項目數量、每一記憶體元件的大小
;
; 避免傳遞EBX、ECX、ESI等作為參數
;----------------------------------------------------------
    push    ebx
    push    ecx
```

```
        push    esi
        mov     esi,address
        mov     ecx,itemCount
        mov     ebx,componentSize
        call    DumpMem
        pop     esi
        pop     ecx
        pop     ebx
ENDM
```

mDump

mDump 巨集的功能是以十六進位顯示一個變數的位址和內容，使用這個巨集時，必須傳遞一個變數的名稱，以及一個字元（選用），這個字元代表是否要在變數之後，顯示標籤，顯示的格式會自動配合變數的空間大小屬性 (BYTE、WORD 或 DWORD)。以下範例是對 mDump 進行兩次呼叫的設計：

```
.data
diskSize DWORD 12345h
.code
mDump   diskSize                        ; 不顯示標籤
mDump   diskSize,Y                      ; 顯示標籤
```

下列輸出是在程式碼執行時，所產生的結果：

```
Dump of offset 00405000
-------------------------------
00012345

Variable name: diskSize
Dump of offset 00405000
-------------------------------
00012345
```

巨集的實作

以下是 mDump 巨集的程式碼內容，顯示在執行此巨集時，還會呼叫 mDumpMem 巨集。此巨集使用了一個稱為 IFNB（如果不是空白，其英文全文為 **if not blank**）的新指引，使用這個指引的目的是找出呼叫者是否已將需要的引數傳遞到第二個參數（參見第 10.3 節）：

```
;-----------------------------------------------------
mDump MACRO varName:REQ, useLabel
;
; 使用已知的參數，顯示一個值
; 接收參數：代表變數名稱的varName
; 若useLabel不是空白，就顯示變數名稱
;
;-----------------------------------------------------
    call Crlf
    IFNB <useLabel>
      mWrite "Variable name: &varName"
    ENDIF
    mDumpMem OFFSET varName, LENGTHOF varName, TYPE varName
ENDM
```

在 **&varName** 中的 & 是一個替代運算子 (substitution operator)，它可以讓 **varName** 參數的值，被插入文數字之字串中。有關更詳細的說明，請參閱第 10.3.7 節。

mGotoxy

mGotoxy 巨集會將游標定位在主控台視窗緩衝區中，特定行與列的位置上。設計人員可以傳遞給這個巨集的數值格式有 8 位元立即值、記憶體運算元、暫存器的值等：

```
mGotoxy   10,20                    ; 立即值
mGotoxy   row,col                  ; 記憶體運算元
mGotoxy   ch,cl                    ; 暫存器的值
```

巨集的實作

以下是這個巨集的程式碼內容：

```
;-------------------------------------------------------
mGotoxy MACRO X:REQ, Y:REQ
;
; 將游標設定至主控台
; 接收參數：X和Y座標(type BYTE)
; 避免通過DH和DL作為參數
;-------------------------------------------------------
    push   edx
    mov    dh,Y
    mov    dl,X
    call   Gotoxy
    pop    edx
ENDM
```

避免暫存器發生衝突

當巨集的引數是暫存器的時候，它們有時可能會與巨集內部所使用的暫存器發生衝突。如使用 DH 和 DL 作為引數及呼叫 mGotoxy，結果將造成這個巨集無法產生正確的程式碼。為了能瞭解其中原因，請見如下的程式碼，顯示參數都已被替代：

```
1    push   edx
2    mov    dh,dl                 ;; 列
3    mov    dl,dh                 ;; 行
4    call   Gotoxy
5    pop    edx
```

假設以 DH 作為 X 值、DL 作為 Y 值加以傳遞，則在第 3 行程式，複製主控台的行數到 DL 之前，第 2 行程式就已經先行更換 DH 的內容。

> **小技巧：**只要情況允許，巨集的定義應該盡可能具體指明，哪些暫存器不能當作引數使用。

mReadString

mReadString 巨集的功能是由鍵盤輸入一個字串，並且將這個字串存放在緩衝區中，此巨集在其內部封裝了一個對於 **ReadString** 函式庫程序的呼叫。在呼叫這個巨集的時候，必須傳入緩衝區的名稱：

```
.data
firstName BYTE 30 DUP(?)
.code
mReadString firstName
```

以下是這個巨集的程式碼內容：

```
;-------------------------------------------------------
mReadString MACRO varName:REQ
;
;  讀取標準輸入至緩衝區
;  接收參數：緩衝區名稱，並避免以ECX及EDX作為引數
;
;-------------------------------------------------------
    push    ecx
    push    edx
    mov     edx,OFFSET varName
    mov     ecx,SIZEOF varName
    call    ReadString
    pop     edx
    pop     ecx
ENDM
```

mShow

　　mShow 巨集的功能是以呼叫者所指定的格式，顯示任意指定暫存器或變數的名稱與內容。在呼叫這個巨集的時候，必須傳入暫存器的名稱，而且緊接在暫存器名稱之後，可以非必要地加上一個字母序列，這個字母序列代表想要的顯示格式。在字母序列中，各字母的意義為：H = 十六進位，D = 無號十進位，I = 有號十進位，B = 二進位，N = 附加一個換行符號。讀者也可結合多個輸出格式，或附加多個換行符號。這個巨集的預設顯示格式為"HIN"。此外，mShow 對除錯的工作是很有用的，且 DumpRegs 函式庫程序已經廣泛地使用它。您也可以在任何程式中插入對 mShow 的呼叫，以便顯示重要暫存器或變數的值。

範例

　　下列敘述會以十六進位、有號十進位、無號十進位和二進位的格式顯示 AX 暫存器：

```
mov    ax,4096
mShow AX                          ; 預設顯示設定：HIN
mShow AX,DBN                      ; 無號十進位、二進位及加入新行
```

以下是上面敘述的輸出結果：

```
    AX = 1000h + 4096d
    AX = 4096d   0001 0000 0000 0000b
```

範例

　　下列敘述會以無號十進位的格式，在同一輸出行上顯示 AX、BX、CX 和 DX：

```
; 加入測試資料及顯示四個暫存器之值
mov    ax,1
mov    bx,2
mov    cx,3
```

```
mov     dx,4
mShow   AX,D
mShow   BX,D
mShow   CX,D
mShow   DX,DN
```

以下是上面敘述的輸出結果：

```
AX = 1d    BX = 2d    CX = 3d    DX = 4d
```

範例

以下對 mShow 的呼叫，會以無號十進位的格式，顯示 **mydword** 的內容，然後再執行一個換行的動作：

```
.data
mydword DWORD  ?
.code
mShow mydword,DN
```

巨集的實作

因為 mShow 的實作程式碼很長，無法在此處完整列出，有興趣的讀者請見本書的安裝文件夾 (C:\Irvine) 的 Macros.inc 檔案。在實作 mShow 的時候，我們必須在更改暫存器的內容前，小心處理及顯示暫存器的目前值。

mShowRegister

mShowRegister 巨集的用途是以十六進位的格式，顯示單一 32 位元暫存器的名稱與內容。在呼叫這個巨集的時候，必須傳遞的引數有想要顯示出來的暫存器名稱，其後再緊接著暫存器本身。下列的巨集呼叫可具體指定想要顯示出來的暫存器名稱是 EBX：

```
mShowRegister EBX, ebx
```

以下是所產生的輸出結果：

```
EBX=7FFD9000
```

在下列敘述中，因為所指定輸出的暫存器名稱內，嵌入了一個空格字元，所以這個指定的暫存器名稱必須置於角括弧之內：

```
mShowRegister <Stack Pointer>, esp
```

以下是所產生的輸出結果：

```
Stack Pointer=0012FFC0
```

巨集的實作

以下是這個巨集的程式碼內容：

```
;----------------------------------------------------
mShowRegister MACRO regName, regValue
LOCAL tempStr
;
; 顯示指定參數器名稱內容
```

```
;  接收參數：暫存器名稱及其值
;-----------------------------------------------------
.data
tempStr BYTE " &regName=",0
.code
    push  eax
```

```
;  顯示暫存器名稱
    push  edx
    mov   edx,OFFSET tempStr
    call  WriteString
    pop   edx
```

```
;  顯示暫存器內容
    mov   eax,regValue
    call  WriteHex
    pop   eax
ENDM
```

mWriteSpace

　　mWriteSpace 巨集的功能是將一個或多個空格字元寫到主控台視窗，讀者可以傳入選用引數給此巨集，其作用是指定要寫入的空格字元個數（預設值是一個）。如下列敘述將在主控台視窗，寫入五個空格字元：

```
mWriteSpace 5
```

巨集的實作

　　以下是 mWriteSpace 的原始程式碼：

```
;-----------------------------------------------------------
mWriteSpace MACRO count:=<1>
;
;  寫入一或多個空格至主控台視窗
;  接收參數：代表空格數量的整數
;  預設寫入空格數為1
;-----------------------------------------------------------
LOCAL spaces
.data
spaces BYTE count DUP(' '),0
.code
    push  edx
    mov   edx,OFFSET spaces
    call  WriteString
    pop   edx
ENDM
```

　　第 10.3.2 節將會進一步說明，如何使用巨集參數的預設初始設定。

mWriteString

　　mWriteString 巨集的功能是將一個字串變數的內容寫到主控台視窗，此巨集可以讓設計人員在同一行的敘述中，傳遞字串變數的名稱，此一設計可在內部簡化對 **WriteString** 的呼叫。舉例來說：

```
.data
str1 BYTE "Please enter your name: ",0
.code
mWriteString str1
```

巨集的實作

下列 **mWriteString** 的實作程式碼，會將 EDX 壓入堆疊，然後在 EDX 內存入字串的位移，最後在程序呼叫之後，由堆疊中彈出 EDX：

```
;--------------------------------------------------------
mWriteString MACRO buffer:REQ
;
; 寫入字串變數至標準輸出
; 接收參數：字串變數名稱
;--------------------------------------------------------
    push    edx
    mov     edx,OFFSET buffer
    call    WriteString
    pop     edx
ENDM
```

10.2.6　範例程式：Wrappers（封裝）

以下將建立名爲 **Wraps.asm** 的簡短程式，這個程式的功能是展示先前已經介紹過的封裝程序巨集。因爲每個巨集都隱藏了很多冗長的參數傳遞，但這個程式的處理卻相當簡潔。這裡將假設，截至目前所討論的巨集都放在 **Macros.inc** 檔案內：

```
; Procedure Wrapper Macros              (Wraps.asm)
; 此程式將展示針對程序的封裝處理，處理的程序內容
; 包括：mGotoxy、mWrite、mWriteString、mReadString和mDumpMem
;
INCLUDE Irvine32.inc
INCLUDE Macros.inc                      ; 巨集定義

.data
array DWORD 1,2,3,4,5,6,7,8
firstName BYTE 31 DUP(?)
lastName BYTE 31 DUP(?)

.code
main PROC
    mGotoxy 0,0
    mWrite <"Sample Macro Program",0dh,0ah>
; 輸入使用者名稱
    mGotoxy 0,5
    mWrite "Please enter your first name: "
    mReadString firstName
    call Crlf

    mWrite "Please enter your last name: "
    mReadString lastName
    call Crlf
; 顯示使用者名稱
```

```
        mWrite "Your name is "
        mWriteString firstName
        mWriteSpace
        mWriteString lastName
        call Crlf
;  顯示陣列的整數內容
        mDumpMem OFFSET array, LENGTHOF array, TYPE array
        exit
main ENDP
END main
```

程式輸出

以下是這個程式的輸出結果：

```
        Sample Macro Program
        Please enter your first name: Joe
        Please enter your last name: Smith
        Your name is Joe Smith
        Dump of offset 00404000
        --------------------------------
        00000001 00000002 00000003 00000004 00000005
        00000006 00000007 00000008
```

10.2.7 自我評量

1. （是非題）：當一個巨集被引用時，CALL 和 RET 指令會自動地插入組譯後的程式中。

2. （是非題）：巨集展開的工作，是由組譯器的預處理器所執行。

3. 請問與不具有參數的巨集相比較，具有參數的巨集擁有的主要優點是什麼？

4. （是非題）：當巨集的定義是位於程式碼區段中的時候，其位置可以在呼叫巨集的敘述之前或之後。

5. （是非題）：如果將一個長的程序替換成含有該程序程式碼的巨集，那麼當程式中多次引用了這個巨集時，組譯後的程式碼大小一般都會比原來的程式多。

6. （是非題）：巨集不能含有資料定義。

10.3 條件組譯指引

有一些不同的條件組譯 (conditional-assembly) 指引能夠和巨集一起使用，藉此使得巨集更具彈性。條件組譯指引的一般語法為：

```
IF condition
    statements
[ELSE
    statements]
ENDIF
```

> **小技巧**：出現在這一章的常數指引，切勿與第 6.7 節介紹的 .IF 和 .ENDIF 等執行時期指引，互相混淆了。後者將根據在執行時期存放於暫存器和變數中的值，來計算運算式。

表 10-3 列舉了更多常見的條件組譯指引，在這個表格中，若於說明文字內指出一個指引**允許組譯 (permits assembly)** 時，代表的意義是在該指引後面、直到下一個 ELSE 或 ENDIF 指引出現為止的任何敘述，都將被組譯。而且有必要強調的是此表中所列舉的指引，是在組譯時期而不是在執行時期，進行評估判斷的。

表10-3　條件組譯指引

指引	說明
IF *expression*	若 *expression* 為真（非零值），就允許組譯，可能使用的暫存器有 LT、GT、EQ、NE、LE 和 GE。
IFB <*argument*>	若 *argument* 為空白，就允許組譯，引數名稱必須置於角括弧內 (<>)。
IFNB <*argument*>	若 *argument* 不是空白，就允許組譯，引數名稱必須置於角括弧內 (<>)。
IFIDN <*arg1*>,<*arg2*>	若兩個引數相等（相同），就允許組譯。
IFIDNI <*arg1*>,<*arg2*>	若兩個引數相等，就允許組譯，以不區分大小寫做比較。
IFDIF <*arg1*>,<*arg2*>	若兩個引數不相等，就允許組譯，區分大小寫做比較。
IFDIFI <*arg1*>,<*arg2*>	若兩個引數不相等，就允許組譯，以不區分大小寫做比較。
IFDEF *name*	若 *name* 已被定義，就允許組譯。
IFNDEF *name*	若 *name* 未被定義，就允許組譯。
ENDIF	作為條件組譯指引區塊的終點。
ELSE	在條件組譯指引的區塊中，若條件式結果為真，標示組譯範圍的結束；若條件式結果為偽，就對 ELSE 及下一個 ENDIF 之間的敘述執行組譯。
ELSEIF *expression*	如果先前的條件指引，所指定的條件是錯的 (fales)，而目前的運算式的數值是對的 (true)，請將所有的敘述組合到 ENDIF。
EXITM	立即中止巨集，避免擴接接下來的巨集敘述。

10.3.1　檢查遺漏的引數

巨集能夠透過檢查，以便找出是否有任何引數是空的。通常如果巨集接收到空的引數，那麼在預處理器展開巨集時，將產生無效的指令。例如，如果我們引用 **mWriteString** 巨集，卻沒有傳入引數，那麼在巨集展開的過程中，複製字串位移值到 EDX 的動作，將形成無效的指令。以下是組譯器所產生的敘述，因為組譯器發現有遺漏的運算元，故而產生一個錯誤訊息：

```
      mWriteString
1     push    edx
1     mov     edx,OFFSET
Macro2.asm(18) : error A2081: missing operand after unary operator
1     call    WriteString
1     pop     edx
```

為了避免遺漏運算元所產生的錯誤，讀者可以使用 IFB（如果空白，其英文全文為 **if blank**）指引；如果巨集引數是空的，這個指引將回傳真 (true) 值。或者也可使用 IFNB（如果不是空白，其英文全文為 **if not blank**）運算子，當巨集引數不是空的時候，它將回傳真值。以下是針對 **mWriteString** 的改良版，使其能在組譯時期顯示出錯誤訊息：

```
mWriteString MACRO string
    IFB <string>
      ECHO -----------------------------------------
      ECHO * Error: parameter missing in mWriteString
      ECHO * (no code generated)
      ECHO -----------------------------------------
      EXITM
    ENDIF
    push  edx
    mov   edx,OFFSET string
    call  WriteString
    pop   edx
ENDM
```

（請回想第 10.2.2 節中有關在程式組譯時期，以 ECHO 指引會將訊息寫到主控台之說明。）EXITM 指引的功能是命令預處理器離開巨集，並且不再展開巨集的任何敘述，以下是在組譯一個遺漏參數的程式時，產生的螢幕輸出：

```
Assembling: Macro2.asm
-----------------------------------------
* Error: parameter missing in mWriteString
* (no code generated)
-----------------------------------------
```

10.3.2　預設的引數初始設定子

巨集可以具有預設的引數初始設定子，如果在呼叫巨集時遺漏引數，就將會以預設的引數予以取代。其語法如下

paramname := < argument >

（在上面的敘述中，運算子之前和之後的空格不是必要。）例如，**mWriteln** 巨集提供一個含有單一空格的字串，作為它的預設引數。如果呼叫這個巨集且沒有傳入引數，則它仍然會印出一個空格，然後再印出行末符號：

```
mWriteln MACRO text:=<" ">
    mWrite text
    call Crlf
ENDM
```

如果巨集使用空字串 (" ") 作為預設引數，那麼組譯器將發佈錯誤訊息，避免這個問題的方法，是在引號之間插入至少一個空格。

10.3.3　布林運算式

在含有 IF 和其他條件指引的常數布林運算式中，組譯器允許使用以下的關係運算子：

```
          LT   Less than
          GT   Greater than
          EQ   Equal to
          NE   Not equal to
          LE   Less than or equal to
          GE   Greater than or equal to
```

10.3.4　IF、ELSE 和 ENDIF 指引

IF 指引後面必須接著布林型態的常數運算式，這個運算式可以包含整數常數、符號常數或常數型態的巨集引數，但是不能含有暫存器或變數名稱。以下是僅使用 IF 和 ENDIF 的語法格式：

```
IF expression
    statement-list
ENDIF
```

另一種使用 IF、ELSE 以及 ENDIF 的語法格式為：

```
IF expression
    statement-list
ELSE
    statement-list
ENDIF
```

範例：mGotoxyConst 巨集

mGotoxyConst 巨集會使用 LT 和 GT 運算子，針對傳遞給巨集的引數進行範圍檢查。引數 X 及 Y 必須是常數，另還使用名為 ERRS 的常數符號，代表發生錯誤的次數。在這個程式中，根據 X 值的情況，我們可以將 ERRS 設定為 1。再根據 Y 值的內容，為 ERRS 加上 1。最後如果 ERRS 大於零，那麼 EXITM 指引將離開巨集：

```
;-------------------------------------------------------
mGotoxyConst MACRO X:REQ, Y:REQ
;
; 將游標設定至X行及Y列
; X及Y的內容，必須可以產生常數的運算式
; 且兩者範圍是 0 <= X < 80 及 0 <= Y < 25.
;-------------------------------------------------------
    LOCAL ERRS ;; local constant
    ERRS = 0
    IF (X LT 0) OR (X GT 79)
       ECHO Warning: First argument to mGotoxy (X) is out of range.
       ECHO ********************************************************
       ERRS = 1
    ENDIF
    IF (Y LT 0) OR (Y GT 24)
       ECHO Warning: Second argument to mGotoxy (Y) is out of range.
       ECHO ********************************************************
       ERRS = ERRS + 1
    ENDIF
    IF ERRS GT 0                    ;; 若發生錯誤
       EXITM                        ;; 離開巨集
    ENDIF
    push  edx
    mov   dh,Y
    mov   dl,X
    call  Gotoxy
    pop   edx
ENDM
```

10.3.5　IFIDN 和 IFIDNI 指引

IFIDN 指引的功能是在兩個符號（包含巨集的參數名稱）間執行比較的工作，在比較過程中將忽略字母大小寫的差異，如果兩者相等則回傳眞 (true) 值。而 IFIDNI 所執行的比較工作，則包括字母大小寫的差異。如果讀者想要確定在呼叫巨集時，是否使用了可能和巨集內部使用的暫存器相衝突的暫存器引數，可以使用 IFIDNI 指引。IFIDNI 的語法爲

```
IFIDNI <symbol>, <symbol>
    statements
ENDIF
```

IFIDN 的語法與 IFIDNI 完全相同。例如在下列 **mReadBuf** 巨集中，第二個引數不能是 EDX，因爲當 **buffer** 的位移複製到 EDX 時，原本 EDX 中的內容將被覆寫。以下爲修正過的巨集版本，當呼叫巨集未符合上述條件時，將顯示出警告訊息：

```
;--------------------------------------------------------
mReadBuf MACRO bufferPtr, maxChars
;
; 由鍵盤讀取資料至緩衝區
; 接收參數：緩衝區位移、可接受的最大字元數量，
; 第二個參數不可以是edx或EDX
;
;--------------------------------------------------------
    IFIDNI <maxChars>,<EDX>
        ECHO Warning: Second argument to mReadBuf cannot be EDX
        ECHO ***************************************************
        EXITM
    ENDIF
    push    ecx
    push    edx
    mov     edx,bufferPtr
    mov     ecx,maxChars
    call    ReadString
    pop     edx
    pop     ecx
ENDM
```

在下列敘述中，因爲以 EDX 作爲第二個引數，故此敘述將導致巨集產生錯誤訊息：

```
mReadBuf OFFSET buffer,edx
```

10.3.6　範例：將矩陣的列加總

第 9.4.2 節已經說明如何在位元組矩陣中，計算一個列的所有元素總和。第 9 章的程式設計習題，也曾經要求讀者將原先的程序改寫爲可適用於字組和雙字組陣列之版本。但該習題的解答有點冗長，接下來將探討是否可以使用巨集，將工作簡化。以下先列出第 9 章的 **calc_row_sum** 程序原有內容：

```
;-----------------------------------------------------------
calc_row_sum PROC USES ebx ecx esi
;
; 在位元組矩陣中，計算一個列各元素的總和
; 接收參數：EBX = 表格位移，EAX = 列索引
;            ECX = 列的大小，以位元組為單位
; 回傳值：含有總和的EAX
;-----------------------------------------------------------
        mul    ecx                      ; 列索引 * 列大小
        add    ebx,eax                  ; 列的位移
        mov    eax,0                    ; 初始化累加器為0
        mov    esi,0                    ; 行索引

L1: movzx edx,BYTE PTR[ebx + esi]  ; 取得一個位元組
        add    eax,edx                  ; 加至累加器
        inc    esi                      ; 移至列的下一個位元組
        loop   L1
        ret
calc_row_sum ENDP
```

我們將 PROC 改成 MACRO、移除 RET 指令以及將 ENDP 改成 ENDM。因為在巨集中沒有與 USES 指引功能相等之指引，所以這裡改成插入 PUSH 和 POP 指令：

```
mCalc_row_sum MACRO
        push   ebx                      ; 儲存更改的暫存器
        push   ecx
        push   esi
        mul    ecx                      ; 列索引 * 列大小
        add    ebx,eax                  ; 列的位移
        mov    eax,0                    ; 初始化累加器為0
        mov    esi,0                    ; 行索引

L1: movzx edx,BYTE PTR[ebx + esi]  ; 取得一個位元組
        add    eax,edx                  ; 加入至累加器
        inc    esi                      ; 取得列的下一個位元組
        loop   L1
        pop    esi                      ; 回復暫存器的值
        pop    ecx
        pop    ebx
ENDM
```

接下來以巨集參數代替暫存器參數，並且將巨集內部的暫存器予以初始化：

```
mCalc_row_sum MACRO index, arrayOffset, rowSize
        push   ebx                      ; 儲存更改的暫存器
        push   ecx
        push   esi

; set up the required registers
        mov    eax,index
        mov    ebx,arrayOffset
        mov    ecx,rowSize
        mul    ecx                      ; 列索引 * 列大小
        add    ebx,eax                  ; 列的位移
        mov    eax,0                    ; 初始化累加器為0
        mov    esi,0                    ; 行索引

L1: movzx edx,BYTE PTR[ebx + esi]  ; 取得一個位元組
```

```
        add     eax,edx                  ; 加入至累加器
        inc     esi                      ; 取得列的下一個位元組
        loop    L1
        pop     esi                      ; 回復暫存器的值
        pop     ecx
        pop     ebx
ENDM
```

接著再加入一個命名為 **eltType** 的參數，其功能是指定陣列的資料型別 (BYTE、WORD 或 DWORD)：

```
mCalc_row_sum MACRO index, arrayOffset, rowSize, eltType
```

rowSize 參數將複製到 ECX 中，在目前的情況下，功能是代表每個列中的位元組數量。如果我們要使用它作為迴圈計數器，這個參數的內容值必須是每個列中的**元素**數量。所以對於 16 位元陣列而言，ECX 應該除以 2；對於雙字組陣列而言，ECX 應該除以 4。另一個快速而簡便的做法是以 **eltType** 除以 2，然後將所得結果當作移位運算的計數器，用它來處理使 ECX 往右移位的次數：

```
shr ecx,(TYPE eltType / 2) ; byte=0, word=1, dword=2
```

而在 MOVZX 指令的基底 - 索引運算元中，TYPE eltType 又會變成比例因子：

```
movzx edx,eltType PTR[ebx + esi*(TYPE eltType)]
```

在上面的敘述中，如果右邊的運算元是雙字組，則 MOVZX 將無法組譯。所以必須使用 IFIDNI 運算子，針對 eltType 等於 DWORD 的情況，建立個別的 MOV 指令：

```
IFIDNI <eltType>,<DWORD>
    mov edx,eltType PTR[ebx + esi*(TYPE eltType)]
ELSE
    movzx edx,eltType PTR[ebx + esi*(TYPE eltType)]
ENDIF
```

現在，我們已經完成這個巨集，不過請記得將標籤 L1 指定為 LOCAL：

```
;------------------------------------------------------------
mCalc_row_sum MACRO index, arrayOffset, rowSize, eltType
; 在二維陣列中，計算每列的總和
;
; 接受參數：列的索引、陣列的位移、每一個表格列的位元組數量、
; 陣列型態 (BYTE、WORD或DWORD)
; 回傳值：EAX = 總和
;------------------------------------------------------------
LOCAL L1
        push    ebx                      ; 儲存更改的暫存器
        push    ecx
        push    esi
; 設定需要的暫存器
        mov     eax,index
        mov     ebx,arrayOffset
        mov     ecx,rowSize
; 計算列的位移
        mul     ecx                      ; 列索引 * 列大小
```

```
        add     ebx,eax                         ; 列的位移
; 準備迴圈計數器
        shr     ecx,(TYPE eltType / 2)   ; byte=0, word=1, dword=2
; 將累加器和行的索引初始化
        mov     eax,0                           ; 累加器
        mov     esi,0                           ; 行的索引
L1:
        IFIDNI <eltType>, <DWORD>
            mov   edx,eltType PTR[ebx + esi*(TYPE eltType)]
        ELSE
            movzx edx,eltType PTR[ebx + esi*(TYPE eltType)]
        ENDIF
        add     eax,edx                         ; 加入至累加器
        inc     esi
        loop    L1

        pop     esi                             ; 回復暫存器的值
        pop     ecx
        pop     ebx
ENDM
```

以下是對這個巨集的呼叫範例，並使用了位元組、字組和雙字組陣列。請參閱 **rowsum. asm** 程式：

```
.data
tableB   BYTE 10h, 20h, 30h, 40h, 50h
RowSizeB = ($ - tableB)
         BYTE 60h, 70h, 80h, 90h, 0A0h
         BYTE 0B0h, 0C0h, 0D0h, 0E0h, 0F0h
tableW   WORD 10h, 20h, 30h, 40h, 50h
RowSizeW = ($ - tableW)
         WORD 60h, 70h, 80h, 90h, 0A0h
         WORD 0B0h, 0C0h, 0D0h, 0E0h, 0F0h

tableD   DWORD 10h, 20h, 30h, 40h, 50h
RowSizeD = ($ - tableD)
         DWORD 60h, 70h, 80h, 90h, 0A0h
         DWORD 0B0h, 0C0h, 0D0h, 0E0h, 0F0h

index DWORD  ?
.code
mCalc_row_sum index, OFFSET tableB, RowSizeB, BYTE
mCalc_row_sum index, OFFSET tableW, RowSizeW, WORD
mCalc_row_sum index, OFFSET tableD, RowSizeD, DWORD
```

10.3.7 特殊運算子

下列表格列舉了四個能讓巨集更具有彈性的組譯器運算子：

&	替代運算子
<>	字面文字運算子
!	字面字元運算子
%	展開運算子

替代運算子 (Substitution Operator) (&)

巨集內部有關參數名稱的對應，有時會容易導致誤解，而替代運算子 (substitution operator) & 便可用來解決這些可能產生的模糊對應問題。如 **mShowRegister** 巨集（第 10.2.5 節）可以十六進位制，顯示一個 32 位元暫存器的名稱。以下是一個呼叫範例：

```
.code
mShowRegister ECX
```

以下是由上述對 mShowRegister 的呼叫，所產生的輸出內容：

```
ECX=00000101
```

在這個巨集裡面，也可以定義一個內容為暫存器名稱的字串變數：

```
mShowRegister MACRO regName
.data
tempStr BYTE " regName=",0
```

但是如果這麼做，預處理器就會假定 **regName** 是文數字字串的一部分，因而不會以傳遞給巨集的引數值，來取代此字串變數的名稱。若在 regName 之前加上 & 運算子，就可迫使預處理器，將巨集引數（例如 ECX）插入文字字串中。如以下程式的目的是定義含有替代運算子的 tempStr：

```
mShowRegister MACRO regName
.data
tempStr BYTE " &regName=",0
```

展開運算子 (Expansion Operator) (%)

展開運算子 (%) 會展開文字形式的巨集，或者是將常數運算式轉換為文字，此運算子會以多種方式，完成其目的。當它和 TEXTEQU 一起使用時，% 運算子可用來計算常數運算式的值，並且將結果轉換成一個整數。在下列例子中，% 運算子將求得運算式 (5+count) 的值，並且回傳整數 15（以文字型態）：

```
count = 10
sumVal TEXTEQU %(5 + count)        ; = "15"
```

如果巨集必須以一個整數常數作為引數，則 % 運算子可以為設計人員提供傳遞這種整數運算式的彈性。在這種情形下，會將運算式經過計算後得到的整數值，傳遞給巨集。舉例來說，在下列引用 **mGotoxyConst** 的敘述中，兩個運算式會分別計算得到 50 和 7：

```
mGotoxyConst %(5 * 10), %(3 + 4)
```

預處理器將由以上敘述，產生下列程式碼：

```
1    push edx
1    mov dh,7
1    mov dl,50
1    call Gotoxy
1    pop edx
```

位於程式起點的 %

　　當展開運算子 (%) 置於程式原始碼中，任一行程式的第一個字元時，它將指示預處理器在處理該程式行時，展開所有文字形式的巨集和巨集函數。假設我們想要在組譯期間，將一個陣列的大小顯示在螢幕上，則以下的敘述將不會產生預期的結果：

```
.data
array DWORD 1,2,3,4,5,6,7,8
.code
ECHO The array contains (SIZEOF array) bytes
ECHO The array contains %(SIZEOF array) bytes
```

顯然地，以下產生在螢幕上的輸出結果，不符我們的預期：

```
The array contains (SIZEOF array) bytes
The array contains %(SIZEOF array) bytes
```

如果改成使用 TEXTEQU 來建立一個含有 (SIZEOF array) 的文字形式巨集，那麼這個巨集將會在下一列被展開：

```
TempStr TEXTEQU %(SIZEOF array)
%    ECHO The array contains TempStr bytes
```

以下是所產生的輸出結果：

```
The array contains 32 bytes
```

顯示列數

　　下列 **Mul32** 的巨集會將其前兩個引數相乘，並且回傳所得的乘積到第三個引數中。它的參數可以是暫存器、記憶體運算元以及立即運算元（除了乘積以外）：

```
Mul32 MACRO op1, op2, product
    IFIDNI <op2>,<EAX>
      LINENUM TEXTEQU %(@LINE)
      ECHO ----------------------------------------------------
%     ECHO * Error on line LINENUM: EAX cannot be the second
      ECHO * argument when invoking the MUL32 macro.
      ECHO ----------------------------------------------------
    EXITM
    ENDIF
    push eax
    mov  eax,op1
    mul  op2
    mov  product,eax
    pop  eax
ENDM
```

　　Mul32 將檢查一個必要條件：第二個引數不能是 EAX。這個巨集令人感到有興趣的是，它可以顯示巨集被呼叫的列數，這個功能使得追蹤以及解決問題會變得比較容易。要達到這個效果，首先定義文字型態的巨集 LINENUM，此文字型態的巨集將會參照到 @LINE，這是預先定義的組譯器運算子，它將回傳目前所在的原始碼程式列數：

```
LINENUM TEXTEQU %(@LINE)
```

接下來，在含有 ECHO 敘述的程式行中，第一欄的展開運算子 (%) 將導致 LINENUM 被展開：

```
%       ECHO * Error on line LINENUM: EAX cannot be the second
```

假設以下的巨集呼叫範例，是發生在程式中的第 40 行上：

```
MUL32 val1,eax,val3
```

則下列訊息將在程式組譯期間顯示出來：

```
----------------------------------------------------
* Error on line 40: EAX cannot be the second
* argument when invoking the MUL32 macro.
----------------------------------------------------
```

讀者可以在 Macro3.asm 程式中，看到對 **Mul32** 巨集的測試。

字面文字運算子 (Literal-Text Operator) (<>)

字面文字 **(literal-text)** 運算子 (< >) 會將一個或多個字元和符號，聚集成單一個文數字字串。如此可避免預處理器將一連串文字的各部分，詮釋成個別的引數。當字串中包含了如逗號、百分比符號 (%)、& 符號、分號 (；) 等特殊字元時，字面文字運算子可以發揮其功用，否則這些特殊字元會被當成分隔符號或其他運算子。例如本章先前介紹過的 **mWrite** 巨集，它會接收一個字串文字，作為它的唯一引數。如果傳遞給這個巨集的是下列字串，那麼預處理器會把它當成三個不同的巨集引數：

```
mWrite "Line three", 0dh, 0ah
```

因為這個巨集預期只有一個引數，因此上面的敘述中，第一個逗號之後的文字都會被忽略；但如果我們將該字串置於字面文字運算子內，則預處理器會將括弧之間的所有文字，視為單一的巨集引數：

```
mWrite <"Line three", 0dh, 0ah>
```

字面字元運算子 (Literal- Character Operator) (!)

發明字面字元 **(literal-character)** 運算子 (!) 的目的，與字面文字運算子大致上是相同的。它會迫使預處理器，將預先定義過的運算子視為一般字元。在以下的 TEXTEQU 定義中，！運算子可以避免＞符號被當成文字的分隔符號：

```
BadYValue TEXTEQU <Warning: Y-coordinate is !> 24>
```

警告訊息的範例

以下範例的目的是說明 %、& 和！等三個運算子如何一起發揮功用，此處先假設我們已經定義了 **BadYValue** 符號。接著再建立一個命名為 **ShowWarning** 的巨集，這個巨集會接收一個置於引號間的文字型態引數，並且將引號內的文字傳遞給 **mWrite** 巨集，請注意此巨集使用了替代 (&) 運算子：

```
ShowWarning MACRO message
    mWrite "&message"
ENDM
```

最後我們引用 **ShowWarning** 巨集，而且將運算式 %BadYValue 傳遞給它，% 運算子會求取（解參照）**BadYValue** 之值，並且產生其對等的字串：

```
.code
ShowWarning %BadYValue
```

讀者應該已經預期到，這個程式將執行並且顯示以下的警告訊息：

```
Warning: Y-coordinate is > 24
```

10.3.8　巨集函式

巨集函式和巨集程序的相似處為兩者都是將一連串的組合語言敘述，指定一個名稱，二者的差異是巨集函式會透過 EXITM 指引回傳一個常數（整數或字串）。在以下的例子中，如果被提供的符號已經有定義過，則 IsDefined 巨集將回傳眞值 (−1)；否則就回傳僞值 (0)：

```
IsDefined MACRO symbol
    IFDEF symbol
        EXITM <-1>                ;; True
    ELSE
        EXITM <0>                 ;; False
    ENDIF
ENDM
```

EXITM（離開巨集，其英文全文為 exit macro）指引將停止巨集接下來的展開工作。

引用巨集函式

當讀者要呼叫巨集函式的時候，其引數清單必須置於小括號內。例如我們可以呼叫 **IsDefined** 巨集，並且將 **RealMode** 傳遞給它，RealMode 可以已經定義過，也可以不事先定義：

```
IF IsDefined( RealMode )
    mov  ax,@data
    mov  ds,ax
ENDIF
```

如果在組譯過程中，組譯器抵達這個敘述以前，便已經發現了 **RealMode** 的定義，那麼它將組譯以下兩個指令：

```
mov ax,@data
mov ds,ax
```

而且相同的 IF 指引也可以放在命名為 **Startup** 的巨集內：

```
Startup MACRO
    IF IsDefined( RealMode )
        mov  ax,@data
        mov  ds,ax
    ENDIF
ENDM
```

當讀者要設計能適用於不同記憶體模式的程式時，可以使用 **IsDefined** 巨集。例如我們可以使用這個巨集，來判斷應該使用哪一個含括檔：

```
IF IsDefined( RealMode )
    INCLUDE Irvine16.inc
ELSE
    INCLUDE Irvine32.inc
ENDIF
```

定義 RealMode 號

剩下要做的是找到一個定義 **RealMode** 符號的方式，其中一種方式是將下列敘述放在程式的起始處：

```
RealMode = 1
```

另一個方式是在組譯器的命令列，使用定義符號的選項 − D。如以下的 ML 命令定義了 RealMode 符號，並且指定一個值 1 給該符號：

```
ML -c -DRealMode=1 myProg.asm
```

而對於保護模式程式而言，其相對應 ML 命令不必定義 RealMode 符號：

```
ML -c myProg.asm
```

HelloNew 程式

下列程式 **(HelloNew.asm)** 使用了上述說明過的幾個巨集，並且在螢幕中顯示訊息：

```
; Macro Functions                    (HelloNew.asm)
INCLUDE Macros.inc
IF IsDefined( RealMode )
    INCLUDE Irvine16.inc
ELSE
    INCLUDE Irvine32.inc
ENDIF
.code
main PROC
    Startup
    mWrite <"This program can be assembled to run ",0dh,0ah>
    mWrite <"in both Real mode and Protected mode.",0dh,0ah>
    exit
main ENDP
END main
```

實體模式編程包含在在第 14-17 章中，16 位元實體模式程式能在模仿 MS-DOS 環境中執行，並且使用包含檔案與 Irvine16 函式庫的 Irvine16.inc。

10.3.9　自我評量

1. 請問 IFB 指引的用途為何？
2. 請問 IFIDN 指引的用途為何？
3. 哪一個指引會終止巨集進一步展開的工作？

4. IFIDNI 和 IFIDN 有何不同？

5. 請問 IFDEF 指引的用途為何？

10.4 定義重複的區塊

MASM 提供如下可以產生重複敘述區塊的迴圈指引：WHILE、REPEAT、FOR 以及 FORC。與 LOOP 指令不同的是，這些指引只能在組譯期間發揮作用，而且必須使用常數值作為迴圈條件和計數器：

- WHILE 指引的功能是依據布林運算式，重複一個敘述區塊。
- REPEAT 指引的功能是依據計數器的值，重複一個敘述區塊。
- FOR 指引會經由依序走訪過一系列符號中的每個符號，來重複一個敘述區塊。
- FORC 指引會經由依序走訪過一個字串中的每個字元，來重複一個敘述區塊。

在 **Repeat.asm** 的範例程式中，會說明如何使用以上各個指引。

10.4.1 WHILE 指引

只要某個特定的常數運算式為眞，則 WHILE 指引會重複執行一個敘述區塊。其語法如下：

```
WHILE constExpression
    statements
ENDM
```

以下程式碼可以說明，如何產生 1 到 F0000000h 之間的費氏數列 (Fibonacci numbers)，來當作一連串組譯期間的常數：

```
.data
val1 = 1
val2 = 1
DWORD val1                          ;  前兩個數值
DWORD val2
val3 = val1 + val2
WHILE val3 LT 0F0000000h
    DWORD val3
    val1 = val2
    val2 = val3
    val3 = val1 + val2
ENDM
```

若要查看這個程式碼所產生的數值，請見清單檔 (.LST)。

10.4.2 REPEAT 指引

REPEAT 指引能夠在組譯時期，將一個敘述區塊重複固定次數。其語法如下：

```
REPEAT constExpression
    statements
ENDM
```

常數運算式 (ConstExpression) 是一個無號的常數整數運算式，用來指定重複的次數。

REPEAT 可以使用與 DUP 同樣的方法，建立陣列。在以下例子中，WeatherReadings 結構含有一個 location 字串，其後再緊接著一個由降雨量和濕度所組成的陣列：

```
WEEKS_PER_YEAR = 52

WeatherReadings STRUCT
    location BYTE 50 DUP(0)
    REPEAT WEEKS_PER_YEAR
      LOCAL rainfall, humidity
      rainfall DWORD ?
      humidity DWORD ?
    ENDM
WeatherReadings ENDS
```

上述程式中的 LOCAL 指引是用於避免當迴圈在組譯時期重複執行時，因為重新定義降雨量和濕度，所導致的錯誤。

10.4.3　FOR 指引

FOR 指引會經由依序走訪過一系列符號中的每個符號，來重複一個敘述區塊，這些符號必須以逗號區隔開，每個符號都會導致執行一次迴圈。其語法如下

```
FOR parameter,<arg1,arg2,arg3,...>
    statements
ENDM
```

在第一次執行迴圈時，將採用引數 1 作為參數之值，第二次採用引數 2，依此類推，直到抵達符號系列中的最後一個引數為止。

學生註冊範例

以下將建立一個學生註冊方案，使用包含課程編號和學分數的 COURSE 結構。另外，SEMESTER 結構包含一個內含六項課程的陣列，和一個稱為 **NumCourse** 的計數器：

```
COURSE STRUCT
    Number  BYTE 9 DUP(?)
    Credits BYTE ?
COURSE ENDS

; semester包含一個courses的陣列
SEMESTER STRUCT
    Courses COURSE 6 DUP(<>)
    NumCourses WORD ?
SEMESTER ENDS
```

我們可以使用 FOR 迴圈來定義四個 SEMESTER 物件，每個物件都具有一個不同的名稱，而且這些名稱是從角括號之間的符號串列中所選出：

```
.data
FOR semName,<Fall2013,Spring2014,Summer2014,Fall2014>
    semName SEMESTER <>
ENDM
```

如果檢視清單檔，將會發現下列變數：

```
.data
Fall2013 SEMESTER <>
Spring2014 SEMESTER <>
Summer2014 SEMESTER <>
Fall2014 SEMESTER <>
```

10.4.4　FORC 指引

FORC 指引會經由依序走訪過一個字串中的每個字元，來重複一個敘述區塊。在字串中的每個字元，都會導致執行一次迴圈。其語法如下

```
FORC parameter, <string>
    statements
ENDM
```

在第一次執行迴圈時，會以字串中的第一個字元作為參數，第二次則以字串中的第二個字元為參數，依此類推，直到字串結束為止。以下例子將建立一個字元查找表格，此表格是由幾個非字母字元所組成。請注意，"<" 和 ">" 之前必須加上字面字元運算子 (!)，藉以避免它們會違反 FORC 指引的語法：

```
Delimiters LABEL BYTE
FORC code,<@#$%^&*!<!>>
    BYTE "&code"
ENDM
```

結果產生了以下的資料表格，讀者可以在清單檔中看到它：

```
00000000 40    1 BYTE "@"
00000001 23    1 BYTE "#"
00000002 24    1 BYTE "$"
00000003 25    1 BYTE "%"
00000004 5E    1 BYTE "^"
00000005 26    1 BYTE "&"
00000006 2A    1 BYTE "*"
00000007 3C    1 BYTE "<"
00000008 3E    1 BYTE ">"
```

10.4.5　範例：鏈結串列

藉由結合結構宣告和 REPEAT 指引，就可以最簡便的設計，指示組譯器建立一個鏈結串列 (linked list) 資料結構。在鏈結串列中的每個節點，都包含一個資料區和一個鏈結區：

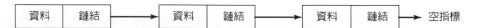

在資料區中，存在一個或多個可用於保存資料的變數，而這些資料對每個節點來說，都是唯一的。在鏈結區中，則存在有一個指標，用於存放串列中下一個節點的位址。而串列中最後一個節點的鏈結區，通常存放的是一個空指標，現在讓我們撰寫一個能建立並顯示簡單鏈結串列的程式。首先，在程式中定義一個鏈結串列節點，內含單一整數（資料），以及指向下一個節點的指標：

```
ListNode STRUCT
    NodeData DWORD ?                    ; 節點資料
    NextPtr  DWORD ?                    ; 指向下一個節點的指標
ListNode ENDS
```

接下來，使用 REPEAT 指引建立多個 ListNode 物件的實體。基於測試的需要，我們讓 NodeData 欄位包含一個範圍從 1 到 15 的整數常數。另外在迴圈內，我們使計數器遞增，並且插入適當的值到 ListNode 欄位中：

```
TotalNodeCount = 15
NULL = 0
Counter = 0
.data
LinkedList LABEL PTR ListNode
REPEAT TotalNodeCount
    Counter = Counter + 1
    ListNode <Counter, ($ + Counter * SIZEOF ListNode)>
ENDM
```

運算式 ($ + Counter * SIZEOF ListNode) 會要求組譯器將計數器和 **ListNode** 的大小相乘，並且將乘積與現行的位置計數器相加。然後，使這個值插入結構中的 **NextPtr** 欄位。（令人感到有趣的是，請讀者注意到，位置計數器的值 ($)，會持續保持在串列中第一個節點上。）串列會有一個用來標記末端的**尾端節點 (tail node)**，而此尾端節點的 **NextPtr** 欄位是空值 (0)：

```
ListNode <0,0>
```

當程式走訪這個串列的時候，它將使用以下敘述來擷取 **NextPtr** 欄位，並且將擷取到的值與 NULL 進行比較，藉以檢查是否已經到達串列尾端：

```
mov eax,(ListNode PTR [esi]).NextPtr
cmp eax,NULL
```

程式清單

以下是一個範例程式的完整清單，在 main 中，我們使用迴圈來走訪串列，並且顯示出所有節點的資料值。在這個過程中，迴圈並不是使用固定的計數器值，而是改成檢查是否發現尾端節點的空指標，並且在發現空指標時終止迴圈：

```
; Creating a Linked List            (List.asm)
INCLUDE Irvine32.inc

ListNode STRUCT
  NodeData DWORD ?
  NextPtr DWORD ?
ListNode ENDS

TotalNodeCount = 15
NULL = 0
Counter = 0

.data
LinkedList LABEL PTR ListNode
REPEAT TotalNodeCount
```

```
                Counter = Counter + 1
                ListNode <Counter, ($ + Counter * SIZEOF ListNode)>
        ENDM
        ListNode <0,0> ; tail node

        .code
        main PROC
                mov   esi,OFFSET LinkedList
        ; 顯示NodeData欄位的多個整數
        NextNode:
                ; 檢查是否已到達尾端節點
                mov   eax,(ListNode PTR [esi]).NextPtr
                cmp   eax,NULL
                je    quit

                ; 顯示節點資料
                mov eax,(ListNode PTR [esi]).NodeData
                call WriteDec
                call Crlf

                ; 取得移至下一個節點的指標
                mov   esi,(ListNode PTR [esi]).NextPtr
                jmp   NextNode

        quit:
                exit
        main ENDP
        END main
```

10.4.6 自我評量

1. 試簡單地描述 WHILE 指引。

2. 試簡單地描述 REPEAT 指引。

3. 試簡單地描述 FOR 指引。

4. 試簡單地描述 FORC 指引。

5. 哪一個迴圈指引是產生字元查找表的最好工具？

6. 請寫出以下巨集所產生的敘述：

```
FOR val,<100,20,30>
    BYTE 0,0,0,val
ENDM
```

7. 假設以下的 **mRepeat** 巨集已經完成定義：

```
mRepeat MACRO char,count
    LOCAL L1
    mov   cx,count
L1: mov   ah,2
    mov   dl,char
    int   21h
    loop  L1
ENDM
```

請列舉出下列每個敘述 (a、b 和 c) 展開 **mRepeat** 巨集以後，預處理器所產生的原始碼：

```
mRepeat 'X',50                 ; a
mRepeat AL,20                  ; b
mRepeat byteVal,countVal       ; c
```

8. (**挑戰題**)：在鏈結串列的範例程式（第 10.4.5 節）中，如果 REPEAT 迴圈撰寫的方式如下，請問將有什麼結果：

```
REPEAT TotalNodeCount
Counter = Counter + 1
ListNode <Counter, ($ + SIZEOF ListNode)>
ENDM
```

10.5　本章摘要

　　結構是在建立使用者自訂型別時的樣板或模型。MS-Windows API 函式庫中已經定義了許多結構，這些結構可以用來傳送應用程式和函式庫之間的資料。此外，結構內可以包含各種欄位型別的不同組合，每個欄位的宣告都可以使用欄位初始設定式，用來指定欄位的預設值。

　　結構本身並不佔用記憶體空間，但是結構變數則會佔用記憶體。 另一方面，SIZEOF 運算子的功能是回傳變數所使用的位元組數量。

　　句點運算子 (.) 能夠藉著使用結構變數，或像 [esi] 這樣的間接運算元，來參照結構的欄位。當使用間接運算元來參照結構欄位時，設計人員必須使用 PTR 運算子，來識別結構型別，例如 (COORD PTR [esi]).X。

　　結構所含有的欄位，也可以是結構。醉漢漫步程式（第 10.1.6 節）提供了這樣的例子，其中 **DrunkardWalk** 結構就包含了以 COORD 結構作為元素的陣列。

　　巨集通常定義在程式起始處，其位置位於資料區段和程式區段之前。然後，當某個巨集被呼叫時，預處理器會將巨集的程式碼，複製並且插入程式中呼叫巨集的位置。

　　巨集能夠有效地用來**封裝**程序呼叫，藉此簡化參數的傳入，以及存放暫存器到堆疊中。像 **mGotoxy**、**mDumpMem** 以及 **mWriteString** 這些巨集都是程序封裝的例子，因為它們都有呼叫到本書的連結函式庫中的程序。

　　巨集程序 (macro procedure) 或**巨集 (macro)** 是指已加以命名的組合語言敘述區塊，而**巨集函式 (macro function)** 和它很相似，二者差異是巨集函式可以回傳常數值。

　　像 IF、IFNB 和 IFIDNI 這樣的條件組譯指引，可用於檢查引數是否超出範圍，遺漏或具有錯誤的型別。而 ECHO 指引則可以在組譯期間顯示出錯誤訊息，使得組譯器可以提醒設計人員，其傳遞給巨集的引數有誤。

　　巨集內部對參數名稱的對應，有時會導致誤解，而替代運算子 (&) 便可用來解決這些模糊的對應問題。展開運算子 (%) 會展開文字形式的巨集，或者是將常數運算式轉換為文字。字面文字運算子 (< >) 會將各種不同的字元和文字，聚集成單一文數字字串。 字面字元運算子 (!) 會迫使預處理器，將預先定義過的運算子視為一般字元。

　　重複區塊指引能夠相當程度地減少在程式中的重複程式碼數量：這些指引說明如下：

- WHILE 指引用於依據布林運算式，重複進行一個敘述區塊。
- REPEAT 指引用於依據計數器的值，重複進行一個敘述區塊。
- FOR 指引會經由依序走訪過一系列符號中的每個符號，來重複進行一個敘述區塊。
- FORC 指引會經由依序走訪過一個字串中的每個字元，來重複一個敘述區塊。

10.6 重要術語

10.6.1 術語

條件組譯指引
(conditional-assembly directive)

預設引述初始設定子
(default argument initializer)

擴展運算子 (expansion operator (%))

欄位 (field)

引用（巨集）(invoke a macro)

文字字元運算子
(literal-character operator (!))

字面文字運算子

literal-text operator (< >))

巨集 (macro)

巨集函式 (macro function)

巨集程序 (macro procedure)

巢狀巨集 (nested macro)

參數 (parameters)

處理步驟 (preprocessing step)

結構 (structure)

替代運算子 (substitution operator (&))

聯合體 (union)

10.6.2 運算子與指引

ALIGN	IFDEF	OFFSET
ECHO	IFDIF	REPEAT
ELSE	IFDIFI	REQ
ENDIF	IFIDN	SIZEOF
ENDS	IFIDNI	STRUCT
EXITM	IFNB	TYPE
FOR	IFNDEF	UNION
FORC	LENGTHOF	WHILE
IF	LOCAL	
IFB	MACRO	

10.7　本章習題與練習

10.7.1　簡答題

1. STRUCT 指引的目的是什麼？

2. 假設下列結構已經定義了：

```
RentalInvoice STRUCT
invoiceNum BYTE 5 DUP ( ' ' )
dailyPrice WORD ?
daysRented WORD ?
RentalInvoice ENDS
```

   是否下列每個宣告都是有效的：

```
a. rentals RentalInvoice <>
b. RentalInvoice rentals <>
c. march RentalInvoice <'12345',10,0>
d. RentalInvoice <,10,0>
e. current RentalInvoice <,15,0,0>
```

3. 請問巨集如何定義？

4. 什麼是 LOCAL 指引的目的？

5. 在組譯的步驟中，哪一個指引會在主控台視窗中展示訊息？

6. 哪一個指引標記了敘述的條件區塊的結尾？

7. 請比較程序與巨集。

8. 巨集定義中的 & 運算子的目的是什麼？

9. 巨集定義中的 ! 運算子的目的是什麼？

10. 請問在巨集中，區域變數如何處理？

10.7.2　演算題

1. 建立一個 SampleStruct 結構，包含兩個欄位：field1，單一 16 位元 WORD；field2，20 個 32 位元 DWORD 的陣列。兩個欄位的初始值可能是未定義的。

2. 請建立一個結構，包含五位員工的名字與員工編號。

3. 使用下列 Triangle 結構，宣告結構變數並初始化三角形的頂點座標為 (0,0)(5,0) 與 (7,6)：

```
Triangle STRUCT
    Vertex1 COORD <>
    Vertex2 COORD <>
    Vertex3 COORD <>
Triangle ENDS
```

4. 請撰寫一個巨集，顯示螢幕最左邊的字串，此字串會儲存在 DX 暫存器指定的記憶位置。

5. 撰寫一個 mPrintChar 巨集，在螢幕上展示單一字元，此巨集應該要有兩個參數：第一個會指定被顯示的字元，而第二個會指定有多少字元應該重複。下列是範例呼叫：

```
mPrintChar 'X',20
```

6. 撰寫一個 mGenRandom 巨集，產生 0 到 n-1 之間的隨機整數，而 n 為唯一的參數。

7. 請撰寫一個巨集，展示下列的圖像：

```
*
**
***
****
*****
```

8. 撰寫一個 mWriteAt 巨集，放置游標，並撰寫一個字串到主控台視窗。建議：從此書的巨集函式庫中，引用 mGotoxy 與 mWrite 巨集。

9. 顯示由下列敘述生產的擴展程式碼，它會從 10.2.5 節中，引用 mReadString 巨集。

```
mWriteStr namePrompt
```

10. 顯示由下列敘述生產的擴展程式碼，它會從 10.2.5 節中，引用 mReadString 巨集。

```
mReadStr customerName
```

11. LOCAL 指引使用在巨集中，並且使用於標籤。

    a. 請撰寫一個使用指引的巨集。

    b. 請使用此巨集，描繪當指引不能使用時所發生的問題。

12. 顯示有預設引數初始化子的巨集參數的範例。

13. 撰寫一個使用 IF、ELSE 與 ENDIF 指引的簡短範例。

14. 在記憶體中儲存了 20 個字元的 ASCII 字串，請撰寫一個程式，使用 WHILE 指引來反轉字串，並儲存反轉的字串在新的記憶位置中。

15. 請撰寫兩個巨集──一個會捕獲任何被按下的按鍵，另一個會顯示被捕獲的字元。請使用這兩個巨集，輸入與顯示 ASCII 的字串「I am Mr. Smart.」。

16. 假設下列 mLocate 巨集定義：

```
mLocate MACRO xval,yval
    IF xval LT 0                    ;; xval < 0?
        EXITM                      ;; if so, exit
    ENDIF
    IF yval LT 0                    ;; yval < 0?
        EXITM                      ;; if so, exit
    ENDIF
    mov bx,0                        ;; video page 0
    mov ah,2                        ;; locate cursor
    mov dh,yval
    mov dl,xval
    int 10h ;; call the BIOS
ENDM
```

當巨集由下列敘述擴展，顯示由參數產生的原始碼：

```
.data
row BYTE 15
col BYTE 60
.code
mLocate -2,20
mLocate 10,20
mLocate col,row
```

10.8 程式設計習題

★1. mReadkey 巨集

請建立一個可以等待鍵盤敲擊的巨集,並且回傳被壓下的按鍵,這個巨集必須含有 ASCII 碼及鍵盤掃描碼的參數。提示:呼叫本書函式庫提供的 ReadKey,再撰寫一個程式,測試在本習題完成的巨集。例如以下的程式碼可以等待回傳的按鍵,兩個引數將含有 ASCII 碼和掃描碼:

```
.data
ascii BYTE  ?
scan BYTE  ?
.code
mReadkey ascii, scan
```

★2. mWritestrinAttr 巨集

(需要閱讀 11.1.11 節)請建立一個巨集,撰寫一個給定顏色的空字元終止字串到主控台,巨集參數應該包含字串名稱與顏色。提示:從此書的連結函式庫呼叫 SetTextColor。撰寫一個伴隨著一些不同顏色的字串程式測試您的巨集,範例呼叫為:

```
.data
myString db  "Here is my string" ,0
.code
mWritestring myString, white
```

★3. mMove32 巨集

試撰寫一個命名為 **mMove32** 的巨集,這個巨集會接收兩個 32 位元記憶體運算元,並且將來源運算元複製到目的運算元。再撰寫一個程式,測試在本習題建立的巨集。

★4. mMult32 巨集

請撰寫一個命名為 **mMult32** 的巨集,這個巨集會將兩個 32 位元記憶體運算元相乘,並且產生一個 32 位元的乘積。再撰寫一個程式,測試在本習題建立的巨集。

★★5. mReadInt 巨集

請撰寫一個命名為 **mReadInt** 的巨集,而且這個巨集必須能從標準輸入,讀取一個 16 或 32 位元的有號整數,並且回傳這個值到一個引數中。此外,請使用條件運算子,以便允許巨集能夠適當調整想要結果的空間大小。再撰寫一個程式,測試在本習題建立的巨集,並且將各種不同空間大小的運算元傳遞給該巨集。

★★6. mWriteInt 巨集

試撰寫一個命名為 **mWriteInt** 的巨集,而且這個巨集必須會藉著呼叫 **WriteInt** 的函式庫程序,將一個有號整數寫到標準輸出,傳遞給此巨集的引數可以是一個位元組、字組或雙字組。此外，請在巨集中使用條件運算子，使得巨集能夠自我調整引數所需要的空間大小。再撰寫一個程式，測試在本習題建立的巨集，在測試過程中，此程式必須將不同空間大小的引數傳遞給巨集。

★★★7. 教授不見的手機

在 10.1.6 節中，當教授在校園中走著醉漢漫步的路徑時，我們發現他在這段路徑上弄丟了他的手機。當您模擬醉漢漫步時，您的程式必須在此路途中，當教授隨機停下的間隔時間，弄丟手機。每次執行程式時，手機都會在不同的間隔（位置）中掉下來。

★★★8. 醉漢漫步 (Drunkard's Walk)

在測試醉漢漫步程式的時候，您可能注意到，教授的漫步似乎不會離開出發點很遠。事實上，這無疑地是由教授往每個方向移動的機率都相等所引起。現在，請修改這個程式，使得教授有 50% 的機率，會繼續往他上一步所採取的方向前進。而且，有 10% 的機率會往相反方向邁出下一步，有 20% 的機率往左或往右跨步。此外，在迴圈開始之前，必須指定一個預設的起始方向。

★★★★9. 位移多個雙字組

請建立一個巨集，功能是可以 SHRD 指令，針對一個 32 位元整數陣列的各元素，執行不同方向的位移，再撰寫一個程式，測試在本習題建立的巨集，必須可以在同一陣列執行不同方向的位移及顯示結果，您可假設陣列的排序方式是小端順序，以下是一個呼叫範例：

```
mShiftDoublewords MACRO arrayName, direction, numberOfBits
Parameters:
    arrayName      Name of the array
    direction      Right (R) or Left (L)
    numberOfBits   Number of bit positions to shift
```

★★★10. 三個運算元的指令

有些電腦指令集具有三個運算元的算術指令，這樣的運算有時候會出現在簡單的虛擬組譯器中，用於對學生介紹組合語言的概念，或介紹在編譯器內使用中間語言 (intermediate language) 的概念。在下列巨集中，假定 EAX 被保留做巨集運算的用途，而且沒有被預留下來，其他會由巨集加以修改的暫存器，則必須預留下來。而且，所有參數都是在記憶體中的雙字組。請寫出能模擬下列各運算的巨集：

```
a. add3 destination, source1, source2
b. sub3 destination, source1, source2 (destination = source1 - source2)
c. mul3 destination, source1, source2
d. div3 destination, source1, source2 (destination = source1 / source2)
```

舉例而言，下列的巨集呼叫是運算式 x = (w + y) * z 的實作程式碼：

```
.data
temp DWORD  ?
.code
add3 temp, w, y                    ; temp = w + y
mul3 x, temp, z                    ; x = temp * z
```

試撰寫一個可測試在本習題建立的巨集，必須經由實作出四個算術運算式，達到測試的目的，而且每個算術運算式都要牽涉到多個運算操作。

Memo

11

微軟視窗程式設計

11.1 Win32 主控台程式設計

在之前的章節中，讀者會想，我們是如何實現此書的連結函式庫 (Irvine32 與 Irvine64)。雖然這些函式庫很方便，但是我們還是希望您建立自己的函式庫或是加強我們的函式庫。因此，此章節會顯示如何在主控台視窗編程中，使用 32 位元微軟 Windows API，應用程式設計界面 (Application Programming Interface, API) 是類型、常數與函式，他們會使用電腦的程式碼提供方法操作物件。我們會討論 API 函式的文字 I/O、顏色選擇、日期與時間、日期檔案 I/O 與記憶體管理，我們還包含此書的 64 位元函式庫 Irvine64 的範例程式碼。

您會學到如何建立有處理迴圈的圖像視窗應用程式，我們不建議您使用組合語言來延伸圖像應用程式，但是我們的範例應該能幫助解答一些高階語言中，隱藏於內部的細節。

函式最後我們會討論 x86 的記憶體管理能力，包含線性與邏輯位址，還有區段與分頁。雖然大學等級的作業系統課程會涵蓋這些主題，並詳細的解釋，在此章節中，我們先提供給您一些這方面的基礎知識。

為何不撰寫在 MS-Windows 下的圖形應用程式呢？這是因為如果以組合語言或 C 語言撰寫，則圖形應用程式會變得很長而且複雜。許多 C 和 C++ 設計人員已經花費大量時間去研究如圖形裝置、訊息告示 (message posting)、字型量度 (font metrics)、裝置映像 (device bitmaps) 以及對映模式 (mapping modes) 等技術細節。此外也有一群奉獻心力於圖形視窗程式設計的組合語言設計人員，這些人同時也擁有品質優良的網站。

為了不讓讀者失望，第 11.2 節將會以一般性的方式，來介紹 32 位元圖形程式設計。本章有關圖形設計的說明只是一個開頭，若讀者由此引發出對相關主題的進一步興趣，請參見本章結尾處所提供的推薦書目。

Win32 平台軟體開發工具

與 Win32 API 密切相關的是微軟的**軟體平台開發工具 (Platform SDK)**，其內容包含了工具程式、函式庫、範例程式碼和一些說明 MS-Windows 應用程式的文件，可以協助設計人員建立應用程式，有關此一工具的完整說文件，請見微軟的網站。例如讀者可以在 www.msdn.microsoft.com 網站上，搜尋「Platform SDK」即可，而且可以免費下載平台軟體開發工具。

> **小技巧：**Irvine32 函示庫與 Win32 API 函示是相容的，所以可在應用程式的設計中，使用這兩項資源。

11.1.1 背景知識

當一個視窗程式執行的時候，它會建立一個主控台視窗或圖形視窗。我們會在專案檔中的 LINK 命令，使用如下的選用參數，它會通知連結器，建立一個主控台應用程式：

```
/SUBSYSTEM:CONSOLE
```

一個主控台程式乍看之下就像是 MS-DOS 視窗，不過它多了一些加強的功能，我們將在稍後看到此功能。主控台具有一個輸入緩衝區，以及一個或多個的螢幕緩衝區：

- **輸入緩衝區 (input buffer)** 含有一個**輸入記錄 (input record)** 的佇列，每個輸入記錄都包含了有關輸入事件的資料。這些事件包括鍵盤輸入、滑鼠點選、或使用者改變主控台視窗的大小等事件。
- **螢幕緩衝區 (screen buffer)** 是一個二維的字元陣列和能改變主控台文字顏色的色彩資料。

Win32 API **參考資訊**

函式

　　本小節將提供一些簡單的範例，向讀者介紹部分 Win32 API 函式與一些簡單的範例。但因為篇幅所限，許多細節無法完整列出。如果讀者想要取得更多相關內容，可以點選微軟 MSDN 的網頁（目前在 www.msdn.microsoft.com）。在搜尋函式或識別字的時候，請將「篩選 (Filtered by)」參數設定為「**軟體平台開發工具 (Platform SDK)**」。此外，在本書提供的範例程式中，kernel32.txt 和 user32.txt 檔案提供了 kernel32.lib 和 user32.lib 函式庫所含函式名稱的完整內容。

常數

　　通常在閱讀有關 Win32 API 函式的文件時，會經常看到如 TIME_ZONE_ID_UNKNOWN 這樣的常數名稱。在某些情形下，常數會預先定義於 SmallWin.inc 中。但若讀者在此檔案中沒有找到欲查詢的常數，可至本書的網站執行蒐尋。舉例而言，有一個命名為 **WinNT.h** 的標頭檔，定義了 TIME_ZONE_ID_UNKNOWN，以及相關的常數：

```
#define TIME_ZONE_ID_UNKNOWN  0
#define TIME_ZONE_ID_STANDARD 1
#define TIME_ZONE_ID_DAYLIGHT 2
```

利用這項資訊，讀者就可將下列設定，添加到 **SmallWin.h**，或自己的含括檔中：

```
TIME_ZONE_ID_UNKNOWN  = 0
TIME_ZONE_ID_STANDARD = 1
TIME_ZONE_ID_DAYLIGHT = 2
```

字元集和 Windows API **函式**

　　在呼叫 Win32 API 的函式時，會使用到以下兩種字元集：8 位元的 ASCII/ANSI 字元集，以及 16 位元的 Unicode 字元集（在全部最近的 Windows 版本中會用到它）。處理文字的 Win32 函式通常提供兩種版本，其中一個是以 A 作為結尾（8 位元的 ANSI 字元集），另外一個則用 W 作結尾（**寬**字元集，包括 Unicode）。一個明顯的例子是 WriteConsole：

- WriteConsoleA
- WriteConsoleW

Windows 95 和 98 都不支援名稱以 W 作為結尾的函式，而在 Windows 目前有的版本中，Unicode 是原生 (native) 字元集。舉例而言，如果讀者呼叫了 **WriteConsoleA** 函式時，作業系統會先執行由 ANSI 到 Unicode 的轉碼作業，然後再呼叫 **WriteConsoleW**。

　　在微軟的 MSDN Library 文件中，如 WriteConsole 這類的函式，名稱結尾的 A 或 W 會被省略。但在本書的程式標頭檔中，我們重新定義了如 WriteConsoleA 的函式名稱：

```
WriteConsole EQU <WriteConsoleA>
```

這個定義可以使用它原本的函式名稱，來呼叫 WriteConsole。

高階與低階存取

存取主控台的設計可分成兩個層次,允許程式設計人員在簡單和完整控制間進行取捨:

- 高階主控台函式能夠讀取來自輸入緩衝區的字元串流,這些函式會將字元資料寫到螢幕緩衝區中。不論是輸入和輸出都可以重新定義方向,以便讀取或寫入文字檔。
- 低階主控台函式能夠擷取有關鍵盤、滑鼠或使用者和主控台視窗的互動(拖曳、改變大小等)等細節的資訊,另外這些函式也允許完全控制視窗大小、位置、文字顏色等。

視窗資料型別

Win32 函式是以 C/C++ 的函式宣告為標準,所以在這些函式宣告中,所有函式參數的資料型別,不是建立在標準的 C 語言型別基礎上,就是建立在 MS-Windows 預先定義的資料型別基礎上(表 11-1 列舉了一部分),故此時區別內容是數值還是指標值就變得非常重要。如果一種資料型別是以字母 LP 開頭,它就是一個指向某些物件的**長指標 (long pointer)**。

表11-1　將MS-Windows資料型別轉換成MASM資料型別

MS-Windows 型別	MASM 型別	說明
BOOL, BOOLEAN	DWORD	布林值 (TRUE 或 FALSE)。
BYTE	BYTE	8 位元無號整數。
CHAR	BYTE	8 位元的 Windows ANSI 字元。
COLORREF	DWORD	可作為色彩值的 32 位元值。
DWORD	DWORD	32 位元無號整數。
HANDLE	DWORD	物件的處置碼。
HFILE	DWORD	由 OpenFile 開啟的檔案處置碼。
INT	SDWORD	32 位元有號整數。
LONG	SDWORD	32 位元有號整數。
LPARAM	DWORD	由視窗程序或回呼函式所使用的訊息參數。
LPCSTR	PTR BYTE	指向空字元終止字串常數的 32 位元指標,其中的字串是由 8 位元視窗 (ANSI) 字元所組成。
LPCVOID	DWORD	指向任何型別的常數指標。
LPSTR	PTR BYTE	指向空字元終止字串的 32 位元指標,其中的字串是由 8 位元視窗 (ANSI) 字元所組成。
LPCTSTR	PTR WORD	指向常數字元字串的 32 位元指標,若字串是 Unicode 或雙位元組字元集等,就具有可攜性。
LPTSTR	PTR WORD	指向字元字串的 32 位元指標,若字串是 Unicode 或雙位元組字元集等,就具有可攜性。
LPVOID	DWORD	指向一個未指定型別的 32 位元指標。
LRESULT	DWORD	由視窗程序或回呼函式所回傳的 32 位元值。
SIZE_T	DWORD	一個指標所能夠指向的最大位元組個數。

表11-1　將MS-Windows資料型別轉換成MASM資料型別（續）

MS-Windows 型別	MASM 型別	說明
UINT	DWORD	32 位元無號整數。
WNDPROC	DWORD	指向視窗程序的 32 位元指標。
WORD	WORD	16 位元無號整數。
WPARAM	DWORD	用來傳遞給視窗程序或回呼函式的 32 位元值。

SmallWin.inc 含括檔

由作者建立的 **SmallWin.inc** 含括檔，包含了可用於 Win32 API 程式設計的常數定義、文字對應及函式原型等。這個檔案會由 Irvine32.inc 自動含括到程式中，而 Irvine32.inc 會出現在本書的多個位置，這個檔案與本書的範例程式都位於 \Examples\Lib32 資料夾中，此外，大部分的常數也都可以在 Windows.h 中找到，使用 C 和 C++ 進行程式設計時，一般都會用到這個標頭檔。雖然 SmallWin.inc 的名稱含有英文的「小」，但其實它是相當大的，所以我們將只會顯示其最重要的部分：

```
DO_NOT_SHARE = 0
NULL = 0
TRUE = 1
FALSE = 0

; Win32 Console handles
STD_INPUT_HANDLE EQU -10
STD_OUTPUT_HANDLE EQU -11
STD_ERROR_HANDLE EQU -12
```

HANDLE 型別作為 DWORD 的別名，可以幫助我們的函式原型，能與微軟的 Win32 文件更加一致：

```
HANDLE TEXTEQU <DWORD>
```

此外，SmallWin.inc 檔案也含有可在 Win32 呼叫中所用到的結構定義，以下顯示其中兩個結構：

```
COORD STRUCT
    X WORD ?
    Y WORD ?
COORD ENDS

SYSTEMTIME STRUCT
    wYear WORD ?
    wMonth WORD ?
    wDayOfWeek WORD ?
    wDay WORD ?
    wHour WORD ?
    wMinute WORD ?
    wSecond WORD ?
    wMilliseconds WORD ?
SYSTEMTIME ENDS
```

最後，SmallWin.inc 還包括本章所說明的全部 Win32 函式之函式原型。

主控台模組處置碼

幾乎所有的 Win32 主控台函式都會要求將傳遞模組處置碼當作第一個參數，**處置碼 (handle)** 是一個 32 位元無號整數，它可以用來辨識諸如映像 (bitmap) 點陣、畫筆或輸入輸出裝置等物件：

```
STD_INPUT_HANDLE      standard input
STD_OUTPUT_HANDLE     standard output
STD_ERROR_HANDLE      standard error output
```

在上述函式原型中，後兩個處置碼會使用於寫入主控台的作用中螢幕緩衝區。

GetStdHandle 函式的功能是取得主控台串流 (console stream) 的處置碼：輸入、輸出或錯誤輸出。當讀者欲針對任何主控台程式執行輸入／輸出動作時，都會需要這個處置碼。這個函式的原型為：

```
GetStdHandle PROTO,
    nStdHandle:HANDLE                    ; 處置碼型別
```

上述原型的 **nStdHandle** 可以是 STD_INPUT_HANDLE、STD_OUTPUT_HANDLE 或 STD_ERROR_HANDLE。這個函式會把這些處置碼回傳至 EAX 中，為了保證處置碼不致遭到變更，最好將它複製至變數。以下是一個呼叫範例：

```
.data
inputHandle HANDLE  ?
.code
    INVOKE GetStdHandle, STD_INPUT_HANDLE
    mov inputHandle,eax
```

11.1.2　Win32 主控台函式

表 11-2 包含了所有的 Win32 主控台函式快速參考[1]，讀者可以在 www.msdn.microsoft. com 上，找到 MSDN 函式庫中每個函式的完整說明。

> **小技巧：**Win32 API 函式沒有保存 EAX、EBX、ECX 和 EDX 的功能，所以讀者應該自行壓入和彈出這些暫存器。

表11-2　Win32主控台函式

函式	說明
AllocConsole	分配一個新的主控台給呼叫行程 (calling process)。
CreateConsoleScreenBuffer	建立主控台的螢幕緩衝區。
ExitProcess	結束一個行程以及此行程的所有執行緒。
FillConsoleOutputAttribute	針對被指定的字元格個數，來設定文字和背景的色彩屬性。
FillConsoleOutputCharacter	以指定的執行次數，將某字元寫到螢幕緩衝區。
FlushConsoleInputBuffer	清除主控台輸入緩衝區。
FreeConsole	使呼叫行程 (calling process) 與其主控台分離。

表11-2　Win32主控台函式（續）

函式	說明
GenerateConsoleCtrlEvent	傳送指定的訊號給主控台行程群組，這個群組會共用與呼叫行程相關聯的主控台。
GetConsoleCP	擷取由主控台所使用的輸入字碼頁 (input code page)，這個主控台是與呼叫行程相連結的。
GetConsoleCursorInfo	擷取指定的主控台螢幕緩衝區內，有關游標大小和可見性的資訊。
GetConsoleMode	擷取主控台輸入緩衝區目前的輸入模式，或主控台螢幕緩衝區目前的輸出模式。
GetConsoleOutputCP	擷取主控台所使用的輸出字碼頁 (output code page)，此主控台是與呼叫行程有關連的。
GetConsoleScreenBufferInfo	擷取指定主控台螢幕緩衝區的資訊。
GetConsoleTitle	擷取目前主控台視窗的標題列字串。
GetConsoleWindow	擷取與呼叫行程相關聯的主控台視窗處置碼。
GetLargestConsoleWindowSize	擷取可能的最大主控台視窗的大小。
GetNumberOfConsoleInputEvents	擷取在主控台輸入緩衝區中，尚未讀取的輸入紀錄 (record) 數量。
GetNumberOfConsoleMouseButtons	擷取由目前主控台所使用的滑鼠按鈕數量。
GetStdHandle	取得標準輸入、標準輸出或標準錯誤裝置的處置碼。
HandlerRoutine	一個和 SetConsoleCtrlHandler 一起使用的應用導向的函式。
PeekConsoleInput	從指定的主控台輸入緩衝區中讀取資料，但不會移除此資料。
ReadConsole	從主控台輸入緩衝區中讀取字元，並且在讀取後予以移除。
ReadConsoleInput	從主控台輸入緩衝區中讀取資料，並且在讀取後予以移除。
ReadConsoleOutput	從主控台螢幕緩衝區中的若干個字元格位的矩形區域，讀取字元和色彩屬性資料。
ReadConsoleOutputAttribute	從主控台螢幕緩衝區的連續格位中，複製指定數量的前景色和背景色屬性。
ReadConsoleOutputCharacter	從主控台螢幕緩衝區的連續格位中，複製指定數量的字元。
ScrollConsoleScreenBuffer	移動螢幕緩衝區中的一個資料區塊。
SetConsoleActiveScreenBuffer	將指定的螢幕緩衝區，設定成使用中的主控台螢幕緩衝區。
SetConsoleCP	針對與呼叫行程關聯的主控台，設定使用的輸入字碼頁。
SetConsoleCtrlHandler	從呼叫行程的處置函式 (handler functions) 清單中，新增或移除一個由應用程式所定義的 HandlerRoutine。
SetConsoleCursorInfo	為指定的主控台螢幕緩衝區，設定游標大小和可見姓。
SetConsoleCursorPosition	為指定的主控台螢幕緩衝區，設定游標位置。
SetConsoleMode	設定主控台輸入緩衝區的輸入模式，或螢幕緩衝區的輸出模式。
SetConsoleOutputCP	針對與呼叫行程關聯的主控台，設定使用的輸出字碼頁。
SetConsoleScreenBufferSize	變更指定的主控台螢幕緩衝區大小。
SetConsoleTextAttribute	設定寫入到螢幕緩衝區的字元前景（文字）和背景色彩屬性。
SetConsoleTitle	設定目前的主控台視窗標題列字串。

表11-2　Win32主控台函式（續）

函式	說明
SetConsoleWindowInfo	設定主控台螢幕緩衝區視窗目前的大小和位置。
SetStdHandle	設定標準輸入、標準輸出和標準錯誤裝置的處置碼。
WriteConsole	從目前游標的位置開始，寫入一個字元字串到主控台螢幕緩衝區。
WriteConsoleInput	將資料直接寫入至主控台輸入緩衝區。
WriteConsoleOutput	將字元和色彩屬性資料，寫入至主控台螢幕緩衝區中，指定的若干字元格位之矩形區域。
WriteConsoleOutputAttribute	將指定數量的前景和背景色彩屬性，複製到主控台螢幕緩衝區的連續格位。
WriteConsoleOutputCharacter	將指定數量的字元，複製到主控台螢幕緩衝區的連續格位。

11.1.3　顯示訊息對話方塊

在 Win32 應用程式中，產生輸出的最簡單方式是呼叫 MessageBoxA 函式：

```
MessageBoxA PROTO,
    hWnd:DWORD,                          ; 視窗處置碼 （可以是空白）
    lpText:PTR BYTE,                     ; 對話方塊的顯示字串
    lpCaption:PTR BYTE,                  ; 對話方塊的標題字串
    uType:DWORD                          ; 內容及行為
```

在以主控台為基礎的應用程式中，讀者可以將 hWnd 設定為 NULL，表示這個訊息對話方塊沒有擁有者。而 **lpText** 參數則是一個指向空字元終止字串的指標，此字串是設計人員想要放在訊息對話方塊內的文字。**lpCaption** 參數代表作為對話方塊標題字串，這個字串之末含有空字元終止字串。**uType** 參數則代表對話方塊的內容和行為。

內容和行為

uType 參數的內容是一個位元對應 (bit-mapped) 整數，此整數結合以下三種控制選項：欲顯示的按鈕、圖示及預設的按鈕選擇。下列是可用的數種按鈕組合：

- MB_OK
- MB_OKCANCEL
- MB_YESNO
- MB_YESNOCANCEL
- MB_RETRYCANCEL
- MB_ABORTRETRYIGNORE
- MB_CANCELTRYCONTINUE

預設按鈕

讀者可以設定在使用者按下 Enter 鍵時，要自動選定哪一個按鈕。可供選擇的有 MB_DEFBUTTON1（預設）、MB_DEFBUTTON2、MB_DEFBUTTON3 和 MB_DEFBUTTON4。按鈕可以從左向右加以編號，其起始數值是 1。

圖示 (Icons)

可供選擇的圖示有四種。有時會有超過一個以上的常數，代表相同的圖示：

- 停止符號 (Stop-sign)：MB_ICONSTOP、MB_ICONHAND 或 MB_ICONERROR
- 問號（？）：MB_ICONQUESTION
- 訊息符號 (i)：MB_ICONINFORMATION，MB_ICONASTERISK
- 驚嘆號 (!)：MB_ICONEXCLAMATION，MB_ICONWARNING

回傳值

如果 MessageBoxA 動作失敗，則它將回傳零值。反之它會回傳一個整數，代表在關閉對話方塊時，使用者所點選的按鈕。可供選擇的按鈕有 IDABORT、IDCANCEL、IDCONTINUE、IDIGNORE、IDNO、IDOK、IDRETRY、IDTRYAGAIN 和 IDYES。其定義位置在 Smallwin.inc 內。

> SmallWin.inc 將 **MessageBoxA** 重新定義成 **MessageBox**，由此名稱更容易了解其意義。

如果讀者想要將訊息對話方塊顯示在所有視窗的上方，可在最後一個引數（uType 參數）加入 MB_SYSTEMMODAL 選項。

範例程式

以下的範例程式 (MessageBox.asm) 可說明 **MessageBoxA** 函式的重要功能，第一個函式可呼叫及顯示一個警告訊息：

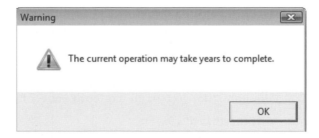

第二個函式可向使用者提出問題，對話方塊中含有 Yes/No 按鈕，如果使用者按下 Yes 按鈕，則程式將利用回傳值，執行一系列動作：

第三個函式可以顯示含有三個按鈕的警告訊息：

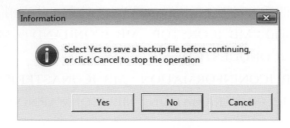

第四個函式可以顯示只含有 OK 按鈕的停止作業訊息：

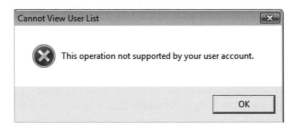

程式清單

以下是 MessageBox 範例程式的完整清單，其中因為 **MessageBox** 是 **MessageBoxA** 的別名，所以這裡使用的是比較簡單的名稱：

```
; Demonstrate MessageBoxA                    (MessageBox.asm)
INCLUDE Irvine32.inc
.data
captionW    BYTE "Warning",0
warningMsg  BYTE "The current operation may take years "
            BYTE "to complete.",0

captionQ    BYTE "Question",0
questionMsg BYTE "A matching user account was not found."
            BYTE 0dh,0ah,"Do you wish to continue?",0

captionC    BYTE "Information",0
infoMsg     BYTE "Select Yes to save a backup file "
            BYTE "before continuing,",0dh,0ah
            BYTE "or click Cancel to stop the operation",0

captionH    BYTE "Cannot View User List",0
haltMsg     BYTE "This operation not supported by your "
            BYTE "user account.",0

.code
main PROC
; 顯示驚嘆號圖示及OK按鈕
    INVOKE  MessageBox, NULL, ADDR warningMsg,
        ADDR captionW,
        MB_OK + MB_ICONEXCLAMATION

; 顯示問號圖示及Yes/No按鈕
    INVOKE  MessageBox, NULL, ADDR questionMsg,
        ADDR captionQ, MB_YESNO + MB_ICONQUESTION
```

```
        ; interpret the button clicked by the user
        cmp   eax,IDYES ; YES button clicked？
; 顯示訊息圖示及 Yes/No/Cancel 按鈕
        INVOKE  MessageBox, NULL, ADDR infoMsg,
          ADDR captionC, MB_YESNOCANCEL + MB_ICONINFORMATION \
            + MB_DEFBUTTON2
; 顯示停止圖示及OK按鈕
        INVOKE  MessageBox, NULL, ADDR haltMsg,
          ADDR captionH,
          MB_OK + MB_ICONSTOP

        exit
main ENDP
END main
```

11.1.4　主控台輸入

截至目前為止，讀者已經使用多次本書連結函式庫中的 **ReadString** 和 **ReadChar** 程序。它們都被設計成簡單易懂的形式，讓讀者可以專心處理其他問題。這兩個程序都是 **ReadConsole** 的封裝 (wrapper) 程序，其中 ReadConsole 是一個 Win32 函式。(**封裝**是將一個程序的某些細節隱藏起來的程序。)

主控台輸入緩衝區 (Console Input Buffer)

Win32 主控台擁有一個包含輸入事件記錄陣列的輸入緩衝區，每個輸入事件，例如鍵盤輸入、滑鼠移動或點按滑鼠按鍵等，都會建立一個輸入記錄到輸入緩衝區中。較高階的 **ReadConsole** 輸入函式，會過濾並且處理輸入資料，並且回傳一個字元串流。

ReadConsole 函式

ReadConsole 函式可提供讀取輸入文字，並將資料放進緩衝區的較便利設計，這個函式的原型為：

```
ReadConsole PROTO,
    hConsoleInput:HANDLE,                    ; 輸入處置碼
    lpBuffer:PTR BYTE,                       ; 指定緩衝區的指標
    nNumberOfCharsToRead:DWORD,              ; 讀取的字元數量
    lpNumberOfCharsRead:PTR DWORD,           ; 讀取的位元組數量
    lpReserved:DWORD                         ; (未使用)
```

hConsoleInput 是由 **GetStdHandle** 函式所回傳的有效主控台輸入處置碼，**lpBuffer 參數**則是一個字元陣列的位移值，而 **nNumberOfCharsToRead** 是一個 32 位元整數，用來指定要讀取的最大字元個數。**lpNumberOfCharsRead** 是一個指向某個雙字組的指標，這個雙字組允許此函式在返回的時候，將放在緩衝區內的字元總數，填入這個雙字組。由於沒有使用最後一個參數，所以傳入零值。

在呼叫 ReadConsole 的時候，必須在自己的輸入緩衝區內，包含兩個用於行末字元的額外位元組。如果讀者想要讓輸入緩衝區含有空字元終止字串，可將內容為 0Dh 的位元組，替換成空位元組，這也正是 Irvine32.lib 的 ReadString 程序所採取的做法。

> 請注意：Win32 API 函式不會預先保存 EAX、EBX、ECX 和 EDX 暫存器。

範例程式

　　如果想要撰寫可以讀取使用者輸入字元的程式，首先我們需要呼叫 **GetStdHandle** 函式，來取得主控台的標準輸入處置碼，然後再以此一處置碼呼叫 **ReadConsole** 函式，下列的 ReadConsole 程式示範說明了這個技巧。請注意 Win32 API 呼叫與 Irvine32 函式庫的程序呼叫是相容的，所以我們在呼叫 Win32 函式的同時，也可呼叫 DumpRegs。

```
; Read From the Console              (ReadConsole.asm)
INCLUDE Irvine32.inc
BufSize = 80

.data
buffer BYTE BufSize DUP(?),0,0
stdInHandle HANDLE ?
bytesRead DWORD ?

.code
main PROC
    ; 由標準輸入取得處置碼
    INVOKE GetStdHandle, STD_INPUT_HANDLE
    mov stdInHandle,eax

    ; 等待使用者的輸入
    INVOKE ReadConsole, stdInHandle, ADDR buffer,
     BufSize, ADDR bytesRead, 0

    ; 顯示緩衝區內容
    mov    esi,OFFSET buffer
    mov    ecx,bytesRead
    mov    ebx,TYPE buffer
    call   DumpMem

    exit
main ENDP
END main
```

　　如果使用者輸入的是 "abcdefg"，則程式會產生下列輸出，共有九個位元組會插入至緩衝區中："abcdefg" 加上 0Dh 和 0Ah，其中行末字元是在使用者按下 Enter 鍵時所插入的，而 **bytesRead** 則等於 9：

```
Dump of offset 00404000
-------------------------------
61 62 63 64 65 66 67 0D 0A
```

檢查錯誤

　　如果視窗 API 函式回傳的是錯誤值 (例如 NULL)，讀者可以呼叫 **GetLastError** API 函式，以便取得更多有關錯誤的訊息。此函式會將一個 32 位元整數的錯誤碼，回傳到 EAX 中：

```
.data
messageId DWORD ?
.code
call GetLastError
mov  messageId,eax
```

MS-Windows 共有數千個錯誤碼，若讀者想要獲得一個用於解釋錯誤的訊息字串，可呼叫 **FormatMessage** 函式：

```
FormatMessage PROTO,                ; 訊息格式
    dwFlags:DWORD,                  ; 格式選項
    lpSource:DWORD,                 ; 訊息位置
    dwMsgID:DWORD,                  ; 訊息識別符
    dwLanguageID:DWORD,             ; 語言識別符
    lpBuffer:PTR BYTE,              ; 指向緩衝區中接收字串的指標
    nSize:DWORD,                    ; 緩衝區大小
    va_list:DWORD                   ; 指向參數清單的指標
```

以上參數內容有點複雜，故讀者有必要閱讀 SDK 說明文件，以便得到完整的說明，以下是我們覺得最有用的數值之簡要列舉。除了 **lpBuffer** 是輸出參數以外，所有參數都是輸入參數。

- **dwFlags** 是一個含有格式選項的雙字組整數，這些格式選項包含了如何去詮釋 lpSource 參數。它也指出應該如何處理斷行，此外也指明了格式化輸出行的最大寬度，我們在此參數的推薦值是 FORMAT_MESSAGE_ALLOCATE_BUFFER 和 FORMAT_MESSAGE_FROM_SYSTEM。
- **lpSource** 是一個指向訊息定義位置的指標，如果您在 dwFlags 參數使用我們的推薦值，請將 lpSource 設定為 NULL (0)。
- **dwMsgID** 是一個雙字組整數，它是由呼叫 GetLastError 所回傳的值。
- **dwLanguageID** 是一個語言識別符，如果讀者將它設定為零，表示訊息是與語言不相關的，或者此訊息會對應於使用者的預設區域 (default locale)。
- **lpBuffer**（**輸出參數**）是指向緩衝區的指標，而該緩衝區功能是接收含有空字元終止字串的訊息文字，因為此處使用 FORMAT_MESSAGE_ALLOCATE_BUFFER 選項，所以緩衝區是自動配置的。
- **nSize** 可以用於指明一個保存訊息字串的緩衝區，如果您在 dwFlags 參數使用了上述建議的選項，可將這個參數設定為零。
- **va_list** 是指向某個陣列的指標，該陣列保存內容是要插入格式化訊息中的數值。因為我們沒有對錯誤訊息格式化，所以這個參數可以是 NULL (0)。

以下是對 FormatMessage 的呼叫範例：

```
.data
messageId DWORD ?
pErrorMsg DWORD ?                   ; 指向錯誤訊息
.code
call GetLastError
mov  messageId,eax
INVOKE FormatMessage, FORMAT_MESSAGE_ALLOCATE_BUFFER + \
    FORMAT_MESSAGE_FROM_SYSTEM, NULL, messageID, 0,
    ADDR pErrorMsg, 0, NULL
```

在呼叫過 FormatMessage 以後，請再呼叫 LocalFree，以便釋放出由 FormatMessage 佔用的記憶體：

```
INVOKE LocalFree, pErrorMsg
```

WriteWindowsMsg

Irvine32 函式庫含有下列 **WriteWindowsMsg** 程序，該程序可以將處理細節的訊息予以封裝起來：

```
;-------------------------------------------------
WriteWindowsMsg PROC USES eax edx
;
; 顯示一個字串，內容含有MS-Windows
; 最近發生的錯誤訊息
; 接收參數：無
; 回傳值：無
;-------------------------------------------------
.data
WriteWindowsMsg_1 BYTE "Error ",0
WriteWindowsMsg_2 BYTE ": ",0
pErrorMsg DWORD ?                    ; 指向錯誤訊息
messageId DWORD ?
.code
    call  GetLastError
    mov   messageId,eax

; 顯示錯誤號碼
    mov   edx,OFFSET WriteWindowsMsg_1
    call  WriteString
    call  WriteDec
    mov   edx,OFFSET WriteWindowsMsg_2
    call  WriteString

; 取得訊息字串
    INVOKE FormatMessage, FORMAT_MESSAGE_ALLOCATE_BUFFER + \
      FORMAT_MESSAGE_FROM_SYSTEM, NULL, messageID, NULL,
      ADDR pErrorMsg, NULL, NULL

; 顯示由MS-Windows發生的錯誤訊息
    mov   edx,pErrorMsg
    call  WriteString

; 清除錯誤訊息字串
    INVOKE LocalFree, pErrorMsg

    ret
WriteWindowsMsg ENDP
```

單一字元輸入

在主控台模式下輸入單一字元，需要一點技巧。MS-Windows 提供適用於目前安裝鍵盤的裝置驅動程式，當按下一個按鍵的時候，會有一個 8 位元**掃描碼 (scan code)** 傳送到電腦的鍵盤輸出入埠，放開按鍵時，會再傳送第二個掃描碼。MS-Windows 使用一個裝置驅動程式，將掃描碼轉換成 16 位元**虛擬鍵碼 (virtual-key code)**，這是由 MS-Windows 所定義，並與裝置無關的數值，功能是識別按鍵的用途。MS-Windows 會建立一個含有掃描碼、虛擬鍵碼和其他相關資訊的訊息。這個訊息將放置在 MS-Windows 訊息佇列中，最後它會被分配到目前正在運行的程式執行緒（可以利用主控台輸入處置碼來辨識它）中。如果讀者想要進一步學習有關鍵盤輸入的程序設計技巧，請閱讀軟體平台開發工具中的「**關於鍵盤輸入 (About Keyboard Input)**」。有關虛擬鍵常數的列表，請參閱本書的 \Examples\ch11 目錄中之 VirtualKeys.inc 檔案。

Irvine32 鍵盤程序

Irvine32 函式庫擁有以下兩個相關的程序：

- **ReadChar** 會等待鍵盤被鍵入一個 ASCII 字元，並且回傳該字元到 AL。
- **ReadKey** 程序會執行一個不等待的鍵盤檢查程序，如果在主控台輸入緩衝區中沒有任何按鍵處於等待狀態，則零值旗標將被設定。如果在主控台輸入緩衝區中有找到任何一個鍵，則零值旗標將處於清除狀態，而且 AL 的內含值不是零，就是一個 ASCII 碼。此外，EAX 和 EDX 的上半部會被覆寫。

在 ReadKey 執行過程中，如果 AL 的內含值是零，則可能是使用者按下了特殊鍵（功能鍵、游標箭頭等）。AH 暫存器的內含值是鍵盤掃描碼，讀者可以在本書封面內頁找到鍵盤碼列表，作為比對的用途。此外，DX 的內含值是虛擬鍵碼，EBX 含有的是有關鍵盤控制鍵的狀態資訊。關於控制鍵的值，請參見表 11-3。在呼叫了 ReadKey 之後，讀者可以使用 TEST 指令，去檢查各種鍵的值。因為 ReadKey 的實作程式碼頗長，此處無法列出，請見本書 \Examples\Lib32\Irvine32.asm 檔案夾。

ReadKey 測試程式

下列程式會等待使用者按下按鍵的動作，來測試 ReadKey，然後指出 CapsLock 鍵是否被按下。如同第 5 章已經提及的，讀者必須考慮到，在呼叫 ReadKey 時，為了給予 MS-Windows 處理訊息迴圈的時間，所產生的時間延遲。

```
; Testing ReadKey                    (TestReadkey.asm)
INCLUDE Irvine32.inc
INCLUDE Macros.inc

.code
main PROC
L1: mov   eax,10                ; 設定處理時間的延遲
    call Delay
    call ReadKey                ; 等待按下按鍵
    jz    L1

    test ebx,CAPSLOCK_ON
    jz    L2
    mWrite <"CapsLock is ON",0dh,0ah>
    jmp   L3

L2: mWrite <"CapsLock is OFF",0dh,0ah>

L3: exit
main ENDP
END main
```

表11-3 鍵盤控制鍵的狀態值

參數值	意義
CAPSLOCK_ON	CAPS LOCK 燈號開啟
ENHANCED_KEY	按鍵是擴展的 (enhanced)
LEFT_ALT_PRESSED	左方的 ALT 鍵被按下
LEFT_CTRL_PRESSED	左方的 CTRL 鍵被按下
NUMLOCK_ON	NUM LOCK 燈號開啟
RIGHT_ALT_PRESSED	右方的 ALT 鍵被按下
RIGHT_CTRL_PRESSED	右方的 CTRL 鍵被按下
SCROLLLOCK_ON	SCROLL LOCK 燈號開啟
SHIFT_PRESSED	SHIFT 鍵被按下

取得鍵盤狀態

若要測試個別鍵盤按鍵的狀態，藉以找出是哪一個鍵已被按下，請呼叫 **GetKeyState API** 函式。

```
GetKeyState PROTO, nVirtKey:DWORD
```

讀者可以傳遞如表 11-4 所列舉的幾個虛擬鍵值給上述函式，且必須測試回傳到 EAX 的值，這些回傳值也列在表 11-4 中。

下列範例程式經由檢查 NumLock 鍵和左移鍵，來示範說明 GetKeyState 的功用。

```
; Keyboard Toggle Keys              (Keybd.asm)

INCLUDE Irvine32.inc
INCLUDE Macros.inc

; 若按下特定按鍵(CapsLock、NumLock、ScrollLock)
; 就以GetKeyState設定EAX的位元0
; 若按下特定按鍵，就設定EAX的
; 較高位元

.code
main PROC

    INVOKE GetKeyState, VK_NUMLOCK
    test al,1
    .IF !Zero?
      mWrite <"The NumLock key is ON",0dh,0ah>
    .ENDIF

    INVOKE GetKeyState, VK_LSHIFT
    test eax,80000000h
    .IF !Zero?
      mWrite <"The Left Shift key is currently DOWN",0dh,0ah>
    .ENDIF

    exit
main ENDP
END main
```

表11-4　以GetKeyState測試按鍵

按鍵	虛擬鍵符號	AX 中要的測試位元
NumLock	VK_NUMLOCK	0
Scroll Lock	VK_SCROLL	0
Left Shift	VK_LSHIFT	15
Right Shift	VK_tRSHIFT	15
Left Ctrl	VK_LCONTROL	15
Right Ctrl	VK_RCONTROL	15
Left Menu	VK_LMENU	15
Right Menu	VK_RMENU	15

11.1.5　主控台輸出

在前面的章節中，我們試著要使主控台輸出盡可能地簡單。如果回到更早的第 5 章中，讀者可以看到 Irvine32 連結函式庫中的 **WriteString** 程序，它只使用了一個引數，作為 EDX 中的字串位移。實際上 WriteString 是一個封裝程序，它封裝了一個名為 **WriteConsole**，且更為複雜的 Win32 函式。

在本章中，讀者將會學到該如何直接呼叫如 **WriteConsole** 和 **WriteConsoleOutputCharacter** 等 Win32 函式。直接呼叫 Win32 函式需要用到更多關於細節的知識，但是比起 Irvine32 函式庫裡的程序，它們將給予讀者更多的彈性。

資料結構

有幾個 Win32 主控台函式使用了預先定義的資料結構，包括 COORD 和 SMALL_RECT。COORD 結構存放的是主控台螢幕緩衝區的字元格座標，座標系統的原點 (0,0) 是在左上方字元格的位置：

```
COORD STRUCT
    X WORD ?
    Y WORD ?
COORD ENDS
```

SMALL_RECT 結構存放的是一個矩形的左上角和右下角的座標，它代表在主控台視窗中的螢幕緩衝區字元格：

```
SMALL_RECT    STRUCT
    Left      WORD ?
    Top       WORD ?
    Right     WORD ?
    Bottom    WORD ?
SMALL_RECT    ENDS
```

WriteConsole 函式

WriteConsole 函式會將某個字串,寫到主控台視窗中游標所在的位置,並且使游標位於所寫入最後一個字元之後。它可作用在 ASCII 控制字元上,如**定位**、**回車(復位)**以及**換行字元**等,所寫入的字串沒有限定必須是空字元終止字串。這個函式的原型為:

```
WriteConsole PROTO,
    hConsoleOutput:HANDLE,
    lpBuffer:PTR BYTE,
    nNumberOfCharsToWrite:DWORD,
    lpNumberOfCharsWritten:PTR DWORD,
    lpReserved:DWORD
```

hConsoleOutput 參數是主控台輸出串流處置碼;**lpBuffer** 參數是一個指向字元陣列的指標,該陣列就是欲寫入的內容;**nNumberOfCharsToWrite** 參數存放著字串長度;**lpNumberOfCharsWritten** 參數是一個整數的指標,該整數紀錄著在函式返回時,實際上被寫入的位元組數量;最後一個參數並未使用,所以將它設定為零。

範例程式:Console1

下列的 Console1.asm 程式,其功能是使用 **GetStdHandle**、**ExitProcess** 和 **WriteConsole** 函式,寫入一個字串到主控台視窗:

```
; Win32 Console Example #1          (Console1.asm)

; 這個程式可以呼叫
; GetStdHandle、ExitProcess、WriteConsole等Win32函式

INCLUDE Irvine32.inc

.data
endl EQU <0dh,0ah> ; end of line sequence
message LABEL BYTE
    BYTE "This program is a simple demonstration of"
    BYTE "console mode output, using the GetStdHandle"
    BYTE "and WriteConsole functions.",endl
messageSize DWORD ($ - message)

consoleHandle HANDLE 0               ; 標準輸出裝置的處置碼
bytesWritten  DWORD ?                ; 寫入的字元數

.code
main PROC
    ; 取得主控台輸出處置碼:
    INVOKE GetStdHandle, STD_OUTPUT_HANDLE
    mov consoleHandle,eax

    ; 將字串寫到主控台:
    INVOKE WriteConsole,
      consoleHandle,               ; 主控台輸出處置碼
      ADDR message,                ; 字串指標
      messageSize,                 ; 字串長度
      ADDR bytesWritten,           ; 回傳寫入的位元組數量
      0                            ; 未使用

    INVOKE ExitProcess,0
main ENDP
END main
```

這個程式會產生下列輸出：

以上範例程式使用GetStdHandle和WriteConsole等函式，執行主控台的輸出作業。

WriteConsoleOutputCharacter 函式

WriteConsoleOutputCharacter 函式會複製一個字元陣列到主控台螢幕緩衝區中，指定複製位置之後的連續字元格。這個函式的原型如下：

```
WriteConsoleOutputCharacter PROTO,
    hConsoleOutput:HANDLE,                  ; 主控台輸出處置碼
    lpCharacter:PTR BYTE,                    ; 指向緩衝區的指標
    nLength:DWORD,                           ; 緩衝區大小
    dwWriteCoord:COORD,                      ; 第一個字元格
    lpNumberOfCharsWritten:PTR DWORD         ; 輸出字元數量
```

如果文字抵達一列的結尾，則它會繞回 (wraps around)，螢幕緩衝區內的屬性值不會改變。此外，如果函式無法寫入字元，則它會回傳零。而且 ASCII 處置碼將會被忽略，例如**定位**、**回車**和**換行**等。

11.1.6　讀取和寫入檔案

CreateFile 函式

CreateFile 函式的功能是開啟一個新檔案或開啟一個已存在的檔案，假如開檔成功，則它會回傳一個所開啟檔案的處置碼；若沒有成功，則它會回傳名為 INVALID_HANDLE_VALUE 的特殊常數。這個函式的原型為：

```
CreateFile PROTO,                           ; 建立新檔案
    lpFilename:PTR BYTE,                     ; 指向檔案名稱
    dwDesiredAccess:DWORD,                   ; 存取模式
    dwShareMode:DWORD,                       ; 分享模式
    lpSecurityAttributes:DWORD,             ; 指向安全屬性
    dwCreationDisposition:DWORD,            ; 建立檔案的選項
    dwFlagsAndAttributes:DWORD,             ; 檔案屬性
    hTemplateFile:DWORD                      ; 暫存檔的處置碼
```

各參數的說明列舉於表 11-5 中。如果函式執行失敗，則其回傳值為零。

表11-5　CreateFile的參數

參數	說明
lpFileName	一個指向空字元終止字串的指標，此字串含有檔案的部分檔名或完整檔名 (drive:\ path\ filename)。
dwDesiredAccess	指出這個檔案將如何存取（讀取或寫入）。
dwShareMode	這個參數控制了這個檔案被開啟以後，其他程式是否可以存取。
lpSecurityAttributes	指向一個安全結構的指標，此結構控制著安全權限。
dwCreationDisposition	指定當檔案存在或不存在時，應如何處理。
dwFlagsAndAttributes	這個參數保存著可以指定檔案屬性的幾個位元旗標，例如歸檔、加密檔、隱藏檔、一般檔、系統檔和暫存檔等。

表11-5　CreateFile的參數（續）

參數	說明
hTemplateFile	一個非必要的處置碼，它是樣板檔案的處置碼，如果有使用的話，當檔案被開啟時，就會具有跟樣板檔案一樣的屬性和延伸屬性。在不使用這個參數時，必須將它設定為 0。

dwDesiredAccess

藉著設定 dwDesiredAccess 參數，讀者可以對此檔案進行讀取存取，寫入存取，讀 / 寫存取，或裝置查詢存取等動作。請由表 11-6 及未列舉在表中的特定旗標值中，選出自己想要的操作方式。（有興趣的讀者可以在軟體平台開發工具的文件中，尋找 **CreateFile**）。

表11-6　dwDesiredAccess的參數選項

參數值	意義
0	指定對物件的裝置查詢存取，應用程式可以查詢裝置但不能存取，此外它也可以檢查檔案是否存在。
GENERIC_READ	指定對物件的讀取存取 (read access)，資料可從檔案讀取出來，也可移動檔案指標，此值可以和 GENERIC_WRITE 組合成讀取 / 寫入存取。
GENERIC_WRITE	指定對物件的寫入讀取 (write access)，資料可寫入到檔案內，也可移動檔案指標，此值可以和 GENERIC_READ 組合成讀取 / 寫入存取。

dwCreationDisposition

dwCreationDisposition 參數的功能是指定在檔案存在或不存在時，應執行什麼動作，可用的設定請見表 11-7。

表11-7　dwCreationDisposition參數選項

參數值	意義
CREATE_NEW	建立新檔案，必須將 dwDesiredAccess 參數設定成 GENERIC_WRITE，如果檔案已存在的話，此函式會執行失敗。
CREATE_ALWAYS	建立新檔案，如檔案已存在，此設定會覆寫原有檔案內容，並清除原有檔案屬性，再將一個預先定義的常數 FILE_ATTRIBUTE_ARCHIVE 及由屬性 dwDesiredAccess 參數設定成 GENERIC_WRITE。
OPEN_EXISTING	開啟檔案，如果檔案不存在的話，這個函式會執行失敗。在要從檔案讀取資料，或寫入資料到檔案中，都可以使用此項設定。
OPEN_ALWAYS	如果檔案存在的話，則開啟這個檔案。如果檔案不存在，就會如同 CreationDisposition 等於 CREATE_NEW 之設定，以指定的檔案名稱建立新檔案。
TRUNCATE_EXISTING	開啟檔案，一旦檔案被打開，則將檔案截去，使檔案大小變成 0，使用此項設定的先決條件是將 dwDesiredAccess 參數設定成 GENERIC_WRITE，如果檔案不存在，此函式會執行失敗。

表 11-8 列出了 **dwFlagsAndAttributes** 參數中的常用值，（若想查閱完整列表，請在軟體平台開發工具中，以 **CreateFile** 作爲關鍵字搜尋。）除了會使 FILE_ATTRIBUTE_NORMAL 無效的設定外，其他屬性值都可以組合使用。因爲屬性的值是 2 的次方，所以讀者可以使用組譯時期的 OR 運算子，或 + 運算子，將這些屬性結合成單一引數：

```
FILE_ATTRIBUTE_HIDDEN OR FILE_ATTRIBUTE_READONLY
FILE_ATTRIBUTE_HIDDEN + FILE_ATTRIBUTE_READONLY
```

表11-8　常用的FlagsAndAttributes參數值

屬性	意義
FILE_ATTRIBUTE_ARCHIVE	這個檔案應該被歸檔，應用程式會依此屬性標記此檔案為要備份或移除的檔案。
FILE_ATTRIBUTE_HIDDEN	此檔案是隱藏的，此檔不會顯示在一般目錄清單中。
FILE_ATTRIBUTE_NORMAL	此檔案必須沒有使用其他屬性，即這個屬性只有在單獨使用時才是有效的。
FILE_ATTRIBUTE_READONLY	此檔案是唯讀的，應用程式只能讀取檔案，但不能寫入或刪除它。
FILE_ATTRIBUTE_TEMPORARY	此檔案用來作為暫時的儲存用途。

範例

下例只是用來作爲說明的用途，目的是如何建立和開啓檔案。除此之外，還可以參考線上微軟 MSDN 的 **CreateFile** 文件說明，以便學習更多有用的選項：

- 開啓一個已經存在的檔案爲讀取（輸入）模式：

```
INVOKE CreateFile,
    ADDR filename,                  ; 指向檔案名稱的指標
    GENERIC_READ,                   ; 由檔案執行讀取
    DO_NOT_SHARE,                   ; 分享模式
    NULL,                           ; 指向安全相關屬性的指標
    OPEN_EXISTING,                  ; 開啓已存在的檔案
    FILE_ATTRIBUTE_NORMAL,          ; 一般檔案屬性
    0                               ; 未使用
```

- 開啓一個已經存在的檔案爲寫入（輸出）模式。一旦開啓檔案完成，就可以覆寫既存的資料，或者透過將檔案指標移到檔案末端，再將新資料附加到檔案內（參閱第 11.1.6 節的 SetFilePointer）：

```
INVOKE CreateFile,
    ADDR filename,
    GENERIC_WRITE,                  ; 寫入至檔案
    DO_NOT_SHARE,
    NULL,
    OPEN_EXISTING,                  ; 檔案必須已存在
    FILE_ATTRIBUTE_NORMAL,
    0
```

● 建立一個具有一般屬性的新檔案，並且清除已存在的同名檔案：

```
INVOKE CreateFile,
    ADDR filename,
    GENERIC_WRITE,                    ; 寫入至檔案
    DO_NOT_SHARE,
    NULL,
    CREATE_ALWAYS,                    ; 覆寫現有檔案
    FILE_ATTRIBUTE_NORMAL,
    0
```

● 如果檔案尚未存在，則建立新的檔案；反之則開啓現有檔案為輸出模式：

```
INVOKE CreateFile,
    ADDR filename,
    GENERIC_WRITE,                    ; 寫入至檔案
    DO_NOT_SHARE,
    NULL,
    CREATE_NEW,                       ; 不清除現有檔案內容
    FILE_ATTRIBUTE_NORMAL,
    0
```

（DO_NOT_SHARE 和 NULL 等兩個常數是定義在 SmallWin.inc 檔案中，這個檔案會由 Irvine32.inc 自動含括進來）。

CloseHandle 函式

CloseHandle 的功能是關閉一個已經開啓的檔案處置碼。其原型為

```
CloseHandle PROTO,
  hObject:HANDLE                      ; 物件處置碼
```

讀者可以使用 CloseHandle，關閉一個原已開啓的檔案處置碼。如果函式執行失敗，則其回傳值為零。

ReadFile 函式

ReadFile 用於從一個輸入檔案中讀取文字。這個函式的原型為：

```
ReadFile PROTO,
    hFile:HANDLE,                     ; 輸入處置碼
    lpBuffer:PTR BYTE,                ; 指向緩衝區的指標
    nNumberOfBytesToRead:DWORD,       ; 讀取位元組數量
    lpNumberOfBytesRead:PTR DWORD,    ; 實際讀取位元組
    lpOverlapped:PTR DWORD            ; 同步作業方式
```

hFile 參數是由 **CreateFile** 所回傳的檔案處置碼；**lpBuffer** 參數則是指向一個緩衝區的指標，該緩衝區負責接收從檔案讀取的資料；**nNumberOfBytesToRead** 則是指示要從檔案讀取的最大位元組數量；**lpNumberOfBytesRead** 參數是指向一個整數的指標，該整數用於指出在函式返回時，實際讀取的位元組數量；如要進行同步讀取的話（我們所使用的方式），則 **lpOverlapped** 參數應該設定為 NULL (0)。如果函式執行失敗，則其回傳值為零。

如果針對相同的開啓檔案處置碼，呼叫 ReadFile 函式多次，則這個函式會記得上一次結束時的讀取位置，並且從那個位置開始繼續讀取。換言之，這個函式含有一個內部指標，

用於指向檔案的現行位置。ReadFile 也可以非同步的模式執行，表示呼叫這個函式的程式，不會等待讀取的動作結束。

WriteFile 函式

WriteFile 函式會以輸出處置碼，寫入資料到檔案中。這個處置碼可以是螢幕緩衝區，或一個指定給文字檔的處置碼。WriteFile 函式會從檔案內部指標所指定的位置，開始寫入資料到檔案中。在寫入的動作完成以後，這個檔案內部指標會依實際寫入的位元組數量而調整。這個函式的原型為：

```
WriteFile PROTO,
    hFile:HANDLE,                          ; 輸出處置碼
    lpBuffer:PTR BYTE,                     ; 指定緩衝區的指標
    nNumberOfBytesToWrite:DWORD,           ; 緩衝區大小
    lpNumberOfBytesWritten:PTR DWORD,      ; 寫入的位元組數量
    lpOverlapped:PTR DWORD                 ; 指定非同步作業的指標
```

hFile 參數是前一個已開啓的檔案處置碼；**lpBuffer** 參數則是指向一個緩衝區的指標，該緩衝區用於存放要寫到檔案中的資料；**nNumberOfBytesToWrite** 則是指示要寫到檔案的位元組數量；**lpNumberOfBytesWritten** 參數是指向一個整數的指標，該整數用於指出在函式執行以後，實際寫入的位元組數量；如果要進行同步寫入的話，則 **lpOverlapped** 參數應該設定爲 NULL。如果函式執行失敗，則其回傳值爲零。

SetFilePointer 函式

SetFilePointer 函式的功能是移動一個已開啓檔案的位置指標，這個函式可以附加資料到一個檔案之末，或進行隨機存取的資料處理：

```
SetFilePointer PROTO,
    hFile:HANDLE,                     ; 檔案處置碼
    lDistanceToMove:SDWORD,           ; 移動指標
    lpDistanceToMoveHigh:PTR SDWORD,  ; 移動的距離
    dwMoveMethod:DWORD                ; 移動處理的起始位置
```

如果函式執行失敗，則其回傳值爲零。**dwMoveMethod** 參數指定了用於移動檔案指標的起始位置，其內容可由下列三個預先定義的符號中加以選擇：FILE_BEGIN、FILE_CURRENT 和 FILE_END。距離本身是一個 64 位元的有號整數值，又分成兩個部分：

- lpDistanceToMove：低順位的 32 位元
- pDistanceToMoveHigh：一個指向內含高順位 32 位元變數的指標

如果 **lpDistanceToMoveHigh** 是空值，則只有 **lpDistanceToMove** 的值會用來移動檔案指標。舉例來說，以下程式碼表示將附加資料到檔案尾端：

```
INVOKE SetFilePointer,
    fileHandle,          ; 檔案處置碼
    0,                   ; 低順位距離
    0,                   ; 高順位距離
    FILE_END             ; 移動方法
```

詳細內容請參見 **AppendFile.asm** 程式。

11.1.7 在 Irvine32 函式庫中的檔案 I/O

Irvine32 函式庫含有若干個用於檔案輸入／輸出，且經過簡化的程序，都已在第 5 章說明過。這些程序是對 Win32 API 函式的封裝程序，且這些函式也已經在本章解說過。以下列出了 CreateOutputFile、OpenFile、WriteToFile、ReadFromFile 和 CloseFile 等程序的完整內容：

```
;----------------------------------------------------------
CreateOutputFile PROC
;
; 建立新檔案，並開啟為輸出模式
; 接收參數：指向檔案名稱的EDX
; 回傳值：若成功開啟檔案，回傳檔案處置碼至EAX，若開啟失敗
;   回傳INVALID_HANDLE_VALUE至EAX
;
;----------------------------------------------------------
    INVOKE CreateFile,
      edx, GENERIC_WRITE, DO_NOT_SHARE, NULL,
      CREATE_ALWAYS, FILE_ATTRIBUTE_NORMAL, 0
    ret
CreateOutputFile ENDP

;----------------------------------------------------------
OpenFile PROC
;
; 建立新文字檔及開啟為輸入模式
; 接收參數：指向檔案名稱的EDX
; 回傳值：若成功開啟檔案，回傳檔案處置碼至EAX，若開啟失敗
;   回傳INVALID_HANDLE_VALUE至EAX
;
;----------------------------------------------------------
    INVOKE CreateFile,
      edx, GENERIC_READ, DO_NOT_SHARE, NULL,
      OPEN_EXISTING, FILE_ATTRIBUTE_NORMAL, 0
    ret
OpenFile ENDP

;----------------------------------------------------------
WriteToFile PROC
;
; 將緩衝區內容寫入至檔案
; 接收參數：EAX = 檔案處置碼，  EDX = 緩衝區位移
;     ECX = 寫入的位元組數量
; 回傳值：EAX = 寫入至檔案的實際位元組數量
; 若EAX的值小於ECX，則發生錯誤
; 傳遞到ECX的引數，則可能有錯誤發生
;----------------------------------------------------------
.data
WriteToFile_1 DWORD  ?                 ; 實際寫入的位元組個數
.code
    INVOKE WriteFile,                  ; 將緩衝區寫入檔案
      eax,                             ; 檔案處置碼
      edx,                             ; 緩衝區的指標
      ecx,                             ; 要寫入的位元組個數
      ADDR WriteToFile_1,              ; 被寫入的位元組個數
      0                                ; 重疊的執行旗標
    mov eax,WriteToFile_1              ; 回傳值
```

```
        ret
WriteToFile ENDP

;------------------------------------------------------
ReadFromFile PROC
;
; 讀取檔案內容至緩衝區
; 接收參數：EAX = 檔案處置碼，EDX = 緩衝區位移
; ECX = 讀取資料的位元組數量
; 回傳值：若CF = 0，則EAX = 讀取資料的實際位元組數量
; 若CF = 1，則 EAX內容是由GetLastError的Win32 API函式所發出的錯誤碼
;
;------------------------------------------------------
.data
ReadFromFile_1 DWORD ?                  ; 被讀取的位元組個數
.code
    INVOKE ReadFile,
        eax,                    ; 檔案處置碼
        edx,                    ; 緩衝區指標
        ecx,                    ; 要讀取的最大位元組個數
        ADDR ReadFromFile_1,    ; 讀取的位元組個數
        0                       ; 重疊的執行旗標
    mov eax,ReadFromFile_1
    ret
ReadFromFile ENDP

;------------------------------------------------------
CloseFile PROC
;
; 以檔案處置碼作為識別依據，選定執行檔案
; 接收參數：EAX = 檔案處置碼
; 回傳值：若檔案成功關閉，則EAX=非零值
;
;------------------------------------------------------
    INVOKE CloseHandle, eax
    ret
CloseFile ENDP
```

11.1.8　測試檔案 I/O 程序

CreateFile 程式範例

　　下列程式的執行動作包括建立一個處於輸出模式的檔案、要求使用者輸入一些文字、將這些文字寫到輸出檔案中、回報寫入到輸出檔案的位元組數量以及關閉該輸出檔案等。這個程序在嘗試建立檔案之後，會檢查是否發生錯誤：

```
; Creating a File                     (CreateFile.asm)
INCLUDE Irvine32.inc

BUFFER_SIZE = 501
.data
buffer BYTE BUFFER_SIZE DUP(?)
filename     BYTE "output.txt",0
fileHandle   HANDLE ?
stringLength DWORD ?
```

```
bytesWritten DWORD ?
str1 BYTE "Cannot create file",0dh,0ah,0
str2 BYTE "Bytes written to file [output.txt]:",0
str3 BYTE "Enter up to 500 characters and press"
     BYTE "[Enter]: ",0dh,0ah,0

.code
main PROC
; 建立新的文字檔案
    mov    edx,OFFSET filename
    call   CreateOutputFile
    mov    fileHandle,eax

; 檢查錯誤
    cmp    eax, INVALID_HANDLE_VALUE      ; 是否發生錯誤？
    jne    file_ok                        ; 否：略過
    mov    edx,OFFSET str1                ; 顯示錯誤
    call   WriteString
    jmp    quit
file_ok:

; 要求使用者輸入字串
    mov    edx,OFFSET str3                ; "Enter up to ...."
    call   WriteString
    mov    ecx,BUFFER_SIZE                ; 輸入字串
    mov    edx,OFFSET buffer
    call   ReadString
    mov    stringLength,eax               ; 計算輸入的字元數量

; 將緩衝區資料寫入至輸出檔案
    mov    eax,fileHandle
    mov    edx,OFFSET buffer
    mov    ecx,stringLength
    call   WriteToFile
    mov    bytesWritten,eax               ; 儲存回傳值
    call   CloseFile

; 顯示回傳值
    mov    edx,OFFSET str2                ; "Byteswritten"
    call   WriteString
    mov    eax,bytesWritten
    call   WriteDec
    call   Crlf

quit:
    exit
main ENDP
END main
```

ReadFile 程式範例

　　下列程式的執行動作包括開啓檔案爲輸入狀態、將該檔案的內容讀取到緩衝區中以及顯示緩衝區的內容等。所有使用的程序都是呼叫自 Irvine32 函式庫：

```
; Reading a File                    (ReadFile.asm)
```

; 使用位於Irvine32.lib的多個程序，
; 執行開啓、讀取及顯示文字檔內容等動作

```
INCLUDE Irvine32.inc
INCLUDE macros.inc
BUFFER_SIZE = 5000

.data
buffer BYTE BUFFER_SIZE DUP(?)
filename      BYTE 80 DUP(0)
fileHandle    HANDLE ?

.code
main PROC
```

; 要求使用者輸入檔案名稱

```
    mWrite "Enter an input filename: "
    mov    edx,OFFSET filename
    mov    ecx,SIZEOF filename
    call   ReadString
```

; 開啓檔案爲輸入模式

```
    mov    edx,OFFSET filename
    call   OpenInputFile
    mov    fileHandle,eax
```

; 檢查是否發生錯誤

```
    cmp    eax,INVALID_HANDLE_VALUE        ; 在開啓檔案時是否發生錯誤？
    jne    file_ok                         ; 否：略過
    mWrite <"Cannot open file",0dh,0ah>
    jmp    quit                            ; 是：結束
file_ok:
```

; 讀取檔案內容至緩衝區

```
    mov    edx,OFFSET buffer
    mov    ecx,BUFFER_SIZE
    call   ReadFromFile
    jnc    check_buffer_size               ; 在讀取檔案時是否發生錯誤？
    mWrite "Error reading file. "          ; 是：顯示錯誤訊息
    call   WriteWindowsMsg
    jmp    close_file

check_buffer_size:
    cmp    eax,BUFFER_SIZE                  ; 緩衝區是否夠大？
    jb     buf_size_ok                      ; 是
    mWrite <"Error: Buffer too small for the file",0dh,0ah>
    jmp    quit                            ; 結束

buf_size_ok:
    mov    buffer[eax],0                    ; 插入空字元字串
    mWrite "File size: "
    call   WriteDec                         ; 顯示檔案大小
    call   Crlf
```

; 顯示緩衝區內容

```
    mWrite <"Buffer:",0dh,0ah,0dh,0ah>
    mov    edx,OFFSET buffer                ; 顯示緩衝區內容
    call   WriteString
    call   Crlf
```

```
close_file:
    mov   eax,fileHandle
    call  CloseFile
quit:
    exit
main ENDP
END main
```

如果檔案無法開啟，則這個程式會回報發生的錯誤：

```
Enter an input filename: crazy.txt
Cannot open file
```

如果這個程式無法從檔案中讀取資料，也會回報發生的錯誤。假設程式使用錯誤的檔案處置碼，執行讀取資料的動作，會發生以下的錯誤：

```
Enter an input filename: infile.txt
Error reading file. Error 6: The handle is invalid.
```

若因緩衝區太小，而無法存放檔案的資料，會發生如下的錯誤：

```
Enter an input filename: infile.txt
Error: Buffer too small for the file
```

11.1.9 主控台視窗操作

Win32 API 可提供程式設計人員對主控台視窗和緩衝區的控制能力，圖 11-1 顯示了螢幕緩衝區大於現行主控台視窗所展示列數的情況，故從某種角度來看，主控台視窗可以視為是緩衝區部分內容的「觀察窗口」。

圖 11-1　螢幕緩衝區及主控台視窗

以下數個函式可更改主控台視窗設定以及它在螢幕緩衝區的相對位置。

- **SetConsoleWindowInfo** 可以設定主控台視窗在螢幕緩衝區的相對位置和大小。
- **GetConsoleScreenBufferInfo** 函式會回傳主控台視窗相對於螢幕緩衝區的矩形座標（以及其他資訊）。
- **SetConsoleCursorPosition** 函式的功能是將游標設定在螢幕緩衝區內的任何指定位置，假如該位置不在可見範圍，則主控台視窗會自我移動，以便讓游標顯示在螢幕上。
- **ScrollConsoleScreenBuffer** 函式的功能是在螢幕緩衝區內搬移部分或所有文字，而這將會影響顯示在主控台視窗中的文字。

SetConsoleTitle

SetConsoleTitle 函式的功能是可以改變主控台視窗的標題，如以下範例：

```
.data
titleStr BYTE "Console title",0
.code
INVOKE SetConsoleTitle, ADDR titleStr
```

GetConsoleScreenBufferInfo

GetConsoleScreenBufferInfo 函式會回傳有關主控台視窗的目前狀態資訊，它使用如下兩個參數：主控台螢幕的處置碼、指向將被此函式寫入資料的結構指標：

```
GetConsoleScreenBufferInfo PROTO,
    hConsoleOutput:HANDLE,
    lpConsoleScreenBufferInfo:PTR CONSOLE_SCREEN_BUFFER_INFO
```

以下是 CONSOLE_SCREEN_BUFFER_INFO 的結構：

```
CONSOLE_SCREEN_BUFFER_INFO   STRUCT
    dwSize                   COORD <>
    dwCursorPosition         COORD <>
    wAttributes              WORD ?
    srWindow                 SMALL_RECT <>
    dwMaximumWindowSize      COORD <>
CONSOLE_SCREEN_BUFFER_INFO ENDS
```

dwSize 用於回傳螢幕緩衝區的大小，回傳值是以字元欄數和列數來表示，dwCursorPosition 則是用於回傳游標的位置。以上兩個欄位都是 COORD 結構，wAttributes 可以回傳被如 **WriteConsole** 和 **WriteFile** 等函式寫入到主控台的字元顏色及底色，srWindow 則是回傳主控台視窗相對於螢幕緩衝區的座標，drMaximumWindowSize 會回傳主控台視窗的大小的最大值，此值與目前的螢幕緩衝區大小、字型和所展示的螢幕大小有關。以下是這個函式的呼叫範例：

```
.data
consoleInfo CONSOLE_SCREEN_BUFFER_INFO <>
outHandle HANDLE ?
.code
INVOKE GetConsoleScreenBufferInfo, outHandle,
    ADDR consoleInfo
```

圖 11-2 是使用 Microsoft Visual Studio 除錯器顯示本結構資料的範例內容。

SetConsoleWindowInfo 函式

SetConsoleWindowInfo 函式可以讓設計人員設定主控台視窗相對於螢幕緩衝區的位置和大小，以下是它的函式原型：

```
SetConsoleWindowInfo PROTO,
    hConsoleOutput:HANDLE,              ; 螢幕緩衝區處置碼
    bAbsolute:DWORD,                    ; 使用座標的方式
    lpConsoleWindow:PTR SMALL_RECT      ; 視窗矩形
```

bAbsolute 參數用於指出如何使用由 lpConsoleWindow 所指向的結構中的座標，假如 bAbsolute 為眞，則設定之座標代表主控台視窗左上角和右下角的新座標。如果 bAbsolute 為偽，則這些座標將被加到現行視窗的座標上。

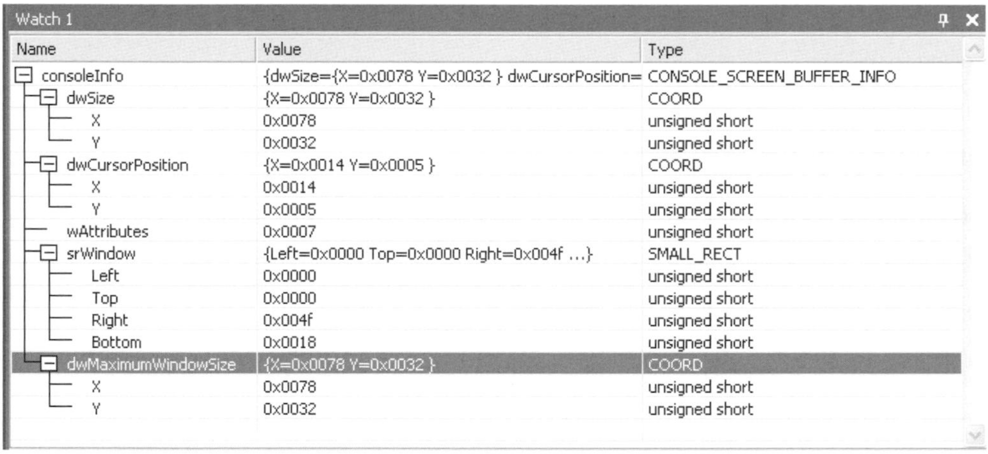

圖 11-2　CONSOLE_SCREEN_BUFFER_INFO 結構內容

　　下列的 **Scroll.asm** 程式會將 50 行文字，寫入至螢幕緩衝區。然後它會改變主控台視窗的大小和位置，並且有效地將文字向後捲動。此程式會使用到 **SetConsoleWindowInfo** 函式：

```
; Scrolling the Console Window      (Scroll.asm)
INCLUDE   Irvine32.inc
.data
message BYTE ": This line of text was written "
        BYTE "to the screen buffer",0dh,0ah
messageSize DWORD ($-message)

outHandle     HANDLE 0              ; 標準輸出處置碼
bytesWritten DWORD ?                      ; 寫入的位元組數量
lineNum       DWORD 0
windowRect    SMALL_RECT <0,0,60,11>    ; left,top,right,bottom
.code
main PROC
    INVOKE GetStdHandle, STD_OUTPUT_HANDLE
    mov outHandle,eax

.REPEAT
```

```
        mov     eax,lineNum
        call    WriteDec            ; 顯示每一行的行號
        INVOKE WriteConsole,
          outHandle,                ; 主控台輸出處置碼
          ADDR message,             ; 指向字串的指標
          messageSize,              ; 字串長度
          ADDR bytesWritten,        ; 回傳寫入的位元組數量
          0                         ; 未使用
        inc lineNum                 ; 下一個行號
    .UNTIL lineNum > 50
    ; 根據螢幕緩衝區的內容，重新設定主控台視窗的大小
    ; 及位置
        INVOKE SetConsoleWindowInfo,
          outHandle,
          TRUE,
          ADDR windowRect           ; 視窗矩形

        call    Readchar            ; 等待按鍵輸入
        call    Clrscr              ; 清除螢幕緩衝區
        call    Readchar            ; 等待第二個按鍵

        INVOKE ExitProcess,0
main ENDP
END main
```

這個程式的最佳執行位置是 MS-Windows Explorer 或命令列環境，不要在整合編輯器環境中執行，因為編輯器可能會影響主控台視窗的行為和外觀。請注意在結束時，必須按任意鍵兩次：第一次是清除螢幕緩衝區，第二次是結束這個程式。

SetConsoleScreenBufferSize 函式

SetConsoleScreenBufferSize 的功能是將螢幕緩衝區的大小，設定為 X 行及 Y 列。這個函式的原型為：

```
SetConsoleScreenBufferSize PROTO,
    hConsoleOutput:HANDLE,          ; 螢幕緩衝區的處置碼
    dwSize:COORD                    ; 新的螢幕緩衝區大小
```

11.1.10　控制游標

Win32 API 提供的部分函式，可以設定游標大小、可見性和螢幕位置。與這些函式有關的一個重要資料結構是 CONSOLE_CURSOR_INFO，它含有關於主控台滑鼠大小和可見性的資訊：

```
CONSOLE_CURSOR_INFO STRUCT
    dwSize     DWORD   ?
    bVisible   DWORD   ?
CONSOLE_CURSOR_INFO ENDS
```

dwSize 是游標填滿字元格的百分比 (1 到 100)，當 bVisible 等於 TRUE (1) 時，就代表游標是可見的。

GetConsoleCursorInfo 函式

GetConsoleCursorInfo 函式會回傳主控台游標的大小和可見性，在呼叫這個函式的時候，必須傳遞一個指向 CONSOLE_CURSOR_INFO 結構的指標：

```
GetConsoleCursorInfo PROTO,
    hConsoleOutput:HANDLE,
    lpConsoleCursorInfo:PTR CONSOLE_CURSOR_INFO
```

預設的游標大小為 25，表示游標會填滿 25% 的字元格。

SetConsoleCursorInfo 函式

SetConsoleCursorInfo 函式能夠設定游標的大小和可見性，在呼叫這個函式的時候，必須傳遞一個指向 CONSOLE_CURSOR_INFO 結構的指標：

```
SetConsoleCursorInfo PROTO,
    hConsoleOutput:HANDLE,
    lpConsoleCursorInfo:PTR CONSOLE_CURSOR_INFO
```

SetConsoleCursorPosition

SetConsoleCursorPosition 函式的功能是設定游標的座標 X 及 Y 位置，在呼叫這個函式的時候，必須傳遞一個 COORD 結構及主控台輸出處置碼：

```
SetConsoleCursorPosition PROTO,
    hConsoleOutput:DWORD,           ; 輸出模式處置碼
    dwCursorPosition:COORD          ; 螢幕的X及Y座標
```

11.1.11　控制文字顏色

有兩個方法可以控制主控台視窗中的文字顏色，首先是可呼叫 **SetConsoleTextAttribute**，改變目前的文字顏色，並影響到其後輸出到主控台的文字；另外一個方法是呼叫 **WriteConsoleOutputAttribute**，設定所指定的字元格的屬性。此外，GetConsoleScreen BufferInfo 函式（第 11.1.9 節）會回傳目前的螢幕顏色，以及其他主控台資訊。

SetConsoleTextAttribute 函式

SetConsoleTextAttribute 函式的功能是設定隨後對主控台視窗輸出的所有文字顏色和底色。這個函式的原型為：

```
SetConsoleTextAttribute PROTO,
    hConsoleOutput:HANDLE,          ; 主控台輸出處置碼
    wAttributes:WORD                ; 顏色相關屬性
```

顏色的值是儲存在 wAttributes 參數的低順序位元組。

WriteConsoleOutputAttribute 函式

WriteConsoleOutputAttribute 函式會將一個屬性值的陣列，複製到主控台螢幕緩衝區的連續格位中，而且可以指定起始的複製位置。這個函式的原型為：

```
WriteConsoleOutputAttribute PROTO,
hConsoleOutput:DWORD,                   ; 輸出處置碼
lpAttribute:PTR WORD,                   ; 寫入屬性
nLength:DWORD,                          ; 字元格數量
dwWriteCoord:COORD,                     ; 第一個字元格
lpNumberOfAttrsWritten:PTR DWORD        ; 輸出字元數量
```

lpAttribute 是 指 向 文 字 屬 性 陣 列 的 指 標，每 一 個 較 低 順 序 之 位 元 組 代 表 顏 色；
nLength 則是該陣列的長度；dwWriteCoord 是接收文字屬性的起始螢幕格位；lpNuumber
OfAttrsWritten 則是指向一個變數的指標，它紀錄在函式返回時，實際被寫入的格位數量。

範例程式：寫入文字顏色

為了說明如何使用顏色和屬性，**WriteColors.asm** 範例程式會為每個字元建立一個字元
陣列和一個文字屬性陣列。這個程式會呼叫 **WriteConsoleOutputAttribute** 函式，複製文字
屬性到螢幕緩衝區中，以及呼叫 **WriteConsoleOutputCharacter** 程序，複製各個字元到相同
螢幕緩衝區的各格位中：

```
; Writing Text Colors                   (WriteColors.asm)
INCLUDE Irvine32.inc
.data
outHandle    HANDLE ?
cellsWritten DWORD ?
xyPos COORD <10,2>
; 字元碼陣列：
buffer BYTE 1,2,3,4,5,6,7,8,9,10,11,12,13,14,15
       BYTE 16,17,18,19,20
BufSize DWORD ($-buffer)
; 屬性陣列：
attributes WORD 0Fh,0Eh,0Dh,0Ch,0Bh,0Ah,9,8,7,6
           WORD 5,4,3,2,1,0F0h,0E0h,0D0h,0C0h,0B0h

.code
main PROC
; 取得主控台標準輸出處置碼
    INVOKE GetStdHandle,STD_OUTPUT_HANDLE
    mov outHandle,eax

; 在連續多個字元格設定顏色
    INVOKE WriteConsoleOutputAttribute,
      outHandle, ADDR attributes,
      BufSize, xyPos, ADDR cellsWritten

; 寫入字元碼1至20
    INVOKE WriteConsoleOutputCharacter,
      outHandle, ADDR buffer, BufSize,
      xyPos, ADDR cellsWritten

    INVOKE ExitProcess,0                 ; 結束程式
main ENDP
END main
```

圖 11-3 所示為程式輸出的快照，在這個圖形中，字元碼 1 到 20 被顯示成圖形式的字元。且每個字元的顏色都是不同的，但這些顏色無法在單色的本書版面中呈現出來。

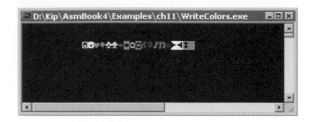

圖 11-3　WriteColor 的輸出

11.1.12　時間和日期的函式

Win32 API 提供了相當多的時間和日期函式，可供設計人員取用。如對新手來說，可以這些函式取得和設定目前日期和時間。在本節中，我們只討論部分此類函式，關於在表 11-9 中所列舉的其他 Win32 函式，讀者可以查看 SDK 平台的說明文件。

表11-9　Win32日期時間函式

函式	說明
CompareFileTime	比較兩個 64 位元的檔案時間。
DosDateTimeToFileTime	將 MS-DOS 的日期時間值轉換成 64 位元的檔案時間。
FileTimeToDosDateTime	將 64 位元的檔案時間轉換成 MS-DOS 的日期和時間值。
FileTimeToLocalFileTime	將 UTC(世界標準時間) 的檔案時間轉換成當地檔案時間。
FileTimeToSystemTime	將 64 位元的檔案時間轉換成系統的時間格式。
GetFileTime	取得建立、最後存取和最近修改檔案的日期和時間。
GetLocalTime	取得目前本地的日期和時間。
GetSystemTime	取得以 UTC 格式表示的目前系統日期和時間。
GetSystemTimeAdjustment	判斷系統是否把週期時間的調整，應用於它的日曆鐘上。
GetSystemTimeAsFileTime	取得以 UTC 格式表示的目前的系統日期和時間。
GetTickCount	取得從系統開始啟動至目前毫秒數。
GetTimeZoneInformation	取得目前時間區域的參數。
LocalFileTimeToFileTime	將本地檔案時間轉換成以 UTC 為基準樣式的檔案時間。
SetFileTime	設定檔案建立、最近存取或修改的日期和時間。
SetLocalTime	設定目前本地的時間和日期。
SetSystemTime	設置目前系統的時間和日期。
SetSystemTimeAdjustment	設定啟動或不啟動週期性的調整系統的日曆鐘。
SetTimeZoneInformation	設置目前時間區域的參數。
SystemTimeToFileTime	將系統時間轉換成檔案時間。
SystemTimeToTzSpecificLocalTime	將 UTC 時間轉換成指定時間區域的對應時間。

SYSTEMTIME 結構

以下的 SYSTEMTIME 結構會使用於與日期和時間相關的 Windows API 函式：

```
SYSTEMTIME STRUCT
    wYear WORD ?                    ; 年份 (四位數)
    wMonth WORD ?                   ; 月份 (1-12)
    wDayOfWeek WORD ?               ; 一周的第幾天 (0-6)
    wDay WORD ?                         ; 日期 (1-31)
    wHour WORD ?                    ; 小時 (0-23)
    wMinute WORD ?                  ; 分鐘 (0-59)
    wSecond WORD ?                  ; 秒數 (0-59)
    wMilliseconds WORD ?           ; 毫秒數 (0-999)
SYSTEMTIME ENDS
```

wDayOfWeek 欄位的值分別是 Sunday = 0，Monday = 1，依此類推。wMilliseconds 的值並不精確，因為系統會定期與特定時間來源進行同步及更新時間。

GetLocalTime and SetLocalTime

GetLocalTime 函式會根據系統時鐘，回傳日期與當天的現行時間，此時間會因為時區不同而不同。在呼叫這個函式的時候，必須傳遞一個指向 SYSTEMTIME 結構的指標：

```
GetLocalTime PROTO,
    lpSystemTime:PTR SYSTEMTIME
```

以下是對 GetLocalTime 函式的呼叫範例：

```
.data
sysTime SYSTEMTIME <>
.code
INVOKE GetLocalTime, ADDR sysTime
```

而 **SetLocalTime** 函式則可以設定系統的本地日期和時間。在呼叫這個函式的時候，必須傳遞一個指向 SYSTEMTIME 結構的指標：

```
SetLocalTime PROTO,
    lpSystemTime:PTR SYSTEMTIME
```

如果這個函式執行成功，會回傳一個非零的整數；如果失敗，則回傳零。

GetTickCount 函式

GetTickCount 函式會回傳由系統啟動到目前的毫秒數：

```
GetTickCount PROTO                      ; 回傳值置於 EAX
```

因為回傳值是一個雙字組，所以若系統已經持續執行 49.7 天，則時間將回復為零。讀者可以使用這個函式，來監視在某個迴圈的執行作業，使用了多久的時間，並且設定到達某個特定時間極限之後，就跳出這個迴圈。

下列的 **Timer.asm** 程式會量測在兩次呼叫 GetTickCount 之間，所經過的時間。而且它會核對計時器的計數結果，確保不會超過極限值（49.7 天），類似的程式碼可以使用於各種不同的應用設計中：

```
    ; Calculate Elapsed Time                (Timer.asm)
    ; 使用Win32函式庫的GetTickCount函式,
    ; 取得計時毫秒數
    INCLUDE Irvine32.inc
    INCLUDE macros.inc

    .data
    startTime DWORD  ?

    .code
    main PROC
        INVOKE GetTickCount              ; 取得代表開始時間的始毫秒數
        mov    startTime,eax             ; 儲存開始的毫秒數

        ; 建立沒有實用價值的計數迴圈
        mov   ecx,10000100h
    L1: imul  ebx
        imul  ebx
        imul  ebx
        loop  L1

        INVOKE GetTickCount              ; 取得新的毫秒數
        cmp    eax,startTime             ; 新的毫秒數是否小於開始的毫秒數?
        jb     error                     ; 是,則跳越至error標籤

        sub    eax,startTime             ; 取得兩個毫秒數的差距
        call   WriteDec                  ; 顯示計數結果
        mWrite <" milliseconds have elapsed",0dh,0ah>
        jmp quit

    error:
        mWrite "Error: GetTickCount invalid--system has"
        mWrite <"been active for more than 49.7 days",0dh,0ah>
    quit:
        exit
    main ENDP
    END main
```

Sleep 函式

　　程式有時候會需要暫停或延遲短暫時間,雖然設計人員可以建立一個計算或忙碌的迴圈,使處理器保持在運作狀態,但是迴圈的執行時間卻會因處理器的不同而不同。除此之外,忙碌的迴圈也會非必要地佔用處理器時間,並且減緩其他程式的執行。此時可以使用Win32 的 **Sleep** 函式,其功能是將現行的執行緒,懸置一段指定的毫秒數。

```
Sleep PROTO,
    dwMilliseconds:DWORD
```

　　(因為我們的組合語言程式是單一執行緒,故此處將假設一個執行緒就等同於一個程式。) 在執行緒處於睡眠狀態的期間,不會佔用處理器的執行時間。

GetDateTime 程序

　　在 Irvine32 函式庫中的 **GetDateTime** 程序,可以回傳一個時間值,這個時間值是從1601 年 1 月 1 號到現在所經過的時間,其單位是 100 奈秒 (nanosecond)。但這個起始時間似

乎有點奇怪，因為在那個時候，根本尚未發明電腦。無論如何，微軟使用了這個值來紀錄檔案時間和日期。當讀者為了計算時間而想要準備一個系統時間 / 日期值時，以下的步驟是 Win32 SDK 所建議的：

1. 呼叫如 **GetLocalTime** 之類的函式，其功能是填寫一個 SYSTEMTIME 結構。
2. 呼叫 **SystemTimeToFileTime** 函式，以便將 SYSTEMTIME 結構轉換成 FILETIME 結構。
3. 將所得到的 FILETIME 結構，複製到一個 64 位元的四字組。

FILETIME 結構會把一個 64 位元的四字組，分成兩個雙字組：

```
FILETIME STRUCT
    loDateTime DWORD  ?
    hiDateTime DWORD  ?
FILETIME ENDS
```

以下的 **GetDateTime** 程序會接收一個指向 64 位元四字組變數的指標，再將現在的日期和時間，以 Win32 FILETIME 的格式，儲存在變數中。

```
;----------------------------------------------------
GetDateTime PROC,
    pStartTime:PTR QWORD
    LOCAL sysTime:SYSTEMTIME, flTime:FILETIME
;
; 取得及儲存目前地區的日期/時間為
; 64位元整數 (Win32的FILETIME格式)
;----------------------------------------------------
; 取得系統所在地區的時間
    INVOKE GetLocalTime,
      ADDR sysTime

; 將SYSTEMTIME 轉換為 FILETIME
    INVOKE SystemTimeToFileTime,
      ADDR sysTime,
      ADDR flTime

; 將FILETIME複製至64位元整數
    mov   esi,pStartTime
    mov   eax,flTime.loDateTime
    mov   DWORD PTR [esi],eax
    mov   eax,flTime.hiDateTime
    mov   DWORD PTR [esi+4],eax
    ret
GetDateTime ENDP
```

因為 SYSTEMTIME 是一個 64 位元整數，所以讀者可以使用第 7.4 節說明過的延伸精準度算術技巧，來執行有關日期的算術運算。

11.1.13　使用 64 位元 Windows API

讀者可以重新撰寫任何 32 位元對 Windows API 的函式的呼叫為 64 位元的函式，其中只有一些注意事項：

1. 輸入與輸出處置碼是 64 位元長。

2. 在呼叫系統函式之前，呼叫程是必須藉由從堆積指標 (RSP) 暫存器減去 32，反轉空白的 32 字元組。這允許系統函式使用空白去儲存暫時的 RCX、RDX、R8 與 R9 暫存器的備份。

3. 當呼叫系統函式，RSP 應該要被排列在 16 字元組的位址邊界上（基本上，使以零結尾的十六進位位址。）好在，Win64 API 不會強制跟隨此規則，而且在應用程式中，通很難去精確控制堆積的排列。

4. 在系統呼叫傳回之後，藉由加入同之前減掉的數字，呼叫器必須回復 RSP 到他原本的數值，當在副程式中呼叫 Win64 API 函式，這件事情是關鍵，因為 ESP 必須以指向副程式的傳回位址為結尾，而且必須與您執行 RET 指令的時間同時。

5. 整數參數在 64 位元暫存器中傳遞。

6. INVOKE 不被允許，事實上，前四個引述應該要由左至右的放在下列的暫存器中：RCX、RDX、R8 與 R9。其他的引述應該要被押入執行時期堆積。

7. 系統函式會傳回 64 位元整數數值在 RAX 中。

下列顯示出 64 位元 GetStdHandle 函式如何從 Irvine64 函式庫中被呼叫：

```
.data
STD_OUTPUT_HANDLE EQU -11
consoleOutHandle QWORD  ?
.code
sub rsp,40                          ; 預留陰影空間與對齊 RSP

mov  rcx,STD_OUTPUT_HANDLE
call GetStdHandle
mov  consoleOutHandle,rax
add  rsp,40
```

一旦主控台輸出的處置碼被初始化，下一個程式碼的範例會顯示出我們如何呼叫 64 位元 WriteConsoleA 函式。這裡有五個引數：RCX（主控台處置碼）、RDX（字串的指標）、R8（字串的長度）與 R9（bytesWritten 變數的指標），還有一個最終的假的零參數，它會加到 RSP 上方第五個的堆積中。

```
WriteString proc uses rcx rdx r8 r9
    sub rsp, (5 * 8)                ; 預留空間給參數5

    movr  cx,rdx
    call  Str_length                ; 返回字串長度至 EAX
    mov   rcx,consoleOutHandle
    mov   rdx,rdx                    ; 字串指標
    mov   r8, rax                    ; 字串長度
    lea   r9,bytesWritten
    mov   qword ptr [rsp + 4 * SIZEOF QWORD],0 ; (始終為0)
    call  WriteConsoleA
    add   rsp,(5 * 8)                ; 恢復 RSP
    ret
WriteString ENDP
```

11.1.14 自我評量

1. 什麼連結器命令可以指明目標程式可用於 Win32 主控台？
2. （是非題）：結尾字母為 W 的函式（例如 WriteConsoleW），設計目的是為了與像 Unicode 字元集的寬度（16 位元）一同運作。
3. （是非題）：Unicode 是 Windows 98 的原生字元集。
4. （是非題）：**ReadConsole** 函式會從輸入緩衝區讀取滑鼠資訊。
5. （是非題）：Win32 主控台輸入函式，可以偵測到使用者重設主控台視窗的大小的動作。

11.2 撰寫圖形視窗應用程式

在本節中，我們將會說明如何撰寫一個簡單的微軟 32 位元視窗圖形應用程式。這個程式會建立一個主視窗、顯示訊息對話方塊以及回應滑鼠所產生的事件，這裡所提供的資訊只能算是一個簡介，即使是想要說明最簡單的 MS-Windows 應用程式運作細節，至少需要一整章的篇幅。若讀者想得到更多的資訊，可以參閱 Platform SDK 說明文件。另外一個重要的資訊來源是 Charles Petzold 的書籍《Programming Windows》。

表 11-10 列舉了在建立這個程式時，會使用到的各種函式庫和含括檔。請使用位於本書 Examples\Ch11\WinApp 目錄的 Visual Studio 專案檔，建立及執行這個程式。

表11-10　建立WinAppt程式時所用到的檔案

檔案名稱	說明
WinApp.asm	程式原始碼。
GraphWin.inc	一個標頭檔，內含此程式使用的結構、常數和函式原型。
kernel32.lib	本章稍早使用到的 MS-Windows API 函式庫。
user32.lib	額外的 MS-Windows API 函式。

這裡使用了 /SUBSYSTEM:WINDOWS，取代前面幾章所用的 /SUBSYSTEM:CONSOLE。這個程式將會呼叫如下兩個標準 MS-Windows 函式庫中的函式：kernel32.lib 和 user32.lib。

主視窗

本程式的主視窗會在執行時顯示為全螢幕，此處已縮小這個主視窗的比例，以便使它與本書的版面相稱（圖 11-4）。

圖 11-4　WinApp 程式的 Main 主視窗

11.2.1 重要的結構

POINT 結構會以像素 (pixel) 為單位，指定一個點在螢幕中的 X 和 Y 座標，舉例而言，它可以用來指出圖形物件、視窗和滑鼠點擊的位置：

```
POINT STRUCT
    ptX   DWORD  ?
    ptY   DWORD  ?
POINT ENDS
```

RECT 結構用於定義矩形的邊界，**left** 成員包含了矩形左邊界的 X 座標，而 **top** 成員則包含了矩形上邊界的 Y 座標，**right** 和 **bottom** 成員也儲存著對應的值：

```
RECT STRUCT
    left        DWORD  ?
    top         DWORD  ?
    right       DWORD  ?
    bottom      DWORD  ?
RECT ENDS
```

MSGStruct 結構則定義了 MS-Windows 訊息所需要的資料：

```
MSGStruct STRUCT
    msgWnd      DWORD  ?
    msgMessage  DWORD  ?
    msgWparam   DWORD  ?
    msgLparam   DWORD  ?
    msgTime     DWORD  ?
    msgPt POINT <>
MSGStruct ENDS
```

WNDCLASS 結構定義了一個視窗類別，在一個程式中，每個視窗都必須屬於一個類別，而且每個程式都必須為它的主視窗定義一個視窗類別。在顯示主視窗之前，這個類別必須先向作業系統完成註冊：

```
WNDCLASS STRUC
    style           DWORD  ?        ; 視窗樣式選項
    lpfnWndProc     DWORD  ?        ; 指向WinProc函式的指標
    cbClsExtra      DWORD  ?        ; 分享記憶體
    cbWndExtra      DWORD  ?        ; 額外的位元組數量
    hInstance       DWORD  ?        ; 目前執行中程式的處置碼
    hIcon           DWORD  ?        ; 圖示的處置碼
    hCursor         DWORD  ?        ; 游標的處置碼
    hbrBackground   DWORD  ?        ; 背景筆刷的處置碼
    lpszMenuName    DWORD  ?        ; 指向功能表名稱的指標
    lpszClassName   DWORD  ?        ; 指向WinClass名稱的指標
WNDCLASS ENDS
```

以下是相關參數的簡易說明：

- style 是含有多種型態選項的組合體，如 WS_CAPTION 和 WS_BORDER 等，可以用於控制視窗的外觀和行為。

- lpfnWndProc 是一個指向某個函式的指標（在本範例程式中），這個函式用來處理和接收使用者觸發的事件訊息。

- cbClsExtra 會參考至共用記憶體，此記憶體是由屬於這個類別的所有視窗來加以使用的，其值可以是 NULL。
- cbWndExtra 參數可以藉由指定下列視窗實體 (instance)，獲得額外分配的位元組數量。
- hInstance 存放現行程式實體的處置碼。
- hIcon 和 hCursor 存放這個程式的圖示和游標資源等處置碼。
- hbrBackground 存放背景（顏色）筆刷之處置碼。
- lpszMenuName 是指向功能表名稱的指標。
- lpszClassName 是指向空字元終止字串的指標，該字串含有視窗類別的名字。

11.2.2　MessageBox 函式

一個程式要顯示文字最簡單的方法是使用對話方塊，彈出對話方塊以後，會等待使用者按下一個按鈕。Win32 API 函式庫中的 **MessageBox** 函式，可以展示一個簡單的對話方塊。它的原型如下：

```
MessageBox PROTO,
    hWnd:DWORD,
    lpText:PTR BYTE,
    lpCaption:PTR BYTE,
    uType:DWORD
```

hWnd 是目前視窗的處置碼；lpText 是指向空字元終止字串的指標，這個字串會顯示在訊息盒內；lpCaption 也是一個指向空字元終止字串的指標，這個字串將顯示在對話方塊的標題列；style 是一個整數，代表顯示在對話方塊的圖示（非必要）和按鈕（必要）。按鈕是由 MB_OK 和 MB_YESNO 等常數定義的，而圖示則是由 MB_ICONQUESTION 常數所定義。在顯示對話方塊的時候，讀者可以結合圖示和按鈕等兩個常數，如以下範例：

```
INVOKE MessageBox, hWnd, ADDR QuestionText,
    ADDR QuestionTitle, MB_OK + MB_ICONQUESTION
```

11.2.3　WinMain 程序

每一個視窗應用程式都需要一個啟動程序，它通常叫做 **WinMain**，負責下列的工作：
- 取得目前程式的處置碼。
- 載入程式的圖示及滑鼠游標。
- 為程式的主視窗類別完成註冊，並指出用於處理視窗事件訊息的程序。
- 建立主視窗。
- 顯示和更新主視窗。
- 開始一個可接受和分配訊息的迴圈。這個迴圈將持續到使用者關閉應用程式視窗為止。

WinMain 含有一個訊息處理迴圈，功能是呼叫 **GetMessage** 來擷取由程式訊息佇列所發出的下一個有用訊息。如果 GetMessage 擷取到 WM_QUIT 訊息，則它將回傳零，以便告訴 WinMain 停止程式的執行。至於其他訊息，WinMain 將傳遞給 **DispatchMessage** 函式，而這個函式會將它們轉寄給程式的 WinProc 程序。如果想要閱讀更多關於訊息的資料，請在 Platform SDK 說明文件中搜尋**視窗訊息 (Windows Messages)**。

11.2.4 WinProc 程序

WinProct 程序會接收和處理所有有關視窗的事件訊息，大部分的事件都是由使用者按下或拖曳滑鼠、按下鍵盤等動作所引起的。這個程序的工作是將每個訊息予以解碼，如果這個訊息是可識別的，就執行有關此訊息的應用程式導向工作。以下是它的宣告：

```
WinProc PROC,
    hWnd:DWORD,                    ; 視窗處置碼
    localMsg:DWORD,                ; 訊息 ID
    wParam:DWORD,                  ; 參數 1（多種內容）
    lParam:DWORD                   ; 參數 2（多種內容）
```

第三和第四個參數的內容是會改變的，它會依據特定的訊息 ID 而有所不同。如點按滑鼠時，lParam 的內容是點擊位置的 X 和 Y 座標。在以下的範例程式中，**WinProc** 程序處理了三個特定訊息：

- WM_LBUTTONDOWN，在按下滑鼠左鍵時所產生
- WM_CREATE，代表主視窗剛被建立完成
- WM_CLOSE，代表程式的主視窗即將要關閉

如以下幾列程式（來自 WinProc）會處理 WM_LBUTTONDOWN 訊息，執行動作是呼叫 **MessageBox**，顯示彈出式對話方塊給使用者：

```
.IF eax == WM_LBUTTONDOWN
  INVOKE MessageBox, hWnd, ADDR PopupText,
    ADDR PopupTitle, MB_OK
jmp WinProcExit
```

圖 11-5 所示為使用者看到的結果：任何其他我們不想處理的訊息，都會傳到 **DefWindowProc**，它是 MS-Windows 預設的訊息處理者。

圖 11-5　由 WinApp 產生的彈出式對話方塊

11.2.5 ErrorHandler 程序

ErrorHandler 是非必要的程序，如果系統在註冊和建立程式的主視窗時，回報已發生的錯誤，就會呼叫此程序。如果這個程式的主視窗註冊成功，則 **RegisterClass** 函式會回傳一個非零的值。但是如果它回傳的是零，則我們可以呼叫 **ErrorHandler**（顯示錯誤訊息），並且結束程式：

```
INVOKE RegisterClass, ADDR MainWin
  .IF eax == 0
    call ErrorHandler
    jmp Exit_Program
.ENDIF
```

ErrorHandler 程序處理以下幾個重要的工作：

* 呼叫 **GetLastError** 及取得系統錯誤代碼。
* 呼叫 **FormatMessage** 及取得對應的系統格式錯誤訊息字串。
* 呼叫 **MessageBox** 及展示內含錯誤訊息字串的彈出式對話方塊。
* 呼叫 **LocalFree** 及釋放由錯誤訊息字串所使用的記憶體。

11.2.6　程式清單

接下來要列出本範例程式的完整內容，稍微長了點，請耐心閱讀，其中多數程式在任何的 MS-Windows 應用程式中都是一樣的：

```
; Windows Application                   (WinApp.asm)
; 本範例程式會顯示可改變大小的視窗及
; 數個彈出式視對話方塊，特別感謝提供本範例程式
; 第一版的Tom Joyce

.386
.model flat,STDCALL
INCLUDE GraphWin.inc

;==================== DATA =======================
.data
AppLoadMsgTitle BYTE "Application Loaded",0
AppLoadMsgText  BYTE "This window displays when the WM_CREATE "
                BYTE "message is received",0

PopupTitle  BYTE "Popup Window",0
PopupText   BYTE "This window was activated by a "
            BYTE "WM_LBUTTONDOWN message",0

GreetTitle  BYTE "Main Window Active",0
GreetText   BYTE "This window is shown immediately after "
            BYTE "CreateWindow and UpdateWindow are called.",0

CloseMsg    BYTE "WM_CLOSE message received",0
ErrorTitle  BYTE "Error",0
WindowName  BYTE "ASM Windows App",0
className   BYTE "ASMWin",0
; 定義應用程式視窗類別架構
MainWin WNDCLASS <NULL,WinProc,NULL,NULL,NULL,NULL,NULL, \
    COLOR_WINDOW,NULL,className>

msg         MSGStruct <>
winRect     RECT <>
hMainWnd    DWORD ?
hInstance   DWORD ?

;==================== CODE ========================
```

```
    .code
WinMain PROC

;取得目前處理程式的處置碼
    INVOKE GetModuleHandle, NULL
    mov     hInstance, eax
    mov     MainWin.hInstance, eax

; 載入程式的圖示及游標
    INVOKE LoadIcon, NULL, IDI_APPLICATION
    mov     MainWin.hIcon, eax
    INVOKE LoadCursor, NULL, IDC_ARROW
    mov     MainWin.hCursor, eax

; 註冊視窗類別
    INVOKE RegisterClass, ADDR MainWin
    .IF eax == 0
      call ErrorHandler
      jmp  Exit_Program
    .ENDIF

; 建立應用程式的主視窗
    INVOKE CreateWindowEx, 0, ADDR className,
      ADDR WindowName,MAIN_WINDOW_STYLE,
      CW_USEDEFAULT,CW_USEDEFAULT,CW_USEDEFAULT,
      CW_USEDEFAULT,NULL,NULL,hInstance,NULL

; 若CreateWindowEx 執行失敗，顯示訊息及終止程式
    .IF eax == 0
      Call ErrorHandler
      jmp  Exit_Program
    .ENDIF

; 儲存視窗處置碼，顯示及繪製視窗
    mov hMainWnd,eax
    INVOKE ShowWindow, hMainWnd, SW_SHOW
    INVOKE UpdateWindow, hMainWnd

; 顯示歡迎訊息
    INVOKE MessageBox, hMainWnd, ADDR GreetText,
      ADDR GreetTitle, MB_OK

; 以迴圈開始，執行處理訊息
Message_Loop:
    ; 由佇列取得下一個訊息
    INVOKE GetMessage, ADDR msg, NULL,NULL,NULL
    ; 若沒有訊息則離開
    .IF eax == 0
      jmp Exit_Program
    .ENDIF

    ; 將訊息轉送至程式的WinProc
    INVOKE DispatchMessage, ADDR msg
    jmp Message_Loop

Exit_Program:
    INVOKE ExitProcess,0
WinMain ENDP
```

在上面的迴圈中，**msg** 結構將被傳遞給 **GetMessage** 函式，這個函式會填寫該結構，然後再傳遞給 MS-Windows 的 **DispatchMessage** 函式。

```
;--------------------------------------------------------
WinProc PROC,
    hWnd:DWORD, localMsg:DWORD, wParam:DWORD, lParam:DWORD

;
; 應用程式的訊息處理者，可以處理
; 應用程式的特定訊息，其他所有訊息
; 則會傳遞給Windows系統的
; 預設訊息處理者
;--------------------------------------------------------
    mov eax, localMsg

    .IF eax == WM_LBUTTONDOWN        ; 檢查是否按下滑鼠按鈕？
      INVOKE MessageBox, hWnd, ADDR PopupText,
        ADDR PopupTitle, MB_OK
      jmp WinProcExit
    .ELSEIF eax == WM_CREATE         ; 檢查是否需要建立視窗？
      INVOKE MessageBox, hWnd, ADDR AppLoadMsgText,
        ADDR AppLoadMsgTitle, MB_OK
      jmp WinProcExit
    .ELSEIF eax == WM_CLOSE          ; 檢查是否需要關閉視窗？
      INVOKE MessageBox, hWnd, ADDR CloseMsg,
        ADDR WindowName, MB_OK
      INVOKE PostQuitMessage,0
      jmp WinProcExit
    .ELSE                            ; 其他訊息？
      INVOKE DefWindowProc, hWnd, localMsg, wParam, lParam
      jmp WinProcExit
    .ENDIF

WinProcExit:
    ret
WinProc ENDP

;--------------------------------------------------------
ErrorHandler PROC
; 顯示適合的系統錯誤訊息
;--------------------------------------------------------
.data
pErrorMsg DWORD ?                    ; 指向錯誤訊息的指標
messageID DWORD ?

.code
    INVOKE GetLastError              ; 回傳訊息ID至EAX
      mov messageID,eax

    ; 取得相對應的訊息字串
    INVOKE FormatMessage, FORMAT_MESSAGE_ALLOCATE_BUFFER + \
      FORMAT_MESSAGE_FROM_SYSTEM,NULL,messageID,NULL,
      ADDR pErrorMsg,NULL,NULL

    ; 顯示錯誤訊息
    INVOKE MessageBox,NULL, pErrorMsg, ADDR ErrorTitle,
      MB_ICONERROR+MB_OK

    ; 釋放錯誤訊息字串
```

```
        INVOKE LocalFree, pErrorMsg
        ret
ErrorHandler ENDP
END WinMain
```

執行程式

在程式開始載入的時候，會先顯示如下圖的對話方塊：

當使用者按下 OK，以便關閉「**Application Loaded**」對話方塊時，會再顯示如下圖的另一個對話方塊：

當使用者關閉上圖的「**Main Window Active**」對話方塊後，就會顯示本範例程式的主視窗：

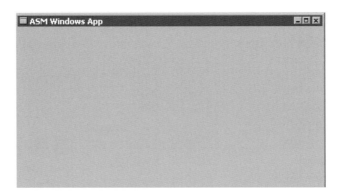

當使用者在主視窗的任何一個位置點擊滑鼠時，會顯示如下圖的對話方塊：

當使用者關閉如上圖的對話方塊，然後按下主視窗右上角的 × 按鈕時，在視窗關閉前會顯示如下圖的訊息：

當使用者關閉如上圖的對話方塊時，程式就結束了。

11.2.7　自我評量

1. 請描述 **POINT** 結構的內容。
2. 應如何使用 **WNDCLASS** 結構？
3. 請問在 **WNDCLASS** 結構中，**lpfnWndProc** 欄位的作用為何？
4. 請問在 **WNDCLASS** 結構中，**style** 欄位的作用為何？
5. 請問在 **WNDCLASS** 結構中，**hInstance** 欄位的作用為何？

11.3　動態記憶體配置

動態記憶體也稱為**堆積配置 (heap allocation)**，它是一種在物件、陣列或其他結構被建立時，用於保留記憶體空間的程式設計工具。如在 Java 中，下列的敘述可以為 String 物件，保留記憶體空間：

```
String str = new String("abcde");
```

同樣地，在 C++ 中，讀者可能會想要利用取自某個變數的大小屬性，為一個整數陣列配置記憶體空間：

```
int size;
cin >> size;                           // 使用者輸入陣列的大小
int array[] = new int[size];
```

C、C++ 和 Java 都具有內建的執行時期堆積處理器 (heap managers)，用於處理一般程式所要求的記憶體配置和解除配置。這些堆積處理器通常會在程式啟動的時候，從作業系統配置到一大區塊記憶體，它們會建立一個指向各記憶體區塊指標的**可運用清單 (free list)**，在接到記憶體配置的要求時，堆積處理器會將適當大小的記憶體區塊，加以標記，作為保留的記憶體，然後回傳一個指向這個區塊的指標。稍後，在收到對此區塊所提出的刪除要求時，堆積處理器將釋放此記憶體區塊，然後將此區塊歸還到可運用清單中。每當收到一個新的記憶體配置要求時，堆積處理器會先掃描可運用清單，以便找出大到足以應付要求的第一個可利用區塊。

組合語言可以使用幾種方式，來執行動態記憶體配置的工作。第一種是它們可以形成系統呼叫，以便從作業系統取得記憶體區塊。第二種是可以實作出自己的堆積處理器，然後利用它來承擔比較小的物件的記憶體配置要求。在這一節中，我們會說明如何實施第一種方法，本節所提供的範例程式是 32 位元保護模式應用程式。

讀者可以運用表 11-11 所列舉的幾種 Windows API 函式，從 MS-Windows 索取若干個不同大小的記憶體區塊。所有這些函式都會覆寫到通用暫存器，所以讀者有可能想要建立，一個會壓入和彈出重要暫存器的封裝程序。若想了解更多有關記憶體管理的資訊，請在 Platform SDK 說明文件中，搜尋**記憶體管理參考 (Memory Management Reference)**。

表11-11　與堆積相關的函式

函式	說明
GetProcessHeap	將程式已存在堆積區域之 32 位元整數處置碼，回傳到 EAX，如果函式執行成功，它會回傳堆積的處置碼到 EAX，如果執行失敗，則回傳到 EAX 的值是 NULL。
HeapAlloc	從堆積配置出一個記憶體區塊，如果此函式執行成功，則回傳到 EAX 的值會含有記憶體區塊的位址，如果執行失敗，則回傳到 EAX 的值是 NULL。
HeapCreate	建立新的堆積，並且使這個堆積可以讓呼叫程式加以使用，如果函式執行成功，則它會回傳新建立的堆積處置碼到 EAX，如果執行失敗，則回傳到 EAX 的值是 NULL。
HeapDestroy	消除被指定的堆積物件，並且使其處置碼成為無效的，如果函式執行成功，則回傳到 EAX 的值是非零值。
HeapFree	將先前由堆積配置的記憶體區塊予以釋放，必須使用到區塊的位址和堆積的處置碼。如果記憶體區塊釋放成功，則回傳值是非零值。
HeapReAlloc	將堆積中的某個記憶體區塊重新配置和制訂大小，如果函式執行成功，則回傳值是一個指向重新配置的記憶體區塊的指標，如果執行失敗，而且沒有指名 HEAP_GENERATE_EXCEPTIONS，則回傳值是 NULL。
HeapSize	針對先前透過呼叫 HeapAlloc 或 HeapReAlloc 所配置得到的記憶體區塊，回傳其空間大小。如果函式執行成功，則 EAX 的內含值是記憶體區塊的大小，單位是位元組。如果執行失敗，則回傳值是 SIZE_T − 1。（SIZE_T 等於一個指標所能指向的最大位元組個數。）

GetProcessHeap

如果讀者滿意於現行程式所擁有的預設堆積，那麼 GetProcessHeap 就已經能勝任。它沒有任何參數，會將堆積的處置碼回傳到 EAX：

```
GetProcessHeap PROTO
```

以下是一個呼叫範例：

```
.data
hHeap HANDLE  ?
.code
INVOKE GetProcessHeap
.IF eax == NULL                      ; 沒有取得處置碼
  jmp quit
.ELSE
  mov hHeap,eax                      ; 已取得處置碼
.ENDIF
```

HeapCreate

HeapCreate 可讓設計人員為目前程式建立新的私有堆積：

```
HeapCreate PROTO,
flOptions:DWORD,                     ; 堆積配置選項
dwInitialSize:DWORD,                 ; 以位元組為單位，初始化堆積大小
dwMaximumSize:DWORD                  ; 以位元組為單位，設定堆積大小的最大值
```

這裡將 flOptions 設定為 NULL，並且設定 dwInitialSize 為初始的堆積大小，其單位是位元組，這個值會自動擴展到下一頁的邊界上。在對 HeapAlloc 呼叫若干次，且超過初始堆

積大小的時候，堆積將會增長到讀者在 dwMaximumSize 參數中所指定的值（自動擴展到下一頁的邊界）。在呼叫這個函式以後，如果回傳到 EAX 的值是 NULL，代表堆積建立失敗。以下是對 HeapCreate 函式的呼叫範例：

```
HEAP_START = 2000000            ; 2 MB
HEAP_MAX = 400000000            ; 400 MB
.data
hHeap HANDLE ?                  ; 堆積的處置碼
.code
INVOKE HeapCreate, 0, HEAP_START, HEAP_MAX
.IF eax == NULL                 ; 堆積建立失敗
  call  WriteWindowsMsg         ; 顯示錯誤訊息
  jmp   quit
.ELSE
  mov   hHeap,eax               ; 堆積建立成功
.ENDIF
```

HeapDestroy

HeapDestroy 函式的功能是清除已經存在的私有堆積（由 HeapCreate 所建立），且必須傳遞堆積的處置碼：

```
HeapDestroy PROTO,
    hHeap:DWORD                 ; 堆積處置碼
```

如果這個函式解除堆積配置的動作失敗，會在 EAX 存放 NULL。以下是一個呼叫範例，並使用了第 11.1.4 節說明過的 WriteWindowsMsg 程序：

```
.data
hHeap HANDLE ?                  ; 堆積處置碼
.code
INVOKE HeapDestroy, hHeap
.IF eax == NULL
  call WriteWindowsMsg          ; 顯示錯誤訊息
.ENDIF
```

HeapAlloc

HeapAlloc 函式可以從已經存在的堆積中，配置出一個記憶體區塊：

```
HeapAlloc PROTO,
    hHeap:HANDLE,               ; 私有堆積區塊的處置碼
    dwFlags:DWORD,              ; 堆積配置控制旗標
    dwBytes:DWORD              ; 配置的位元組數量
```

在呼叫這個函式的時候，必須傳遞的參數有：

- hHeap，代表堆積的 32 位元處置碼，它會由 GetProcessHeap 或 HeapCreate 加以初始化。
- dwFlags，代表一或多個旗標值的雙字組。讀者可以選擇將它設定為 HEAP_ZERO_MEMORY，功能是將記憶體區塊全部設定為零。
- dwBytes，代表堆積大小的雙字組，其單位是位元組。

如果 HeapAlloc 執行成功，會將新的儲存空間回傳到 EAX；如果 HeapAlloc 配置失敗，則回傳到 EAX 的值為 NULL。下列敘述會從 **hHeap** 所標示的堆積中，配置一個 1000 位元組的陣列，並且將陣列的值全部設定為零：

```
.data
hHeap HANDLE  ?                          ; 堆積處置碼
pArray DWORD  ?                          ; 指向陣列的指標
.code
INVOKE HeapAlloc, hHeap, HEAP_ZERO_MEMORY, 1000
.IF eax == NULL
  mWrite "HeapAlloc failed"
  jmp   quit
.ELSE
  mov   pArray,eax
.ENDIF
```

HeapFree

HeapFree 函式會釋放先前從堆積中配置出來的記憶體區塊，會使用到堆積的處置碼和記憶體區塊的位址等，作為處理依據。

```
HeapFree PROTO,
    hHeap:HANDLE,
    dwFlags:DWORD,
    lpMem:DWORD
```

第一個引數是含有該記憶體區塊的堆積的處置碼；第二個引數通常是零；而第三個引數則是指向要被釋放的記憶體區塊指標。如果記憶體區塊釋放成功，則回傳值是非零值。如果記憶體區塊釋放失敗，則回傳的值是零。以下是一個呼叫範例：

```
INVOKE HeapFree, hHeap, 0, pArray
```

錯誤處理

如果在呼叫 HeapCreate、HeapDestroy 或 GetProcessHeap 時發生了錯誤，則讀者可以經由呼叫 API 函式 **GetLastError**，取得發生錯誤的細節，另讀者也可呼叫 Irvine32 函式庫中的 **WriteWindowsMsg** 函式。以下是一個呼叫 HeapCreate 的例子：

```
INVOKE HeapCreate, 0,HEAP_START, HEAP_MAX
.IF eax == NULL                  ; 發生錯誤？
  call WriteWindowsMsg           ; 顯示錯誤訊息
.ELSE
  mov hHeap,eax                  ; 成功
.ENDIF
```

另一方面，**HeapAlloc** 函式在執行失敗的時候，不會設定系統錯誤代碼，所以此時讀者不能呼叫 GetLastError 或 WriteWindowsMsg。

11.3.1　HeapTest 程式

下列程式範例 **(Heaptest1.asm)** 使用了動態記憶體配置，目的是建立和填寫一個 1000 個位元組的陣列：

```
; Heap Test #1                         (Heaptest1.asm)

INCLUDE Irvine32.inc

; 本範例程式使用動態記憶體配置
; 建立及寫入位元組陣列

.data
ARRAY_SIZE = 1000
FILL_VAL EQU 0FFh

hHeap     HANDLE ?                ; 堆積處理的處置碼
pArray    DWORD ?                 ; 指向記憶體區塊的指標
newHeap   DWORD ?                 ; 新堆積的處置碼
str1 BYTE "Heap size is: ",0

.code
main PROC
    INVOKE GetProcessHeap         ; 取得程式堆積的處置碼
    .IF eax == NULL               ; 若處理失敗，則顯示訊息
    call  WriteWindowsMsg
    jmp   quit
    .ELSE
    mov hHeap,eax                 ; 處理成功
    .ENDIF

    call  allocate_array
    jnc   arrayOk                 ; 檢查CF是否等於1，若是就表示失敗
    call  WriteWindowsMsg
    call  Crlf
    jmp   quit

arrayOk:                          ; 填入陣列
    call  fill_array
    call  display_array
    call  Crlf

    ; 清除陣列
    INVOKE HeapFree, hHeap, 0, pArray

quit:
    exit
main ENDP

;----------------------------------------------------------
allocate_array PROC USES eax
;
; 為陣列動態配置使用空間
; 接受參數：EAX = 程式堆積的處置碼
; 回傳值：若成功配置記憶體空間，就設定CF = 0
;----------------------------------------------------------
    INVOKE HeapAlloc, hHeap, HEAP_ZERO_MEMORY, ARRAY_SIZE
    .IF eax == NULL
      stc                         ; 回傳 CF = 1
    .ELSE
```

```
              mov   pArray,eax              ; 儲存指標
              clc                            ; 回傳 CF = 0
          .ENDIF

          ret
      allocate_array ENDP

      ;--------------------------------------------------------
      fill_array PROC USES ecx edx esi
      ;
      ; 以單一字元填入陣列所有位置
      ; 接收參數：無
      ; 回傳值：無
      ;--------------------------------------------------------
          mov    ecx,ARRAY_SIZE           ; 迴圈計數器
          mov    esi,pArray               ; 指向陣列的指標
      L1: mov    BYTE PTR [esi],FILL_VAL   ; 填入位元組
          inc    esi                      ; 指向下一個位置
          loop   L1

          ret
      fill_array ENDP
      ;--------------------------------------------------------
      display_array PROC USES eax ebx ecx esi
      ;
      ; 顯示陣列
      ; 接收參數：無
      ; 回傳值：無
      ;--------------------------------------------------------
          mov        ecx,ARRAY_SIZE       ; 迴圈計數器
          mov        esi,pArray           ; 指向陣列的指標

      L1: mov        al,[esi]             ; 取得一個位元組
          mov        ebx,TYPE BYTE
          call       WriteHexB            ; 顯示
          inc        esi                  ; 指向下一個位置
          loop       L1

          ret
      display_array ENDP
      END main
```

下列程式範例 **(Heaptest2.asm)** 也使用了動態記憶體配置，目的是在較大記憶體區塊中，重複執行配置作業，直到堆積大小飽和為止：

```
; Heap Test #2 (Heaptest2.asm)
INCLUDE Irvine32.inc

.data
HEAP_START = 2000000              ; 2 MByte
HEAP_MAX = 400000000             ; 400 MByte
BLOCK_SIZE = 500000              ; .5 MByte

hHeap HANDLE ?                            ; 堆積的處置碼
pData DWORD ?                     ; 指向區塊的指標
```

```
str1 BYTE 0dh,0ah,"Memory allocation failed",0dh,0ah,0
.code
main PROC
    INVOKE HeapCreate, 0,HEAP_START, HEAP_MAX
    .IF eax == NULL                ; 若eax == NULL，表示執行失敗
    call  WriteWindowsMsg
    call  Crlf
    jmp   quit
    .ELSE
    mov hHeap,eax                  ; 成功
    .ENDIF

    mov   ecx,2000                 ; 迴圈計數器

L1: call allocate_block           ; 配置一個區塊
    .IF Carry?                                ; 是否作業失敗？
    mov edx,OFFSET str1            ; 是：顯示訊息
    call  WriteString
    jmp   quit
    .ELSE                         ; 否：列印出一個點
    mov   al,'.'                  ; 來顯示進程
    call  WriteChar
    .ENDIF

    ;call free_block              ; 啟動/不啟動這一行
    loop  L1

quit:
    INVOKE HeapDestroy, hHeap      ; 消除堆積
    .IF eax == NULL                ; 失敗嗎？
    call  WriteWindowsMsg          ; 是：則顯示錯誤訊息
    call  Crlf
    .ENDIF

    exit
main ENDP

allocate_block PROC USES ecx

    ; 配置區塊及填入0
    INVOKE HeapAlloc, hHeap, HEAP_ZERO_MEMORY, BLOCK_SIZE

    .IF eax == NULL
      stc                         ; 回傳 CF = 1
    .ELSE
      mov  pData,eax              ; 儲存指標
      clc                         ; 回傳 CF = 0
    .ENDIF
    ret
allocate_block ENDP

free_block PROC USES ecx

    INVOKE HeapFree, hHeap, 0, pData
    ret
free_block ENDP
END main
```

11.3.2　自我評量

1. 在 C、C++ 和 Java 語言中，**堆積配置**的另一個名稱為何？
2. 請描述 GetProcessHeap 函式。
3. 請描述 HeapAlloc 函式。
4. 請撰寫一個呼叫 HeapCreate 函式的範例程式碼。
5. 在呼叫 HeapDestroy 的時候，設計人員應該如何標示要解除配置的記憶體區塊？

11.4　x86 記憶體管理

在此節中，我們會給定一個簡單的 Windows 32 位元記憶體管理的總覽，顯示出如何使用直接建立於 x86 處理器的記憶體管理能力。我們把重點放在記憶體管理的兩個主題上：

● 將邏輯位址轉換成線性位址。

● 將線性位址轉換成實體位址（分頁）。

首先必須簡短地複習在第 2 章介紹的有關 x86 記憶體管理之專有名詞，以下先由數個名詞開始：

● **多工 (Multitasking)**：允許多個程式（或工作）在同一個時間執行，處理器會將它的執行時間，分配給所有執行中的程式。

● **區段 (Segments)**：程式會使用到的可變動大小之記憶體區域，其內含有程式碼和資料。

● **分段 (Segmentation)**：提供可讓不同記憶體區段相互隔絕的方法，這種方式允許多個程式同時執行，而不會互相干擾。

● **區段描述符 (segment descriptor)**：是一個 64 位元的值，可用於辨別和描述單一個記憶體區段，這個表格含有的資料包括關於區段的基底位址、存取權限、區段極限、類型和使用方式等。

現在我們加入如下兩個新的名詞：

● **區段選擇器 (segment selector)** 是一個存放在區段暫存器 (CS、DS、SS、ES、FS 或 GS) 中的 16 位元資料。

● **邏輯位址 (logical address)** 是一個由區段選擇器和 32 位元位移所形成的組合。

因為區段暫存器不能由使用者的程式直接修改，所以本書的設計刻意地予以忽略，而只關心 32 位元的資料位移。但從系統程式設計師的觀點來說，區段暫存器是非常重要的，因為它們包含了對記憶體區段的間接參考。

11.4.1　線性位址

從邏輯位址轉換到線性位址

一個多工的作業系統可允許多個程式（工作）在記憶體內同時執行，這些執行中的程式都擁有專屬於它們的資料區域。假定三個程式各自都有一個變數位於位移 200h 這個位置，應如何設計才能使這三個變數在記憶體內有所區隔，而不會共用呢？這個問題的答案是 x86

處理器使用一或兩個步驟的過程，將每個變數的位移值轉換成唯一的記憶體位置。

　　第一個步驟是結合變數的位移值與區段值，建立一個**線性位址 (linear address)**，這個線性位址並不是變數的實體位址 (physical address)。但是如 MS-Windows 和 Linux 等作業系統，會使用稱為**分頁 (paging)** 的功能，讓程式可以使用比電腦實體位址還多的線性位址。它們必須再使用稱為**分頁轉換 (page translation)** 的第二個步驟，將線性位址轉換到實體位址。第 11.4.2 節將會解釋分頁轉換的細節。

　　首先說明處理器如何使用區段和位移值，決定一個變數的線性位址。每一個區段選擇器都會指向一個區段描述符（在描述符表中），該描述符包含了記憶體區段的基底位址。然後，在邏輯位址中的 32 位元位移值，會被加到區段的基底位址，藉此產生一個 32 位元**線性位址**，如圖 11-6 所示。

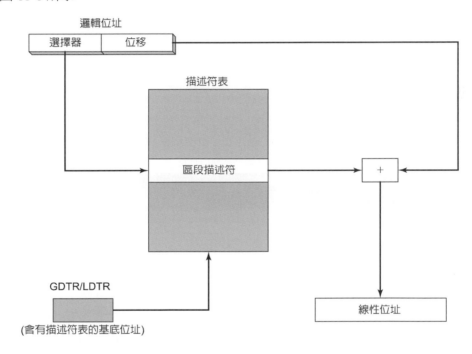

圖 11-6　將邏輯位址轉換為線性位址

線性位址 (Linear Address)

　　線性位址是一個介於 0 到 FFFFFFFFh 之間的 32 位元整數，功能是表示記憶體位置。如果**分頁**功能沒有啟動的話，則線性位址也可以是目標資料的實體位址。

分頁

　　分頁 (paging) 是 x86 處理器的一個重要功能，它使一台電腦可以執行一組程式，而且在沒有分頁功能的情形下，這組程式是無法同時放入記憶體中的。處理器的做法是一開始只載入部分程式到記憶體內，其他部分仍舊留在硬碟中。由程式所使用的記憶體會分割成若干個小單元，這些小單元稱為**頁面 (pages)**，而頁面的大小一般是 4KB。當每個程式在執行的時候，處理器會選擇性地不載入未使用頁面，並且把立即需要用到的頁面，搬移到記憶體中。

作業系統會在分頁處理過程中，維護一個**分頁目錄 (page directory)** 和一組**分頁表 (page tables)**，以便追蹤正在使用記憶體頁面的程式。當某個程式企圖存取在線性位址空間中的某處位址時，處理器會自動將線性位址轉換成實體位址，這種轉換稱為**分頁轉換 (page translation)**。如果需要用到的頁面不在記憶體內，則處理器會中斷這個程式，並且發佈**分頁錯誤 (page fault)**。此時，作業系統會把需要用到的頁面，從硬碟複製到記憶體中，然後程式才會再開始執行。從應用程式的觀點來看，分頁錯誤和分頁轉換都是自動發生的。

如在 Windows 2000 中，讀者可以啟動**工作管理員 (Task Manager)**，在此查看實體記憶體和虛擬記憶體之間的差異。圖 11-7 所示為一部具有 256MB 實體記憶體的電腦，目前正在使用的虛擬記憶體總數量，是在工作管理員的**記憶體運用管理 (Commit Charge)** 之內，顯示虛擬記憶體的極限是 633MB，此數字比實體記憶體大得多。

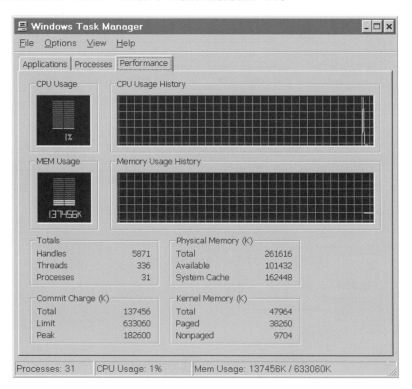

圖 11-7　Windows 工作管理員

描述符表

區段描述符可以在如下兩種表格內找到：**全域描述符表 (global descriptor tables，GDT)** 和**區域描述符表 (local descriptor tables，LDT)**。

全域描述符表 (GDT)

當作業系統在開機期間，將處理器切換到保護模式時，就會建立一個全域描述符表，它的基底位址會存放在全域描述符表暫存器 (global descriptor table register，GDTR) 內。此表格含有幾個指向記憶體區段的項目，稱為**區段描述符 (segment descriptors)**，作業系統具有如何將所有被程式使用的區段，存放在 GDT 的選擇權。

區域描述符表 (LDT)

在多工作業系統中，每個工作或程式通常會被指定專屬於它的區段描述符表，稱為**區域描述符表 (LDT)**，LDTR 暫存器含有程式的 LDT 位址，而每一個區段描述符則含有在線性位址空間內的區段基底位址。這個區段通常與其他區段不同，如圖 11-8 所示。圖中顯示了三個不同的邏輯位址，每個都在 LDT 中對應至不同項目。此外，在這張圖內，我們假設分頁功能沒有啟動，所以線性位址空間就是實體位址空間。

區段描述符的細節

除了區段基底位址之外，區段描述符還包含位元對映 (bit-mapped) 欄位，此欄位用於指定區段極限和區段類型，唯讀區段類型的例子是程式碼區段。如果程式試著要改變程式碼區段，就會產生處理器錯誤。區段描述符可以擁有幾個保護層次，確保應用程式不會存取到作業系統的資料。以下是個別選擇器欄位的介紹：

基底位址 (Base Address)：一個 32 位元整數，功能是在 4 GB 的線性位址空間中，定義區段的起始位置。

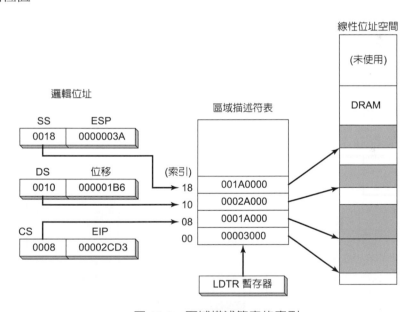

圖 11-8　區域描述符表的索引

優先權等級 (Privilege Level)：每一個區段都能夠被指定一個介於 0 到 3 之間的優先權等級，0 表示最高優先權，通常是用於作業系統的核心程式碼。如果一個具有較大編號優先權等級的程式，試著要存取具有較低編號的區段，則將發生處理器錯誤。

區段型別 (Segment Type)：除了區段型別外，還具體指明對區段所能作的取存方式，以及區段的成長方向（向上或向下）。其中資料（包含堆積）區段可以是唯讀或可讀／寫，也可向上或向下成長。而程式碼區段可以是只能執行，或者是可執行及唯讀。

區段呈現旗標 (Segment Present flag)：此位元用於指出此區段目前是否呈現在實體記憶體中。

粒度旗標 **(Granularity flag)**：用於決定區段極限欄位的解釋方式，如果此位元處於清除狀態，那麼區段極限會以位元組爲單位。如果此位元處於設定狀態，則區段極限會以 4096 個位元組作爲單位。

區段極限 **(Segment limit)**：這是一個 20 位元整數，功能是表示區段的大小。它會依據粒度旗標，被詮釋成下列兩種方式之一：

- 在區段中的位元組數量，此時區段大小的範圍在 1 到 1 MB 之間。
- 以 4096 位元組作爲單位的區段大小，此時區段大小的範圍是介於 4 KB 到 4 GB 之間。

11.4.2 分頁轉換

啓用分頁功能的時候，處理器必須將 32 位元的線性位址，轉換成 32 位元的實體位址 2，這個過程會用如下三個結構：

- 分頁目錄 **(Page directory)**：一個由 32 位元分頁目錄項目所組成的陣列，其項目數量可達到 1024 個。
- 分頁表 **(Page table)**：一個由 32 位元分頁表項目所組成的陣列，其項目數量可達到 1024 個。
- 頁面 **(Page)**：一個 4 KB 或 4 MB 的記憶體位址空間。

爲了簡化以下的討論，我們假設使用 4 KB 的頁面。

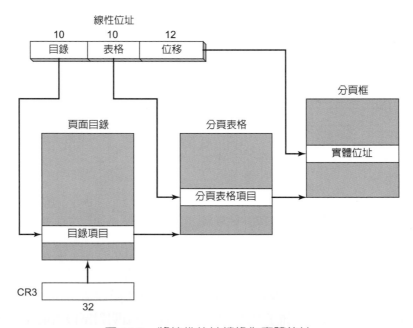

圖 11-9　將線性位址轉換爲實體位址

一個線性位址會被分割成以下三個欄位：指向分頁目錄項目的指標、指向分頁表項目的指標及對應到分頁框架 **(Page frame)** 的位移值等，而控制暫存器 **(CR3)** 則含有分頁目錄的起始位址。以下是處理器將線性位址轉換到實體位址的步驟，如圖 11-9 所示：

1. **線性位址**會參照在線性位址空間中的一個位置。

2. 在線性位址中的 10 位元**目錄 (directory)** 欄位是某個分頁目錄項目的索引,而該目錄項目則含有一個分頁表的基底位址。

3. 在線性位址中的 10 位元**表格 (table)** 欄位是對應到分頁表的索引,這個分頁表是由分頁目錄項目加以標示,在該位置上的分頁表項目則含有一個**頁面**在實體記憶體中的基底位置。

4. 在線性位址中 12 位元的**位移**欄位,會加到頁面基底位址上,以便算出運算元的精確實體位址。

作業系統可以選擇的方式有讓單一分頁目錄作用於所有正在執行的程式和工作,或讓一個分頁目錄作用於一個工作,也可兩者混合使用。

Windows 虛擬機器管理程式

現在我們已經對 IA-32 如何管理記憶體有了一般性的認識,再來了解 Windows 怎樣處理記憶體管理,可能是更有趣的。以下是轉述自微軟在網路上的文件的一段文字:

> 虛擬機器管理程式 (Virtual Machine Manager,VMM) 是位於 MS-Windows 核心中的 32 位元保護模式作業系統,它主要負責建立、執行、監看和終結虛擬機器,VMM 還負責管理記憶體、行程、中斷和例外。它也會處理虛擬裝置,以便讓這些虛擬裝置可以攔截中斷和錯誤,藉此控制應用程式存取硬體和安裝軟體。VMM 和虛擬裝置同樣都是在優先權等級 0 的條件下,在 32 位元 flat 模式位址空間中加以執行的,系統會建立兩個 GDT 項目 (區段描述符),分別使用於程式碼及資料。兩個區段都是從線性位址 0 開始,而且不能改變。VMM 還提供了多執行緒、先佔式多工的功能,並利用分享 CPU 時間來同時執行多個應用程式。

在上述文字中,我們可以將**虛擬機器**解釋成 Intel 所稱呼的**行程**或**工作**。它包含了程式碼、支援軟體、記憶體和暫存器,每個虛擬機器都被指定其專屬的位址空間、I/O 埠空間、中斷向量表和區域描述符表。在虛擬 8086 模式下所執行的應用程式,其優先權等級是 3。而在 MS-Windows 中,保護模式下的程式則具有 0 和 3 的優先權等級。

11.4.3　自我評量

1. 試定義下列名詞:
   a. 多工 (Multitasking)。
   b. 分段 (Segmentation)。
2. 試定義下列名詞:
   a. 區段選擇器 (Segment selector)
   b. 邏輯位址 (Logical address)
3. (是非題):區段選擇器會指向一個在區段描述符表的項目。
4. (是非題):區段描述符含有區段基底位置。
5. (是非題):區段選擇器是 32 位元。
6. (是非題):區段描述符不包含區段大小的資訊。

11.5　本章摘要

就表面而言，32 位元主控台模式的程式，其外觀和行為都很像在文字模式下執行的 16 位元 MS-DOS 程式。其實這兩種類型的程式都是從標準輸入讀取資料，以及寫入資料到標準輸出，此外它們都支援命令列重新定向，而且也可以不同色彩呈現文字。然而在表面之下，Win32 主控台和 MS-DOS 程式仍然有相當大的區別。前者在 32 位元保護模式下執行，而後者卻是在 MS-DOS 實體位址模式下執行。Win32 程式與圖形視窗應用程式呼叫的函式，都來自相同的函式庫。而 MS-DOS 程式則被限制於比較小的 BIOS 和 MS-DOS 中斷，這些中斷從 IBM-PC 上市以來，就已經存在了。

在 Windows API 函式中，所使用到的字元集有下列數種：8 位元的 ASCII/ANSI 字元集及 16 位元版本的 Unicode 字元集。

在 API 函式中所用到的標準 MS-Windows 資料型別，必須轉換成 MASM 資料型別（請參見表 11-1）。

主控台處置碼是在主控台視窗中，作為輸入／輸出用途的 32 位元整數，另也可 **GetStdHandle** 函式取得主控台處置碼。而對於高階的主控台輸入，請呼叫 **ReadConsole** 函式；對於高階的主控台輸出，可呼叫 **WriteConsole** 函式。若要建立或開啟檔案，可呼叫 **CreateFile** 函式。讀取檔案則可以呼叫 **ReadFile** 函式；若要寫入資料至檔案內，可呼叫 **WriteFile** 函式。除此之外，**CloseHandle** 函式的功能是關閉檔案。如果想要移動檔案指標，可以呼叫 SetFilePointer 函式。

如果要操作主控台螢幕緩衝區，請呼叫 **SetConsoleScreenBufferSize**。若要改變文字顏色，可以呼叫 **SetConsoleTextAttribute**。在本章中的 WriteColors 程式，示範說明如何使用 **WriteConsoleOutputAttribute** 和 **WriteConsoleOutputCharacter** 函式。

若要取得系統時間，可呼叫 **GetLocalTime**；如要設定時間，則呼叫 **SetLocalTime**，這兩個函式都會使用到 SYSTEMTIME 結構。在本章中，**GetDateTime** 函式範例以 64 位元的整數回傳日期和時間，它會具體指出從 1601 年 1 月 1 日開始所發生的時間計數數值，計時的單位是 100 ns，**TimerStart** 和 **TimerStop** 函式可用來建立簡單的碼錶計時器。

在建立圖形 MS-Windows 應用程式時，必須以有關程式的主視窗類別資訊，填入 WNDCLASS 結構。然後建立一個可取得目前行程 (process) 處置碼的 **WinMain** 程序，載入圖示和滑鼠的游標，登錄程式的主視窗，建立主視窗，顯示和更新主視窗，開始一個可接受和發送訊息的訊息迴圈。

WinProc 程序負責處理新進的視窗訊息，通常在使用者做出點擊滑鼠或鍵盤輸入的動作時，才會啟動處理作業。我們所提供的範例程式處理了 WM_LBUTTONDOWN 訊息、WM_CREATE 訊息和 WM_CLOSE 訊息，且當這些事件被檢測到時，也會顯示彈出式訊息。

動態記憶體配置或堆積配置是很有用的工具，它可讓設計人員在程式中執行保留及釋放記憶體的動作。組合語言可以使用如下數種方式，來執行動態記憶體配置的工作。第一種是形成系統呼叫，以便從作業系統取得記憶體區塊。第二種是可以實作出自己的堆積處理器，然後利用它來執行較小物件的記憶體配置作業。以下是可用於動態記憶體配置的數項重要

Win32 API 函式：

- GetProcessHeap 會回傳一個 32 位元整數，代表程式目前的堆積區域處置碼。
- HeapAlloc 功能是從堆積配置一個記憶體區塊。
- HeapCreate 會建立一個新堆積。
- HeapDestroy 功能是清除堆積。
- HeapFree 會將先前由堆積配置得到記憶體區塊予以釋放。
- HeapReAlloc 功能是在堆積重新配置一個記憶體區塊，以及調整一個記憶體區塊的大小。
- HeapSize 會回傳先前所配置的記憶體區塊大小。

　　本章的記憶體管理重點包括如下兩個主題：將邏輯位址轉換成線性位址、將線性位址轉換成實體位址。

　　邏輯位址中的選擇器，會指向一個區段描述符表中的項目，此項目接著再指向一個在線性記憶體中的區段。區段描述符包含有關區段的資訊，包含其大小和存取型態。描述符表有如下兩種型態：一個全域描述符表 (GDT) 及一或多個區域描述符表 (LDT)。

　　分頁是 IA-32 處理器的一個重要功能，它使一台電腦可以執行一組程式，而且在沒有分頁功能的情形下，這組程式是無法同時放入記憶體中的。處理器執行此一功能的做法是一開始只載入部分程式到記憶體內，其他部分仍舊留在硬碟中。處理器會使用分頁目錄、分頁表、分頁框架等，來產生資料的實體位置。其中分頁目錄含有指向分頁表的指標，分頁表中則含有指向頁面的指標。

推薦讀物

　　如果要進一步研讀有關視窗程式設計的讀物，下列書籍是很有幫助的：

- Mark Russinovich and David Solomon, Windows Internals, Parts 1 and 2., Microsoft Press, 2012.
- Barry Kauler，<<Windows Assembly Language and System Programming>>，CMP Books, 1997.
- Charles Petzold，<<Programming Windows, 5th Ed>>，Microsoft Press, 1998.

11.6　重要術語

應用程式設計界面
(Application Programming Interface, API)
基底位址 (base address)
記憶體運用管理框架 (commit charge frame)
主控台處置碼 (console handle)
主控台輸入緩衝區 (console input buffer)
描述符表 (Descriptor Table)
動態記憶體配置 (dynamic memory allocation)

全域描述符表 (Global Descriptor Table, GDT)
多工 (multitasking)
分頁目錄 (page directory)
粒度 (granularity)
堆積配置 (heap allocation)
線性位址 (linear address)
區域描述符表 (Local Descriptor Table, LDT)
邏輯位址 (logical address)

分頁錯誤 (page fault)　　　　　　　　　區段 (segment)

分頁表 (page table)　　　　　　　　　　區段選擇器 (segment selector)

分頁轉換 (page translation)　　　　　　分段 (segmentation)

分頁 (paging)　　　　　　　　　　　　區段描述符 (segment descriptor)

實體位址 (physical address)　　　　　　工作管理員 (task manager)

優先權等級 (privilege level)　　　　　　Unicode

螢幕緩衝器 (screen buffer)　　　　　　Win32 Platform SDK

11.7　本章習題與練習

11.7.1　簡答題

1. 請問下列符合 MS-Windows 標準型別的 MASM 資料型別為：
   a. BOOL
   b. COLORREF
   c. HANDLE
   d. LPSTR
   e. WPARAM
2. 哪一個 Win32 函式會傳回處置碼到標準輸入？
3. 哪一個 Win32 函式會從鍵盤讀取文字的字串，然後放置字串到緩衝器？
4. 請描述 COORD 結構。
5. 哪一個 Win32 函式會移動檔案指標到特定的位移關係的檔案開頭？
6. 哪一個 Win32 函式會改變主控台視窗的標題？
7. 哪一個 Win32 函式會讓您改變螢幕緩衝器的尺寸？
8. 哪一個 Win32 函式會讓您改變游標的大小？
9. 哪一個 Win32 函式會讓您改變子集文字的輸出顏色？
10. 哪一個 Win32 函式會讓您被分陣列的屬性數值到主控台螢幕緩衝器的連續不斷的空間中？
11. 哪一個 Win32 函式會讓您在指定的毫秒停止程式？
12. 當 CreatWindowEx 被呼叫時，視窗的外觀資訊如何轉換成函式？
13. 請說出兩個按鈕常數可以在訊息框函式呼叫時被使用。
14. 請說出兩個圖示常數可以在訊息框函式呼叫時被使用。
15. 請說出至少三個 WinMian 程序會執行的任務。
16. 請描述 WinProc 程序在範例程式中的角色。
17. WinProc 程序在程式中處理了什麼角色？
18. 請描述 ErrorHandler 程序在範例程式中的角色。
19. 請問在呼叫 CreateWinow (出現在應用程式的主視窗之前或之後) 之後，訊息框會立即行動嗎？

20. 訊息框會對 WM_CLOSE 有反應是在主視窗關閉之前或之後？

21. 為什麼位址直譯在保護模式中會變得複雜？

22. 請問描述符與區段有什麼關係？

23. 請問在線性位址直譯為實體位址中，選擇器扮演什麼角色？

24. 系統中有多少 LDT 與 GDT ？

25. （是非題）：MMU 的頁面單位可以被關掉，但是分段單位不能。

26. （是非題）：多功能在視窗的環境中是不可能的，但是 DOS 可以。

27. （是非題）：描述符是 4 位元組標題，此標題描述一個區段。

28. 請問 32 位元處理器的虛擬記憶體大小為何？

29. （是非題）：選擇器是 16 位元長，並指向與它相關連的描述符。

30. 分頁處理引用什麼結構？

31. 哪個結構包含分頁表的基底位址？

32. 哪個結構包含分頁框的基底位址？

11.7.2　演算題

1. 顯示呼叫 ReadConsole 函式的範例。

2. 顯示呼叫 WriteConsole 函式的範例。

3. 請顯示一個範例，呼叫 CreateFile 函數，此函數會開啟任何相同名字的檔案，除了擁有一般屬性的新建檔案。

4. 請顯示一個如何呼叫動態記憶體分配的範例，其可以使用來分配組合語言程式中的記憶體堆積。

5. 顯示呼叫 ReadFile 函式的範例。

6. 顯示呼叫 WriteFile 函式的範例。

7. 顯示呼叫訊息框函式的範例。

11.8　程式設計習題

★★1.　ReadString

請利用堆積參數實作自己的 **ReadString** 程序版本，在呼叫這個程序的時候，必須傳入一個指向字串的指標及一個整數，整數代表輸入的最大字元數量，再將實際輸入的字元數量回傳到 EAX。而且此程序必須可由主控台輸入一個字串，並且在字串末端插入一個空位元組（在 0Dh 所佔據的位置上）。其中有關 Win32 **ReadConsole** 函式的細節，請參閱第 11.1.4 節，最後再撰寫一個小程式，測試在本習題建立的程序。

★★★2.　字串輸入／輸出

請利用 Win32 的 **ReadConsole** 函式，撰寫一個可接收以下由使用者輸入各項資訊的程式：書名、作者、頁數及 ISBN 等。然後再利用 Win32 的 **WriteConsole** 函式，重新顯示這些資訊，而且在顯示過程中，必須運用標籤和具吸引力的格式，請勿使用任何來自 Irvine32 函式庫的程序。

★★3. 清除螢幕

請針對連結函式庫中用來清除螢幕的 **Clrscr** 程序，寫出自己的程式碼版本。

★★4. 隨機填寫螢幕

請撰寫一個程式，使它能夠利用隨機字元及隨機顏色，填入每個螢幕字元格。額外附加題：為任何字元的顏色，設定會有 50% 的機率變成紅色。

★★5. 畫出盒子

請利用本書封底內頁所列舉字元集中的繪線字元，在螢幕上畫出一個盒子。提示：使用 **WriteConsoleOutputCharacter** 函式。

★★★6. 學生紀錄

請撰寫一個可建立新文字檔案的程式，必須提示使用者輸入學生證號碼、姓氏、名字和生日等資訊，並且將這些資訊寫入至檔案中，再以相同的方式，要求輸入多筆紀錄及執行寫入，最後再關閉檔案。

★★7. 捲動文字視窗

請撰寫一個可寫入 50 行文字至主控台螢幕緩衝區的程式，並將每一行文字予以編號。再將主控台視窗移至緩衝區的頂端，然後開始以穩定的速率向上捲動文件（每秒 2 行），當主控台視窗到達緩衝區的末端時，則停止捲動。

★★★8. 區塊動畫

請撰寫一個程式，使它可利用若干個有顏色的區塊 (ASCII 碼 DBh)，在螢幕上畫一個小正方形。再以隨機產生的方向，在螢幕範圍內移動此正方形。在每次完成移動後，顯示正方形 50 毫秒。額外附加題：將顯示時間改為介於 10 至 100 毫秒的隨機值。

★★9. 檔案的最後存取日期

請撰寫一個稱為 **LastAccessDate** 的程序，使它能以一個檔案的日期和時間戳記，填寫一個 SYSTEMTIME 結構。將檔案的位移傳遞到 EDX，並且將 SYSTEMTIME 結構的位移傳遞到 ESI。如果函式無法找到檔案，則設定進位旗標。當讀者在實作這個程序的時候，需要執行的動作包括開啟檔案、取得檔案的處置碼、傳遞處置碼給 **GetFileTime**、傳遞所得的輸出給 **FileTimeToSystemTime** 及關閉檔案等。然後撰寫一個測試程式，此測試程式必須可在本習題撰寫的程序，並且印出指定檔案最後一次被存取的日期。以下是一個印出資料的範例：

```
ch11_09.asm was last accessed on: 6/16/2005
```

★★10. 讀取大型檔案

請執行第 11.1.8 節的 ReadFile.asm 程式，使它可以計算輸入檔案中，字母 "a" 的出現次數，這個程式必須可以處理大於其輸入緩衝區的檔案，請將緩衝區的大小縮減為 1024 位元組。然後使用迴圈持續地讀取和計算字母 "a" 的出現次數，直到它無法再讀取更多資料為止。

★★★11. 鏈結串列

進階題：試利用本章討論過的動態記憶體配置函式，實作一個單向鏈結串列。其中每個鏈結應該都是一個命名為 Node（參見第 10 章）的結構，此結構會含有一個整數值及指向串列中前一個、下一個節點的指標。並利用迴圈提示使用者輸入若干個整數，輸入整數的數量可由使用者自訂。在使用者輸入每個整數的時候，必須為各整數配置一個 Node 物件，接著再將整數插入 Node 中，然後使這個 Node 附加到鏈結串列上。當輸入的值是零的時候，就停止迴圈。最後再由鏈結串列的起點到終點，顯示串列所有內容；再反過來，由終點到起點，再顯示一次所有內容。只有當讀者在修習高階程式語言課程時已經建立過鏈結串列的情況下，讀者才有必要回答這個習題。

章末註解

1. 資料來源：微軟 MSDN 文件。
2. Pentium Pro 和其後的處理器具備了 36 位元位址的選項，但是這裡將不會討論它。

Memo

12

浮點運算處理與指令編碼

12.1 浮點數的二進位表示法

　　浮點十進位數值包含如下三個組成部分：正負號、有效數 (significant) 以及指數。例如在數值 -1.23154×10^5 中，正負號是負號，有效數是 1.23154，而指數是 5（雖然不夠精確，有效數部分通常會以尾數予以替代）。

> 尋找 Intel x86 說明文件，如果讀者想要取得本章大部分教材的進一步說明，可以複製免費的《Intel 64 and IA-32 Architectures Software Developr's Manual Vols,1 and 2》。請使用網路瀏覽器造訪網站 www.intel.com，然後搜尋 IA-32 manuals。

12.1.1　IEEE 二進位浮點數表示法

　　x86 處理器使用了三種浮點數二進位儲存格式，這些格式在 IEEE 組織所出版的《Standard 754-1985 for Binary Floating-Point Arithmetic》中，有明確的規定。表 12-1 描述了這些格式的特徵[1]。

表12-1　IEEE浮點數二進位格式。

單精準度	32位元：1個位元做爲正負符號，8個位元做爲指數，而其它23個位元做爲有效數。經過標準化之後的約略範圍：2^{-126}到2^{127}，也稱爲短實數 (short real)。
雙精準度	64位元：1個位元做爲正負符號，11個位元做爲指數，而其它52個位元做爲有效數。經過標準化之後的約略範圍：2^{-1022}到2^{1023}，也稱爲長實數 (long real)。
延伸雙精準度	80位元：1個位元做爲正負符號，16個位元做爲指數，而其它63個位元做爲有效數。經過標準化之後的約略範圍：2^{-16382}到2^{16383}，也稱爲延伸實數 (extended real)。

　　因爲三種格式非常類似，此處只將注意力放在單精準度 (SP) 格式（圖 12-1）上。在單精準度格式中，其 32 位元的排列方式是將最高有效位元 (Most Significant Bit，MSB) 置於左邊，標記爲**小數 (fraction)** 的區域代表有效數的小數部分。讀者可能已經預期到，此圖各位元組在記憶體中的儲存方式是小端存取順序 (LSB 放在起始位址上)。

圖 12-1　單精準度格式

正負號

　　如果正負號位元的值是 1，則這個數值是負數，如果此位元的值是 0，則這個數值是正數，數值零也被視爲正數。

有效數

　　當浮點數表示成 **m * b^e** 的形式時，其中的 m 稱爲有效數 (significand)，或尾數 (mantissa)；b 是底數；而 e 是指數。浮點數的**有效數**（或尾數）包含小數點左邊和右邊的各十進位數字。在第 1 章中說明二進位、十進位及十六進位的數值系統時，我們已經介紹過按位加權表示法 (Weighted positional notation) 的觀念，相同的觀念也可以延伸到一個浮點數值的小數部分。例如十進位值 123.154 可以表示成以下的總和形式：

$$123.154 = (1 \times 10^2) + (2 \times 10^1) + (3 \times 10^0) + (1 \times 10^{-1}) + (5 \times 10^{-2}) + (4 \times 10^{-3})$$

　　在小數點左邊的所有數字，都具有正的指數，而小數點右邊的所有數字都具有負的指數。

　　二進位浮點數也可以使用按位加權表示法，例如 11.1011 的浮點二進位值可以表示爲：

$$11.1011 = (1 \times 2^1) + (1 \times 2^0) + (1 \times 2^{-1}) + (0 \times 2^{-2}) + (1 \times 2^{-3}) + (1 \times 2^{-4})$$

另一表示小數點右側值的方式是將它寫成若干個分數的總和，且這些分數的分母都是 2 的冪次。在上述例子中，該分數總和是 11/16 (或 0.6875)：

$$.1011 = 1/2 + 0/4 + 1/8 + 1/16 = 11/16$$

產生此類十進位分數可以是相當直覺的過程，在上述例子中，十進位分數的分子 (11) 代表二進位位元樣式 1011，假設 e 是小數點右側有效位元的個數，則十進位分母是 2^e。在此例中，由於 e = 4，所以 2^e = 16。表 12-2 列舉數個例子，說明將二進位浮點表示法，轉換為以 10 為基底的分數結果。在這個表格中，最後一項是能夠存放在經過標準化的 23 位元有效數之最小分數，另表 12-3 列舉數個二進位浮點數的例子，同時也列出這些浮點數的對應十進位分數和十進位數值，這個表格可以作為快速查找之用。

表12-2　範例：將二進位浮點數轉換成十進位分數

二進位浮點數	基底為 10 的分數
11.11	3 3/4
101.0011	5 3/16
1101.100101	13 37/64
0.00101	5/32
1.011	1 3/8
0.00000000000000000000001	1/8388608

表12-3　二進位數值與對應的十進位分數

二進位數值	十進位分數	十進位數值
.1	1/2	.5
.01	1/4	.25
.001	1/8	.125
.0001	1/16	.0625
.00001	1/32	.03125

有效數的精度

實數的完整連續特性，不能以有限位元個數的浮點數格式表現出來。舉例來說，假設某個簡化後的浮點數格式，具有 5 個位元的有效數，就不可能表示出介於二進位 1.1111 和 10.000 之間的數值，如二進位值 1.11111 需要更精確的有效數。將此觀念延伸到 IEEE 雙精準度格式，我們可以想像得到，這種格式的 53 位元有效數無法表示需要 54 或更多位元的二進位數值。

12.1.2　指數

　　單精準度的指數會儲存為 8 位元無號整數，還必須包含一個偏移值 127。也就是說一個數值的實際指數必須再加上 127，以 1.101×2^5 的二進位數為例，當實際指數 (5) 加上偏移值 127 之後，經過偏移的指數 (132) 會被儲存起來。表 12-4 顯示數個指數範例，這些指數被分別表示成有號的十進位數、經過偏移處理的十進位數以及無號的二進位數。經過偏移處理的指數，永遠都是正數，其範圍介於 1 和 254 之間。但前面已經說過，實際的指數範圍是介於 −126 和 +127 之間，指數範圍經過這樣的選定之後，所可能發生的最小指數，其倒數不會導致溢位現象。

表12-4　表示成二進位的數個指數範例

指數(E)	偏移處理 (E+127)	二進位數值
+5	132	10000100
0	127	01111111
−10	117	01110101
+127	254	11111110
−126	1	00000001
−1	126	01111110

12.1.3　標準化二進位浮點數

　　大部分的浮點二進位數值都會以**標準化 (normalized)** 形式加以儲存，以便使有效數的精度能達到最大。在給定任何浮點二進位數值以後，將其標準化的做法是將小數點不斷地移位，直到只有單獨一個 1 出現在小數點左側為止。在此情形下，指數就是用於表示小數點往左（正指數）或往右（負指數）移動的位置數。以下是數個範例：

標準化之前	標準化
1110.1	1.1101×2^3
.000101	1.01×2^{-4}
1010001.	1.010001×2^6

去標準化的數值

　　如果將上述的標準化操作過程予以倒轉，則可以稱為是將針對二進位浮點數的**去標準化 (unnormalize)**，去標準化的過程是將小數點移位直到指數變成零為止。如果指數是正數 **n**，則將小數點往右移位 **n** 個位置；如果指數是負數 **n**，則將小數點往左移位 **n** 個位置，而且如果需要的話，必須填入若干個前導零。

12.1.4　建立 IEEE 表示法

實數的編碼

　　一旦正負號位元、指數欄位以及有效數欄位經過標準化和編碼的處理過程，就可以輕易產生完整的二進位 IEEE 短實數。以圖 12-1 作為參考的表格，我們首先可以放入正負號位元，然後放入各指數位元，最後再放入有效數的小數部分，例如二進位 1.101×2^0 可以如下的過程建立表示式：

- 正負號位元：0
- 指數：01111111
- 小數：10100000000000000000000

　　經過偏移處理的指數 (01111111) 是十進制 127 的二進制表示方式，而且因為標準化後的有效數在小數點左側都具有一個 1，所以沒有必要將它寫出。表 12-5 列舉了數個其他範例。

表12-5　單精準度位元編碼的例子

二進位數值	偏移處理	正負號、指數及小數
-1.11	127	1 01111111 11000000000000000000000
+1101.101	130	0 10000010 10110100000000000000000
-.00101	124	1 01111100 01000000000000000000000
+100111.0	132	0 10000100 00111000000000000000000
+.0000001101011	120	0 01111000 10101100000000000000000

　　在 IEEE 的規定中，還包含以下數個較特別的實數和非數值的編碼。

- 正零及負零
- 去標準化的有限數
- 標準化的有限數
- 正及負的無窮大
- 非數的值（NaN，即不是數值，英文原文為 Not a Number）
- 無窮大的數

　　無窮大的數是浮點運算單元，用來作為對無效浮點運算的對應值。

標準化與去標準化

　　標準化的有限數 (normalized finite numbers) 全都是非零的有限大數值，而且它們全都可以編碼成介於零和無窮大之間的標準化實數。雖然所有的有限大非零浮點數似乎應該都可以標準化，但是當有限數很接近零的時候，它便無法加以標準化。當 FPU 受限於指數範圍的限制，而無法將小數點移位到標準化的位置時，上述情形就會發生。假設 FPU 計算所得的結果是 $1.0101111 \times 2^{-129}$，而這個結果的指數部分由於過小，以致於不能存放在單精準度數值的指數欄位。在這種情形下，將產生下溢 (underflow) 的例外，此時這個數值會經由將小數點一次往左移位一個位置的方式，予以逐漸地去標準化，直到指數部分到達有效範圍為止。

```
1.0101111000000000000001111 x 2⁻¹²⁹
0.1010111100000000000000111 x 2⁻¹²⁸
0.0101011110000000000000011 x 2⁻¹²⁷
0.0010101111000000000000001 x 2⁻¹²⁶
```

在這個例子中，也由於小數點移位的緣故，導致遺失有效數的精度。

正及負的無窮大

正的無窮大 (+ ∞) 代表最大的正實數，而負的無窮大 (− ∞) 代表最大的負實數。您可比較任意有限數及 − ∞，顯然 − ∞ 小於 + ∞，也小於任何有限數，而且 + ∞ 大於任何有限數，這兩個無窮大都代表著浮點溢位情況。因為無窮大的指數部分太大，以致於無法用指數部分的可利用位元加以表示出來，所以這類溢位情況的計算結果是不能標準化的。

NaNs

NaNs 是不能代表任何有效實數的位元樣式，x86 含有如下兩個 NaNs 的類型：**quiet NaN** 可以在不引起任何例外情形下，傳播通過大部分的算術運算；**signalling NaN** 可以用於產生一個浮點數無效運算的例外。編譯器有可能以 **signalling** NaN 值，填入未初始化的陣列，以便讓任何試圖對這個陣列所執行的計算，都可能產生例外。另一方面，quiet NaN 可以用於保留在除錯期間所產生的診斷資訊。此外，程式可以不受限制地將任何資訊編碼成它所想要的 NaN，而 FPU 也不會試圖對 NaNs 執行運算。在 Intel 手冊中，詳細記載一套規則，用於判斷當兩種 NaN 作為運算元時的指令運算結果 [2]。

特殊編碼

表 12-6 列舉了數種在浮點運算中，經常使用的特殊編碼。當位元位置上標記著字母 x 時，代表這個位元位置可以是 1 或 0。而 QNaN 代表 quiet NaN，SNaN 代表 signalling NaN。

表12-6 特殊編碼

數值	正負號、指數、有效數	
正的零	0 00000000	00000000000000000000000
負的零	1 00000000	00000000000000000000000
正無窮大	0 11111111	00000000000000000000000
負無窮大	1 11111111	00000000000000000000000
QNaN	x 11111111	1xxxxxxxxxxxxxxxxxxxxxx
SNaN	x 11111111	0xxxxxxxxxxxxxxxxxxxxxx[a]

[a]SNaN 有效數欄位由0開始，但其它位元至少有一個必須是1。

12.1.5　十進位分數轉換為二進位實數

如果一個十進位分數可以表示成 (1/2 ＋ 1/4 ＋ 1/8 ＋ ...) 形式的分數總和時，設計人員便能輕易地找出其對應的二進位實數。在表 12-7 中，左邊欄位的多個分數，都不是可以輕易轉換成二進位的形式，不過，它們可以寫成第二欄的形式。

　　許多像 1/10 (0.1) 或 1/100 (.01) 的實數，不能用有限多個二進位數字加以表示。只能以多個分母為 2 的冪次，作為分母的分數，組成的總和，來近似地表示它。請讀者想像一下，近似表示法會對像 $39.95 這樣的幣值產生什麼影響！

另一種方式，利用二進位長除法

　　在較小的十進位值時，如下方法可輕易地轉換成二進位數，就是先將分子和分母轉換成二進位，然後再執行長除法。如十進位數 0.5 可以表示成分數 5/10，5 的二進位為 0101，10 的十進位相當於二進位 1010，在執行二進位長除法之後，其商數是二進位的 0.1。

```
                    .1
          ┌──────────────
    1010  │  0 1 0 1 . 0
          │ − 1 0 1 0
          ├──────────────
                    0
```

表12-7　十進位分數和其二進位實數的數個範例

十進位分數	分解成...	二進位實數
1/2	1/2	.1
1/4	1/4	.01
3/4	1/2 + 1/4	.11
1/8	1/8	.001
7/8	1/2 + 1/4 + 1/8	.111
3/8	1/4 + 1/8	.011
1/16	1/16	.0001
3/16	1/8 + 1/16	.0011
5/16	1/4 + 1/16	.0101

　　由於當被除數減去 1010 時，餘數為零，而且除法運算也隨著停止，所以十進位分數 5/10 等於二進位 0.1，我們將這種方法稱為**二進位長除法 (binary long division method)**[3]。

以二進位表示 0.2

　　接下來將使用二進位長除法，將十進位的 0.2 (2/10) 轉換成二進位。首先，將二進位的 10 除以二進位的 1010（十進位 10）：

```
                   .0 0 1 1 0 0 1 1 (etc .)
          ┌──────────────────────────
    1010  │  1 0 . 0 0 0 0 0 0 0 0 0
          │      1 0 1 0
          ├──────────────
                 1 1 0 0
                 1 0 1 0
                 ├──────────────
                     1 0 0 0 0
                     1 0 1 0
                     ├──────────────
                       1 1 0 0
                       1 0 1 0
                       ├──────────────
                           etc.
```

大到足以使用的第一個被除數 [譯者註：原文爲商數 (quotient)] 是 10000，在將 1010 除 10000 以後，其餘數是 110，附加另一個零以後，新的被除數是 1100。再將 1010 除 1100 以後，其餘數是 10，附加三個零以後，新的被除數是 10000，這個被除數與剛開始所處理的被除數是一樣的。從這裡開始，在商數中的位元序列會不斷地重複出現 (0011...)，因此我們知道這個除法運算不可能求得一個精確商數，而且 0.2 不可能以有限數量的位元表示出來，而經過編碼的單精準度有效數是 00110011001100110011001。

單精準度數值轉換成十進位

若要將 IEEE 單精準度 (single-precision，SP) 數值轉換成十進位，以下是建議讀者可採用的步驟：

1. 如果 MSB 是 1，表示該數值爲負，否則該數值爲正。

2. 接下來的 8 個位元代表指數，將這個指數減去 01111111（十進位 127），產生未經過偏移處理的指數，然後將未偏移處理的指數轉換成十進位。

3. 接下來的 23 個位元代表有效數，請先寫出 "1."，其後再接上前述的各有效數位元，所得結果的幾個尾隨零可以省略，然後使用有效數、第一個步驟所判斷的正負號、第二個步驟所計算得到的指數等，建立出浮點二進位數值。

4. 將第三個步驟所產生的二進位數予以去標準化，（將小數點移位，移動的位置數等於指數的值，如果指數是正的，則往右移位，如果指數是負的，則往左移位。）

5. 將上一個步驟所得到結果，由左到右使用按位加權表示法，形成以 2 的冪次的十進位總和，表示的二進位浮點數。

範例：將 IEEE (0 10000010 01011000000000000000000) 轉換成十進位

1. 這個數值是正的。

2. 未偏移的指數是二進位 00000011，或十進位 3。

3. 將正負號、指數和有效數組合起來，所得結果爲二進位數 $+1.01011 \times 2^3$。

4. 去標準化的二進位數是 +1010.11。

5. 對應的十進位數值是 +10 3/4 或 +10.75。

12.1.6 自我評量

1. 爲什麼單精準度實數格式，不允許指數出現 −127？

2. 爲什麼單精準度實數格式，不允許指數出現 +128？

3. 在 IEEE 雙精準度格式中，多少位元保留給有效數的小數部分？

4. 在 IEEE 單精準度格式中，多少位元保留給指數部分？

12.2　浮點運算單元

Intel 8086 處理器被設計成只能處理整數算術運算，對於必須使用浮點數計算的圖形軟體和要求密集計算的軟體而言，這便造成了問題。雖然使用軟體來模擬浮點算術運算是可行方案，但效率不佳，如 **AutoCad**（由 Autodesk 設計發行）軟體，就需要以更有效能的方式來執行浮點運算。基於此一需要，Intel 發行名為 8087 的浮點數協同處理器的獨立晶片，並且隨著各代新處理器一起升級。Intel486 上市時，有關浮點運算的硬體部分已經整合到主 CPU 中，稱為**浮點運算單元 (Floating-Point Unit, FPU)**。

12.2.1　FPU 暫存器堆疊

FPU 不使用通用暫存器（如 EAX、EBX…等），它使用自己的一組暫存器，稱為**暫存器堆疊 (register stack)**，其做法是從記憶體載入數值到暫存器堆疊中，然後執行計算，再將暫存器堆疊中的值存放到記憶體。FPU 指令是使用**後置 (postfix)** 格式來計算數學運算式，其作法與 Hewlett-Packard 非常類似，如以下的運算式稱為**中置運算式 (infix expression)**：(5 * 6) + 4。其對等的後置運算式為：

```
5 6 * 4 +
```

中置運算式 (A + B) * C 要求使用小括弧，覆蓋及取代預設的優先權規則（乘法高於加法）。對等的後置運算式則並不要求使用小括弧：

```
A B + C *
```

運算式堆疊

在計算後置運算式的期間，會利用堆疊來存放立即值，圖 12-2 顯示了計算後置運算式 5 6 * 4 −，所需要的幾個步驟。在這個圖形中，堆疊項目被標記了 ST(0) 和 ST(1)，其中 ST(0) 指的是堆疊指標在正常情形下，會指向的位置。

由左至右	堆疊		動作
5	5	ST (0)	壓入5
5 6	5 6	ST (1) ST (0)	壓入6
5 6 *	30	ST (0)	ST(0)乘ST(1)，再將ST(0)彈出堆疊
5 6 * 4	30 4	ST (1) ST (0)	壓入4
5 6 * 4 −	26	ST (0)	在ST(1)減去ST(0)，再將ST(0)彈出堆疊

圖 12-2　計算後置運算式 5 6 * 4 −

將中置運算式轉換成後置運算式的數種常用方法，在導論性的計算機科學教科書中以及在網路上，都已經有充分的說明，所以此處將會跳過這些主題，但在表 12-8 中，我們列舉了一些對等運算式的例子。

表12-8　中置運算式與對等的後置運算式的數個範例

中置	後置
A + B	A B +
(A − B) / D	A B − D /
(A + B) * (C + D)	A B + C D + *
((A + B) / C) * (E − F)	A B + C / E F − *

FPU 資料暫存器

　　FPU 具有八個可定址的 80 位元資料暫存器，其名稱為 R0 到 R7（參見圖 12-3），它們的組合稱為**暫存器堆疊 (register stack)**。在 FPU 狀態字組中，稱為 TOP 的三位元欄位是用於辨認目前在堆疊頂端的暫存器編號，如在圖 12-3 中，TOP 等於二進位 011，代表 R3 是目前的堆疊頂端。此外，在撰寫浮點數指令的時候，這個堆疊位置也就是 ST(0)（或直接寫成 ST），而最後一個暫存器則是 ST (7)。

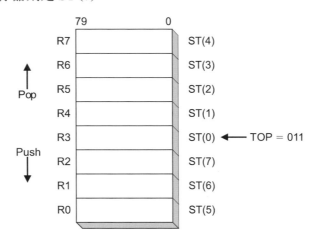

圖 12-3　浮點運算資料暫存器堆疊

　　讀者應該可以預期到，一次**壓入**運算（也可稱為**載入**）的動作會使 TOP 減一，並將一個運算元複製到被標記為 ST(0) 的暫存器中。如果在某次壓入運算之前，TOP 等於 0，那麼 TOP 會繞回到暫存器 R7。而一次**彈出**運算（也可稱為**儲存**）則會將位於 ST(0) 的資料，複製到某個運算元中，然後再使 TOP 加一。如果在某次彈出運算之前，TOP 等於 7，那麼 TOP 會繞回到暫存器 R0。若在將某個數值載入堆疊的時候，會導致暫存器堆疊中的既存資料被覆寫，那麼將會發生**浮點運算例外 (floating-point exception)**。圖 12-4 的兩個圖示是同一個堆疊，顯示在 1.0 和 2.0 被壓入（載入）堆疊時的變化。

　　雖然深入瞭解 FPU 如何運用數量有限的暫存器實作出堆疊，是一件有趣的事情，但是目前我們只需要注意到 ST (n) 的標記方式即可，其中 ST(0) 永遠都是堆疊的頂端。從現在開始，我們會將各堆疊暫存器，稱為 ST(0)、ST(1) 等，依此類推，但指令的運算元不能直接參照暫存器的編號。

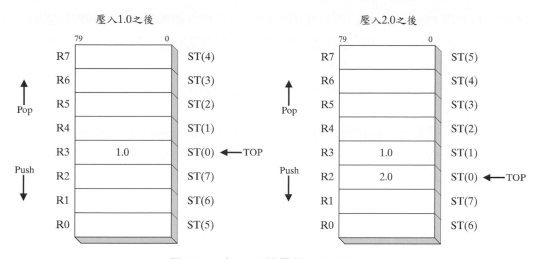

圖 12-4　在 FPU 堆疊壓入 1.0 及 2.0

在這些暫存器中的浮點數，使用的是 IEEE 10 位元組的**延伸實數格式**，也稱為**暫時實數 (temporary real)**。當 FPU 要將算術運算的結果存放到記憶體時，會將此結果轉換成下列其中一種格式：整數、長整數、單精準度（短實數）、雙精準度（長實數）、緊縮二進位編碼十進制等。

專用暫存器

FPU 具有六個專用暫存器 (special-purpose registers)，請見圖 12-5：

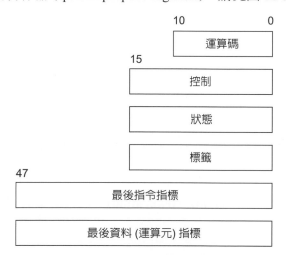

圖 12-5　FPU 的專用暫存器

- **運算碼暫存器 (Opcode register)**：儲存上次執行的最後一個非控制指令運算碼。
- **控制暫存器 (Control register)**：控制著由 FPU 在執行計算時，所使用的精準度和捨入的方法，讀者也可以使用它去遮罩（隱藏）個別的浮點運算例外。
- **狀態暫存器 (Status register)**：包含著堆疊頂端指標、條件碼 (condition codes) 及有關例外的警告等。

- **標籤暫存器 (Tag register)**：用於指出在 FPU 資料暫存器堆疊中，每個暫存器的內容，它針對每個暫存器使用兩個位元，來指出該暫存器究竟是含有有效數值、零、特殊值（NaN、無窮大、反常值或不支援的格式）、空值等。
- **最後指令指標暫存器 (Last instruction pointer register)**：儲存指向上次執行的最後一個非控制指令指標。
- **最後資料（運算元）指標暫存器 (Last data (operand) pointer register)**：儲存指向資料運算元的指標，而且該運算元是在上次執行時，被最後一個指令所使用。

專用暫存器是由作業系統所使用，以便在不同工作之間進行切換時，保留狀態資訊。在第 2 章解釋 CPU 如何執行多工時，就曾提及狀態保留之概念。

12.2.2 浮點數的捨入

FPU 會試圖由浮點計算產生無限準確的結果，但在許多情形下，這是不可能的，因為此時目的運算元可能會無法準確地代表計算結果。假設某個特定儲存格式只允許使用三個小數位元，表示這種格式允許儲存如 1.011 或 1.101 等數值，但是 1.0101 就無法完全存放進來。假設某個計算的準確結果是 +1.0111（十進位 1.4375），我們可以藉著加上 .0001，使計算結果進位成下一個比較大的數值，或者減去 .0001，使計算結果捨去成下一個比較小的數值：

```
(a) 1.0111 --> 1.100
(b) 1.0111 --> 1.011
```

如果計算後的精確結果是負的，那麼加上 –.0001，將會使近似的結果往 – ∞ 靠近，反之減去 –.0001，則會使近似的結果往零和 + ∞ 靠近：

```
(a) -1.0111 --> -1.100
(b) -1.0111 --> -1.011
```

FPU 提供以下四種捨入方法，可供設計人員使用：

- 捨入成最接近的偶數：捨入的結果必須最接近於無限精準的結果，如果兩個數值都同樣接近，則選擇偶數值（最小有效位元 = 0）。
- 往 – ∞的方向捨入：捨入的結果必須小於或等於無限精準的結果。
- 往 + ∞的方向捨入：捨入的結果必須大於或等於無限精準的結果。
- 往零的方向捨入：也稱為**截斷法 (truncation)**：捨入結果的絕對值，必須小於或等於無限精準的結果。

FPU 控制字組

FPU 控制字組包含兩個稱為 **RC 欄位 (RC field)** 的位元，功能是指定所採用的捨入方法，此欄位的值如下所述：

- 二進位 00：捨入成最接近的偶數（預設值）。
- 二進位 01：往負無窮大的方向捨入。
- 二進位 10：往正無窮大的方向捨入。
- 二進位 11：往零的方向捨入（截斷法）。

多種方式中，**捨入成最接近的偶數**是預設的方式，而且對大部分的應用程式而言，這種捨入方法被視爲是最準確和適當的方法，表 12-9 顯示這四種捨入方法如何應用於二進位 +1.0111，同樣地，表 12-10 顯示捨去二進位 −1.0111 所可能產生的四種近似結果。

表12-9　範例：+1.0111的捨入結果

方法	精準結果	近似結果
捨入成最接近的偶數	1.0111	1.100
往負無窮大的方向捨入	1.0111	1.011
往正無窮大的方向捨入	1.0111	1.100
往零的方向捨入	1.0111	1.011

表12-10　範例：−1.0111的捨入結果

方法	精準結果	近似結果
捨入成最接近的偶數	-1.0111	-1.100
往負無窮大的方向捨入	-1.0111	-1.100
往正無窮大的方向捨入	-1.0111	-1.011
往零的方向捨入	-1.0111	-1.011

12.2.3　浮點運算的例外處理

在每個程式裡，總是可能有某些設計會出差錯，FPU 面對這些情況，必須加以處理。FPU 必須認得以及偵測以下六種例外狀況：無效運算 (#I)、除以零 (#Z)、解標準化的運算元 (#D)、數值溢位 (#O)、數值下溢 (#U)、不夠精密的精準度 (#P) 等，前三個例外狀況 (#I、#Z、#D) 在任何算術運算發生以前，就可加以偵測，後三種例外狀況 (#O、#U、#P) 則需要在運算發生之後，才能進行偵測。

每種例外狀況都具有一個對應的旗標位元和遮罩 (mask) 位元，當偵測到例外狀況時，處理器會設定對應的旗標位元。針對處理器利用旗標位元所設定的每種例外狀況，可以有兩種應對過程：

- 如果對應的遮罩位元處於**設定**狀態，則處理器會自動處理此例外狀況，並且讓程式繼續執行。
- 如果對應的遮罩位元處於**清除**狀態，則處理器將調用軟體形式的例外狀況處置器。

對於大部分程式而言，處理器的遮罩（自發的）反應都是可接受的。也可使用自訂的例外狀況處置器，定義應用程式在特定狀況，需要執行的反應動作。因爲單一指令可能觸發多個例外狀況，所以處理器會保留自從上一次清除例外狀況以後，所發生的全部例外狀況。此外，在一系列計算完成以後，讀者可以檢查是否有任何例外狀況發生。

12.2.4　浮點運算指令集

　　因爲 FPU 指令集有點複雜，所以此處將試圖給予讀者概略說明，並且也提供一些範例，說明一般由編譯器所產生的程式碼。除此以外，透過更改 FPU 的捨入模式，讀者可以藉此習題對 FPU 的控制。FPU 指令集包含了下列幾個基本種類的指令：

- 資料傳輸指令
- 基本算術指令
- 比較指令
- 超越指令
- 載入常數 (特殊化的預先定義常數) 的指令
- x87 FPU 控制指令
- x87 FPU 和 SIMD 狀態管理指令

　　浮點運算指令名稱會以字母 F 作爲開頭，以便與 CPU 指令有所區隔。指令助憶碼的第二個字母 (通常是 B 或 I)，代表意義如下：B 代表該運算元是二進位的十進制 (BCD) 運算元，I 代表該運算元是二進位整數運算元。如果第二個字母不是 B 及 I，則記憶體運算元將被假定爲實數格式。如 FBLD 操作的是 BCD 數值，FILD 操作的是整數，而 FLD 操作的則是實數。

> 讀者可參考附錄 B 的表 B-3，此表列出了 x86 浮點運算指令的參考內容。

運算元

　　浮點運算指令可以具有零個、一個或兩個運算元，如果有兩個運算元的話，則其中一個必須是浮點暫存器，雖然浮點指令沒有使用立即運算元 (immediate operands)，但是某些特定的預先定義常數 (如 0.0、π 和 $\log_2 10$ 等)，仍然可以被載入堆疊中。此外，如 EAX、EBX、ECX 和 EDX 等通用暫存器，都不能作爲運算元，(唯一的例外是 FSTSW，這個指令會將 FPU 狀態字組存放在 AX。) 而且記憶體對記憶體的運算也不允許使用。

　　整數運算元必須從記憶體 (絕不可以從 CPU 暫存器) 載入至 FPU；在載入的過程中，整數運算元會自動轉換成浮點數格式。同樣地，在將浮點數值存放到整數記憶體運算元時，浮點數值會自動地截斷或捨入成整數。

初始化 (FINIT)

　　FINIT 指令會將浮點運算單元初始化，這個指令將 FPU 控制字組設定爲 037Fh，而此字組值會遮罩 (隱藏) 所有浮點運算例外狀況，並設定捨入模式爲「捨入成最接近的偶數」，以及設定計算的精度爲 64 位元。我們建議讀者在程式的起始處呼叫 FINIT，以便了解處理器的起始狀態。

浮點運算資料型別

　　此處將很快地回顧 MASM 支援的浮點運算資料型別 (QWORD、TBYTE、REAL4、REAL8 和 REAL10)，請見表 12-11。在定義 FPU 指令的記憶體運算元時，將需要使用到這些資料型別。舉例而言，在將浮點變數載入 FPU 堆疊時，此變數應該定義為 REAL4、REAL8 或 REAL10：

```
.data
bigVal REAL10 1.212342342234234243E+864
.code
fld bigVal                              ; 載入變數到堆疊
```

表12-11　內建資料型別

型別	用法
QWORD	64位元整數
TBYTE	80位元 (10位元組) 整數
REAL4	32位元 (4位元組) IEEE短實數
REAL8	64位元 (8位元組) IEEE長實數
REAL10	80位元 (10位元組) IEEE延伸實數

載入浮點數值 (FLD)

FLD（載入浮點數值，其英文原文為 load floating-point value）指令的功能是將一個浮點運算元，複製到 FPU 堆疊的頂端 [就是 ST(0)]。此處的運算元可以是 32 位元、64 位元或 80 位元的記憶體運算元 (REAL4、REAL8、REAL10)，或者是另一個 FPU 暫存器。

```
FLD m32fp
FLD m64fp
FLD m80fp
FLD ST(i)
```

記憶體運算元的類型

FLD 支援的記憶體運算元類型，與 MOV 相同。以下是數個範例：

```
.data
array REAL8 10 DUP(?)
.code
fld   array                      ; 直接
fld   [array+16]                 ; 直接位移
fld   REAL8 PTR[esi]             ; 間接
fld   array[esi]                ; 索引
fld   array[esi*8]              ; 比例索引
fld   array[esi*TYPE array]     ; 比例索引
fld   REAL8 PTR[ebx+esi]         ; 基底索引
fld   array[ebx+esi]            ; 基底索引位移
fld   array[ebx+esi*TYPE array] ; 比例基底索引位移
```

範例

下列範例載入了兩個直接運算元到 FPU 堆疊：

```
.data
dblOne   REAL8 234.56
dblTwo   REAL8 10.1
.code
fld   dblOne                      ; ST(0) = dblOne
fld   dblTwo                      ; ST(0) = dblTwo, ST(1) = dblOne
```

以下圖形顯示在執行每個指令之後的堆疊內容：

fld dblOne	ST(0)	234.56

fld dblTwo	ST(1)	234.56
	ST(0)	10.1

執行第二個 FLD 指令時，會遞減 TOP 之值，因而導致先前標記為 ST(0) 的堆疊元素，成為 ST(1)。

FILD

FILD（載入整數，其英文原文為 load integer）指令的功能是使 16、32 或 64 位元的有號整數來源運算元，轉換成雙精準度浮點數，然後載入 ST(0)，在此過程中，來源運算元的正負號將保留下來。本書會在第 12.2.10 節（混合模式的算術運算）中，示範說明其用法。此外，FILD 支援的記憶體運算元類型，也與 MOV 相同（間接、索引、基底 - 索引等）。

載入常數

下列指令可以載入特殊常數到堆疊中，這些指令都不使用任何運算元：

- FLD1 指令的功能是將 1.0 壓入暫存器堆疊。
- FLDL2T 指令的功能是將 $\log_2 10$ 壓入暫存器堆疊。
- FLDL2E 指令的功能是將 $\log_2 e$ 壓入暫存器堆疊。
- FLDPI 指令的功能是將 π 壓入暫存器堆疊。
- FLDLG2 指令的功能是將 $\log_{10} 2$ 壓入暫存器堆疊。
- FLDLN2 指令的功能是將 $\log_e 2$ 壓入暫存器堆疊。
- FLDZ（載入零，其英文原文為 load zero）指令的功能是將 0.0 壓入 FPU 堆疊。

儲存浮點數值 (FST、FSTP)

FST（儲存浮點數值，其英文原文為 store floating-point value）指令的功能是由 FPU 堆疊的頂端，將浮點運算元複製到記憶體中，其支援的記憶體運算元的類型，與 FLD 相同，運算元可以是 32 位元、64 位元或 80 位元的記憶體運算元 (REAL4, REAL8, REAL10)，或者是另一個 FPU 暫存器。

```
FST    m32fp                      FST    m80fp
FST    m64fp                      FST    ST(i)
```

FST 不會執行彈出 (pop) 堆疊的動作，如下列指令會將 ST(0) 存放到記憶體中，此處假定 ST(0) 等於 10.1，而且 ST(1) 等於 234.56：

```
fst    dblThree                   ; 10.1
fst    dblFour                    ; 10.1
```

就直覺上而言，讀者可能會預期 dblFour 等於 234.56。但事實上第一個 FST 指令還是讓 10.1 留在 ST(0)，如果想要將 ST(1) 複製到 dblFour，就必須使用 FSTP 指令。

FSTP

FSTP（儲存浮點數值並且彈出堆疊，其英文原文為 store floating-point value and pop）指令的功能是將 ST(0) 中的值複製到記憶體，並且從堆疊中彈出 ST(0)。假設在執行下列指令以前，ST(0) 等於 10.1，而且 ST(1) 等於 234.56：

```
fstp    dblThree                ; 10.1
fstp    dblFour                 ; 234.56
```

在執行上述程式之後，就邏輯上而言，這兩個值都已經從堆疊中移除。不過實際上每執行 FSTP 一次，TOP 指標便加一，藉此改變 ST(0) 的位置。

FIST（儲存整數）指令會將 ST(0) 中的值，轉換成有號整數，並且將結果儲存到目的運算元，儲存的值可以是字組或雙字組，本書將在第 12.2.10 節（混合模式的算術運算）示範說明其用法。此外，FIST 支援的記憶體運算元的類型，與 FST 相同。

12.2.5　算術指令

基本的算術指令名稱及說明請見表 12-12，這些指令支援的記憶體運算元類型，與 FLD（載入）、FST（儲存）皆相同，所以其運算元可以是間接、索引、基底 - 索引等類型。

表12-12　基本浮點算術指令

FCHS	改變正負號
FADD	將來源運算元加到目的運算元
FSUB	在目的運算元減去來源運算元
FSUBR	在來源運算元減去目的運算元
FMUL	將來源運算元乘以目的運算元
FDIV	將目的運算元除以來源運算元
FDIVR	將來源運算元除以目的運算元

FCHS 與 FABS

FCHS（變更符號，其英文原文為 change sign）指令的功能是將 ST(0) 所含值的正負號予以顛倒，FABS（絕對值，其英文原文為 absolute value）指令的功能是清除 ST(0) 所含值的正負號，以便形成其絕對值。這兩個指令都沒有運算元：

```
FCHS
FABS
```

FADD、FADDP、FIADD

FADD（加法，其英文原文為 add）指令具有下列格式，**m32fp** 代表 REAL4 記憶體運算元，**m64fp** 代表 REAL8 運算元，而 i 是暫存器數值。

```
FADD[4]
FADD    m32fp
FADD    m64fp
FADD    ST(0), ST(i)
FADD    ST(i), ST(0)
```

不使用運算元

如果沒有任何運算元與 FADD 搭配使用,則這個指令會將 ST(0) 加到 ST(1) 上,其結果暫時放置在 ST(1),然後 ST(0) 會從堆疊中彈出,讓計算結果位於堆疊頂端。下列圖形示範說明了 FADD 的執行情形,並假設堆疊已經含有兩個數值:

	fadd	Before:	ST(1)	234.56
			ST(0)	10.1
		After:	ST(0)	244.66

暫存器運算元

下列圖形以相同的堆疊內容作為起始點,說明將 ST(0) 加到 ST(1) 上的加法運算:

fadd st(1), st(0)	Before:	ST(1)	234.56
		ST(0)	10.1
	After:	ST(1)	244.66
		ST(0)	10.1

記憶體運算元

當 FADD 與記憶體運算元搭配使用的時候,這個指令會將此運算元之值加到 ST(0) 上。以下是數個範例:

```
fadd   mySingle                    ; ST(0) += mySingle
fadd   REAL8 PTR[esi]              ; ST(0) += [esi]
```

FADDP

FADDP(相加並且彈出堆疊,其英文原文為 add with pop)指令的功能是執行加法運算,並且在執行完成之後,從堆疊中彈出 ST(0)。以下是 MASM 在此指令支援的格式:

```
FADDP ST(i),ST(0)
```

下列圖形可以顯示 FADDP 的運作過程:

faddp st(1), st(0)	Before:	ST(1)	234.56
		ST(0)	10.1
	After:	ST(0)	244.66

FIADD

FIADD（與整數相加，其英文原文為 add integer）指令在將來源運算元加到 ST(0) 之前，會先將運算元轉換成延伸雙精準度浮點格式。其語法如下：

```
FIADD   m16int
FIADD   m32int
```

範例：

```
.data
myInteger DWORD 1
.code
fiadd  myInteger                    ; ST(0) += myInteger
```

FSUB、FSUBP、FISUB

FSUB 指令的功能是在目的運算元減去來源運算元，並且將計算結果置於目的運算元中，且目的運算元永遠都是 FPU 暫存器，來源運算元可以是 FPU 暫存器或記憶體。此外，它也可接受與 FADD 相同的運算元：

```
FSUB⁵
FSUB   m32fp
FSUB   m64fp
FSUB   ST(0), ST(i)
FSUB   ST(i), ST(0)
```

FSUB 的運算與類似 FADD，差別是它執行的是減法而非加法。如執行沒有運算元的 FSUB 指令時，它會在 ST(1) 減去 ST(0)，其結果則暫時放置在 ST(1)。然後 ST(0) 會從堆疊中彈出，讓計算結果位於堆疊頂端。當 FSUB 具有一個記憶體運算元時，它會在 ST(0) 減去記憶體運算元，但不會執行彈出堆疊的動作。

範例：

```
fsub   mySingle                     ; ST(0) -= mySingle
fsub   array[edi*8]                 ; ST(0) -= array[edi*8]
```

FSUBP

FSUBP（相減並且彈出堆疊，其英文原文為 subtract with pop）指令的功能是執行減法運算且在執行之後，從堆疊中彈出 ST(0)。以下是 MASM 在此指令支援的格式：

```
FSUBP ST(i),ST(0)
```

FISUB

FISUB（與整數相減，其英文原文為 subtract integer）指令在 ST(0) 減去來源運算元之前，會先將運算元轉換成延伸雙精準度浮點格式：

```
FISUB   m16int
FISUB   m32int
```

FMUL、FMULP、FIMUL

FMUL 指令的功能是將來源運算元乘以目的運算元，並且將計算結果置於目的運算元中，目的運算元永遠都是 FPU 暫存器，而且來源運算元可以是暫存器或記憶體運算元。其語法與 FADD、FSUB 相同：

```
FMUL6
FMUL    m32fp
FMUL    m64fp
FMUL    ST(0), ST(i)
FMUL    ST(i), ST(0)
```

FMUL 的運算類似於 FADD，差別是它執行的是乘法而非加法。若在執行 FMUL 指令時，沒有指定運算元，它會使 ST(0) 乘以 ST(1)，其結果則暫時放置在 ST(1)，然後 ST(0) 會從堆疊中彈出，讓計算結果位於堆疊頂端。同樣地，當 FMUL 具有一個記憶體運算元的時候，這個指令會讓 ST(0) 乘以此記憶體運算元：

```
fmul   mySingle                      ; ST(0) *= mySingle
```

FMULP

FMULP（相乘並且彈出堆疊，其英文原文為 multiply with pop）指令的功能是執行乘法運算，並且在執行乘法運算之後，從堆疊中彈出 ST(0)。以下是 MASM 在此指令支援的格式：

```
FMULP ST(i),ST(0)
```

除了 FIMUL 是執行乘法而不是加法以外，這個指令的格式同 FIADD：

```
FIMUL    m16int
FIMUL    m32int
```

FDIV、FDIVP、FIDIV

FDIV 指令的功能是將目的運算元除以來源運算元，並且將計算結果置於目的運算元中。目的運算元永遠都是暫存器，而來源運算元可以是暫存器或記憶體，其語法與 FADD、FSUB 相同：

```
FDIV7
FDIV    m32fp
FDIV    m64fp
FDIV    ST(0), ST(i)
FDIV    ST(i), ST(0)
```

FDIV 的運算類似於 FADD，差別是它執行的是除法而非加法。若在執行 FDIV 指令時，沒有指定運算元，它會在 ST(1) 除以 ST(0)，然後 ST(0) 會從堆疊中彈出，讓計算結果位於堆疊頂端。當 FDIV 具有一個記憶體運算元的時候，這個指令會在 ST(0) 除以此記憶體運算元。下列程式碼表示會在 **dblOne** 除以 **dblTwo**，並且將商數存放在 **dblQuot** 中：

```
.data
dblOne   REAL8 1234.56
dblTwo   REAL8 10.0
dblQuot  REAL8 ?
.code
fld    dblOne                    ; 載入至ST(0)
fdiv   dblTwo                    ; 將ST(0) 除以dblTwo
fstp   dblQuot                   ; 儲存ST(0) 至dblQuot
```

在執行此指令時，如果來源運算元為 0，則會產生除以 0 (divide-by-zero) 的例外。此外，當作為被除數的運算元之值等於正或負無窮大、0 和 NaN 時，有一些特殊實例可以運用。有關詳細情形，請參見《Intel Instruction Set Reference manual》。

FIDIV

FIDIV 指令在將整數來源運算元除以 ST(0) 之前，會先使此整數運算元轉換成延伸雙精準度浮點格式。其語法為：

```
FIDIV   m16int
FIDIV   m32int
```

12.2.6　比較浮點數值

浮點數值不能使用 CMP 指令來進行比較，這個指令只能在整數減法時，執行比較的工作。若要比較浮點數值，必須使用 FCOM 指令，執行了 FCOM 指令以後，若要在邏輯 IF 敘述內，使用條件式跳越指令（JA、JB、JE 等等），必須先採取幾個特殊步驟。也就是所有浮點數值都已完成隱含轉換符號之後，FCOM 指令會執行符號比較。

由 FCOM、FCOMP 和 FCOMPP 設定的狀況碼

FCOM（比較浮點數值，其英文原文為 compare floating-point values）指令會將 ST(0) 與其來源運算元進行比較，來源運算元可以是記憶體或 FPU 暫存器。

指令	說明
FCOM	將 ST(0) 針對 ST(1) 進行比較
FCOM m32fp	將 ST(0) 針對 m32fp 進行比較
FCOM m64fp	將 ST(0) 針對 m64fp 進行比較
FCOM ST (i)	將 ST(0) 針對 ST(i) 進行比較

針對具有相同型別的運算元，FCOMP 指令會執行相同的比較運算，並且在執行過程即將結束時，從堆疊彈出 ST(0)。此外，FCOMPP 指令的運算過程與 FCOMP 相同，差別是 FCOMP 指令在執行完成後，多了一次彈出堆疊的動作。

狀況碼 (Condition Codes)

FPU 共有三種狀況碼旗標，分別是 C3、C2 和 C0 等，功能是代表比較浮點數值所得的結果（請參見表 12-13）。在表 12-13 中，各欄標題列出了相對等的 CPU 狀態旗標，這是因為 C3、C2 和 C0 的功能分別類似於零值、同位和進位旗標。

表12-13　由FCOM、FCOMP和FCOMPP設定的狀態碼

狀況	C3 （零值旗標）	C2 （同位旗標）	C0 （進位旗標）	使用的條件跳越
ST(0) > SRC	0	0	0	JA, JNBE
ST(0) < SRC	0	0	1	JB, JNAE
ST(0) = SRC	1	0	0	JE, JZ
Unordered[a]	1	1	1	（無）

[a] 若發生非法運算元例外（因為使用了不合法的運算元），且該例外已被遮罩，C3、C2 及 C0 等會被設定為上表中的 **Unordered**。

在比較兩個數值及設定 FPU 狀況碼之後，主要挑戰是找出一個可根據各種不同狀況，分支到指定標籤的方法，這會涉及到以下步驟：

● 使用 FNSTSW 指令，將 FPU 狀態字組搬移到 AX。

● 使用 SAHF 指令，將 AH 複製到 EFLAGS 暫存器中。

一旦狀態碼已經放在 EFLAGS 中，就可以根據零值、同位和進位旗標，執行條件式跳越。表 12-13 也針對每種旗標組合，列出了適合的條件式跳越指令。此外，我們也可以如下的原則，判斷應使用的條件式跳越指令：如果 CF = 0，可以 JAE 指令引發控制權的轉移。若 CF = 1 或 ZF = 1，則可使用 JBE 指令引發控制權的轉移。若 ZF = 0，請以 JNE 指令轉移控制權。

範例

假設有以下的 C++ 程式碼：

```
double X = 1.2;
double Y = 3.0;
int N = 0;
if( X < Y )
    N = 1;
```

以下是其相對等的組合語言程式碼：

```
.data
X REAL8 1.2
Y REAL8 3.0
N DWORD 0
.code
; if( X < Y )
;    N = 1
    fld X                        ; ST(0) = X
    fcomp Y                      ; 比較ST(0)及Y
    fnstsw ax                    ; 將狀態字組移至AX
    sahf                         ; 複製AH至FLAGS
    jnb L1                       ; 若X不比Y小，則略過
    mov N,1                      ; 設定N = 1
L1:
```

P6 處理器所做的改進

關於浮點數比較的重點是相對於整數比較，浮點數的比較會導致在執行期間的更多經常性執行動作。為改進此一缺點，Intel P6 族系引進了 FCOMI 指令，這個指令可以在比較浮點數值後，直接設定零值、同位和進位旗標。(P6 族系的處理器源自 Pentium Pro 和 Pentium II 處理器。) FCOMI 的語法如下：

```
FCOMI ST(0),ST(i)
```

以下是使用 FCOMI 重新改寫過前一範例的程式碼 (比較 X 和 Y)：

```
.code
; if( X < Y )
; N = 1
  fld Y                              ; ST(0) = Y
  fld X                              ; ST(0) = X, ST(1) = Y
  fcomi ST(0),ST(1)                  ; 比較ST(0) 及ST(1)
  jnb L1                             ; 若ST(0) 不比ST(1) 小，則略過
  mov N,1                            ; 設定N = 1
L1:
```

FCOMI 取代了前一個版本範例中的三道指令，但必須多執行一次 FLD。此外，FCOMI 指令不接受記憶體運算元。

比較是否相等

幾乎每本導論性的程式設計教科書，都會警告讀者不要去比較浮點數值是否相等，因為計算過程中可能出現捨入性的誤差。以下經由運算式的計算，來示範說明這個問題：(sqrt(2.0) * sqrt(2.0)) − 2.0. 就數學上而言，這個運算式應該等於零，但是計算所得的結果卻不是如此 (大約等於 4.4408921E−016)。我們將使用下列資料，並且在表 12-14 中顯示每個步驟之後的 FPU 堆疊：

```
val1 REAL8 2.0
```

表12-14 計算 (sqrt(2.0) * sqrt(2.0)) − 2.0的過程

指令	FPU 堆疊
fld val1	ST(0): +2.0000000E+000
fsqrt	ST(0): +1.4142135E+000
fmul ST(0), ST(0)	ST(0): +2.0000000E+000
fsub val1	ST(0): +4.4408921E−016

若要在比較浮點數值 x 和 y 之後，取得較為精確之比對結果，應先取得二者相減後的絕對值，也就是 |x − y|，然後再將這個值與稱為 **epsilon** 的使用者自訂極小值進行比較。以下是執行這項工作的組合語言程式碼，使用 epsilon 作為兩個浮點數可以具有的最大差值，而且當差值等於此最大極限值時，兩個浮點數仍然視為相等。

```
.data
epsilon REAL8 1.0E-12
val2 REAL8 0.0                          ; 比較的值
val3 REAL8 1.001E-13                    ; 考量是否等於val2
.code
; 若 (val2 == val3)，顯示 "Values are equal".
    fld     epsilon
    fld     val2
    fsub    val3
    fabs
    fcomi ST(0),ST(1)
    ja      skip
    mWrite <"Values are equal",0dh,0ah>
skip:
```

表 12-15 顯示此程式的執行過程，並列出前四個指令，個別被執行以後的堆疊內容。

表12-15 計算 (6.0 * 2.0) + (4.5 * 3.2) 的內積

指令	FPU 堆疊
`fld     epsilon`	ST(0) : +1.0000000E−012
`fld     val2`	ST(0) : +0.0000000E+000
	ST(1) : +1.0000000E−012
`fsub    val3`	ST(0) : −1.0010000E−013
	ST(1) : +1.0000000E−012
`fabs`	ST(0) : +1.0010000E−013
	ST(1) : +1.0000000E−012
`fcomi ST(0) , ST(1)`	ST(0) < ST(1) , 所以 CF = 1, ZF = 0

如果重新定義 val3 為大於 epsilon，則 val3 就不再等於 val2 了：

```
val3 REAL8 1.001E-12                    ; 不相等
```

12.2.7　讀取與寫入浮點數值

在本書的連結函式庫中，有包含兩個關於浮點輸入輸出的程序，它們是由 San Jose State University 的 William Barrett 所撰寫：

- **ReadFloat**：功能是由鍵盤讀取一個浮點數值，並且將它壓入 FPU 堆疊中。
- **WriteFloat**：功能是將位於 ST(0) 的浮點數值，以指數格式寫入到主控台視窗。

ReadFloat 可以接受多種不同類型的浮點格式，以下是數個可接受的範例：

```
35
+35.
-3.5
.35
3.5E5
3.5E005
-3.5E+5
3.5E-4
+3.5E-4
```

ShowFPUStack

　　另一個有用的程序是由 Pacific Lutheran University 的 James Brink 所撰寫，功能是顯示 FPU 堆疊內容，呼叫此程序時，不需要傳遞任何參數：

```
call ShowFPUStack
```

範例程式

　　下列範例程式的執行動作包括將兩個浮點數值壓入 FPU 堆疊、顯示堆疊、要求使用者輸入兩個值、將兩個值相乘及顯示此乘積：

```
; 32-bit Floating-Point I/O Test   (floatTest32.asm)

INCLUDE Irvine32.inc
INCLUDE macros.inc

.data
first     REAL8 123.456
second    REAL8 10.0
third     REAL8  ?

.code
main PROC
    finit                               ; 初始化FPU

; 壓入兩個浮點數值及顯示FPU堆疊
    fld first
    fld second
    call ShowFPUStack

; 輸入兩個浮點數值及顯示相乘後的乘積
    mWrite "Please enter a real number: "
    call ReadFloat

    mWrite "Please enter a real number: "
    call ReadFloat

    fmul ST(0),ST(1)                ; 相乘

    mWrite "Their product is: "
    call WriteFloat
    call Crlf

    exit
main ENDP
END main
```

　　以下是上述範例的輸入及輸出結果（粗體字為使用者輸入的數字）：

```
     ------ FPU Stack ------
    ST(0): +1.0000000E+001
    ST(1): +1.2345600E+002
    Please enter a real number: 3.5
    Please enter a real number: 4.2
    Their product is: +1.4700000E+001
```

12.2.8 例外處理的同步化

整數 (CPU) 和 FPU 是各自獨立的單元,所以浮點運算指令可以與整數及系統指令在同一時間執行,此一功能稱為**並行 (concurrency)**,但在發生未遮罩浮點運算例外情形時,可能變成一種潛在性問題,而被遮罩的例外情形不會成為問題,因為 FPU 在此時必會完成現行的運算並且儲存其結果。

當未遮罩的例外情形發生時,現行的浮點運算指令將中斷,而且 FPU 會通告有例外情形的事件發生。而下一個浮點運算指令,或 FWAIT (WAIT) 指令即將要執行的時候,FPU 會檢查是否有等待處理的例外情形。如果有找到任何一個例外,它將呼叫浮點運算例外處置器(一個副程式)。

如果在浮點運算指令引發例外之後,緊接著再執行整數或系統指令的話,又會產生什麼結果呢?不幸地,在此時不會檢查是否有等待處理的例外,它們會立即執行。如果第一個指令被預期是要儲存其輸出到一個記憶體運算元中,而且第二個指令將修改相同的運算元,則例外情形處置器會無法正確地執行。以下是一個範例:

```
.data
intVal DWORD 25
.code
fild intVal                    ; 載入整數至ST(0)
inc intVal                     ; 遞增整數值
```

WAIT 和 FWAIT 的功能是強迫處理器在繼續執行下一個指令之前,先檢查是否有等待處理、未遮罩的、浮點運算的例外情形。這兩者都可以解決此處的潛在同步化問題,以避免 INC 指令直接執行,直到例外情形處置器有時間結束其工作為止:

```
fild intVal                    ; 載入整數至ST(0)
fwait                          ; 等待處理例外
inc intVal                     ; 遞增整數值
```

12.2.9 程式碼範例

本節將檢視幾個用於示範說明浮點算術指令的簡短範例,此外,另一種相當好的學習方式是以 C++ 撰寫運算式,在編譯此程式碼之後,檢視由編譯器所產生的程式碼。

運算式

以下將撰寫運算式 valD = −valA + (valB * valC) 的程式碼,逐步的撰寫方式為:首先載入 valA 到堆疊中,並且反轉該值,成為原來的相反數。其次是載入 valB 到 ST(0) 中,以及讓 valA 移到 ST(1)。再來是使 ST(0) 乘以 valC,並且讓乘積留在 ST(0)。最後是相加 ST(1) 和 ST(0),並且使其總和存放在 valD:

```
.data
valA REAL8 1.5
valB REAL8 2.5
valC REAL8 3.0
valD REAL8 ?; +6.0
```

```
.code
fld    valA                          ; ST(0) = valA
fchs                                 ; 改變ST(0) 的符號
fld    valB                          ; 載入 valB 至 ST(0)
fmul   valC                          ; ST(0) *= valC
fadd                                 ; ST(0) += ST(1)
fstp   valD                          ; 儲存ST(0) 至valD
```

陣列的總和

下列程式碼會計算及顯示一個雙精準度實數陣列的總和：

```
ARRAY_SIZE = 20
.data
sngArray REAL8 ARRAY_SIZE DUP(?)
.code
    mov    esi,0                      ; 陣列索引
    fldz                             ; 將0.0壓入至堆疊中
    mov    ecx,ARRAY_SIZE

L1: fld    sngArray[esi]              ; 載入mem至ST(0)
    fadd                             ; 相加ST(0) 及ST(1) 及彈出堆疊
    add    esi,TYPE REAL8            ; 移至下一個元素
    loop   L1

    call   WriteFloat                ; 顯示儲存在ST(0) 的總和
```

平方根的總和

FSQRT 指令的功能是將 ST(0) 中的數值，以其平方根取代之。下列程式碼會計算兩個平方根的總和：

```
.data
valA REAL8 25.0
valB REAL8 36.0
.code
fld   valA                           ; 壓入 valA
fsqrt                                ; ST(0) = sqrt(valA)
fld   valB                           ; 壓入valB
fsqrt                                ; ST(0) = sqrt(valB)
fadd                                 ; 相加ST(0)及ST(1)
```

陣列內積

下列程式碼將計算運算式 (array [0] * array [1]) + (array [2] * array [3])，這種計算有時候稱為**內積 (dot product)**。表 12-16 顯示了在每個指令執行之後的 FPU 堆疊。以下是輸入的資料：

```
.data
array REAL4 6.0, 2.0, 4.5, 3.2
```

表12-16　計算 (6.0 * 2.0)+(4.5 * 3.2) 的內積

指令	FPU 堆疊
`fld    array`	ST(0):　+6.0000000E+000
`fmul [array+4]`	ST(0):　+1.2000000E+001
`fld    [array+8]`	ST(0):　+4.5000000E+000
`fmul [array+12]`	ST(1):　+1.2000000E+001
`fadd`	ST(0):　+1.4400000E+001
	ST(1):　+1.2000000E+001
	ST(0):　+2.6400000E+001

12.2.10　混合模式的算術運算

到目前為止，我們所執行的算術運算都只牽涉到實數，不過應用程式通常都是執行包含了整數和實數混合模式的算術運算。而像 ADD 和 MUL 這樣的整數算術指令都不能處理實數，所以我們只能選擇使用浮點運算指令。此外，Intel 指令集提供了可將整數轉換成實數，並且將數值存放到 FPU 堆疊的指令。

範例

下列 C++ 程式碼將一個整數與一個型別為 double 的變數相加，然後存放計算後總和於某個 double 變數中。且在執行加法運算以前，C++ 會自動讓整數轉換成實數：

```
int N = 20;
double X = 3.5;
double Z = N + X;
```

以下是相對等的組合語言程式碼：

```
.data
N SDWORD 20
X REAL8 3.5
Z REAL8 ?
.code
fild  N                        ; 載入整數至ST(0)
fadd  X                        ; 將記憶體運算元相加至ST(0)
fstp  Z                        ; 儲存ST(0) 至記憶體運算元
```

範例

下列 C++ 程式碼會將 N 轉換成型別為 double 的值，然後計算一個實數運算式，再將結果存放在某個整數變數中：

```
int N = 20;
double X = 3.5;
int Z = (int) (N + X);
```

由 Visual C++ 產生的程式碼，在將被截斷的結果存放於 Z 以前，會呼叫轉換函式 (ftol)。如果使用 FIST 以組合語言撰寫此運算式的程式碼，可以免去使用函式呼叫，但是 Z 會（根據預設）變成近似值 24：

```
fild  N                        ; 載入整數至ST(0)
fadd  X                        ; 將記憶體運算元相加至ST(0)
fist  Z                        ; 儲存ST(0) 至記憶體運算元
```

變更捨入模式

FPU 控制字組的 RC 欄位，可以讓設計人員指定想要的捨入方式。設計人員可以使用 FSTCW，將控制字組存放於某個變數，然後修改 RC 欄位（位元 10 和 11），再使用 FLDCW 指令將此變數載入回到控制字組：

```
fstcw ctrlWord                 ; 儲存控制字組
or    ctrlWord,110000000000b   ; 設定RC = 截斷模式
fldcw ctrlWord                 ; 載入控制字組
```

然後執行此一要求使用截斷模式的計算，結果產生 Z = 23：

```
fild  N                        ; 載入整數至ST(0)
fadd  X                        ; 將記憶體運算元相加至ST(0)
fist  Z                        ; 儲存ST(0) 至記憶體運算元
```

我們也可以選擇重設捨入模式為預設值（**捨入為最接近的偶數**）：

```
fstcw ctrlWord                 ; 儲存控制字組
and   ctrlWord,001111111111b   ; 重設捨入模式為預設值
fldcw ctrlWord                 ; 載入控制字組
```

12.2.11　例外情形的遮罩與取消遮罩

例外情形在預設狀態下，是被遮罩的（第 12.2.3 節），所以發生浮點運算例外時，處理器會指定一個預設值給運算後結果，並且不受干擾地繼續其工作。以下範例表示在一個浮點數除以零，則結果為無窮大，但程式仍會繼續執行：

```
.data
val1 DWORD 1
val2 REAL8 0.0
.code
fild  val1                     ; 載入整數至ST(0)
fdiv  val2                     ; ST(0) = 無窮大
```

如果讀者設定取消遮罩 FPU 控制字組中的例外情形，則處理器將試著去執行適當的例外情形處置器。若要取消遮罩，可清除 FPU 控制字組中的適當位元（表 12-17），例如現要遮罩「除以 0」的例外，以下是需要採取的步驟：

- 將 FPU 控制字組存放於一個 16 位元變數。
- 清除位元 2（除以零旗標）。
- 將此變數載入回到控制字組中。

表12-17 在FPU控制字組中的各欄位

位元編號	說明
0	無效運算例外情形的遮罩位元
1	解標準化例外情形的遮罩位元
2	除以零例外情形的遮罩位元
3	溢位例外情形的遮罩位元
4	下溢例外情形的遮罩位元
5	精度例外情形的遮罩位元
8–9	精度控制
10–11	捨入模式的控制
12	無窮大的控制

以下程式碼會取消遮罩浮點運算例外情形：

```
.data
ctrlWord WORD  ?
.code
fstcw ctrlWord                        ; 取得控制字組
and   ctrlWord,1111111111111011b      ; 在無遮罩下除以零
fldcw ctrlWord                        ; 載入回存至FPU的控制字組
```

現在如果執行會除以零的程式碼，則將產生一個未遮罩的例外情形：

```
fild  val1
fdiv  val2                            ; 除以零
fst   val2
```

一旦 FST 指令開始執行，則 MS-Windows 會立即顯示下列對話方塊：

將例外情形予以遮罩

　　如果想要遮罩某個例外情形，就必須使 FPU 控制字組中的適當位元處於設定狀態。下列程式碼會遮罩除以零例外情形：

```
.data
ctrlWord WORD  ?
.code
fstcw ctrlWord                        ; 取得控制字組
or    ctrlWord,100b                   ; 在遮罩下除以零
fldcw ctrlWord                        ; 載入回存至FPU的控制字組
```

12.2.12 自我評量

1. 請撰寫一個指令，可將 ST(0) 的複本，載入到 FPU 堆疊中。
2. 如果 ST(0) 是位於暫存器堆疊中的絕對暫存器 R6，請問 ST(2) 的位置是在哪裡？
3. 請至少列舉出三個 FPU 專用暫存器。
4. 當浮點運算指令名稱的第二個字母是 B 的時候，代表運算元是什麼類型？
5. 請問哪些浮點運算指令能接受立即運算元？

12.3 x86 指令編碼

如果想要完全瞭解組合語言，那麼讀者將需要花費一些時間，去觀察組合語言指令如何轉換成機器語言。因為在 Intel 指令集中，可利用的指令以及位址模式相當豐富而多樣，所以這個主題也變得相當複雜。本節將以在實體位址模式下執行的 8086/8088 處理器作為解說的例子，說明 Intel 指令編碼的過程。稍後將再說明 Intel 發行 32 位元處理器時，所做的一些改變。

Intel 8086 是第一個使用**複雜指令集 (CISC)** 設計的處理器，而且是 x86 系列處理器的第一個，這個指令集包含了相當多樣的記憶體定址、移位 (shifting)、算術、資料搬移和邏輯等運算。與**精簡指令集 (Reduced Instruction Set Computer, RISC)** 的指令相比，Intel 指令集需要有點技巧才能加以編碼和解碼。對一個指令加以**編碼**的意思是將組合語言指令與其運算元，轉換成機器碼，而對一個指令加以**解碼**的意思則是將一個機器碼指令轉換成組合語言。如果沒有意外，那麼在閱讀過本節對 Intel 指令的編碼與解碼說明以後，或許讀者會對 MASM 的作者心懷感謝之意！

12.3.1 指令

一般的 x86 機器指令的格式（圖 12-6）包含了指令前置位元組、運算碼、Mod R/M 位元組、比例索引位元組 (SIB)、位址移位、立即資料等，又因為指令的儲存方式是小端存取順序，所以前置位元組會位於指令的起始位址。而且每個指令都具有一個運算碼 (opcode)，其餘的欄位都是選用性質。雖然有些指令包含了上述所有欄位，但是平均而言，大部分指令都只具有 2 或 3 個位元組。以下是對這些欄位的簡略說明：

- **指令前置 (instruction prefix)** 位元組用於覆蓋預設的運算元大小。
- **運算碼 (opcode，**其英文全文為 operation code) 是某個指令的特定變異形式，一個指令可以具有多個變異的運算碼。例如 ADD 指令隨著所使用的參數類型的改變，可以具有九種不同運算碼。
- 而 **Mod R/M** 欄位則用於指出定址模式和運算元，"R/M" 標記法代表**暫存器 (register)** 及**模式 (mode)**。表 12-18 說明了 Mod 欄位的用途，而表 12-19 則說明當 Mod = 10 二進位時，針對 16 位元應用的 R/M 欄位功用。
- **比例索引位元組 (scale index byte, SIB)** 的功能是計算陣列索引的位移。
- **位址移位 (address displacement)** 欄位存放著運算元的位移，或者它也可以加到定址模式中的基底和索引暫存器上，例如基底 - 移位或基底 - 索引 - 移位等定址模式。

- **立即資料 (immediate data)** 欄位存放著常數運算元。

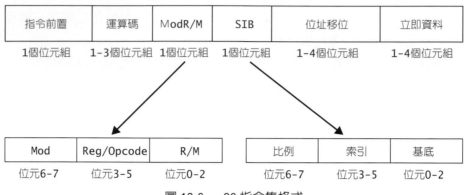

圖 12-6　x86 指令集格式

表12-18　Mod欄位各個值的用途

Mod	移位 (Displacement)
00	DISP = 0，disp-low 和 disp-high 兩部分都未使用 (除非 r/m = 110)。
01	DISP = disp-low，符號延伸成 16 位元；disp-high 未使用。
10	DISP = disp-high 和 disp-low 兩部分都有使用。
11	R/M 含有的是暫存器編號。

表12-19　針對16位元移位的R/M欄位值 (當Mod = 10時)

R/M	有效位址
000	[BX + SI] + D16[a]
001	[BX + DI] + D16
010	[BP + SI] + D16
011	[BP + DI] + D16
100	[SI] + D16
101	[DI] + D16
110	[BP] + D16
111	[BX] + D16

[a]D16 是指 16 位元的移位

12.3.2　單位元組指令

最簡單的指令類型是沒有運算元，或只有一個隱含運算元的指令。此類指令只需要運算碼欄位，而運算碼欄位的值是由處理器的指令集預先定義的，表 12-20 列舉了部分常見的單位元組指令。INC DX 指令看起來好像不應該屬於單位元組指令，但是 Intel 指令集的設計者決定針對某些特定常用指令，提供獨一無二的運算碼。結果使得在程式碼大小及執行速度方面，暫存器的遞增運算達到了最佳化效能。

表12-20　單位元組指令

指令	運算碼
AAA	37
AAS	3F
CBW	98
LODSB	AC
XLAT	D7
INC DX	42

12.3.3　將立即運算元搬移到暫存器

立即運算元（常數）會以小端存取順序的方式，附加到指令上。此處將先集中說明使立即值搬移到暫存器的指令，以便暫時迴避複雜的記憶體定址模式問題。當 MOV 指令將立即值字組搬移到暫存器時，其編碼格式為 B8 + **rw dw**，其中運算碼位元組值是 B8 + rw，代表會有一個暫存器編號（0 到 7）加到 B8 上；而 **dw** 則是立即字組運算元，而且其低位元組是放在前面。（運算碼所使用的暫存器編號請見表 12-21。）請注意在以下範例中，所有數值都是十六進位。

表12-21　暫存器編號 (8/16位元)

暫存器	編號
AX 或 AL	0
CX 或 CL	1
DX 或 DL	2
BX 或 BL	3
SP 或 AH	4
BP 或 CH	5
SI 或 DH	6
DI 或 BH	7

範例：PUSH CX

機器指令是 **51**，其編碼步驟如下：

1. 具有一個 16 位元暫存器運算元的 PUSH 指令，其運算碼是 50。
2. CX 的暫存器編號是 1，然後將 1 加到 50 上，結果產生運算碼 51。

範例：MOV AX,1

機器指令是 **B8 01 00**（十六進位），以下是如何對其編碼的過程：

1. 將一個立即值搬移到 16 位元暫存器的運算碼是 B8。
2. AX 的暫存器編號是 0，所以將此 0 加到 B8 上（參考表 12-21）。
3. 立即運算元 (0001) 會以小端存取順序 (01, 00) 的方式，附加到指令上。

範例：MOV BX, 1234h

機器指令是 **BB 34 12**，其編碼步驟如下：

1. 將一個立即值搬移到 16 位元暫存器的運算碼是 B8。
2. BX 的暫存器編號是 3，所以將 3 加到 B8 上，結果產生運算碼 **BB**。
3. 立即運算元位元組是 **34 12**。

我們建議讀者親手組譯含有 MOV 立即運算元的指令，作為練習，以便得知其中的訣竅，再藉由檢視清單檔中，由 MASM 所產生的程式碼，驗證自己的編碼是否正確。

12.3.4 暫存器模式指令

在使用了暫存器運算元的指令中，Mod R/M 位元組會含有一個針對每個暫存器運算元的 3 位元識別符，表 12-22 列舉了各暫存器運算元的位元編碼。究竟應選擇使用 8 位元或 16 位元暫存器，則視運算碼欄位的位元 0 而定。當該位元的值為 1 的時候，請選擇 16 位元暫存器；若為 0，請選擇 8 位元暫存器。

表12-22　在Mod R/M欄位中所標示的暫存器

R/M	暫存器	R/M	暫存器
000	AX 或 AL	100	SP 或 AH
001	CX 或 CL	101	BP 或 CH
010	DX 或 DL	110	SI 或 DH
011	BX 或 BL	111	DI 或 BH

例如 **MOV AX, BX** 的機器語言是 **89 D8**，當 16 位元 MOV 指令用來將一個暫存器搬移到任何其他運算元時，其 Intel 編碼是 **89/r**，其中 /r 代表緊隨在運算碼之後的是 Mod R/M 位元組。請注意，Mod R/M 位元組是由三個欄位 (mod、reg 和 r/m) 所組成。例如 Mod R/M 值 D8 包含下列欄位：

Mod	reg	R/M
11	011	000

- 位元 6 到 7 是 **mod** 欄位，用於指出定址模式。在這個例子中，mod 欄位是 11，代表 r/m 欄位所含值是一個暫存器編號。
- 位元 3 到 5 是 **reg** 欄位，用於指出來源運算元。在這個例子中，暫存器 011 指的是 BX。
- 位元 0 到 2 是 **r/m** 欄位，用於指出目的運算元。在這個例子中，暫存器 000 指的是 AX。

表 12-23 列舉了其他幾個使用到 8 位元和 16 位元暫存器運算元的例子。

表12-23　有關MOV指令的範例編碼，並使用暫存器運算元

指令	運算碼	mod	reg	r/m
mov ax,dx	8B	11	000	010
mov al,dl	8A	11	000	010
mov cx,dx	8B	11	001	010
mov cl,dl	8A	11	001	010

12.3.5　處理器與運算元大小前置位元組

現在將焦點轉移到 32 位元 x86 處理器 (IA-32) 的指令編碼，有些機器語言指令會將運算元大小前置位元組 (66h) 放在最前面，覆蓋掉預設的區段屬性，問題是爲何會產生這個指令前置位元組呢？在建立 8088/8086 指令集的時候，幾乎所有可能的 256 個運算碼，都已經用來處理那些使用了 8 和 16 位元運算元的指令。而在 Intel 設計 32 位元處理器的時候，工程師必須找到一種方法，發展出可處理 32 位元運算元的新運算碼，同時還能保持與舊處理器之間相容性。對於針對 16 位元處理器所設計的程式，Intel 工程師添加了一個前置位元組，給任何使用 32 位元運算元的指令。而對於針對 32 位元處理器所設計的程式，32 位元運算元本來就是預設的，所以此時前置位元組則是添加給那些使用 16 位元運算元的指令，而八位元運算元並不需要前置位元組。

範例：16 位元運算元

藉著組譯先前（表 12-23）所列舉的 MOV 指令，我們可以看出前置位元組是如何在 16 位元模式下運作的。在下列程式碼中，.286 指引指出了被編譯的程式碼所預期使用的處理器，確保不會使用到 32 位元暫存器。此外，在每個 MOV 指令後面的註解內容，顯示其對應的指令編碼：

```
.model small
.286
.stack 100h
.code
main PROC
    mov  ax,dx                    ;  8B C2
    mov  al,dl                    ;  8A C2
```

接下來將針對 32 位元處理器，組譯這些相同的指令，使用的是 .386 指引，預設運算元大小是 32 位元，這個新的程式碼將同時包含 16 位元和 32 位元運算元。因爲第一個 MOV 指令 (EAX, EDX) 使用 32 位元運算元，所以它不需要任何前置位元組，又因爲第二個 MOV (AX, DX) 使用 16 位元運算元，所以它需要使用與運算元大小有關的前置位元組 (66)。

```
.model small
.386
.stack 100h
.code
main PROC
    mov  eax,edx                  ;  8B C2
    mov  ax,dx                    ;  66 8B C2
    mov  al,dl                    ;  8A C2
```

12.3.6 記憶體模式指令

如果 Mod R/M 位元組只用來辨識暫存器運算元,則 Intel 指令編碼會變得比較簡單。事實上,Intel 組合語言具有相當多樣的記憶體定址模式,也導致對 Mod R/M 位元組的編碼,變得相當複雜。(此類指令集的複雜性是相對於精簡指令集而言,精簡指令集陣營經常對此點提出批評。)

Mod R/M 位元組可以指定的不同運算元組合,總共達到 256 種。表 12-24 列舉的是在 Mod 00 情形下的 Mod R/M 位元組(十六進位),(完整內容請見《Intel 64 and IA-32 Architecture Software Developer's Manual, Vol. 2A》)。以下說明如何編碼 Mod R/M 位元組:在 **Mod** 欄中的兩個位元用於指出不同類型的定址模式,Mod 00 具有八種可能的 **R/M** 值(二進位 000 到 111),它們用於標示被列舉在**有效位址**欄中的運算元型別。

假設我們想要編碼 **MOV AX,[SI]**;而且兩個 Mod 位元是二進位 00,三個 R/M 位元是二進位 100。由表 12-19 可知 AX 的暫存器編號是二進位 000,所以完整的 Mod R/M 位元組是二進位 00 000 100 或十六進位 04:

mod	reg	r/m
00	000	100

此十六進位的位元組 04,出現在表 12-24 的第 5 列中,標記著 AX 的那一欄上。

因為暫存器 AL 的暫存器編號也是 000,所以 **MOV [SI],AL** 的 Mod R/M 位元組內容也相同(即 04h),接著將對指令 **MOV [SI],AL** 進行編碼。從 8 位元暫存器搬移資料的運算碼是 88,而因為 Mod R/M 位元組是 04h,所以機器指令是 88 04。

表12-24　Mod R/M位元組的部分內容 (16位元的區段)

位元組:		AL	CL	DL	BL	AH	CH	DH	BH	
字組:		AX	CX	DX	BX	SP	BP	SI	DI	
暫存器 ID:		000	001	010	011	100	101	110	111	
Mod	R/M	Mod R/M 值								有效位址
00	000	00	08	10	18	20	28	30	38	[BX + SI]
	001	01	09	11	19	21	29	31	39	[BX + DI]
	010	02	0A	12	1A	22	2A	32	3A	[BP + SI]
	011	03	0B	13	1B	23	2B	33	3B	[BP + DI]
	100	04	0C	14	1C	24	2C	34	3C	[SI]
	101	05	0D	15	1D	25	2D	35	3D	[DI]
	110	06	0E	16	1E	26	2E	36	3E	16 位元的移位
	111	07	0F	17	1F	27	2F	37	3F	[BX]

MOV 指令的數個範例

　　8 位元和 16 位元 MOV 指令的所有指令格式和運算碼，全都列舉於表 12-25。此外，表 12-26 和 12-27 則提供了一些補充資訊，內容是有關表 12-25 使用的縮寫說明。若讀者要親手組譯 MOV 指令，可以使用這些表格作為參考資料。(如果想要取得更詳細的資料，請參考 Intel 手冊。)

表12-25　MOV指令的運算碼

運算碼	指令	說明
88/r	MOV eb,rb	將位元組暫存器搬移到 EA 位元組
89/r	MOV ew,rw	將字組暫存器搬移到 EA 字組
8A/r	MOV rb,eb	將 EA 位元組搬移到位元組暫存器
8B/r	MOV rw,ew	將 EA 字組搬移到字組暫存器
8C/0	MOV ew,ES	將 ES 搬移到 EA 字組
8C/1	MOV ew,CS	將 CS 搬移到 EA 字組
8C/2	MOV ew,SS	將 SS 搬移到 EA 字組
8C/3	MOV ew,DS	將 DS 搬移到 EA 字組
8E/0	MOV ES,mw	將記憶體字組搬移到 ES
8E/0	MOV ES,rw	將字組暫存器搬移到 ES
8E/2	MOV SS,mw	將記憶體字組搬移到 SS
8E/2	MOV SS,rw	將暫存器字組搬移到 SS
8E/3	MOV DS,mw	將記憶體字組搬移到 DS
8E/3	MOV DS,rw	將字組暫存器搬移到 DS
A0 dw	MOV AL,xb	將位元組變數（位移 dw）搬移到 AL
A1 dw	MOV AX,xw	將字組變數（位移 dw）搬移到 AX
A2 dw	MOV xb,AL	將 AL 搬移到位元組變數（位移 dw）
A3 dw	MOV xw,AX	將 AX 搬移到字組變數（位移 dw）
B0 +rb db	MOV rb,db	將立即位元組搬移到位元組暫存器
B8 +rw dw	MOV rw,dw	將立即字組搬移到字組暫存器
C6 /0 db	MOV eb,db	將立即位元組搬移到 EA 位元組
C7 /0 dw	MOV ew,dw	將立即字組搬移到 EA 字組

表12-26　指令運算碼的補充說明

/n:	跟隨在運算碼後的一個 Mod R/M 位元組，其後有可能還跟隨著立即和移位欄位，數字 n (0–7) 為 ModR/M 位元組中 reg 欄位的值。
/r:	跟隨在運算碼後的一個 Mod R/M 位元組，其後有可能還跟隨著立即和移位欄位。
db:	有一個立即位元組運算元跟隨在運算碼及 Mod R/M 位元組的後面。
dw:	有一個立即字組運算元跟隨在運算碼及 Mod R/M 位元組的後面。

表12-26 指令運算碼的補充說明（續）

+rb:	一個 8 位元暫存器的暫存器編號 (0–7)，它會加到前面的十六進位位元組，以便組成一個 8 位元運算碼。
+rw:	一個 16 位元暫存器的暫存器編號 (0–7)，它會加到前面的十六進位位元組，以便組成一個 8 位元運算碼。

表12-27 指令運算元的補充說明

db	一個介於 −128 到 +127 之間的有號值，如果結合字組運算元，則這個值就是正負號延伸的形式。
dw	一個立即字組值，它是指令的運算元。
eb	一個大小等於一個位元組的運算元，而且它不是暫存器就是記憶體。
ew	一個大小等於一個字組的運算元，而且它不是暫存器就是記憶體。
rb	一個由數值 (0–7) 加以辨識的 8 位元暫存器。
rw	一個由數值 (0–7) 加以辨識的 16 位元暫存器。
xb	一個沒有基底或索引暫存器的簡單位元組記憶體變數。
xw	一個沒有基底或索引暫存器的簡單字組記憶體變數。

表 12-28 含有其他數個 MOV 指令的例子，且 **myWord** 是以 0102h 作為起始位址，讀者可以親手組譯它們，然後與表格中所顯示的機器碼相互比較。

表12-28 含有機器碼內容的MOV指令範例

指令	機器碼	定址模式
mov ax,myWord	A1 02 01	直接（針對 AX 進行最佳化）
mov myWord,bx	89 1E 02 01	直接
mov [di],bx	89 1D	索引
mov [bx+2],ax	89 47 02	基底 - 移位
mov [bx+2],ax	89 00	基底 - 索引
mov word ptr [bx+di+2],1234h	C7 41 02 34 12	基底 - 索引 - 移位

12.3.7 自我評量

1. 請提供下列幾個 MOV 指令的運算碼：

```
.data
myByte BYTE  ?
myWord WORD  ?
.code
mov  ax,@data
mov  ds,ax                    ; a.
mov  ax,bx                    ; b.
mov  bl,al                    ; c.
mov  al,[si]                  ; d.
mov  myByte,al               ; e.
mov  myWord,ax               ; f.
```

2. 請提供下列幾個 MOV 指令的 Mod R/M 位元組：

```
.data
array WORD 5 DUP(?)
.code
mov  ax,@data
mov  ds,ax                    ; a.
mov  dl,bl                    ; b.
mov  bl,[di]                  ; c.
mov  ax,[si+2]                ; d.
mov  ax,array[si]             ; e.
mov  array[di],ax             ; f.
```

12.4　本章摘要

二進位浮點數包含以下三個組成部分：正負號、有效數以及指數。Intel 處理器使用了三種浮點數二進位儲存格式，這些格式在 IEEE 組織所出版的《Standard 754-1985 for Binary Floating-Point Arithmetic》中有明確的規定。

- 32 位元單精準度數值使用 1 個位元作爲正負符號，8 個位元作爲指數，而其他 23 個位元則作爲有效數的小數部分。
- 64 位元雙精準度數值使用 1 個位元作爲正負符號，11 個位元作爲指數，而其他 52 個位元則作爲有效數的小數部分。
- 80 位元延伸雙精準度數值使用 1 個位元作爲正負符號，16 個位元作爲指數，而其他 63 個位元則作爲有效數的小數部分。

如果正負號位元的值是 1，則這個數值是負數，如果此位元的值是 0，則這個數值是正數。

浮點數的有效數包含小數點左邊和右邊的各十進位數字。

介於 0 和 1 之間的實數，不是全部都可以在電腦中以浮點數表示之，因爲在電腦中可資利用的位元數量是有限的。

標準化的有限數全都是非零的有限大數值，而且它們全都可以編碼成介於零和無窮大之間的標準化實數。正無窮大代表 (+∞) 代表最大的正實數，而負無窮大 (−∞) 代表最大的負實數，而 **NaNs** 是不能代表任何有效實數的位元樣式。

Intel 8086 處理器只能處理整數運算，所以後來 Intel 又設計出獨立的 8087 **浮點運算協同處理器**晶片，這個晶片會在電腦主機板上與 8086 放在一起。但在推出 Intel 486 時，有關浮點運算的硬體部分已經整合到主 CPU 中，稱爲**浮點運算單元 (Floating-Point Unit, FPU)**。

FPU 具有八個可各別定址之 80 位元暫存器，分別稱爲 R0 到 R7，並且以暫存器堆疊的形式加以布置。當計算需要用到某個浮點運算元時，該浮點運算元會以延伸實數的格式，存放到 FPU 堆疊中。此外，在計算過程中也可以使用記憶體運算元。當 FPU 要將算術運算的結果存放到記憶體時，會將此結果轉換成下列其中一種格式：整數、長整數、單精度浮點數、雙精度浮點數，或二進碼十進制。

Intel 浮點運算指令助憶碼會以字母 F 作為開頭，以便與 CPU 指令有所區隔。指令助憶碼的第二個字母（通常是 B 或 I），用於指出記憶體運算元如何詮釋：B 指的是該運算元是一個二進碼十進制 (BCD) 運算元，I 指的是該運算元是一個二進位整數運算元。如果第二個字母不是這兩者，則記憶體運算元將被假定為實數格式。

Intel 8086 處理器是第一個使用複雜指令集 (CISC) 設計的處理器，而且是 x86 系列處理器的第一個。CISC 指令集非常龐大，包含了相當多樣的記憶體定址、移位 (shifting)、算術、資料搬移和邏輯等運算。

對一個指令加以**編碼**的意思是將一個組合語言指令與其運算元，轉換成機器碼。而對一個指令加以**解碼**的意思則是，將一個機器碼指令轉換成組合語言指令和其運算元。

x86 機器指令格式含有選用的前置位元組、運算碼、選用的 Mod R/M 位元組、選用的立即位元組以及選用的記憶體移位位元組等，但在實際設計中，很少指令會使用上述所有的欄位。前置位元組可以覆蓋掉預定處理器的預設運算元大小；運算碼位元組含有指令的獨一無二的運算碼；而 Mod R/M 欄位則用於指出定址模式和運算元；在使用了暫存器運算元的指令中，Mod R/M 位元組會含有一個針對每個暫存器運算元的 3 位元識別符。

12.5　重要術語

位址位移 (address displacement)

二進碼十進制

(binary-coded decimal，BCD)

二進位長除法 (binary long division)

複雜指令集

(Complex Instruction Set Computer，CISC)

控制暫存器 (control register)

並行 (concurrency)

解碼指令 (decode an instruction)

解標準化 (denormalize)

雙延伸精度 (double extended precision)

雙精度 (double precision)

編碼指令 (encode an instruction)

指數 (exponent)

運算式堆疊 (expression stack)

延伸實數 (extended real)

浮點數例外 (floating-point exception)

FPU 控制字組 (FPU control word)

立即資料 (immediate data)

未定義數字 (indefinite number)

中置運算式 (infix expression)

最新資料指標暫存器

(last data pointer register)

最新指令指標暫存器

(last instruction pointer register)

長實數 (long real)

尾數 (mantissa)

遮罩例外 (masked exception)

Mod R/M 位元組 (Mod R/M byte)

NaN(不是數字)NaN (Not a Number)

負無窮大 (negative infinity)

標準化有限數字

(normalized finite number)

標準化型式 (normalized form)

運算碼暫存器 (opcode register)

正無窮大 (positive infinity)

後置運算式 (postfix expression)

前綴字元組 (prefix byte)

quiet NaN

RC field

減少指令集 (Reduced Instruction Set，RISC)

暫存器堆疊 (register stack)

浮點數的捨入 rounding

比例索引位元組 (Scale Index Byte，SIB)

短實數 (short real)

正負號 (sign)

有號 NaN (signaling NaN)

有效數 (significand)

單一精度 (single precision)

狀態暫存器 (status register)

標籤暫存器 (tag register)

暫時實數 (temporary real)

未遮罩例外 (unmasked exception)

12.6　本章習題與練習

12.6.1　簡答題

1. 指定一個二進位浮點數值 1101.01101，它要如何表示為小數的總和？

2. 為什麼小數 0.2 無法正確的由位元的有限數字呈現？

3. 指定一個二進位數值 11011.01011，它的標準值是什麼？

4. 請問雙倍精度的浮點數字的長度是多少？

5. NaNs 的兩個型別為？

6. 請問 x86 處理器與 FPU 暫存器的組織有什麼不同？

7. FSTP 指令與 FST 指令有什麼不一樣？

8. 哪個指令改變了浮點數字的正負號？

9. FADD 指令使用什麼運算元的型別？

10. FISUB 跟 FSUB 相比，有什麼不一樣？

11. P6 家族之前的處理器中，比較了哪兩個浮點數值？

12. 哪個指令會加載整數運算元到 ST(0)？

13. （是非題）：ST(0) 暫存器總是位於堆疊的頂端。

12.6.2　演算題

1. 顯示 IEEE 單精度二進位 +1110.011 編碼。

2. 轉換十進位數值 1413.67 為 IEEE 單倍精度與雙倍精度的實體。

3. 轉換 17/32 為二進位實數。

4. 轉換 +10.75 為 IEEE 單精度實數。

5. 轉換 -76.0625 為 IEEE 單精度實數。

6. 描繪轉換 IEEE 單倍精度實體為十進位數值的步驟。

7. 指定一個 1.010101101 的精度結果，使用 FPU 的預設捨入方法，捨入到 8 位元有效數。

8. 指定一個 -1.010101101 的精度結果，使用 FPU 的預設捨入方法，捨入到 8 位元有效數。

9. 請撰寫程式碼，將下列操作實踐在兩個浮點數字的順序中。

   a. 從記憶體中加載數字。

   b. 新增兩個數字。

   c. 在記憶體中定義一個新的空間。

   d. 儲存浮點數相加的結果於新的記憶體空間中。

10. 撰寫指令操作下列 C++ 程式碼：

```
int B = 7;
double N = 7.1;
double P = sqrt(N) + B;
```

11. 請提供運算碼給下列 MOV 指令：

```
.data
myByte BYTE  ?
myWord WORD  ?
.code
mov ax,@data
mov ds,ax
mov es,ax                 ; a.
mov dl,bl                 ; b.
mov bl,[di]               ; c.
mov ax,[si+2]             ; d.
mov al,myByte             ; e.
mov dx,myWord             ; f.
```

12. 請提供 Mod R/M 位元組給下列 MOV 指令：

```
.data
array WORD 5 DUP(?)
.code
mov ax,@data
mov ds,ax
mov BYTE PTR array,5      ; a.
mov dx,[bp+5]            ; b.
mov [di],bx              ; c.
mov [di+2],dx            ; d.
mov array[si+2],ax       ; e.
mov array[bx+di],ax      ; f.
```

13. 組譯下列指令，並幫每個指令撰寫十六進位機器語言位元組。

```
.data
Cost byte 78h
Sum  word 89e4h
Prod word 0,0
.code
sub  al,Cost
cmp  ax,0cde2h
cmp  34h,[si][bx]
add  cx,[di]
mov  ax,Sum
mov  cl,Cost
mul  cl
mov  Prod,ax
mov  Prod+2,dx
```

12.7　程式設計習題

★1.　浮點數的比較

在組合語言中操作下列 C++ 程式碼，代替 printf() 函式呼叫對 WriteString 的呼叫：

```
double X;
double Y;
if( X < Y )
    printf("X is lower\n");
else
    printf("X is not lower\n");
```

（使用 Irvine32 函式庫給主控台輸出，而不是呼叫標準 C 函式庫的 printf 函式。）執行程式幾次，安排在一定範圍內的數值給 X 與 Y，它會測試您的程式邏輯。

★★★2.　顯示二進位浮點數

請撰寫一個程序，這個程序必須能接收一個單精準度浮點二進位數值，並且將此數值以下列格式顯示出來：正負號：顯示 + 或 − 的有效數：二進位浮點數，並且在最前面附上 "1."：指數：以十進位、未偏移、最前面放置字母 E 和指數正負號的的格式顯示出來。例如：

```
.data
sample REAL4 -1.75
```

以下是輸出範例：

```
-1.11000000000000000000000 E+0
```

★★3.　設定捨入模式

（需要知道巨集的知識）請撰寫一個能設定 FPU 捨入模式的巨集。使用一個輸入參數，代表包含兩個字母的不同設定碼：

- RE：捨入成最接近的偶數
- RD：往負無窮大的方向捨入
- RU：往正無窮大的方向捨入
- RZ：往零的方向捨入（截斷法）

以下是的針對此巨集的呼叫範例（請忽略大小寫的差異）：

```
mRound Re
mRound rd
mRound RU
mRound rZ
```

然後撰寫一個簡短程式，此程式必須可以使用 FIST（儲存整數）指令，測試每個可能的捨入模式。

★★4. **運算式的計算**

試撰寫一個能計算下列算術運算式的程式：

$((A + B) / C) * ((D - A) + E)$

指定測試值給相關變數，並且顯示所產生的數值。

★5. **計算圓形面積**

請撰寫一個能提示使用者輸入圓形半徑的程式，計算並顯示圓形的面積，可使用本書函式庫中的 ReadFloat 和 WriteFloat 程序。使用 FLDPI 指令來將 π 壓入暫存器堆疊。

★★★6. **二項式公式**

提示使用者輸入多項式 $ax^2 + bx + c = 0$ 的係數 a、b 和 c。再以二項式公式 **(quadratic formula)** 計算及顯示此多項式的實根。如果有任何根具有虛數，必須顯示適當訊息。

★★7. **顯示暫存器狀態值**

標籤暫存器（第 12.2.1 節）的功能是指出每個 FPU 暫存器內容的類型，而且每個 FPU 暫存器會用掉 2 個位元（圖 12-7）。讀者可以經由呼叫 FSTENV 指令來載入標籤 (Tag) 字組，這個指令能夠填寫下列保護模式中的結構（定義於 Irvine32.inc）。

```
FPU_ENVIRON STRUCT
    controlWord     WORD ?
    ALIGN DWORD
    statusWord      WORD ?
    ALIGN DWORD
    tagWord         WORD ?
    ALIGN DWORD
    instrPointerOffset      DWORD ?
    instrPointerSelector    DWORD ?
    operandPointerOffset    DWORD ?
    operandPointerSelector WORD ?
    WORD ?                              ; 未使用
FPU_ENVIRON ENDS
```

試撰寫一個程式，這個程式必須可執行以下作業：將兩個或更多個數值壓入 FPU 堆疊、透過呼叫 ShowFPUStack 來顯示堆疊、顯示每個 FPU 資料暫存器的 Tag 值、以及顯示與 ST(0) 相對應的暫存器編號。（關於最後一個動作，讀者可以呼叫 FSTSW 指令，將狀態字組存放在一個 16 位元整數變數中，然後從位元 11 到 13 擷取出堆疊頂端的暫存器編號。）如果有需要的話，可以利用下列的輸出範例作為指引：

```
------ FPU Stack ------
ST(0): +1.5000000E+000
ST(1): +2.0000000E+000
R0   is empty
R1   is empty
R2   is empty
R3   is empty
R4   is empty
R5   is empty
R6   is valid
R7   is valid
ST(0) = R6
```

由輸出範例可以看出，ST(0) 是 R6，因此 ST(1) 是 R7。這兩者都含有有效的浮點數。

```
15                                    0
 R7 | R6 | R5 | R4 | R3 | R2 | R1 | R0
TAG values:
00 = valid
01 = zero
10 = special (NaN, unsupported, infinity, or denormal)
11 = empty
```

圖 12-7　Tag 字組值

章末註解

1. 請參考《Intel 64 and IA-32 Architectures Software Developer's Manual, Vol. 1》的第 4 章，也可參考 http://grouper.ieee.org/groups/754/。

2. 請參考《Intel 64 and IA-32 Architectures Software Developer's Manual, Vol. 1》的第 4 章。

3. 由 DePaul University 的 Harvey Nice 提供。

4. MASM 使用一個不具有參數的 FADD，來執行與 Intel 不具參數的 FADDP 相同的運算。

5. MASM 使用一個不具有參數的 FSUB，來執行與 Intel 不具參數的 FSUBP 相同的運算。

6. MASM 使用一個不具有參數的 FMUL，來執行與 Intel 不具參數的 FMULP 相同的運算。

7. MASM 使用一個不具有參數的 FDIV，來執行與 Intel 不具參數的 FDIVP 相同的運算。

Memo

13

高階語言介面

13.1 導論

　　大部分的程式設計師不會使用組合語言撰寫大型程式，因為會花費太多時間。取而代之的是使用高階語言來開發；好處是可以不用花太多心思在設計細節上，以便提高程式設計的效率。但是組合語言仍然廣泛使用在硬體裝置的設定，和針對程式的執行速度與程式碼大小的最佳化上。

　　本章將著重於組合語言和高階程式語言的**介面**和連結。在第一節中，將向讀者說明如何撰寫在 C++ 中的 inline 組合語言程式碼。下一節則會探討，連結 32 位元組合語言模組到 C++ 程式。最後，我們將說明如何由組合語言呼叫 C 函式庫。

13.1.1 通用協定

　　在從高階語言呼叫組合語言程序時，有一些注意事項必須加以考慮。

　　首先，是程式語言所用的**命名約定 (naming convention)**，也就是變數與程序的命名規則與特性。舉例來說，我們必須回答以下的重要問題：組譯器或編譯器會改變目的檔中的識別字名稱嗎？如果會，將如何改變？

其次是**區段名稱**必須與在高階語言中所使用的名稱相容。

再來是程式使用的**記憶體模式 (memory model)**（tiny、small、compact、medium、large、huge 或 flat）決定了區段的大小（16 或 32 位元）、呼叫和參照的目標是在近程（在同一個區段）或遠程（在不同區段）。

呼叫約定 (Calling Convention)

呼叫約定 (calling convention) 指的是有關程序如何被呼叫的低階細節，必須考慮的細節如下：

- 在被呼叫的程序中，哪些暫存器的值必須保留。
- 傳遞參數的方法：暫存器、堆疊、共享記憶體或其他方法。
- 呼叫者程式傳遞參數的順序。
- 引數的傳遞方式是傳值呼叫 (passed by value) 或傳址呼叫 (passed by reference)。
- 在程序呼叫之後，堆疊指標如何回復。
- 函式如何回傳值給呼叫者程式。

命名約定及外部識別字

由其他語言所寫的程式，呼叫組合語言程序時，外部識別字必須有相容的命名約定（命名原則）。**外部識別字 (External identifier)** 指的是置於模組目的檔案中的名稱，而且連結器可以讓這種名稱用於其他程式模組中。唯有當彼此的命名約定一致時，連結器才能解決外部識別字的參照問題。

例如有一個名為 **Main.c** 的 C 程式呼叫了外部程序，這個外部程序稱為 **ArraySum**。如下圖所示，C 編譯器自動保留了字母原先的大小寫，並且加上一個底線在外部名稱之前，成為 **_ArraySum**：

上圖中的 **Array.asm** 模組是以組合語言所寫成，因為這個模組在它的 .MODEL 指引中使用了 Pascal 選項，所以 **ArraySum** 程序會改以 ARRAYSUM 來命名，由於兩個匯出的名字不同，所以連結器會發生錯誤而不能產生執行檔。

一些如 COBOL 和 PASCAL 等較舊的編譯器，會將識別字轉換成大寫字元。而如 C、C++、Java 等較新的程式語言，則會保留識別字的大小寫。除此之外，支援函式多載 (overload) 的程式語言（如 C++），會使用**名稱修飾 (name decoration)** 的技術，增加額外的字元到函式名稱中，如一個命名為 **MySub(int n, double b)** 的函式，會被匯出成為 **MySub#int#double**。

在組合語言模組中，讀者可以藉由 .MODEL 指引中的語言指定符 (language specifiers)，來控制是否區分大小寫。

區段名稱 (Segment Names)

　　當高階程式語言在連結組合語言程序時，區段名稱必須是相容的。在本章中，我們將使用微軟指定的 .CODE、.STACK 和 .DATA 等簡化指引，因為它們可以相容於微軟 C++ 編譯器所產生的名稱。

記憶體模式 (Memory Models)

　　呼叫者程式和被呼叫的程序必須使用相同的記憶體模式，在實體位址模式中，讀者可以選擇 small、medium、compact、large 和 huge 模式，在保護模式中，讀者則必須使用 flat 模式，本章將提供這兩種模式的範例。

13.1.2　使用 .MODEL 指引

　　在 16 與 32 位元模式中，MASM 使用 .MODEL 指引決定一個程式的多種重要特性：記憶體模式型態、程序命名架構、引數傳遞方式等。後兩種特性在由外部程式撰寫的程序，呼叫組合語言程序時，尤為重要。以下是使用 .MODEL 指引的語法：

```
.MODEL memorymodel [,modeloptions]
```

記憶體模式

　　記憶體模式 (memorymodel) 欄位可用的值請見表 13-1，除了 flat 之外，其他方法都是使用於 16 位元實體模式。

表13-1　記憶體模式 (Memory Models)

模式	說明
Tiny	含有資料及程式碼的單一區段模式，此模式使用於含有.com做為延伸檔名的程式。
Small	含有一個程式碼區段及一個資料區段的模式，預設所有程式碼及資料都在近程。
Medium	含有多個程式碼區段及一個資料區段的模式。
Compact	含有一個程式碼區段及多個資料區段的模式。
Large	含有多個程式碼及資料區段的模式。
Huge	同large模式，但個別資料項目可能大於一個區段。
Flat	保護模式，在程式碼及資料使用32位元位移，所有資料及程式碼(包含系統資源)都在單一32位元的區段內。

　　而 32 位元的程式會使用 flat 記憶體模式，因為此模式提供 32 位元處理方式，程式碼及資料的最大值為 4 GB。如在 Irvine32.inc 檔案中，就含有如下的 .MODEL 指引：

```
.model flat,STDCALL
```

模式選項

　　.MODEL 指引的模式選項 (modeloptions) 可以含有語言指定符及到達堆疊的距離，語言指定符決定程序及共用符號的命名約定方式，與堆疊的距離則使用 NEARSTACK（預設值）或 FARSTACK。

語言指定符

接下來將進一步說明 .MODEL 指引的語言指定符 (language specifiers)，其中有一些使用的少（例如：BASIC、FORTRAN 與 PASCAL）。換句話說，C 與 STDCALL 是很常見的語言指定符。以下顯示的範例，使用這兩項設定的程式碼：

```
.model flat, C
.model flat, STDCALL
```

當呼叫 MS-Windows 函式時將使用 STDCALL 語言指定符，在本章中，由組合語言連結至 C 及 C++ 程式時，將使用 C 語言指定符。

STDCALL

使用 STDCALL 時，會將傳入的引數，以相反的順序壓入至堆疊中（最後一個至第一個）。爲了解釋，我們假設以高階語言撰寫了如下的程式：

```
AddTwo( 5, 6 );
```

下列當 STDCALL 被選爲語言指定符時，組合語言程式碼是相等的：

```
push 6
push 5
call AddTwo
```

另一個重要考量是在程序完成作業後，如何由堆疊中移除引數。STDCALL 在 RET 指令中必須指定一個常數運算元，這個常數是代表 RET 指令從堆疊中彈出回傳位址後，加入至 ESP 之值：

```
AddTwo  PROC
    push    ebp
    mov     ebp,esp
    mov     eax,[ebp + 12]          ; 第二個參數
    add     eax,[ebp + 8]           ; 第一個參數
    pop     ebp
    ret     8                       ; 清除堆疊
AddTwo  ENDPP
```

以上程式表示在堆疊指標加 8 之後，就可在呼叫動作中，將引數壓入堆疊前予以重設。

最後 STDCALL 會修改匯出（公用）程序名稱，成爲如下的格式：

_name@nn

此一格式的主要改變是在原名稱之前加入底線，再於名稱之後加上 @ 符號及整數，代表程序參數的位移量（四捨五入爲最接近的 4 的倍數），舉例來說，假設 **AddTwo** 程序使用兩個雙字組參數，其名稱傳入至連結器時，會成爲 **_AddTwo@8**。

Microsoft 連結工具會區分英文大小寫，所以 _MYSUB@8 不等於 _MySub@8，您可在 OBJ 檔案中查看所有程序名稱，或在 Visuak Studio 中使用 DUMPBIN 工具，並加上 /SYMBOLS 選項。

C 指定符

使用 C 指定符時，程序引數必須先以相反順序，由後至前壓入至堆疊，此一前提同 STDCALL，而完成程序執行動作後，移除引數的責任，C 語言指定符會交給呼叫的程式，在以下的範例中，將一個常數值加入至 ESP，就可將其值重設為該引數壓入堆疊前的原值：

```
push  6                              ; 第二個引數
push  5                              ; 第一個引數
call  AddTwo
add   esp,8                          ; 清除堆疊
```

C 語言指定符也會在外部程序名稱前加上底線，如：

```
_AddTwo
```

13.1.3　測試編譯器產生的程式碼

C 與 C++ 編譯器已經產生組合語言原始碼好長一段時間了，但是程式設計人員通常不會看到它，因為組合語言是建立在可執行檔案的中間過程，不過，您可以要求大多數的編譯器產生組合語言原始碼檔案。例如，表 13-2 列出了 Visual Studio 的命令列選項，這些選擇會控制組合語言原始碼的輸出。

表13-2　產生組合語言程式碼的Visual C++命令列選項

命令列	清單檔的內容
/FA	僅列出組合語言程式碼
/FAc	列出組合語言程式碼與機器碼
/FAs	列出組合語言程式碼與機器碼
/FAcs	列出組合語言程式碼、機器碼與原始碼

測試編譯器產生的程式碼檔案能幫助您理解低階的細節，像是堆疊框架結構、迴圈與邏輯的程式碼，而且對於尋找低階編碼錯誤有很大的幫助。還有另外一個好處，就是您可更加輕易的偵測兩個不同組譯器所產生的程式碼之間的不同。

讓我們來測試 C++ 編譯器產生的最佳化程式碼的方法，如同最前面的範例，我們撰寫一個叫做 ArraySum 的 C 方法樣本，並且在下列設定的情況，在 Visual Studio 2012 中編譯它：

- 最佳化 (Optimization) = 無效 (Disable)(當使用除錯器時)
- 偏袒尺寸或速度 (Favor Size Or Speed) = 偏袒快的程式碼 (Favor Fast Code)
- 組譯輸出 (Assenbler Output) = 有原始碼的組譯 (Assembly With Source Code)

以下是在 ANSI C 中撰寫的 **arraySum** 原始碼：

```c
int arraySum( int array[], int count )
{
    int i;
    int sum = 0;
    for(i = 0; i < count; i++)
       sum += array[i];
    return sum;
}
```

讓我們看向圖 13-1 中，顯示的 arraySum 組譯器所產生的組譯程式碼。第 1-4 行定義兩個區域變數（sum 與 i）的負位移，還有輸入參數 **array** 與 **count** 的正位移：

```
1:  _sum$ = -8                         ; size = 4
2:  _i$ = -4                           ; size = 4
3:  _array$ = 8                        ; size = 4
4:  _count$ = 12                       ; size = 4
```

第 9-10 行設定 EBP 為框架指標：

```
9:      push    ebp
10:     mov     ebp,esp
```

接下來，第 11-14 行藉由從 ESP 減去 72 與儲存三個被函式修改的暫存器，保留了堆疊的空間。

```
11:     sub     esp,72
12:     push    ebx
13:     push    esi
14:     push    edi
```

第 19 行放置 **sum** 區域變數在堆疊框架的裡面，並將它初始化為 0。既然 _sum$ 符號與 -8 一起定義了，這個位置會是在 EBP 的當前數值之下的 8 字元組：

```
19:     mov DWORD PTR _sum$[ebp],0
```

藉由傳遞等一下會遞增迴圈計數器的敘述，第 24 與 25 行初始化 i 變數為 0，然後跳越至第 30 行：

```
24:     mov DWORD PTR _i$[ebp], 0
25:     jmp SHORT $LN3@arraySum
```

第 26 到 30 行標記了迴圈的前端，並標記迴圈計數器遞增的位置。C 的原始碼指出此遞增操作 (i++) 是在迴圈的尾端才會執行，但是編譯器將這個程式碼移到了迴圈的前端：

```
26: $LN2@arraySum:
27:     mov eax, DWORD PTR _i$[ebp]
28:     add eax, 1
29:     mov DWORD PTR _i$[ebp], eax
```

第 30 到 33 行比較了 i 變數與 **count** 變數，如果 i 大於等於 **count**，會直接跳越至迴圈的結尾：

```
30: $LN3@arraySum:
31:     mov eax, DWORD PTR _i$[ebp]
32:     cmp eax, DWORD PTR _count$[ebp]
33:     jge SHORT $LN1@arraySum
```

第 37 到 41 行評估了運算式 sum+=array[i]。Array[i] 被備份到了 ECX 中，sum 則被備份到了 EDX，而在加號之後，EDX 會備份回到 sum 之中：

```
37:     mov eax, DWORD PTR _i$[ebp]
38:     mov ecx, DWORD PTR _array$[ebp]     ; 陣列[i]
39:     mov edx, DWORD PTR _sum$[ebp]       ; 總和
40:     add edx, DWORD PTR [ecx+eax*4]
41:     mov DWORD PTR _sum$[ebp], edx
```

第 42 行傳回控制到迴圈的前端：

```
42:    jmp SHORT $LN2@arraySum
```

第 43 行儲存在迴圈之外的標籤，當迴圈完成之後，它是一個很方便跳越的地方：

```
43:    $LN1@arraySum:
```

第 48 行當準備傳回呼叫程式時，移動 sum 變數到 EAX 中，第 52 到 56 行回復並儲存暫存器，其中包含必須指向呼叫程式在堆疊上的傳回位址 ESP。

```
48:    mov eax, DWORD PTR _sum$[ebp]
49:
50: ; 12 : }
51:
52:    pop edi
53:    pop esi
54:    pop ebx
55:    mov esp, ebp
56:    pop ebp
57:    ret 0
58:    _arraySum ENDP
```

讀者或許會認為可以撰寫一個更快速的程式碼，其實這是對的。此程式碼是為了與除錯器有互動所撰寫的，所以它的速度是與可讀性妥協的結果。如果您編譯相同的程式來輸出目標並選擇完整的最佳化，程式碼的執行結果速度會非常快，但是人類卻是無法閱讀與理解。

除錯器設定

在 Visual Studio 中除錯您的 C 與 C++ 程式時，若想要觀看組合語言程式碼，請從「工具」選單中選擇「選項」，展示圖 13-2 的對話視窗，然後選擇箭頭所指的選項。請在除錯之前先這樣做，然後在除錯開始之後，對原始碼點擊右鍵，從彈出式視窗中選擇「前往反組譯 (Go to Disassembly)」。

我們在此章中的目標，是熟悉 C 與 C++ 編譯器所產生的最直接與簡單的程式碼範例。同時，了解編譯器有很多產生程式碼的方法。例如，它們可以為了盡可能地減少機器程式碼的位元組而優化程式碼，又或者，它們可以嘗試產生可能是最快的程式碼，即使輸出結果是在較大的機器程式碼位元組（通常是這樣）。最後，編譯器可以在最佳化大小與速度上妥協，最佳化速度的程式可能會需要比較多的指令，因為迴圈會直接展開，好讓執行速度變快。機器程式碼可以為了在雙核心處理器上取得效益，而分成兩個部分，而且它們可以同時執行兩個平行的程式碼。

```
1: _sum$ = -8                    ; size = 4
2: _i$ = -4                      ; size = 4
3: _array$ = 8                   ; size = 4
4: _count$ = 12                  ; size = 4
5: _arraySum PROC                ; COMDAT
6:
7: ; 4 : {
8:
9:     push ebp
10:    mov ebp, esp
```

```
11:     sub esp, 72                      ; 00000048H
12:     push ebx
13:     push esi
14:     push edi
15:
16: ; 5 : int i;
17: ; 6 : int sum = 0;
18:
19:     mov DWORD PTR _sum$[ebp], 0
20:
21: ; 7 :
22: ; 8 : for(i = 0; i < count; i++)
23:
24:     mov DWORD PTR _i$[ebp], 0
25:     jmp SHORT $LN3@arraySum
26: $LN2@arraySum:
27:     mov eax, DWORD PTR _i$[ebp]
28:     add eax, 1
29:     mov DWORD PTR _i$[ebp], eax
30: $LN3@arraySum:
31:     mov eax, DWORD PTR _i$[ebp]
32:     cmp eax, DWORD PTR _count$[ebp]
33:     jge SHORT $LN1@arraySum
34:
35: ; 9 : sum += array[i];
36:
37:     mov eax, DWORD PTR _i$[ebp]
38:     mov ecx, DWORD PTR _array$[ebp]
39:     mov edx, DWORD PTR _sum$[ebp]
40:     add edx, DWORD PTR [ecx+eax*4]
41:     mov DWORD PTR _sum$[ebp], edx
42:     jmp SHORT $LN2@arraySum
43: $LN1@arraySum:
44:
45: ; 10 :
46: ; 11 : return sum;
47:
48:     mov eax, DWORD PTR _sum$[ebp]
49:
50: ; 12 : }
51:
52:     pop edi
53:     pop esi
54:     pop ebx
55:     mov esp, ebp
56:     pop ebp
57:     ret 0
58: _arraySum ENDP
```

圖 13-1 Visual Studio 生成的 ArraySum 組譯程式碼

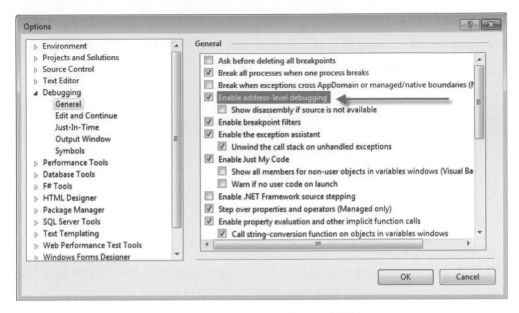

圖 13-2　在 Visual Studio 中使位址階級除錯

13.1.4　自我評量

1. 請問程式語言所使用的**命名約定 (naming convention)**，具有什麼意義？
2. 請問哪一種記憶體模式適合用於實體位址模式？
3. 請問使用 STDCALL 語言指定符的組合語言程序，是否可以連結到 C++ 程式？

13.2　inline 組合語言程式碼

13.2.1　微軟 Visual C++ 的 __ asm 指引

　　Inline assembly code 是直接插入至高階程式語言原始碼中的組合語言程式碼，大部分 C/C++ 編譯器都有支援這個功能。

　　本節將以範例說明如何在微軟 Visual C++ 中，撰寫 inline 組合語言程式碼，並以 flat 作為記憶體模式，而且在 32 位元保護模式下執行。其他高階語言編譯器也有支援 inline 組合語言程式碼，但語法可能各不相同。

　　inline 組合語言程式碼是在外部模組中，撰寫組合語言程式碼的替代性選擇。其最大的優點就是簡單明瞭，不用擔心外部連結、命名問題與參數傳遞協定等問題。

　　使用 inline 組合語言程式碼最大的缺點是喪失了可攜性，這是由於高階語言編譯器必須針對不同平台進行編譯的關係。例如在 Intel Pentium 處理器下可執行的 inline 組合語言程式碼，但卻不能在 RISC 處理器下執行。某個程度來說，要解決這個問題可以在原始碼中加入條件定義，為不同的作業系統建立適合的函式版本。但是顯而易見的，這樣的做法在進行維護時，會產生問題。另一方面，外部組合語言程序的連結函式庫，也可以輕易地被置換成一個針對不同機器所設計的類似連結函式庫。

__asm 指引

在 Visual C++ 中，**__asm** 指引可以放在單一組合語言敘述的前面，或者是標記於組合語言敘述區塊（稱為 **asm 區塊**）的開頭，其語法是：

```
__asm statement
__asm {
  statement-1
  statement-2
  ...
  statement-n
}
```

（在 asm 之前有兩個底線）

註解 (Comments)

註解通常被放在 asm 區塊中任何組合語言敘述的右側，讀者可以使用組合語言或 C/C++ 的語法。不過 Visual C++ 手冊建議我們應該避免使用組合語言式的註解方式，因為它們會跟 C++ 巨集產生衝突。下列是允許使用的註解範例：

```
mov  esi,buf    ; initialize index register
mov  esi,buf    // initialize index register
mov  esi,buf    /* initialize index register */
```

特性 (Features)

以下是讀者在撰寫 inline 組合語言程式碼時，可以使用的資源及設計原則：

- 使用 x86 指令集中的大部分指令。
- 使用暫存器名稱作為運算元。
- 以名稱參照函式的參數。
- 參照被宣告在 **asm** 區塊之外的程式碼標籤和變數。（此點相當重要，因為一個函式的區域變數宣告位置，必須在 asm 區塊之外。）
- 所使用的數值及文字，應該配合組合語言或 C 語言風格的數值基底表示法，如 0A26h 和 0xA26 二者意義相同且都可使用。
- 在如 **inc BYTE PTR [esi]** 這樣的敘述中，可以使用 PTR 運算子。
- 使用 EVEN 和 ALIGN 指引。

限制 (Limitations)

以下是在撰寫 inline 組合語言時，不可違背的事項：

- 不可使用如 DB (BYTE) 和 DW (WORD) 等資料定義指引。
- 不可使用組譯器的運算子（PTR 除外）。
- 不可使用 STRUCT、RECORD、WIDTH 和 MASK。
- 不可使用包含 MACRO、REPT、IRC、IRP 和 ENDM 或巨集運算子（< >、!、&、% 和 .TYPE）之巨集指引。
- 不可以名稱參照區段。（當然讀者還是可以將區段暫存器名稱作為運算元。）

暫存器值 (Register Values)

在一個 asm 區塊的起始處，讀者不能對暫存器的值進行任何假設。因為在這個 asm 區塊之前的某段程式碼，可能已經修改過這些暫存器的值了。而 Microsoft Visual C++ 的保留字 **__fastcall** 會導致編譯器，將暫存器用於傳遞參數。為了避免發生暫存器相互衝突的現象，請勿同時使用 **__fastcall** 和 **__asm**。

一般來說，讀者可以在自己的 inline 程式碼中，修改 EAX、EBX、ECX 和 EDX 暫存器的值，因為編譯器不會預期這些值在 asm 區塊中的程式敘述之間被保留。但是如果讀者修改太多暫存器的值，則因為最佳化動作需要使用到暫存器，將會使得編譯器無法將同一個程序之中的 C++ 程式碼，完整地最佳化。

此外，雖然讀者不能使用 OFFSET 運算元，但是仍然可以使用 LEA 指令，來擷取變數的記憶體位址的位移值。如以下的指令會將 **buffer** 的位移值搬移到 ESI：

```
lea esi,buffer
```

長度、型別與儲存空間大小 (Length, Type, and Size)

讀者可以在 inline 組譯器 (inline assembler) 中，使用 LENGTH、SIZE 和 TYPE 運算子，其中 LENGTH 可以取得陣列中的元素數量，TYPE 運算子會根據其操作目標，回傳下列多個值之一：

- 由 C 或 C++ 資料型別或純量變數所使用的位元組數量。
- 一個結構所佔用的位元組數量。
- 若操作目標是陣列，則回傳單一陣列元素的空間大小。

而 SIZE 運算子則會回傳 LENGTH * TYPE 的結果。以下的程式碼片段顯示 inline 組譯器針對各種 C++ 資料型別所回傳的值：

> Microsoft Visual C++ 的 inline 組譯器並不支援 SIZEOF 和 LENGTHOF 運算子。

使用 LENGTH TYPE 和 SIZE 運算子

下列程式所含有的 inline 組合語言程式碼，使用了 LENGTH、TYPE、SIZE 運算子來求取 C++ 的變數值，每個運算式所回傳的值，都以註解的形式顯示在同一行敘述上：

```
struct Package {
    long originZip;          // 4
    long destinationZip;     // 4
    float shippingPrice;     // 4
};
    char myChar;
    bool myBool;
    short myShort;
    int myInt;
    long myLong;
    float myFloat;
    double myDouble;
    Package myPackage;
```

```
        long double myLongDouble;
        long myLongArray[10];
    __asm {
        mov eax,myPackage.destinationZip;

        mov eax,LENGTH myInt;           // 1
        mov eax,LENGTH myLongArray;     // 10

        mov eax,TYPE myChar;            // 1
        mov eax,TYPE myBool;            // 1
        mov eax,TYPE myShort;           // 2
        mov eax,TYPE myInt;             // 4
        mov eax,TYPE myLong;            // 4
        mov eax,TYPE myFloat;           // 4
        mov eax,TYPE myDouble;          // 8
        mov eax,TYPE myPackage;         // 12
        mov eax,TYPE myLongDouble;      // 8
        mov eax,TYPE myLongArray;       // 4

        mov eax,SIZE myLong;            // 4
        mov eax,SIZE myPackage;         // 12
        mov eax,SIZE myLongArray;       // 40
    }
```

13.2.2　檔案加密範例

　　本小節將撰寫一個簡短程式，功能包括讀取檔案、加密、將輸出結果寫到另一個檔案等。這個 **TranslateBuffer** 函式使用一個 **__asm** 區塊定義數個敘述，這些敘述以迴圈的方式走訪一個字元陣列，並且將每個字元與一個預先定義的值，進行 XOR 運算。inline 敘述可以參照函式參數、區域變數和程式碼標籤，而且因為此範例是以 Microsoft Visual C++ 編譯成 Win32 主控台應用程式，所以無號整數的資料型別是 32 位元：

```
void TranslateBuffer( char * buf,
    unsigned count, unsigned char eChar )
{
    __asm {
        mov esi,buf
        mov ecx,count
        mov al,eChar
    L1:
        xor [esi],al
        inc esi
        loop L1
    }    // asm
}
```

C++ 模組

　　C++ 啟動程式會由命令列讀取輸入和輸出檔案的名稱，再以迴圈的方式呼叫 TranslateBuffer，而且在此迴圈中，由檔案中讀取資料區塊及予以加密，然後將經過轉換的緩衝區資料寫到新的檔案。

```cpp
// ENCODE.CPP - Copy and encrypt a file.

#include <iostream>
#include <fstream>
#include "translat.h"

using namespace std;

int main( int argcount, char * args[] )
{
    // Read input and output files from the command line.
    if( argcount < 3 ) {
        cout << "Usage: encode infile outfile" << endl;
        return -1;
    }
    const int BUFSIZE = 2000;
    char buffer[BUFSIZE];
    unsigned int count; // character count

    unsigned char encryptCode;
    cout << "Encryption code [0-255]? ";
    cin >> encryptCode;

    ifstream infile( args[1], ios::binary );
    ofstream outfile( args[2], ios::binary );

    cout << "Reading" << args[1] << "and creating"
         << args[2] << endl;

    while (!infile.eof() )
    {
        infile.read(buffer, BUFSIZE);
        count = infile.gcount();
        TranslateBuffer(buffer, count, encryptCode);
        outfile.write(buffer, count);
    }
    return 0;
}
```

執行此一程式的最簡單方式是在命令列提示下來進行，並指定輸入及輸出檔名作為傳入的引數。如以下的命令列內容表示將讀取 infile.txt 的資料，並產生 encoded.txt：

```
encode infile.txt encoded.txt
```

標頭檔

標頭檔 translat.h 包含單一 **TranslateBuffer** 函式原型：

```cpp
void TranslateBuffer(char * buf, unsigned count,
                     unsigned char eChar);
```

讀者可以在 \Examples\ch13\VisualCPP\Encode 目錄下找到這個程式範例。

程式呼叫的額外負擔

當讀者使用除錯器對此程式進行除錯工作時，如果觀看 Disassembly（反組譯）視窗，便會發覺程序的呼叫和回傳會增加的額外負擔，例如下列敘述會將三個引數壓入堆疊及呼叫 **TranslateBuffer**，並在 Visual C++ 的 Disassembly 視窗中，啟動 Show Source Code（顯示原始碼）及 Show Symbol Names（顯示符號名稱）等兩個選項：

```
; TranslateBuffer(buffer, count, encryptCode)
mov    al,byte ptr [encryptCode]
push   eax
mov    ecx,dword ptr [count]
push   ecx
lea    edx,[buffer]
push   edx
call   TranslateBuffer (4159BFh)
add    esp,0Ch
```

以下是 **TranslateBuffer** 的反組譯程式碼,其中有若干個敘述是由編譯器自動插入,以便建立 EBP 和儲存一組標準的暫存器,無論這組標準暫存器實際上是否會被程序修改到:

```
push   ebp
mov    ebp,esp
sub    esp,40h
push   ebx
push   esi
push   edi

; Inline 程式碼由此開始
mov    esi,dword ptr [buf]
mov    ecx,dword ptr [count]
mov    al,byte ptr [eChar]
L1:
  xor byte ptr [esi],al
  inc esi
  loop L1 (41D762h)
; Inline 程式碼在此結束

pop    edi
pop    esi
pop    ebx
mov    esp,ebp
pop    ebp
ret
```

如果我們關閉了除錯器反組譯視窗中的 Display Symbol Names 選項,則用於將參數搬移到暫存器的三行敘述,會變成下列形式:

```
mov   esi,dword ptr [ebp+8]
mov   ecx,dword ptr [ebp+0Ch]
mov   al,byte ptr [ebp+10h]
```

此時編譯器被指示去產生 Debug 版本的程式碼,而對於互動式除錯而言,這種程式碼並非最佳化的結果。如果讀者選擇產生 Release 版本,那麼編譯器會產生更有效率的程式碼(但較難閱讀)。

忽略程序呼叫

在本節開頭所展示的 **TranslateBuffer** 函式中的六個 inline 指令,實際上總共要執行 18 個指令。如果此函式執行了上千次,那麼所需的執行時間將會很可觀。為了避免這種不必要的額外花費,我們將 inline 程式碼直接插入到呼叫 TranslateBuffer 的迴圈中,以便建立更有效率的程式:

```
while (!infile.eof() )
{
  infile.read(buffer, BUFSIZE );
  count = infile.gcount();
  __asm {
    lea esi,buffer
    mov ecx,count
    mov al,encryptCode
  L1:
    xor [esi],al
    inc esi
    Loop L1
  } // asm
  outfile.write(buffer, count);
}
```

讀者可以在 \Examples\ch13\VisualCPP\Encode_inline 目錄下找到這個程式範例。

13.2.3　自我評量

1. 請簡述 inline 組合語言程式碼和 inline C++ 程序不同的地方？
2. 請問 inline 組合語言碼相對於外部組合語言程序，其優點為何？
3. 請寫出至少兩種在 inline 組合語言程式碼中，加入註解的方式？
4. （是非題）：請問 inline 敘述可以參照在 __asm 區塊外部的程式碼標籤嗎？

13.3　連結 32 位元組合語言程式碼到 C/C++

在撰寫組合語言時，對於建立裝置驅動與嵌入式系統的程式設計人員來說，必須經常使用特別的程式碼來整合 C/C++ 模組。組合語言特別擅長直接的硬體存取、位元映射、低階暫存器的存取與 CPU 的狀態旗標。在組合語言中撰寫一個完整的應用程式，是很繁瑣無聊的，但是用於在 C/C++ 中撰寫一個主應用程式是很有用的，而且在 C 語言中寫起來很怪的程式，只能使用組合語言來解。讓我們討論一些從 32 位元的 C/C++ 程式，呼叫組合語言例行程序的標準需求。

當引數出現在引數清單列時，它們將被 C/C++ 程式從右到左依序傳遞。而在此程序返回之後，呼叫者程式會負責清理堆疊。這項工作的執行方式有如下兩種，一是將一個大小等於各引數總空間大小的值加到堆疊指標上，二是從堆疊彈出適當數量的數值。

在組合語言原始碼中，於 .MODEL 指引中指定 C 呼叫方式，並且為每一個要由外部 C/C++ 程式呼叫的程序，建立其原型。

```
.586
.model flat,C
IndexOf PROTO,
    srchVal:DWORD, arrayPtr:PTR DWORD, count:DWORD
```

函式的宣告

在 C 語言的程式中，若要宣告一個外部組合語言程序，可使用 extern 限定符 (qualifier)。例如以下是宣告 IndexOf：

```
extern long IndexOf( long n, long array[], unsigned count );
```

如果此函式是從 C++ 程式予以呼叫，則讀者必須加入一個 "C" 限定符，以便避免因 C++ 名稱修飾所產生的問題：

```
extern "C" int IndexOf( long n, long array[], unsigned count );
```

名稱修飾 (name decoration) 是基本的 C++ 編譯器技術，它會在函式名稱加上額外的字元，以便指出每個函式參數的精確資料型別。這是所有支援函式重載 (overloading)（也就是允許兩個函式有相同的名字，但有不同的參數列）的程式語言所必要的。從組合語言程式設計人員的觀點來看，名稱修飾所產生的問題是在製作可執行檔時，C++ 編譯器將告訴連結器，去尋找經過名稱修飾之後的函式名稱，而不是原始的函式名稱。

13.3.1　IndexOf 範例

讓我們建立一個簡單的組合語言函式，執行第一個符合陣列中整數的實體線性搜索，如果搜索成功，相符元素的索引位置會被找到，否則函式會傳回 -1。我們可以從 C++ 程式中呼叫它。例如，在 C++ 中，我們可以這樣寫：

```
long IndexOf( long searchVal, long array[], unsigned count )
{
    for(unsigned i = 0; i < count; i++) {
      if( array[i] == searchVal )
          return i;
    }
    return -1;
}
```

參數是我們想要找到的數值，是陣列的指標，也是陣列的大小。一般來說是組合語言中的簡單的程式，我們會放置組合語言的程式碼到它自己的 IndexOf.asm 檔案，這個檔案會被編譯到一個叫做 IndexOf.obj 的物件程式碼檔案。我們會使用 Visual Stusio 來編寫與連結呼叫 C++ 程式以及組合語言模組。當 C++ 專案輸出型別時，它會使用 Win32 主控台，雖然它沒有理由成為圖像應用程式，圖 13-3 包含在 IndexOf 模組的原始碼列表。首先，請注意組合語言程式碼的第 25 到 28 行，測試了迴圈是小型且有效率。我們盡可能的在迴圈中，試著使用一些會重複執行的指令：

```
25: L1: cmp [esi+edi*4],eax
26:     je found
27:     inc  edi
28:     loop L1
```

如果找到相符合的數值，程式會跳越至第 34 行，並複製 EDI 與 EAX，暫存器會儲存函式，傳回數值。在搜索時，EDI 包含當前的索引位置。

```
34: found:
35:     mov eax,edi
```

如果沒有找到相符合的數值，我們會分配 -1 到 EAX，然後傳回：

```
30: notFound:
31:     mov eax,NOT_FOUND
32:     jmp short exit
```

圖 13-4 包含呼叫 C++ 程式的列表，首先，它用僞隨機數值初始化陣列：

```
12: long array[ARRAY_SIZE];
13: for(unsigned i = 0; i < ARRAY_SIZE; i++)
14:     array[i] = rand();
```

第 18 到 19 行提醒使用數值去找到陣列：

```
18: cout << "Enter an integer value to find: ";
19: cin >> searchVal;
```

第 23 行從 C 函式庫 (in time.h) 呼叫時間函式，並儲存秒 (second) 的數字，因爲今晚午夜的變數叫做 **startTime**：

```
23: time( &startTime );
```

第 26 行與 27 行根據 LOOP_SIZE(100,000) 的數值，一次又一次的執行相同的搜索：

```
26: for( unsigned n = 0; n < LOOP_SIZE; n++)
27:     count = IndexOf( searchVal, array, ARRAY_SIZE );
```

既然陣列的大小是 100,000，那麼全部執行步驟的數字會是 100,000 X 100,000 或是 100 億。第 31 到 33 行又一次檢查了一天的時間，然後在迴圈執行時，顯示過去的秒數：

```
31: time( &endTime );
32: cout << "Elapsed ASM time: " << long(endTime - startTime)
33:      << " seconds. Found = " << boolstr[found] << endl;
```

當在相同速度的電腦上測試時，迴圈會在 6 秒內執行完畢，對於有 100 億個重複動作來說，還不算太糟，因爲它一秒有 16.7 億的重複迴圈。程式重複程序的呼叫（壓入參數、執行 CALL 與 RET 指令）100,000 次是很重要的，因爲程序的呼叫會造成一些多餘的處理。

```
1: ; IndexOf function            (IndexOf.asm)
2:
3: .586
4: .model flat,C
5: IndexOf PROTO,
6:     srchVal:DWORD, arrayPtr:PTR DWORD, count:DWORD
7:
8: .code
9: ;-----------------------------------------------
10: IndexOf PROC USES ecx esi edi,
11:     srchVal:DWORD, arrayPtr:PTR DWORD, count:DWORD
12: ;
13: ; 執行32位元整數陣列的線性搜尋
14: ; 搜尋一個特定數值。如果數值被找到，
15: ; 符合的索引位置就會被回傳至EAX；
16: ; 否則，EAX 等於 -1。
17: ;-----------------------------------------------
18:     NOT_FOUND = -1
19:
20:     mov eax,srchVal                ; 搜尋數值
```

```
21:      mov   ecx,count              ; 陣列大小
22:      mov   esi,arrayPtr           ; 指向陣列
23:      mov   edi,0                  ; 索引
24:
25: L1:cmp [esi+edi*4],eax
26:      je    found
27:      inc   edi
28:      loop L1
29:
30: notFound:
31:      mov   al,NOT_FOUND
32:      jmp   short exit
33:
34: found:
35:      mov   eax,edi
36:
37: exit:
38:      ret
39: IndexOf ENDP
40: END
```

圖 13-3　IndexOf 模組的列表

```
1: #include <iostream>
2: #include <time.h>
3: #include "indexof.h"
4: using namespace std;
5:
6: int main() {
7:     // 用偽隨機整數填滿陣列
8:     const unsigned ARRAY_SIZE = 100000;
9:     const unsigned LOOP_SIZE = 100000;
10:    char* boolstr[] = {"false","true"};
11:
12:    long array[ARRAY_SIZE];
13:    for(unsigned i = 0; i < ARRAY_SIZE; i++)
14:        array[i] = rand();
15:
16:    long searchVal;
17:    time_t startTime, endTime;
18:    cout << "Enter an integer value to find: ";
19:    cin >> searchVal;
20:    cout << "Please wait...\n";
21:
22:    // 測試組合語言函式
23:    time( &startTime );
24:    int count = 0;
25:
26:    for( unsigned n = 0; n < LOOP_SIZE; n++)
27:        count = IndexOf( searchVal, array, ARRAY_SIZE );
28:
29:    bool found = count != -1;
30:
31:    time( &endTime );
32:    cout << "Elapsed ASM time: " << long(endTime - startTime)
33:         << " seconds. Found = " << boolstr[found] << endl;
34:
35:    return 0;
36: }
```

圖 13-4　呼叫 IndexOf 的 C++ 測試程式的列表

13.3.2 呼叫 C 及 C++ 函式

讀者可以試著撰寫呼叫 C 和 C++ 函式的組合語言程式碼，以下是建議讀者進行此一練習的理由：

- 運用豐富的 input–output 函式庫，可以使 C 和 C++ 的輸出入設計更具有彈性，在處理浮點運算時，此點尤為重要。
- C 與 C++ 擁有包羅萬象的數學函式庫。

在呼叫標準 C/C++ 函式庫的函式時，讀者必須由 C/C++ main( ) 程序啟動程式，以便讓函式庫初始化程式碼開始執行。

函式原型

由組合語言程式碼所呼叫的 C++ 函式，必須以 "C" 及 **extern** 保留字加以定義，以下是基本語法：

```
extern "C" funcName( paramlist )
{ . . . }
```

以下是一個範例：

```
extern "C" int askForInteger( )
{
    cout << "Please enter an integer:";
    //...
}
```

與修改每個函式定義的做法相比，將多個函式原型集合在一個區塊裡面，會是比較好的作法。若運用這種方式，讀者就可以在實作函式時，省略掉 **extern** 和 "C"：

```
extern "C" {
    int askForInteger();
    int showInt( int value, unsigned outWidth );
    //etc.
}
```

組合語言模組

如果讀者的組合語言模組會呼叫 Irvine32 連結函式庫的程序，請注意它會使用以下的 .MODEL 指引：

```
.model flat, STDCALL
```

雖然 STDCALL 與 Win32 API 相容，但是它與 C 語言程式所使用的呼叫約定並不相容。因此，讀者必須在宣告呼叫組合語言模式的外部 C 或 C++ 函式時，在 PROTO 指引加上 C 限定符：

```
INCLUDE Irvine32.inc
askForInteger PROTO C
showInt PROTO C, value:SDWORD, outWidth:DWORD
```

因為連結器必須將函式名稱和參數清單，與 C++ 模組所匯出的函式互相配合，所以必須加上 C 限定符。除此之外，組譯器必須運用 C 呼叫約定（參閱第 8.4.2 節），產生正確的程式碼，以便在函式呼叫結束之後清除堆疊。

由 C++ 程式所呼叫的組合語言程序，也必須使用 C 限定符，組譯器才會使用連結器可辨識的名稱約定。例如以下的 **SetTextColor** 程使用一個雙字組參數：

```
SetTextOutColor PROC C,
    color:DWORD
    .
    .
SetTextOutColor ENDP
```

最後，如果讀者的組合語言程式碼呼叫了另一個組合語言程序，那麼 C 呼叫約定會要求讀者，在每次程序呼叫之後，由堆疊中移除參數。

使用 .MODEL 指引

如果讀者的組合語言程式碼沒有呼叫來自 Irvine32 的程序，則讀者可以告訴 .MODEL 指引，使用 C 呼叫約定：

```
; (do not INCLUDE Irvine32.inc)
.586
.model flat,C
```

如此就不再需要將 C 限定符加入到每一個 PROTO 及 PROC 指引之中：

```
askForInteger PROTO
showInt PROTO, value:SDWORD, outWidth:DWORD

SetTextOutColor PROC,
    color:DWORD
    .
    .
SetTextOutColor ENDP
```

函式回傳值

C++ 程式語言的規定，並沒有特別提到實作程式碼的細節，因此有關 C 和 C++ 函式的回傳值，沒有標準化的處理方式。當讀者在撰寫一個會呼叫 C/C++ 函式的組合語言程式碼時，請檢查使用編譯器的說明文件，找出它們的函式如何回傳值。以下內容包含了數種可能的方式，但可能仍有未列於此處的其他可能：

- 整數可以回傳到單一暫存器，或多個暫存器的組合。
- 函式回傳值的存放空間，可以由呼叫者程式在堆疊中予以保留。函式在返回之前，可以將回傳值插入堆疊中。
- 浮點數值經常在由函式返回之前，插入至處理器的浮點數堆疊中。

以下列出 Microsoft Visual C++ 函式處理其回傳值的方式：

- **bool** 及 **char** 值會回傳到 AL 中。
- **short int** 值會回傳到 AX 中。
- **int** 及 **long int** 值會回傳到 EAX 中。

- 指標會回傳到 EAX。
- **float**、**double** 及 **long double** 值會分別以 4、8 及 10 位元組的大小，壓入浮點數堆疊。

13.3.3　乘法表範例程式

本節將撰寫一個簡單的應用程式，功能是可以提示使用者輸入一個整數，然後以位元移位的方式將這個整數乘上 2 的升冪次（由 2^1 到 2^{10}），再將每一個乘積顯示出來，而且將使用 C++ 執行輸出及輸入動作。本例中的組合語言模組將包含幾次的呼叫動作，這些動作是由 C++ 函式所呼叫，且此一程式將由 C++ 啟動。

組合語言模組

這個組合語言程式模組只含有一個函式，其名稱為 **DisplayTable**，它會呼叫一個稱為 **askForInteger** 的 C++ 函式，取得使用者所輸入的整數值。其內使用一個迴圈，重複地將稱為 **intVal** 的整數往左移位，並且呼叫 **showInt** 來顯示結果。

```
; 由 C++ 呼叫的 ASM 函式

INCLUDE Irvine32.inc

; 外部 C++ 函式
askForInteger PROTO C
showInt PROTO C, value:SDWORD, outWidth:DWORD
newLine PROTO C

OUT_WIDTH = 8
ENDING_POWER = 10

.data
intVal DWORD ?

.code
;-----------------------------------------------
SetTextOutColor PROC C,
color:DWORD
;
; 設置文本的顏色和清除主控台窗口
; 呼叫 Irvine32 函式庫
;-----------------------------------------------
    mov   eax,color
    call  SetTextColor
    call  Clrscr
    ret
SetTextOutColor ENDP

;-----------------------------------------------
DisplayTable PROC C
;
; 輸出整數 n 並顯示乘法表
; 範圍從 n * 2^1
; 到 n * 2^10.
;-----------------------------------------------
    INVOKE askForInteger                ; 呼叫 C++ 函式
    mov    intVal,eax                    ; 儲存整數
    mov    ecx,ENDING_POWER              ; 迴圈計數器
```

```
L1: push    ecx                              ; 儲存迴圈計數器
    shl     intVal,1                         ; 乘以 2
    INVOKE  showInt,intVal,OUT_WIDTH
    INVOKE  newLine                          ; 輸出 CR/LF
    pop     ecx                              ; 恢復迴圈計數器
    loop    L1

    ret
DisplayTable ENDP
END
```

因為 Visual C++ 函式不會儲存及回復通用暫存器,所以在 DisplayTable 中,ECX 必須在呼叫 **showInt** 及 **newLine** 之前,壓入堆疊及從堆疊取出,**askForInteger** 函式會將它的結果回傳到 EAX 暫存器。

在呼叫 C++ 函式時,DisplayTable 不需要使用 INVOKE,使用 PUSH 及 CALL 指令,也可以達到相同結果。以下是以此方式呼叫 **showInt** 的程式內容:

```
push   OUT_WIDTH                            ; 壓入最後一個引數檔
push   intVal
call   showInt                              ; 呼叫函式
add    esp,8                                ; 清除堆疊
```

讀者必須遵循 C 語言呼叫約定,引數必須以相反順序壓入堆疊,而呼叫者必須負責在呼叫結束之後,將引數從堆疊移除。

C++ 的啟動程式

本小節將審視作為啟動程式的 C++ 模組,其進入點是 **main ( )**,它可確保必要的 C++ 初始化程式碼,都已執行,包含外部組合語言程序及三個被匯出函式的原型:

```
// main.cpp
// 展示在 C++ 及外部組合語言
// 模組的呼叫範例

#include <iostream>
#include <iomanip>
using namespace std;

extern "C" {
    // 外部 ASM 程序
    void DisplayTable();
    void SetTextOutColor(unsigned color);

    // 載入 C++ 函式
    int askForInteger();
    void showInt(int value, int width);
}

// 程式進入點
int main()
{
    SetTextOutColor( 0x1E ); // 藍底黃字
    DisplayTable(); // 呼叫 ASM 程序
    return 0;
}
```

```
// 提示使用者輸入一個整數
int askForInteger()
{
    int n;
    cout << "Enter an integer between 1 and 90,000:";
    cin >> n;
    return n;
}
// 在指定寬度間顯示有號整數
void showInt( int value, int width )
{
    cout << setw(width) << value;
}
```

建立專案

在 Visual Studio 中，建立由 C++ 及組合語言等不同語言組合的專案，還有從「專案 (Project)」選擇 Build Solution。

程式輸出

以下是乘法表範例程式的輸出結果，使用者輸入的值為 90,000：

```
Enter an integer between 1 and 90,000: 90000
  180000
  360000
  720000
 1440000
 2880000
 5760000
11520000
23040000
46080000
92160000
```

Visual Studio 專案的屬性

如果讀者使用 Visual Studio 建立一個整合了 C++ 及組合語言的專案，而且在這個整合的程式中還呼叫了 Irvine32 函式庫，讀者將需要更改專案的部分設定值，此處將使用 Multiplication_Table 程式作為範例。請由**專案 (Project)** 功能表中點選**屬性 (Properties)** 選項，然後在**組態設定的屬性 (Configuration Properties)** 中，對**連結器 (Linker)** 連續點擊兩次，並且選擇**命令列 (Command Line)**，在此區域的右方的 **Additional Library Directories**，請輸入 **c:\Irvine**，請見圖 13-5，最後再按下 OK 按鈕，關閉**屬性頁面 (Property Pages)** 視窗，完成以上設定後，Visual Studio 就可以找到 Irvine32 函式庫了。

此處所提供的資訊已經在 Visual Studio 2012 下測試過，但是可能會有所變動。請隨時到本書的網站 (www.asmirvine.com) 查看更新資訊。

13.3.4 呼叫 C 函式庫函式

C 程式語言具有一個標準化的函式集合，稱為**標準 C 函式庫 (Standard C Library)**，這個函式庫提供的函式，都可以由 C++ 語言的程式加以使用，因此也可使用在內嵌了 C 及 C++ 程式的組合語言模組。但組合語言程式模組必須包含每個被呼叫的 C 語言函式的函式原型，讀者透過使用的 C++ 編譯器提供之協助 (help) 系統，通常可以找到所需要的 C 函式原型。但是在由自己的程式呼叫這些 C 語言函式前，必須先將其原型轉換成組合語言的函式原型。

printf 函式

以下是 C/C++ 中的 **printf** 函式原型，顯示其第一個參數是指向字元的指標，後面再接著可變動數量的其他參數：

```
int printf(
    const char *format [, argument]...
);
```

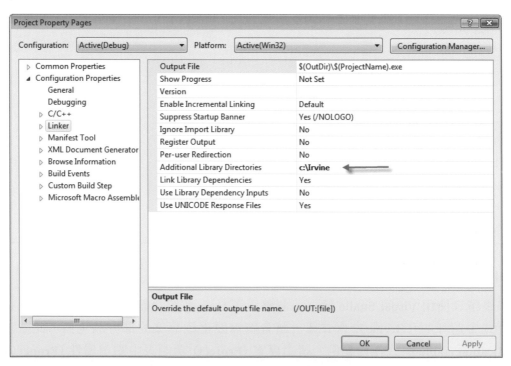

圖 13-5　指定 Irvine32.lib 檔案的位置

（讀者的 C/C++ 編譯器的協助文件，含有關於 printf 函式的詳細說明資料。）在組合語言中相對應的函式原型，是將 char* 改成 PTR BYTE，並且將長度可變的參數清單變成 VARARG 型別：

```
printf PROTO C, pString:PTR BYTE, args:VARARG
```

另一個有用的函式是 **scanf**，它可由標準輸入裝置（鍵盤）取得所輸入的字元、數值及字串，並且指定給各相關變數：

```
scanf PROTO C, format:PTR BYTE, args:VARARG
```

以 printf 函式顯示格式化的實數

若想要以組合語言撰寫可以格式化及顯示浮點數值的函式，並不是一件容易的事情，與其自己嘗試，還不如利用 C 函式庫的 printf 函式。讀者必須在 C 或 C++ 環境中建立啟動模組，並且將它連結到組合語言程式碼。以下將說明如何在 Visual C++ .NET 中，設置此類程式的方法：

1. 在 Visual C++ 中建立 Win32 主控台程式。請建立一個命名為 **main.cpp** 的檔案，並且加入 **main** 函式，其作用是呼叫 **asmMain**：

```cpp
extern "C" void asmMain( );

int main( )
{
     asmMain( );
     return 0;
}
```

2. 接下來請在與 main.cpp 相同的目錄下，建立一個名為 **asmMain.asm** 的組合語言模組，其內包含一個命名為 **asmMain** 的程序，並且以 C 呼叫約定加以宣告：

```
; asmMain.asm
.386
.model flat,stdcall
.stack 2000
.code
asmMain PROC C

     ret
asmMain ENDP
END
```

3. 對 **asmMain.asm**（不連結）執行組譯，產生 **asmMain.obj** 檔案。
4. 將 **asmMain.obj** 加入至 C++ 專案中。
5. 建立及執行此專案。如果讀者在完成上述動作後，修改了 **asmMain.asm**，讀者必須予以重新組譯，並在執行前重建 (rebuild) 專案。

一旦讀者正確地建立了程式，便可以將程式碼加到能呼叫 C/C++ 函式的 asmMain.asm 中。

顯示雙精準度的數值

以下在 **asmMain** 中的組合語言程式碼，會經由呼叫 printf 來顯示 REAL8：

```
.data
double1 REAL8 1234567.890123
formatStr BYTE "%.3f",0dh,0ah,0
.code
INVOKE printf, ADDR formatStr, double1
```

以下是輸出內容：

```
1234567.890
```

此處傳遞給 **printf** 的格式化字串，會與 C++ 的格式化字串有點不同。讀者不應在此嵌入如 \n 的跳脫字元，而是必須插入 ASCII 碼 (0dh, 0ah)。

> 傳遞給 printf 的浮點數引數，應該宣告爲 REAL8 的型別。雖然也可以傳遞 REAL4 型別的值，但是需要相當熟練的程式設計經驗。經由宣告一個浮點數型別的變數，並且將它傳遞給 printf，讀者可以看到自己的 C++ 編譯器如何完成作業。請讀者編譯這個程式，並且利用除錯器來追蹤此程式的反組譯程式碼。

多個引數

printf 函式可以接受可變數量的引數，因此我們可以輕易地在同一個函式呼叫中，格式化並顯示兩個數值：

```
TAB = 9
.data
formatTwo BYTE "%.2f",TAB,"%.3f",0dh,0ah,0
val1 REAL8 456.789
val2 REAL8 864.231
.code
INVOKE printf, ADDR formatTwo, val1, val2
```

以下是相應的輸出：

```
456.79 864.231
```

(讀者可在 \Examples\ch13\VisualCPP 目錄中，參閱稱爲 **Printf_Example** 的專案。)

使用 scanf 函式輸入實數

若要取得使用者所輸入的浮點數值，可以呼叫 **scanf** 函式，以下的函式原型已經定義在 SmallWin.inc（經由 Irvine32.inc 加以含括）：

```
scanf PROTO C,
     format:PTR BYTE, args:VARARG
```

在呼叫這個函式時，必須傳遞一個格式化字串的位移、一或多個 REAL4 或 REAL8 變數的位移。以下是呼叫範例：

```
.data
strSingle BYTE "%f",0
strDouble BYTE "%lf",0
single1 REAL4  ?
double1 REAL8  ?
.code
INVOKE scanf, ADDR strSingle, ADDR single1
INVOKE scanf, ADDR strDouble, ADDR double1
```

您必須由 C 或 C++ 啓動程式來引用組合語言程式碼。

13.3.5　目錄清單程式

本節將撰寫一個簡短的程式，執行動作包括清除螢幕、顯示目前的磁碟目錄、要求使用者輸入檔案名稱等。（或者您也許會想擴充這個程式的功能，讓它可以開啓及顯示選取的檔案內容。）

C++ 存根模組

下列 C++ 程式模組僅含有一個對 **asm_main** 的呼叫，因此我們可以稱它爲**存根模組 (stub module)**：

```
// main.cpp
// 存根模組: 載入組合語言程式
extern "C" void asm_main();          // asm 的啓動程序
void main()
{
    asm_main();
}
```

ASM 模組

下列組合語言模組包含了函式原型、數個字串、一個 **fileName** 變數，它會呼叫 **system** 函式兩次，並且傳遞 "cls" 和 "dir" 命令給這個函式。然後呼叫 **printf**，提示使用者輸入檔案名稱；再呼叫 **scanf**，取得使用者輸入的檔名。此外，這個模組不會呼叫任何 Irvine32 函式庫的函式，因此我們可以將 .MODEL 指引設成 C 語言呼叫約定：

```
; 在 C++ 載入的 ASM 程式              (asmMain.asm)
.586
.MODEL flat,C

; 標準 C 函式庫的函式
system PROTO, pCommand:PTR BYTE
printf PROTO, pString:PTR BYTE, args:VARARG
scanf  PROTO, pFormat:PTR BYTE,pBuffer:PTR BYTE, args:VARARG
fopen  PROTO, mode:PTR BYTE, filename:PTR BYTE
fclose PROTO, pFile:DWORD

BUFFER_SIZE = 5000
.data
str1 BYTE "cls",0
str2 BYTE "dir/w",0
str3 BYTE "Enter the name of a file:",0
str4 BYTE "%s",0
str5 BYTE "cannot open file",0dh,0ah,0
str6 BYTE "The file has been opened",0dh,0ah,0
modeStr BYTE "r",0

fileName BYTE 60 DUP(0)
pBuf DWORD ?
pFile DWORD ?

.code
asm_main PROC
```

```
        ; 清除螢幕及顯示目前磁碟機目錄
        INVOKE system,ADDR str1
        INVOKE system,ADDR str2
        ; 要求輸入檔案名稱
        INVOKE printf,ADDR str3
        INVOKE scanf, ADDR str4, ADDR filename
        ; 嘗試開啓檔案
        INVOKE fopen, ADDR fileName, ADDR modeStr
        mov  pFile,eax

        .IF eax == 0                    ; 是否無法開啓檔案？
          INVOKE printf,ADDR str5
          jmp quit
        .ELSE
          INVOKE printf,ADDR str6
        .ENDIF
        ; Close the file
        INVOKE fclose, pFile
quit:
        ret                             ; 回至 C++ 的 main
asm_main ENDP
END
```

scanf 函式需要如下兩個引數：第一個是指向格式化字串的指標（"%s"），第二個是指向輸入字串變數的指標 **(fileName)**。因為在網路上已經有豐富的說明文件，所以我們將不會花時間來解釋標準 C 函式。在此推荐的較佳參考資料是由 Brian W. Kernighan 及 Dennis M. Ritchie 所著的《The C Programming Language》, 2nd Ed., Prentice Hall, 1988)。

13.3.6 自我評量

1. 當一個 C++ 函式要由組合語言模組予以呼叫時，請問在該函式的定義中，應該包含哪兩個 C++ 保留字？
2. Irvine32 函式庫所用的呼叫約定，無法與 C 及 C++ 語言所用的呼叫約定相容，其原因為何？
3. 請問 C++ 函式通常如何回傳浮點數值？
4. 請問 Microsoft Visual C++ 函式如何回傳短整數 **(short int)** 值？

13.4 本章摘要

在使用某些高階程式語言所撰寫的大型應用程式中，如果要對部分內容進行最佳化，則組合語言可以是較佳的工具。而且組合語言在爲特定的硬體量身訂做特定程序時，也是很好的工具。這些技術都需要用到以下兩種方法其中之一來達成：

- 在高階語言程式碼中，直接嵌入 inline 組合語言程式碼。
- 將組合語言程序連結到高階語言程式碼。

這兩種方法都有各自的優點和限制，本章對這兩種方法都有所說明。

　　程式語言工具之命名約定指的是對區段和模組加以命名的方式，以及有關變數和程序的命名規則和特性。此外，程式所使用的記憶體模式，將決定呼叫和參照的動作究竟是近程（在相同區段裡）或遠程（在不同區段之間）。

　　在從其他語言所寫的程式，呼叫組合語言程序時，兩者會共用的識別字必須是相容的。而且在組合語言程序使用的區段名稱，也必須與呼叫者程式中的區段名稱相容。在這種情形下，撰寫程序的設計人員應該使用高階語言的呼叫約定，以便決定如何接收參數。不同的呼叫約定會影響堆疊指標的回復動作，究竟是由被呼叫的程序或呼叫者程式來執行。

　　在 Visual C++ 中，**__asm** 指引是用於在 C++ 原始碼程式內撰寫 inline 組合語言程式碼，範例請見本章的 File Encryption（檔案加密）程式。

　　本章也說明如何將組合語言程序，連結到在 32 位元保護模式下執行的 Microsoft Visual C++ 程式。

　　在呼叫標準 C (C++) 函式庫的函式時，可以建立以 C 或 C++ 所寫，含有 main () 函式的存根程式 (stub program)。當 main ( ) 函式開始執行時，編譯器的執行時期函式庫會自動地初始化。程式設計員可以由 main ( ) 函式，呼叫組合語言模組中的啟動程序。而且，組合語言模組可以呼叫 C 標準函式庫裡的任何函式。

　　本章提供一個以組合語言撰寫的 **IndexOf** 程序，並由 Visual C++ 的程式呼叫，我們同時比較了此例編譯後的組合語言原始碼及組合語言版本，以便學習更多關於程式碼最佳化的技術。

13.5　重要術語

C 語言標示符 (C language specifier)　　　　　名稱修飾 (name decoration)

延伸標示符 (external identifier)　　　　　　命名約定 (naming convention)

Inline 組合語言碼 (inline assembly code)　　STDCALL 語言標示符

記憶體模組 (memory model)　　　　　　　　(STDCALL language specifier)

13.6　本章習題

1. 當在組合語言中撰寫的程序，被高階語言程式呼叫時，呼叫的程式與程序是否必須使用相同的記憶體模組？

2. 請在混合高階和組譯程式碼中定義 inline 組譯程式碼。

3. 語言的呼叫慣例有包含程序特定暫存器的保存嗎？

4. （**是非題**）：EVEN 與 ALIGN 指引皆可在 inline 組合語言碼使用嗎？

5. 請問微小的記憶體模組與小的記憶體模組有什麼不同？

6. （**是非題**）：變數可以用在 inline 組合語言碼中的 DW 與 DUP 運算元定義嗎？

7. 當使用 _fastcall 呼叫慣例時，如果您的 inline 組合語言碼修改了暫存器，會發生什麼事？

8. （**是非題**）：LEA 指令可被使用來取代偏移運算子。

9. 當使用 32 位元整數的陣列時，什麼數值會被 LENGTH 運算元傳回？

10. 當使用長整數的陣列時，什麼數值會被 SIZE 運算元傳回？

11. 對標準 C printf() 函式有效的組合語言 PROTO 宣告是什麼？

12. 當下列 C 語言函式被呼叫，引數 x 會被壓入到堆疊的開始還是最後？

13. 從 C++ 呼叫程序中的延伸宣告中的「C」標示符的目的是什麼？

14. 請問所有 C 與 C++ 的特色是否能夠用於 inline 的 x86 處理器編程？

15. 使用網路搜索，列出一個關於 C/C++ 編譯器使用的最佳化技巧的簡短清單。

13.7　程式設計習題

★★1.　以整數乘以陣列

請撰寫一個組合語言的副程式，以整數乘上雙字組陣列，請撰寫一個以 C/C++ 為主的測試程式建立陣列，傳遞副程式，並且輸出陣列的數值結果。

★★★2.　最長的增加數列

撰寫一個組合語言副程式，接收兩個參數：陣列的位移與陣列的大小。它必須傳回整數的最長的增加數列的數量。舉例：在下列陣列，最長的完整的增加數列，從索引 3 開始，長度為 4{14, 17, 26, 42}：

```
[ -5, 10, 20, 14, 17, 26, 42, 22, 19, -5 ]
```

從 C/C++ 呼叫您的副程式，建立陣列，傳遞引數並印出副程式傳回的數值。

★★3.　總和三個陣列

撰寫一個組合語言的副程式，接收三個大小相同陣列的位移，它會將第二與第三陣列加到第一陣列的數值中。當它傳回，第一個陣列會有新的數值。請撰寫一個在 C/C++ 中的測試程式，建立陣列，傳遞它到副程式，並印出第一陣列的內容。

★★★4.　質數程式 (Prime Number Program)

試以組合語言撰寫一個程序，功能是可以在它回傳到 EAX 暫存器的 32 位元整數是質數時，回傳一個值 1；若回傳到 EAX 的不是質數時，會回傳 0，然後從一個高階語言程式呼叫此程序。請要求使用者輸入一些極大的數值，然後以在本題撰寫的程式針對每個輸入數值，顯示出它是否為質數的訊息。建議：您的程序第一次被呼叫時，使用 Sieve of Eratosthenes 演算法來初始化布林陣列。

★★5.　LastIndexOf 程序

請修改第 13.3.1 的 **IndexOf** 程序，將函式命名為 **LastIndexOf**，然後從陣列的尾端往前搜尋，回傳符合條件的索引值，若找不到任何符合的資料，則回傳 −1。

MASM參考資料

A.1 導論

微軟 MASM 6.11 最終的使用手冊是在 1992 年印製的，它包含下列 3 冊：

- 開發指南 (Programmers Guide)
- 參考手冊 (Reference)
- 開發環境及工具 (Environment and Tools)

不幸地，這些印刷版本的手冊已經絕版好幾年了，但 Microsoft 在 **Platform SDK** 組件中，提供了電子版本的手冊 (MS-Word 檔案)，印刷版本的手冊則已成爲收藏家的戰利品了。

本單元中的資訊是節錄自**參考 (Reference)** 手冊中的第 1 到 3 章，另外再加上 MASM 6.14 中 **readme.txt** 檔案中的更新部分。Microsoft 授權本書給與每位讀者一份此軟體的單一授權，以及其文件，我們將其中的一部分節錄於此。

語法表示法 (Syntax Notation)

在本附錄中，我們使用一致的語法表示法。全部大寫字母的單字表示 MASM 的保留字，而在您的程式裡則可以使用大寫或小寫字母。如 .DATA 是一個保留字：

.DATA

斜體單字代表一個已被定義的項目或種類。在下面的例子中，number 代表一個整數常數：

ALIGN [[*number*]]

當一個項目置於成對中括號內時，表示該項目是選擇性的。如下例中的 **text** 是選擇性的，您可選擇是否要予以填入：

[[*text*]]

使用垂直分隔線區隔兩個以上的項目時，表示必須選擇其中一個。下列範例代表必須在 NEAR 及 FAR 中選擇其中之一：

NEAR | FAR

刪節號（...）表示最後一個項目可以重複，在下面的例子中，逗點與 **initializer** 可能被重複多次。

[[*name*]] BYTE *initializer*[[*,initializer*]]...

A.2　MASM 保留字

$	PARITY?
?	PASCAL
@B	QWORD
@F	REAL4
ADDR	REAL8
BASIC	REAL10
BYTE	SBYTE
C	SDWORD
CARRY?	SIGN?
DWORD	STDCALL
FAR	SWORD
FAR16	SYSCALL
FORTRAN	TBYTE
FWORD	VARARG
NEAR	WORD
NEAR16	ZERO?
OVERFLOW?	

A.3　暫存器名稱

AH	CR0	DR1	EBX	SI
AL	CR2	DR2	ECX	SP
AX	CR3	DR3	EDI	SS
BH	CS	DR6	EDX	ST
BL	CX	DR7	ES	TR3

BP	DH	DS	ESI	TR4
BX	DI	DX	ESP	TR5
CH	DL	EAX	FS	TR6
CL	DR0	EBP	GS	TR7

A.4 Microsoft 組譯器

ML 程式 (ML.EXE) 可以組譯並連結一個或多個組合語言原始碼檔（source files，或譯為來源檔），其語法為：

ML [[*options*]] *filename* [[[[*options*]] *filename*]]...[[**/link** *linkoptions*]]

必要的參數只有 **filename**，也就是組合語言原始碼檔案的名稱。如以下的命令會組譯 **AddSub.asm** 原始碼檔案，並產生物件檔案－ **AddSub.obj**：

```
ML -c AddSub.asm
```

options 參數包含了零個以上的命令列選項，每一個選項都以斜線 (/) 或橫線 (–) 開頭，多個選項間可以至少一個空白隔開，表 A-1 列出了完整的命令列選項，且這些命令列選項會區分大小寫。

表A-1 ML Command-Line Options

選項	動作
/AT	啟動 tiny 記憶體模式支援。建立指令碼時，啟動在違反 .COM 檔案格式需求時，顯示錯誤訊息選項的功能。請注意此選項不等於 .MODEL TINY 指引。
/Bl*filename*	選擇另一個連結器。
/c	只進行組譯，不要連結。
/coff	以微軟的通用目的檔格式 (Microsoft Common Object File Format)，產生目的檔。通常需要 32 位元組合語言，但不支援 64 位元組譯器。
/Cp	保留所有使用者識別符的大小寫。
/Cu	將所有識別符映射為大寫。不支援 64 位元組譯器。
/Cx	保留公用及外在識別符的大小寫 (預設)。
/D*symbol* [[= *value*]]	將指定的名稱定義為一個文字巨集。如果 value 不存在，巨集將定義為空白。若有多個以空白隔開的標記，需要用引號括起來。
/EP	產生前置處理後的原始碼 (送到 STDOUT)，請參考 /Sf。
/ERRORREPORT [NONE|PROMPT| QUEUE|SEND]	如果組譯器在執行時期故障，將發送診斷訊息到 Microsoft。
/F*hexnum*	將堆疊大小設定為 hexnum 位元組 (與 /link /STACK:*number* 相同)。這個值必須是 *16* 進位的格式，在 /F 及 *hexnum* 之間必須空一格。
/Fe*filename*	指定執行檔的名稱。
/Fl[[*filename*]]	產生組譯碼列表。請參考 /Sf。

表A-1　ML Command-Line Options（續）

/Fm[[*filename*]]	產生連結 .MAP 檔。
/Fo*filename*	指定物件檔的名稱。
/FPi	產生模擬固定的浮點數算數（只在混合語言下）不支援 64 位元組譯器。
/Fr[[*filename*]]	產生原始碼瀏覽 .SBR 檔。
/FR[[*filename*]]	產生延伸形式的原始碼瀏覽 .SBR 檔。
/Gc	指定使用 FORTRAN 或 Pascal 型態的函數呼叫與命名協定。不支援 64 位元組譯器。
/Gd	指定使用 C 型態的函數呼叫或命名協定。不支援 64 位元組譯器。
/Gz	使用 STDCALL 呼叫連結。不支援 64 位元組譯器。
/H *number*	限制外部名稱在 number 個字元，預設值為 31 個字元。不支援 64 位元組譯器。
/help	呼叫 QuickHelp 作為 ML 之輔助說明。
/I *pathname*	設定引入的路徑，最多可有 10 個 /I 選項。
/link	連結器選項及函式庫。
/nologo	隱藏組譯成功時的訊息顯示。
/omf	產生一個 OMF (Microsoft Object Module Format，微軟物件模組格式) 檔案。舊的 16 位元微軟連結器會需要使用這個格式 (LINK16.EXE)。不支援 64 位元組譯器。
/Sa	打開所有可用資訊的列表。
/safeseh	標記物件為不包含例外處理或是包含例外處理，都會宣告 .SAFESEH。（在 32 位元組合語言，設置為：NO) 在 ml64.exe 無資料。
/Sf	將第一階段列表，加入列表檔案中。
/Sl *width*	設定來源列表的每列寬度（字元）。範圍是 60 到 255 或 0，預設值為 0。與 PAGE *width* 相同。
/Sn	產生列表時，關閉符號表。
/Sp *length*	設定來源列表的每頁行數。範圍是 10 到 255 或 0，預設值為 0。與 PAGE *length* 相同。
/Ss *text*	指定來源列表的文字。與 SUBTITLE *text* 相同。
/St *text*	指定來源列表的標題。與 TITLE *text* 相同。.
/Sx	列表狀況設為 false。
/Ta *filename*	指定延伸檔名不為 .ASM 的組合語言原始碼。
/w	與 /W0 相同。
/W *level*	設定警示等級，level = 0、1、2、3。
/WX	產生警示時回傳的錯誤碼。
/X	忽略 INCLUDE 環境變數路徑。
/Zd	在物件檔中產生列號。
/Zf	將所有符號指定為公開。
/Zi	在物件檔中產生 CodeView 資訊。（只有 16 位元程式）
/Zm	啟動 M510 選項，以達到與 MASM 5.1 之最大相容性。
/Zp[[*alignment*]]	以指定的位元組界限包裝結構。*alignment* 可以是 1、2 或 4。
/Zs	只執行語法檢查。
/?	顯示 ML 命令列語法的摘要。

A.5　MASM 指引

name = expression

　　將 expression 數值指定給 name，此符號可以在稍後重新定義。

.386

　　啟用 80386 處理器的非特權 (nonpriviliged) 指令，停用較晚版本處理器組合語言指令，同時啟用 80387 指令。

.386P

　　啟用 80386 處理器的所有指令 (包括特權的)，停用較晚版本處理器組合語言指令，同時啟用 80387 指令。

.387

　　啟用 80387 協同處理器的指令。

.486

　　啟用 80486 處理器的非特權指令。

.486P

　　啟用 80486 處理器的所有指令 (包括特權的)。

.586

　　啟用 80586 處理器的非特權指令。

.586P

　　啟用 80586 處理器的所有指令 (包括特權的)。

.686

　　啟用 Pentium Pro 處理器的非特權指令。

.686P

　　啟用 Pentium Pro 處理器的所有指令 (包括特權的)。

.8086

　　啟用 8086 處理器的指令 (以及相同的 8088 指令)，停用較晚版本處理器組合語言指令，同時啟用 8087 指令，這是處理器的預設模式。

.8087

　　啟用 8087 協同處理器的指令，停用較晚版本處理器組合語言指令，這是協同處理器的預設模式。

ALIAS <alias> = <actual-name>

　　將一個舊的函數名稱映射為指定的新函數名稱，Alias 是指替代名稱或別名，actual-name 是該函數或程序的實際名稱，角括號是必須的。ALIAS 指引可以用於在建立函數庫時，允許連結器將一個舊函數映設為新函數。

ALIGN [[*number*]]

　　將指令對齊為 number 倍數的位元組數。

.ALPHA

　　將區段依照字母順序排序。

ASSUME *segregister:name* **[[** , *segregister:name* **]]**. . .
 ASSUME *dataregister:type* **[[** , *dataregister:type* **]]**. . .
 ASSUME *register*:**ERROR** **[[** , *register*:**ERROR** **]]**. . .
 ASSUME **[[** *register*: **]] NOTHING [[** , *register*:**NOTHING]]**. . .

 啟動暫存器數值的錯誤檢查，在 **ASSUME** 生效後，組譯器會監視是否有指定暫存器的改變，**ERROR** 會在暫存器被使用時產生錯誤。**NOTHING** 會將暫存器從錯誤檢查中移除。您可以在一個敘述內組合數個不同種類的假設。

.BREAK [[.IF *condition* **]]**

 若 condition 為真則產生程式碼終止 .WHILE 或 .REPEAT 區塊。

[[*name* **]] BYTE** *initializer* **[[** , *initializer* **]]** . . .

 為每一個 initializer 配置並選擇性地初始化一個位元，在任何一個型態是合法類型的位置，它也可以當成型態指定符來使用。

name **CATSTR [[** *textitem1* **[[** , *textitem2* **]]** . . . **]]**

 連接文字項目。文字項目可以是一個文字字串、以 % 開頭的常數、或由巨集函數回傳的字串。

CODE [[*name* **]]**

 與 .MODEL 一起使用時，表示名為 name 的程式碼區段為起始處（預設的區段名稱在 tiny、small、compact、flat 模式下是 _TEXT，在其他模式下是 module_TEXT）。

COMM *definition* **[[** , *definition* **]]** . . .

 依照 definition 中指定的屬性建立一個公有變數。每一個 definition 必須遵照下列格式：

[[langtype]] [[NEAR | FAR]] label:type[[:count]]

 label 為該變數之名稱，type 可以是任何型態指定符（BYTE、WORD 等）或一個指定位元組數量的整數。count 代表資料物件的數量（預設值為 1）。

COMMENT *delimiter* **[[** *text* **]]**
 [[*text* **]]**
 [[*text* **]]** *delimiter* **[[** *text* **]]**

 將所有與 delimiter 同一列的 text 視為註解。

.CONST

 與 .MODEL 一起使用時，表示開始一個常數資料區段（區段名稱為 CONST），這個區段擁有唯讀的屬性。

.CONTINUE [[.IF *condition* **]]**

 若 condition 為真則產生程式碼跳到 **.WHILE** 或 **.REPEAT** 區塊頂端。

.CREF

 啟動在符號表與瀏覽檔的符號部分列出符號。

.DATA

 與 **.MODEL** 一起使用時，為已初始化的資料開啟一個 NEAR 資料段（區段名稱為 _DATA）。

.DATA?

 與 **.MODEL** 一起使用時，為未初始化的資料開啟一個 NEAR 資料段（區段名稱為 _BSS）。

.DOSSEG

將區段依照 MS-DOS 區段協定排序：CODE 段最優先，然後是不在 DGROUP 中的區段，接下來是 DGROUP 中的區段。DGROUP 中的區段依照以下順序：首先是不在 BSS 或 STACK 中的區段，然後是 BSS 區段，最後是 STACK 區段。主要用以確認 CodeView 支援 MASM 獨立程式。與 **DOSSEG** 相同。

DOSSEG

與 **.DOSSEG** 完全相同，.DOSSEG 是比較好的型式。

DB

可以用來定義如 **BYTE** 的資料。

DD

可以用來定義如 **DWORD** 的資料。

DF

可以用來定義如 **FWORD** 的資料。

DQ

可以用來定義如 **QWORD** 的資料。

DT

可以用來定義如 **TBYTE** 的資料。

DW

可以用來定義如 WORD 的資料。

[[*name*]] DWORD *initializer* [[, *initializer*]]. . .

為每一個 initializer 配置並選擇性地初始化一個 doubleword (4 個位元組)。在任何一個合法類型的位置，它也可以當成型態指定符來使用。

ECHO *message*

將 message 顯示至標準輸出 (預設為螢幕)。與 **%OUT** 相同。

.ELSE

請見 **.IF**。

ELSE

在一個條件區塊中標記一個替代區塊的起始點。請見 **IF**。

ELSEIF

組合 **ELSE** 及 **IF** 成為一個敘述句。請見 **IF**。

ELSEIF2

若 **OPTION:SETIF2** 為 **TRUE** 時，則此區塊會在每個組譯階段被視為 **ELSEIF** 區塊。

END [[*address*]]

標記一個模組的結束，選擇性地設定程式進入點為 address。

.ENDIF

請見 **.IF**。

ENDIF

請見 **IF**。

ENDM

　　終止一個巨集或重複區塊。請見 **MACRO**、**FOR**、**FORC**、**REPEAT** 或 **WHILE**。

name **ENDP**

　　標記在稍早以 **PROC** 開始之名為 name 的程序的結束點，請見 **PROC**。

name **ENDS**

　　標記在稍早以 **SEGMENT**、**STRUCT**、**UNION** 或簡化區段指引開始，名為 name 的區段、結構、或聯集的結束點。

.ENDW

　　請見 **.WHILE**。

name **EQU** *expression*

　　將 expression 中的數值指定為 name。name 在稍後不能被重新定義。

name **EQU** *<text>*

　　將特定的 text 指定為 name。name 在稍後可以被指定為不同的 text。請見 TEXTEQU。

.ERR [[*message* **]]**

　　產生一個錯誤。

.ERR2 [[*message* **]]**

　　若 **OPTION:SETIF2** 為 **TRUE** 時，則此區塊會在每個組譯階段被視為 .ERR 區塊。

ERRB *<textitem>* **[[,** *message* **]]**

　　若 textitem 為空白，則產生一個錯誤。

.ERRDEF *name* **[[,** *message* **]]**

　　若 name 是一個已被定義的標籤、變數、或符號，則產生一個錯誤。

.ERRDIF [[I]] *<textitem1>*, *<textitem2>* **[[,** *message* **]]**

　　若文字項目不同則產生一個錯誤，若使用 **I**，比對作業會區分大小寫。

.ERRE *expression* **[[,** *message* **]]**

　　若 expression 為 false (0) 則產生一個錯誤。

.ERRIDN[[I]] *<textitem1>*, *<textitem2>* **[[,** *message* **]]**

　　若文字項目完全相同，則產生一個錯誤。若使用 **I**，比對作業會區分大小寫。

.ERRNB *<textitem>* **[[,** *message* **]]**

　　若 textitem 為非空白，則產生一個錯誤。

.ERRNDEF *name* **[[,** *message* **]]**

　　若 name 尚未被定義，則產生一個錯誤。

.ERRNZ *expression* **[[,** *message* **]]**

　　若 expression 為 true (非零值)，則產生一個錯誤。

EVEN

　　將下一個變數或指令對齊偶數位元組。

.EXIT [[*expression* **]]**

　　產生終止程式碼。將選擇性的 expression 回傳至作業系統界面。

EXITM [[*textitem* **]]**

終止目前的重複或巨集區塊延伸，並開始組譯此區塊後的下一個敘述。在一個巨集功能中，textitem 為其回傳值。

EXTERN [[*langtype* **]]** *name* **[[(***altid***)]]** *:type* **[[, [[** *langtype* **]]** *name* **[[(***altid***)]]** *:type* **]]. . .**

定義一或多個名為 name 的外部變數、標籤、或符號，其型態為 type。type 可以是 ABS，它會將 name 匯入成為一個常數。與 **EXTRN** 相同。

EXTERNDEF [[*langtype* **]]** *name:type* **[[, [[** *langtype* **]]** *name:type* **]]. . .**

定義一或多個名為 name 的外部變數、標籤、或符號，其型態為 type。若 name 在模組中已被定義，則它會被視為 **PUBLIC**。若 name 在模組中已被參考，則它會被視為 **EXTERN**。若 name 在模組中未被參考，則它會被忽略。type 可以是 **ABS**，它會將 name 匯入成為一個常數。一般而言，會使用在含括檔中。

EXTRN

請見 **EXTERN**。

.FARDATA [[*name* **]]**

與 .**MODEL** 一起使用時，可為已初始化的資料開啓一個 FAR 資料區段（區段名稱為 FAR_DATA 或 name）。

.FARDATA? [[*name* **]]**

與 .**MODEL** 一起使用時，可為未初始化的資料開啓一個 FAR 資料區段（區段名稱為 FAR_DATA 或 name）。

FOR parameter [[:REQ | :=default]] , <argument [[, argument]].. . >

　statements

　ENDM

標記一個區塊，該區塊會使每個 argument 重複一次，並在每一次重複中以 argument 取代 parameter。與 **IRP** 相同。

FORC

　parameter, *<string> statements*

　ENDM

標記一個區塊，該區塊會為 string 中的每個字元重複一次，並在每次重複中將目前的字元取代為 parameter。與 **IRPC** 相同。

[[*name* **]] FWORD** *initializer* **[[,** *initializer* **]]. . .**

為每一個 initializer 配置並選擇性地初始化 6 個位元組的儲存空間。在任何一個型態為是合法類型時的位置，它也可以當成型態指定符來使用。

GOTO *macrolabel*

將組合語言轉移到標記為 :macrolabel 所在之列，**GOTO** 只在 **MACRO**、**FOR**、**FORC**、**REPEAT** 及 **WHILE** 區塊內部允許使用。該標籤必須是該列唯一的指引，並以冒號開頭。

name **GROUP** *segment* **[[,** *segment* **]]. . .**

將特定的 segments 加入名為 name 的群組中。這個指引在 32 位元平滑模式程式下沒有作用，並會在使用命令列選項 /coff 時導致錯誤。

.IF *condition1*
　　statements
　　[[.ELSEIF *condition2*
　　statements]]
　　[[.ELSE
　　statements]]
　　.ENDIF

　　　　產生程式碼並測試 condition1（如 AX > 7），若條件爲眞則執行 statements。如果接著 **.ELSE**，則其後敘述會在原條件爲僞時執行。請注意條件是在執行時期計算的。

IF *expression1*
　　ifstatements
　　[[ELSEIF *expression2*
　　elseifstatements]]
　　[[ELSE
　　elsestatements]]
　　ENDIF

　　　　若 expression1 爲眞（非零值），則使用 ifstatements 的組合語言碼；若 expression1 爲僞且 expression2 爲眞則使用 elseifstatements。下列指引可以代替 **ELSEIF**：**ELSEIFB**、**ELSEIFDEF**、**ELSEIFDIF**、**ELSEIFDIFI**、**ELSEIFE**、**ELSEIFIDN**、**ELSEIFIDNI**、**ELSEIFNB** 及 **ELSEIFNDEF**。也可選擇性地加入若前一個運算式爲僞則組譯 elsestatements，請注意運算式是在組譯時計算。

IF2 *expression*

　　　　會在每個組譯階段被計算，若 **OPTION:SETIF2** 爲 **TRUE**，則視同 IF 區塊。完整語法請見 **IF**。

IFB *textitem*

　　　　若 textitem 爲空白則組譯。完整語法請見 **IF**。

IFDEF *name*

　　　　若 name 爲已定義之標籤、變數、或符號則組譯。完整語法請見 **IF**。

IFDIF [[I]] *textitem1, textitem2*

　　　　若文字項目不同則組譯。若使用 I，比對作業會區分大小寫。完整語法請見 **IF**。

IFE *expression*

　　　　若 expression 爲 false (0) 則予以組譯。完整語法請見 **IF**。

IFIDN [[I]] *textitem1, textitem2*

　　　　若文字項目完全相同則組譯。若使用 **I**，比對作業會區分大小寫。完整語法請見 **IF**。

IFNB *textitem*

　　　　若 textitem 不爲空白則組譯。完整語法請見 **IF**。

IFNDEF *name*

　　　　若 name 未被定義則組譯。完整語法請見 **IF**。

INCLUDE *filename*

　　　　在組譯時將名爲 filename 的指定原始碼檔之內容，插入目前的原始碼檔。若 filename 包含反斜線、分號、大於符號、小於符號、單引號、或雙引號等,則必須置於成對方括號內。

INCLUDELIB *libraryname*

通告連結器目前的模組應該與 libraryname 連結。若 libraryname 包含反斜線、分號、大於符號、小於符號、單引號、或雙引號等,則必須置於成對方括號內。

name INSTR [[*position,* **]]** *textitem1,* *textitem2*

在 textitem1 中,尋找 textitem2 第一次出現的位置。開始位置 position 是選擇性的。每個文字項目可以是文字字串、以 % 開頭的常數、或由巨集函數回傳的字串。

INVOKE *expression* **[[** *, arguments* **]]**

依照 expression 指定之位址,呼叫程序,並將在堆疊或暫存器之中的引數,依照該語言型態的標準呼叫約定方式執行傳遞。每個傳遞至程序的引數可以是一個運算式、暫存器、或一個記憶體位址運算式 (以 **ADDR** 開頭的運算式)。

IRP

請見 **FOR**。

IRPC

請見 **FORC**。

name **LABEL type**

建立一個新的標籤,並將目前的位置記數值及 type 指定給 name。

name **LABEL [[NEAR | FAR | PROC]] PTR [[** *type* **]]**

建立一個新的標籤,並將目前的位置記數值及 type 指定給 name。

.K3D

啓用 **K3D** 指令的組譯。

.LALL

請見 **.LISTMACROALL**。

.LFCOND

請見 **.LISTIF**。

.LIST

開始列出敘述,這是預設值。

.LISTALL

開始列出所有敘述,等於 **.LIST**、**.LISTIF**、**.LISTMACROALL** 的組合。

.LISTIF

開始列出在假狀態區塊 (false condition blocks) 的敘述。與 **.LFCOND** 相同。

.LISTMACRO

開始列出產生程式碼或資料的巨集展開敘述。這是預設值。與 **.XALL** 相同。

.LISTMACROALL

列出所有巨集中的敘述。與 **.LALL** 相同。

LOCAL *localname* **[[** *, localname* **]]. . .**

在一個巨集中,**LOCAL** 將標籤定義爲每個巨集實體中的唯一名稱。

LOCAL label ‖ [count] ‖ ‖:type‖‖, label ‖ [count] ‖ ‖ type‖‖. . .

在一個程序定義 (PROC) 中，LOCAL 會建立堆疊變數，使其存在於該程序的週期。label 可以是一個簡單的變數，或包含 count 個元素的陣列。

name **MACRO [[*parameter* [[:REQ | :=*default* | :VARARG]]]].. .**

statements

ENDM [[*value*]]

標記一個稱爲 name 的巨集區塊，並建立 parameter 暫存區，以傳遞巨集被呼叫時的引數。巨集函數會回傳 value 給呼叫者函數。

.MMX

啓用 MMX 指令的組譯。

.MODEL *memorymodel* [[, *langtype*]] [[, *stackoption*]]

初始化程式的記憶體模型。memorymodel 可以是 **TINY**、**SMALL**、**COMPACT**、**MEDIUM**、**LARGE**、**HUGE** 或 **FLAT**。langtype 可 以 是 **C**、**BASIC**、**FORTRAN**、**PASCAL**、**SYSCALL** 或 **STDCALL**。stackoption 可以是 **NEARSTACK** 或 **FARSTACK**。

NAME *modulename*

忽略。

.NO87

不允許組譯任何浮點數指令。

.NOCREF [[*name*[[, *name*]].

抑制在符號表或瀏覽檔案中符號的列出。如果有指定 name，只有被指定名稱的符號會被隱藏。與 **.XCREF** 相同。

NOLIST

抑制程式的列出。與 **.XLIST** 相同。

NOLISTIF

若條件式爲 false (0)，抑制條件區塊的列出。這是預設值。與 **.SFCOND** 相同。

.NOLISTMACRO

抑制巨集展開的列出。與 **.SALL** 相同。

OPTION *optionlist*

啓用或停用組譯器的特徵。可用的選項包括 **CASEMAP, DOTNAME, NODOTNAME, EMULATOR**、**NOEMULATOR**、**EPILOGUE**、**EXPR16**、**EXPR32**、**LANGUAGE**、**LJMP**、**NOLJMP**、**M510**、**NOM510**、**NOKEYWORD**、**NOSIGNEXTEND**、**OFFSET**、**OLDMACROS**、**NOOLDMACROS**、**OLDSTRUCTS**、**NOOLDSTRUCTS**、**PROC**、**PROLOGUE**、**READONLY**、**NOREADONLY**、**SCOPED**、**NOSCOPED**、**SEGMENT** 及 **SETIF2**。

ORG *expression*

將位置計數器設爲 expression。

%OUT

請見 **ECHO**。

[[*name*]] OWORD *initializer* [[, *initializer*]]. . .

為每一個 initializer 配置並選擇性地初始化一個 octalword (16 位元組)。在任何一個型態為是合法類型時的位置，它也可以當成型態指定符來使用。這個資料型態主要用於串流 SIMD 指令，它會保存一個 4 個 4 位元組實數的陣列。

PAGE [[[[*length*]], *width*]]

設定程式列出行的 length 及字元 width。若沒有指定引數，則產生一個斷頁。

PAGE+

增加節 (section) 數，並將頁數重設為 1。

POPCONTEXT *context*

回復部分或全部的目前 context (由 **PUSHCONTEXT** 指引儲存)。context 可以是 **ASSUMES**、**RADIX**、**LISTING**、**CPU** 或 **ALL**。

label PROC [[*distance*]] [[*langtype*]] [[*visibility*]] [[<*prologuearg*>]]
[[USES *reglist*]] [[, *parameter* [[:*tag*]]]]. . .
　　statements

　　label **ENDP**

標記一個名為 label 的程序區塊之開始及結束。區塊中的敘述可以用 **CALL** 指令或 **INVOKE** 指引所呼叫。

label PROTO [[*distance*]] [[*langtype*]] [[, [[*parameter*]]:*tag*]]. . .

為一個函數設置原型。

PUBLIC [[*langtype*]] *name* [[, [[*langtype*]] *name*]]. . .

將每個由 name 指定的變數、標籤、或抽像符號，標記為在本程式中的其他模組可以使用的狀態。

PURGE *macroname* [[, *macroname*]]. . .

將指定的巨集從記憶體中刪除。

PUSHCONTEXT *context*

將部分或全部的目前 context 儲存起來：區段暫存器假定值 (segment register assumes)、基數、列表及 cref 旗標值，或是微處理器／協同處理器值。context 可以是 **ASSUMES**、**RADIX**、**LISTING**、**CPU** 或 **ALL**。

[[*name*]] QWORD *initializer* [[, *initializer*]]. . .

為每一個 initializer 配置並選擇性地初始化 8 個位元組的儲存空間。在任何一個型態為是合法類型時的位置，它也可以當成型態指定符來使用。

.RADIX *expression*

設定預設的基數為 expression，範圍為 2 到 16。

name REAL4 *initializer* [[, *initializer*]]. . .

為每個 initializer 配置並選擇性地初始化一個單精度 (4 位元組) 浮點數。

name REAL8 *initializer* [[, *initializer*]]. . .

為每個 initializer 配置並選擇性地初始化一個雙精度 (8 位元組) 浮點數。

name **REAL10** *initializer* **[[,** *initializer* **]]. . .**

為每個 initializer 配置並選擇性地初始化一個 10 位元組的浮點數。

recordname **RECORD** *fieldname:width* **[[=** *expression* **]]**

    [[, *fieldname:width* **[[=** *expression* **]]]]. .**

宣告一個包含指定欄位的記錄型態。fieldname 為欄位名稱，width 指定位元組數，expression 指定其初始值。

.REPEAT

    statements

    .UNTIL *condition*

重複產生 statements 程式碼，直到 condition 為真。**.UNTILCXZ** 會在 CX 為零時變成真值，也可以用 **.UNTIL** 替代。**.UNTILCXZ** 的 condition 是選擇性的。

REPEAT *expression*

    statements

    ENDM

標記一個區塊並將其重複 expression 次。與 **REPT** 相同。

REPT

請見 **REPEAT**。

.SALL

請見 **.NOLISTMACRO**。

name **SBYTE** *initializer* **[[,** *initializer* **]]. . .**

為每一個 initializer 配置並選擇性地初始化一個有號位元組。在任何一個型態為是合法類型時的位置，它也可以當成型態指定符來使用。

name **SDWORD** *initializer* **[[,** *initializer* **]]. . .**

為每一個 initializer 配置並選擇性地初始化一個有號雙字組 (4 個位元組)。在任何一個型態為是合法類型時的位置，它也可以當成型態指定符來使用。

name **SEGMENT [[READONLY]] [[** *align* **]] [[** *combine* **]] [[** *use* **]] [['***class***']]**

    statements

    name **ENDS**

定義一個名為 name 的區段，其擁有屬性 align (**BYTE**、**WORD**、**DWORD**、**PARA**、**PAGE**)、combine (**PUBLIC**、**STACK**、**COMMON**、**MEMORY**、**AT** address、**PRIVATE**)、use (**USE16**、**USE32**、**FLAT**)，以及 class。

.SEQ

將區段依預設順序排序。

.SFCOND

請見 **.NOLISTIF**。

name **SIZESTR** *textitem*

取得文字項目的長度。

.STACK [[*size*]]

　　與 **.MODEL** 同時使用時，定義一個堆疊節區 (名稱為 STACK)。選擇性的 size 指定堆疊的位元組數 (預設值為 1,024)。**.STACK** 指引會自動關閉堆疊敘述。

.STARTUP

　　產生程式起始碼。

STRUC

　　請見 **STRUCT**。

name **STRUCT [[*alignment*]] [[, NONUNIQUE]]**

　　fielddeclarations

　　name **ENDS**

　　　　宣告一個結構型態，其擁有指定的 fielddeclarations。每個欄位必須是一個有效的資料定義。與 **STRUC** 相同。

name **SUBSTR *textitem, position* [[, *length*]]**

　　從 position 開始，回傳 textitem 中的子字串。textitem 可以是一個文字字串、以 % 開頭的常數、或由巨集函數回傳的字串。

SUBTITLE *text*

　　定義列表的副標題。與 **SUBTTL** 相同。

SUBTTL

　　請見 **SUBTITLE**。

name **SWORD *initializer* [[, *initializer*]]. . .**

　　為每一個 initializer 配置並選擇性地初始化一個有號字組 (2 個位元組)。在任何一個型態為是合法類型時的位置，它也可以當成型態指定符來使用。

[[*name*]] TBYTE *initializer* [[, *initializer*]]. . .

　　為每一個 initializer 配置並選擇性地初始化 10 個位元組的儲存空間。在任何一個型態為是合法類型時的位置，它也可以當成型態指定符來使用。

name **TEXTEQU [[*textitem*]]**

　　將 name 指定為 textitem。textitem 可以是一個文字字串、以 % 開頭的常數、或由巨集函數回傳的字串。

.TFCOND

　　切換假條件區塊的列表。

TITLE text

　　定義程式列表的標題。

name **TYPEDEF *type***

　　定義一個名為 name 的新型態，與 type 相同。

name **UNION [[*alignment*]] [[, NONUNIQUE]]**

　　fielddeclarations

　　[[*name*]] ENDS

　　　　宣告一種或多種資料型態的聯集，fielddeclarations 必須是有效的資料定義。在巢狀

UNION 定義中可以省略 ENDS name 標籤。

.UNTIL

請見 **.REPEAT**。

.UNTILCXZ

請見 **.REPEAT**。

.WHILE condition

statements

.ENDW

產生程式碼，當 condition 為真時執行 statements 區塊。

WHILE *expression*

statements

ENDM

只要 expression 之值保持為真，就重複組譯 statements 區段。

[[*name*]] WORD *initializer* **[[,** *initializer* **]]. . .**

為每一個 initializer 配置並選擇性地初始化有號字組 (2 個位元組)。在任何一個型態為是合法類型時的位置，它也可以當成型態指定符來使用。

.XALL

請見 **.LISTMACRO**。

.XCREF

請見 **.NOCREF**。

.XLIST

請見 **.NOLIST**。

.XMM

啟用組譯網際網路串流 SIMD 延伸指令。

A.6 預先定義的符號

$

目前位置計數器的值。

?

在資料宣告中，一個由組譯器配置但不初始化的值。

@@:

定義一個標籤，使其只在 label1 及 label2 中被承認，label1 是程式碼的開始或上一個 @@: 標籤，label2 是程式碼的結束或下一個 @@: 標籤。請見 **@B** 及 **@F**。

@B

上一個 @@: 標籤的位置。

@CatStr (*string1* [[, *string2. . .*]] **)**

將一個或多個字串連結的巨集函數，回傳一個字串。

@code

程式碼區段的名稱（文字巨集）。

@CodeSize

在 **TINY**、**SMALL**、**COMPACT**、**FLAT** 模 型 下 爲 0， 在 **MEDIUM**、**LARGE**、**HUGE** 模型下爲 1（視爲數字）。

@Cpu

說明處理器模式的位元遮罩（視爲數字）。

@CurSeg

目前區段的名稱（文字巨集）。

@data

預設資料群組的名稱。在除了 **FLAT** 外的所有模式是 **DGROUP**。在 **FLAT** 記憶體模式（文字巨集）下是 **FLAT**。

@DataSize

在 **TINY**、**SMALL**、**MEDIUM**、**FLAT** 模式下爲 0，在 **COMPACT**、**LARGE** 模式下爲 1，在 **HUGE** 模式下視爲 2（數字）。

@Date

格式爲 mm/dd/yy（文字巨集）的系統日期。

@Environ(envvar)

環境變數的值（功能函數）。

@F

下一個 @@: 標籤的位置。

@fardata

.FARDATA 指引所定義的區段位置（文字巨集）。

@fardata?

.FARDATA? 指引所定義的區段位置（文字巨集）。

@FileCur

目前檔案的名稱（文字巨集）。

@FileName

被組譯的主要檔案之基本名稱（文字巨集）。

@InStr(‖ *position* ‖, *string1*, *string2*)

由 string1 中的 position 處開始，在 string1 中找出 string2 第一次出現處的巨集函數。若沒有指定 position，會從 string1 的起始處開始搜尋。回傳代表位置的整數，若沒有找到 string2 則回傳 0。

@Interface

關於語言參數的資訊（視爲數字）。

@Line

目前檔案的列數（視爲數字）。

@Model

> **TINY** 模式下為 1，**SMALL** 模式下為 2，**COMPACT** 模式下為 3，**MEDIUM** 模式下為 4，**LARGE** 模式下為 5，**HUGE** 模式下為 6，**FLAT** 模式下為 7 (視為數字)。

@SizeStr (string)

> 回傳指定字串長度的巨集函數，回傳值為整數。

@stack

> 近堆疊為 DGROUP，遠堆疊為 STACK (文字巨集)。

@SubStr(string, position ‖, length ‖)

> 從 position 開始回傳一個子字串的巨集函數。

@Time

> 格式為 24 小時制 hh:mm:ss 的系統時間 (文字巨集)。

@Version

> 在 MASM 6.1 為 610 (文字巨集)。

@WordSize

> 在 16 位元區段下為 2，或在 32 位元區段下為 4 (視為數字)。

A.7　運算子

expression1 ＋ expression2

> 回傳 expression1 加 expression2。

expression1 － expression2

> 回傳 expression1 減 expression2。

*expression1 * expression2*

> 回傳 expression1 乘以 expression2。

expression1 / expression2

> 回傳 expression1 除以 expression2。

－expression

> 顛倒 expression 的正負號。

expression1 [expression2]

> 回傳 expression1 加 [expression2]。

segment: expression

> 以 segment 取代 expression 的預設區段。segment 可以是一個區段暫存器、群組名稱、區段名稱、或區段運算式。expression 必須為一常數。

expression. field ‖. field ‖...

> 回傳 expression 加上其結構或聯集內部 field 的位移值。

[register]. field ‖. field ‖...

> 回傳指向 register 加上其結構或聯集內部 field 的位移值。

<*text*>

　　將 text 視爲單一文字元素。

"*text*"

　　將 text 視爲一個字串

'*text*'

　　將 text 視爲一個字串

!*character*｜

　　將 character 視爲一個文字字元，而非運算元或符號。

;*text*

　　將 text 視爲註解。

;;*text*

　　將 text 視爲註解，但只會出現在巨集定義中。在巨集展開處，不會顯示 text。

%*expression*

　　將巨集引數中的 expression 視爲文字。

&*parameter*&

　　將 parameter 替換爲對應的引數值。

ABS

　　請見 EXTERNDEF 指引。

ADDR

　　請見 INVOKE 指引。

expression1* AND *expression2

　　回傳 expression1 及 expression2 執行位元 AND 運算後的結果。

***count* DUP (*initialvalue* ⟦, *initialvalue* ⟧.**

　　指定 count 個 initialvalue 的宣告。

expression1* EQ *expression2

　　當 expression1 等於 expression2 時回傳眞 (−1)，反之回傳僞 (0)。

expression1* GE *expression2

　　當 expression1 大於或等於 expression2 時回傳眞 (−1)，反之回傳僞 (0)。

expression1* GT *expression2

　　當 expression1 大於 expression2 時回傳眞 (−1)，反之回傳僞 (0)。

HIGH *expression*

　　回傳 expression 的高位元。

HIGHWORD *expression*

　　回傳 expression 的高 word。

expression1* LE *expression2

　　當 expression1 小於或等於 expression2 時回傳眞 (−1)，反之回傳僞 (0)。

LENGTH *variable*

　　回傳 variable 第一次初始化的資料項目數量。

LENGTHOF *variable*

　　回傳 variable 中的資料物件數量。

LOW *expression*

　　回傳 expression 中的低位元。

LOWWORD *expression*

　　回傳 expression 中的低 word。

LROFFSET *expression*

　　回傳 expression 的位移值，與 OFFSET 相同，但它會產生一個載入器決定的位移值，允許 Windows 重新定位程式碼區段。

expression1 **LT** *expression2*

　　當 expression1 小於 expression2 時回傳眞 (–1)，反之回傳僞 (0)。

MASK { *recordfieldname* | *record* }

　　回傳位元遮罩，表示 recordfieldname 或 record 已被設定，且所有其他位元被清除。

expression1 **MOD** *expression2*

　　回傳將 expression1 除以 expression2 的餘數整數值 (模數)。

expression1 **NE** *expression2*

　　當 expression1 不等於 expression2 時回傳眞 (–1)，反之回傳僞 (0)。

NOT *expression*

　　將 expression 所有位元顛倒並回傳

OFFSET *expression*

　　回傳 expression 的位移值。

OPATTR *expression*

　　回傳一個 word 定義 expression 的模式及範圍。低位元組與 .TYPE 回傳的相同。高位元組包含了額外的資訊。

expression1 **OR** *expression2*

　　回傳 expression1 及 expression2 的位元 OR 運算結果。

type **PTR** *expression*

　　強迫 expression 被視爲指定 type 型態。

⟦ *distance* ⟧ **PTR** *type*

　　將一個指標指定爲 type。

SEG *expression*

　　回傳 expression 的區段。

expression **SHL** *count*

　　回傳將 expression 左移 count 位元的結果。

SHORT *label*

　　設定 label 的型態爲 short。所有跳越到 label 的動作必須爲 short。(從跳越指令到 label 間的範圍爲 –128 到 +128 之間)。

expression* SHR *count

　　回傳將 expression 右移 count 位元的結果。

SIZE *variable*

　　回傳 variable 第一次配置的位元組數量。

SIZEOF {*variable* | *type*}

　　回傳 variable 或 type 的位元組數量。

THIS *type*

　　回傳指定 type 的運算元，其位移及區段值等於目前位置計數器的值。

.TYPE *expression*

　　請見 **OPATTR**。

TYPE *expression*

　　回傳 expression 的型態。

WIDTH {*recordfieldname* | *record*}

　　回傳目前 recordfieldname 或 record 的寬度 (以位元計算)。

expression1* XOR *expression2

　　回傳 expression1 及 expression2 的位元 XOR 運算結果。

A.8　執行時期運算子

　　下列運算子只能使用在 .IF、.WHILE 或 .REPEAT 區塊之中，且會在執行時期被計算，而非組譯時期：

expression1* == *expression2

　　等於。

expression1* != *expression2

　　不等於。

expression1* > *expression2

　　大於。

expression1* >= *expression2

　　大於或等於。

expression1* < *expression2

　　小於。

expression1* <= *expression2

　　小於或等於。

expression1* || *expression2

　　邏輯的 OR。

expression1* && *expression2

　　邏輯的 AND。

expression1* & *expression2

　　位元的 AND。

!*expression*

　　邏輯的 NOT。

CARRY?

　　進位旗標的狀態。

OVERFLOW?

　　溢位旗標的狀態。

PARITY?

　　同位旗標的狀態。

SIGN?

　　符號旗標的狀態。

ZERO?

　　零值旗標的狀態。

B

x86指令集

B.1　導論

本篇附錄是最常用的 32 位元 x86 指令的快速指引。本附錄說明內容不含系統模式的指令，也不含通常只用在作業系統核心程式碼或保護模式裝置驅動程式的指令。

B.1.1　旗標（EFlags）

在每個指令的說明中，都包含了一連串方框，用於說明指令將如何影響 CPU 狀態旗標。其中每個旗標都會以單一字母加以標示：

O	溢位	S	符號	P	同位
D	方向	Z	零值	C	進位
I	中斷	A	輔助進位		

在各方框內，以下的標示法是要表示每個指令將如何影響旗標：

1	設定該旗標 (譯註：本書中大部分都被翻譯成使其處於「設定狀態」)
0	清除該旗標 (譯註：本書中也常被翻譯成使其處於「清除狀態」)
?	可能將旗標值改為不確定之值
(空白)	旗標值未改變
*	根據和旗標相關的特定規則，來改變旗標值

如下圖表示 CPU 旗標是由其中一個指令說明內取出：

O	D	I	S	Z	A	P	C
?			?	?	*	?	*

由此圖可了解溢位、符號、零值以及同位旗標將改變成未知的值，而輔助進位和進位旗標之值，則將根據和其本身相關的規則進行更改，此外方向和中斷旗標值將不會改變。

B.1.2　指令的說明與格式

在需要提及來源和目的運算元時，本附錄使用的是在所有 x86 指令中的常用運算元順序，第一個運算元是目的運算元，而第二個則是來源運算元。例如在 MOV 指令中，目的運算元將被指定為來源運算元中資料的複製本：

MOV *destination, source*

一個指令可能有多個可用格式，表 B-1 列出可能使用在指令格式的多個符號及其意義，在個別指令的說明中，我們使用標記法 "x86" 來指出該指令及其變形，只可使用在 32 位元 x86 族系的處理器（包含 Intel386 及之後的處理器）。同樣地，標記法 "(80286)" 則表示至少必須使用 80286 處理器。

像 (E)CX、(E)SI、(E)DI、(E)SP、(E)BP 及 (E)IP 等暫存器標記法，可以區別 x86 處理器和早期處理器的差異。x86 處理器使用的是 32 位元暫存器，而較早期的處理器則使用 16 位元暫存器。

表B-1　本附錄的指令格式中所使用的符號。

符號	說明
reg	代表下列的8、16或32位元通用暫存器的其中一個：AH、AL、BH、BL、CH、DH、CL、AX、BX、CX、DX、SI、DI、BP、SP、EAX、EBX、ECX、EDX、ESI、EDI、EBP及ESP。
reg8, reg16, reg32	一個通用暫存器，其中的數值用於標示位元數。
segreg	一個16位元的區段暫存器 (CS、DS、ES、SS、FS、GS)。
accum	AL、AX或EAX。
mem	使用任何標準的記憶體定址模式的一個記憶體運算元。
mem8, mem16, mem32	一個記憶體運算元，數值用於標示其位元數。
shortlabel	在現行位置的-128到+127個位元組範圍內的程式碼區段。
nearlabel	目前程式碼區段內的一個位置，該位置是運用一個標籤來識別。
farlabel	某外部程式碼區段內的一個位置，該位置是運用一個標籤來識別。
imm	立即運算元。
imm8, imm16, imm32	一個立即運算元，數值用於標示其位元數。
instruction	80x86組合語言指令。

B.2　指令集的細部說明（非浮點數）

AAA	**ASCII Adjust After Addition（在加法運算之後的 ASCII 調整）**
	O D I S Z A P C
	? _ _ ? ? * ? *
	在兩個 ASCII 數字相加之後，用於調整 AL 中的結果。如果 AL > 9，結果中的高位元數字將存放於 AH 中，而進位旗標和輔助進位旗標將會處於設定狀態。 指令格式： 　　AAA

AAD	**ASCII Adjust Before Division（在除法運算之前的 ASCII 調整）**
	O D I S Z A P C
	? _ _ * * ? * ?
	將 AH 和 AL 中的未壓縮 BCD 數字，轉換為單一的二進位值，以便供 DIV 指令進行運算。 指令格式： 　　AAD

AAM	**ASCII Adjust After Multiply（在乘法運算之後的 ASCII 調整）**
	O D I S Z A P C
	? _ _ * * ? * ?
	在兩個未壓縮 BCD 數字相乘之後，用於調整 AX 中的結果。 指令格式： 　　AAM

AAS	**ASCII Adjust After Subtraction（在減法運算之後的 ASCII 調整）**
	O D I S Z A P C
	? _ _ ? ? * ? *
	在減法運算之後，調整 AX 中的結果。如果 AL > 9，AAS 將 AH 之值減一，並使進位和輔助進位旗標處於設定狀態。 指令格式： 　　AAS

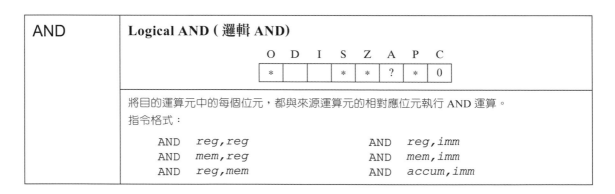

ADC	**Add Carry (加上進位旗標)**

	O	D	I	S	Z	A	P	C
	*			*	*	*	*	*

將來源運算元和進位旗標，一起與目的運算元相加，再存到目的運算元內，運算元的空間大小必須相同。

指令格式：

```
ADC   reg,reg              ADC   reg,imm
ADC   mem,reg              ADC   mem,imm
ADC   reg,mem              ADC   accum,imm
```

ADD	**Add (相加)**

	O	D	I	S	Z	A	P	C
	*			*	*	*	*	*

將來源運算元和目的運算元相加，再將結果存到目的運算元內，運算元的空間大小必須相同。

指令格式：

```
ADD   reg,reg              ADD   reg,imm
ADD   mem,reg              ADD   mem,imm
ADD   reg,mem              ADD   accum,imm
```

AND	**Logical AND (邏輯 AND)**

	O	D	I	S	Z	A	P	C
	*			*	*	?	*	0

將目的運算元中的每個位元，都與來源運算元的相對應位元執行 AND 運算。

指令格式：

```
AND   reg,reg              AND   reg,imm
AND   mem,reg              AND   mem,imm
AND   reg,mem              AND   accum,imm
```

BOUND	**Check Array Bounds (對於陣列界限的檢查) (80286)**

	O	D	I	S	Z	A	P	C

檢查一個有號索引值是否在陣列的界限內，在 80286 處理器上，目的運算元可以是任何包含待檢索引的 16 位元暫存器。而來源運算元則必須是一個 32 位元的記憶體運算元，這個運算元內的高、低字組分別包含了索引值的上界和下界。至於在 x86 處理器上，目的運算元可以是 32 位元暫存器，來源運算元則可以是 64 位元的記憶體運算元。

指令格式：

```
BOUND   reg16,mem32            BOUND   r32,mem64
```

BSF, BSR	**Bit Scan (位元掃描) (x86)**

	O	D	I	S	Z	A	P	C
	?			?	?	?	?	?

在一個運算元中尋找第一個呈現設定狀態的位元。如果發現此類位元，則使零值旗標呈現清除狀態，並將目的運算元指定為該位元的位元編號 (索引)。如果沒有找到，則 ZF=1。BSF 是從第 0 位元掃描到最高位元，BSR 則從最高位元掃描到第 0 位元。

指令格式 (適用於 BSF 和 BSR)：

```
BSF   reg16,r/m16          BSF   reg32,r/m32
```

BSWAP	**Byte Swap (位元組交換) (x86)**

	O	D	I	S	Z	A	P	C

將一個 32 位元目的暫存器的位元組順序予以顛倒。

指令格式：

```
BSWAP  reg32
```

BT, BTC, BTR, BTS	**Bit Test (位元測試) (x86)**

	O	D	I	S	Z	A	P	C
	?			?	?	?	?	*

複製一個指定的位元 (n) 到進位旗標中。目的運算元包含該指定位元所在的值，而來源運算元則指出該位元在目的運算元中的位置。BT 指令功能是將第 n 位元複製到進位旗標，BTC 則將第 n 位元複製到進位旗標，並將目的運算元中的第 n 位元執行補數運算，BTR 會將第 n 位元複製到進位旗標，並清除目的運算元中的第 n 位元，BTS 用於將第 n 位元複製到進位旗標中，並使目的運算元中的第 n 位元處於設定狀態。

指令格式：

```
BT   r/m16,imm8            BT   r/m16,r16
BT   r/m32,imm8            BT   r/m32,r32
```

CALL	**Call a Procedure (呼叫一個程序)**

	O	D	I	S	Z	A	P	C

將下一個指令的位置壓入堆疊，並轉往目的運算元的位置繼續執行。如果這個程序屬於近程 (位於相同的區段)，則只將下一個指令的位移值壓入堆疊，否則區段和位移值都必須壓入堆疊。

指令格式：

```
CALL   nearlabel           CALL   mem16
CALL   farlabel            CALL   mem32
CALL   reg
```

CBW	**Convert Byte to Word（將位元組轉換爲字組）**								
		O	D	I	S	Z	A	P	C
	將 AL 暫存器中的符號位元，複製到 AH 暫存器的每個位元。									
	指令格式：									
	CBW									

CDQ	**Convert Doubleword to Quadword（將雙字組轉換爲四字組）(x86)**								
		O	D	I	S	Z	A	P	C
	將 EAX 中的符號位元，複製到 EDX 暫存器的每個位元。									
	指令格式：									
	CDQ									

CLC	**Clear Carry Flag（清除進位旗標）**								
		O	D	I	S	Z	A	P	C
									0
	將進位旗標清除爲零。									
	指令格式：									
	CLC									

CLD	**Clear Direction Flag（清除方向旗標）**								
		O	D	I	S	Z	A	P	C
			0						
	將方向旗標清除爲零。字串基本指令將自動地遞增 (E)SI 和 (E)DI。									
	指令格式：									
	CLD									

CLI	**Clear Interrupt Flag（清除中斷旗標）**								
		O	D	I	S	Z	A	P	C
				0					
	將中斷旗標清除爲零，這個動作會使得可遮罩式 (maskable) 硬體中斷無法執行，直到執行 STI 指令爲止。									
	指令格式：									
	CLI									

CMC	**Complement Carry Flag（對進位旗標執行補數運算）**
	O D I S Z A P C
	*（C欄標示 *）*
	將目前的進位旗標值，轉換成相反的狀態。 指令格式： 　　CMC

CMP	**Compare（比較）**
	O D I S Z A P C
	*（O、S、Z、A、P、C 欄標示 *）*
	藉由隱含地將目的運算元減去來源運算元，比較目的運算元和來源運算元。 指令格式： 　　CMP　*reg,reg*　　　　　　CMP　*reg,imm* 　　CMP　*mem,reg*　　　　　　CMP　*mem,imm* 　　CMP　*reg,mem*　　　　　　CMP　*accum,imm*

CMPS, CMPSB, CMPSW, CMPSD	**Compare String（比較字串）**
	O D I S Z A P C
	*（O、S、Z、A、P、C 欄標示 *）*
	比較在記憶體中由 DS：(E)SI 和 ES：(E)DI 所定址的字串。在此過程中，會隱含地在來源運算元減去目的運算元。CMPSB 用來比較位元組；CMPSW 用來比較字組；而 CMPSD 用來比較雙字組（在 x86 處理器時）。此外，(E)SI 和 (E)DI 的值會根據運算元的空間大小和方向旗標的狀態而增減。如果方向旗標呈現設定狀態，(E)SI 和 (E)DI 將會減少，否則 (E)SI 和 (E)DI 將會增加。 指令格式（使用完整運算元的格式已予以省略）： 　　CMPSB　　　　　　　　　　　　CMPSW 　　CMPSD

CMPXCHG	**Compare and Exchange（比較和交換）**
	O D I S Z A P C
	*（O、S、Z、A、P、C 欄標示 *）*
	將目的運算元和累加器 (AL、AX 或 EAX) 進行比較。如果相等，就將來源運算元複製到目的運算元。否則便將目的運算元複製到累加器中。 指令格式： 　　CMPXCHG　*reg,reg*　　　　　　CMPXCHG　*mem,reg*

CWD	**Convert Word to Double (將字組轉換為雙字組)**							
		O	D	I	S	Z	A	P	C

將 AX 中的符號位元擴展到 DX 暫存器。
指令格式：
    CWD

DAA	**Decimal Adjust After Addition (在加法運算之後的十進制調整)**							
		O	D	I	S	Z	A	P	C
		?			*	*	*	*	*

在兩個壓縮 BCD 值相加以後，調整存放於 AL 中的二進制之和。並將總和轉換成兩個 BCD
數字，然後存放於 AL 中。
指令格式：
    DAA

DAS	**Decimal Adjust After Subtraction (在減法運算之後的十進制調整)**							
		O	D	I	S	Z	A	P	C
		?			*	*	*	*	*

將減法運算所產生的二進制結果，轉換成兩個壓縮的 BCD 數字，並存放於 AL 中。
指令格式：
    DAS

DEC	**Decrement (減一)**							
		O	D	I	S	Z	A	P	C
		*			*	*	*	*	

將運算元減去 1，而且不影響進位旗標。
指令格式：
    DEC   *reg*   DEC   *mem*

DIV	**Unsigned Integer Divide (無號整數的除法)**							
		O	D	I	S	Z	A	P	C
		?			?	?	?	?	?

執行 8、16 或 32 位元無號整數的除法，如果除數為 8 位元，則被除數為 AX，商數為 AL，
而餘數則為 AH。如果除數為 16 位元，則被除數為 DX：AX，商數為 AX，而餘數則為
DX。如果除數為 32 位元，則被除數為 EDX：EAX，商數為 EAX，而餘數則為 EDX。
指令格式：
    DIV   *reg*   DIV   *mem*

ENTER	**Make Stack Frame (建立堆疊框) (80286)**

	O	D	I	S	Z	A	P	C

為能接收堆疊參數並使用區域堆疊變數的程序，建立一個堆疊框。第一個運算元代表為區域堆疊變數所保留的位元組數量，而第二個運算元代表程序的巢狀層數（對於 C、Basic 和 FORTRAN 必須設定為 0）。

指令格式：
```
ENTER   imm16,imm8
```

HLT	**Halt (中止)**

	O	D	I	S	Z	A	P	C

停止 CPU 的執行，直到有硬體中斷發生為止。(請注意：必須先使用 STI 指令設定中斷旗標，才可發生硬體中斷。)

指令格式：
```
HLT
```

IDIV	**Signed Integer Divide (有號整數的除法)**

	O	D	I	S	Z	A	P	C
	?			?	?	?	?	?

對 EDX：EAX、DX：AX 或 AX 等，執行有號整數的除法運算。如果除數為 8 位元，則被除數為 AX，商數為 AL，而餘數則為 AH。如果除數為 16 位元，則被除數為 DX：AX，商數為 AX，而餘數則為 DX。如果除數為 32 位元，則被除數為 EDX：EAX，商數為 EAX，而餘數則為 EDX。通常在執行 IDIV 運算前，會先使用 CBW 或 CWD 將被除數作符號的延伸。

指令格式：
```
IDIV   reg                      IDIV   mem
```

IMUL	**Signed Integer Multiply (有號整數的乘法)**

	O	D	I	S	Z	A	P	C
	*			?	?	?	?	*

對 AL、AX 或 EAX，執行有號整數的乘法運算。如果乘數為 8 位元，則被乘數為 AL 而乘積則為 AX。如果乘數為 16 位元，則被乘數為 AX 而乘積則為 DX：AX。如果乘數為 32 位元，則被乘數為 EAX 而乘積則為 EDX：EAX。如果 16 位元的乘積延伸到 AH，或 32 位元的乘積延伸到 DX，又或者 64 位元的乘積延伸到 EDX 中，進位和溢位旗標將處於設定狀態。

指令格式：
單運算元：
```
IMUL   r/m8                     IMUL   r/m16
IMUL   r/m32
```
兩個運算元：
```
IMUL   r16,r/m16                IMUL   r16,imm8
IMUL   r32,r/m32                IMUL   r32,imm8
IMUL   r16,imm16                IMUL   r32,imm32
```
三個運算元：
```
IMUL   r16,r/m16,imm8    IMUL   r16,r/m16,imm16
IMUL   r32,r/m32,imm8    IMUL   r32,r/m32,imm32
```

IN	**Input from Port（由埠輸入資料）**

O	D	I	S	Z	A	P	C

從埠輸入一個位元組或字組到 AL 或 AX。來源運算元代表埠的位址，這個位址會表示成 DX 中的 8 位元常數或 16 位元位址。此外，在 x86 的處理器上，這個指令能夠從埠輸入一個雙字組到 EAX。

指令格式：

```
      IN    accum,imm                    IN    accum,DX
```

INC	**Increment（加 1）**

O	D	I	S	Z	A	P	C
*			*	*	*	*	

將暫存器或記憶體運算元之值加 1。

指令格式：

```
      INC    reg                    INC    mem
```

INS, INSB, INSW, INSD	**Input from Port to String（由埠輸入資料到字串）(80286)**

O	D	I	S	Z	A	P	C

從埠輸入一個由 ES：(E)DI 所指向的字串，埠的編號是以 DX 指定。對於由埠所接收的每個值，指令都會藉著與 LODSB 或類似的字串基本指令相同的方法，來調整 (E)DI。REP 前置指令可以和該指令搭配使用。

指令格式：

```
      INS  dest,DX                   REP  INSB  dest,DX
      REP  INSW  dest,DX             REP  INSD  dest,DX
```

INT	**Interrupt（中斷）**

O	D	I	S	Z	A	P	C
		0					

產生一個軟體中斷，然後此軟體中斷再呼叫一個作業系統副常式。這個指令會在分支到執行中斷常式之前，清除中斷旗標並將旗標值、CS 和 IP 推入堆疊中。

指令格式：

```
      INT    imm                             INT    3
```

INTO	**Interrupt on Overflow（根據溢位產生中斷）**
	O D I S Z A P C
				*	*				
	如果溢位旗標呈現設定狀態，則產生內部的 CPU INT 4 中斷。如果 INT 4 被呼叫，MS-DOS 將不做任何動作，但可以使用者所撰寫的常式來取代。 指令格式： 　　INTO

IRET	**Interrupt Return（中斷返回）**
	O D I S Z A P C
	* * * * * * * *
	由中斷處理常式返回，並由堆疊彈出 (E)IP、CS 和各旗標的值。 指令格式： 　　IRET

Jcondition	**Conditional Jump（條件式跳越）**
	O D I S Z A P C
	如果指定的旗標條件為真，則跳至某個標籤處。在 x86 之前的處理器，標籤的範圍必須在目前位置的 −128 到 + 127 個位元組之內，而在 x86 處理器上，標籤的位移則可以是正的或負的 32 位元值，表 B-2 列出條件式跳越指令的助憶符號。 指令格式： 　　*Jcondition　label*

表B-2　條件式跳越指令的助憶符號

助憶碼	註解	助憶碼	註解
JA	如果大於，則跳越	JE	如果相等，則跳越
JNA	如果不大於，則跳越	JNE	如果不相等，則跳越
JAE	如果大於或等於，則跳越	JZ	如果為零，則跳越
JNAE	如果不大於或等於，則跳越	JNZ	如果不為零，則跳越
JB	如果小於，則跳越	JS	如果有號，則跳越
JNB	如果不小於，則跳越	JNS	如果不是有號，則跳越
JBE	如果小於或等於，則跳越	JC	如果有進位，則跳越
JNBE	如果不小於或等於，則跳越	JNC	如果沒有進位，則跳越
JG	如果大於，則跳越	JO	如果溢位，則跳越
JNG	如果不大於，則跳越	JNO	如果沒有溢位，則跳越
JGE	如果大於或等於，則跳越	JP	如果PF=1，則跳越
JNGE	如果不大於或等於，則跳越	JPE	如果偶同位，則跳越
JL	如果小於，則跳越	JNP	如果PF=0，則跳越
JNL	如果不小於，則跳越	JPO	如果奇同位，則跳越
JLE	如果小於或等於，則跳越	JNLE	如果不是小於或等於，則跳越

JCXZ, JECXZ	**Jump If CX Is Zero (若 CX 為零則跳越)**

O	D	I	S	Z	A	P	C

如果 CX 暫存器之值為零，則跳越至某個短程標籤，這個短程標籤必須位於下一個指令的 −128 到 +127 個位元組的範圍內。至於在 x86 的處理器上，若 ECX 之值為零，則 JECXZ 將跳越。

指令格式：

```
JCXZ  shortlabel            JECXZ  shortlabel
```

JMP	**Jump Unconditionally to Label (無條件地跳越)**

O	D	I	S	Z	A	P	C

跳至某個程式碼標籤處。短程 (short) 跳越的範圍必須在目前位置的 −128 到 +127 個位元組內。近程 (near) 跳越的範圍必須在相同的程式碼區段內，至於遠程 (far) 跳越的範圍則是在目前區段之外。

指令格式：

```
JMP   shortlabel           JMP   reg16
JMP   nearlabel            JMP   mem16
JMP   farlabel             JMP   mem32
```

LAHF	**Load AH from Flags (從旗標暫存器載入值到 AH 中)**

O	D	I	S	Z	A	P	C

下列旗標會被複製到 AH：符號、零值、輔助進位、同位和進位。

指令格式：

```
LAHF
```

LDS, LES, LFS, LGS, LSS	**Load Far Pointer (載入遠程指標)**

O	D	I	S	Z	A	P	C

將雙字組記憶體運算元的內容載入到一個區段暫存器和指定的目的暫存器中。在 x86 之前的處理器上，LDS 會載入到 DS，而 LES 載入到 ES。在 x86 的處理器上，LFS 會載入到 FS，LGS 會載入到 GS，LSS 則載入到 SS。

指令格式 (LDS，LES，LFS，LGS 和 LSS 有相同的格式)：

```
LDS   reg,mem
```

LEA	**Load Effective Address（載入有效位址）**

	O	D	I	S	Z	A	P	C

計算並載入記憶體運算元的 16 或 32 位元有效位址。LEA 基本上與 MOV…OFFSET 很類似，差異是 LEA 會在執行時期取得計算之後所得的位址。

指令格式：

```
LEA    reg,mem
```

LEAVE	**High-Level Procedure Exit（高階離開程序）**

	O	D	I	S	Z	A	P	C

中止程序的堆疊框。這個指令會將 (E)SP 和 (E)BP 回復為原來的值，其作用如同將程序開始時的 ENTER 動作予以反轉。

指令格式：

```
LEAVE
```

LOCK	**Lock the System Bus（鎖定系統匯流排）**

	O	D	I	S	Z	A	P	C

在下一個指令執行期間，防止其他處理器的執行，使用這個指令的時機為當其他處理器可能修改到目前 CPU 正在存取的記憶體運算元。

指令格式：

```
LOOK    instruction
```

LODS, LODSB, LODSW, LODSD	**Load Accumulator from String（從字串載入資料到累加器）**

	O	D	I	S	Z	A	P	C

將由 DS：(E)SI 所定址的記憶體位元組或字組，載入到累加器中 (AL，AX 或 EAX)。如果使用的是 LODS，則必須具體指明記憶體運算元。LODSB 會載入一個位元組到 AL 中，LODSW 載入一個字組到 AX 中，至於在 x86 處理器上執行的 LODSD，則會載入一個雙字組到 EAX 中。此外，(E)SI 的值會根據運算元的大小和方向旗標的狀態而增減，如果方向旗標 (DF) = 1，(E)SI 值會減 1，如果 DF = 0，(E)SI 值則會加 1。

指令格式：

```
LODS    mem                    LODSB
LODS    segreg:mem             LODSW
LODS
```

Loop	**Loop (迴圈)**
	<table><tr><td>O</td><td>D</td><td>I</td><td>S</td><td>Z</td><td>A</td><td>P</td><td>C</td></tr><tr><td></td><td></td><td></td><td></td><td></td><td></td><td></td><td></td></tr></table>
	如果 ECX 之值大於零，ECX 將減 1 並跳至某個短程標籤，目的運算元必須位於目前位置的 −128 到 +127 個位元組的範圍內。 指令格式： LOOP *shortlabel* LOOPW *shortlabel*

LOOPD	**Loop (x86)**
	<table><tr><td>O</td><td>D</td><td>I</td><td>S</td><td>Z</td><td>A</td><td>P</td><td>C</td></tr><tr><td></td><td></td><td></td><td></td><td></td><td></td><td></td><td></td></tr></table>
	如果 ECX 之值大於零，那麼 ECX 將減 1 並跳至某個短程標籤，目的運算元必須位於目前位置的 −128 到 +127 個位元組的範圍內。 指令格式： LOOPD *shortlabel*

LOOPE, LOOPZ	**Loop If Equal (Zero) (若設定零值旗標則迴圈繼續)**
	<table><tr><td>O</td><td>D</td><td>I</td><td>S</td><td>Z</td><td>A</td><td>P</td><td>C</td></tr><tr><td></td><td></td><td></td><td></td><td></td><td></td><td></td><td></td></tr></table>
	如果 (E)CX > 0 且零值旗標處於設定狀態，(E)CX 之值將減 1 並跳至某個短程標籤。 指令格式： LOOPE *shortlabel* LOOPZ *shortlabel*

LOOPNE, LOOPNZ	**Loop If Not Equal (Zero) (若不相等則迴圈繼續)**
	<table><tr><td>O</td><td>D</td><td>I</td><td>S</td><td>Z</td><td>A</td><td>P</td><td>C</td></tr><tr><td></td><td></td><td></td><td></td><td></td><td></td><td></td><td></td></tr></table>
	若 (E)CX 大於零，(E)CX 將減 1，並跳至某個短程標籤，並將零值旗標清除為零。 指令格式： LOOPNE *shortlabel* LOOPNZ *shortlabel*

LOOPW	**Loop (使用 16 位元計數器的迴圈)**
	<table><tr><td>O</td><td>D</td><td>I</td><td>S</td><td>Z</td><td>A</td><td>P</td><td>C</td></tr><tr><td></td><td></td><td></td><td></td><td></td><td></td><td></td><td></td></tr></table>
	若 CX 不等於零，(E)CX 將減 1，並跳至某個短程標籤，目的運算元必須位於目前位置的 −128 到 +127 個位元組的範圍內。 指令格式： LOOPW shortlabel

MOV	**MOVE（搬移）**

O	D	I	S	Z	A	P	C

從來源運算元複製一個位元組或字組到目的運算元。

指令格式：

```
MOV   reg,reg              MOV   reg,imm
MOV   mem,reg              MOV   mem,imm
MOV   reg,mem              MOV   mem16,segreg
MOV   reg16,segreg         MOV   segreg,mem16
MOV   segreg,reg16
```

MOVS, MOVSB, MOVSW, MOVSD	**Move String（搬移字串）**

O	D	I	S	Z	A	P	C

由 DS：(E)SI 定址的記憶體，複製一個位元組或字組到由 ES：(E)DI 所定址的記憶體。如果使用 MOVS，則兩個記憶體運算元皆須具體指明。MOVSB 會複製一個位元組，MOVSW 複製一個字組，至於在 x86 處理器上執行的 MOVSD，會複製一個雙字組。此外，(E)SI 和 (E)DI 的值會根據運算元的空間大小和方向旗標的狀態而增減。如果方向旗標 (DF) = 1，(E)SI 和 (E)DI 的值會減 1；如果 DF = 0，(E)SI 和 (E)DI 的值則會加 1。

指令格式：

```
MOVSB
MOVSW
MOVSD
MOVS   dest, source
MOVS   ES:dest, segreg:source
```

MOVSX	**Move with Sign-Extend（具有符號延伸的搬移）**

O	D	I	S	Z	A	P	C

從來源運算元複製一個位元組或字組到目的暫存器，並將其有號延伸到目的運算元的上半部。這個指令可用來將 8 位元或 16 位元的運算元，複製到較大的運算元。

指令格式：

```
                           MOVSX   reg32,reg8
MOVSX   reg32,reg16        MOVSX   reg32,mem16
MOVSX   reg16,reg8         MOVSX   reg16,m8
```

MOVZX	**Move with Zero-Extend（具有零延伸的搬移）**

O	D	I	S	Z	A	P	C

從來源運算元複製一個位元組或字組到目的暫存器，並將其零延伸到目的運算元的上半部。這個指令可用來將 8 位元或 16 位元的運算元，複製到較大的運算元。

指令格式：

```
                           MOVZX   reg32,reg8
MOVSX   reg32,reg16        MOVSX   reg32,mem16
MOVSX   reg16,reg8         MOVSX   reg16,m8
```

MUL	**Unsigned Integer Multiply（無號整數的乘法）**

O	D	I	S	Z	A	P	C
*			?	?	?	?	*

將 AL、AX 或 EAX 中的值，與來源運算元相乘。如果來源運算元為 8 位元，則它會和 AL 相乘，並將乘積存入 AX 中。如果來源運算元為 16 位元，則它會和 AX 相乘並將乘積存入 DX：AX 中。如果來源運算元為 32 位元，則它會和 EAX 相乘並將乘積存入 EDX：EAX 中。
指令格式：

```
MUL   reg                        MUL   mem
```

NEG	**Negate（否定）**

O	D	I	S	Z	A	P	C
*			*	*	*	*	*

計算目的運算元 2's 補數，並將結果存回目的運算元中。
指令格式：

```
NEG   reg                        NEG   mem
```

NOP	**No Operation（不作業）**

O	D	I	S	Z	A	P	C

這個指令不做任何事，但它可能使用在計時迴圈內，或用來將後續的指令對齊在字組邊界上。
指令格式：

```
NOP
```

NOT	**Not**

O	D	I	S	Z	A	P	C

藉著反轉運算元的每個位元，完成邏輯 NOT 運算。
指令格式：

```
NOT   reg                        NOT   mem
```

OR	**Inclusive OR（包含或運算）**

O	D	I	S	Z	A	P	C
0			*	*	?	*	0

將來源運算元的每個位元和目的運算元中的每個對應位元，執行布林（逐位元）OR 運算。
指令格式：

```
OR   reg,reg                     OR   reg,imm
OR   mem,reg                     OR   mem,imm
OR   reg,mem                     OR   accum,imm
```

OUT	**Output to Port (輸出到埠)**

	O	D	I	S	Z	A	P	C

在 x86 以前的處理器上，這個指令會從累加器輸出一個位元組或字組到埠中。埠的位址可以是 0–FFh 的常數，或者 DX 可以含有一個 0 到 FFFFh 的埠位址。而在 x86 的處理器上，可以使用這個指令輸出一個雙字組到埠中。

指令格式：

```
OUT   imm8,accum OUT   DX,accum
```

OUTS, OUTSB, OUTSW, OUTSD	**Output String to Port (輸出字串到埠) (80286)**

	O	D	I	S	Z	A	P	C

輸出由 ES：(E)DI 所指向的字串到埠，埠的編號是以 DX 指定。對於輸出的每個值，指令都會藉著與 LODSB 或類似字串指令的相同方法，來調整 (E)DI。REP 前置指令可以和本指令搭配使用。

指令格式：

```
OUTS dest,DX                    REP OUTSB dest,DX
REP OUTSW dest,DX               REP OUTSD dest,DX
```

POP	**Pop from Stack (從堆疊中彈出資料)**

	O	D	I	S	Z	A	P	C

從目前的堆疊指標位置，複製一個字組或雙字組到目的運算元中，並將 (E)SP 值加 2 (或加 4)。

指令格式：

```
POP   reg16/r32                POP   segreg
POP   mem16/mem32
```

POPA, POPAD	**Pop All (從堆疊彈出所有暫存器值)**

	O	D	I	S	Z	A	P	C

從堆疊頂端彈出 16 個位元組到 8 個通用暫存器中，其順序如下：DI、SI、BP、SP、BX、DX、CX、AX。而要存到 SP 中的值會被丟棄，所以 SP 之值不會重新設定。POPA 從堆疊彈出資料到 16 位元的暫存器中，而在 x86 處理器上，POPAD 則從堆疊彈出資料到 32 位元的暫存器中。

指令格式：

```
POPA                           POPAD
```

POPF, POPFD	**Pop Flags from Stack (從堆疊中彈出旗標)**
	<table><tr><td>O</td><td>D</td><td>I</td><td>S</td><td>Z</td><td>A</td><td>P</td><td>C</td></tr><tr><td>*</td><td>*</td><td>*</td><td>*</td><td>*</td><td>*</td><td>*</td><td>*</td></tr></table>
	POPF 會從堆疊頂端彈出資料到 16 位元的 FLAGS 暫存器中。而在 x86 處理器上執行的 POPFD，則從堆疊頂端彈出資料到 32 位元的 EFLAGS 暫存器中。 指令格式： POPF POPFD

PUSH	**Push on Stack (將資料壓入堆疊)**
	<table><tr><td>O</td><td>D</td><td>I</td><td>S</td><td>Z</td><td>A</td><td>P</td><td>C</td></tr><tr><td></td><td></td><td></td><td></td><td></td><td></td><td></td><td></td></tr></table>

	若壓入的是 16 位元運算元，則 ESP 之值會減 2。若壓入的是 32 位元運算元，則 ESP 之值會減 4。接著將運算元內容複製至由 ESP 指定的堆疊。
	指令格式：
	
	    PUSH *reg16/reg32* PUSH *segreg*
	    PUSH *mem16/mem32* PUSH *imm16/imm32*

PUSHA, PUSHAD	**Push All (將所有暫存器之值壓入堆疊) (80286)**
	<table><tr><td>O</td><td>D</td><td>I</td><td>S</td><td>Z</td><td>A</td><td>P</td><td>C</td></tr><tr><td></td><td></td><td></td><td></td><td></td><td></td><td></td><td></td></tr></table>
	將以下的 16 位元暫存器之值，按順序壓入堆疊：AX、CX、DX、BX、SP、BP、SI、DI。而 x86 所使用的 PUSHAD 指令，則將 EAX、ECX、EDX、EBX、ESP、EBP、ESI、EDI 之值壓入堆疊中。 指令格式： PUSHA PUSHAD

PUSHF, PUSHFD	**Push Flags (將旗標值壓入堆疊)**
	<table><tr><td>O</td><td>D</td><td>I</td><td>S</td><td>Z</td><td>A</td><td>P</td><td>C</td></tr><tr><td></td><td></td><td></td><td></td><td></td><td></td><td></td><td></td></tr></table>
	PUSHF 用於將 16 位元的 FLAGS 暫存器之值壓入堆疊中。而 PUSHFD 則將 32 位元的 EFLAGS 暫存器之值存入堆疊中 (x86)。 指令格式： PUSHF PUSHFD

PUSHW, PUSHD	**Push on Stack（將資料壓入堆疊）**

O	D	I	S	Z	A	P	C

PUSHW 會將 16 位元的字組存入堆疊中，而在 x86 的處理器上執行的 PUSHD，則將 32 位元的雙字組壓入堆疊中。

指令格式：

```
PUSH    reg16/reg32          PUSH    segreg
PUSH    mem16/mem32          PUSH    imm16/imm32
```

RCL	**Rotate Carry Left（向左旋轉進位旗標）**

O	D	I	S	Z	A	P	C
*							*

將目的運算元向左旋轉，並使用來源運算元決定旋轉的次數。進位旗標將被複製到最低位元，而最高位元則複製到進位旗標。若使用 8086/8088 處理器，則 imm8 運算元必須為一個 1。

指令格式：

```
RCL    reg,imm8             RCL    mem,imm8
RCL    reg,CL               RCL    mem,CL
```

RCR	**Rotate Carry Right（向右旋轉進位旗標）**

O	D	I	S	Z	A	P	C
*							*

將目的運算元向右旋轉，並使用來源運算元決定旋轉的次數。進位旗標將被複製到最高位元，而最低位元則複製到進位旗標。若使用 8086/8088 處理器，則 imm8 運算元必須為一個 1。

指令格式：

```
RCR    reg,imm8             RCR    mem,imm8
RCR    reg,CL               RCR    mem,CL
```

REP	**Repeat String（重複執行字串基本指令）**

O	D	I	S	Z	A	P	C

使用 (E)CX 當成計數器來重複執行一個字串基本指令。每次指令要重複執行時，(E)CX 之值皆會減 1，直到 (E)CX = 0 為止。

指令格式（以 MOVS 為例）：

```
REP MOVS dest,source
```

REP*condition*	**Repeat String Conditionally（有條件地重複執行字串基本指令）**

	O	D	I	S	Z	A	P	C

重複執行一個字串基本指令，直到 (E)CX = 0 為止，而且在此過程中，旗標條件必須為真。REPZ(REPE) 在零值旗標處於設定狀態時會重複執行，而 REPNZ(REPNE) 在零值旗標處於清除狀態時會重複執行。只有 SCAS 和 CMPS 應該和 REPcondition 一起使用，因為字串指令中，只有它們會修改零值旗標。

指令格式（以 SCAS 為例）：

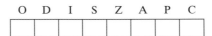

```
REPZ   SCAS   dest          REPNE   SCAS   dest
REPZ   SCASB                REPNE   SCASB
REPE   SCASW                REPNZ   SCASW
```

RET, RETN, RETF	**Return from Procedure（從程序中返回）**

	O	D	I	S	Z	A	P	C

從堆疊中彈出返回位址，RETN(return near) 只會由堆疊頂端彈出資料到 (E)IP 中。而在實體位址模式下，RETF(return far) 將從堆疊中彈出第一個值到 (E)IP，然後再彈出一個值到 CS 中。至於 RET 的使用，則根據 PROC 指引所具體指明或隱含的屬性，而可能是近程或遠程的。此外，還有一個非必要的立即運算元，用於告訴 CPU 在從堆疊中彈出返回位址之後，將 (E)SP 加上指定的值。

指令格式：

```
RET                          RET    imm8
RETN                         RETN   imm8
RETF                         RETF   imm8
```

ROL	**Rotate Left（向左旋轉）**

	O	D	I	S	Z	A	P	C
	*							*

將目的運算元向左旋轉，並使用來源運算元決定旋轉的次數。最高位元會複製到進位旗標中，以及最低位元的位置。若使用 8086/8088 處理器，則 imm8 運算元必須為一個 1。

指令格式：

```
ROL   reg,imm8               ROL    mem,imm8
ROL   reg,CL                 ROL    mem,CL
```

ROR	**Rotate Right（向右旋轉）**

	O	D	I	S	Z	A	P	C
	*							*

將目的運算元向右旋轉，並使用來源運算元決定旋轉的次數。最低位元會複製到進位旗標中，以及最高位元的位置。若使用 8086/8088 處理器，則 imm8 運算元必須為一個 1。

指令格式：

```
ROR    reg,imm8            ROR    mem,imm8
ROR    reg,CL              ROR    mem,CL
```

SAHF	**Store AH into Flags（將 AH 存入旗標）**

	O	D	I	S	Z	A	P	C
				*	*	*	*	*

將 AH 複製到旗標暫存器的第 0 到第 7 位元。

指令格式：

```
SAHF
```

SAL	**Shift Arithmetic Left（向左的算術移位）**

	O	D	I	S	Z	A	P	C
	*			*	*	?	*	*

將目的運算元的每個位元向左移位，並使用來源運算元決定移位的次數。最高位元將複製到進位旗標，而最低位元則填入零。若使用 8086/8088 處理器，則 imm8 運算元必須為一個 1。

指令格式：

```
SAL    reg,imm8            SAL    mem,imm8
SAL    reg,CL              SAL    mem,CL
```

SAR	**Shift Arithmetic Right（向右的算術移位）**

	O	D	I	S	Z	A	P	C
	*			*	*	?	*	*

將目的運算元的每個位元向右移位，並使用來源運算元決定移位的次數。最低位元將複製到進位旗標，而最高位元則保留原值。這個移位指令常與有號運算元一起使用，因為此時它能保留數值的符號。若使用 8086/8088 處理器，則 imm8 運算元必須為一個 1。

指令格式：

```
SAR    reg,imm8            SAR    mem,imm8
SAR    reg,CL              SAR    mem,CL
```

SBB	**Subtract with Borrow (使用借位的減法)**

O	D	I	S	Z	A	P	C
*			*	*	*	*	*

將目的運算元減去來源運算元，然後再減去進位旗標之值。

指令格式：

```
SBB   reg,reg              SBB   reg,imm
SBB   mem,reg              SBB   mem,imm
SBB   reg,mem
```

SCAS, SCASB, SCASW, SCASD	**Scan String (掃描字串)**

O	D	I	S	Z	A	P	C
*			*	*	*	*	*

在記憶體中由 ES：(E)DI 所指向的字串，掃描與累加器之值符合的值。在使用 SCAS 時，需要具體指明運算元。SCASB 用於掃描一個符合 AL 內容的 8 位元值，SCASW 會掃描一個符合 AX 內容的 16 位元值，而 SCASD 掃描一個符合 EAX 內容的 32 位元值。此外，(E) SI 的值會根據運算元的空間大小和方向旗標的狀態而增減。如果方向旗標 (DF) = 1，那麼 (E)DI 的值會減 1；如果 DF = 0，(E)DI 的值則會加 1。

指令格式：

```
SCASB                          SCASW
SCASD
SCAS dest
SCAS ES:dest
```

SET*condition*	**Set Conditionally (有條件地設定)**

O	D	I	S	Z	A	P	C

如果指定的旗標條件為真，將目的運算元指定的位元組更改為 1；如果指定的旗標條件不為真，則將目的運算元指定的位元組更改為 0。而可用的 condition，請見本附錄的表 B-2。

指令格式：

```
SETcond reg8              SETcond mem8
```

SHL	**Shift Left (向左移位)**

O	D	I	S	Z	A	P	C
*			*	*	?	*	*

將目的運算元的每個位元向左移位，並使用來源運算元決定移位的次數。最高位元將複製到進位旗標，而最低位元則填入零 (與 SAL 相同)。若使用 8086/8088 處理器，則 imm8 運算元必須為一個 1。

指令格式：

```
SHL   reg,imm8             SHL   mem,imm8
SHL   reg,CL               SHL   mem,CL
```

SHLD	**Double-Precision Shift Left（雙精準度的向左移位）(x86)**

O	D	I	S	Z	A	P	C
*			*	*	?	*	*

將第二個運算元的位元移入第一個運算元，第三個運算元用來標明要移位的位元數。而因移位所還留的位置，則以第二運算元中的最高有效位元填入。第二個運算元必須是一個暫存器，第三個運算元則可以是立即值或 CL 暫存器。

指令格式：

```
SHLD reg16,reg16,imm8        SHLD mem16,reg16,imm8
SHLD reg32,reg32,imm8        SHLD mem32,reg32,imm8
SHLD reg16,reg16,CL          SHLD mem16,reg16,CL
SHLD reg32,reg32,CL          SHLD mem32,reg32,CL
```

SHR	**Shift Right（向右位移）**

O	D	I	S	Z	A	P	C
*			*	*	?	*	*

將目的運算元的每個位元向右移位，並使用來源運算元決定移位的次數。最高位元以零值填入，並將最低位元複製到進位旗標。若使用 8086/8088 處理器，則 imm8 運算元必須是 1。

指令格式：

```
SHR  reg,imm8                SHR  mem,imm8
SHR  reg,CL                  SHR  mem,CL
```

SHRD	**Double-Precision Shift Right（雙精準度的向右移位）(x86)**

O	D	I	S	Z	A	P	C
*			*	*	?	*	*

將第二個運算元的位元移入第一個運算元，第三個運算元用來標明要移位的位元數。而因移位所遺留的位置，則以第二運算元中的最低有效位元填入。第二個運算元必須是一個暫存器，第三個運算元則可以是立即值或 CL 暫存器。

指令格式：

```
SHRD reg16,reg16,imm8        SHRD mem16,reg16,imm8
SHRD reg32,reg32,imm8        SHRD mem32,reg32,imm8
SHRD reg16,reg16,CL          SHRD mem16,reg16,CL
SHRD reg32,reg32,CL          SHRD mem32,reg32,CL
```

STC	**Set Carry Flag（設定進位旗標）**

O	D	I	S	Z	A	P	C
							1

設定進位旗標。
指令格式：

```
STC
```

STD	**Set Direction Flag (設定方向旗標)**

O	D	I	S	Z	A	P	C
							1

設定方向旗標，並使得字串基本指令將 (E)SI 和 (E)DI 其中之一或兩者都遞減。因此，字串的處理將是由高位位址到低位位址。

指令格式：

```
STD
```

STI	**Set Interrupt Flag (設定中斷旗標)**

O	D	I	S	Z	A	P	C
		1					

設定中斷旗標，以便啟動可遮罩式中斷的中斷功能。由於發生中斷時，其處理功能將失去作用，所以中斷處理常式會立即使用 ST，啟用其中斷處理功能。

指令格式：

```
STI
```

STOS, STOSB, STOSW, STOSD	**Store String Data (儲存字串資料)**

O	D	I	S	Z	A	P	C

將累加器之值儲存到 ES：(E)DI 所定址的記憶體位置。如果使用的是 LODS，則必須具體指明記憶體運算元。如果使用的是 STOS，需具體指明目的運算元。STOSB 會複製 AL 之值到記憶體中，STOSW 會複製 AX 之值到記憶體，至於在 x86 處理器上使用的 STOSD，則複製 EAX 到記憶體中。此外，(E)SI 的值會根據運算元的空間大小和方向旗標的狀態而增減。如果方向旗標 (DF) = 1，(E)DI 的值會減 1，如果 DF = 0，(E)DI 的值則會加 1。

指令格式：

```
STOSB                              STOSW
STOSD
STOS mem
STOS ES:mem
```

SUB	**Subtract (減法)**

O	D	I	S	Z	A	P	C
*			*	*	*	*	*

將目的運算元減去來源運算元。

指令格式：

```
SUB   reg,reg              SUB   reg,imm
SUB   mem,reg              SUB   mem,imm
SUB   reg,mem              SUB   accum,imm
```

TEST	**Test（測試）**

	O	D	I	S	Z	A	P	C
	0			*	*	?	*	0

測試目的運算元和來源運算元各個相對應的位元。這個指令將執行邏輯 AND 運算，而此運算只會改變旗標值，但不改變目的運算元的值。

指令格式：

```
TEST   reg,reg          TEST   reg,imm
TEST   mem,reg          TEST   mem,imm
TEST   reg,mem          TEST   accum,imm
```

WAIT	**Wait for Coprocessor（等待協同處理器）**

	O	D	I	S	Z	A	P	C

暫停 CPU 的執行動作，直到協同處理器結束它目前的指令為止。

指令格式：

```
WAIT
```

XADD	**Exchange and Add（交換及相加）(Intel486)**

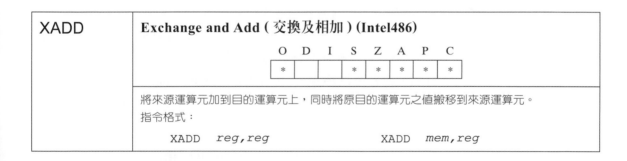

	O	D	I	S	Z	A	P	C
	*			*	*	*	*	*

將來源運算元加到目的運算元上，同時將原目的運算元之值搬移到來源運算元。

指令格式：

```
XADD   reg,reg              XADD   mem,reg
```

XCHG	**Exchange（交換）**

	O	D	I	S	Z	A	P	C

將來源運算元和目的運算元的內容予以交換。

指令格式：

```
XCH   reg,reg          XCH   mem,reg
XCH   reg,mem
```

XLAT, XLATB	**Translate Byte (轉換位元組)**
	O D I S Z A P C □ □ □ □ □ □ □ □
	使用 AL 中的值去索引由 DS：BX 所指向的表格，這個索引所指向的位元組會被搬移到 AL。此外，可以指定一個運算元來提供區段覆寫。而 XLATB 可以代替 XLAT。 指令格式： 　　XLAT　　　　　　　　　　　　　　　　XLAT　*segreg:mem* 　　XLAT　*mem*　　　　　　　　　　　　XLATB

XOR	**Exclusive OR (互斥或運算)**
	O D I S Z A P C 0 □ □ * * ? * 0
	將來源運算元的每個位元，與目的運算元中相對應的位元執行互斥運算。只有當原本的來源運算元和目的運算元的位元值是不同時，目的運算元中的所得結果才會是 1。 指令格式： 　　XOR　*reg,reg*　　　　　　　　　　XOR　*reg,imm* 　　XOR　*mem,reg*　　　　　　　　　　XOR　*mem,imm* 　　XOR　*reg,mem*　　　　　　　　　　*XOR　accum,imm*

B.3　浮點運算指令

表 B-3 列舉了所有 x86 浮點指令，包含有關指令的簡略說明和運算元格式。這些指令通常是根據其功能加以分類，而不是嚴格地以字母順序進行排序。如 FIADD 指令會緊接著出現在 FADD 和 FADDP 之後，因為執行了相同的整數轉換運算。

關於浮點指令的完整資訊，讀者可以參考 << Intel Architecture Manual>>。此外，在這個表格中，stack 一詞指的是 FPU 暫存器堆疊。（表 B-1 列舉了許多用於說明浮點運算指令的格式和運算元符號。）

表B-3　浮點運算指令 (Floating-Point Instructions)（續）

指令	說明
F2XM1	計算 $2^x - 1$，此指令不具有運算元。
FABS	取得絕對值 (Absolute value)。即清除 ST(0) 的符號位元。此指令不具有運算元。
FADD	浮點數加法運算 (Add floating-point)。將目的和來源運算元相加，並且將總和存放在目的運算元。 指令格式： 　FADD　　　　　　　　　　　將ST(0)加到ST(1)上，並且彈出堆疊 　FADD　*m32fp*　　　　　　　將*m32fp*加到ST(0) 　FADD　*m64fp*　　　　　　　將*m64fp*加到ST(0) 　FADD　ST(0),ST(i)　　　　將ST(i)加到ST(0) 　FADD　ST(i),ST(0)　　　　將ST(0)加到ST(i)

表B-3　浮點運算指令 (Floating-Point Instructions)（續）

指令	說明
FADDP	浮點數加法運算並彈出堆疊 (Add floating-point and pop)。執行與 FADD 相同的運算，然後彈出堆疊。指令格式： 　　FADDP ST(i),ST(0)　　　　將ST(0)加到ST(i)
FIADD	將整數轉換成浮點數，並且執行加法運算 (Convert integer to floating-point and add)。功能是將目的和來源運算元相加，並且將總和存放在目的運算元。指令格式： 　　FIADD *m32int*　　　　　　將*m32int*加到ST(0) 　　FIADD *m16int*　　　　　　將*m16int*加到ST(0)
FBLD	載入二進碼十進制的數值 (Load binary-coded decimal)。將 BCD 格式的來源運算元轉換成延伸雙精準度格式的浮點數，並且將它壓入堆疊。指令格式： 　　FBLD *m80bcd*　　　　　　將*m80bcd*壓入暫存器堆疊。
FBSTP	儲存 BCD 整數並且彈出堆疊 (Store BCD integer and pop)。將 ST(0) 暫存器中的值轉換成 18 位數的壓縮 BCD 整數，然後存放到目的運算元，並且彈出暫存器堆疊。指令格式： 　　FBSTP *m80bcd*　　　　　　將ST(0)存放到*m80bcd*，並且彈出堆疊。
FCHS	改變正負號 (Change sign)。改變 ST(0) 的正負號。此指令不具有運算元。
FCLEX	清除例外情形 (Clear exceptions)。清除 FPU 狀態字組中的浮點運算例外情形旗標 (PE、UE、OE、ZE、DE 和 IE)、例外情形摘要狀態旗標 (ES)、堆疊錯誤旗標 (SF) 及忙碌旗標 (BF)。此指令不具有運算元。此外，FNCLEX 的功能與本指令相同，但 FNCLEX 不會檢查是否有懸置的未遮罩浮點運算例外情形。
FCMOV*cc*	浮點運算的條件式搬移 (Floating-point conditional move)。這個指令會先測試 EFLAGS 中的狀態旗標，如果指定的測試條件為真，就會將來源運算元 (第二個運算元)，搬移到目的運算元 (第一個運算元)。指令格式： 　　FCMOVB ST(0),ST(i)　　　如果小於則搬移 　　FCMOVE ST(0),ST(i)　　　如果等於則搬移 　　FCMOVBE ST(0),ST(i)　　如果小於或等於則搬移 　　FCMOVU ST(0),ST(i)　　　如果不具有次序關係，則搬移 　　FCMOVNB ST(0),ST(i)　　如果不小於則搬移 　　FCMOVNE ST(0),ST(i)　　如果不等於則搬移 　　FCMOVNBE ST(0),ST(i)　如果不小於或等於則搬移 　　FCMOVNU ST(0),ST(i)　　如果不是無次序的關係，則搬移
FCOM	比較浮點數值 (Compare floating-point values)。比較 ST(0) 及來源運算元，並且根據比較結果，設定 FPU 狀態字組中的條件碼 (condition code) 旗標 C0、C2 和 C3。指令格式： 　　FCOM *m32fp*　　　　　　將ST(0)針對*m32fp*進行比較 　　FCOM *m64fp*　　　　　　將ST(0)針對*m64fp*進行比較 　　FCOM ST(i)　　　　　　　將ST(0)針對ST(i)進行比較 　　FCOM　　　　　　　　　　將ST(0)針對ST(1)進行比較 FCOMP 執行與 FCOM 相同的運算，然後彈出堆疊。FCOMPP 做的工作與 FCOM 相同，然後彈出堆疊兩次。FUCOM、FUCOMP 和 FUCOMPP 的功能分別與 FCOM、FCOMP 和 FCOMPP 相同，差別是前者會檢查對象是否為無次序的數值。

表B-3　浮點運算指令 (Floating-Point Instructions)（續）

指令	說明
FCOMI	比較浮點數值並且設定 EFLAGS (Compare floating-point values and set EFLAGS)。針對暫存器 ST(0) 和 ST(i) 執行無次序的比較，並且根據結果設定 EFLAGS 暫存器中的狀態旗標 (ZF, PF, CF)。指令格式： 　　FCOMI ST(0),ST(i)　　　比較ST(0)及ST(i) FCOMIP 的功能與 FCOMI 相同，完成後彈出堆疊。此外，FUCOMI 和 FUCOMIP 都會檢查對象是否為無次序的數值。
FCOS	餘弦函數值 (Cosine)。計算 ST(0) 的餘弦函數值，並且將結果儲存在 ST(0)，其輸入參數的單位必須是弧度。此指令不具有運算元。
FDECSTP	遞減堆疊頂端的指標 (Decrement stack-top pointer)。將 FPU 狀態字組中的 TOP 欄位減一，完成旋轉 (rotate) 堆疊。此指令不具有運算元。
FDIV	浮點數除法運算及彈出堆疊 (Divide floating-point and pop)。將目的運算元除以來源運算元，並且將結果存放到目的位置。指令格式： 　　FDIV　　　　　　　　ST(1) = ST(1) / ST(0)，並且彈出堆疊 　　FDIV *m32fp*　　　　ST(0) = ST(0) / *m32fp* 　　FDIV *m64fp*　　　　ST(0) = ST(0) / *m64fp* 　　FDIV ST(0),ST(i)　　ST(0) = ST(0) / ST(i) 　　FDIV ST(i),ST(0)　　ST(i) = ST(i) / ST(0)
FDIVP	浮點數除法運算及彈出堆疊 (Divide floating-point and pop)。功能與 FDIV 相同，然後彈出堆疊。指令格式： 　　FDIVP ST(i),ST(0)　　ST(i) = ST(i) / ST(0)，並且彈出堆疊
FIDIV	將整數轉換成浮點數，並且執行除法運算 (Convert integer to floating-point and divide)。在轉換工作完成之後，本指令執行的運算與 FDIV 相同。指令格式： 　　FIDIV *m32int*　　　ST(0) = ST(0) / *m32int* 　　FIDIV *m16int*　　　ST(0) = ST(0) / *m16int*
FDIVR	反向執行除法運算 (Reverse divide)。將來源運算元除以目的運算元，並且將結果存放到目的位置。指令格式： 　　FDIVR　　　　　　　ST(0) = ST(0) / ST(1)，並且彈出堆疊 　　FDIVR *m32fp*　　　ST(0) = *m32fp* / ST(0) 　　FDIVR *m64fp*　　　ST(0) = *m64fp* / ST(0) 　　FDIVR ST(0),ST(i)　ST(0) = ST(i) / ST(0) 　　FDIVR ST(i),ST(0)　ST(i) = ST(0) / ST(i)
FDIVRP	反向執行除法運算及彈出堆疊 (Reverse divide and pop)。執行與 FDIVR 相同的運算，然後彈出堆疊。指令格式： 　　FDIVRP ST(i),ST(0)　ST(i) = ST(0) / ST(i)，並且彈出堆疊
FIDIVR	將整數轉換成浮點數，然後執行反向除法運算 (Convert integer to float and perform reverse divide)。在轉換工作完成之後，它執行的運算與 FDIVR 相同。指令格式： 　　FIDIVR *m32int*　　　ST(0) = *m32int* / ST(0) 　　FIDIVR *m16int*　　　ST(0) = *m16int* / ST(0)
FFREE	釋放浮點暫存器 (Free floating-point register)。使用標籤字組，將該暫存器設定為空的。指令格式： 　　FFREE ST(i)　　　　ST(i) = 空的

表B-3　浮點運算指令 (Floating-Point Instructions)（續）

指令	說明
FFREE	釋放浮點暫存器 (Free floating-point register)。使用標籤字組，將該暫存器設定為空的。指令格式： `FFREE ST(i)`　　　　　　　　`ST(i) = 空的`
FICOM	比較整數 (Compare integer)。將 ST(0) 與內含整數的來源運算元進行比較，並且根據結果來設定條件碼旗標 C0、C2 和 C3。在進行比較之前，整數的來源運算元會先轉換成浮點數。指令格式： `FICOM m32int`　　　　　　將ST(0)針對*m32fp*進行比較 `FICOM m16int`　　　　　　將ST(0)針對*m32fp*進行比較 FICOMP 執行與 FICOM 相同的運算，然後彈出堆疊。
FILD	將整數轉換成浮點數，然後載入暫存器堆疊 (Convert integer to float and load onto register stack)。指令格式： `FILD m16int`　　　　　　　將*m16int*壓入暫存器堆疊。 `FILD m32int`　　　　　　　將*m32int*壓入暫存器堆疊。 `FILD m64int`　　　　　　　將*m64int*壓入暫存器堆疊。
FINCSTP	遞增堆疊頂端的指標 (Increment stack-top pointer)。將 FPU 狀態字組的 TOP 欄位加一。此指令不具有運算元。
FINIT	初始化浮點運算單元 (Initialize floating-point unit)。將控制、狀態、標籤、指令指標和資料指標暫存器，設定為它們的預設狀態。控制字組將設定為 037FH（捨入成最接近的偶數、遮罩所有例外情形、64 位元精度）。狀態字組將清除（沒有任何例外情形旗標處於設定狀態，TOP = 0）。在暫存器堆疊中的資料暫存器不會改變其值，但是它們在標籤暫存器中的標籤會設定為空的。此指令不具有運算元。此外，本指令功能與 FNINIT 相同，差別是後者不會檢查是否有懸置的未遮罩浮點運算例外情形。
FIST	將整數存放至記憶體運算元 (Store integer in memory operand)。將 ST(0) 存放在一個有號的整數記憶體運算元，並且根據 FPU 控制字組中的 RC 欄位執行捨入。指令格式： `FIST m16int`　　　　　　　將ST(0)存放在*m16int* `FIST m32int`　　　　　　　將ST(0)存放在*m32int* 執行與 FIST 相同的運算，然後彈出暫存器堆疊。它具有一個額外的指令格式： `FISTP m64int`　　　　　　將ST(0)存放到*m64int*，並且彈出堆疊
FISTTP	截斷並且儲存整數 (Store integer with truncation)。執行與 FIST 相同的運算，但本指令會自動地截斷整數，並且彈出堆疊。指令格式： `FISTTP m16int`　　　　　　將ST(0)存放到*m16int*，並且彈出堆疊 `FISTTP m32int`　　　　　　將ST(0)存放到*m32int*，並且彈出堆疊 `FISTTP m64int`　　　　　　將ST(0)存放到*m64int*，並且彈出堆疊
指令	說明
FLD	將浮點數值載入暫存器堆疊 (Load floating-point value onto register stack)。指令格式： `FLD m32fp`　　　　　　　　將*m32fp*壓入暫存器堆疊 `FLD m64fp`　　　　　　　　將*m64fp*壓入暫存器堆疊 `FLD m80fp`　　　　　　　　將m80fp壓入暫存器堆疊 `FLD ST(i)`　　　　　　　　將ST(i)壓入暫存器堆疊
FLD1	將 +1.0 載入暫存器堆疊 (Load +1.0 onto register stack)。此指令不具有運算元。
FLDL2T	將 $\log_2 10$ 載入暫存器堆疊 (Load $\log_2$ 10 onto register stack)。此指令不具有運算元。
FLDL2E	將 $\log_2$ e 載入暫存器堆疊 (Load $\log_2$ e onto register stack)。此指令不具有運算元。

表B-3　浮點運算指令 (Floating-Point Instructions)（續）

指令	說明
FLDPI	將 *pi* 載入暫存器堆疊 (Load *pi* onto register stack)。此指令不具有運算元。
FLDLG2	將 $\log_{10} 2$ 載入暫存器堆疊 (Load $\log_{10} 2$ onto register stack)。此指令不具有運算元。
FLDLN2	將 $\log_e 2$ 載入暫存器堆疊 (Load $\log_e 2$ onto register stack)。此指令不具有運算元。
FLDZ	將 +0.0 載入暫存器堆疊 (Load +0.0 onto register stack)。此指令不具有運算元。
FLDCW	將 16 位元的記憶體數值載入 FPU 控制字組 (Load FPU control word from 16-bit memory value)。指令格式： 　　　FLDCW *m2byte*　　　　　　由*m2byte*載入FPU控制字組
FLDENV	由記憶體載入 FPU 環境到 FPU 中 (Load FPU environment from memory into the FPU)。指令格式： 　FLDENV *m14/28byte*　　　由記憶體載入 FPU 環境。
FMUL	執行浮點數乘法 (Multiply floating-point)。將目的運算元和來源運算元相乘，並且使乘積存放在目的位置。指令格式： 　　　FMUL　　　　　　　　　　　ST(1) = ST(1) * ST(0), 並且彈出堆疊 　　　FMUL *m32fp*　　　　　　　ST(0) = ST(0) * *m32fp* 　　　FMUL *m64fp*　　　　　　　ST(0) = ST(0) * *m64fp* 　　　FMUL ST(0),ST(i)　　　　ST(0) = ST(0) * ST(i) 　　　FMUL ST(i),ST(0)　　　　ST(i) = ST(i) * ST(0)
FMULP	進行浮點數乘法運算並彈出堆疊 (Multiply floating-point and pop)。執行與 FMUL 相同的運算，然後彈出堆疊。指令格式： 　　　FMULP ST(i),ST(0)　　　ST(i) = ST(i) * ST(0), 並且彈出堆疊
FIMUL	轉換整數並且相乘 (Convert integer and multiply)。將來源運算元轉換成浮點數，然後乘以 ST(0)，再將結果存放在 ST(0)。指令格式： 　　　FIMUL *m16int* 　　　FIMUL *m32int*
FNOP	不作業 (No operation)。此指令不具有運算元。
FPATAN	部分反正切函數值 (Partial arctangent)。將 ST(1) 以 arctan(ST(1) / ST(0)) 取代，並且彈出暫存器堆疊。此指令不具有運算元。
FPREM	部分餘數 (Partial remainder)。將 ST(0) 替換成以 ST(0) 除以 ST(1) 所得的餘數。此指令不具有運算元。此外，本指令功能與 FPREM1 類似，它會將 ST(0) 替換成以 ST(0) 除以 ST(1) 所得的 IEEE 餘數。
FPTAN	部分正切函數值 (Partial tangent)。將 ST(0) 替換成 ST(0) 的正切函數值，並且壓入 1.0 到 FPU 堆疊，其輸入參數的單位必須是弧度。此指令不具有運算元。
FRNDINT	捨入成整數 (Round to integer)。將 ST(0) 捨入成最接近的整數值。此指令不具有運算元。
FRSTOR	回復 x87 FPU 狀態 (Restore x87 FPU State)。由來源運算元所指定的記憶體區域，載入 FPU 狀態 (作業系統環境和暫存器堆疊)。指令格式： 　　　FRSTOR *m94/108byte*
FSAVE	儲存 x87 FPU 狀態 (Store x87 FPU State)。將目前的 FPU 狀態 (作業系統環境和暫存器堆疊)，存放到由目的運算元所指定的記憶體中，然後重新初始化 FPU。指令格式： 　　　FSAVE *m94/108byte* 此外，本指令功能與 FNSAVE 相同，差異是後者不會檢查是否有懸置的未遮罩浮點運算例外情形。

表B-3　浮點運算指令 (Floating-Point Instructions)（續）

指令	說明
FSCALE	比例 (Scale)。將 ST(1) 中的值截斷成一個整數，然後使目的運算元 ST(0) 的指數與該整數相加。此指令不具有運算元。
FSIN	正弦函數值 (Sine)。將 ST(0) 替換成 ST(0) 的正弦函數值，其輸入參數的單位必須是弧度。此指令不具有運算元。
FSINCOS	正弦和餘弦函數值 (Sine and cosine)。計算 ST(0) 的正弦和餘弦函數值，其輸入參數的單位必須是弧度，將 ST(0) 替換為正弦值，然後將餘弦值壓入暫存器堆疊。此指令不具有運算元。
FSQRT	平方根 (Square root)。將 ST(0) 替換成 ST(0) 的平方根值。此指令不具有運算元。
FST	儲存浮點數值 (Store floating-point value)。指令格式： `FST m32fp`　　　　　將ST(0)複製到*m32fp* `FST m64fp`　　　　　將ST(0)複製到*m64fp* `FST ST(i)`　　　　　將ST(0)複製到ST(i) FSTP 執行與 FST 相同的運算，然後彈出堆疊。它另具有一個額外的指令格式： `FSTP m80fp`　　將 ST(0) 複製到 *m80fp*，並且彈出堆疊
FSTCW	儲存 FPU 控制字組 (Store FPU control word)。指令格式： `FLDCW m2byte`　　　　儲存FPU控制字組到*m2byte* 此外，本指令功能與 FNSTCW 相同，差異是後者不會檢查是否有懸置的未遮罩浮點運算例外情形。
FSTENV	儲存 FPU 環境 (Store FPU environment)。根據執行程序是在實體位址模式或保護模式，而將 FPU 環境存放在 m14byte 或 m28byte 中。指令格式： `FSTENV memop`　　　　　存放FPU環境到*memop* 此外，本指令功能與 FNSTENV 相同，差異是後者不會檢查是否有懸置的未遮罩浮點運算例外情形。
FSTSW	儲存 FPU 狀態字組 (Store FPU status word)。指令格式： `FSTSW m2byte`　　　　　儲存FPU狀態字組到*m2byte* `FSTSW AX`　　　　　　　儲存FPU狀態字組到AX暫存器 此外，本指令功能與 FNSTSW 相同，差異是後不會檢查是否有懸置的未遮罩浮點運算例外情形。
FSUB	執行浮點數減法運算 (Subtract floating-point)。將目的運算元減去來源運算元，並且將差值存放到目的位置。指令格式： `FSUB`　　　　　　　　ST(0) = ST(1) — ST(0), <u>並且彈出堆疊</u> `FSUB m32fp`　　　　　ST(0) = ST(0) — *m32fp* `FSUB m64fp`　　　　　ST(0) = ST(0) — *m64fp* `FSUB ST(0),ST(i)`　　ST(0) = ST(0) — ST(i) `FSUB ST(i),ST(0)`　　ST(i) = ST(i) — ST(0)
FSUBP	執行浮點數減法運算並彈出堆疊 (Subtract floating-point and pop)。本指令功能與 FSUB 相同，然後彈出堆疊。指令格式： `FSUBP ST(i),ST(0)`　　ST(i) = ST(i) — ST(0), <u>並且彈出堆疊</u>
FISUB	將整數轉換成浮點數，並且執行減法運算 (Convert integer to floating-point and subtract)。將來源運算元轉換成浮點數，然後以 ST(0) 減去此浮點數，再將結果存放在 ST(0)。指令格式： `FISUB m16int`　　　　ST(0) = ST(0) — *m16int* `FISUB m32int`　　　　ST(0) = ST(0) — *m32int*

表B-3 浮點運算指令 (Floating-Point Instructions)（續）

指令	說明
FSUBR	反向執行浮點數減法運算 (Reverse subtract floating-point)。將來源運算元減去目的運算元，並且將差值存放到目的位置。指令格式： FSUBR　　　　　　　　　ST(0) = ST(0) — ST(1)，並且彈出堆疊 FSUBR *m32fp*　　　　　ST(0) = *m32fp* — ST(0) FSUBR *m64fp*　　　　　ST(0) = *m64fp* — ST(0) FSUBR ST(0),ST(i)　　ST(0) = ST(i) — ST(0) FSUBR ST(i),ST(0)　　ST(i) = ST(0) — ST(i)
FSUBRP	反向執行浮點數減法運算並彈出堆疊 (Reverse subtract floating-point and pop)。本指令功能與 FSUB 相同，然後彈出堆疊。指令格式： FSUBRP ST(i),ST(0)　　ST(i) = ST(0) — ST(i)，並且彈出堆疊
FISUBR	轉換整數並且反向執行浮點數減法運算 (Convert integer and reverse subtract floating-point)。在轉換成浮點數後，此指令執行的運算與 FSUBR 相同。指令格式： FISUBR *m16int* FISUBR *m32int*
FTST	測試 (Test)。將 ST(0) 相對於 0.0 進行比較，然後根據結果，設定在 FPU 狀態字組中的條件碼旗標。此指令不具有運算元。
FWAIT	等待 (Wait)。等待所有懸置的浮點運算例外情形處置器完成其工作。此指令不具有運算元。
FXAM	檢查 (Examine)。檢查 ST(0)，然後根據結果，設定在 FPU 狀態字組中的條件碼旗標。此指令不具有運算元。
FXCH	將暫存器的內容交換 (Exchange register contents)。指令格式： FXCH ST(i)　　　　　將ST(0)與ST(i)進行交換 FXCH　　　　　　　　將ST(0)與ST(1)進行交換
FXRSTOR	回復 x87 FPU、MMX 技術、SSE 和 SSE2 狀態 (Restore x87 FPU, MMX Technology, SSE, and SSE2 State)。將來源運算元所指定的記憶體映像 (memory image)，重新載入到 FPU、MMX 技術、XMM 和 MXCSR 暫存器。指令格式： FXRSTOR *m512byte*
FXSAVE	儲存 x87 FPU、MMX 技術、SSE 和 SSE2 狀態 (Save x87 FPU, MMX Technology, SSE, and SSE2 State)。將目前的 FPU、MMX 技術、XMM 和 MXCSR 暫存器的狀態，儲存在目的運算元所指定的記憶體映像 (memory image) 中。指令格式： FXRSAVE *m512byte*
FXTRACT	擷取指數和有效數 (Extract exponent and significand)。在 ST(0) 中的原本數值區隔出指數和有效數部分，並且將指數存放在 ST(0)，然後將有效數部分壓入暫存器堆疊。此指令不具有運算元。
FYL2X	計算 y * $\log_2$x (Compute y * $\log_2$x)。暫存器 ST(1) 存放的是 y 值，ST(0) 存放的是 x 值，堆疊將會彈出，使得計算結果是放在 ST(0) 中。此指令不具有運算元。
FYL2XP1	計算 y * $\log_2$(x + 1) (Compute y * $\log_2$(x + 1))。暫存器 ST(1) 存放的是 y 值，ST(0) 存放的是 x 值，堆疊將會彈出，使得計算結果是放在 ST(0) 中。此指令不具有運算元。

自我評量解答

此處的解答是針對每節後面，自我評量的解答。不是針對每一章最後面的本章習題的解答。本章習題的解答會在 Pearson Education 的網站（購買原文書的讀者），以及此書的教師手冊中找到。

1 基本概念

1.1 歡迎來到組合語言的世界

1. 組譯器會將原始碼程式，由組合語言轉換成機器語言。連結器則將若干個由組譯器建立的個別檔案，組合成單一可執行程式。

2. 如果想要學習應用程式如何經由中斷服務常式、系統呼叫和常用的記憶體區域、電腦作業系統溝通訊息等設計，那麼組合語言會是一個很好的工具。當讀者想要學習作業系統如何載入並執行應用程式時，組合語言也是較佳工具。

3. 在所謂一對多的關係中，單一敘述會展開成多個組合語言或機器指令。

4. 當一個程式語言所寫成的原始碼程式，可以在多個不同作業系統的電腦上編譯與執行時，這個語言稱為具有可攜性。

5. 否。各組合語言不是以一個處理器族系為基礎，就是以特定電腦為基礎所建立起來的。

6. 嵌入式系統應用的例子有：汽車燃料和點火系統、空調控制系統、保全系統、飛航控制系統、掌上型電腦、數據機、印表機以及其他智慧型電腦周邊設備。

7. 裝置驅動程式是用於將一般作業系統命令，轉換成只有設備製造商才知道的相關硬體執行細節。

8. C++ 不允許某種類型的指標，被指定為另一種類型的指標，但組合語言並沒有這樣的限制。

9. 適合使用組合語言的應用程式：需要直接存取硬體的硬體裝置驅動程式、嵌入式系統和電腦遊戲。

10. 高階程式語言無法提供直接存取硬體的服務。即使它有提供這樣的服務，由於不具效率的編碼技術，必然導致維護上的問題。

11. 組合語言具有較少的結構定義，所以程式的結構主要是由設計人員所決定，但會因設計人員的不同經驗與能力，產生落差。也導致維護現存的程式碼，具有不小的困難性。

12. 運算式 X = (Y * 4) + 3 的程式碼：

```
mov        eax,Y                       ; 將Y 移至 EAX
mov        ebx,4                       ; 將4 移至 EBX
imul       ebx                         ; EAX = EAX * EBX
add        eax,3                       ; 在EAX 加3
mov        X,eax                       ; 將EAX 移至 X
```

1.2 虛擬機器的概念

1. 以下是虛擬機器的概念 (Virtual Machine Concept)：電腦是以多個層級的不同內容所組成，每個層級都代表一個從較高層的指令集到較低層指令集的轉換層。

2. 轉譯程式通常比較快，因為它是可以直接在目標機器上執行。直譯程式在運行時還必須經過解碼才能執行。

3. 對。

4. 一個完整的 L1 程式會由特地為了轉換 L1 而設計的 L0 程式，執行轉換，成為 L0 程式，然後所得到的 L0 程式便可以直接在電腦硬體上執行。

5. 組合語言是在第三個層次。

6. Java virtual machine (JVM) 的功能是編譯可以在幾乎所有電腦上執行的 Java 程式。

7. 數位邏輯、指令集架構、組合語言、高階語言。

8. 若沒有提供相關指令的語法及說明，機器語言對人類而言，是難以理解的。

9. 指令集架構。

10. 第二層（指令集架構）。

1.3 資料表示法

1. 最小有效位元（位元 0），具有 2 的數值到零功率的值。

2. (a) 248　(b) 202　(c) 240。

3. (a) 00010001　(b) 101000000　(c) 00011110。

4. (a) 2　(b) 4　(c) 8　(d) 16。

5. (a) 十進位 65 需要 7 位元　(b) 十進位 409 需要 9 位元　(c) 十進位 16,385 需要 15 位元。

6. (a) 35DA　(b) CEA3　(c) FEDB。

13. (a) A4693FBC = 1010 0100 0110 1001 0011 1111 1011 1100

(b) B697C7A1 = 1011 0110 1001 0111 1100 0111 1010 0001

(c) 2B3D9461 = 0010 1011 0011 1101 1001 0100 0110 0001

1.4 布林運算

1. (NOT X) OR Y。

2. X AND Y。

3. T。

4. F。

5. T。

2　x86 處理器架構

2.1　基本概念

1. 控制單元、算術邏輯單元以及時脈。

2. 資料、位址和控制匯流排。

3. 傳統的記憶體位於 CPU 外部，這種記憶體對存取請求的反應較慢。暫存器是位於 CPU 內部的硬體單元。

4. 擷取、解碼和執行。

5. 擷取記憶體運算元，儲存記憶體運算元。

2.2　x86 的架構細節

1. 實體位址模式、保護模式以及系統管理模式。

2. EAX、EBX、ECX、EDX、ESI、EDI、ESP、EBP。

3. CS、DS、SS、ES、FS、GS。

4. 迴圈計數器。

2.3　64 位元 x86-64 處理器

無自我評量。

2.4　典型 x86 電腦的元件

1. SRAM 代表靜態 RAM，用於 CPU 的快取記憶體。

2. VRAM（視訊記憶體）負責處理顯示出來的資料，使用傳統 CRT 顯示器時，採用雙埠的設計，當其中一個埠在持續更新螢幕上的資料的同時，另一個埠則負責寫入即將要顯示的資料。

3. 由以下內容任意選出兩個特點：

    (1) Intel 快速記憶體存取 (Fast Memory Access) 技術，使用最新的記憶體控制中心 (Memory Controller Hub，MCH)。

    (2) 使用 Intel 矩陣儲存管理技術的 I/O Controller Hub (Intel ICH8/R/DH)，支援 SATA (Serial ATA) 裝置（即硬碟）。

    (3) 支援最多 10 個 USB 埠，6 個 PCI Express 擴充槽、網路介面、Intel 靜音系統技術 (Quiet System) 等。

(4) 高感度音效晶片。

4. 動態 RAM、靜態 RAM、視訊 RAM 以及 CMOS RAM。

5. 8259A 是中斷控制器晶片，有時候簡稱為 PIC，它用來對硬體中斷進行排程，如鍵盤、系統時鐘、硬碟驅動器。

2.5　輸入輸出系統

1. 應用程式層級。

2. BIOS 函式可以和系統硬體直接溝通，它們與作業系統無關。

3. 新的裝置會不停地發明出來，其具有的新功能通常不是在撰寫 BIOS 時所能預期的。

4. BIOS 層級。

5. 否，相同的 BIOS 可以在兩種作業系統上運作。許多電腦擁有者都會在同一部電腦上，安裝兩個或三個作業系統。所以當然不會想要在每次重新啟動電腦時，都要變更系統 BIOS。

3　組合語言基礎

3.1　組合語言的基本元件

1. -35d, DDh, 335o, 11011101b。

2. 否（需要使用一個前導的零）。

3. 否（它們使用相同的程序）。

4. 運算式：30 MOD (3 * 4) + (3 − 1) / 2 = 20。

5. 實數常數：-6.2E+04。

6. 否，它們也可以置於成對雙引號內。

7. 指引。

8. 247 個字元。

3.2　範例：整數的加法及減法運算

1. INCLUDE 指引用於從 **Irvine32.inc** 文字檔中，複製必要的定義和設置資訊，來自這個檔案資料會插入由組譯器所讀取的資料流中。

2. .CODE 指引標記著程式碼區段的開始。

3. 程式碼和資料。

4. EAX。

5. INVOKE ExitProcess,0。

3.3　組譯、連結和執行程式

1. 目的 (.OBJ) 檔和清單 (.LST) 檔。

2. 對。

3. 對。

4. 載入器。

5. 可執行檔 (.EXE)。

3.4 定義資料

1. var1 SWORD ?。

2. var2 BYTE ?。

3. var3 SBYTE ?。

4. var4 QWORD ?。

5. SDWORD。

3.5 符號常數

1. BACKSPACE = 08h。

2. SecondsInDay = 24 * 60 * 60。

3. ArraySize = ($ − myArray)。

4. ArraySize = ($ − myArray) / 4。

5. PROCEDURE TEXTEQU <PROC>。

6. 程式碼範例：

```
Sample TEXTEQU <"This is a string">
MyString BYTE Sample
```

7. SetupESI TEXTEQU <mov esi, OFFSET myArray>。

3.6 64 位元程式

無自我評量。

4 資料轉移、定址和算術運算

4.1 資料轉移指令

1. 暫存器、立即和記憶體運算元。

2. 否。

3. 否。

4. 對。

5. 32 位元暫存器或記憶體運算元。

6. 16 位元立即（常數）運算元。

4.2 加法與減法

1. inc val2。

2. sub eax, val3。

3. 程式碼：

```
mov ax,val4
sub val2,ax
```

4. CF = 0，SF = 1。

5. OF = 1，SF = 1。

6. 寫出下列旗標值：

(a) CF = 1，SF = 0，ZF = 1，OF = 0

(b) CF = 0，SF = 1，ZF = 0，OF = 1

(c) CF = 0，SF = 1，ZF = 0，OF = 0

4.3 資料相關的運算子和指引

1. 錯。

2. 錯。

3. 對。

4. 錯。

5. 對。

4.4 間接定址

1. 對。

2. 錯。

3. 對 (需要使用 PTR 運算子)。

4. 對。

5. (a) 10h　(b) 40h　(c) 003Bh　(d) 3　(e) 3　(f) 2

6. (a) 2010h　(b) 003B008Ah　(c) 0　(d) 0　(e) 0044h

4.5 JMP 和 LOOP 指令

1. 對。

2. 錯。

3. 4,294,967,296 次。

4. 錯。

5. 對。

6. CX。

7. ECX。

8. 錯（位於目前位置的 −128 到 +127 位元組範圍內）。
9. 這是一個有陷阱的題目！因為第一個 LOOP 指令會使 ECX 減為零，所以這個程式不會停止執行。而第二個 LOOP 指令將使 ECX 減為 FFFFFFFFh，導致外部迴圈重複執行。
10. 在標籤 L1 處，插入下列指令：push ecx。此外，在第二個 LOOP 指令之前插入下列指令：pop ecx。（加上這些指令之後，eax 最終的值為 1Ch。）

4.6　64 位元編程

1. 對（8-63 位元是被清除的）。
2. 錯（64 位元常數是被允許的）。
3. RCX = 12345678FFFFFFFF 十六進位。
4. RCX = 12345678ABABABAB 十六進位。
5. AL = 1F 十六進位。
6. RCX = DF02 十六進位。

5　程序

5.1　堆疊運算

1. ESP。
2. 執行時期堆疊是唯一由 CPU 直接管理的堆疊類型。例如它會存放著被呼叫程序的返回位址。
3. LIFO 代表「後進先出」，意即最後壓入堆疊的值將最先彈出堆疊。
4. ESP 由 4 遞減。
5. 對。
6. 錯。

5.2　定義和使用程序

1. 對。
2. 錯。
3. 執行的動作會持續而超過該程序的尾端，有可能進入另一個程序的起始處。這種類型的程式設計錯誤，通常不容易查到。
4. **接收參數**指的是在一個程序被呼叫時，所要給予該程序的輸入參數。**回傳值**指的是當一個程序返回呼叫者時，由該程序所產生的值。
5. 錯（它會將緊接在呼叫指令之後的指令位移壓入堆疊）。
6. 對。

5.3   連結外部函式庫

1. 錯（它包含了目的碼）。
2. 程式碼範例：

   ```
   MyProc PROTO
   ```

3. 程式碼範例：

   ```
   call MyProc
   ```

4. Irvine32.lib。
5. Kernel32.dll 是一個動態連結函式庫，它是 MS-Windows 作業系統的基本部分。

5.4   Irvine32 函式庫

1. RandomRange 程序。
2. WaitMsg 程序。
3. 程式碼範例：

   ```
   mov eax,700
   call Delay
   ```

4. WriteDec 程序。
5. Gotoxy 程序。
6. INCLUDE Irvine32.inc。
7. PROTO 敘述（程序原型）和常數定義。（此外還有文字巨集，但在第 5 章沒有說明文字巨集。）
8. ESI 必須含有資料區段的起始位址，ECX 必須含有資料的單位數量，而且 EBX 含有資料單位的空間大小（位元組、字組或雙字組）。
9. EDX 必須含有位元組陣列的位移，而且 ECX 含有所要讀取字元的最大數量。
10. 進位、符號、零值、溢位、輔助進位及同位旗標。
11. 程式碼範例：

    ```
    .data
    str1  BYTE  "Enter identification number:  ",0
    idStr BYTE 15 DUP(?)
    .code
    mov   edx,OFFSET str1
    call  WriteString
    mov   edx,OFFSET idStr
    mov   ecx,(SIZEOF idStr) - 1
    call  ReadString
    ```

5.5   64 位元組譯編程

無自我評量。

6　條件處理

6.1　導論

無自我評量。

6.2　布林和比較指令

1. and ax,00FFh
2. or ax,0FF00h
3. xor eax,0FFFFFFFFh
4. test eax,1 　　　　　　　; （如果 eax 是奇數，則最低為元處於設定狀態）
5. or al,00100000b

6.3　條件跳越

1. JA、JNBE、JAE、JNB、JB、JNAE、JBE、JNA
2. JG、JNLE、JGE、JNL、JL、JNGE、JLE、JNG
3. JB 相當於 JNAE
4. JBE
5. JL
6. 否，（8109h 是負的，26h 是正的）。

6.4　條件跳越指令

1. 錯。
2. 對。
3. 對。
4. 程式碼範例：

```
.data
array SWORD 3,5,14,-3,-6,-1,-10,10,30,40,4
sentinel SWORD 0
.code
main PROC
    mov esi,OFFSET array
    mov ecx,LENGTHOF array
next:
    test WORD PTR [esi],8000h    ; 測試符號位元
    pushfd                        ; 將旗標壓入堆疊
    add esi,TYPE array
    popfd                         ; 由堆疊彈出旗標
    loopz next                    ; 當 ZF=1時，重複執行迴圈
    jz    quit                    ; 沒有發現
    sub   esi,TYPE array          ; 以ESI指向結果
```

5. 如果沒有找到符合的值，則 ESI 最後將指向陣列尾端後面的值。藉由指向未定義的記憶體區域，可以導致程式發生執行階段錯誤。

6.5 條件結構

以下將假定本節中所有的值都是無號。

1. 程式碼範例：

```
    cmp ebx,ecx
    jna next
    mov X,1
next:
```

2. 程式碼範例：

```
    cmp edx,ecx
    jnbe L1
    mov X,1
    jmp next
L1: mov X,2
next:
```

3. 未來對表格所做的變更，將會改變 NumberOfEntries 的值。故有可能忘記必須手動修改常數，但是組譯器卻能夠正確地調整計算結果。

4. 程式碼範例：

```
.data
sum DWORD 0
sample DWORD 50
array DWORD 10,60,20,33,72,89,45,65,72,18
ArraySize = ($ - Array) / TYPE array
.code
    mov eax,0                       ; 加總
    mov edx,sample
    mov esi,0                       ; 索引
    mov ecx,ArraySize
L1: cmp esi,ecx
    jnl L5
    cmp array[esi*4],edx
    jng L4
    add eax,array[esi*4]
L4: inc esi
    jmp L1
L5:      mov sum,eax
```

6.6 應用：有限狀態機

1. 直方圖。
2. 每個節點是一個狀態。
3. 每個邊是從一個狀態到另一個狀態的過渡，而且此過渡是由某些輸入所引起。
4. 狀態 C。

5. 無限多個數字。

6. FSM 進入錯誤狀態。

7. 否，所提出的 FSM 將允許有號整數，只包含正號 (+) 或負號 (−)，但第 6.6.2 節的 FSM 並不允許出現這種情形。

6.7 條件控制流程指引

無自我評量。

7 整數算術運算

7.1 移位與旋轉指令

1. ROL。

2. RCR。

3. RCL。

4. 進位旗標接收了 AX 的最低位元（在移位之前）。

5. 程式碼範例：

```
    shr ax,1                    ; 將 AX 移位至進位旗標
    rcr bx,1                    ; 將進位旗標之值移位至 BX
; 使用 SHRD：
    shrd bx,ax,1
```

6. 程式碼範例：

```
    mov ecx,32                  ; 迴圈計數器
    mov bl,0                    ; 計算 '1' 的位元數量
L1: shr eax,1                   ; 移位至進位旗標
jnc L2                          ; 是否已設定進位旗標?
    inc bl                      ; 是：加入至位元計數
    L2: loop L1                 ; 繼續執行迴圈
; 若BL 是奇數，清除同位旗標
; 若BL 是偶數，設定同位旗標
    shr bl,1
    jc  odd
    mov bh,0
    or  bh,0                    ; PF = 1
    jmp next
odd:
    mov bh,1
    or  bh,1                    ; PF = 0
next:
```

7.2　移位與旋轉指令的應用

1. 我們可以將其寫成 (EAX * 16) + (EAX * 8)：

```
mov ebx,eax                      ; 儲存eax的複本
shl eax,4                        ; 乘以16
shl ebx,3                        ; 乘以8
add eax,ebx                      ; 加總兩個乘積
```

2. 如同提示中所解釋的，我們可以將其寫成 (EAX * 16) + (EAX * 4) + EAX：

```
mov ebx,eax                      ; 儲存eax的複本
mov ecx,eax                      ; 儲存另一個eax複本
shl eax,4                        ; 乘以16
shl ebx,2                        ; 乘以4
add eax,ebx                      ; 加總兩個乘積
add eax,ecx                      ; 再加至eax的原始值
```

3. 將 L1 標籤處的指令改成 shr eax,1。

4. 假定時間戳記字組放置在 DX 暫存器中：

```
shr dx,5
and dl,00111111b                 ; (前置零非必要)
mov bMinutes,dl                  ;  儲存至變數
```

7.3　乘法與除法指令

1. 存放乘積的暫存器的記憶體空間大小，是乘數和被乘數使用空間的兩倍。例如，如果將 0FFh 乘以 0FFh，則乘積 (FE01h) 可以輕易置於 16 位元的空間。

2. 當乘積能夠完全放進暫存器中的較低位元時，IMUL 會採用符號延伸的方式，延伸至暫存器的上半部。另一方面，MUL 則採用零延伸的方式。

3. 如果使用 IMUL，則當乘積的上半部不是符號延伸的結果時，進位旗標和溢位旗標會成為設定狀態。

4. EAX。

5. AX。

6. AX。

7. 程式碼範例：

```
mov  ax,dividendLow
cwd                              ; 符號延伸被除數
mov  bx,divisor
idiv bx
```

7.4　延伸加法與減法

1. ADC 指令會將來源運算元和進位旗標都加到目的運算元上。

2. SBB 指令會在目的運算元減去進位旗標和來源運算元。

3. EAX = C0000000h, EDX = 00000010h。

4. EAX = F0000000h, EDX = 000000FFh。

5. DX = 0016h。

7.5 ASCII 和未壓縮十進制的算術運算

1. 程式碼範例：

   ```
   or ax,3030h
   ```

2. 程式碼範例：

   ```
   and ax,0F0Fh
   ```

3. 程式碼範例：

   ```
   and ax,0F0Fh                    ; 轉換爲未壓縮
   aad
   ```

4. 程式碼範例：

   ```
   aam
   ```

7.6 壓縮十進制的算術運算

1. 當一個壓縮十進制加法運算的總和大於 99 時，DAA 會設定進位旗標。例如：

   ```
   mov al,56h
   add al,92h                      ; AL = E8h
   daa                             ; AL = 48h, CF=1
   ```

2. 當一個比較小的壓縮十進制整數減去比較大壓縮十進制整數時，DAS 將設定進位旗標。例如：

   ```
   mov al,56h
   sub al,92h                      ; AL = C4h
   das                             ; AL = 64h, CF=1
   ```

3. n + 1 個位元組。

8 進階程序

8.1 導論 (Introduction)

無自我評量。

8.2 堆疊框

1. 對。
2. 對。
3. 對。
4. 錯。
5. 對。
6. 對。
7. 數值參數和參考參數。

8.3 遞迴

1. 錯。

2. 當 n 等於零時，函式將終止。

3. 在每個遞迴呼叫結束之後，將會執行下列指令：

```
ReturnFact:
    mov ebx,[ebp+8]
    mul ebx
L2: pop ebp
    ret 4
```

4. 計算出來的結果會超過無號雙字組的範圍，因而繞回過零。其輸出看起來反而小於 12 的階乘。

5. 12! 將用掉 156 個位元組的堆疊空間。緣由闡述：當 $n = 0$ 時，需要 12 個位元組的堆疊空間（3 個堆疊，且每個堆疊使用 4 個位元組）。當 $n = 1$ 時，需要 24 個位元組。當 $n = 2$ 時，需要 36 個位元組。所以堆疊使用的總空間等於 $n!$，即 $(n+1)*12$。

8.4 INVOKE、ADDR、PROC 和 PROTO（選讀）

1. 對。
2. 錯。
3. 錯。
4. 對。

8.5 建立多模組程式

1. 對。
2. 錯。
3. 對。
4. 錯。

8.6 參數的進階使用

無自我評量。

8.7 Java 位元碼

無自我評量。

9　字串與陣列

9.1　導論

無自我評量。

9.2　字串基本指令

1. EAX。
2. SCASD。
3. EDI。
4. LODSW。
5. 當 ZF = 1 時，會重複執行該指令。

9.3　經過篩選的字串程序

1. 錯（當比較短的字串抵達空字元時，這個程序就會停止比較）。
2. 對。
3. 錯。
4. 錯。

9.4　二維陣列

1. 任何 32 位元通用暫存器。
2. 16。
3. 否，EBP 應該保留作為當前程序的堆疊框架的基本指標。

9.5　整數陣列的搜尋與排序

1. $n - 1$ 次。
2. $n - 1$ 次。
3. 不同，每次迭代之後都會減 1。
4. $T(5000) = 0.5 * 10^2$ 秒。

9.6　Java 位元碼：字串處理（選讀）

無自我評量。

10　結構與巨集

10.1　結構

1. `temp1 MyStruct <>`
2. `temp2 MyStruct <0>`
3. `temp3 MyStruct <, 20 DUP(0)>`
4. `array MyStruct 20 DUP(<>)`
5. `mov ax,array.field1`
6. 程式碼範例：

```
mov esi,OFFSET array
add esi,3 * (TYPE myStruct)
mov (MyStruct PTR[esi]).field1.ax
```

7. 82
8. 82
9. TYPE MyStruct.field2 (or: SIZEOF Mystruct.field2)

10.2　巨集

1. 錯。
2. 對。
3. 具有參數的巨集可提供較佳的使用彈性。
4. 錯。
5. 對。
6. 錯。

10.3　條件組譯指引

1. IFB 用來檢查是否有空白的巨集參數。
2. IFIDN 指引會比較兩個文字值，而且如果兩者相同，則會回傳「真」。在比較過程中，大小寫是視為不同的。
3. EXITM。
4. IFIDNI 是 IFIDN 指引的不區分大小寫版本。
5. 如果一個符號已經定義過，則 IFDEF 將回傳「真」。

10.4　定義重複的區塊

1. WHILE 指引會根據一個布林運算式，來重複某個敘述區塊。
2. REPEAT 指引會根據一個計數器的值，來重複某個敘述區塊。
3. FOR 指引會經由依序走訪過一連串符號中的每個符號，來重複進行一個敘述區塊。

4. FORC 指引會經由依序走訪過一個字元字串中的每個字元,來重複進行一個敘述區塊。

5. FORC。

6. 程式碼範例:

```
BYTE 0,0,0,100
BYTE 0,0,0,20
BYTE 0,0,0,30
```

7. 程式碼範例:

```
mRepeat MACRO 'X',50
    mov cx,50
??0000: mov ah,2
    mov dl,'X'
    int 21h
    loop ??0000
mRepeat MACRO AL,20
    mov cx,20
??0001: mov ah,2
    mov dl,AL
    int 21h
    loop ??0001
mRepeat MACRO byteVal,countVal
    mov cx,countVal
??0002: mov ah,2
    mov dl,byteVal
    int 21h
    loop ??0002
```

8. 如果檢視鏈結串列資料(在清單檔中),每個 **ListNode** 的 **NextPtr** 欄位將一直等於 00000008(第二個節點的位址):

```
Offset   ListNode
------------------------------
00000000 00000001 NodeData
         00000008 NextPtr
00000008 00000002 NodeData
         00000008 NextPtr
00000010 00000003 NodeData
         00000008 NextPtr
00000018 00000004 NodeData
         00000008 NextPtr
00000020 00000005 NodeData
         00000008 NextPtr
00000028 00000006 NodeData
         00000008 NextPtr
```

在內文中,當我們說「位置計數器的值 ($),會持續保持在串列中的第一個節點上。」時,已經提示過這一點了。

11　微軟視窗程式設計

11.1　Win32 主控台程式設計

1. /SUBSYSTEM:CONSOLE。
2. 對。
3. 錯。
4. 錯。
5. 對。

11.2　撰寫圖形視窗應用程式

　　請注意：以下大部分的問題，都可以在查看 *GraphWin.inc* 之後得到答案，此檔是隨著本書範例程式所提供的含括檔。

1. POINT 結構包含 ptX 和 ptY 等兩個欄位，它們用於描述在螢幕上，個別點的 X 和 Y 座標，其單位是像素。

2. WNDCLASS 結構定義了一個視窗類別，在一個程式中的每個視窗都必須屬於一個類別，而且每個程式都必須替其主視窗定義一個視窗類別。在主視窗能夠顯示出來以前，這個類別必須先向作業系統註冊。

3. 在應用程式中，*lpfnWndProc* 是一個指向某個函式的指標，這個函式的功能是接收與處理由使用者所觸發的事件訊息。

4. style 欄位是不同型態選項的組合體，例如 WS_CAPTION 和 WS_BORDER，可以用於控制視窗的外觀和行為。

5. *hInstance* 存放著目前程式實體的處置碼，在 MS-Windows 下執行的每個程式，被作業系統載入至記憶體時，作業系統都會自動為其指定一個處置碼。

11.3　動態記憶體配置

1. 動態記憶體配置。
2. 將程式現存堆積區域的 32 位元整數處置碼回傳到 EAX。
3. 由堆積配置出一個記憶體區塊。
4. 呼叫 HeapCreate 的例子：

```
HEAP_START = 2000000              ; 2 MB
HEAP_MAX = 400000000             ; 400 MB
.data
hHeap HANDLE ?                   ; 堆積處置碼
.code
INVOKE HeapCreate, 0, HEAP_START, HEAP_MAX
```

5. 傳遞一個指向記憶體區塊的指標 (以及堆積的處置碼)。

11.4　x86 記憶體管理

1. (a) 多工表示允許多個程式（工作）同時執行，在這種情形下，處理器會將它的可利用執行時間，分配給所有正在執行的程式。

   (b) 分段提供了一種可以將記憶體區段彼此隔離的分法，此一方法可以在同時執行多個程式時，又不會互相干擾。

2. (a) 區段選擇器是一個存放在區段暫存器 (CS、DS、SS、ES、FS 或 GS) 中的 16 位元數值。

   (b) 邏輯位址是區段選擇器和 32 位元位移的組合。

3. 對。

4. 對。

5. 錯。

6. 錯。

12　浮點運算處理與指令編碼

12.1　浮點二進位表示法

1. 因為 − 127 的相反數是 ＋ 127，而這將導致溢位的情形。

2. 因為將 ＋ 128 加到指數的偏移值 (127) 時，會產生負值。

3. 52 個位元。

4. 8 個位元。

12.2　浮點運算單元

1. fld st(0)。

2. R0。

3. 請從以下暫存器任選三項：運算碼、控制、狀態、標籤字組、最後一個指令的指標、最後一個資料的指標暫存器。

4. 二進碼十進制。

5. 沒有。

12.3　x86 指令編碼

1. (a) 8E　(b) 8B　(c) 8A　(d) 8A　(e) A2　(f) A3

2. (a) D8　(b) D3　(c) 1D　(d) 44　(e) 84　(f) 85

13 高階程式語言介面

13.1 導論

1. 一個語言所使用的命名方式指的是，與命名變數和程序有關的規則或特徵。

2. Tiny、small、compact、medium、large、huge。

3. 否，因為程序名稱不是由連結器所尋找。

13.2 嵌入組合語言程式碼

1. 嵌入的組合語言程式碼是直接插入高階語言程式中的組合語言原始碼，且 C++ 的嵌入限定符會要求 C++ 編譯器，將函式的本體直接插入至經過編譯後的程式碼中，以避免呼叫該函式或由該函式返回時，花費較多的額外執行時間。（請注意：要回答這個問題，需要一些本書沒有探討過的 C++ 語言相關知識。）

2. 撰寫嵌入式程式碼的主要優點是簡明性，因為在這種情況下，就不必煩惱外部連結、名稱的及參數傳遞協定等問題。其次，因為嵌入式程式碼能免除呼叫組合語言程序及由組合語言程序返回，所需要花費的額外執行時間，所以嵌入式程式碼的效率相對較佳。

3. 放置註解的例子（任選兩個）：

```
mov esi,buf                    ; initialize index register
mov esi,buf                    // initialize index register
mov esi,buf                    /* initialize index register */
```

4. 是。

13.3 在保護模式下連結到 C++

1. 必須使用 extern 和 "C" 等兩個關鍵字。

2. Irvine32 函式庫使用的是 STDCALL 呼叫方式，它與 C、C++ 所使用的 C 呼叫方式是不同的，兩者的重要差異在於函式呼叫完畢之後，清除堆疊的處理方式有所不同。

3. 通常會在函式返回之前，將浮點數值壓入處理器的浮點運算堆疊中。

4. 將短整數回傳到 AX 暫存器。

ASCII 控制字元

下表為當按鍵和 Ctrl 鍵組合一起壓下時，所產生的 ASCII 碼。請參照 ASCII 的功能記憶法及說明，這些功能是使用在螢幕及印表機格式的資料傳輸上。

ASCII 碼 *	Ctrl-	記憶法	說明	ASCII 碼 *	Ctrl-	記憶法	說明
00		NUL	空字元	10	Ctrl-P	DLE	跳脫資料連結
01	Ctrl-A	SOH	標頭起始	11	Ctrl-Q	DC1	裝置控制 1
02	Ctrl-B	STX	文字起始	12	Ctrl-R	DC2	裝置控制 2
03	Ctrl-C	ETX	文字結束	13	Ctrl-S	DC3	裝置控制 3
04	Ctrl-D	EOT	傳輸結束	14	Ctrl-T	DC4	裝置控制 4
05	Ctrl-E	ENQ	詢問	15	Ctrl-U	NAK	負認可
06	Ctrl-F	ACK	認可	16	Ctrl-V	SYN	同步空間
07	Ctrl-G	BEL	嗶聲	17	Ctrl-W	ETB	終結傳輸區塊
08	Ctrl-H	BS	退格	18	Ctrl-X	CAN	取消
09	Ctrl-I	HT	水平定格	19	Ctrl-Y	EM	媒體結束
0A	Ctrl-J	LF	換列	1A	Ctrl-Z	SUB	取代
0B	Ctrl-K	VT	垂直定格	1B	Ctrl-I	ESC	跳出號
0C	Ctrl-L	FF	進紙	1C	Ctrl-\	FS	檔案分隔符號
0D	Ctrl-M	CR	歸位	1D	Ctrl-]	GS	群分隔符號
0E	Ctrl-N	SO	移出	1E	Ctrl-^	RS	記錄分隔符號
0F	Ctrl-O	SI	移入	1F	Ctrl-†	US	單位分隔符號

* ASCII 碼以十六位元表示。
†ASCII 碼 1Fh 為 Ctrl 加上連字號 (-)。

ALT 鍵組合

下列十六進位掃描碼是藉由按住 ALT 鍵及每一個個別的字元所產生的：

鍵值	掃描碼	鍵值	掃描碼	鍵值	掃描碼
1	78	A	1E	N	31
2	79	B	30	O	18
3	7A	C	2E	P	19
4	7B	D	20	Q	10
5	7C	E	12	R	13
6	7D	F	21	S	1F
7	7E	G	22	T	14
8	7F	H	23	U	16
9	80	I	17	V	2F
0	81	J	24	W	11
-	82	K	25	X	2D
=	83	L	26	Y	15
		M	32	Z	2C

鍵盤掃描碼

下列的鍵盤掃描碼，可以藉由呼叫用於鍵盤輸入的 INT 16h 或呼叫 INT 21h 第二次而擷取得到 (鍵盤的第一次讀取會回傳 0)。所有掃描碼皆為十六進位格式：

功能鍵

鍵值	一般	加上 Shift 鍵	加上 Ctrl 鍵	加上 Alt 鍵
F1	3B	54	5E	68
F2	3C	55	5F	69
F3	3D	56	60	6A
F4	3E	57	61	6B
F5	3F	58	62	6C
F6	40	59	63	6D
F7	41	5A	64	6E
F8	42	5B	65	6F
F9	43	5C	66	70
F10	44	5D	67	71
F11	85	87	89	8B
F12	86	88	8A	8C

鍵值	一般	加上 Shift 鍵
Home	47	77
End	4F	75
PgUp	49	84
PgDn	51	76
PrtSc	37	72
左方向鍵	4B	73
右方向鍵	4D	74
上方向鍵	48	8D
下方向鍵	50	91
Ins	52	92
Del	53	93
Back tab	0F	94
Gray +	4E	90
Gray -	4A	8E

decimal ⇨		1	16	32	48	64	80	96	112
⬇	hexa-decimal	0	1	2	3	4	5	6	7
0	0	null	▶	space	0	@	P	`	p
1	1	☺	◀	!	1	A	Q	a	q
2	2	☻	↕	"	2	B	R	b	r
3	3	♥	‼	#	3	C	S	c	s
4	4	♦	Π	$	4	D	T	d	t
5	5	♣	§	%	5	E	U	e	u
6	6	♠	▬	&	6	F	V	f	v
7	7	•	↨	'	7	G	W	g	w
8	8	◘	^	(	8	H	X	h	x
9	9	○	↓	)	9	I	Y	i	y
10	A	◎	→	*	:	J	Z	j	z
11	B	♂	←	+	;	K	[	k	{
12	C	♀	∟	,	<	L	\	l	|
13	D	♪	↔	−	=	M	]	m	}
14	E	♫	▲	.	>	N	^	n	~
15	F	☼	▼	/	?	O	_	o	Δ

decimal ⇒		128	144	160	176	192	208	224	240
	hexa-decimal	8	9	A	B	C	D	E	F
0	0	Ç	É	á	⁞	└	╨	α	≡
1	1	ü	æ	í	▓	┴	╤	β	±
2	2	é	Æ	ó	▓	┬	╥	Γ	≥
3	3	â	ô	ú	│	├	╙	π	≤
4	4	ä	ö	ñ	┤	─	╘	Σ	∫
5	5	à	ò	Ñ	╡	┼	╒	σ	∫
6	6	å	û	ª	╢	╞	╓	μ	÷
7	7	ç	ù	º	╖	╟	╫	τ	≈
8	8	ê	ÿ	¿	╕	╚	╪	Φ	°
9	9	ë	Ö	⌐	╣	╔	┘	θ	●
10	A	è	Ü	¬	║	╩	┌	Ω	·
11	B	ï	¢	½	╗	╦	█	δ	√
12	C	î	£	¼	╝	╠	▄	∞	n
13	D	ì	¥	¡	╜	=	▌	φ	^{2}
14	E	Ä	Pt	«	╛	╬	▐	∈	■
15	F	Å	ƒ	»	┐	╧	▀	∩	blank

國家圖書館出版品預行編目資料

組合語言 / Kip R. Irvine 原著；白能勝，王國華，張子庭
編譯. — 七版. — 新北市：臺灣培生教育，2016.07
面 ； 公分
譯自：Assembly language for x86 processors, 7th ed.
ISBN 978-986-280-348-6(平裝)
1.組合語言
312.33   105011302

組合語言（第七版）（國際版）
ASSEMBLY LANGUAGE FOR x86 PROCESSORS, 7/E

原著 / KIP R. IRVINE
編譯 / 白能勝、王國華、張子庭
執行編輯 / 王詩蕙
發行人 / 陳本源
出版者 / 全華圖書股份有限公司
郵政帳號 / 0100836-1 號
印刷者 / 宏懋打字印刷股份有限公司
圖書編號 / 0615202
七版三刷 / 2023 年 11 月
定價 / 新台幣 720 元
ISBN / 978-986-280-348-6
全華圖書 / www.chwa.com.tw
全華網路書店 Open Tech / www.opentech.com.tw
若您對書籍內容、排版印刷有任何問題，歡迎來信指導 book@chwa.com.tw

臺北總公司(北區營業處)
地址：23671 新北市土城區忠義路 21 號
電話：(02) 2262-5666
傳真：(02) 6637-3695、6637-3696

南區營業處
地址：80769 高雄市三民區應安街 12 號
電話：(07) 381-1377
傳真：(07) 862-5562

中區營業處
地址：40256 臺中市南區樹義一巷 26 號
電話：(04) 2261-8485
傳真：(04) 3600-9806(高中職)
　　　(04) 3601-8600(大專)

版權所有・翻印必究

歡迎加入 全華會員

會員獨享
會員享購書折扣、紅利積點、生日禮金、不定期優惠活動...等。

如何加入會員
掃 QRcode 或填妥讀者回函卡直接傳真 (02) 2262-0900 或寄回，將由專人協助登入會員資料，待收到 E-MAIL 通知後即可成為會員。

如何購買 全華圖書

1. 網路購書
全華網路書店「http://www.opentech.com.tw」，加入會員購書更便利，並享有紅利積點回饋等各式優惠。

2. 實體門市
歡迎至全華門市（新北市土城區忠義路 21 號）或各大書局選購。

3. 來電訂購
(1) 訂購專線：(02) 2262-5666 轉 321-324
(2) 傳真專線：(02) 6637-3696
(3) 郵局劃撥（帳號：0100836-1 戶名：全華圖書股份有限公司）
※ 購書未滿 990 元者，酌收運費 80 元。

OpenTech.com.tw 全華網路書店
全華網路書店 www.opentech.com.tw
E-mail: service@chwa.com.tw

※ 本會員制如有變更則以最新修訂制度為準，造成不便請見諒。

行銷企劃部 收

全華圖書股份有限公司
23671
新北市土城區忠義路 21 號